20kV JI YIXIA PEIDIAN GONGCHENG JISHU WENDA

20kV 及以下配电工程技术问答

叶道仁 ◎ 编著

中国电力出版社
CHINA ELECTRIC POWER PRESS

内 容 提 要

本书内容涵盖20kV及以下电压配电系统工程设计、施工、监理、建造、运行等方面，全书分八章，第1章为配电系统工程的基本概念，第2章为中压配电系统工程，第3章为低压配电系统工程，第4章为电工测量，第5章为防雷与接地，第6章为并联无功补偿装置，第7章为照明工程，第8章为节约用电和安全用电。

本书特别适用于作为注册（配电）电气工程师考试和配电系统工程技术培训的参考书。

图书在版编目（CIP）数据

20kV及以下配电工程技术问答/叶道仁编著. —北京：中国电力出版社，2016.10（2018.7重印）

ISBN 978-7-5123-9353-0

Ⅰ.①2… Ⅱ.①叶… Ⅲ.①配电系统-电力工程-问题解答 Ⅳ.①TM7-44

中国版本图书馆CIP数据核字（2016）第111281号

中国电力出版社出版、发行

（北京市东城区北京站西街19号 100005 http://www.cepp.sgcc.com.cn）

三河市百盛印装有限公司印刷

各地新华书店经售

*

2016年10月第一版 2018年7月北京第二次印刷

787毫米×1092毫米 16开本 25.25印张 636千字

印数2001—3000册 定价**69.00**元

前　言

近些年来，国内机械行业为电力行业引进了不少先进电力设备制造技术，尤其电力系统近十余年的“城农两网”改造，采用了大量的先进电力设备，使电力部门的变电、输电、配电产生了革命性的变化。例如，变电站和配电站的设计采用微机保护、综合自动化、两网接地、光纤通信技术等新技术（遥调、遥控、遥测、遥信、遥视），达到无人值守水平（五遥变电站）。伴随新技术的产生，人们对新技术的求知欲油然而生，为此产生编写新技术相关书籍的欲望。

另外，编者曾经在电力系统中任教并从事设计、施工、审图、监理工作，常常面对学员和师傅的提问和质疑，面临很多电力配电系统工程在设计上、施工中的实际问题的决断，对与否？可行与不宜？我们被诸事所逼，联想到如果通过编写一部相关书籍的方法来回答问题，这岂不是少费口舌，而又解决实际问题，这是一石二鸟的做法，功效兼得的事何乐而不为——这就是我们写这本书的意图。为了实现这个愿望，我们把前人和自己的经验总结出来，以一问一答的形式献给从事“电力配电工程”的工人师傅、设计师、监理师、建造师、运行人员、教师以及与电力工程有关的技术人员。若能对电力配电系统工程界人士有所帮助，解决实际问题，这就达到了我们编写本书的夙愿。

本书涵盖了新老技术问题，全书共分八章，第 1 章为配电系统工程的基本概念，第 2 章为中压配电系统工程，第 3 章为低压配电系统工程，第 4 章为电工测量，第 5 章为防雷与接地，第 6 章为并联无功补偿装置，第 7 章为照明工程，第 8 章为节约用电和安全用电。

本书是一本电力配电系统工程设计、施工、监理、建造、运行方面的技术书，读者阅完全书会对电力工业配电系统工程的面貌有一个清晰的认识。本书亦特别适合作为注册（配电）电气工程师考试和配电系统工程技术培训的参考书。

由于编著者的学识和水平有限，加之时间紧迫，书中难免存在不足之处，恳请读者提出批评和改进意见。若有宝贵意见可发电子邮件到 1145463605@qq.com，以便今后修订再版。

编著者

2016 年 10 月

目 录

第1章

配电系统工程的基本概念

1-1 什么是电力系统？什么是电力网？什么是动力系统？

答 由发电厂中的电气部分，各类变电所和输电、配电线路及各种类型的用电电器组成的统一体，称为电力系统。电力系统包括发、变、输、配、用电单元，以及相应的通信、安全自动设施、继电保护、调度自动化设备等。

电力系统中各种电压的变电所及输配电线路组成的统一体，称为电力网。电力网的任务是输送与分配电能，并根据需要改变电压，供应给用户。

电力系统与各类型发电厂中的动力部分，包括热力部分（火力发电厂）、水力部分（水力发电厂）、原子反应堆部分（核能发电厂）等组成的统一体称为动力系统。动力系统是电能、热能的生产与消费联系起来的纽带。

电力的生产及传输分配示意图见图 1-1，动力系统示意图见图 1-2，电力系统示意图见图 1-3。

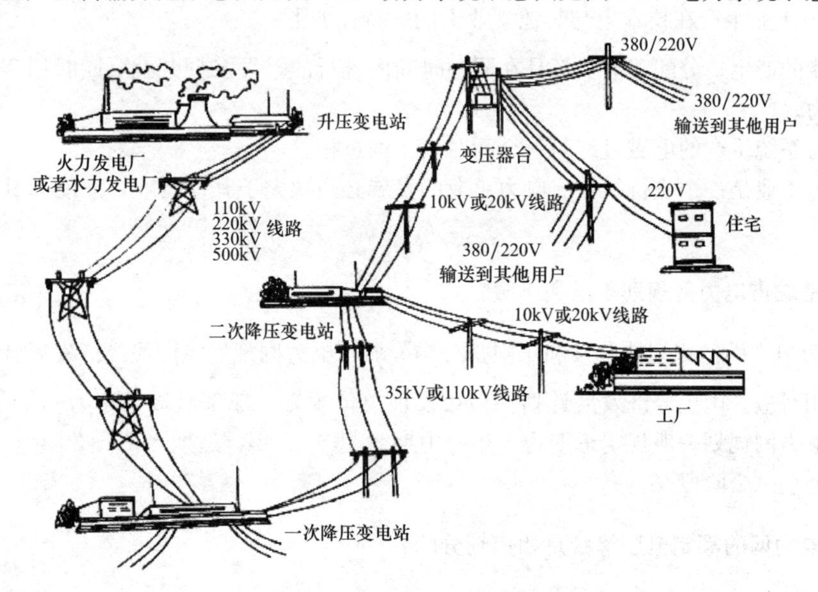

图 1-1　电力的生产及传输分配示意图

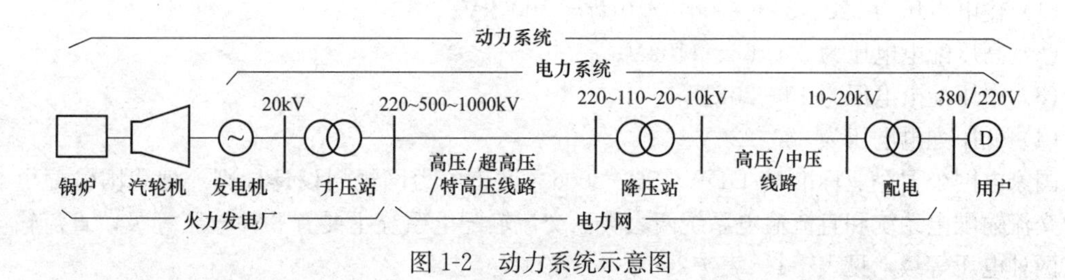

图 1-2　动力系统示意图

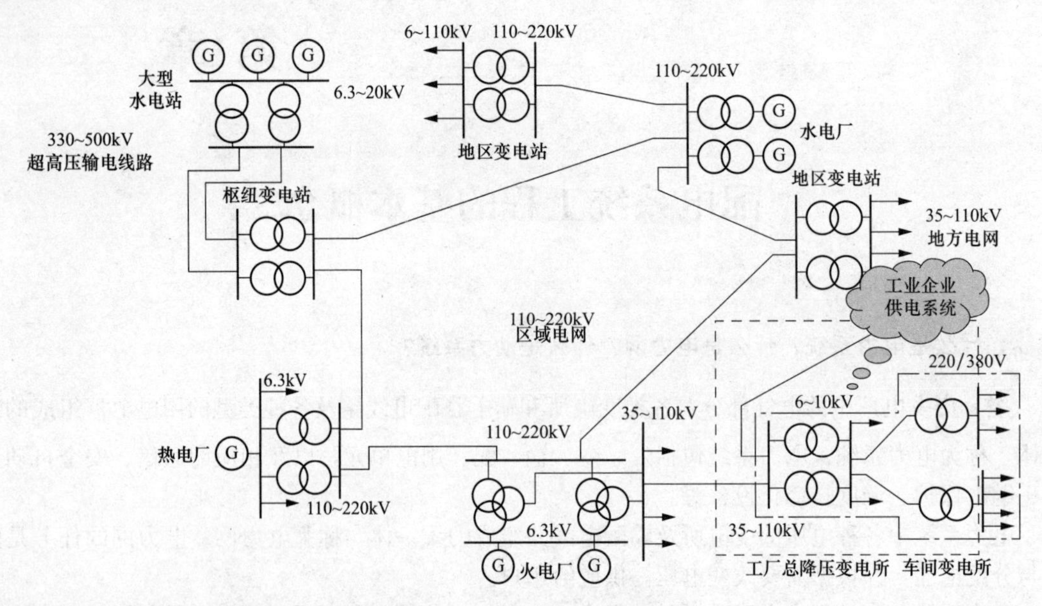

图 1-3 电力系统示意图

1-2 电力系统主要特征是什么？

答 电力工业生产在技术上与其他工业不同的特征如下：

（1）电能的产生、分配和消费都是在同一时间内进行的。发多少电就要同时用多少电，无法大量储藏电力。

（2）电力系统生产的电磁过程是一个瞬时发生的过程。

（3）电力工业是一个先行行业。电力工业的发展必须领先于其他行业，才能向其他行业提供电力。

1-3 什么是城市电力网规划阶段和年限？

答 城市电力网的规划按阶段和年限来分类。城市电力网规划与国民经济发展计划和城市发展总体规划相对应。国民经济发展计划和城市发展总体规划一般都是以五年为一个阶段（周期）计划。城市电力网规划一般规定近期为5年、中期为10～15年、远期为20～30年，一共分为近期、中期、远期三个阶段。

1-4 我国电力网的额定电压等级是如何划分的？

答 国家标准GB/T 156—2007《标准电压》原则上规定：

（1）输电电压为220、330、500、750乃至1000kV；

（2）高压配电电压为35、63、110kV；

（3）中压配电电压为10、20kV；

（4）低压配电电压为380/220V。

国家电网公司企业标准Q/GDW 156—2006《城市电力网规划设计导则》把我国输配电系统分为交流输配电系统和直流输电系统两大类。交流输配电系统主要有8种电压等级，直流输电系统有两种电压等级，见表1-1、表1-2。

表 1-1　交流输配电系统的电压等级

交流输配电系统							
输电系统					配电系统		
特高压	超高压			高压	高压	中压	低压
1000kV	750kV	500kV	330kV	220kV	35～110kV	10～20kV	380/220V

表 1-2　直流输电系统的电压等级　单位：kV

直流输电系统	
±800	±500

1-5 什么是配电系统（配电网）?

答 将电力系统中从降压配电变电站（高压配电变电站）出口到用户端的这一段系统称为配电系统。配电系统是由多种配电设备（或元件）和配电设施所组成的变换电压和直接向终端用户分配电能的一个电力网络系统。

配电系统的核心元件是各种电流级别的开关。从一个大支路分成若干个小支路，一个大开关下面接驳若干个小开关，分给多个负载使用或再进行更多支路的分配。当然支路的电流会越来越小。配电室也称为开闭所。

1-6 中压配电系统由哪几部分组成?

答 中压配电系统由 10～20kV 电力线路、10～20kV 配电站（室）、10～20kV 开关柜、10～20kV/380V 配电变压器四部分组成。

1-7 低压配电系统由哪几部分组成?

答 低压配电系统由 380/220V 电力线路、380/220V 配电室、380/220V 开关柜、动力（照明）配电箱、用电设备（元件）五部分组成。

1-8 配电网络有哪几种网络拓扑形式?

答 配电网络主要有以下几种拓扑形式：

（1）放射形供电接线方式。

（2）环网形（手拉手）供电接线方式。

（3）三电源环网形供电接线方式。

（4）四电源环网形供电接线方式。

（5）三分四连网形供电接线方式。

1-9 什么是配电网络的单放射形接线方式?

答 单放射形接线方式是配电线路最基本的接线方式，只有一个电源点，通过线路放射状连接多个用户。其中电源点可以是变电所 10kV 母线、开闭所 10kV 母线或其他形式的电源，用户可以是配电室、开闭所、环网柜、箱式变压器（简称箱变）、动力中心、控制中心等。单放射形典型接线方式如图 1-4 所示。

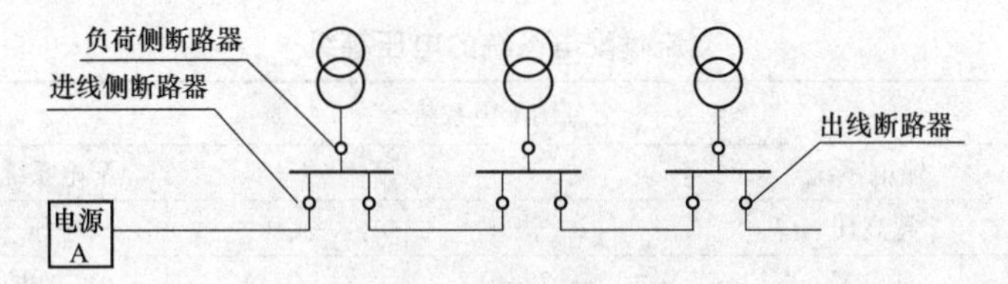

图 1-4　单放射形典型接线方式

1-10 什么是配电网络的单环网形接线方式？

答 单环网形接线方式亦是配电线路的基本接线方式之一，它有两个电源点，通过线路环网状连接多个用户。其中两个电源点可以是同一变电站 10kV 母线、开闭所 10kV 不同段母线或不同箱式变电站、10kV 母线，以及其他形式的电源。用户可以是配电室、开闭所、环网柜、箱式变压器、动力中心、控制中心等。单环网形典型接线方式如图 1-5 所示。

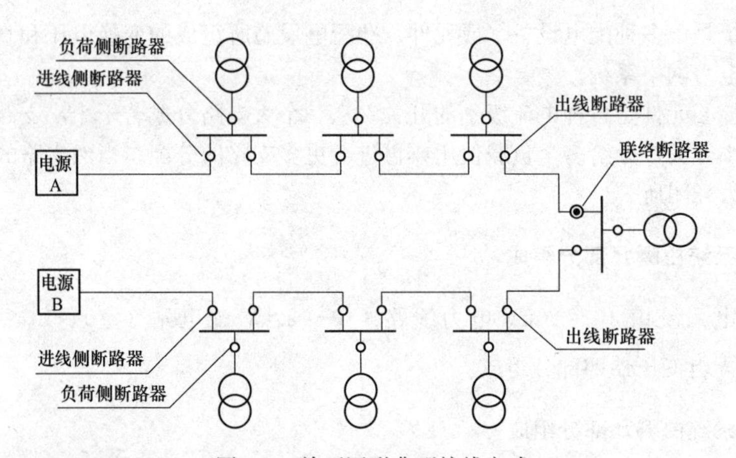

图 1-5　单环网形典型接线方式

1-11 什么是配电网络的双放射形接线方式？

答 双放射形接线方式是自一个变电站或开闭所的 10kV 母线引出双回线路，相当于在单放射形接线方式的基础上又增加了一套设备。与单放射形接线方式相比，该方式通过增加系统设备和不同电源（以变电所两段母线作为两个不同的电源），来加强网架结构。双放射形典型接线方式见图 1-6。

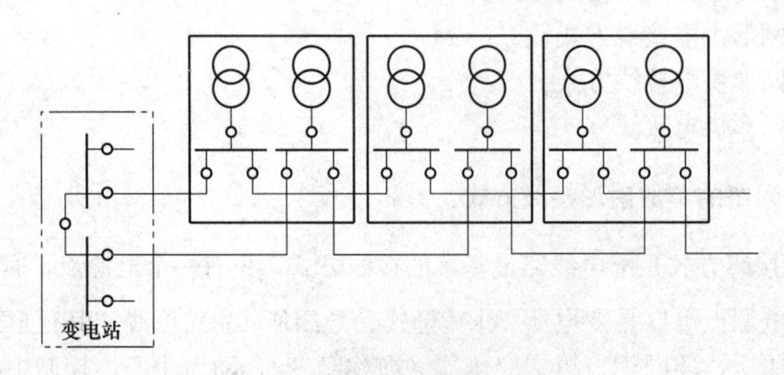

图 1-6　双放射形典型接线方式

1-12 什么是配电网络的双环网形（手拉手）接线方式？

答 配电网络的双环网形（手拉手）接线方式是将两个不同变电站双放射形线路连接起来，开环运行。其特点是两个电源点（变电站 A 和变电站 B）之间由两条放射形线路通过联络断路器（正常运行时，其处于断开位置）连接，可实现整条线路负荷互带或部分负荷转带。对于这种接线方式的用户来说，其供电可靠性得到了充分的保证。双环网形典型接线方式见图 1-7。

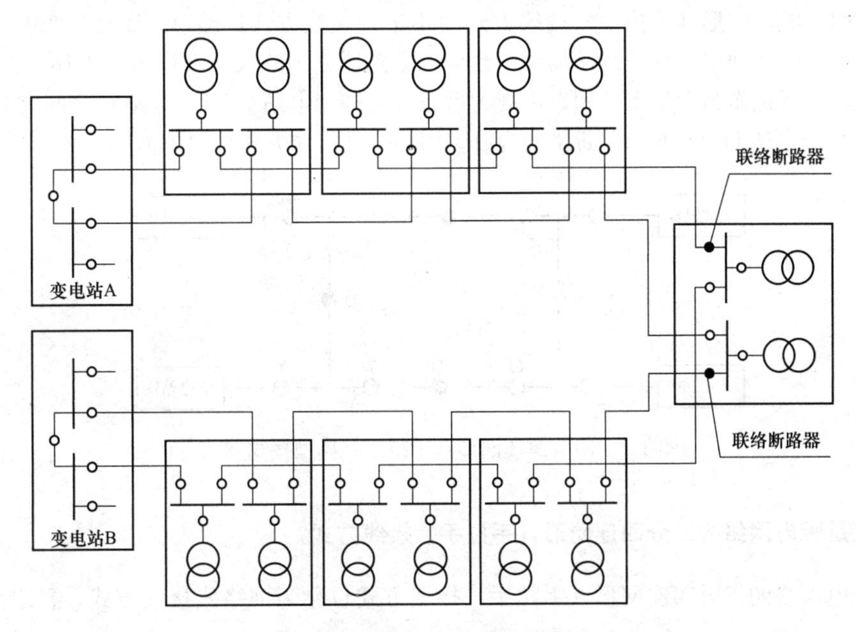

图 1-7　双环网形典型接线方式

1-13 什么是配电网络的三电源环网形（手拉手）接线方式？

答 配电网络的三电源环网形（手拉手）接线方式是双环网形（手拉手）接线方式的延伸，有三个电源点在电源方面就更有保障，可以三方手拉手供电，通过联络断路器 1～3D 相连接，构成三个环网，形成互相支援的格局。三电源环网形典型接线方式见图 1-8。

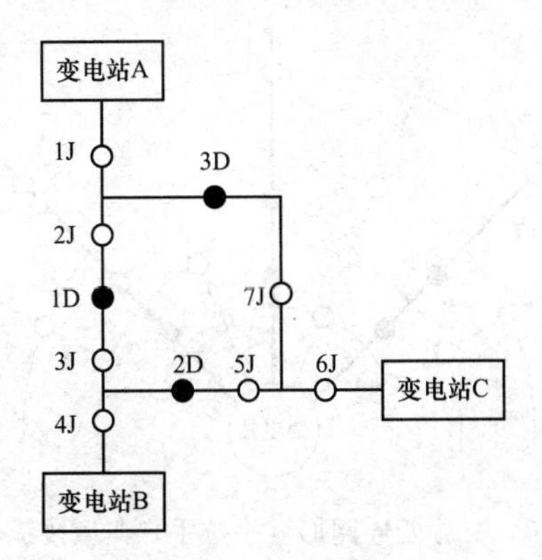

图 1-8　三电源环网形典型接线方式

○—断路器在接通位置；●—断路器在断开位置；——线路在充电状态

1-14 什么是配电网络的四电源环网形（手拉手）接线方式？

答 配电网络的四电源环网形（手拉手）接线方式是三电源环网形（手拉手）接线方式的再延伸，有四个电源点在电源方面就更确有保障，可以四方手拉手供电，通过联络断路器1～4D相连接，构成两个双电源环网，形成互相支援的更完全格局。此种接线方式是近年来城网改造工程中出现的接线方式。

注意：四电源环网形（手拉手）接线方式为不平衡接线方式，即A、B两个变电站和C、D两个变电站构成的环网中，每条线路均由两台分段断路器分为三段，可视为主干环。而其余环网则情况各异，主要是作为后备支持用，可视为后备环。如变电站A与变电站C之间的2D断路器和变电站B与变电站D之间的3D断路器构成备用环。其接线方式见图1-9。

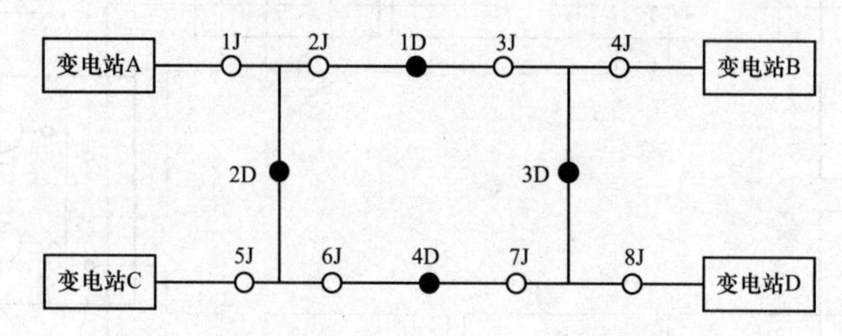

图1-9 四电源环网形（手拉手）典型接线方式

1-15 什么是配电网络的三分四连网形（手拉手）接线方式？

答 配电网络的三分四连网形（手拉手）接线方式也称为网络式接线方式，日本的6kV系统均采用此接线方式。该接线方式的构成形式是：由一座变电站出三条主干馈线，每条馈线用两台分段断路器分成三段，每条线路可与四个电源点连接，每段与相邻馈线段之间用连接线通过联络断路器相连，主干线通过联络断路器与其他变电站干线相连。此接线方式特点是：任意一段线路的负荷均可通过联络断路器转移到其他线路，而且每条主干线路只需预留25%的富裕容量（与双电源环网形接线方式相比降低了一半），即可转带任意一段线路的负荷。通过增加联络断路器数量，增强网络连接结构，降低主干线容量冗余，节省主干线路的投资，提高系统运行效率，增加系统转带的灵活性，充分保证系统的可靠性。其接线方式见图1-10。

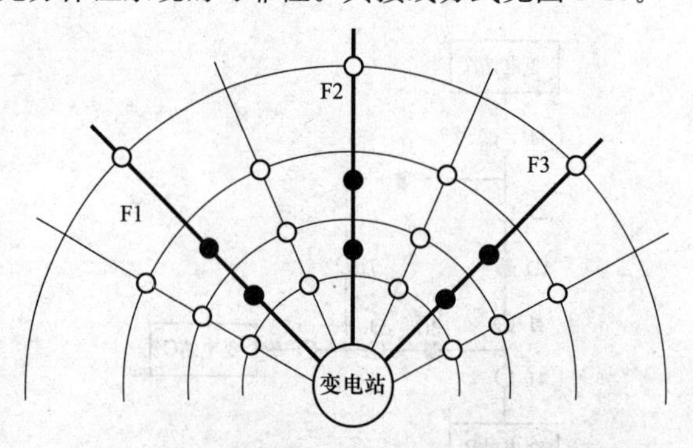

图1-10 三分四连网形（手拉手）典型接线方式

○—联络断路器（常开）；●—分段断路器（常闭）；

———环网连接线；———环网主干线

1-16 什么是无人值守变电站？

答 凡是实现了数字化“五遥”功能的变电站都称为无人值守变电站。它没有为了变电站的生产运行而留守一个值班人员。变电站必须具备遥信、遥测、遥调、遥控、遥视功能，远动装置必须符合县级电网调度的要求。变电站所有信息和操作完全由监控系统来完成，仅设置一个保安人员，临时处理紧急事务。

1-17 什么是智能变电站？

答 凡是以全所信息数字化、通信平台网络化、信息共享标准化为基本要求，自动完成信息采集、测量、控制、保护、计量和监测等基本功能，并可根据需要支持电网实时自动控制、智能调节、在线分析决策、协同互动等高级功能的变电站称为智能变电站。它采用先进、可靠、集成、低碳、环保的智能设备，如具有智能特征的变压器有载分接开关的控制器、具有自诊断功能的现场局部放电监测仪等执行控制指令。

1-18 什么是电气主接线？

答 发电厂或变电站的电气主接线是用国家规定图形符号表示发电机、变压器、断路器、隔离开关、互感器、电抗器等各种电气设备及连接线、母线按电力生产流程所绘成的输送和分配电能的电路图，这种工程图纸叫电气主接线，简称主接线。

主接线可清晰地表明电能生产、分配和输送情况，是发电厂、变电所电气设备的选择，配电装置的布置、施工以及运行的可靠性和经济性分析，操作和确定运行方式以及事故处理分析的依据。

1-19 电气主接线有几种接线方式？

答 电气主接线有以下接线方式：

（1）单母线接线，有单母线、单母线分段、单母线加旁路和单母线分段加旁路。
（2）双母线接线，有双母线、双母线分段、双母线加旁路和双母线分段加旁路。
（3）三母线接线，有三母线、三母线分段、三母线分段加旁路。
（4）3/2 接线、3/2 接线母线分段。
（5）4/3 接线。
（6）母线－变压器－发电机组单元接线。
（7）桥形接线，有内桥形接线、外桥形接线、复式桥形接线。
（8）角形接线（或称环形），有三角形接线、四角形接线、多角形接线。
（9）环形接线，有单环、多环接线。

1-20 为什么说变电站设计技术产生了革命性的变革？

答 当前设计的 35、110、220kV 变电站都要求必须达到数字化无人值守的水平，也就是说在设计上要采用微机保护、综合自动化、双网接地、光纤通信等新技术来实现变电站与监控中心之间的信息交换和远方操作，完全达到由监控系统来完成。技术的发展使得根据需要支持电网实时自动控制、智能调节、在线分析决策、协同互动等高级功能的变电站形成了智能化变电站。这就是变电站设计技术上有革命性的变革。

1-21 什么是 N－1 准则？

答 $N-1$ 准则是判断电力系统安全性的一种标准原则，又称单一故障安全准则。城市配电网的供电安全采用 $N-1$ 准则。

（1）高压变电站中失去任何一回线路或一组降压变压器时，必须保证向下一级配电网供电。

（2）高压配电网中一条架空线，或一条电缆，或一组降压变压器发生故障停运时：

1）在正常情况下，除故障段外不停电，并不得发生电压过低及设备不允许的过负荷；

2）在计划停运情况下，又发生故障停运时，允许部分停电，但应在规定时间内恢复供电。

（3）低压电网中当一台变压器或电网发生故障时，允许部分停电，并尽快将完好的区段在规定时间内切换至邻近电网恢复供电。

上述 $N-1$ 安全准则可以通过调整电网和变电站的接线方式以及控制设备运行的负载率 T 达到安全目的。负载率 T 定义为

$$T=\frac{\text{设备的实际最大负荷(kW)}}{\cos\varphi\times\text{设备的额定容量(kVA)}}\times 100\% \tag{1-1}$$

式中 T——变压器负载率，%；

$\cos\varphi$——负载的功率因数。

1-22 什么是容载比？什么是配电网容载比？

答 容载比是指某一供电区内变电设备总容量与供电区最大负荷（网供负荷）之比，它表明该地区、该站或该变压器的安装容量与最高实际运行容量的关系，反映容量备用情况，在规划设计时经常要用到这个概念。

容载比估算公式如下：

$$R_S=\frac{K_1\times K_4}{K_2\times K_3} \tag{1-2}$$

式中 R_S——容载比，kVA/kW；

K_1——负荷分散系数；

K_2——平均功率因数；

K_3——变压器运行率；

K_4——储备系数。

由容载比的定义可知，当容载比取值增加时，在相同负荷水平下，变压器总容量将增加，使电网建设投资增加，也会使电网运行成本增加，从而使电费增加，或使电网企业经济效益降低，因而容载比不宜取值过大。

相反，若容载比取值减小，可能使电网的适应性变差，使调度不够灵活，甚至发生“卡脖子”现象。因而，容载比取值也不宜过小。

城网规划设计：对 220kV 变电站的容载比由可取 1.8～2.0kVA/kW 减为 1.6～1.9kVA/kW；35～110kV 变电站的容载比由可取 2.2～2.5kVA/kW 减为可取 1.8～2.1kVA/kW。同时，还明确规定了应加强和改善网络结构，使之既可满足供电可靠性要求又可降低容载比。

农网规划设计导则推荐的农网容载比为：35～110kV 变电站的容载比可取 1.8～2.1kVA/kW，以农村负荷为主的变电站宜取下限值；农村配电变压器的容载比可取 1.6～1.9kVA/kW。

1-23 20kV配电系统与10kV配电系统有哪些区别?

答 20kV配电系统与10kV配电系统除在电压量值上有大小之分外，它们之间的区别如下：

(1) 两种电压等级的开关设备绝缘水平见表1-3。

表1-3 开关设备绝缘水平

电压等级	安全净距/mm	工频耐压/kV		雷电冲击耐压/kV	
	相间、相对地	相对地	断口	相对地	断口
10kV	125	42	48	75	84
20kV	180	50 (65)	65/(79)	95/(125)	110/(145)

注 括号外数据为中性点经低电阻接地系统，括号内数据为中性点经消弧线圈接地或不接地系统。

(2) 开关柜柜体部分外形尺寸见表1-4。

表1-4 开关柜柜体外形尺寸

电压等级/kV	柜型	外形尺寸（深×宽×高）/(mm×mm×mm)
10	KYN28A-12	1500×800×2200
20	KYN28A-24	1900×1000×2400

10kV与24kV开关设备绝缘水平的差异，导致结构布置的不同。10kV中置柜母线穿墙套管垂直布置，可以满足125mm的绝缘净距的要求；24kV中置柜必须采用1000mm的柜宽，同时穿墙套管呈品字形排布，才能够满足180mm的绝缘净距的要求。

(3) 架空绝缘线路的绝缘水平不相同处和安全净距见表1-5。

表1-5 架空绝缘线路的绝缘水平和安全净距

电压等级/kV	相间、相对地距离/mm	架空绝缘导线线路的标准档距/m	水泥杆长度/m	户内安全净距/mm	户外安全净距/mm
10	500～600～650	50	10～12～15	150	200
20	750～800～850	70	15～18～19	180	300

(4) 配电系统内的各种元件（如断路器、隔离开关、套管、支持绝缘子等）由于电压等级的提高，必须加大爬距，因此各种元件的外形尺寸变大。

1-24 20kV电压等级与10kV电压等级相比有哪些优势?

答 我国中压配电网目前使用的10kV配电网由于自身特点的限制，不能很好地适应用电负荷不断增加的需要。20kV配电网可以克服10kV配电网技术上的不足，又有投资少、能耗低的经济优势，不仅可以解决目前中压配电网供电能力不足的问题，而且有利于电网的节能降耗，具体的优势和特点有以下几个方面：

(1) 20kV配电网能满足多回路、高可靠性的要求，减少电能损耗。以采用相同导线输送相同功率电能为例，与原有作为城市中压配电网主力的10kV电压等级配电网相比，20kV供电半径增加60%，供电范围扩大1.5倍，输送供电能力提高1倍，输送损耗降低75%，通道宽度基本相当，在输送功率相同的时候，可以大量减少变电站和线路布点。

（2）对于较大容量的用户可以减少投资、节约土地，并且提供最优化的供电方式。

（3）送电能力约是10kV线路的2倍，供电范围约是10kV线路的2.5倍，节约投资、节能降耗优势明显。

（4）对偏远农村地区供电的优势潜能巨大，采用10kV长距离供电的偏远农村地区存在损耗和电压降过大的问题，20kV供电还可以发挥在低负荷密度地区长距离输送的优势。

1-25 配电网与输电网有什么不同？

答 配电网与输电网的不同表现在：

（1）配电网连接方式多为辐射方式结构，而输电网连接方式多为网状方式。

（2）配电网的许多设备（如分段器、重合器等）往往安装在电杆上，而输电网的设备（如断路器、隔离开关等）一般都放在变电站内。

（3）配电网要求安装RTU（远动传输装置）的数量大，比输电网大一个数量级。

（4）配电网的运行数据库比所连输电网的数据库规模大一个数量级。

（5）配电网内大多数电压波动。当照明与动力混合使用时，低压配电网受端的允许电压波动幅度为+5%～−7%；单独使用时为+5%～−10%。

（6）电压畸变率。我国对供电的谐波电压作了规定。以10kV的电网为例，总的电压谐波畸变率应小于4%，奇次谐波应小于3.2%，偶次谐波应小于1.6%。

（7）对供电频率的要求。我国规定：电网装机容量在300万kW及以上时，频率标准偏差为±0.2Hz；在300万kW及以下时为±0.5Hz；非正常情况下不应超过±1.0Hz。

（8）对供电可靠性的要求。减少设备检修和事故停电及持续停电时间，对35kV及以上供电的用户计划检修停电每年不超过1次；对10kV供电的用户计划检修停电每年不超过3次。

（9）配电网内大多数设备是人工操作，而输电网内大多数设备是远方控制（遥控）。

（10）配电网设备名目繁多，数量大，且变化频繁。

（11）配电网除电力部门设备外，还连有大量用户的用电设备。

（12）配电网通信系统具有多种通信方式，但通信速率没有输电网通信系统要求高。

1-26 什么是小接地短路电流系统和大接地短路电流系统？

答 1kV及以上电压高压电力系统中性点直接接地系统或经小电阻直接接地系统，发生单相接地或同点两相接地故障时，接地短路电流大于500A时称为大接地短路电流系统（又简称大电流接地系统）或称有效接地系统。

1kV及以上电压高压电力系统中性点经消弧线圈直接接地系统，发生单相接地或同点两相接地故障时，接地短路电流小于500A时称为小接地短路电流系统（又简称小电流接地系统）或称非有效接地系统。

我国的划分标准为：①$X_0/X_1 \leqslant 4 \sim 5$的系统属于大电流接地系统，②$X_0/X_1 > 4 \sim 5$的系统属于小电流接地系统。其中，$X_0$为系统零序电抗，$X_1$为系统正序电抗。

1-27 我国配电网中性点接地采用什么方式？

答 目前，我国电力系统经中性点接地方式进行补偿基本有四种方式：

（1）中性点经消弧线圈接地方式。

（2）中性点经高电阻接地方式。

（3）中性点经低电阻接地方式（又称小电阻接地方式）。

（4）中性点不直接接地方式。

1-28 中性点不直接接地系统适用的范围是什么？

答 中性点不直接接地系统适用于电压在500V以下的三相三线制电网和6～66kV电网，对于6～66kV电网其单相接地电流应符合下列要求：

（1）6～10～20kV电缆线路的电网，单相接地电流$I_C \leqslant 30A$；

（2）10～66kV架空线路的电网，单相接地电流$I_C \leqslant 10A$。

在上述条件下，单相接地电流产生的电弧（电容性）电流可自行熄灭。

1-29 简述中性点直接接地方式的优缺点。

答 优点是：

（1）系统内过电压小20%，因此可降低设备绝缘水平。

（2）与同电压线路比较可减少绝缘子数量，减小塔头尺寸。

（3）接地的继电保护装置动作可靠。

缺点是：单相接地电流大，对邻近通信线路影响较大，必须在通信线路中采取措施。

1-30 对单相短路接地电流不超过10A的10～20kV系统，采用中性点不接地方式的理由是什么？

答 凡接地电流不超过10A的10～20kV电力系统均采用不接地方式，原因是中性点不接地系统正常运行时，线路每相电容电流是均匀分布的，各相电压U_A、U_B、U_C是对称的，所产生的电容电流I_A、I_B，I_C数值是相等的，相位互差120°，所以流经大地的总电流为0。当一相接地时，故障相电压为0，中性点的电压升高为相电压，非故障相的相电压上升为线电压，即为相电压的$\sqrt{3}$倍，线间电压不变。如接地电流小于5A，闪络很难在闪络点形成稳定电压，所以故障可自动熄灭，不致停电。

1-31 中性点不接地系统中在何种情况下要加装消弧线圈？

答 中性点不接地系统中，当单相接地时接地点会产生间歇性电弧，这是引起弧光接地过电压的主要原因。由于消弧线圈的补偿作用基本杜绝了电弧重燃的可能，所以一般不会产生间歇性电弧，因而不会产生弧光接地过电压。由此可见，消弧线圈对过电压保护是有一定的好处的。

1-32 消弧线圈为什么能够消除线路接地时所产生的弧光电压？

答 消弧线圈是一个带有铁芯的电感线圈。它接在变压器或发电机中的中性点与大地之间，构成中性点经消弧线圈接地系统。在系统正常运行时，变压器或发电机的中性点电位为零，消弧线圈中没有电流通过。当电力网因雷击或其他原因发生单相电弧性接地时，变压器的中性点电位上升到相电压，这时流经消弧线圈的电感性电流恰好与单相接地的电容性故障电流反相而互相抵消，使故障电流得到补偿。图1-11表示了中性点接有消弧线圈的电网发生单相接地时的电流分布和相量图。

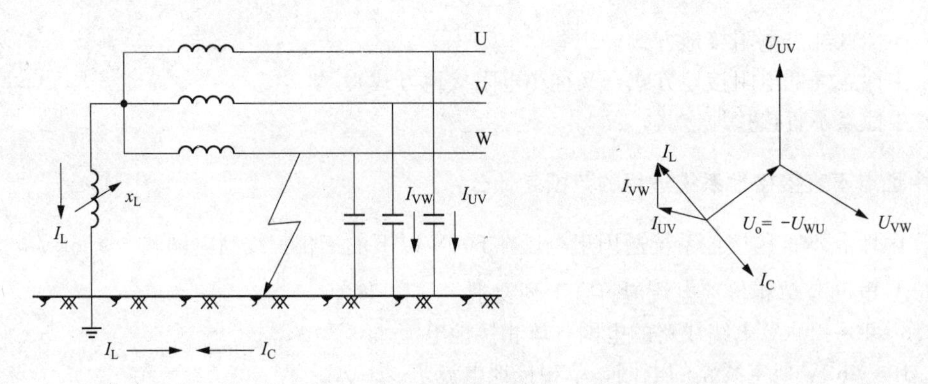

图 1-11 单相接地时的电流分布和相量图

$I_{jd}=I_L-I_C$ 表示流过接地点的电流，它是电感电流 I_L 补偿电容电流 I_C 以后的残余电流，简称残流。合理选择消弧线圈的运行分头，可使残流很小，不足以维持电弧而自行熄灭，使接地故障迅速自行消除，因而保证了电网的正常运行，提高了供电可靠性。

1-33 消弧线圈补偿方法有几种？

答 消弧线圈补偿方法有全补偿、欠补偿、过补偿三种。

（1）全补偿。指补偿的电感电流等于电容电流，接地点电流为零，有可能引起串联谐振问题。

（2）欠补偿。电感电流小于电容电流，接地点尚有没有补偿的容性电流。一般不采用，因为电网在故障时切除了部分线路之后，电网电容减小，这可能使系统又发生串联谐振。

（3）过补偿。该方法使用较多，补偿电感电流大于单相接地电容电流，接地点是感性电流刚好抵消电弧电流（容性）有富余，感性电流有利于灭弧，电弧没有重燃的条件。

1-34 全补偿易引起什么故障？

答 当调整消弧线圈的分接头使得 $I_L=I_C$ 时，即感抗与容抗相等，则流过接地点的电流为零，以消弧的观点来看，全补偿应为最佳的补偿，但实际上并不采用这种补偿方式。这是因为在正常运行时由于电网的对地电容并不完全相等或断路器在操作时三相触头不能闭合等，在未发生接地故障情况下，中性点对地之间存在一定数值的电压（称为不对称电压），在此电压作用下将会引起串联谐振，使中性点产生很高的过电压，过电压将会损坏电力设备的绝缘，危及供电安全。因此，电力系统不会采用全补偿方式。

1-35 中性点不接地系统中，在何种情况下要加装电阻？

答 现行 DL/T 620—1997《交流电气装置的过电压保护和绝缘配合》规范中第 3 章有明文规定：110～500kV 系统采用有效接地方式（即变电站中变压器中性点直接接地），3～66kV 系统采用非有效接地方式（即变电站中变压器中性点经消弧线圈或电阻接地）。

1. 高电阻接地方式

系统中性点经电阻接地方式，可根据系统单相对地电容电流来确定。当接地电容电流小于规定值时，可采用高电阻直接接地方式；当接地电容电流大于规定值时，可采用小电阻接地方式。

2. 小电阻接地方式

近年来，随着城市建设和供电业务的迅速发展，一些大城市新发展的和改造的 10kV 配电网主要采用地下电缆，使对地电容电流大大增加，当产生单相接地故障时易引起电缆发生火灾，扩大事故范围。虽然当今有比较成熟的自动跟踪动态补偿式消弧线圈，但城市电力网多为电缆网络，线路很长，一旦电缆故障就是永久性故障，单相接地电容电流大，如果采用消弧线圈接地，则需要较大的补偿容量，而且要配置多台消弧线圈，于是增加工程投资。因此，采用小电阻接地方式是节省资金投入的一个好办法。小电阻接地方式的接线图见图1-12。

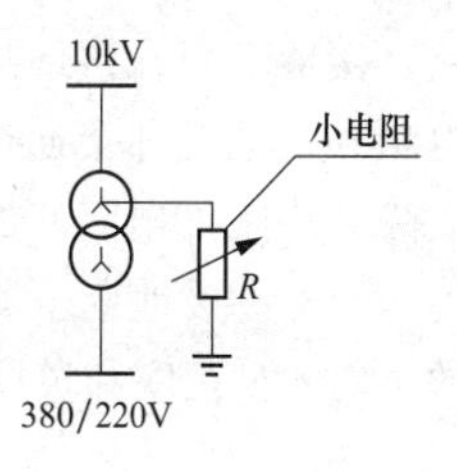

图1-12　小电阻接地方式的接线图

当前，10kV电力网系统多采用中性点经电阻接地方式，35kV电力网系统多采用中性点经消弧线圈接地方式。

1-36 变电站为什么要加装接地变压器？

答 我国电力系统中的6、10、20、35kV电网中一般都采用中性点不直接接地的运行方式。电网中主变压器配电电压侧一般为三角形接法，没有可供接地的中性点。当中性点不直接接地系统发生单相接地故障时，线电压三角形仍然保持对称，对用户继续工作影响不大，并且电容电流比较小（小于10A）时，一些瞬时性接地故障能够自行消失，这对提高供电可靠性，减少停电事故是非常有效的。

变电站站用变压器一般接在10kV母线上，多采用普通接线Yyn0型变压器，为了人为制成一个中性点，必须采用接地变压器。其具体接线见图1-13。

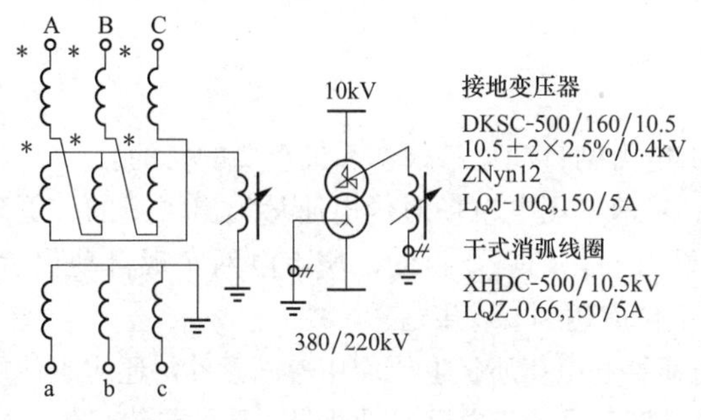

图1-13　接地变压器接线图

但是随着电力技术的发展，这简单的方式已不再满足现在的需求，现在城市电网中电缆电路逐渐增多，电容电流越来越大（超过10A），此时接地电弧不能可靠熄灭，就会产生以下后果：

（1）单相接地电弧发生间歇性的熄灭与重燃，会产生弧光接地过电压，其幅值可达$4U$（U为正常相电压峰值）或者更高，持续时间长，会对电气设备的绝缘造成极大的危害，在绝缘薄弱处形成击穿，造成重大损失。

（2）持续电弧造成空气的离解，破坏了周围空气的绝缘，容易发生相间短路。

（3）易产生铁磁谐振过电压，容易烧坏电压互感器并引起避雷器的损坏，甚至可能使避雷器爆炸；这些后果将严重威胁电网设备的绝缘，危及电网的安全运行。为了防止上述事故的发生，为系统提供足够的零序电流和零序电压，使接地保护可靠动作，需人为建立一个中性点，以便在中性点接入接地电阻。接地变压器（简称接地变）就在这样的情况下产生了。接地变就是人为制造了一个中性点。

另外，接地变有电磁特性，对正序和负序电流呈高阻抗，绕组中只流过很小的励磁电流。由于每个铁心柱上两段绕组绕向相反，同心柱上两绕组流过相等的零序电流呈现低阻抗，零序电流在绕组上的压降很小。也即当系统发生接地故障时，在绕组中将流过正序、负序和零序电流。该绕组对正序和负序电流呈现高阻抗，而对零序电流来说，由于在同一相的两绕组反极性串联，其感应电动势大小相等，方向相反，正好相互抵消，因此呈低阻抗。接地变的工作状态，由于很多接地变只提供中性点接地小电阻，而不需带负载，所以很多接地变就是属于无二次的。接地变在电网正常运行时相当于空载状态。但是，当电网发生故障时，只在短时间内通过故障电流，中性点经小电阻接地电网发生单相接地故障时，高灵敏度的零序保护判断并短时切除故障线路，接地变只在接地故障至故障线路零序保护动作切除故障线路这段时间内起作用，其中性点接地电阻和接地变才会通过 $IR=U$（U 为系统相电压，$R=R_1+R_2$，R_1 为中性点接地电阻，R_2 为接地故障忽略附加电阻）的零序电路。根据上述分析，接地变的运行特点是长时空载，短时超载。

总之，接地变压器是人为制造的一个中性点，用来连接接地电阻或消弧线圈。当系统发生接地故障时，对正序和负序电流呈高阻抗，对零序电流呈低阻抗性，使接地（零序）保护装置可靠动作。

1-37 什么是配电自动化？

答 配电网自动化技术是服务于城乡配电网改造和建设的重要技术，它包括馈线自动化和配电管理系统。光纤通信技术是配电自动化的关键。目前，我国配电自动化进行了较多试点，由配电主站、子站和馈线终端构成的三层结构已得到普遍认可，光纤通信作为主干网的通信方式也得到共识。馈线自动化的实现也完全能够建立在光纤通信的基础上，这使得馈线终端能够快速地彼此通信，共同建立具有更高性能的馈线自动化功能，配电网自动化的实现将大大提高供电的可靠性。

1-38 城市电力网自动化的目的是什么？

答 城市电力网自动化的主要目的有：

（1）提高城市电力网的供电可靠性。这是城市电力网自动化最根本和最首要的目的。

（2）提高城市电力网的供电质量和降低线损。目前，用电市场对供电质量提出了新的、更高要求，所以提高供电质量和降低线损也是城市电网自动化的重要目的。城市电网实现自动化后，大多数供电电压合格率达 92%以上，有一批供电单位应达到 95%以上。

（3）提高用户满意度。供电部门除了在供电可靠性和电压质量上要使用户满意外，还应当使用户不为用电烦恼。所以，从某种意义上说，使用户满意又是城市电网自动化最主要的最终目的。

（4）提高供电部门的劳动生产率。供电部门提高劳动生产率的途径是实现配电自动化。例如，变电所经综合自动化后，为实现无人值守创造了条件，配电线路的在线监测和遥控为及时提供线路运行状况、节约故障巡查时间和节省处理故障时的劳动力等创造了条件，这些都有利于提高劳动生产率。

1-39 城市电力网自动化的主要功能有哪些？

答 城市电力网自动化的主要功能如下。

1. 电网运行和管理功能

（1）电网运行监视。包括变电站设备有限状态的监视，配电网中压和低压馈线负荷、运行及故障情况的监视，配电网倒闸操作情况的监视，设备越限运行监视。

（2）电网运行的控制。包括就地自动控制和地区遥控。变电站变压器和馈线通过就地安装的各种继电保护装置或配电网线路上的分段断路器通过本身安装的继电保护和重合闸装置实现自动跳闸和重合闸，或者变压器的有载分接开关、电容器的投切开关通过按远方整定的整定值就地自动控制切换投切，都属于就地自动控制功能。而由运行人员通过各类通道向设备发出投切的控制属于地区遥控功能。

（3）故障诊断分析与恢复供电。包括用户故障信息的收集，根据用户故障报修对低压电网的故障进行诊断与定位分析，根据继电保护及断路器动作情况和故障检测动作情况对中压电网的故障进行诊断与定位分析，恢复供电操作和现场抢修的安排。

（4）运行情况统计及报告。包括维修资料、运行计划资料和管理控制资料，在配电网数据管理中的配电运行动态数据中记入和更新。

2. 运行计划模拟和优化功能

（1）配电网运行模拟。包括配电网负荷的估计、有功无功潮流的计算、倒闸操作的模拟（例如确定最合理的变压器分接头位置、电容器投切的整定、确定环网中开环点的最适当位置等）、事故的模拟计算（包括馈线的各种类型短路的计算和冷负荷启动的计算等）。

（2）倒闸操作计划的编制。包括编制遥控或遥调操作命令及委派现场操作人员的操作任务的计划，对倒闸操作后可能影响用户用电的分析和及时通知用户等。

（3）入网口电量的计划和优化。根据配电网的负荷及潮流，合理安排各入网口的电量，使购电成本最低，损耗最小，且又能保证供电质量。

3. 运行分析和维护管理功能

运行分析和维护管理功能包括对配电网故障和供电质量反馈的信息进行运行分析，以及根据设备状况进行维修计划的编制，制订打印工作任务单，对维修工作的班组进行跟踪管理及对维修结果进行分析以得知维修的费用和效益。

4. 用户负荷监控和故障报修功能

（1）用户端负荷和电能质量的遥控。包括对用户负荷的遥测，以了解该用户的负荷曲线和特性，用于统计分析以建立负荷预测模型；对电量的遥测以开列账单，对电压-电流、三相不平衡度、电压偏移率、短时或瞬时断电以及谐波的测量用于诊断向用户供应的电力质量。

（2）用户端负荷和表计的控制。包括可根据与用户的合同遥控整定表计的参数，根据与用户的合同遥控用户的电热水器、大型空调机等的分时投切，在电网发生意外情况时遥控改变用户的电力供应整定值，以实现有效的电力平衡等。

（3）用户故障报修处理系统。包括用户故障报修的自动应接记录和人工应接记录，将用户报修信息输入配电网地理信息系统，为分析事故提供准确信息，根据调度对事故的分析和处理估计向用户提供可能恢复供电的大致时间，并列入话音处理装置，作为对用户答应的内容之一。

1-40 配电网自动化涉及哪些电压等级的配电网？

答 根据国家电网公司发布的《10kV配电网自动化发展规划要点》的要求，目前规划、实施的配电网自动化系统主要涉及10kV电压等级（包括20kV）的配电网系统自动化，包含10～20kV馈线自动化、开闭所和小区配电自动化、配电变压器和电容器组等的检测、投切自动化等。

35kV以上电压等级配电网的自动化，基本已由调度自动化和变电站综合自动化所覆盖。

380/220V低压等级配电网，由于用户数量过于庞大，涉及资金、技术、管理等各方面的问题，有的地方根据当地应用需求，做了部分低压配电网自动化方面的工作（如居民用户采用了集中抄表系统）。

1-41 配电网自动化系统具体涉及哪些一次设备？

答 配电网自动化系统具体涉及的一次设备主要是断路器、隔离开关、重合器、分段器、负荷开关、配电变压器、开关站、配电室、箱变设备，自动化系统通过安装在这些设备近旁的监控和监测装置，获取配电网的有关信息，执行系统的控制操作。

1-42 配电网自动化对所涉及的一次设备有什么要求？

答 配电网自动化对一次设备要求如下：

（1）要求断路器具有测量和控制的接口。

（2）要求断路器配备电动操作机构，能执行遥控操作。

（3）要求断路器配备电压和电流互感器。

（4）要求配电变压器具有测量功能（配备 TV、TA）和测量接口。

（5）对配电有特殊控制要求的变压器，则可在低压侧配备控制（自动空气）开关时考虑操动机构及其接口，或者有载调压变压器配备电动调压机构。

1-43 实现配电网自动化对配电网络有何要求？

答 配电网自动化的功能是依托配电网来实现的，因此，要实现自动化，就要求配电网应具备以下条件：

（1）合理的网架结构。馈线至少具备与另一条馈线的联络条件。

（2）对双电源环网接线方式，每条馈线应具备 1/3 以上的转带负荷的能力（若考虑两条馈线完全相互转带应具备 1/2 的转带负荷的能力）。

（3）对双电源环网接线，其联络方式首先应考虑两段母线出线的线路联络，有条件的考虑在两个变电所间或三个变电所及以上的馈线联络。

（4）三分四连网形接线方式是网格式线路结构。可进一步降低线路富裕容量，使配电网转带形式更为灵活可靠，方便了事故时负荷转带，正常运行方式时负荷均衡。

（5）电源点分布合理。变电所布点应与城市规划发展相适应，要满足负荷增长需求。变电所所址尽量靠近负荷中心，以满足供电半径和电压质量的要求。设置一定数量的开闭所、环网柜，以减轻线路走廊的压力。

（6）配电网络及周围环境负荷分布相对稳定。城市建设道路结构基本定型，重要负荷用户、大负荷用户建设也已到位。

1-44 配电网自动化系统总体由哪些部分组成？

答 配电网自动化系统总体一般由控制中心、监控/监测终端、通信信道三大部分组成。

一个基本配电网自动化系统可由一个主要控制中心（又称主站）、若干监控/监测或其他终端组成。配电网系统较大时，可分置若干分控制中心（又称子站），也可增设若干站控终端。配电网自动化系统总体构成见图 1-14。配电网控制中心（主站）位于城市调度中心里，分控制中心

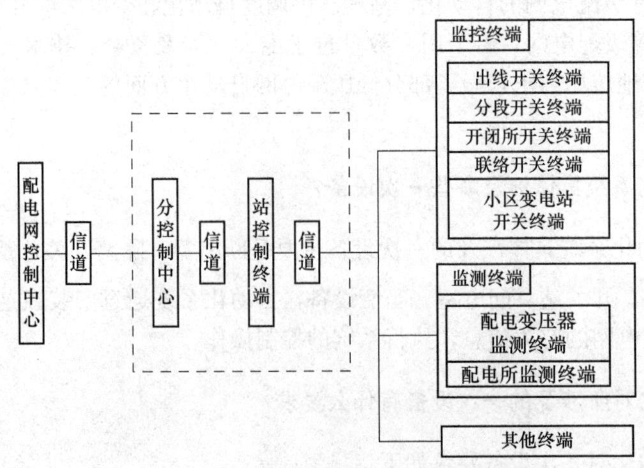

图 1-14　配电网自动化系统总体构成

（子站）部署于110/35kV变电站内。

1-45 配电网自动化系统的主要功能有哪些？

答 配电网自动化系统的主要功能如下。

1. 配电网调度自动化系统

（1）配电网数据采集与监控系统（SCADA）。配电网SCADA系统应包括数据采集、四遥（遥信、遥测、遥控、遥调）、状态监视、报警、事件顺序记录、统计计算、制表打印等功能，还应支持无人值班变电站的接口等。

（2）配电网电压管理系统。根据配电网的电压、功率因数、电流等参数，自动控制无功补偿电容器的投切、变压器有载分接开关分接头的挡位等功能。

（3）配电网故障诊断和断电管理系统。根据投诉电话、通信信息，实现故障定位、诊断，并实现故障隔离、负荷转移、现场故障检修、事故报告存档等。

（4）操作票专家系统（ES）。

2. 变电站、配电站自动化

（1）变电站自动化。实施数据采集、监视和控制，与控制中心和调度自动化系统（SCADA）通信。

（2）配电站自动化。该功能由安装在配电所的RTU（远程测控终端）对配电站实现数据采集、监视控制，与控制中心和配电调度自动化系统（SCADA）通信。

3. 馈线自动化（FA）

（1）馈线控制及数据检测系统。正常状态下，可实现对各运行电量参数（包括馈线上设备的各种电量）的远方测量、监视和设备状态的远方控制。

（2）馈线自动隔离和恢复系统。当馈线发生相间短路故障或单相接地故障时，自动判断馈线故障段，自动隔离故障段，并恢复非故障段的供电。有两种方式可供选择：

1）采用线路自动重合器和/或分段器；

2）采用远方通信信道，具有数据采集和远方控制功能的馈线自动化。该系统除了包括一次设备，还应包括远方终端（FTU）、通信信道、电流电压传感器等。

4. 自动制图（AM）/设备管理（FM）/地理信息系统（GIS）

该功能统称图资系统。图资系统应用的目的是形成以地理背景为依托的分布概念，以及电网资料分层管理的基础数据库。可有如下功能：

（1）向管理系统提供变电站、线路、变压器、断路器、用户等的地理位置。利用配电设备管理和用电营业管理系统所提供的信息及数据与小区负荷预报的数据相结合，共同构成配电网设备运行、检修、设计和施工管理的基础。

（2）向用电管理营业系统提供多种信息，对各用户进行申请报装接电、电价/电费管理、负荷管理等业务的营运工作。查询有关用户地理位置，自动生成各种供电方案。

（3）为配电系统自动化提供静态背景画面，接收配电系统的实时信息，提供动态配电线路图层，提供实时可操作画面，显示故障信息。

（4）设立故障投诉电话，用此信息弥补DA信息采集的不足。

（5）图资系统为配电系统提供各种在线图形与数据信息，成为配电系统数据模型的重要组成部分。该系统可有在线方面的应用，主要是与SCADA系统提供的实时信息有机结合，改进调度工作质量，提供优质的日常维护服务，正确判断故障位置，及时派员工维修。离线方面应用包括设备管理系统、用电管理系统及规划管理系统等。

5. 配电工作管理系统

（1）网络分析，提出最佳停电方案；

（2）运行管理；

（3）设备检修管理；

（4）配电工程设计，接受完成用户申请报装接电的设计任务；

（5）施工管理，根据设计和工作任务单，制订施工计划并实施施工管理。

6. 配电规划设计系统（NPL）

完成合理分割变电所配电负荷、馈电线负荷调整，增设变电所、配电所，实施馈电线、配电网络改造和发展规划等各种设计任务，以及线损计算等。

7. 用电管理自动化

（1）客户信息系统。储存用户的户名、地址、电话、受电线路、设备装接容量、用电性质类别等信息，与其他系统共享，并能自动识别用户来电地址。

（2）负荷管理系统。包括负荷曲线调整；分类电价管理、负荷监控、需方发电管理等。

（3）计量、计费系统。实现自动抄表、自动生成账单、与银行系统联网等。

（4）用电营业管理系统。包括客户用电申请、业扩报装、咨询服务、电能计量、收费管理、用电检查、故障报修等功能。

（5）用户故障报修系统（TCM）。

8. 配电网能耗管理系统

例如配电网的线损计算与管理。

9. 配电网分析软件系统（DPAS）

（1）网络接线分析，用于确定配电网设备连接和带电状态。

（2）配电网潮流分析，包括三相潮流分析。

（3）短路电流计算，在配电网短路故障（单相、两相、三相及接地等类型的故障）的情况下，计算出支路的电流和母线上的电压。

（4）负荷模型的建立与校核，使网络负荷点的有功及无功负荷与在变电站馈线端口记录的实测负荷相匹配。

（5）配电网状态估计，状态估计主要有两大类，一是主配网的电量估计量，二是沿馈线的电量估计量。

（6）配电网负荷预测，包括地区负荷及母线负荷。

（7）安全分析。

（8）网络结构优化和重构。

（9）配电网电压调整及无功优化。

10. 与其他系统的接口

配电网自动化涉及面广、范围大、内容多且复杂，是一个庞大的系统工程，随着社会发展的需求，对配电网质量的要求越来越高，故其功能也必须不断地增加、调整，所以整个系统的设计要从全局、从长远的观点来考虑，不能花了几年心血搞出的系统随着系统的增容、地理的变化、功能的增加等因素而无法使用。

1-46 配电网自动化系统对通信有哪些要求？采用哪些通信方式？

答 配电网自动化系统对通信的要求有：

可靠性、实时性、双向性、灵活性。

采用的通信方式：有有线通信和无线通信，其中有线通信方式又可分为光纤通信和低压配电线载波通信；无线通信方式可分为SM的GPRS技术、3G通信和WIMAX通信。

1-47　配电网经济运行包括哪些内容？

答　电网经济运行是指电网在供电成本率低或发电能源消耗率少及网损率最小的条件下运行。

(1) 合理进行电网改造，降低电能损耗。由于各种原因电网送变电容量不足，出现“卡脖子”、供电半径过长等情况，这些问题不但影响了供电的安全和质量，而且也影响着线损。

(2) 合理安排变压器的运行方式，保证变压器经济运行。变压器经济运行应在确保变压器安全运行和保证供电质量的基础上，充分利用现有设备，通过择优选取变压器最佳运行方式、负载调整的优化、变压器运行位置最佳组合，以及改善变压器运行条件等技术措施，最大限度地降低变压器的电能损耗和提高其电源侧的功率因数，所以变压器经济运行的实质就是变压器节电运行。

(3) 合理调节配电网运行方式使其经济运行。电力系统的经济运行主要是确定机组的最佳组合和经济地分配负荷。

(4) 合理配置配电网的补偿装置，合理安排补偿容量。

(5) 做到经济调度，有效降低网损。电网经济调度是以电网安全运行调度为基础，以降低电网线损为目标的调度方式。

1-48　配电网损耗包括哪些？降低配电网损耗有哪些措施？

答　(1) 配电网损耗主要有两大部分：线路损耗和配电变压器损耗。

(2) 降低配电网损耗措施有：①增大线路线径；②选择节能变压器；③采用电容补偿提高功率因数；④提高变压器的负荷率。

1-49　试分别说明什么是配电网的可变损耗、固定损耗和管理损耗。

答　电力网的线损电量主要包括可变损耗、固定损耗和管理损耗。

可变损耗指的是消耗在电力线路和电力变压器电阻上的电量，该部分损耗与传输功率（或电流）的平方成正比。

固定损耗指的是产生在电力线路和变压器的等值并联电导上的损耗，对配电网而言主要包括电力变压器的铁损，电力电缆和电容器的绝缘介质损耗，绝缘子的泄漏损耗等。

固定损耗和可变损耗可以通过理论计算得出，故常将其称为理论线损。

管理损耗指的是线损电量扣除理论线损后的部分。

1-50　电力系统无功损耗不直接影响电量，为什么还要予以重视？

答　在电能输送过程中，不仅有有功功率损耗，同时因电抗、电容元件的存在产生无功损耗。无功损耗影响系统功率平衡，要求发电机发无功，同时在系统内要装设调相机及无功设备进行补偿，在输送容量一定情况下，无功功率过大必然会使有功功率受到限制，同时必然会在电力网各元件中产生有功损耗。因此，有功损耗影响电量少销售，给电力部门带来直接经济损失，所以应予以重视。

1-51　什么是线路的充电功率？

答　输电线路太长时，会有对地电容。由线路的对地电容电流所产生的无功功率，称为线路的充电功率。电力线路空载或者轻载的时候电压会高于电源电压。因为导线间及对地存在电容，当线路带有电压时该电容会产生充电功率（容性），所以电力线路空载或者轻载的时候电压会高于电源电压。用并联电抗器可以解决，进行感性无功补偿，即吸收充电功率，部分或全部补偿线路的电容，继而可以降低电压。电抗器安装于末端效果最好。

对于重载线路，当感性负荷较多时，充电功率会综合感性负荷，提高系统的功率因数，使输送容量增大。

1-52 什么是负荷曲线？

答 负荷曲线是电力系统中各类电力负荷随时间变化的曲线，是调度电力系统的电力和进行电力系统规划的依据。电力系统的负荷涉及广大地区的各类用户，每个用户的用电情况很不相同，且事先无法确知在什么时间、什么地点、增加哪一类负荷。因此，电力系统的负荷变化带有随机性。人们用负荷曲线记录负荷随时间变化的情况，并据此研究负荷变化的规律性。

负荷曲线的横坐标是时间，纵坐标一般是有功功率，因此通常的负荷曲线是有功功率负荷曲线［见图 1-15（a）中的曲线 P］。然而负荷从电力系统中取用的不仅是有功功率，同时还取用无功功率。电力系统的调度不仅调度发电机的有功功率，有时还要调度发电机、同步调相机及电容器等的无功功率，因此还有一个无功功率的负荷曲线［图 1-15（a）中的曲线 Q］。

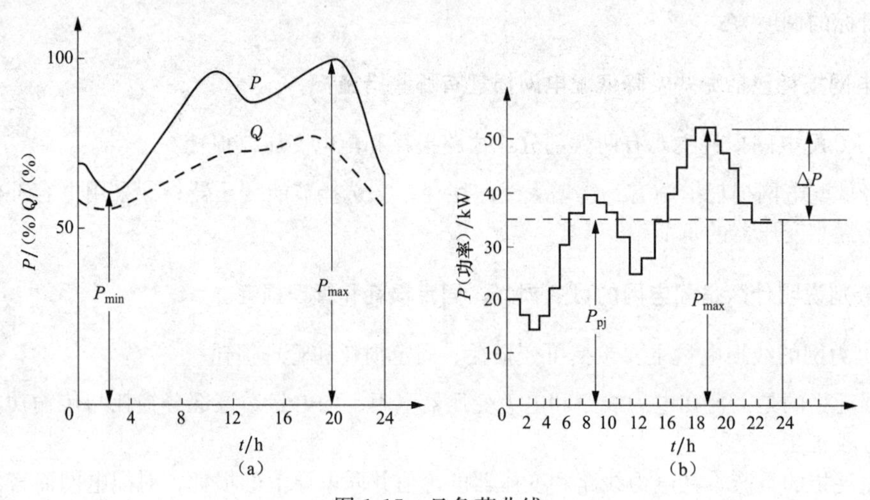

图 1-15 日负荷曲线

负荷曲线中的最大值称为最大负荷（P_{max}），最小值称为最小负荷（P_{min}）。这两个数据是分析电力系统负荷特性的重要数据。由负荷曲线也可以计算出用户消耗电能的多少。一天中负荷消耗的电量（千瓦时），即日负荷曲线 P 下面的面积［见图 1-15（a）和（b）］，图 1-15（b）中 P_{pj} 为日平均有功功率负荷。

1-53 电网电压的变化可用哪三个名词来说明？

答 电网电压的变化可用以下三个名词来说明：

（1）电压降落。指输电线路首、末端的电压向量差。

（2）电压损耗。指输电线路首、末端的电压代数差。

（3）电压偏移。电网中某一点的实际电压与电网额定电压之差，一般用百分数来表示，即

$$电压偏移百分数=\frac{电网某点电压-电网电压}{电网电压}\times 100\%$$

1-54 分别说明什么叫线路损失电量和线路线损率。

答 线路损失电量简称线损，是供电部门考核的一项重要指标，简单地说电能表的总供电量与总售电量之差称为实际的损失电量，即损失电量＝供电量－售电量。

损失电量与总电量之比的百分数称为线路损失率，简称线损率。

1-55 什么是年最大负荷利用小时？

答 在年持续负荷曲线中，以最大负荷连续运行时间 T 所消耗的电量正好与年负荷曲线中实际消耗的电量相等时，则时间 T 称为年最大负荷利用小时。

年最大负荷利用小时是一个假想的时间，在此时间内，电力负荷按年最大负荷持续运行所消耗的电能恰好等于该电力负荷全年消耗的电能（即图1-16中长方形 abc$O$ 面积），所以有

$$W = P_{\max} T_{\max} = \int_0^{8760} P \mathrm{d}t$$

式中 W——一年内消耗的总电量，kW·h；

$T_{\max}$——年最大负荷利用小时数。

年最大负荷利用小时的长短反映了实际负荷一年内变化的程度。如果负荷曲线平坦，说明利用小时大；如果负荷曲线起伏较大，说明该值就小。另一方面，也可以用它来衡量用电设备的利用情况。根据年最大负荷利用小时，可算出用户全年的用电量 $W=PT$，各类年最大负荷利用小时如表1-6所示。

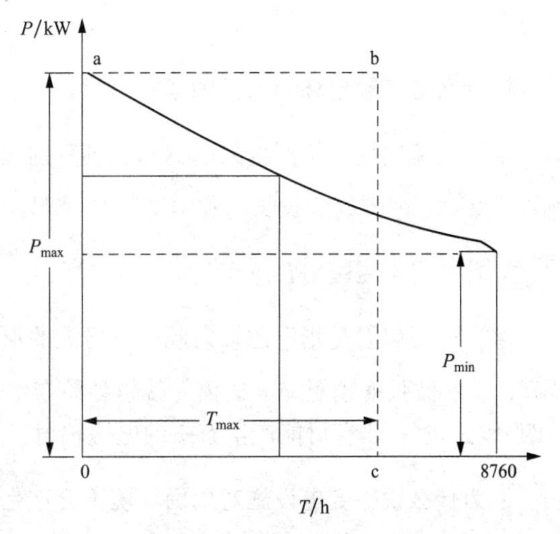

图1-16 年持续负荷曲线

表1-6 各类年最大负荷利用小时

负荷性质	时间 T/h	负荷性质	时间 T/h
照明及生活用电	2000～3000	双班制企业用电	3000～3400
农业用电	2500～3000	三班制企业用电	6000～8000
单班制企业用电	1500～2999		

1-56 为什么说提高电网功率因数可以降低线损？降低线损应采取哪些措施？

答 在电力系统中，负荷功率因数的变化直接影响系统有功功率的比例变化，改变着设备的利用率。同时，功率因数还影响着电压质量，并使输电线路的损耗随之改变。功率因数过低，就会使发电机转速改变，多发无功功率，这样就使设备的利用率大大降低。在电网中增加并联电容器可以减少线路的无功功率，提高电网的功率因数，无功功率减少后，相应的负荷电流也减少，则有功损耗 $\Delta P=I^2R$ 也相应减少。

降低线损应采取的措施有：

（1）提高电网电压运行水平。

（2）合理确定供电中心，减少线路长度。

（3）提高功率因数，减少空载、轻载损耗，装设电容器、调相机。

（4）尽量采用环网供电，减少备用容量。

1-57 什么是电力系统潮流？从潮流性质上进行划分可分为哪几种？

答 电力系统潮流是描述电力系统运行状态的技术术语，运行中的电力系统带上负荷后，就有潮流或与潮流相对应的功率从电源通过系统各元件流入负荷，并分布于电网各处，这称为潮流分布。潮流分布从性质上可分为电力系统静态潮流、动态潮流和最佳潮流。

1-58 什么叫电网的潮流计算？为什么要进行电网潮流计算？

答 电网潮流计算是电网功率分布和电压状况计算的统称。电网在某一运行方式下，功率大小及功率方向的分布情况是一定的，通过计算可以明确各变电所母线上功率大小、功率性质、网内功率方向，以及是送电还是受电。

1-59 什么是工频电场和工频磁场？

答 交流输变设施产生的电场和磁场分别属于工频电场和工频磁场。工频又称电力频率。工频的特点是频率低、波长长。我国工频是50Hz，波长是6000km。

1-60 什么是电磁辐射？

答 电磁辐射是指电磁辐射源以电磁波的形式发射到空间的能量流。电磁辐射源发射的频率越高，它的波长就越短，电磁辐射就越容易产生。一般而言，只有当辐射体长度大于其工作波长的四分之一时，才有可能产生有效的电磁辐射。

1-61 为什么说输变电设施对周围环境不会产生有效的电磁辐射？

答 这是因为交流输变电设施产生的工频电场和工频磁场属于极低频场，是通过电磁感应对周围环境产生影响的。工频电场和工频磁场的频率只有50Hz，波长很长，达6000km，而输电线路本身长度一般远小于这个波长，因此不能构成有效的电磁辐射。同时，工频电场和工频磁场彼此又是互相独立的，有别于高频电磁场。高频电磁场的电场和磁场交替产生向前传播而形成电磁能量的辐射。在国际权威机构的文件中，交流输变电设施产生的电场和磁场被明确地称为工频电场和工频磁场，而不称为电磁辐射。

1-62 工频电场、工频磁场与电离辐射、电磁辐射有什么区别？

答 在图1-17所示的电磁频谱示意图中X射线、γ射线属于电离辐射区；可见光、微波炉

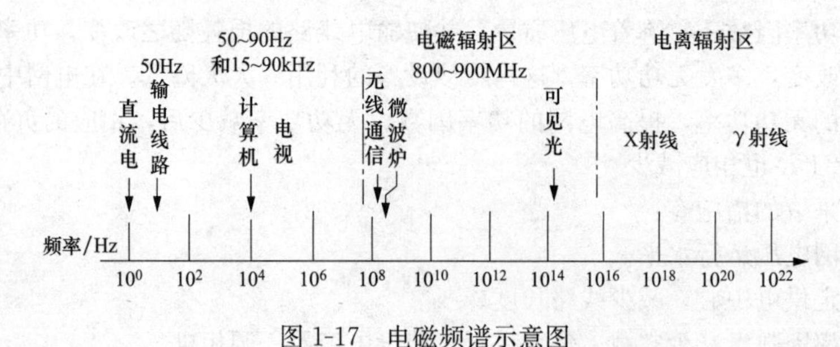

图1-17 电磁频谱示意图

产生的微波等辐射属于电磁辐射区；而50Hz频率处，输变电设施产生的工频电场、工频磁场是极低频场。重要的是，在输变电设施周围，不存在工频电场、工频磁场交替变化，“一波一波”地向远处空间传送能量的情况，这有别于电离辐射和电磁辐射。

1-63 不同的电磁现象和能量大小会对人体产生什么样的影响？

答 不同的电磁现象和能量大小关系到对生物细胞组织的影响程度。电离辐射产生的光子能量大，频率极高，能穿透人体组织，可用于透视、检查手套、照射病灶、杀伤癌细胞等。电磁辐射产生的电磁波频率比电离辐射产生的光子频率低，对人体不发生离子化作用。工频电场、工频磁场是一种极低频场，世界卫生组织认为，极低频场范畴的电磁场暴露，在电磁场强度低于国际导则限值（电场强度5kV/m，磁感应强度0.1mT）的情况下，不具有有害健康的影响。

1-64 输变电设施会产生核辐射吗？

答 不会产生核辐射。核辐射是由放射物质产生的，它属于电离辐射。而输变电设施产生的是工频电场和工频磁场，与核辐射完全不是一回事，输变电设施不可能产生核辐射。

1-65 什么是输变电工频电场强度？输电线路产生的工频电场强度有什么特点？

答 输变电工频电场强度是用来衡量输变电设施周围空间某个点位在一定方向上的电场强弱的尺度，计量单位为kV/m。

输电线路产生的工频电场强度的特点：

（1）随着离开导线距离增加，电场强度降低很快，且在距地面约2m的空间，电场强度基本是均匀的；

（2）工频电场很容易被树木、房屋等屏蔽，受到屏蔽后，电场强度明显降低。

1-66 我国对输变电工频电场强度限值有规定吗？国际上对工频电场强度有什么规定？

答 有规定。原国家环境保护局在《输变电工程环境影响评价技术规范》中规定，居民区输变电工程工频电场强度的推荐限值为4kV/m。

国际非电离辐射防护委员会（ICNIRP）于1998年发布了《限制时变电场、磁场和电磁场暴露的导则（300GHz以下）》。在这个导则中，对公众的限值是5kV/m。此限值对保护公众健康已留有足够的安全裕度，得到了世界卫生组织的认可与推荐，已被包括欧美发达国家在内的许多国家所采用。

我国的推荐限值比国际导则对公众的限值要严，在数值上比国际导则限值小1kV/m。

1-67 变电站周围工频电场强度有多大？

答 户外式变电站站界工频电场强度在每米几伏到几百伏之间，靠近变电站进出线处稍高。变电站在设计时，均按照相关技术规范要求，保证变电站相邻居民区的电场强度低于国家规定4kV/m的限值。户内式和半户内式变电站站界工频电场强度比户外式变电站更低。

1-68 家用电器的工频磁场强度有多大？

答 表1-7表示几种家用电器的工频（60Hz）磁感应强度（引自GB/Z 18039.6—2005/IEC

61000-2-7.1998《电磁兼容　环境　各种环境中的低频磁场》)。

表 1-7　　几种家用电器的工频磁感应强度

家用电器	距离 Z 处的磁感应强度/μT		
	Z=3cm	Z=30cm	Z=100cm
电动剃须刀	15～1500	0.08～9	0.01～0.3
真空吸尘器	200～800	2～20	0.13～2
荧光台灯	40～400	0.5～2	0.02～0.25
微波炉	75～200	4～8	0.25
电视机	2.5～50	0.04～2	0.01～0.15
洗衣机	0.8～50	0.15～3	0.01～0.15
电冰箱	0.5～1.7	0.01～0.25	0.01

1-69 用电负荷是如何分级的？

答 JGJ 16—2008《民用建筑电气设计规范》中规定：

用电负荷应根据供电可靠性及中断供电所造成的损失或影响的程度，分为一级负荷、二级负荷及三级负荷。各级负荷应符合下列规定：

(1) 符合下列情况之一时，应为一级负荷：

1) 中断供电将造成人身伤亡。

2) 中断供电将造成重大影响或重大损失。

3) 中断供电将破坏有重大影响的用电单位的正常工作，或造成公共场所秩序严重混乱。例如，重要通信枢纽、重要交通枢纽、重要的经济信息中心、特级或甲级体育建筑、国宾馆、承担重大国事活动的会堂、经常用于重要国际活动的大量人员集中的公共场所等的重要用电负荷。

在一级负荷中，当中断供电将发生中毒、爆炸和火灾等情况的负荷，以及特别重要场所的不允许中断供电的负荷，应为特别重要的负荷。

(2) 符合下列情况之一时，应为二级负荷：

1) 中断供电将造成较大影响或损失。

2) 中断供电将影响重要用电单位的正常工作或造成公共场所秩序混乱。

(3) 不属于一级和二级的用电负荷应为三级负荷。

第2章

中压配电系统工程

2-1 变电站和配电站以及配电室有何区别?

答 变电站和配电站以及配电室是整个电力系统中不可分割的组成部分，它们是变换电压、交换功率、分配电力、控制电力流向和调整电压的场所。它们的主要区别只是变换电压的高低和分配电力（功率）的大小。

现行国家标准 GB 50053—2013《20kV 及以下变电所设计规范》和现行行业标准 Q/GDW 156—2006《城市电力网规划设计导则》的规定：

变电站指 20kV 及以下交流电源经电力变压器变压后对用电设备供电。

配电站指站内只有起开闭和分配电能作用的高压配电装置，母线上无主变压器接入，这种配电站又称开闭站或称开关站。

配电室指户内没有中压进出线、配电变压器和高压配电装置，仅带低压负荷的配电场所。

2-2 对于配电站位置的选择有哪些要求?

答 配电站位置的选择要求：

（1）接近负荷中心。

（2）进出线方便。

（3）接近电源侧。

（4）设备运输方便。

（5）不应设在有剧烈振动或高温的场所。

（6）不宜设在多尘或有腐蚀性气体的场所，当无法远离时，不应设在污染源盛行风向的下风侧。

（7）不应设在厕所、浴室或其他经常积水场所的正下方，且不宜设与上述场所相贴邻。

（8）不应设在有爆炸危险的正上方或正下方，且不宜设在有火灾危险环境的正上方或正下方。当与有爆炸或火灾危险环境的建筑物毗连时，应符合现行国家标准的规定。

（9）不应设在地势低洼和可能积水的场所。

（10）高压配电站应尽量与邻近车间变电所或有大量高压用电设备的厂房合建在一起。

2-3 对于变电站站址的选择有哪些要求?

答 变电站选址要求如下：

（1）尽量靠近负荷中心和轨道交通线路，并与城市规划相协调。

（2）节约用地，不占用或少占用耕地及经济效益高的土地。

（3）电源工程量小。

(4) 与城市规划相协调，便于架空和电缆线路的引入和引出。

(5) 交通运输方便。

(6) 应避开高填方、大量拆迁建筑物和地下设施的地区。

(7) 应具有适宜的地质条件及地基承载力，并避开地质不良地带及高土壤电阻率地区。

(8) 应避开有重要地下文物或对变电站有影响的地点，否则应征得有关部门的同意。

(9) 周围环境宜无明显污秽，如空气污秽时，站址宜设在受污源影响最小处。

(10) 站址标高宜在50年一遇高水位之上，否则，站区应有可靠的防洪措施或与地区（工业企业）的防洪标准相一致，但仍应高于内涝水位。

(11) 应考虑职工生活上的方便及水源条件。

(12) 应考虑变电站与周围环境、邻近设施的相互影响。

2-4 什么是地下变电站？建设的基本原则是什么？

答 变电站主建筑物建于地下，主变压器及其他主要电气设备均装设于地下建筑内，地上只建有变电站通风口和设备、人员出入口等少量建筑，以及有可能布置在地上的大型主变压器的冷却设备和主控制室等，这种变电站称为地下变电站。

由于变电站建设在繁华的商业区，对消防、噪声的要求特别高，因此，在这种特殊环境中建地下变电站，就必须确定以下几点作为主要设计原则：

(1) 土地资源有限，要求尽可能简化接线设计。例如，2台主变压器宜尽量采用内桥接线方式，3台主变压器宜采用线路-变压器组单元接线形式，10kV采用单母线分段接线，分段开关设备自投。当1台主变压器或1条线路故障时，可保证不间断供电。

(2) 设备选型宜免维护、小型化，以减少占地面积，尽量减少挖方量，使整体布置趋于紧凑合理。

(3) 全站设备按湿热型（TH型）、无油化选型，包括主变压器采用进口的SF_6气体绝缘变压器。这样全站无易燃、易爆物，既能简化消防系统，又可将火灾的影响局限在地下，而不致影响到地面。但气体绝缘变压器的造价较高。

(4) 简化总体布置，采用立体布置方案，充分利用有限的土地。减少设备布置层数，以方便运输和安装，简化消防、通风系统，同时为将来的运行维护创造良好的条件。

(5) 按无人值班站考虑，按“五遥”系统设计变电站。

2-5 车间变电站有哪几种结构型式？各适用于什么范围？

答 车间变电站是将来自总降压变电站或配电站较高的配电电压降至车间用电设备所需电压的设施。

车间变电站的位置尽量接近大容量用电设备，要考虑进出线方便并不妨碍车间的发展。一般由高压配电设备、变压器和低压配电设备等组成。高、低压配电设备多采用屋内式成套装置。配电变压器采用屋内式或屋外式，要根据环境条件及变压器型式确定，在技术经济合理且能满足防火要求时，也可以采用干式变压器。

车间变电站的结构型式及其适用场合如下：

(1) 外附式设置在车间外墙外侧，变压器室门向户外开，适用于车间的主要负荷在厂房边沿，或虽在厂房中间但其周围或外墙内无法设置变配电装置的情况。

(2) 内附式设置在车间外墙内侧，变压器室门向户外开，适用于车间的主要负荷在厂房边沿，或虽在厂房中间但外墙为允许设置变配电装置的情况。

（3）车间内部式设置在厂房中间，变压器室门开向车间内，适用于负荷大的多跨厂房且厂房中间允许设置变配电设备的情况。

（4）独立式为一独立建筑物，适用于对几个车间的供电，其负荷中心不在某个车间，或由于防爆不能设车间内附式或外附式变配电设备的情况。

（5）组合式为由设备制造厂成套供货的独立箱式变配电装置，可直接放置在户外或车间内部，不需要建筑物。

2-6 什么是高压配电装置？高压配电装置包括哪些设备？

答　高压配电装置一般指电压在 1kV 及以上的电器装置，包括开关设备、测量仪器、连接母线、保护设施及其他辅助设备，它是电力系统中的一个重要组成部分。

室内配电装置将全部电器设备置于室内，大多适用于 35kV 及以下的电压等级。但如果周围环境存在对电气设备有危害性的气体和粉尘等物质，110kV 配电装置也应建造在室内。

室外配电装置是适合置于室外或露天的设备，通常用于 35kV 及以上的电压等级。新型 SF_6 全封闭组合电气装置体积小，占地少，可以装于室外，也可以装于室内，是当前较先进的配电装置，适用于各种电压等级。

2-7 高压配电装置的一般要求有哪些？

答　（1）配电装置的装设和导体、电器及构架的选择应满足在正常运行、短路和过电压情况下的要求，并不应危及人身和周围设备。

（2）配电装置的绝缘等级，应和电力系统的额定电压相配合。重要变电所或发电厂的 3～20kV 室外支柱绝缘子和穿墙套管，应采用高一级电压的产品。

（3）配电装置各回路的相序排列应尽量一致，并对硬导线涂漆，对绞线标明相别。

（4）在配电装置间隔内的硬导体及接地线上，应预留未涂漆的接触面和连接端子，用以装接携带式接地线。

（5）隔离开关和相应的断路器之间，应该装设机械或电磁的联锁装置，以防隔离开关误操作。

（6）在空气污秽地区，屋外配电装置中的电气设备和绝缘子等，应有防尘、防腐、加强外绝缘措施，并应便于清扫。

（7）周围环境温度低于绝缘油、润滑油、仪表和继电器的最低允许温度时，要采取加热措施。

（8）地震较强烈地区（烈度超过 7 度时），应采取抗震措施，加强基础和配电装置的耐震性能。

（9）海拔超过 1000m 的地区，配电装置应选择适用于该海拔的电器、电瓷产品。

（10）室外配电装置的导线、悬式绝缘子和金具所取的强度安全系数，在正常运行时不应小于 4.0，安装、检修时不应小于 2.5。套管、支持绝缘子及其金具的机械强度安全系数正常运行时为 2.5，检修时为 1.67。

2-8 对高压配电装置室有什么要求？

答　对高压配电室的要求有：

（1）当高压配电装置室长度大于7m时，应有两个出口；长度大于60m时，应再增添一个出口。配电装置室的门应向外开，相邻配电装置之间设有门时，则应向两个方向都能开。

（2）室内单台断路器、电流互感器等充油电气设备，当其总油量为60kg以上时，应设置储油设施，且配电室的门应为非燃烧体或难以燃烧的实体门。

（3）配电装置室可以开窗，但应采取防止雨、雪和小动物进入措施。

（4）配电装置室一般采用自然通风，当不能满足工作地点的温度要求或在发生事故时排烟有困难时，应增设机械通风装置。

2-9 高压开关柜有哪些型式？

答 （1）按开关柜的主接线形式，可分为桥式接线开关柜、单母线开关柜、双母线开关柜、单母线分段开关柜、双母线带旁路母线开关柜和单母线分段带旁路母线开关柜。

（2）按断路器的安装方式，可分为固定式开关柜和移开式（手车式）开关柜。

（3）按柜体结构，可分为金属封闭间隔式开关柜、金属封闭铠装式开关柜以及金属封闭箱式固定开关柜，分别见图2-1～图2-4。

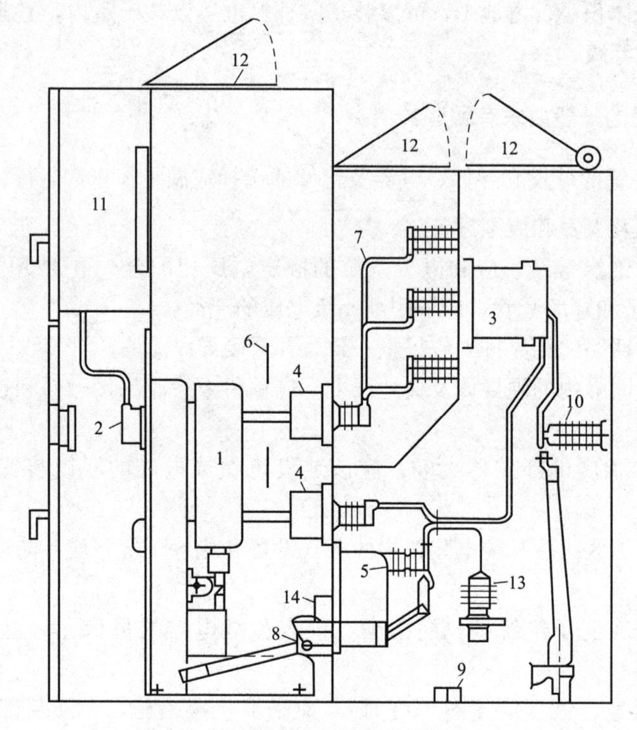

图2-1 金属封闭间隔式开关柜（一）

1—断路器手车；2—二次插头；3—电流互感器；4—一次插头；5—接地开关；6—绝缘活动帘门；7—分支母线；8—接地开关操动机构；9—接地母线；10—电压抽取绝缘子；11—低压室；12—压力释放装置；13—避雷器；14—加热器

（4）按断路器手车安装位置的方式，可分为落地式开关柜和中置式开关柜。中置式开关柜见图2-5。

（5）按开关柜内部绝缘介质的不同，可分为SF_6气体绝缘开关柜（又称C-GIS）和空气绝缘开关柜，分别见图2-6和图2-7。其中空气绝缘包括纯空气绝缘、复合绝缘、部分固体绝缘。

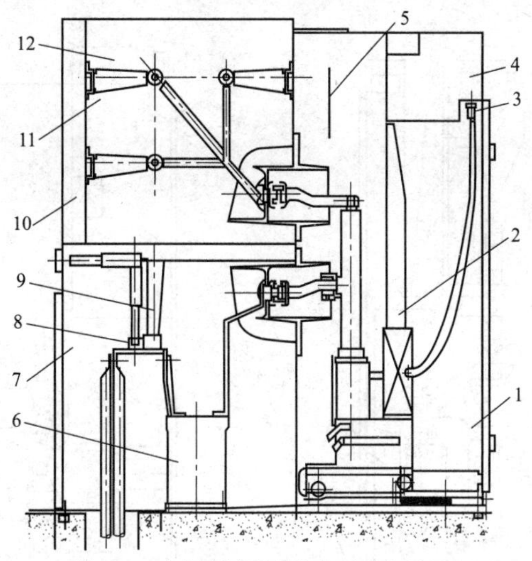

图 2-2　金属封闭间隔式开关柜（二）

1—断路器室；2—断路器手车；3—二次插头；4—低压室；5—绝缘活动帘门；6—电流互感器；7—电缆室；8—接地开关；9—电压抽取绝缘子；10—压力释放装置；11—母线室；12—母线室柜间绝缘隔板

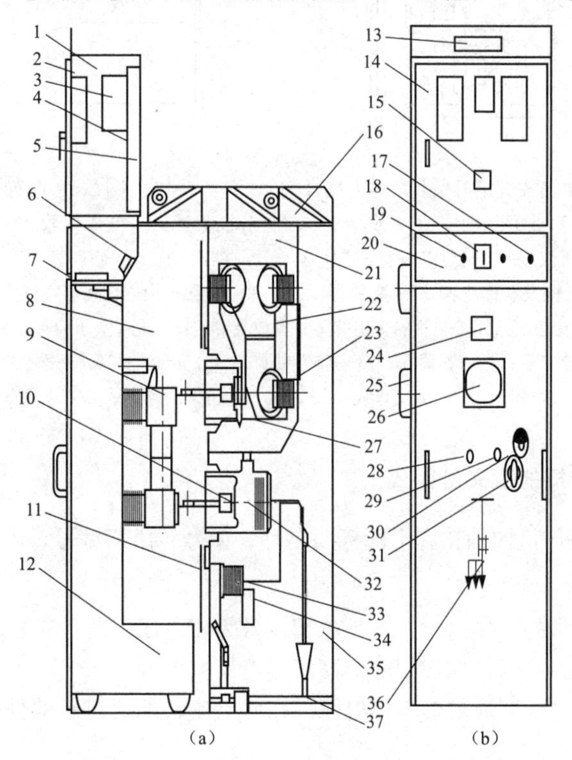

图 2-3　金属封闭铠装式开关柜

(a) 剖面图；(b) 正视图

1—低压室；2—仪表；3—继电器；4—继电器安装底板；5—控制小母线；6—端子排电流互感器；7—二次插头；8—断路器室；9—断路器；10—一次插头；11—金属活动帘门；12—断路器手车；13—编号铭牌；14—低压室柜门；15—带电显示器；16—压力释放装置；17—断路器室照明开关；18—控制开关；19—断路器分合闸指示灯；20—操作面板；21—主母线室；22—分支母线；23—主母线；24—开关柜铭牌；25—主母线柜之间绝缘套管；26—观察孔；27—一次插头盒；28—合分机械指示；29—紧急分闸；30—推进机构操作孔；31—断路器室柜门锁定机构；32—电流互感器；33—电压抽取绝缘子；34—接地开关；35—电缆室；36—一次系统模拟图；37—接地开关联锁操作轴

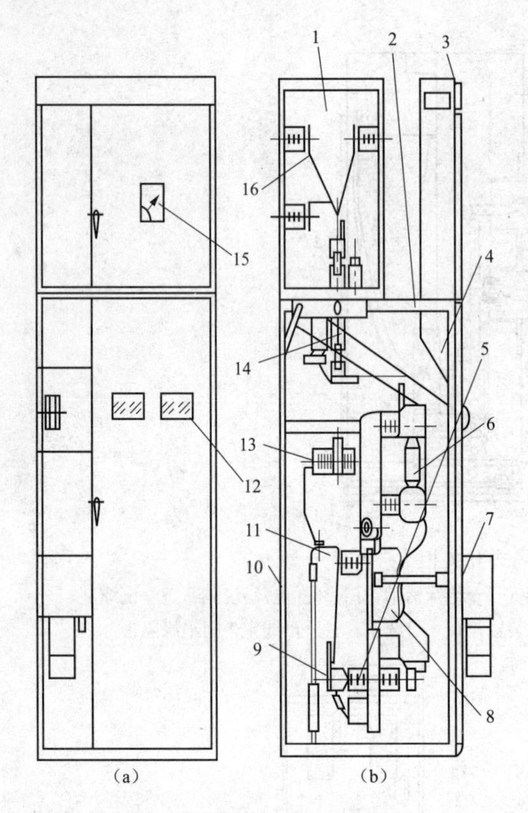

图 2-4 金属封闭箱式固定开关柜

(a) 正视图；(b) 剖面图

1—母线室；2—压力释放装置仪表；3—低压室；4—二次开关室；5—隔离开关操动机构及联锁机构；6—断路器；7—断路器操动机构；8—电流互感器；9—下隔离开关；10—电缆室；11—电压抽取绝缘子；12—观察孔；13—避雷器；14—上隔离开关；15—仪表；16—分支母线

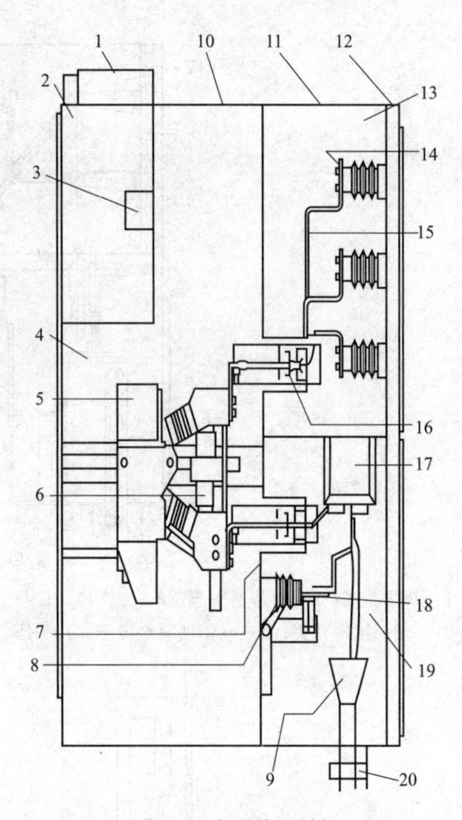

图 2-5 中置式开关柜

1—小母线室；2—低压室仪表；3—继电器；4—断路器室；5—断路器手车；6—断路器；7—金属活动帘门；8—接地开关；9—电缆；10—断路器室压力释放装置；11—母线室压力释放装置；12—电缆室压力释放装置；13—母线室；14—主母线；15—分支母线；16—一次插头；17—电流互感器；18—电压抽取绝缘子；19—电缆室；20—零序电流互感器

2-10 高压开关铭牌数据的意义是什么？

答 高压开关及操作机构的铭牌上除标明名称、型号、出厂编号、出厂日期、质量和制造厂名以外，其他技术数据的意义如下：

（1）额定电压。正常的工作电压，若是单相设备为相电压，若是三相设备则为线电压。

（2）最高工作电压。可以长期使用的最高工作电压。

（3）额定电流。可以长期通过的工作电流。在此电流长期通过各部件时，温升不超过规定的允许值。

（4）开断电流和额定开断电流。在某一电压（线电压）下所能开断而不影响继续正常工作的最大电流，称为该电压下的开断电流。如果工作电压等于额定电压，此开断电流即为额定开断电流。

（5）极限开断电流。在不同标准电压下，所有开断电流中的最大值。

（6）开断容量和额定开断容量。在某一电压下的开断电流和该电压的乘积，再乘以线路系数，称为该电压下的开断容量。

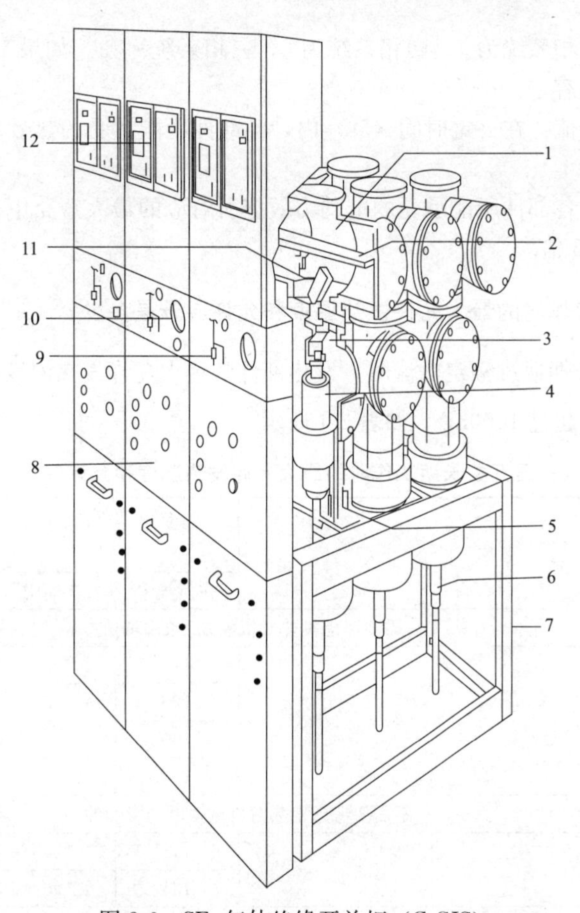

图 2-6　SF_6 气体绝缘开关柜（C-GIS）

1—铸铝母线箱；2—母线；3—断路器绝缘套管出线座；4—真空断路器；5—电流互感器；6—电缆终端；7—构架；8—开关柜操作面板；9—三位置开关及断路器位置指示器；10—气压表；11—三位置开关；12—仪表、继电器

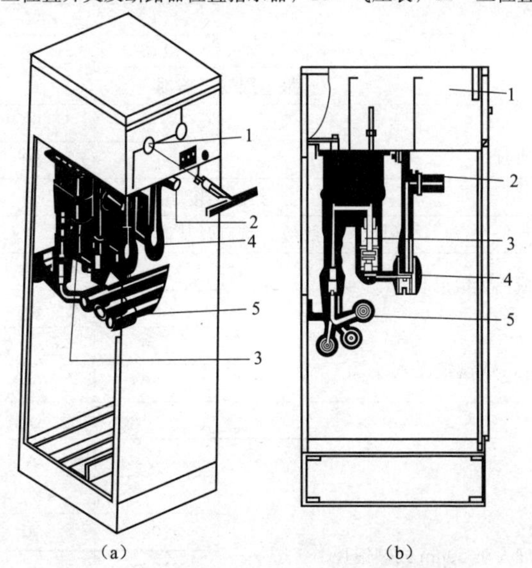

（a）　（b）

图 2-7　空气绝缘开关柜（部分采用固体绝缘）

（a）内部结构；（b）正视图

1—操动机构；2—电缆终端；3—真空断路器；4—电流互感器；5—母线

(7) 线路系数。单相系统为1，两相系统为2，三相系统为$\sqrt{3}$。如果工作电压等于额定电压，开断容量称为额定开断容量。

(8) 最大热稳定电流：在一定时间（5s）内，各部件所能承受的热效应所对应的最大短路电流有效值。

(9) 动稳定电流：各部件所能承受的电动力效应所对应的最大短路电流第一周波峰值，一般为额定开断电流的2.55倍。

2-11 高压开关长期工作时的最大允许发热温度和允许温升是多少？

答 高压开关在长期通过额定电流时，发热部件的最大允许发热温度和允许温升（环境温度不大于+40℃，海拔不超过1000m），如表2-1所示。

表2-1 高压开关长期工作时的最大允许发热温度和允许温升 单位：℃

序号	名称	最大容许发热温度		在环境温度为+40℃的容许温升	
		在空气中	在油中	在空气中	在油中
1	需要考虑发热对机械强度的影响的				
	铜	110	90	70	50
	铜镀银	120	90	80	50
	铝	100	90	60	50
	钢、铸铁及其他	100		70	50
	不需要考虑发热对机械强度的影响的				
	铜或铜镀银	145	90	105	50
	铝	135	90	95	50
2	与绝缘材料接触的金属部分以及由绝缘材料制成的零件，对应的材料绝缘等级				
	Y	85	—	45	—
	A	100	90	60	50
	E	110	90	70	50
	B、F、H和C	110	90	70	50
3	最上层变压器油				
	(1) 作为灭弧介质	—	80	—	40
	(2) 只作为绝缘介质时	—	80	—	50
4	接触连接				
	用螺栓、螺纹、铆钉及其他形式紧固的				
	铜（包括纯铜带）或铝无镀层	80	85	40	45
	铜或铝镀（搪）锡	90	90	50	50
	铜镀银	105	90	65	50
	铜镀银厚度大于50μm或镶银片	(120)	90	(80)	50
	用弹簧压紧的				
	铜或铜合金无镀层	75	80	35	40
	铝或铝合金无镀层	—	80	—	40
	铜或铜合金镀银	105	90	65	50
	铜或铜合金镀银厚度大于50μm或镶银片	(120)	90	(80)	50
5	铜编织线	(85)	(80)	(45)	(40)

注 表中括号内的数值为推荐值。

当高压开关在环境温度高于+40℃，但低于60℃情况下使用，但未超过表中规定的最大允许发热温度时，允许在该负载下长期工作。

当使用在环境温度低于+40℃时，允许长期过负荷，但必须符合表2-1规定的最大允许发热温度，同时其最大过负荷不得超过额定值的20%。

2-12 高压开关柜防止电器误操作和保证人身安全的“五防”包括什么内容?

答 高压开关柜的“五防”包括以下内容：

(1) 防止误分、误合断路器。

(2) 防止带负荷将手车拉出或推进。

(3) 防止带电将接地开关合闸。

(4) 防止接地开关合闸位置合断路器。

(5) 防止进入带电的开关柜内部。

根据需要，在有电的情况下或在操作程序上可以方便地解除以上有关的安全防护设施。

2-13 固定式高压开关柜和手车式高压开关柜有什么区别?

答 主要的区别有三点：

(1) 断路器的安装方式。固定式高压开关柜见图2-8。其断路器安装位置固定，断路器两侧使用隔离开关构成一次导电回路，或者采用隔离开关作为断路器检修的隔离措施，机构简单；但由于断路器室体积小，给断路器维修带来不便，又由于母线隔离开关在拉开位置时处于垂直状态，若母线隔离开关操作手柄锁定不良会引起母线隔离开关因自重而自动倒向合闸位置，造成设备损坏和人身伤害。因此在拉开固定式开关柜母线隔离开关时应确保操动机构锁定良好并加装绝缘挡板、绝缘筒。手车式高压开关柜见图2-5，其断路器安装于可移动手车上，断路器两侧使用

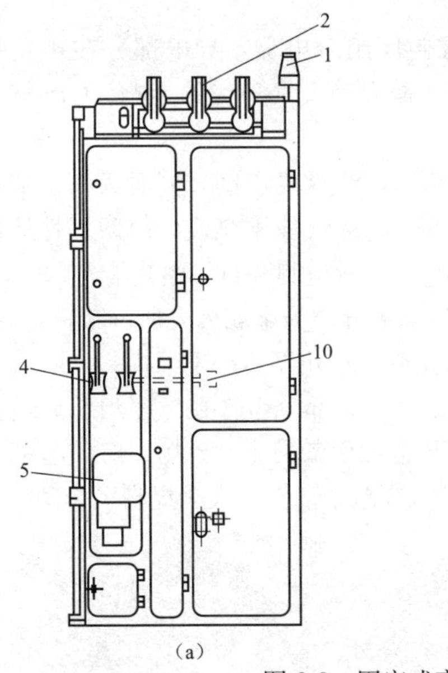

(a)

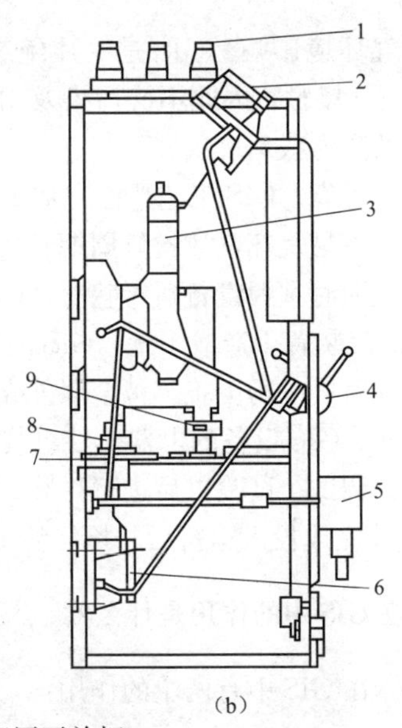

(b)

图2-8　固定式高压开关柜

(a) 正视图；(b) 剖面图

1—母线支持绝缘子；2—母线隔离开关；3—断路器；4—隔离开关操作手柄；5—断路器操动机构；6—线路隔离开关；7—水平金属板；8—穿墙套管；9—电流互感器；10—断路器室柜门联锁

一次插头与固定的母线侧、线路侧静插头构成导电回路，并使用二次插头、二次插座与断路器的操作电源相连，断路器手车可移出柜外检修。同类型断路器手车具有通用性，可使用备用断路器手车代替检修的断路器手车，以减少停电时间。

（2）柜内各元件的隔离措施。固定式高压开关柜中的各功能区是相通式敞开的，容易造成故障的扩大。手车式高压开关柜的各个功能区采用金属封闭或采用绝缘板的方式封闭，有一定的限制故障扩大的能力。

（3）断路器检修的隔离措施。固定式高压开关柜检修的隔离措施采用母线和线路的隔离开关；而手车式高压开关柜检修的隔离措施采用插头式的触头，拉出断路器就可检修断路器。

2-14 什么是 GIS 和 C-GIS?

答 GIS 全称为 Gas-Insulaed Switchgear。它由断路器、母线、隔离开关、电流互感器、电压互感器、避雷器、套管、接地开关、电缆连接件等电器单元组合而成，这些设备和部件全部封闭在金属接地外壳中，在其内部充有一定压力的 SF_6 绝缘气体，故也称 SF_6 全封闭组合电器。它的绝缘和断路器消弧介质均采用 SF_6 气体。

C-GIS 全称为 Cubicle Gas-Insulator Switchgear。它是由真空断路器、母线、隔离开关、电流互感器、电压互感器、接地开关等电器单元组合而成的气体绝缘封闭柜式组合电器。它的绝缘介质采用 SF_6 气体，断路器采用真空断路器。

2-15 GIS 有哪些主要特点?

答 GIS 的主要特点有：

（1）结构紧凑。GIS 为组合电器且充 SF_6 气体，体积小，占地面积少。与常规设备相比，110kV GIS 占地面积仅为常规设备占地面积的 50%不到，220kV GIS 占地面积仅为常规设备占地面积的 40%左右。

（2）不受大气环境影响。GIS 是气体绝缘封闭组合电器，导电部分在箱壳的内部，并充以 SF_6 气体，不与空气接触，因此不受污染及雨、盐雾等大气环境的影响。GIS 特别适合于工业污染和气候恶劣以及高海拔地区。

（3）运行安全可靠。GIS 工艺严格，加工精密，绝缘要求高，同时灭弧性能好，使断路器的开断能力高，触头不易烧坏，故检修周期长。SF_6 绝缘气体不燃烧，故防火性能好。为了防止内部故障的发生，并随时掌握设备运行状况，GIS 有自行检测和自诊断功能。

（4）GIS 对通信装置不造成干扰。GIS 的导电部分均为金属外壳所屏蔽，金属外壳直接接地，其产生的电磁场辐射、电场干扰等被金属外壳屏蔽，对外界不产生干扰。

（5）安装方便。GIS 设备的电器元件组装方便，大部分组件在厂家组装后运抵现场，因此现场只需少量安装、调试、试验以后进行拼装，与常规设备相比，现场 GIS 设备的安装工作量要减少 80%左右；安装完成投入运行后，检修的工作量也非常少，大大提高了劳动生产效率。

2-16 SF_6 气体在 GIS 中的作用是什么?

答 SF_6 气体在 GIS 中有两个的作用：

（1）绝缘。SF_6 气体是一种绝缘强度很高的气体，SF_6 在 0.1MPa 时绝缘强度是空气的 3 倍，在 0.2MPa 时绝缘强度与变压器油相当。在 GIS 设备中，以 SF_6 气体作为主要的绝缘介质。

（2）灭弧。SF_6 有优良的热特性，因此电弧的温度降低快，电弧容易熄灭。SF_6 气体具有负电性，当发生离子碰撞时，与正离子复合成为中性分子的概率高于自由电子，因而降低了电弧的电导率。SF_6 气体的电弧时间常数小。

2-17 GIS中水分的产生有哪几种原因？若GIS中含有水分有什么危害？

答 GIS中的水分一般由下列原因产生：

（1）在制造、运输、安装、检修过程中水分进入设备的各个元件中。

（2）GIS的绝缘件带有0.001～0.005μL/L的水分，在运行过程中缓慢向外释放。

（3）GIS中的吸附剂本身含有水分。

（4）SF_6 气体中含有水分。

（5）GIS密封有微量渗漏，空气中的水分进入GIS设备中。

GIS中含有的水分能与 SF_6 及其衍生物（如 SO_2 等）生成腐蚀性物质，对GIS的绝缘件、导电体及外壳产生腐蚀作用；此外，水分还会在绝缘件表面凝结成液态水，造成沿面闪络。为了控制GIS桶体内的水分含量，通常在GIS桶体内放置一定量的吸附剂。

2-18 GIS有哪些防误闭锁要求？

答 GIS通常有如下防误闭锁要求：

（1）隔离开关只有在对应断路器分闸时才能操作。

（2）隔离开关操作未到位，断路器不能操作。

（3）母线隔离开关在母线接地开关拉开时才能操作。

（4）母线接地开关必须在所有母线隔离开关全部拉开的情况下才能操作。

（5）线路隔离开关只有在线路接地开关拉开时才能操作。

（6）线路接地开关只有在线路隔离开关拉开时才能操作，若线路有电压，线路接地开关不能合闸操作。

（7）手动操作隔离开关及接地开关时，电动控制自动解除。

（8）隔离开关机械闭锁投入后，手动、电动控制自动解除。

（9）SF_6 气体压力、油压、氮气压力降低至标准以下，断路器将被闭锁。

（10）辅助电压中断时，所有机械联锁仍起作用。

（11）操动机构上可挂锁，由指定人员操作。

（12）一旦防误闭锁装置失灵，可用专用钥匙解锁。

2-19 什么是H-GIS？

答 H-GIS全称为Hybird Gas Insulated Switchgear，即复合式GIS。相对于GIS，H-GIS只将一相断路器、隔离/接地开关、TA等集成为一组模块，整体封闭于充有绝缘气体的容器内，是一种不带充气母线的相间空气绝缘的单相GIS。

2-20 什么是COMPASS？

答 COMPASS全称为COMpact Prefabricated Air-insulated Sub-Station，即紧凑型预制的空气外绝缘组合式变电站。COMPSAA设备是在手车式结构的开关设备基础上开发的新型组合电器，其主要构思是使用多个功能的器件来构成有限数量的模块或组件，标准的COMPSAA-145间隔具有一台断路器、三只电流互感器、两（三）组隔离开关，可选接地开关。

2-21 什么是PASS?

答 PASS全称为Plug and Switch System。它将一相断路器、隔离/接地开关及电流/电压互感器放在一个密封舱内，采用SF_6气体绝缘和自能吹弧技术，每一相有独立的外壳，其可靠性和灵活性高，是ABB公司为广大用户最新研制的组合电气设备，即插接式开关装置。

2-22 H-GIS、COMPASS、PASS、GIS变电站各有什么特点?

答 H-GIS变电站的特点有：

(1) H-GIS设备提高了运行的可靠性。由于各元件组合，大大减少了对地绝缘套管和支柱数(仅为常规设备的30%～50%)，从而减少了绝缘支柱因污染造成对地闪络的概率，提高了运行可靠性。

(2) 元件组合，缩短了设备间接线的距离，节省了各设备的不知尺寸。

(3) 采用在制造厂预制式整体组装调试、模块化整体运输和现场施工安装的方式，使现场施工安装更为简单、方便。同时也减少了变电站支架、钢材的用量。

(4) 模块化，非常灵活，特别适用于老式变电站的改造。

COMPASS变电站的特点有：

(1) 占地面积少。

(2) 设备安装时间极短，间隔在工厂出厂时就已经装配和调试好，缩短现场调试时间。

(3) 预制的自支撑母线不需要绝缘子和钢架支撑。

(4) 接线不仅方式灵活，而且扩容方便。

(5) 小车式结构，具有可移动性。

(6) 对环境影响小，很少的充气量。

(7) 接地网的合理结构使整座变电站获得良好的接地连续性。

(8) 寿命周期内的维护费用低。

PASS变电站的特点有：

(1) 占地面积小。采用先进组合式技术，使设备更加紧凑，体积更加小型化。

(2) 维护工作量少。在测量、控制、保护系统中，采用了计算机技术、数字化技术、光纤通信技术、支持数字式继电器，将继电保护系统引入了微机处理和分段监控保护。

(3) 安装、更换方便、节能、环保、能量损耗极小。采用了预安装技术，整套设备在出厂前安装、调试完毕。

(4) 每一PASS间隔配置一台就地控制柜，内设控制及保护单元，即将二次技术集成化。

GIS变电站的特点有：

(1) 机构紧凑。

(2) 不受大气环境影响。

(3) 运行安全可靠。

(4) GIS对通信装置不造成干扰。

(5) 安装方便。

2-23 母线支持绝缘子有哪几种？选择时应注意什么?

答 室内母线绝缘子有：Z-6、Z-10、Z-35；

室外母线绝缘子有：硬母线有 ZP-6、ZP-10、ZP-35；

支持棒式绝缘子：ZS-6、ZS-10、ZS-35。

选择母线绝缘子时应注意下列各项：

电压相符：如母线电压是 10kV，则绝缘子应是 Z-10 型。

绝缘子的底座形式应符合要求：Z 系列绝缘子的底座有方形、圆形、椭圆形等，用字母表示：

T——屋内椭圆形（两个脚底螺钉）；

Y——屋内圆形（一个脚底螺钉）；

F——屋内方形（四个脚底螺钉，不常用）。

ZP-35 型绝缘子应注意头顶螺钉距离，有两种螺钉间距：一种 120mm；另一种 80mm。没有特殊标志，应在选择时加以说明。

根据母线大小应考虑绝缘子本身承受的机械力（包括电动力）；绝缘子根据承受力不同分为四种规格，用字母 A、B、C、D 表示。

A 型：375kg；

B 型：750kg（室外 500kg）；

C 型：1250kg；

D 型：2000kg。

注：ZS 型一般是 600kg，无特殊标志。

绝缘子型号全称：如 ZA-10Y 型。

Z——支持式绝缘子；

A——第一组 375kg；

10——10kV；

Y——圆形底座。

2-24 站用高压支柱瓷绝缘子的型号含义如何？基本技术特性怎样？

答 站用高压支柱瓷绝缘子型号含义如下所示。

户内支柱绝缘子与户外针式支柱绝缘子的型号含义：

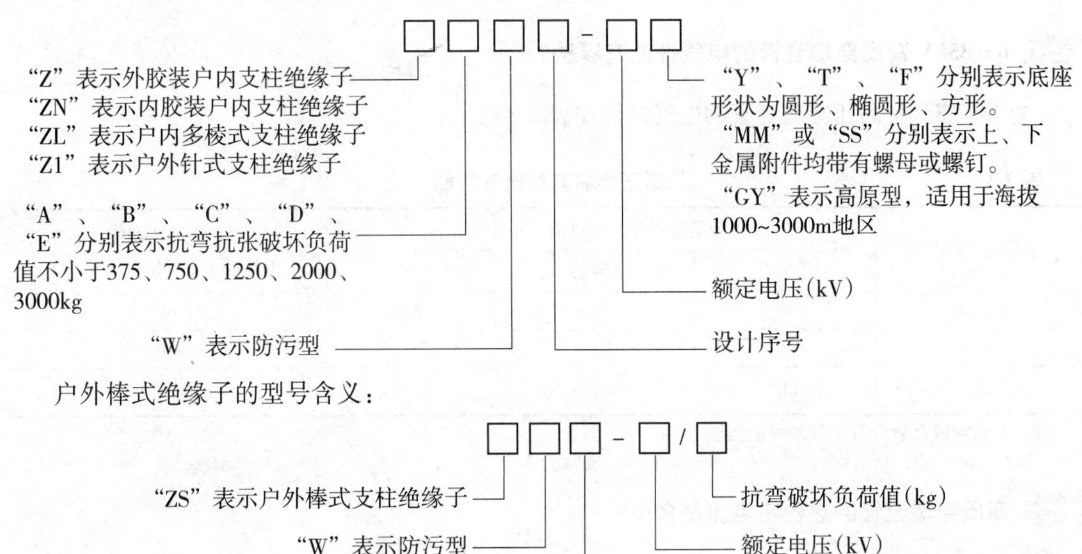

户外棒式绝缘子的型号含义：

站用高压支柱绝缘子的基本技术数据如表2-2所示。

表2-2 站用高压支柱绝缘子基本技术数据

额定电压/kV	工频耐压（有效值，不小于）/kV			全波击穿电压（峰值，不小于）/kV	截波冲击电压（峰值，不小于）/kV	泄漏距离/mm
	干试验	湿试验	击穿			
6	36	26	58	60	73	170
10	47	34	75	80	100	200
35	110	85	176	195	240	625

2-25 站用高压穿墙套管有哪几种？型号含义是什么？

答 站用穿墙套管按使用场所可分为户内普通型、户外-户内普通型、户外-户内耐污型、户外-户内高原型、户外-户内高原耐污型五种类型；按所使用导体材料又可分为铝导体、铜导体以及不带导体（母线式）三种类型。

型号含义如下：

CL——户内铝导体穿墙套管；

CLB——户内铝导体穿墙套管（加强型）；

C——户内铜导体穿墙套管；

CWL——户外-户内铝导体穿墙套管；

CWLB——户外-户内铝导体穿墙套管（加强型）；

CW——户外-户内铜导体穿墙套管；

CWWL——户外-户内耐污型铝导体穿墙套管；

CWW——户外-户内耐污型铜导体穿墙套管；

CM——户内母线穿墙套管；

CMWW——户外-户内耐污型母线式穿墙套管。

例如，型号CWWL-35/630-3，其含义为35kV电压、630A电流、户外-户内耐污型铝导体穿墙套管，适用于3级污区。

2-26 6～35kV高压穿墙套管的电气性能有哪些？

答 6～35kV高压穿墙套管的电气性能如表2-3所示。

表2-3 高压穿墙套管电气性能

额定电压/kV	工频电压/kV（有效值，不小于）			全波冲击耐受电压/kV（峰值，不小于）
	干耐受	湿耐受	击穿	
6	36	26	58	60
10	42	34	75	80
35	110	85	176	195

注 户内穿墙套管没有工频湿耐电压要求。

2-27 高压穿墙套管的热稳定电流是多少？

答 高压穿墙套管的热稳定电流如表2-4所示，从表中可以看到相同额定电流的铝导体和铜导体高压穿墙套管，其5s热稳定电流值是相同的。

表 2-4 高压穿墙套管热稳定电流表

额定电流/A	5s热稳定电流（有效值，不小于）/kA	
	铝导体	铜导体
250	3.8	3.8
400	7.2	7.2
630	12	12
1000	20	20
1500	30	30
2000	40	40
2500	50	50
3150	60	60
4000	80	80

2-28 穿墙套管的安装板应如何选择？

答 穿墙套管的安装板可选用钢板、铜板、不导磁的不锈钢板。采用钢板作为穿墙套管的安装板，当穿墙套管的额定电流超过1500A时，该钢板应按中心线开1cm宽的缝隙，增加磁阻，不能形成涡流和产生磁滞损失。

2-29 通过较大电流（1500A以上）的穿墙套管如何固定在钢板上，为什么要在钢板上沿套管直径的延长线上开一道横口？

答 当套管通过交变电流时，若固定穿墙套管的钢板不开一道横口，那么在钢板上就会形成一个交变的闭合磁路，产生涡流和磁滞损耗，并使钢板发热。随着电流的增大，损耗也会剧增。当通过1500A及以上的大电流时，钢板就会过热，从而使套管的绝缘介质老化，降低使用寿命。若钢板上开一道横口，形成一道非磁性气隙，则钢板中磁通无法直接形成闭合回路，磁阻增大，磁损耗减小。因此，在通过大电流的穿墙套管固定钢板上开出一道几毫米的横口后，再用非磁性材料填焊牢固，就能避免钢板发热了。

2-30 选择高压电气设备时应进行哪些验算？

答 为确保高压电气设备运行的可靠性，除应按正常情况下的额定电压、额定电流等进行选择外，为了通过最大可能的短路电流时也不致受到严重损坏，还要根据短路电流所产生的动热效应进行校验。

选择高压电气设备应验算的项目如表2-5所示。

但在下列情况下可不必进行短路电流验算：

（1）用熔断器保护的电器和导体。

（2）电压互感器回路中的电器和导体（即用限流电阻保护的设备）。

（3）当电压在10kV及以下，电源变压器在750kVA及以下，供非重要用户而又不致因短路破坏产生严重后果的电器及导体。

（4）架空电力线路。

表 2-5 各种电气设备在选择时应验算的项目

设备名称	电压/kV	电流/A	遮断容量/MVA	稳定校验	
				动稳定	热稳定
断路器	×	×	×	×	×
负荷开关	×	×	×	×	×
隔离开关	×	×	—	×	×
熔断器	×	×	×	—	—
电流互感器	×	×	—	×	×
电压互感器	×	—	—	—	—
支柱绝缘子	×	—	—	×	—
套管绝缘子	×	×	—	×	—
母线	—	×	—	×	×
电线	×	×	—	—	×
电抗器	×	×	—	×	×
备注	设备额定电压与线路工作电压相符	设备的额定电流应大于工作电流	遮断容量应大于短路容量	按三相短路电流校验	按三相或两相短路电流校验（取热效应大的）

注 凡有“×”符号表示必须验算的项目，“—”符号表示不需验算项目。

2-31 常用母线有哪几种？适用范围如何？

答 母线分硬母线和软母线。常用硬母线有矩形母线、槽形母线和管形母线。20kV 及以下电压等级回路中的正常工作电流在 4kA 及以下时，宜选用矩形母线；在 4～8kA 时，宜选用槽形母线或管形母线；在 8kA 以上时宜选用管形母线。

66kV 及以下配电装置硬导体可采用矩形母线或管形母线。

110kV 及以上配电装置硬导体宜采用管形母线。

500kV 硬母线可采用单根大直径管形或多根小直径管形组成的分裂结构，固定方式可采用支持式或悬吊式。

软母线多用于室外。室外空间大，导线间距离宽，散热效果好，施工方便，造价较低。

不论选择何种母线均应满足下列条件：

（1）满足持续工作电流的要求。

（2）应按经济电流密度进行选择。

（3）按电晕电压校验合格。

（4）按短路热稳定条件校验合格。

（5）按短路动稳定条件校验合格。

2-32 硬母线为什么要加装伸缩头？

答 由多层软铜片或软铝片组合成的 Ω 型导体叫伸缩头，又称伸缩补偿器，它装在硬母线与硬母线连接处或设备与硬导体的连接处，以防止硬导体因热胀冷缩产生变形将设备损坏。具体规定如下：

母线截面积在 60mm×6mm 及以下并且母线较短（20m 以下）时，可不加装伸缩头。母线可由两端绝缘支持物加以固定，而中间支持物则不能固定死，应允许串动，并能有略微凸起的空间余地。

大截面及长母线应加装伸缩头，它是硬母线热胀冷缩的缓冲器，其截面积一般应大于母线截面积的 1.1～1.2 倍。随着母线长度的增加应适当增加伸缩头的数量。

当母线材料不同时，其补偿器的数量和母线长度的关系如表 2-6 所示。

表 2-6　补偿器的数量和母线长度的关系　单位：m

母线材料	一个补偿器	两个补偿器	三个补偿器
	母线长度		
铜	30～50	50～80	80～100
铝	20～30	30～50	50～75
钢	35～60	60～85	60～85

母线在正常运行中，因通过电流而发热。如果母线本身的发热量等于向周围空间散出的热量，母线温度不变，所以母线温度与散热条件有很大关系。在温升一定的条件下，如果散热条件不同，即使是同一规格的母线，其允许的额定电流也应不相同。

对于矩形母线来说，竖装时散热条件较好，平装时散热条件稍差。一般在保持同等温升的条件下，竖装母线要比平装母线的额定电流大 5%～8%，但竖装母线的动热稳定要比平装母线差。尽管如此，由于平装母线便于布线，故在实际应用中，仍以平装母线较为常见。

2-33 为什么硬母线的支持夹板不应构成闭合回路？怎样才能不形成闭合回路？

答 硬母线的支持夹板，通常都是用钢材制成的，如果构成闭合回路，母线电流所产生的强大磁通将引起钢夹板的磁损耗增加而发热，使母线温度升高。

为防止上述情况发生，常采用黄铜或铝等其他不易磁化的材料作为支持夹板，从而使磁路无法形成闭合回路。

2-34 对母线接头的接触电阻有何要求？

答 母线接头应紧密，不应松动，不应有空隙，以免增加接触电阻。接头的电阻值不应大于相同长度母线电阻值的 1.2 倍。

确定母线接头接触电阻的方法，对于矩形母线，一般先用塞尺检查接触情况，然后测量直流压降或用温升试验进行比较。如果母线接头的电压降不大于同长母线的电压降，或其发热温度不高于母线温度，即认为符合要求。

2-35 硬母线怎样连接？不同金属的母线连接时为什么会氧化？应怎样预防？

答 硬母线一般采用压接或焊接。压接是用螺钉将母线压接起来，便于改装和拆卸。焊接是用电焊或气焊连接，多用于不需拆卸的地方。硬母线不准采用锡焊和绑接。铜铝母线连接时，应使用铜铝过渡连接板进行压接。

不同金属材料的母线连接时产生氧化的原因是：

铝是一种原子结构较活泼的金属，在外界条件影响下将失去电子，铜、铁等是原子结构不活泼的金属。两种活泼性不同的金属接触后，由于空气中的水及二氧化碳的作用而产生化学反应，铝失去电子而成负极，而铜、铁则不易失去电子而成正极，形成电池式的电化学腐蚀，所以在空气及电化作用下造成接触而电蚀，使接触电阻增加，造成接点发热，甚至烧毁。

防止氧化措施：

（1）一般可涂少量的中性凡士林；

（2）使用特制铜铝过渡线夹。

2-36 母线接头在运行中的允许温度是多少？判断母线发热有哪些方法？

答 母线接头允许运行温度为70℃（环境温度为+25℃时），当其接触面处有锡覆盖层时，允许提高到85℃，闪光焊时允许提高到100℃。

判断母线发热有以下几种方法：①变色漆；②试温蜡片；③半导体点温计（带电测温）；④红外线测温仪；⑤利用雪天观察接头处雪的融化来判断是否发热。

另外，母线涂漆还能防止母线腐蚀。

2-37 母线为什么要涂有色漆？母线的哪些部位不准涂漆？各种排列方式的母线应怎样涂漆？

答 母线涂有色漆一方面可以增加热辐射能力，便于导线散热；另一方面是为了便于区分三相交流母线的相别及直流母线的极性等。按我国部颁规范规定，三相交流母线，U相涂黄色、V相涂绿色、W相涂红色，中性线不接地时涂紫色，中性线接地时涂黑色。

母线的下列各处不准涂漆：

（1）母线的各部连接处及距离连接处10cm以内的地方。

（2）间隔内的硬母线要留出50～70mm，便于停电挂接临时地线用。

（3）涂有温度漆（测量母线发热程度）的地方。

母线排列方式及按相序涂漆如表2-7所示。

表2-7 母线排列方式及按相序涂漆

相序	涂漆颜色	涂漆长度	母线排列方式			
			自上而下	自左至右	从墙壁起	从柜背起
U（A）	黄色	沿全长	上	左	A	A
V（B）	绿色	沿全长	中	中	B	B
W（C）	红色	沿全长	下	右	C	C

注 接地线、零线涂黑色漆或黄绿相间色，高压变（配）电设备构架均涂灰色油漆。

2-38 在6～10kV变配电系统中为什么大都采用矩形母线？

答 在矩形和圆形母线对比中，同样截面积的母线，矩形母线比圆形母线的周长大，因而矩形母线的散热面大，即在同一温度下，矩形母线的散热条件好。同时由于交流电集肤效应的影响，同样截面积的矩形母线比圆形母线的交流有效电阻要小一些，即在相同截面积和允许发热温度下，矩形截面通过的电流要大一些。所以在6～10kV变配电系统中，一般都采用矩形母线，而在35kV及以上的配电装置中，为了防止电晕，一般都采用圆形母线。

2-39 两根矩形母线并叠使用在一相上，其载流量是否等于每根矩形母线的额定载流量相加？

答 在供电负荷增加至超过一根矩形母线的载流量时，允许每相再并上一根或几根母线，但要保持一定的距离，保证散热条件良好。

如果并上几根母线，而不具备保持一定距离的条件，虽然每相的总截面增大了，但此时的允许载流量并不与每相增加矩形母线的根数成正比，而应乘一个减少系数（即并列系数）。因为多根并在一起后，母线的散热条件变差，而且在交流电场下邻近效应很大，增大了电抗，使同一电流下的发热量增加，因而并上的母线条数越多，它的电流分布越不均匀，中间母线的电流小，两边母线的电流大，所以母线并叠几根使用后载流量并不直接相加，这就降低了金属的利用率。因此在交流装置中，一般母线的并联根数不多于2，个别情况下也不多于3。

2-40 什么是交联屏蔽绝缘铜管母线？它具有哪些优点？

答 交联屏蔽绝缘铜管母线是铜管外表面参照交联电缆的绝缘结构覆盖屏蔽绝缘层的一种新型导电母线。具有以下优点：

（1）趋肤效应低、单位截面载流量大。

（2）散热条件好。

（3）允许应力大、跨距大、机械强度高。

（4）电气绝缘性能强、主绝缘材料稳定性高。

（5）母线结构简单、明了、布置清晰、安装方便、维护工作量少。

2-41 什么是封闭母线？

答 凡是将单相母线或三相母线安装在金属壳体和绝缘壳体内的母线，一种大电流传输装置的总称为封闭母线。封闭母线按电压分为高压封闭母线和低压封闭母线；按外壳材料分为金属封闭母线和塑料封闭母线。它是广泛用于发电厂、变电所、工业和民用输送电流的装置。

2-42 什么是离相封闭母线？

答 离相封闭母线每相导体和外壳均采用铝板卷制焊接而成。离相封闭母线主要应用于发电厂和大型变电站的主电路中。

2-43 离相封闭母线有哪些优点？

答 （1）减少接地故障，避免相间短路。离相封闭母线因有外壳保护可消除外界潮气灰尘以及外物引起的接地故障，母线采用分相封闭也杜绝相间短路的发生。

（2）消除钢结构发热。离相封闭母线采用外壳屏蔽可从根本上解决钢结构感应发热的问题。

（3）减少相间短路电动力。外壳上涡流和环流的双重屏蔽作用使相间导体所受的短路电动力大为降低。

（4）提高运行的安全可靠性。母线封闭后也为采用通风冷却创造了条件。

（5）封闭母线由工厂成套生产，质量有保证，运行维护工作量小，施工安装简便，而且不需设置网栏，简化了对土建的要求。

（6）外壳在同一相内包括分支回路采用电气全连式并采用多点接地，使外壳基本处于等电位接地方式，大为简化并杜绝人身触电危险。

2-44 什么是共箱封闭母线？

答 三相母线安装在共同的屏蔽外壳内的母线称为共箱封闭母线。它主要用于单机容量200MW及以上的发电机厂用电路，亦可用于12.5MW中容量发电机组。

2-45 共箱封闭母线有哪些优点？

答 共箱封闭母线的优点：

（1）封闭母线导体采用铜铝母排或槽铝槽铜，结构紧凑，安装方便，运行维护工作量小。

（2）防护等级为IP54，可基本消除外界潮气、灰尘及外物引起的接地故障。

（3）外壳采用铝板制成，防腐性能良好，并且避免了钢制外壳所引起的附加涡流损耗。

（4）外壳电气上全部连通并多点接地，杜绝人身触电危险，并且不需设置网栏，简化了对土建的要求。

根据用户需要可在母排上套热缩套管，在箱体内安装加热器及呼吸器等以加强绝缘。

2-46 中压配电系统与低压配电系统的设备有何区别？

答 中压配电系统和低压配电系统的区别如下：

（1）在电压等级上数量级不一样，一个是百位级，一个是千位级；

（2）接地方式不同，中压系统属于不直接接地系统，低压系统属于直接接地系统；

（3）在安全要求上不一样，中压10kV户内的安全净距为125mm，户外的安全净距为200mm，中压20kV户内的安全净距为180mm，户外的安全净距为300mm；

（4）短路电流计算上，中压配电系统只计电抗而不计电阻、低压配电系统既要计电抗也要计电阻；

（5）开关柜方面，高压柜里面的元器件和低压柜的也不一样，低压柜主要是进线柜、补偿柜、出线柜、联络柜，高压柜主要是进线柜、计量柜、总柜、PT柜、出线柜、联络柜；

（6）在设备方面元件的绝缘水平、体积大小、外形高低都不同。

2-47 民用建筑变电站的结构形式有哪几种？

答 民用建筑变电站按结构形式分为以下几种：

（1）户外变电站。变压器安装于户外露天地面上，不需要建造大量房屋，所以通风良好，造价低，在建筑平面布置许可条件下广泛采用。

（2）户外箱式变电站。高低开关柜和变压器均放在金属的箱形体内，置于露天或马路旁，节省用地，目前用户广泛采用。

（3）户内变电站。即变电站与建筑物共享一面墙壁或几面墙壁。比户外变电所造价高，但供电可靠性好。

（4）独立变电站。变电站设置在离建筑物有一定距离的单独建筑物内。造价较高，适用于对几个用户供电，但又不便于附设在某一个用户侧。

（5）变压器台区。将容量较小的变压器安装在户外电杆上或者台墩上。

2-48 什么是组合式箱型变电站（简称组合式箱变）？其特点是什么？

答 把配电变压器、高压电气设备和低压电气设备安装在一个箱体内，它们相互之间已用母线连接成一个供电装置向用户提供电力，这种装置称为组合式箱型变电站（又简称组合式箱变）。

组合式箱变其特点是将整个箱体运到用电地点，只要高压电源电缆进线和低压电缆出线接入箱体相应位置即可向用户供电。

2-49 什么是欧式箱型变电站（简称欧式箱变）？其特点是什么？

答 欧式变电站是由箱体和高压室、低压室、变压器室三个独立间隔并合组成的一个整体，简称欧式箱变，现具体阐述如下。

1. 箱体结构

欧式箱变的箱体由底座、外壳、顶盖三部分构成。

底座一般用槽钢、角钢、扁钢、钢板等组焊或用螺栓连接固定成形；为满足通风、散热和进出线的需要，还应在相应的位置开出条形孔和大小适度的圆形孔。

箱体外壳、顶盖槽钢、角钢、钢板、铝合金板、彩钢板、水泥板等进行折弯、组焊或用螺钉、铰链或相关的专用附件连接成形。

不管哪种材料的箱变壳体，按标准要求必须具备防晒、防雨、防尘、防锈、防小动物（如蛇）等进入的五防功能。欧式箱变的壳体为防止炎热夏季强烈的日光辐射，其顶部一般都设有导热系数较低的隔热材料作填料。常用的填料有岩棉板、聚苯乙烯泡沫塑料等。

欧式箱变的表面处理：欧式箱变表面处理的方法较多，我国北方大多采用传统的喷漆、烤漆、喷塑等方法进行处理；在我国南方经济发达地区，除采用上述方法外，还采用在水泥板结构的壳体外贴上彩色瓷砖，或贴贴面等方法进行表面处理，特别是置于住宅小区的箱变外观，与当地建筑物的风格更加协调、统一。

2. 高压配电装置结构

欧式箱变高压配电装置，按进线方式分为终端型和环网型两种；按进线方位可分为从箱体顶部架空进线（传统箱变用此法较多）和利用高压电缆沟从地下进出线（现代设计较为普遍采用此法）。从配电设备上，传统箱变采用的高压开关有FN-10/400-630A系列的高压负荷开关，这种开关动、静触点均暴露于空气中，易明显看到开关触点的通、断状态；再配装FFLAJ-50-100A带座熔断器、接地开关、避雷器、带电显示器；它将开关系统封闭于带有机玻璃观察的高压柜门内，通过操作手柄带动开关操作机构，进行开、断与接地操作。这是传统终端型箱变最简单、经济的常用结构。

目前采用以SF_6气体为灭弧介质的SF_6系列负荷开关较多，其成本高于FN-10系列高压负荷开关。这类开关结构有带熔断器、不带熔断器、接地开关等，但一般都装有带电显示器；操作机构一般为手动，也有电动操作的。带熔断器的负荷开关，当回路出现短路时能自动切断故障，保护电路及变压器、开关等设备。

还有以真空为灭弧介质的真空开关，这类开关可以单独使用，也可与熔断器配用，还可与SF_6系列负荷开关串接使用，不过这样将使成本增大，如用户无特别要求不须这样使用。

高压配电装置中，如用户有高压计量要求，还需设置高压计量柜。我国各地供电部门对高压或低压计量问题没有统一的要求。西北地区供电规程规定：变压器容量大于160kVA时，必须采用高压计量；高压计量柜开关必须由供电部门控制。北京、天津等华北地区供电部门则认为：箱式变电站计量应以低压侧为好，这样，可以提高供电可靠性，减少高压计量带来的不稳定因素，对变压器本身的损耗，可折算成电费，由用户承担。箱式变电站高压计量柜的结构一般由TA、TV及计量表计、遥控、遥测装置等构成。欧式箱变高压柜体的深度，根据所选开关、开关柜的型号、生产厂家的不同而不同；高压柜体的宽度，与环网型或终端型、是否有高压计量有关，应根据以上具体情况灵活确定。

3. 变压器室结构

欧式箱变都设有独立的变压器室，变压器室主要由变压器、自动控温系统、照明及安全防护栏等构成。变压器运行时，将在箱变中产生大量的热量向变压器室内散发，所以变压器室的散热、通风问题是欧式箱变设计中应重点考虑的问题；变压器运行时，源源不断地产生大量的热量，使变压器室的温度不断升高，特别是环境温度高时，温度升高更快，所以只靠自然通风散热往往不能保证变压器可靠、安全运行；欧式箱变设计中，除变压器容量较小的箱变采用自然通风外，一般都设计了测温保护，用强制排风措施加以解决。该系统主要由测量装置测变压器室温、油温均可。然后通过手动和自动控制电路，对排风扇是否需要投入，按变压器可靠、安全运行温度的设定范围进行设置控制。

变压器油箱内顶层的允许最高温度，按国家标准规定，不超过95℃；干式变压器线圈表面温度不超过80℃的规定限值，为排风扇投入运行温度的最高设定上限。

变压器室内一般设有照明装置，该照明装置一般应按开门即灯亮，关门即灯灭的要求进行设计控制。变压器室的防护栏是欧式箱变设计者广泛采用的安全防护重要手段，所以一般欧式箱变均有此结构。

欧式箱变中，变压器既可选用油浸式变压器，也可采用干式变压器，但由于干式变压器价格较高，所以在用户没有特别要求的情况下，应首选油浸式变压器，以降低制造成本。变压器容量一般以100～1250kVA为宜，最大不应超过1600kVA。

4. 低压室结构设计

欧式箱变的低压室按工矿企业或住宅小区的使用场合的不同，在设计结构上应有所不同。一般工矿企业使用的欧式箱变，应对动力供电、照明供电进行分开设计。在采用低压计量时，一般情况下，供电局要求对照明用电进行分开计度，这主要是因为照明用电的单位价格普遍高于动力用电。在住宅小区使用的变电站在结构设计上，则不需考虑动力用电的问题。

欧式箱变低压室的输出路数，在结构设计上根据变压器容量大小和用户使用需求的不同而不同。变压器容量小，用户需求输出路数较少的可少设；变压器容量大，用户要求输出路数多的，可考虑设计路数多一些，还可考虑按带走廊操作形式进行布局。

在欧式箱变的低压柜中，因异步电机、变压器、日光灯均为感性负载，它们将使电网功率因数下降，影响供电质量，所以按一般要求都应接入无功补偿电容器组。

2-50 什么是美式箱型变电站（简称美式箱变）？其特点是什么？

答 美式箱变与欧式箱变在结构上相差甚大，但它又具备欧式箱变无法比拟的一些优势，从布置上看，其低压室、变压器室、高压室不是目字形布置，而是品字形布置。从结构上看，这种美式箱变分为前、后两部分：前面为高、低压操作间隔，操作间隔内包括高低压接线端子、负荷开关操作柄、无载调压分节开关、插入式熔断器、油位计等；后部为注油箱及散热片，将变压器绕组、铁芯、高压负荷开关和熔断器放入变压器油箱中。避雷器也采用油浸式金属氧化物避雷器。变压器取消储油柜，采取油加气隙体积恒定原则设计密封式油箱，油箱及散热器暴露在空气中，没有散热困难。低压断路器采用塑壳断路器作为主断路器及出线断路器。由于结构简化，美式箱变的占地面积和体积大大减小，由于其体积很小再加上只是一侧开门，其所需占地面积仅是欧式箱变的1/4，体积仅为同容量欧式箱变的1/5～1/3。

美式箱变结构特点、优势特点主要有如下方面：

（1）美式箱变体积小，质量轻，制造成本低。美式箱变没有独立的变压器室，这是使美式箱变体积远远小于欧式箱变的因素之一。美式箱变的变压器直接暴露于户外，主要是利用变压器油进行冷却、绝缘和散热。变压器的散热片，也是变压器散热的重要途径。

（2）开断变压器的负荷开关置于变压器内，变压器的低压侧出线直接与负荷开关的出线端相连，负荷开关的进线端，则与箱体侧壁上美式套管井连接。低压出线也置于箱壁上，使低压侧出线直接与低压柜相连，使低压侧母排的连接距离也大大缩短。这些结构特点使美式箱变的体积和同容量的欧式箱变比，体积仅为欧式箱变的三分之二，甚至更小。

其主要缺点是：由于负荷开关、熔断器与变压器铁芯、线圈均在一个箱体内，以变压器油作为它们的共同绝缘和冷却介质，而负荷开关的开断、熔断器遇短路电流而熔断的过程，将不可避免地产生电弧，使变压器油炭化、游离，导致变压器油加速老化，使其绝缘降低。因此要做好运行记录，按运行规程定期做变压器油的化验，油质炭化、游离后立即更换变压器油，保障安全供电。

另外，美式箱变由于其结构特点，也使低压输出路数的增加受到一定程度的限制。

2-51 什么是卧式箱型变电站（简称卧式箱变）？其特点是什么？

答 卧式箱变是近几年发展起来的一种新型产品，以其设计紧凑、体积较小、制造成本较低而受到制造厂商和用户的喜爱。这种箱变在我国南方经济发达省市发展较为迅速。

卧式箱变更准确地讲，应称为欧美一体化箱变。卧式箱变的外观形同欧式箱变，但体积却大大小于欧式箱变，略大于美式箱变。这是因为卧式箱变的变压器、负荷开关及低压出线方式基本与美式箱变相同，但它有独立的变压器室。由于高、低压出线均在侧壁，所以变压器室不需考虑防护栏等设施。卧式箱变体积小、结构紧凑的特点，使一些设计者对其顶盖设计也大大简化（不加隔热层等），仅保留了自然通风散热冷却运行方式，使置于箱变体内的变压器的散热水平大大降低，其散热成为值得探讨的问题。

卧式箱变、美式箱变的计量方式及无功补偿的设计基本与欧式箱变类似。

综上所述，欧式箱变的综合性能指标优于美式、卧式箱变，但制造成本相对较高；而美式箱变因其体积小、结构紧凑、制造成本低等优点深受用户喜爱；卧式箱变的结构、体积等居于二者之间，但其造价相对于欧式箱变来讲较低，目前也得到迅速发展。

2-52 欧式箱变和美式箱变保护配电变压器方式有何不同？

答 欧式箱变采用撞针脱扣联锁机构的负荷开关与限流熔断器组合装置保护变压器，即变压器本体或二次侧发生故障时，熔断器熔断的同时撞针脱扣器使负荷开关断开转移电流，使变压器脱离电源。

美式箱变采用油浸式限流熔断器和插入式熔断器串联起来作为变压器的保护，保护原理先进，操作方便。限流熔断器安装在箱体内部，只在变压器内部发生故障时动作。插入式熔断器在变压器内二次侧发生短路故障、过负荷及油温过高时熔断，熔断器熔断后，可在停电时释放箱变的压力后更换熔丝。

2-53 美式箱变两种熔断器的熔丝配置有何不同？

答 限流熔断器作为箱变内部故障的保护，其熔丝的额定电流值为变压器额定电流的3～4倍。插入式熔断器作为变压器二次侧故障的保护，其熔丝的额定电流为变压器额定电流的1.5～2倍。

例如，配电变压器额定容量为630kVA的箱变，10kV侧的额定电流36.8A，其限流熔断器的熔丝额定电流选用125A，其插入式熔断器的熔丝额定电流选用63A。

2-54 美式箱变是否具有切换电源的功能？

答 美式箱变通常采用三位置负荷开关、V型四位置开关和T型四位置负荷开关，它们均具有切换电源的功能。这三种负荷开关工作状态示意图见图 2-9～图 2-11。

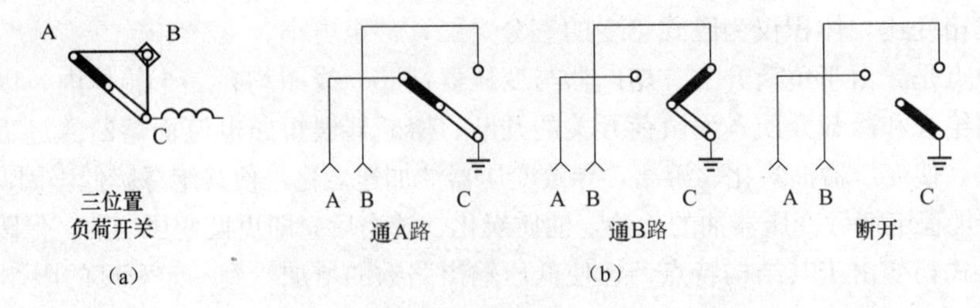

图 2-9　三位置负荷开关工作状态示意图
（a）面板位置示意图；（b）切换原理示意图

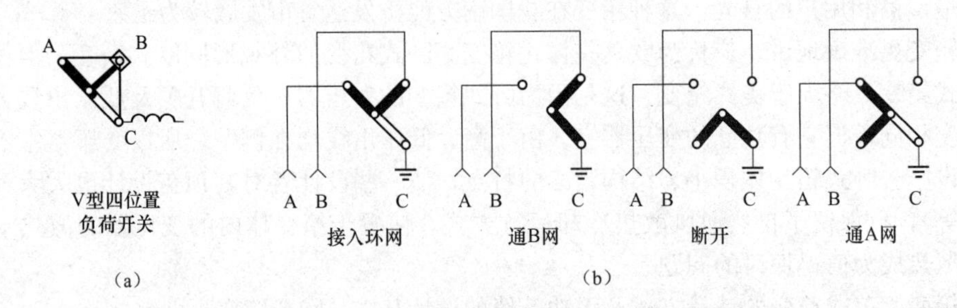

图 2-10　V 型四位置负荷开关工作状态示意图
（a）面板位置示意图；（b）切换原理示意图

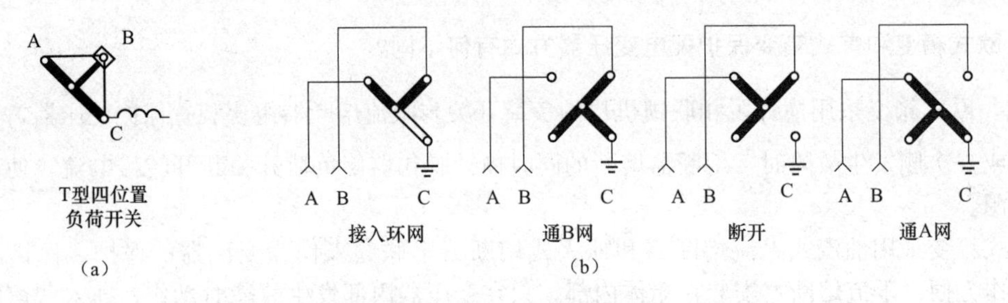

图 2-11　T 型四位置负荷开关工作状态示意图
（a）面板位置示意图；（b）切换原理示意图

美式箱变切换电源的操作应注意下列事项：

（1）操作负荷开关必须使用绝缘操作杆。

（2）系统发生故障不能进行切换电源的操作。

操作方法如下：用绝缘操作杆可顺时针或逆时针转动负荷开关的位置，一次只能转 90°，不可中途停止或反向转动，负荷开关每操作一个位置，必须先调整开关位置的定位板。

2-55　什么是三相电压互不相扰的美式箱变？

答　三相电压互不相扰的定义是：当箱变高压侧故障熔丝熔断时，其对应的带有负荷的低压绕组输送电压为零或接近于零，健全相对应的低压绕组的相电压仍保持在额定电压及其波动范围内供电。

美式箱变采用Dyn接线组别，而且使用三相四柱或五柱式铁芯，两组熔断器串联在高压侧D形连接的绕组内，其接线示意图请见图2-12。当发生故障一相高压熔断器熔断时，由于故障相低压侧接有负载所形成的反磁势，阻止健全相合成磁通从故障相铁芯柱中回流，而只能从边铁芯柱回流，因此故障相的低压绕组感应电压很低，基本为零，而健全相的磁通通过边铁芯柱自成回路，其对应的低压绕组的相电压仍维持在额定电压，这就是三相电压互不相扰的美式箱变。

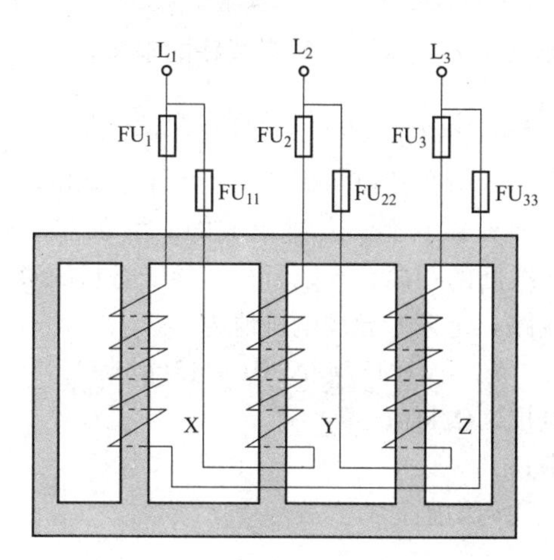

图2-12 三相电压互不相扰接线示意图

FU_1、FU_2、FU_3—插入式熔断器；FU_{11}、FU_{22}、FU_{33}—限流式熔断器

2-56 配电线路的含义有哪些？

答 配电线路电压为10～40.5kV，称为高压配电线路；配电电压不超过1kV、频率不超过1000Hz、直流不超过1500V，称为低压配电线路。配电线路的建设要求安全可靠，保持供电连续性，减少线路损失，提高输电效率，保证电能质量良好。配电线路包括架空配电线路和电缆配电线路，其中架空配电线路又分裸导线架空配电线路和绝缘架空配电线路。

2-57 研究线路电气参数的意义是什么？它包括哪些内容？

答 配电线路参数计算是进行电网电能损失和电压损失计算的基础，也是研究电网各种运行方式问题的基础。

配电线路参数主要有四个，即电阻r_0、电抗x_0、电导g_0和电纳b_0。电阻和电抗是导线本身固有的，电抗除与导线本身有关外，还与架线方式有关。电导是对应于导线电晕及绝缘漏电而引起的参数，电纳是导线对地电容引起的参数。

2-58 配电线路的电阻是如何计算的？

答 从电工学可知，导线每千米的电阻计算式为

$$r_0 = \rho/S = 1000/\gamma S$$

式中 r_0——导线每千米的电阻，Ω/km；

γ——导线材料的电导率，m/(Ω·mm²)；

S——导线的截面积，mm²；

ρ——导线材料的电阻率，$\Omega \cdot mm^2/km$。

在温度$t=20$℃时，铜的电导率为$53m/(\Omega \cdot mm^2)$，电阻率为$18.8\Omega \cdot mm^2/km$；铝的电导率为$32m/(\Omega \cdot mm^2)$，电阻率为$31.5\Omega \cdot mm^2/km$。

因此，导线全长长度计算公式为$R=r_0L$。

上面讲的实际是直流电阻，因交流有趋肤效应，电流在导线上分布不均，因此导线的实际交流电阻较直流电阻要大一些。

2-59 配电线路电抗的意义是什么？怎样计算架空线路的电抗？

答 当交流电通过三相导线，其中一相周围就存在交变磁场，由于磁通的变化，在导线中便产生感应电动势，即自感电动势，而在其他两相导线上由于自感电动势作用也有电流，此电流构成互感电动势，所以线路的电抗是由自感、互感组成的。由于自感和互感与导线的材料特性有关，因此，线路电抗与三相导线间的距离、导线直径、导线材料的磁导率等因素有关。

三相对称排列单回送电线路，每千米导线电抗值为

$$x_o = 0.0157\mu/N + 0.145\lg d_m/D_S$$

式中 x_0——导线每千米的电抗，Ω/km；

μ——导线相对磁导率；

D_S——同相导线组间的几何均距；

N——每相导线的根数；

d_m——三相导线的几何均距，m。

三相导线的几何均距由导线在杆塔上的排列形式而定，导线在杆塔上排列的不同情况如图2-13所示。

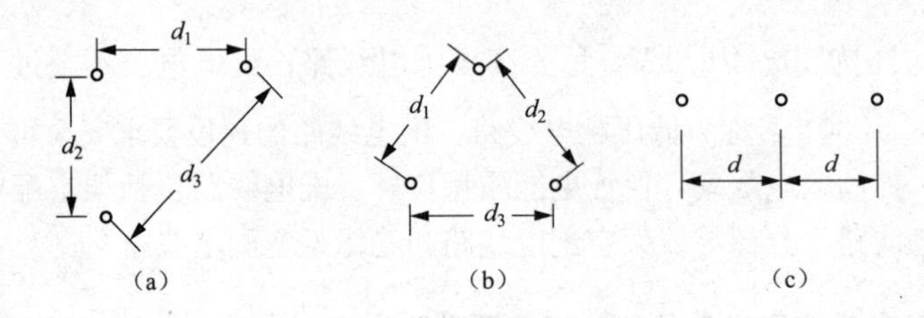

图2-13 导线在杆塔上排列图

(a) 倒直角三角形排列；(b) 正三角形排列；(c) 水平排列

(1) 导线在杆塔上呈倒直角三角形排列［见图2-13 (a)］：

$$d_m = \sqrt[3]{d_1 \cdot d_2 \cdot d_3}$$

式中 d_1、d_2、d_3——分别为三相导线之间的距离，m。

(2) 导线在杆塔上呈正三角形排列［见图2-13 (b)，$d_1=d_2=d_3$］：

$$d_m = \sqrt[3]{d_1 \cdot d_2 \cdot d_3} = d$$

(3) 导线在杆塔上呈水平排列［见图2-13 (c)］：

$$d_m = \sqrt[3]{d \cdot d \cdot 2d} \approx 1.26d$$

2-60 配电线路电导的意义是什么？怎样计算电力线路的电导？

答 配电线路上有绝缘泄漏和电晕现象，电压越高这种现象表现得越突出。由于电晕的作

用，导线表面电场强度超过周围空气击穿强度，造成导线对空气局部放电，即电晕，它导致有功功率损耗（又叫电晕损耗），电导一般用 g_0 表示，其计算公式为

$$g_0 = \Delta p / U^2$$

式中　g_0——导线每千米的电导，S/km；

Δp——电晕损耗功率，kW/km；

U——线路电压，kV。

然而，只有在220kV线路及以上电压线路上的电晕损耗才较为明显和突出。一般在电力网的简化计算中，架空线路的电导是忽略不计的，认为 $g_0 \approx 0$。

线路每相导线全长的总导纳为

$$G = g_0 \cdot L$$

式中　G——线路每相导线全长的总导纳，S；

L——线路全长，km。

2-61　配电线路电纳的意义是什么？怎样计算电力线路的电纳？

答　电纳是线路电容抗的倒数，与电容有关，由线路导线之间及导线与大地之间的电容来决定。经过换位的线路，其每相单位长度的等值电容用公式表示为

$$C_0 = \frac{0.024}{\lg \frac{d_m}{r_m}} \times 10^{-6}$$

式中　C_0——线路每相单位长度的等值电容，F/km；

d_m——导线几何均距，cm；

r_m——导线等价半径，cm。

线路每相导线单位长度的电纳用公式表示为

$$b_0 = \frac{1}{x_0} = \frac{7.58 \times 10^{-6}}{\lg\left(\frac{d_m}{r_m}\right)}$$

式中　b_0——导线每千米的电纳，S/km；

x_0——电抗，Ω/km；

d_m——导线几何均距，cm；

r_m——导线等价半径，cm。

一条线路导线与导线间、导线对大地间都是平行的，都存在着电容。此电容在交变电流的作用下（充放电）出现容性电流，此电流（电纳）将影响沿线各点的电压、输送功率和功率因数。

2-62　电纳对高压线路有何危害？

答　电纳引起的容性功率为

$$Q_r = 3UIb_0 \cdot L = U^2 \cdot b_0 \cdot L$$

式中　Q_r——全线的电纳引起的容性功率，Mvar；

L——线路的总长度，km；

U——线路电压，kV；

I——线路电流，kA；

b_0——线路每千米的电纳，S/km。

从式中可以看出，容性功率大小与电压的平方成正比，所以电压越高电容电流越大。无功损失也越大。在中性点不接地系统中，发生单相接地，不仅烧损导线，而且引起弧光过电压，所以一般应装设消弧线圈来限制电容电流。

在220kV以上系统中，容性功率可补偿系统中感性功率，减少导线中有功损耗，提高电压水平，但在空载情况下，能使末端电压升高。发电机自励磁将有过电压危险，所以应限制电容电流。

2-63 怎样计算架空线路的电压损失？

答 计算电压损失的公式如下：

$$\Delta U = \frac{PR + QX}{U_e}$$

式中 P——线路输送的有功功率，kW；

Q——线路输送的无功功率，kvar；

R——线路电阻，Ω；

X——线路的感抗，一般架空线路的 X 为 0.35～0.4Ω/km；

U_e——线路的额定电压，kV；

ΔU——线路的电压损失，V。

用上述公式求电压损失的百分数（$\Delta U\%$）：

$$\Delta U\% = \frac{\Delta U}{U_e \times 1000} \times 100\% = \frac{PR + QX}{U_e^2 \times 1000} \times 100\%$$

2-64 什么是线路的分布电容？

答 架空电力线路电气参数计算是进行电网电能损失和电压损失计算的基础，也是研究电网各种运行问题的基础。因为这些参数都是沿线路长度均匀分布的，故称为分布电气参数。

架空电力线路的电气参数主要有四个，即架空线路每千米的电阻 r_0、电抗 x_0、电导 g_0 和电纳 b_0。电阻、电抗是导线本身固有的，电抗除与导线本身有关外，还与架线方式有关。电导是对应于导线电晕及绝缘漏电而引起的参数，电纳是导线对地电容引起的参数。

架空线路每相导线的分布参数等效图如图2-14所示。

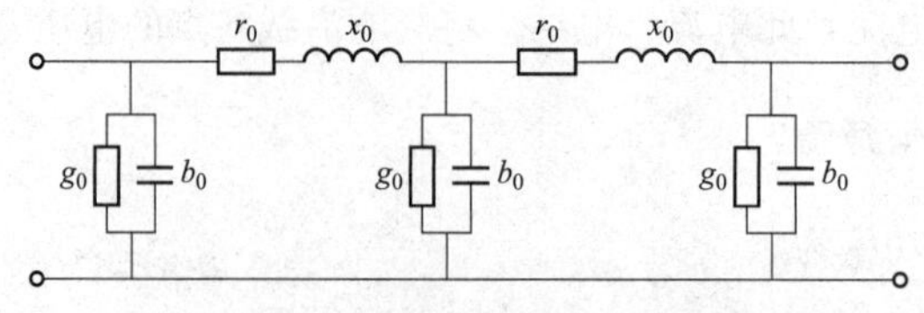

图2-14 导线的分布参数等效图

2-65 低压架空线路的电压损失怎样计算？

答 在低压架空电力线路上，由于距离较短和负荷不大，为了计算方便，经常使用下述的简化方法进行计算，但这种简化计算只适用于距离较短和负荷较低的低压线路，特别是以照明负荷为主的低压线路。对于距离较长和负荷较大且以动力负荷为主的低压线路，这种简化计算的结果误差较大。

简化计算方法如下：

$$\Delta U\% = \frac{M}{CS} \times 100\%$$

式中 M——负荷矩，kW·m，即输送有功功率 P(kW) 和输送距离 L(m) 的乘积；

C——常数，查表 2-8；

S——导线的截面积，mm^2。

表 2-8　　电压损失计算常数

电压及配电方式	C	
	铜导线	铝导线
三相四线制，380/220V	83	50
单相制，220V	14	8.3

2-66 配电线路的额定电压是如何规定的?

答 额定电压就是能使电力设备正常工作的电压。送电线路的正常工作电压，应该与线路直接相连的电力设备额定电压相等，但由于线路中有电压降或电压损失存在，所以线路末端电压比首端低。沿线各点电压也就不相等。而电力设备的生产必须是标准化的，不可能随线路压降而变。为使设备端电压与电网额定电压尽可能接近，取电网首、末端电压的平均值作为电网的额定电压，即额定电压 $U_n=(U_1+U_2)/2$，其中 U_1、U_2 分别为电网首、末端电压。

2-67 什么是输电线路的电压水平?

答 输电线路的额定电压就是受端设备的额定电压，而线路送电端的工作电压大致与送电设备的额定电压相对应，这个数值我们称为线路的电压水平。

2-68 为什么说线路的额定电压取决于它的输送功率?

答 电网的额定电压就是电网线路额定电压，也就是受电设备的额定电压，线路的额定电压取决于输送功率。当输送功率为常数时，线路电压越高，其流过电流越小，这样所需要的导线截面积也越少，线路投资和运行费用也越少。相反，线路电压越低，其流过电流就越大，所需导线截面积也越大，也将使杆塔、变压器、断路器等设备的绝缘增大或增厚，造价增高，因此对应一定输送功率和输送距离，总可以找到一个合理的线路电压。

2-69 进行导地线机械强度计算时，为什么必须要在各种气象条件下进行?

答 导线悬挂于距离很大的两根杆塔之间，在计算强度和应力时，假定导线是一条柔软的悬链线。环境气温和覆冰的影响将引起导地线的增长或收缩，即弹性变形，使导地线长度发生变化。即使长度变化很小，对导地线弛度、应力的影响也很大。若气温降低，导地线缩短，使导线弧垂变小，但应力增大，降低了导地线的安全系数；若气温升高，导线增长，弧垂增加，减少了对地距离，降低了安全系数，因此在计算导地线应力和弧垂时必须在各钟气象条件下进行。

2-70 在进行导线机械计算时，应选择哪些气象条件？这些气象条件用于何种计算？

答 气象条件选择如下：

(1) 历年最高气温，用于计算导线发热及最大弧垂；

(2) 历年最低气温，用于计算导线最大应力及杆塔上拔校验；

(3) 历年年平均气温，用于控制导线年平均运行应力；

(4) 历年最大风速，用于计算导线、杆塔机械强度以及塔头电气绝缘间隙；

(5) 导线覆冰厚度，用于计算最大应力机械强度及电气间隙，并在不均匀脱冰时导线跳跃。

2-71 在进行线路设计时，选择气象条件的原则是什么？

答 (1) 应真实地反映自然气象变化的规律，对气象条件的三要素，即将风速、气温和覆冰进行组合，不能把所有最大值考虑在一起，如最大风速时不可能是最高气温，也不可能覆冰。

(2) 应考虑线路结构及技术经济的合理性。

(3) 在进行线路设计时宜采取全国典型气象区，再根据该地区实际情况对某些参数进行适当调整。

2-72 线路的基本风速如何取值？

答 我国气象站台的风速仪安装高度在 6～10m，为便于计算，减小换算误差，GB 50545—2010《110kV～750kV 架空输电线路设计规范》设计风速由 30 年一遇提高到 50 年一遇，风速仪的安装高度由离地 20m 调整到离地 10m。按照基本与原设计保持一致的原则，将离地 20m 的设计风速的最小值 30m/s 归算到离地 10m 基准高，最小风速值定为 27m/s。规范明确规定：

110～330kV 输电线路重现期应取 30 年，基本风速取不宜低于 23.5m/s；

750～500kV 输电线路重现期应取 50 年，基本风速取不宜低于 27m/s。

2-73 档距表示什么意思？选择架空配电线路的档距有哪些要求？

答 相邻两基电力杆塔之间的水平直线距离，叫做档距。线路的档距应根据导线对地距离、杆塔的高度和地形的特点确定，配电线路的耐张段长度不宜大于 2km。其档距一般采用以下值：

高压线路：城市 40～50m；郊区 60～100m。

低压线路：城市 40～50m；农村 40～60m。

高低压同杆架设的线路，档距选择应满足下层低压线路的技术要求。

在野外及非居民区的配电线路，在条件许可的范围，应尽量放大档距，以减少线路的投资。

2-74 反映导线机械物理特性的主要参数是什么？

答 反映导线机械物理特性的主要参数如下：

(1) 导线的综合瞬时破坏应力。其大小决定了导线强度，瞬时破坏应力大的导线适用在大跨越、重冰区的架空线路，在运行中能较好地防止出现断线事故。

(2) 导线的弹性系数，亦称弹性模量。导线在张力作用下将产生弹性伸长，导线的弹性伸长引起线长增加、弧垂增大，影响导线对地的安全距离，弹性系数越大的导线在相同受力时其弹性伸长量越小。

（3）导线的温度线膨胀系数，亦称温度膨胀系数。随着线路运行温度的变化，其线长随之变化，从而影响线路运行的应力和弧垂。

（4）导线的质量。导线单位长度质量产生导线的垂直荷载，从而直接影响导线的应力和弧垂。

2-75 在各种气象组合下，导线比载分为哪几种？

答 导线在气温、风、覆冰等不同气象条件影响下，在单位长度及单位面积的比载是不相同的，在导线机械计算中共分为七种：

（1）导线自重比载、即导线本身质量的比载。

（2）冰重比载，即导线上覆冰质量所引起的导线比载。

（3）导线自重、冰重总比载。

（4）风压比载。

（5）有冰和相应风速时风压比载。

（6）无冰、有风综合比载。

（7）有冰、相应风速时综合比载。

2-76 绝缘子在电力线路中的作用是什么？

答 绝缘子在电力系统中起着两个基本作用，一是支撑导体，承受机械应力的作用；二是防止电流在不同电位的导体之间流动或回地，耐受电压的作用。

绝缘子一般由绝缘件和金具（金属附件）用胶合剂胶合或机械卡装而成，只有全瓷式瓷横担、蝴蝶式绝缘子和线轴式瓷绝缘子、拉线绝缘子、鼓形绝缘子、瓷夹板和瓷管等产品为单个的绝缘件，根据需要与螺栓、垫圈等其他材料配套安装。

2-77 绝缘子是如何分类的？各类绝缘子有什么特点？

答 绝缘子的分类方法：

（1）按照制造绝缘子的绝缘材料，可分为瓷绝缘子、钢化玻璃绝缘子、合成绝缘子、半导体绝缘子。

（2）按照绝缘体内最短击穿距离是否小于外部空气中闪络距离的一半，分为可击穿型和不可击穿型。

（3）按结构形式可分为柱式（支柱）绝缘子、悬式绝缘子、蝶式绝缘子、针式绝缘子、横担绝缘子、棒形绝缘子和套管绝缘子等。

（4）按应用场合可分为线路绝缘子和电站、电器绝缘子。其中用于线路的可击穿型绝缘子有针式、蝶形、盘形悬式，不可击穿型有瓷横担、复合横担和棒形悬式。用于电站、电器的可击穿型绝缘子有针式支柱、空心支柱和套管，不可击穿型有棒形支柱和容器瓷套。

（5）按照使用电压分为低压（交流1000V及以下，直流1500V及以下）绝缘子和高压（交流1000V以上，直流1500V以上）绝缘子，其中高压绝缘子又有超高压（交流330kV和500kV，直流500kV）和特高压（交流750kV和1000kV，直流800kV）之分。

（6）按照使用环境分为户内绝缘子和户外绝缘子。

根据上述分类方法，一般将绝缘子分为以下几类。

（1）高压线路类绝缘子。

高压线路刚性绝缘子包括针式瓷绝缘子、瓷横担绝缘子和蝶式瓷绝缘子等，使用时直接用绝缘子自身的钢脚或螺栓固定在杆塔上。

高压线路瓷横担绝缘子按结构形式可分为全瓷式、胶装式、单臂式和V形四种；按安装形式可分为直立式和水平式两种；按标准雷电冲击全波耐受电压可分为165、185、250、265kV四级（原按50%全波冲击闪络电压可分为185、210、280、380、450、610kV六级）。瓷横担绝缘子用于高压架空输配电线路，可代替针式和悬式绝缘子，还可减小电杆和横担长度。

高压线路蝶式瓷绝缘子按额定电压分6、10kV两级，用于架空输配电线路终端，耐张及转角杆上作为绝缘和固定导线之用。同时也广泛用作与线路悬式绝缘子相配合，简化金具结构。

（2）高压线路悬式绝缘子。包括盘形悬式瓷绝缘子、盘形悬式玻璃绝缘子、瓷拉棒和地线绝缘子等。高压线路盘形悬式瓷绝缘子分普通型和耐污型两种，用于高压和超高压输电线路，供悬挂或张紧导线，并使其与杆塔绝缘。悬式绝缘子机电强度高，通过不同的串组就能适用于各种电压等级，适用于各种强度需要，使用最为广泛。普通型适用于一般工业区。耐污型与普通型绝缘子相比，具有较大的爬电距离和便于风雨清洗的造型，适用于沿海、冶金粉末、化工污秽及较严重工业污秽地区。耐污型绝缘子在上述地区使用时，可以缩小杆塔尺寸，具有较大的经济价值。

高压线路盘形悬式玻璃绝缘子与高压线路盘形悬式瓷绝缘子用途基本相同。玻璃绝缘子具有机械强度高、耐机械冲击、冷热性能好、寿命长、电气性能和耐雷击性能优良等特点，并且在运行损坏时，其伞盘自动破碎，容易发现，大大减少了绝缘探测工作量。高压线路瓷拉棒绝缘子，用于10kV及以下小截面导线的架空电力线路的终端杆、耐张杆及转角杆上，作绝缘和固定导线用，可以代替部分蝶式瓷绝缘子和盘形悬式瓷绝缘子使用。

（3）电气化铁路接触网用棒式瓷绝缘子。

（4）低压线路类绝缘子。

1）低压线路针式、蝶式、线轴式瓷绝缘子。低压线路针式瓷绝缘子使用在1kV以下架空电力线路中，作绝缘和固定导线用。低压线路蝶式瓷绝缘子和线轴式瓷绝缘子供配电线路终端、耐张及转角杆上作为绝缘和固定导线用。

2）架空线路拉紧瓷绝缘子。用于交、直流架空配电线路和通信线路终端、转角或大跨距电杆的平衡电杆所受拉力的拉线的上、下把间，使下部拉线与上部拉线绝缘。

3）电车线路用绝缘子。用作电车线路绝缘和张紧导线或用于电车和电站上作导电部分的绝缘和支撑物。

4）通信线路针式瓷绝缘子。用于架空通信线路中绝缘和固定导线。

5）布线用绝缘子。包括鼓形绝缘子、瓷夹板和瓷管等，用于低压布线。

（5）高压电站类绝缘子。

1）电站用高压户内支柱绝缘子。用于工频额定电压6～35kV户内电站、变电所的电器设备母线和配电装置上，作为高压导电部分的绝缘支持物。它一般在海拔不超过1000m，环境温度为−40～40℃，并应在不受污秽和凝露的条件下使用，特殊设计的高原型可用于海拔3000m及5000m地区。

2）户外针式支柱绝缘子。适用于交流额定电压为3～220kV，安装地点周围环境温度为−40～+40℃及海拔不超过1000m的电器的绝缘部分或配电装置上，起绝缘和固定导体作用。

3）户外棒式支柱绝缘子。用于高压电器和高压配电装置，起绝缘和固定导体作用。已大量代替户外针式支柱绝缘子的使用。

4）防污型户外棒式支柱绝缘子。适用于覆盐密度在0.1mg/cm^{2}以内的中等污区，作为高压电器和配电装置的绝缘和固定用。

5）高压穿墙套管。包括户内穿墙套管、户外穿墙套管、母线穿墙套管和油纸电容式穿墙套管等。

6）电器瓷套。包括变压器瓷套、开关瓷套、互感器瓷套等。变压器瓷套包括电力变压器和试验变压器用套管瓷套及支柱瓷套两大类。开关瓷套包括多油断路器瓷套、少油断路器瓷套、负荷开关瓷套、防爆开关瓷套、隔离开关瓷套、空气断路器瓷套等。主要用作开关的高压引线对地的绝缘及作断路器绝缘和内绝缘的容器。互感器瓷套用作电流互感器和电压互感器的绝缘元件。

2-78 钢化玻璃绝缘子有何特点?

答 （1）机械强度高，比瓷质绝缘子的机械强度高1～2倍。

（2）性能稳定、不易老化，其电气性能高于瓷质绝缘子。

（3）生产工序少，生产周期短，便于机械化、自动化生产，生产效率高。

（4）由于钢化玻璃具有透明性，故对伞裙进行外部检查时，容易发现细小的裂纹及各种内部缺陷或损伤。

（5）钢化玻璃绝缘子的质量较瓷质绝缘子轻。

（6）因钢化玻璃绝缘子具有“自爆”特性，在线路运行中，不需对绝缘子进行预防性测试；在巡视线路时，容易发现损坏的绝缘子，便于及时更换。

（7）由于制造设备、工艺的原因，钢化玻璃“自爆”率较高，影响钢化玻璃绝缘子的普遍应用。

（8）不宜在居民区使用。

2-79 合成绝缘子的参数主要有哪些?

答 合成绝缘子是用高机械强度的玻璃钢（环氧树脂）棒作为中间芯棒，棒外裹上用合成材料制成的伞裙与护套，两端再配上金具组合而成的。其基本参数如下：

（1）干弧距离。它指施加运行电压的两级间沿外部空气的最短距离。绝缘子的工频干耐受电压及雷电冲击耐受电压由这一参数决定。

（2）结构高度。它指绝缘子两端金具间的安装距离。

（3）芯棒直径。芯棒担负绝缘子的机械荷载，芯棒直径决定了绝缘子承受压缩、扭转、弯曲、拉伸荷载等的能力。

（4）护套厚度。护套是合成绝缘子外绝缘的一部分，起保护芯棒的作用，护套厚度以不小于5mm为宜。

（5）伞裙形状参数。伞裙形状参数对合成绝缘子耐污性能有较大影响，它由下述参数组成：

1）伞间最小距离（c）应大于30mm；

2）伞间距（s）和伞伸出裙边高（p）之比s/p一般不小于0.8；

3）在合成绝缘子的任一部分，局部爬电距离（d'）与空气间距（d）之比d'/d应小于5；

4）大小伞两伞裙伸出之差p_1-p_2应不小于15mm；

5）最小伞裙角应大于5°，水平安装方式除外。

2-80 合成绝缘子硅橡胶材料性能包括哪些?

答 合成绝缘子硅橡胶材料必须经久耐用，要求在大气环境条件下使用多年后，其性能仍维持在足够的安全水平上。就影响合成绝缘子运行性能的诸因素来分析，应对硅橡胶材料的下述性能加以注意：

（1）电性能。介电强度和体积电阻率是硅橡胶材料的基本电性能参数，它的性能优劣直接影响绝缘子的性能。

（2）机械性能。拉伸长度和撕裂强度优劣决定了硅橡胶材料抗外力损坏的能力和使用寿命。

（3）阻燃性能。耐电痕性、耐电弧性、氧指数等指标反映了硅橡胶材料的阻燃性能。

（4）憎水性。憎水性反映了绝缘子防污闪能力。硅橡胶材料的憎水性可通过接触角测量来获得，通常硅橡胶材料接触角可达90°。

2-81 绝缘子有哪几种组合形式？作用如何？

答 绝缘子有以下两种组合形式：

（1）悬垂绝缘子串。作用是承受导线垂直荷重。一般采用单联绝缘子串；对大截面导线、分裂导线及特大档距者，也采用双联绝缘子串；个别塔型为限制导线摇摆，还采用V型绝缘子串。

（2）耐张绝缘子串。作用是锚固导线，承受导线张拉力。一般采用单联和双联两种，还有三联或是更多联绝缘子串，根据拉力大小确定。

2-82 选用绝缘子应满足哪些要求？使用机械强度安全系数是如何规定的？

答 选用绝缘子应满足的要求如下：

（1）要有良好的绝缘性能，使其在干燥和阴雨的情况下，都能承受标准规定的耐压。

（2）绝缘子不但承受导线的垂直荷重和水平荷重，还要承受导线所受的风压和覆冰等外加荷载，因此要求绝缘子必须有足够的机械强度。

（3）架空线路处于野外，受环境温度影响较大，要求绝缘子能耐受较大的温度变化而不破裂。

（4）绝缘子长期承受高电压和机械力的作用，要求其绝缘性能的老化速度要比较慢，有较长的使用寿命。

（5）空气中的腐蚀气体会使绝缘子绝缘性能下降，要求绝缘子应有足够的防污秽和抵御化学气体侵蚀的能力。

绝缘子机械强度使用规定的安全系数：瓷横担＞3.0，针式绝缘子＞2.5，悬式绝缘子＞2.0，蝶式绝缘子＞2.5。

2-83 为什么要推广使用节能金具？

答 以往我国电力线路上使用的电力金具基本上用以可锻铸铁为主的磁性材料制成，由于结构上的闭合磁回路形成磁滞和涡流损失，造成能耗浪费十分巨大。目前以高强度铝合金为代表的轻金属制成的电力金具，不仅克服了耗能的弊端，而且结构合理可靠，施工简单方便，使线路设备向“长寿命、零故障、免检修”迈进了一大步。耐张金具由传统的螺栓型结构改为楔型结构，解决了U形螺栓构成闭合磁回路问题，而且由于不用螺栓，施工大为方便。在承力可靠性方面，楔块结构的面接触使导线的紧固更为妥贴，改变了由U形螺栓紧固形成接触导线致导线蠕变、握力下降的缺陷。节能金具由于采用了新材料、新结构和径向挤压、低压铸造、液态模锻等先进工艺，十分轻巧，通用性强，表面不易氧化，在各种自然环境下均无锈蚀之忧。应用节能金具，施工大为方便，从而提高了工作效率。节能金具的先进结构，减少了营运维修频率，大幅度节约了线路维修费。

2-84 配电线路楔型耐张线夹有哪些优点？

答 配电线路楔型耐张线夹壳体采用热镀锌铸铁，但结构上不形成闭合磁回路，同时采用楔型锚固，再加上螺栓压紧作辅助锚固，安装施工方便。

2-85 载流用的楔型线夹的特点有哪些？

答 载流用的楔型线夹由两个元件组成：一个是经过热处理的C形本体；一个是两边带槽的楔型块。两个元件都涂有抗氧化剂。当楔块楔入C形本体时，有弹性的C形本体向导线施加持续的夹紧力，线夹的安装不会对导线产生任何伤害。

2-86 穿刺线夹有哪些特点？有哪些优点？

答 穿刺线夹的特点有：

（1）全绝缘壳体。

（2）电气接触电阻小。

（3）适用于铜铝对接和铜铝过渡，并适用于不同截面导线的连接。

（4）防水、防腐蚀。

（5）安装简便。

穿刺线夹的优点有：

（1）安装时不必剥去导线的绝缘层。

（2）利用线夹的尖锐刺牙直接穿破导线绝缘层，和导线本体咬合在一起。

（3）穿刺线夹采用力矩螺栓，不受人为因素控制。

2-87 试述穿刺线夹的使用操作方法。

答 穿刺线夹的使用操作方法如下：

（1）把支线插入连接器的盖套内。

（2）将线夹固定于主线连接处，用手拧紧。

（3）用扳手拧紧力矩螺母，至螺母断脱为止。

2-88 配电线路各类杆型采用的绝缘子应符合哪些要求？

答 高压配电线路：

（1）直线杆采用针式绝缘子和瓷横担。

（2）耐张杆宜采用一个悬式绝缘子和一个E-10（6）型蝶式绝缘子或两个悬式绝缘子组成的绝缘子串。

低压配电线路：

（1）直线杆宜采用低压针式绝缘子或低压瓷横担。

（2）耐张杆应采用低压蝶式绝缘子或一个悬式绝缘子。绝缘子的组装方式应防止瓷裙积水。

2-89 配电线路绝缘子个数如何确定？

答（1）按工作电压下所要求的泄漏距离来定。

（2）工频湿闪电压应满足要求。

（3）耐雷水平达到所能耐受的冲击电压。

2-90 什么是电力电缆线路？

答 电力电缆线路是采用电缆输送电力的输电和配电线路。一般敷设在地下或水下，也有架空敷设的配电电缆线路。

电力电缆线路主要由电缆本体、电缆接头和电缆终端等组成，有些电力电缆还带有附属设备，如充油电缆供油装置、电缆护层保护器等。有些电力电缆线路也包括相应的附属设施，如电缆沟、电缆排管、电缆竖井、电缆隧道等。

2-91 什么是电缆？电缆是如何分类的？

答 由一根或多根相互绝缘的导体外包绝缘和保护层制成，将电力或信息从一处传输到另一处的导线叫做电缆。

电缆分为电力电缆、电气装备电缆及控制电缆、通信电缆以及其他用途的特种电缆。

2-92 为什么要广泛使用电力电缆？

答 广泛使用电力电缆有以下原因：

(1) 在火力发电厂中，厂用动力设备很多，为了保证供电可靠和人身安全，以及因空间不够而受到限制，需使用电力电缆。

(2) 在某些城市建筑群和居民密集的地区、道路两侧空间有限，为了保证人身安全，高压供电不许使用架空线路，需要使用电力电缆供电。

(3) 对过江、过河输电线路，因为跨度太大，不宜架设架空线路或影响船只通航时，应采用电力电缆。

(4) 为了避免电力架空线路对通信产生干扰，应采用电力电缆。

(5) 大型工厂、电网交叉区也应使用电力电缆。

2-93 电力电缆的作用及其优缺点是什么？

答 现代城市的输配电线路基本有下列两种：一种是架空电力线路，另一种是电力电缆线路。由于在城镇居民密集的地方，或在一些特殊的场合，出于安全方面的考虑，以及受地面位置的限制，不允许架设杆塔和导线时，就需要用电力电缆来解决。电力电缆的作用就在于此。

电力电缆线路和架空输配电线路相比较，有下列优点：运行可靠。由于电力电缆大部分敷设于地下，不受外力破坏（如雷击、风害、鸟害、机械碰撞等），故发生故障的机会较少。

电力电缆线路的优缺点如下：

(1) 供电安全，不会对人身造成各种危害。

(2) 维护工作量小，无须频繁地巡视检查。

(3) 因不架设杆塔，使市容整洁，交通方便，还可节约钢材。

(4) 电力电缆的充电功率为电容性功率，有助于提高功率因数。

电力电缆虽然有上述优点，但它的成本高，价格昂贵（约为架空线路的10倍），运行不够灵活，当出现故障时难以查找，给检修工作带来困难，所以只适用于特定的场合。

2-94 电力电缆的型式有几种？其型号及字母的含义是什么？

答 电力电缆有多种型式，主要有以下几种：

(1) 按芯数分，有单芯、双芯、三芯及四芯等。

(2) 按导体形状分，有圆形、半圆形、腰圆形、扇形、空心形和同芯形圆筒等。

(3) 按构造分，有统包式、屏蔽式和分相铅包式等。

(4) 应用于超高压系统的新式电力电缆有充油、充气和压气式等。

我国电力电缆型号是以字母和数字为代号组合表示的。完整的电力电缆型号由产品系列代号和各组成部分代号构成，并加上电缆额定电压、芯数、标称截面及派生代号。

电力电缆型号组合方法表示见图 2-15。

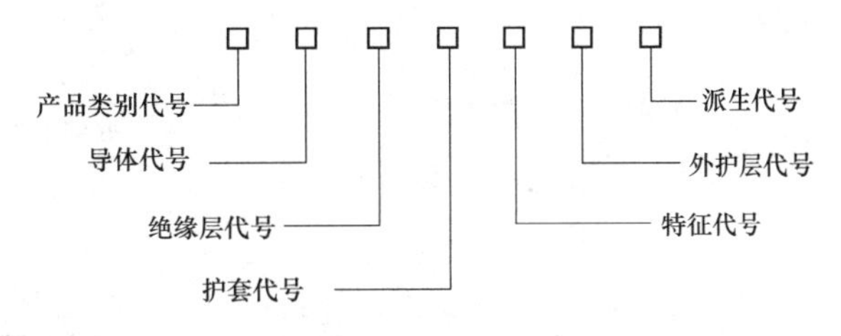

图 2-15　电力电缆型号组合方法表示

型号中的产品类别、导体、绝缘层、护套、派生和特征代号，均以字母表示；外护层代号以数字表示，字母、数字按从左到右顺序排列。现将其含义分述如下。

(1) 产品类别代号。是电缆型号的第一个字母，其含义列于表 2-9。

表 2-9　产品类别代号含义

产品类别名称	代号	产品类别名称	代号	产品类别名称	代号
油浸纸绝缘电缆	Z	交联聚乙烯电缆	YJ	阻燃电缆	ZR
自容式充油电缆	CY	橡胶电缆	X	耐火电缆	NH
聚氯乙烯电缆	V	丁基橡胶电缆	XD	导引电缆	D
聚乙烯电缆	Y	控制电缆	K	光缆	G

(2) 导体代号。以 L 为铝导体代号，而铜导体代号 T 可省略。

(3) 绝缘层代号。绝缘层代号与产品类别代号相同时，可以省略。例如，黏型纸绝缘电缆，绝缘层代号“Z”可省略，但自容式充油纸绝缘电缆的绝缘层代号电缆“Z”就不可省略。

(4) 护套代号。护套代号的含义列于表 2-10。

表 2-10　护套代号含义

护套名称	代号	护套名称	代号
铅护套	Z	聚氯乙烯护套	V
铝护套	L	聚乙烯护套	Y
皱纹铝护套	LW	橡套	H
铝带聚乙烯组合护套	A	非燃性橡套	HF

(5) 特征代号。表示电缆产品某一结构特征。特征代号的含义列于表 2-11。

表 2-11　特征代号含义

特征名称	代号	特征名称	代号
分相铅包	Q	干绝缘	P
不滴流	D	直流电缆	Z
充油	CY	滤尘器用	C

（6）外护层代号。外护层代号编制原则如下：

1）内衬层结构基本相同，在型号中不予表示。

2）一般外护层按铠装层和外被层结构顺序排列，以两个阿拉伯数字表示，每一个数字表示所采用的主要材料。

外护层代号的含义列于表 2-12。

表 2-12　外护套代号含义

代号	加强层	铠装层	外被层或外护套
0	—	无	—
1	径向铜带	联锁钢带	纤维外被
2	径向不锈钢带	双钢带	聚氯乙烯外护套
3	径、纵向铜带	细圆钢丝	聚乙烯外护套
4	径、纵向不锈钢带	粗圆钢带	
5		皱纹钢带	
6		双铝带或铝合金带	

3）充油电缆外护层型号按加强层、铠装层和外被层结构顺序，通常以三个数字表示，每一个数字表示所采用的主要材料。

（7）派生代号。表示电缆产品具有某种特性。派生代号一般放在型号代号之首，以字母表示，用引号隔开型号。

派生代号的含义列于表 2-13。

表 2-13　派生代号含义

代号	特性	代号	特性
Z	纵向阻水结构	ZR	阻燃电缆
DD	有低卤低烟	NH	耐火电缆
WD	无卤低烟		

2-95 如何全面表示电力电缆的型号和规格？

答 电力电缆型号、规格的表示方法如下：

四芯电力电缆型号、规格表示方法见图 2-16，若为三芯电力电缆，加号后面两项不写；若为单芯电力电缆，第一个芯数改为阿拉伯数字 1，加号后面两项不写；其他芯数的电力电缆的型号、规格类推。

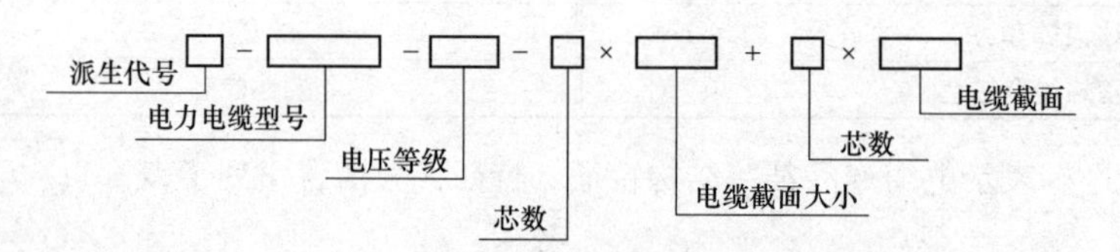

图 2-16　电力电缆型号、规格表示方法

举例说明电力电缆的型号、规格：

（1）YJV-10-3×240，电压为 10kV，截面为 240mm² 的铜三芯交联聚乙烯绝缘聚氯乙烯护套电力电缆。

（2）YJV22-6-3×185，电压为6kV，截面为185mm²的铜三芯交联聚乙烯绝缘双钢带铠装聚氯乙烯外护套。

（3）YJLV32-10-3×120，电压为10kV，截面为120mm²的铝三芯交联聚乙烯绝缘细圆钢带铠装聚氯乙烯外护套电力电缆。

（4）ZQF43-35-150，电压为35kV，截面为150mm²的油浸纸绝缘铜芯分相铅包粗圆钢带铠装聚乙烯外护套电力电缆。

（5）ZQD02-10-3×120，电压为10kV，截面为120mm²的三相铜芯不滴流油浸纸绝缘铅套聚氯乙烯外护套电力电缆。

（6）ZRC-YJV-1-3×95+1×70，电压为1kV，主芯截面为95mm²，中性线芯截面为70mm²的四芯交联聚乙烯绝缘阻燃电力电缆。

2-96 20kV电缆和10kV电缆在相同截面时的载流量会有不同吗？

答 在直流和单相交流电路里，导线传输功率（$P=UI$）与电压的高低和通过电流的大小密切有关。若导线在截面积（传输功率）相同的条件下，其中通过电流的电流值是不同的，则电压高的允许通过电流就大，电压低的允许通过电流就小。因此，20kV电缆和10kV电缆在相同截面时的载流量是不同的。这里以交联聚乙烯铜芯电缆为例，对比表2-14和表2-15可发现它们的差异。

表2-14　20kV交联聚乙烯铜芯电缆的载流量

电缆型号和规格	额定电压/kV	截面载流量/A	电缆型号和规格	额定电压/kV	截面载流量/A
YJV 22-18/24-3×300	20	448	YJV 22-18/24-3×120	20	269
YJV 22-18/24-3×240	20	393	YJV 22-18/24-3×95	20	238
YJV 22-18/24-3×185	20	330	YJV 22-18/24-3×70	20	197
YJV 22-18/24-3×150	20	300	YJV 22-18/24-3×50	20	161

表2-15　10kV交联聚乙烯铜芯电缆的载流量

电缆型号和规格	额定电压/kV	截面载流量/A	电缆型号和规格	额定电压/kV	截面载流量/A
YJV 22-8.7/10-3×400	10	425	YJV 22-8.7/10-3×120	10	225
YJV 22-8.7/10-3×300	10	375	YJV 22-8.7/10-3×95	10	200
YJV 22-8.7/10-3×240	10	330	YJV 22-8.7/10-3×70	10	165
YJV 22-8.7/10-3×185	10	280	YJV 22-8.7/10-3×50	10	130
YJV 22-8.7/10-3×150	10	250			

2-97 电力电缆的构造如何？

答 电力电缆主要由缆芯导体、绝缘层和保护包皮（外护层）三部分构成，现分述如下：

（1）缆芯导体。缆芯导体是用以传导电流的通路。它应具有较高的导电性能和较小的线路损耗，一般是用铜的电导率高，导电性能好，导热率高，机械强度大，而且耐振、耐腐，易于冷加工，故为缆芯制作的常用金属。在导电材料中，铝的电导率仅次于铜，并且资源广、质量轻、价格便宜。为了贯彻"以铝代铜"的方针，所以铝质缆芯亦被广泛采用。

缆芯导体一般是用多股细线分层绞合制成，这样可增加缆芯导体的柔软性和可曲性。为了使电缆在一定程度内弯曲而不变形，并使多股细线绞合均匀，防止歪扭松散现象，各层的绞合方向都是相反的。

我国电缆制造的标称截面有以下几种：1.0、1.5、2.5、4.0、6.0、10、16、25、35、50、70、95、120、150、185、240、300、400、500、625、800、1000、1200mm^2。

(2) 绝缘层。电力电缆的绝缘层材料分为均匀质和纤维质两类。

均匀质有橡胶、沥青、聚乙烯、聚氯乙烯、交联聚乙烯、聚丁烯等；纤维质绝缘层有棉、麻、丝、绸、纸等。

均匀质绝缘层有高度的抗潮性，耐酸，耐碱，因此，外面不需要再加金属保护包皮，但它易受空气（特别是热空气）、光线、油质、电晕等的影响而损坏，一般只作为低压和控制电缆使用。近年来由于材料、工艺的提高，已用于 6kV 及以下的高压电缆。

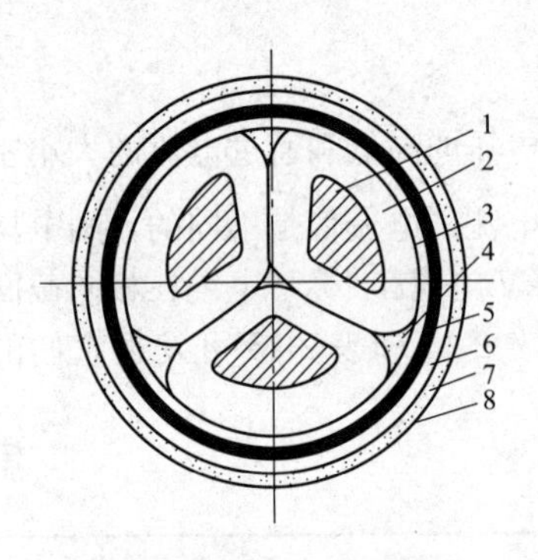

图 2-17 扇形芯线束带绝缘三相铠装电缆截面图

1—导线；2—纸绝缘；3—填充物；4—束带绝缘；5—铅皮；6—内黄麻衬垫；7—钢带铠装；8—外护套

纤维质绝缘层具有耐压、耐热（运行温度可达 90℃）、耐用、经济和性能稳定等优点，适用于作为高压电缆的绝缘材料，但它最大的缺点是极易吸收水分而导致绝缘性能的完全破坏。因此，必须外加铅包皮来防止水分侵入，同时还可防止浸渍绝缘剂流出。

(3) 保护包皮。各种电力电缆的保护包皮各有不同，其目的都是防止光线、空气、水分和机械的损伤。以油浸电力电缆为例：它的铅包皮外是内黄麻衬垫（也叫防腐带，是用沥青浸过的纸带或涂有橡胶的布带），防腐带既防铅皮腐蚀，又防钢甲扎伤铅皮。防腐带外为装甲钢带或钢丝带，装甲外面为外黄麻衬垫，是保护装甲免受锈烂的。

扇形芯线束带绝缘三相铠装电缆截面图，如图 2-17 所示。

2-98 电力电缆的保护包皮为何用铅？它有何优缺点？

答 电力电缆的保护包皮用铅制作的主要理由是：铅的韧性好、柔软，使电缆的可曲性好；由于它的熔点低，在保护包皮制作过程中，不会使绝缘过热而损坏。另外，铅还有一个优点，就是不易受酸碱的化学腐蚀。

铅包电缆的缺点有：铅质的柔软虽然对制作有利，但当电力电缆载荷受热膨胀时，电缆内部由于产生压力，将造成铅包过度伸展，而温度下降时又不能复原，因此电缆内部将产生空隙，容易发生气体游离缺陷，使绝缘损坏。

另外，单芯铅包电缆在交流电通过时，会使铅包产生感应电压，如果铅包两端不接地，此感应电压会危及人身安全；如若接地则又会产生循环电流，限制了电缆的载流量。

2-99 简述电缆导体材料的性能及结构。

答 电缆导体采用高电导系数的金属铜或铝制造。铜的电导率大，机械强度高，易于进行压延、拉丝和焊接等加工。

铜是电缆导体最常用的材料，其主要性能是：20℃时的密度 8.89g/cm^3；20℃时的电阻率 $1.724\times10^{-8}\Omega\cdot m$；电阻温度系数为 0.00393 l/℃；抗拉强度 200～219N/mm^2。

铝也是用作电缆导体比较理想的材料，其主要性能是：20℃时的密度 2.70g/cm^3；20℃时的电阻率 $2.80\times10^{-8}\Omega\cdot m$；电阻温度系数为 0.00407 1/℃。抗拉强度 70～95N/mm^2。

电缆导体一般由多根导丝绞合而成。采用绞合导体结构，是为了满足电缆的柔软性和可曲度的要求。当导体沿某一半径弯曲时，导体中心线圆外部分被拉伸，中心线圆内部分被压缩，绞合导体中心线内外两部分可以相互滑动，使导体不发生塑性变形。

从绞合导体其外形来分有圆形、扇形、腰圆形和中空圆形等种类。下面按几何形状分别介绍：

(1) 圆形绞合导体结构的几何形状固定，稳定性好，表面电场比较均匀。20kV 及以上油浸纸绝缘电缆，10kV 及以上交联聚乙烯绝缘电缆，一般都采用圆形绞合导体结构。

(2) 扇形或腰圆形绞合导体结构是为了减少电缆直径，节约材料消耗，10kV 及以下油浸纸绝缘电缆和 1kV 及以下多芯塑料绝缘电缆都采用扇形或腰圆形导体结构。

(3) 中空圆形导体结构，其圆形导体中央以硬带螺旋管支撑形成中心油道，或者 Z 形线和弓形线组成中空圆形导体，用于自容式充油电缆。

对于大截面的电缆导体，为了减少其集肤效应，常用分割导线结构，各个分割单元用绝缘材料隔开。

2-100 电缆绝缘层结构及其材料的性能怎样？

答 现分别将纸绝缘电缆、挤包绝缘电缆和充油电缆的绝缘层结构及其材料性能简述如下。

1. 纸绝缘电缆的绝缘层结构及其材料性能

纸绝缘电缆的绝缘层是电缆纸与浸渍剂的组合绝缘，它采用窄条电缆纸带（通常纸带宽为 5～25mm）一层层地包绕在电缆导体上，经过真空干燥后浸渍矿物油或合成油而形成。纸带的包绕方式，除紧靠导体和绝缘层最外的几层外，均采用间隙式（又称负搭盖式）绕包，这使电缆在弯曲时，在纸带层间可以相互移动，在沿半径为电缆本身半径的 12～25 倍的圆弧弯曲时，不至于损伤绝缘。

电缆纸是木质纤维纸，经过绝缘浸渍剂浸渍之后成为油浸纸。油浸纸绝缘实际上是木质纤维素与浸渍剂的夹层结构。35kV 及以下的油纸电缆采用黏性浸渍剂，即松香光亮油复合剂。这种黏性浸渍剂的特性是，在电缆工作温度范围具有较高的黏度，以防止流失；而在电缆浸渍温度下，则具有较低的黏度，以确保良好的浸渍性能。

2. 挤包绝缘电缆的绝缘层结构及其材料性能

挤包绝缘材料是各类塑料、橡胶是高分子聚合物，经挤包工艺一次成型紧密地挤包在导体上。塑料和橡胶属于均匀介质，这是与油浸纸的夹层结构完全不相同的。聚氯乙烯、聚乙烯、交联聚乙烯和乙丙橡胶的主要性能如下：

(1) 聚氯乙烯塑料是以聚氯乙烯树脂为原料，加入适量配合剂、增塑剂、稳定剂、填充剂、着色剂等经混合塑化而制成的。聚氯乙烯具有较高的机械强度，具有耐酸、耐碱、耐油性能，工艺性能也比较好。缺点是耐热性能较低、绝缘电阻率较小、介质损耗较大，火灾燃烧后会产生毒气使人致死，因此只能用于 6kV 及以下的电缆绝缘，安全性要求高的场合不允许使用聚氯乙烯电缆。

(2) 聚乙烯具有良好的电气性能，介电常数小，介质损耗小，加工方便。缺点是耐热性差、机械强度低、耐电晕性能差，容易产生环境应力开裂。

(3) 交联聚乙烯是聚乙烯经过交联反应后的产物。采用交联的方法，将线形或支链形结构的聚乙烯加工成三维网状结构的交联聚乙烯，从而改善了材料的电气性能、耐热性能、耐老化性能和机械性能。

(4) 乙丙橡胶是一种合成橡胶。用作电缆绝缘的乙丙橡胶是由乙烯、丙烯和少量第三单体共聚而成的。乙丙橡胶具有良好的电气性能、耐热性能、耐臭氧和耐气候性能。缺点是不耐油，可以燃烧。

3. 充油绝缘电缆的绝缘层结构及其材料

充油电缆是利用补充浸渍剂来消除气隙，以提高电缆工作场强的一种电缆。按充油通道不同，充油电缆分两类，一种是自容式充油电缆，另一种是钢管充油电缆。自容式充油电缆油道位于导体中央，油道与补充浸渍剂的设备（供油箱）相连，电缆温度升高时，浸渍剂膨胀多出的某一体积的油通过油道流至供油箱。而当电缆温度降低时，浸渍剂收缩，供油箱中的浸渍剂又通过油道返回绝缘层，以填补空隙。这样既消除了气隙的产生，又防止电缆中产生过高的压力。为使浸渍剂能够流动顺畅，浸渍剂应选用低黏度油，如十二烷基苯等。充油电缆中浸渍剂的压力必须始终高于大气压，这样一旦护套破裂可以有效防止潮气进入绝缘层。

2-101 聚乙烯交联反应的基本机理是怎样的？

答 聚乙烯交联反应是利用物理的方法（如用高能量粒子射线照射）或者化学方法（如加入过氧化物化学交联剂，或用硅烷接枝等）来夺取聚乙烯中的氢原子，使其成为带有活性基的聚乙烯分子，而后带有活性基的聚乙烯分子之间交联成三维空间结构的大分子。其整个生产反应过程就是它的基本机理。

2-102 电缆屏蔽层起什么作用？

答 在电缆结构上所谓的“屏蔽”是一种使电缆绝缘层内、外表面电场强度分布趋于均匀、减少畸变的措施。电缆导体由多根导体金属丝绞合而成，它与绝缘层之间易形成气隙，导体表面不光滑会造成电场集中。在导体表面加一层半导电材料的屏蔽层，它与被屏蔽的导体等电位，并与绝缘层良好接触，从而避免在导体与绝缘层之间发生局部放电。这一层屏蔽又称为内屏蔽层。

在绝缘表面和护套接触处，也可能存在间隙，电缆弯曲时，油纸电缆绝缘表面易造成裂纹，这些都是引起局部放电的因素。在绝缘层表面加一层半导体材料的屏蔽层，它与被屏蔽的绝缘层有良好接触，与金属护套等电位，从而避免在绝缘层与护套之间发生局部放电。

电缆屏蔽层是电阻率很低且较薄的半导电材料，其体积电阻率为 $10^3\sim10^6\Omega\cdot m$。油纸电缆的屏蔽层为半导电纸，这种纸是在普通纸浆中加入了适量胶体炭黑粒子。半导电纸还有吸附离子的作用，有利于改善绝缘电气性能。挤包绝缘电缆的屏蔽层材料是加入炭黑粒子的聚合物。没有金属护套的挤包绝缘电缆，除半导电屏蔽层外，还要增加用铜带或编织铜丝带绕包的金属屏蔽层。这个金属屏蔽层的作用：在正常运行时通过电容电流；在系统发生短路故障时，作为短路电流的通道，同时也起到屏蔽电场的作用。在电缆结构设计中，要根据系统短路电流的大小，对金属屏蔽层的截面积提出相应的要求。

2-103 电力电缆的内屏蔽与外屏蔽各有什么作用？

答 为了使电力电缆的绝缘层和缆芯导体有较好接触，消除导体表面的不光滑（多股导线绞合产生的尖端）所引起导体表面电场强度的畸变，一般在导体表面包有金属化纸带或半导体纸带的内屏蔽层。金属化纸就是厚度为 0.12mm 的电缆纸的一面，贴有厚度为 0.014mm 的铝箔。半导体纸，即在一般电缆纸浆中，掺入胶体炭粒所制成的纸。塑料、橡皮绝缘电缆的内屏蔽材料分别为半导电塑料、半导电橡皮。

为了使绝缘层和金属护套有较好的接触，一般在绝缘层外表面均包有外屏蔽层。外屏蔽用材料与内屏蔽材料相同，有时还外扎铜带或编织铜丝带。油浸纸绝缘分相铅包电缆各芯的铅包，都具有屏蔽电场的作用，为了防止电缆在运行中由于纸绝缘和铅包的膨胀系数不同，可能造成纸绝缘与铅包间微小的间隙会产生游离，所以在分相铅包电缆内也加绝缘屏蔽层，使间隙产生于铅包与屏蔽层之间而不形成游离放电。

国产的纸绝缘电力电缆多采用半导体纸作为外屏蔽层，因为半导体纸一方面可与金属化纸一样起电屏蔽作用，另一方面它可吸附浸渍剂杂质离子，增加绝缘层的稳定性。

2-104 各种电力电缆的应用范围是什么？

答 各种电力电缆的构造，可以适应各种不同的安装条件，在安装敷设电缆时，应根据线路、环境和敷设条件来选择不同构造的电力电缆。

（1）橡胶绝缘电缆。适用于温度较低和没有油质的厂房，用作低压配电线、路灯及信号、操作线路电缆等。特别适用于高低差很大的地方，并能垂直安装。

（2）裸铅包电力电缆。通常安装在不易受到机械损伤和没有化学腐蚀作用的地方。例如，直接安装在厂房的墙壁上、天花板上、地沟里和隧道中。有沥青防腐层的铅包电缆，还适用于潮湿和周围环境含有腐蚀性气体的地方。

（3）铠装电力电缆。这种形式的电缆，应用范围很广，可以直接埋在地下，敷设在生产厂房内外，还可敷设在不通航的河流和沼泽地区。圆形钢丝装甲的电力电缆可安装在水底，横跨常年通航的河流和湖泊等。变配电站的馈电线通常采用这种电缆。

（4）无外黄麻保护层的铠装电力电缆，可适应下列厂房内的环境情况：①有火警危险的场所；②有爆炸危险的场所；③可能受到机械损伤和震动的场所。在上述情况的室内可将电缆安装在墙壁上、天棚上、地沟内、构架上及隧道内。

（5）聚氯乙烯绝缘电力电缆。具有较强的防化学腐蚀性，阻燃性能突出，不受敷设落差的限制，而且质量较轻，电压为6kV及以下，电缆最高允许工作温度为70℃。细钢丝铠装的可用于大落差或垂直敷设。

（6）交联聚乙烯电缆。电压1kV及以下，电缆芯最高允许工作温度达90℃，适用范围与特性同聚氯乙烯电缆。

2-105 控制电缆的构造如何？

答 控制电缆是用在保护、操作回路中来传导电流的。它的运行电压较低，一般在500V以下，电流不大，所以截面积较小。它属于低压小型电力电缆的一类。控制电缆的缆芯由单线导体制成，其截面可分为1.0、1.5、2.5、4.0、6.0、10mm²。为适应保护和操作回路的需要，控制电缆一般采用多芯的。每根缆芯截面积小于2.5mm²时，缆芯数可分为1、2、3、4、5、6、7、8、9、10、12、14、16、19、24、27、30、33、37等；每根缆芯面积为4mm²及以上时，芯数则为1、2、3、4、6、7、8、12等。另外还有一种形式的控制电缆，带有若干对通信缆芯，可供检修时通信之用，见图2-18。

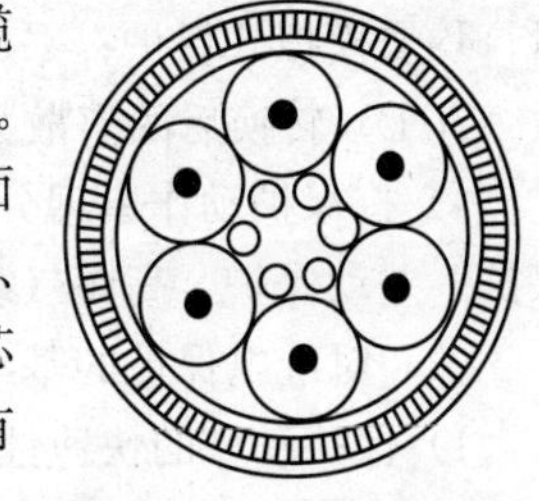

图2-18　六芯带三对通信线控制电缆的截面图

从结构上来看，控制电缆和低压电力电缆基本上相似，分为浸渍纸绝缘、橡胶绝缘、塑料绝缘、布绝缘等。电缆芯为了容易辨别，各层缆芯中有一对相邻的缆芯带有颜色纸带，其颜色既和其他层的颜色不同，也和同层的其他缆芯颜色不同。

控制电缆的缆芯电容对于保护和操作回路有时是不利的。在某些情况下，为了消除缆芯引起的电容电流，则在各芯绝缘层中夹有一层金属屏蔽带。如敷设控制电缆中间有接头，各芯的屏蔽带可以互换位置，以达到消除电容的目的。

控制电缆的型号，除第一个字母用K代表“控制”外，其他字母则与电力电缆形式完全相同。

2-106 什么是阻燃电缆？其分为几类？

答 阻燃电缆有一般阻燃电缆和高阻燃电缆之分。阻燃电缆是以材料氧指数≥28的聚烯烃作为外护套，具有阻滞、延缓火焰沿着其外表蔓延，使火灾不扩大的电缆（其型号冠以ZR）。

2-107 什么是继电保护装置？它的用途是什么？

答 当电力系统在运行中发生故障或异常现象时，利用自动装置将故障部分从系统中迅速截除，或在出现不正常运行状态时及时发出信号，以达到缩小故障范围、减少故障损失、保证系统安全运行的目的，并动作于断路器跳闸或发出信号的一种自动装置称为继电保护装置。

继电保护装置的用途可分为以下几类：

（1）当电网发生足以损坏电气设备或危及电网安全运行的故障时，使被保护设备能够迅速脱离电网。

（2）对电网的非正常运行及某些设备的非正常运行状态能够及时发出报警信号，以便提醒、通知运行维护人员迅速处理，使之尽快恢复正常（例如小电流接地系统的单相接地、变压器的过负荷等）运行。实现电力系统自动化（例如自动重合闸、备用电源自动投入、低频率减负荷装置）和远动化（例如“遥控、遥测、遥调、遥信、遥视”五遥功能）以及工业生产的自动控制等。

2-108 继电保护有哪些分类？对继电保护的要求是什么？

答 （1）继电保护的分类如下：

1）按被保护对象分类，有输电线保护和主设备保护（如发电机、变压器、母线、电抗器、电容器等保护）。

2）按保护功能分类，有短路故障保护和异常运行保护。前者又可分为主保护、后备保护和辅助保护；后者又可分为过负荷保护、失磁保护、失步保护、低频保护、非全相运行保护等。

3）按保护装置进行比较和运算处理的信号量分类，有模拟式保护和数字式保护。一切机电型、整流型、晶体管型和集成电路型（运算放大器）保护装置，直接反映输入信号的连续模拟量，均属模拟式保护；采用微处理机和微型计算机的保护装置，反映的是将模拟量经采样和模/数（A/D）转换后的离散数字量，这是数字式保护。

4）按保护动作原理分类，有过电流保护、低电压保护、过电压保护、功率方向保护、距离保护、差动保护、高频（载波）保护等。

（2）对继电保护的基本要求有以下四点：

1）保护动作的快速性。为了限制故障的扩大，减轻设备的损坏，提高系统的稳定性，必须快速切除故障（故障切除时间是指从发生故障起至跳闸灭弧为止的一段时间）。现有的快速保护装置，其本身动作时间只有0.02～0.05s。

2）可靠性。继电保护装置应随时保持完善、灵活的工作状态。一旦发生故障，保护装置应及时可靠地动作，不应由于本身的缺陷而误动或拒动。

3）选择性。保护装置仅动作于故障设备，使停电范围尽可能缩小，以保证其他设备照常运行。

4）灵敏度。保护装置应对各种故障有足够的反应能力。灵敏度用灵敏系数 K_L 表示。

反映故障时参数量增加的保护装置，其灵敏系数为

$$K_L=\frac{\text{保护区末端金属性短路参数的最小计算值}}{\text{保护装置动作值}}$$

反映故障时参数量降低的保护装置，其灵敏系数为

$$K_L=\frac{\text{保护装置的动作值}}{\text{保护区末端金属性短路参数的最大计算值}}$$

2-109　继电保护装置的发展史有哪四个发展阶段？每个阶段各有什么特点？

答　继电保护装置的四个发展阶段如下：

(1) 第一阶段（机电式继电器阶段）：19世纪50年代（1850年）以前，以电磁型、感应型、电动型继电器为主，都具有机械转动部分。

优点：运用广，积累了丰富的运行经验，技术比较成熟。

缺点：体积大，功耗大，动作速度慢，机械转动部分和触点易磨损或粘连，调试维护复杂。

(2) 第二阶段（晶体管式机电保护装置阶段）：20世纪50年代开始发展，70年代得到广泛应用，为第一代电子式静态保护装置。

优点：解决了机电式继电器存在的缺点。

缺点：易受外界电磁干扰，在初期经常出现“误动”的情况，可靠性稍差。

(3) 第三阶段（集成电路继电保护阶段）：20世纪70年代中期出现，将数十个甚至更多的晶体管集成在一个半导体芯片上。

优点：体积更小，工作更可靠。

(4) 第四阶段（微机保护阶段）：20世纪90年代后，微机保护已大量投入使用，目前已成为电力系统保护、控制、运行调度及事故处理的统一计算机系统的组成部分。

优点：

1）具有巨大的计算、分析和逻辑判断能力，有存储记忆功能，因而可以实现任何性能完善且复杂的保护原理。

2）微机保护可以自检，可靠性高。

3）可用同一硬件实现不同的保护功能，制造相对简化，易进行标准化。

4）功能强大，包括故障录波，故障测距，事件顺序记录，调度通信等功能。

随着电子技术、计算机技术、通信技术的飞速发展，人工智能技术如人工神经网络、遗传算法、进化规模、模糊逻辑等相继在继电保护领域的研究应用，继电保护技术向计算机化、网络化、一体化、智能化方向发展。

2-110　什么是继电保护装置的选择性？

答　继电保护装置的选择性是指当系统发生故障时，继电保护装置应该有选择性地切除故障，以保证非故障部分继续运行，使停电范围尽量缩小。

2-111　什么是继电保护装置的快速性？

答　继电保护装置的快速性是指继电保护应以允许的可能最快速度动作与断路器跳闸，以断开故障或中止异常状态的发展。快速切除故障，可以提高电力系统并列运行的稳定性，减少电压降低的工作时间。

2-112 什么是继电保护装置的灵敏性？

答 继电保护装置的灵敏性是指继电保护装置对其保护范围内故障的反应能力，即继电保护装置对被保护设备可能发生的故障和不正常运行状态应能灵敏地感受并反应。上、下级保护之间灵敏性必须配合，这也是保护选择性的条件之一。

2-113 什么是继电保护装置的可靠性？

答 继电保护装置的可靠性是指发生了属于它应该动作的故障时，它能可靠动作，即不发生拒动作；而在任何其他不属于它动作的情况下，它能可靠不动作，即不发生误动。

2-114 什么是主保护、后备保护、辅助保护？

答 主保护是指能满足系统运行稳定和安全要求，以最快速度有选择地切除被保护设备和线路故障的保护。

后备保护是指当主保护或断路器拒动时，起后备作用的保护。后备保护又分为近后备保护和远后备保护两种。近后备保护是当主保护或断路器拒动时，由前一级线路或设备的保护来切除故障以实现的后备保护。

辅助保护是弥补主保护和后备保护性能的不足，或当主保护及后备保护退出运行时而增设的简单保护。

2-115 什么是继电保护的“远后备”？什么是“近后备”？

答 “远后备”是指：当元件故障而其保护装置或开关拒绝动作时，由各电源侧的相邻元件保护装置动作将故障切开。

“近后备”是指：用双重化配置方式加强元件本身的保护，使之在区内故障时，保护拒绝动作的可能性减小，同时装设开关失灵保护，当开关拒绝跳闸时，启动它来切除与故障开关同一母线的其他开关，或遥切对侧开关。

2-116 电磁型保护的交流电流回路有几种接线方式？

答 电磁型保护的交流电流回路有三种基本接线方式，即三相三继电器式完全星形接线、两相两继电器式不完全星形接线和两相一继电器式两相电流差接线。

2-117 继电保护的操作电源有哪几种？各有何优缺点？

答 用来供给断路器跳闸、合闸及继电保护装置工作的电源有直流和交流两种。但无论采用哪种电源，都必须保证在系统发生故障引起电压波动的情况下，不影响保护装置动作的可靠性。

直流操作电源具有安全可靠、不受系统事故和运行方式影响的优点；缺点是直流系统较复杂，运行维护工作量大，发生接地故障后难以查找。交流操作电源具有投资少、运行维护简便等优点；缺点是可靠性差，特别是在系统发生故障时，其动作电源受故障的影响较大。所以，发电厂和大、中型变电站的继电保护操作电源都是采用直流电源，只有在小型变电站和中小工业企业高压配电室，由于设备较少，继电保护装置较简单而且要求不高，才采用交流操作电源。

直流操作电源大多采用硅整流装置（或直流发电机组），并配以适当容量的蓄电池。在设备不多、保护较简单时，也可以用复式整流或以电容器组代替蓄电池。

2-118 发生两点接地短路时，各种接线方式的工作情况如何？

答 在小接地电流电网中，当发生两点接地短路时，只需要切除一个接地点。因为在这种电网中发生单相接地时，还可继续运行一段时间。图 2-19 所示的小接地电流电网中，当线路 L1 的 V 相和线路 L2 的 W 相发生两点接地短路时，则线路 L1 的 V 相流过短路电流 I_{DB}，线路 L2 的 W 相流过短路电流 I_{DC}。如果采用完全星形接线方式，则线路 L1 和 L2 将同时被切除，显然与上述只需切除一个接地点的要求不相符，所以这种接线方式不适用于小接地电流电网。

若采用不完全星形接线方式，而且两条线路的电流互感器都装在同名的两相上，如都装在 U 和 W 相上，此时线路 L2 的短路电流 I_{DC}将流过保护装置，所以 L2 被切除，而线路 L1 的 V 相因为没有电流互感器，所以它的保护不会动作，该线路可以继续运行。对故障相可能的不同情况来说，不完全星形接线方式可以保证有 2/3 的机会只切除一个故障点，有 1/3 的可能切除两个故障点。因此，当采用不完全星形接线方式时，必须把电流互感器装在同名的两相上。

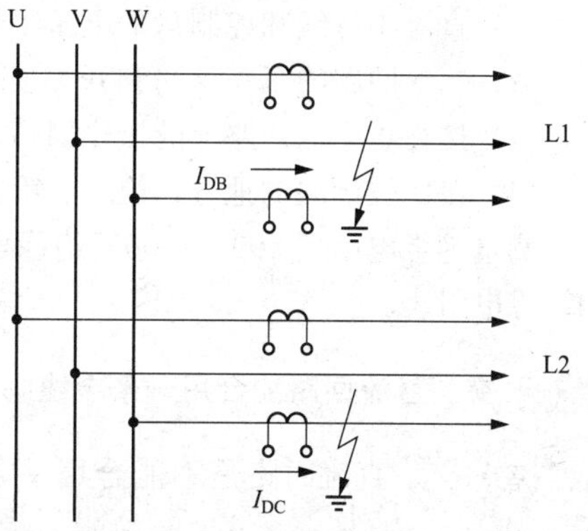

图 2-19 小接地电网中的两点接地短路

2-119 为什么不完全星形接线方式不用来保护单相接地故障？

答 两相两继电器接线称为不完全星形接线，此种接线方式只在 U、W 两相上装有电流互感器，正常运行或发生相间短路故障时，两个继电器内部都有电流通过，公共线内的电流等于电流互感器二次电流的向量和。当接有互感器的两相发生短路故障时，电流流过两个继电器，当未接有互感器的一相（V 相）与接有互感器的两相中的任何一相发生短路时，故障电流只流过一个继电器。这个继电器动作后便可以跳闸切除故障。也就是说，采用不完全星形接线方式可以切除任何形式的相间短路故障。但是，当发生单相接地故障时，它只能够对装有互感器的两相起保护作用，而当未装互感器的一相发生单相接地故障时，由于故障电流未通过电流继电器，故保护装置无法动作。因此，不完全星形接线方式对单相接地故障不起作用。

2-120 二次回路的定义和分类是什么？

答 二次回路是现代发电厂、变电站和企业中电力设备不可缺少的一部分，用于监视测量表计、控制操作信号、继电保护和自动装置等所组成电气连接的回路均称为二次回路或二次接线。

二次回路按电源性质及用途分为：

（1）交流电流回路。由电流互感器（TA）二次侧供电给测量仪表及继电器的电流线圈等所有电流元件的全部回路。

（2）交流电压回路。由电压互感器（TV）二次侧及三相五柱电压互感器开口三角经升压变压器转换为 100V 供电给测量仪表及继电器等所有电压线圈及信号电源等。

（3）直流回路。使用变压器输出经变压、整流后的直流电源或直流电压蓄电池，适用于大、中型变、配电所，投资成本高，占地面积大。

（4）操动回路。包括从操动（作）电源到断路器分、合闸线圈之间的所有有关元件，如熔断器、控制开关、中间继电器的触点和线圈、接线端子等。

（5）信号回路。包括光字牌回路、音响回路（警铃、电笛），是由信号继电器及保护元件到中央信号盘或由操动机构到中央信号盘。

2-121 二次回路绝缘电阻有哪些规定？

答 为保证二次回路安全运行，对二次回路的绝缘电阻应做定期检查和试验，根据规程要求，二次回路的绝缘电阻标准为：

（1）直流小母线和控制盘的电压小母线在断开所有其他连接支路时，应不小于10MΩ。

（2）二次回路的每一支路和开关、隔离开关操作机构的电源回路应不小于1MΩ。

（3）接在主电流回路上的操作回路、保护回路应不小于1MΩ。

（4）在比较潮湿的地方，第二、第三两项的绝缘电阻允许降低到0.5MΩ。

测量绝缘电阻用500～1000V绝缘电阻表。对于低于24V的回路，应使用电压不超过500V的缘缘电阻表。

2-122 交、直流回路能合用一条电缆吗？

答 交、直流回路是不能合用一条电缆的。其主要原因是：交、直流回路都是独立的系统，当交、直流回路合用一条电缆时，交、直流发生互相干扰，降低对直流的绝缘电阻；同时，直流是绝缘系统，而交流是接地系统，两者之间容易造成短路，故交、直流回路不能合用一条电缆。

2-123 如何选择合闸电缆？

答 由于合闸电缆直接连接断路器的合闸线圈，通过的电流较大，所以选用的截面积一般都大于10mm²。因此常采用500V低压铜芯或铝芯橡皮绝缘电力电缆，此种电力电缆有单芯、双芯、三芯及四芯多种，但作为合闸电缆，应选用双芯电缆。选择电缆截面时，应根据在保证合闸线圈最低动作电压的条件下，由直流电源至合闸线圈的允许电压降决定，计算电缆截面积的公式为

$$S=\frac{2\rho LI}{\Delta U}$$

式中 S——合闸电缆截面积，mm²；

ΔU——允许电压降，V；

I——合闸电流，A；

L——直流电源至断路器合闸机构的长度，m；

ρ——电阻率（铜芯取0.0184，铝芯取0.031）。

2-124 对控制电缆有哪些要求？

答 对控制电缆的选择，与所使用的回路种类有关。如按机械强度要求选择，使用在交流回路时最小截面不应小于2.5mm²，使用在交流电压、直流控制或信号回路时不应小于1.5mm²；若按电气要求选择，一般应按表计准确等级或满足电流互感器10%误差来选择，而在交流电压回路中则应按允许电压降来选择。当今采用微机保护，属于电子信息系统装置，对控制电缆要求更高，必须具有屏蔽能力，因此，现在均选用屏蔽型控制电缆。

2-125 什么是自动重合闸装置？有何意义？

答 自动重合闸装置是将因故障跳开后的断路器按需要自动投入恢复供电的一种自动装置。

其意义在于被保护线路或设备发生故障的因素是多种多样的，特别是在被保护的架空线路发生故障时，有时是属于暂时性故障（如绝缘子闪络、线路被异物搭挂造成短路后异物被烧毁脱落等）。故障消失后，只要将开关重新合闸，便可以恢复正常运行，从而减小了停电所造成的损失。

2-126 配电架空线路为什么要采用自动重合闸装置？

答 电力系统运行经验表明，配电架空线路绝大多数的故障都是瞬时性的，永久性故障一般不到10%。因此，在由继电保护动作切除短路故障之后，电弧将自动熄灭，绝大多数情况下短路处的绝缘可以自动恢复。因此，自动将开关重合，不仅提高了供电的安全性和可靠性，减少了停电损失，而且还提高了电力系统的暂态稳定水平，增大了高压线路的送电容量，也可纠正由于开关或继电保护装置造成的误跳闸。所以，架空线路要采用自动重合闸装置。

2-127 配电线路常用的保护分哪些类别？

答 配电线路常用的保护分以下类别：

（1）快速动作的保护。一般保护动作时间在0.04s以下：

1）电流速断及电压速断保护；

2）线路的距离保护和零序保护；

3）线路纵联差动保护；

4）线路的高频保护。

（2）带时限的保护。

1）带时限的电流和过电压保护；

2）带时限电流速断保护装置；

3）带时限电压速断保护装置。

2-128 什么是电力线路的电流速断保护？

答 在电力线路上反应突然短路电流增大，并且瞬时动作的保护称为电流速断保护。

2-129 如何确定电流速断保护的保护范围？

答 电流速断保护的保护范围如图2-20所示，为满足选择性要求，在L1线路上的速断保护，其保护范围只能限制在L1范围内，在L2线路的首端（或母线）短路时，L1的速断保护不应动作，也就是说在L1末端故障时不应动作，所以L1的速断保护是电流必须大于K点的短路电流，主要是为了满足选择要求。需要说明的是电流速断保护一般只能保护配电线路的70%，而在系统运行方式最大且线路很短时，电流速断装置很可能没有保护范围，我们称为死区，此时我们应考虑转设

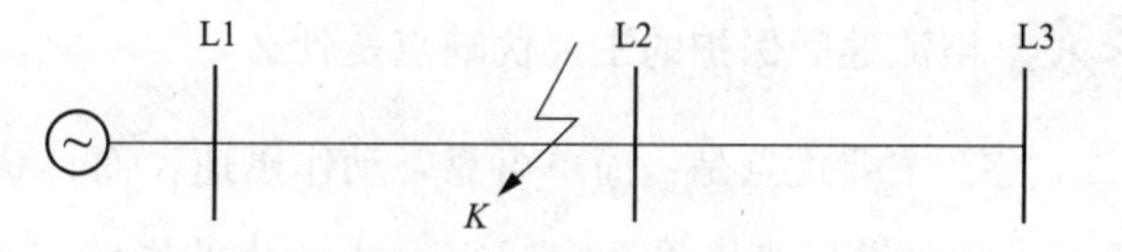

图2-20 电流速断保护的保护范围

其他保护装置。

2-130 输电线路继电保护定时限的作用是什么？

答 定时限保护是指给电流速断保护增加一个时限，动作电流是按避开最大负荷整定的，比速断保护值小得多，所以保护范围必然增大。当线路故障时，电流保护经过一定时限才可动作，它的作用是，当电流速断保护未动，或者下一级速断保护未动时，定时限过电流保护动作掉闸切除故障。它既是线路速断保护的后备，又是下一级速断保护的后备，所以称之为后备保护。

2-131 什么是输电线路的电流保护？

答 电流速断、限时电流速断和定时限过电流保护均是反映电流增大而动作的保护装置，速断保护能快速切除故障，但不能保护线路全长，限时电流速断又不能保护到下一级线路的末端，定时限过电流保护虽然可保护到下一级线路末端，但动作时限太长，所以为保证快速而有选择性地切除故障，将上述三段保护组合成一套保护，称为阶段式电流保护，又称为三段式电流保护，这种保护常用在35～110kV单电源辐射性输电线路上。

2-132 什么是反应输电线路相间短路的方向过电流保护？

答 在输电线路具有双侧电源，或在环形线路上，如果只用电流保护，在本段线路故障或相邻线路故障均会动作掉闸，这样就失去了保护的选择性，所以我们将电流保护增加方向元件，使其动作具有选择性。当故障电流方向是从母线指向线路，保护就动作，当故障电流方向是从线路指向母线，保护不动作，这种含有方向元件的电流保护，称为方向电流保护。

2-133 中性点不接地系统，输电线路的接地保护是根据什么特点构成的？

答 中性点不接地系统正常运行时三相电压相等，且对地的电容电流也相等。当发生单相接地时，接地相电压为0，其他两相电压升高$\sqrt{3}$倍，中性点电压为相电压，接地电流为三相电容电流之和，这个电流值很小，一般较线路负荷小得多，根据以上特点，在中性点不接地系统中发生单相接地时，由于其接地电流很小且三相电压对称，不影响用户用电，暂时不需要将断路器断开。但不可持续时间过长，因为易产生弧光过电压。因此利用单相接地中性点电压升高的特点构成的保护称为接地保护。

2-134 中性点不接地系统输电线路接地保护的原理是什么？

答 中性点不接地系统单相接地时，变压器中性点出现同相电压相等的零序电压，根据此原理可以利用三芯五柱电压互感器开口三角构成零序电压滤过器。当线路单相接地时，开口三角处出现零序电压，使接于开口三角回路中的电压继电器励磁动作发出信号，通知值班人员处理。

2-135 电流速断保护的主要优缺点是什么？

答 主要优点是：简单可靠，动作迅速，而且获得广泛应用。主要缺点是：不可能保护线路全长，保护范围直接受系统运行方式变化的影响。当系统运行方式变化很大、被保护线路很短时，速断保护可能没有保护范围，因而不能采用。

2-136 什么是限时电流速断保护？

答 由于瞬时电流速断保护在线路很短且系统运行方式很小时，保护范围很小或出现死区，该线路短路时不能快速切除，所以必须装设一种以较小时限快速切除全线范围内故障的电流保护，称之为限时电流速断保护。

2-137 限时电流速断保护的要求是什么？

答 首先在任何情况下都能保护线路全长，作为速断保护的后备，在本线路任意处故障均能可靠动作，并有足够的灵敏度。其次是力求具有最小的动作时限，以保证其选择性，就是说在下一条线路速断保护动作时，虽能启动但不能掉闸。

2-138 限时电流速断保护整定的基本原则是什么？

答 要求限时电流速断必须能够保护线路全长，动作电流值应稍大于下一条线路的速断值，一般为 1.1～1.2 倍，保护范围虽然延伸到下一条线路，但又不超过速断的保护范围，当出口短路时它就要启动，为了保证动作的选择性，必须在保护装置上增加一个时限，当两套保护同时启动时，限时速断可在下一条线路速断掉闸切除故障后可靠返回。

2-139 为什么有些配电线路只装过电流保护而不装速断保护？

答 采用何种保护装置是根据被保护线路的具体情况决定的。在满足被保护设备所要求的灵敏度、选择性及可靠性的条件下，应尽量使保护装置以便于维护和节约不必要的投资。例如，当保护线路不长而且短路电流也不大，用过电流保护作为主保护已能满足要求时，就不必再装速断保护。若装上电流速断保护，其动作电流要比过电流保护大，由于线路较短有可能使电流速断没有保护范围，故这种配电线路不必装速断保护。

2-140 什么是三段式电流保护？它有何特点？

答 无时限电流速断保护，虽然可以克服过电流保护动作时限长的缺点，但却不能保护线路全长。延时速断保护虽然可以保护本线路的全长，但却不能保护下一线路的全长，即不能作为下一线路的后备保护。因此，必须装设过电流保护作为本线路及下一线路的保护。由无时限电流速断、延时电流速断及过电流保护所组成的整套保护装置称为三段式电流保护。图 2-21 是三段式电流保护的时限特性。

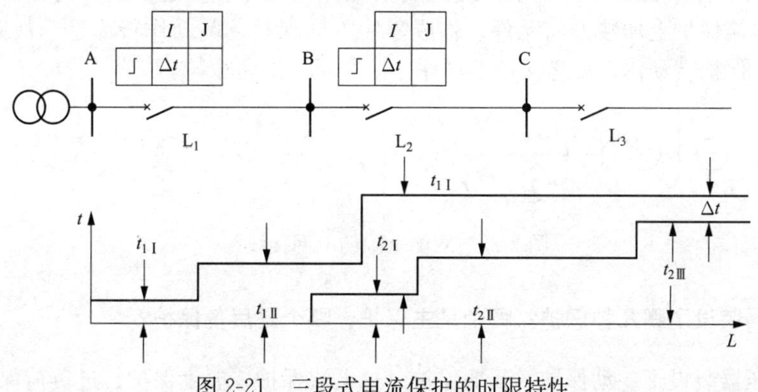

图 2-21 三段式电流保护的时限特性

第Ⅰ段为无时限电流速断，动作时限为 $t_{1Ⅰ}$，第Ⅱ段为延时速断，动作时限为 $t_{1Ⅱ}=t_{1Ⅰ}+\Delta t$；第Ⅲ段为定时限过电流保护，动作时限为 $t_{1Ⅲ}=t_{1Ⅰ}$ 第Ⅰ段保护范围是线路 L_1 的一部分，第Ⅱ段是线路 L_1 的全部和 L_2 的一部分，故无时限电流速断和延时速断是线路 L_1 的主保护。第Ⅲ段是定时限过电流保护，动作时限 $t_{1Ⅲ}=t_{2Ⅲ}+\Delta t$，其保护范围为 L_1 及 L_2 的全部。

2-141 什么是零序过电流保护？

答 在中性点直接接地的电网中发生接地短路时，将出现很大的零序电流，而在正常情况下它们是不存在的，这种反映零序电流增大而动作的保护称为零序保护。

2-142 什么是输电线路阶段式零序过电流保护？

答 与相间过电流保护相同，零序过电流保护也采用阶段式，通常为三段，即由零序电流速断（Ⅰ段）、限时零序电流速断（Ⅱ段）、零序过电流（Ⅲ段）构成。其保护范围、动作值整定、动作时间配合与三段式相间过电流保护类似。

2-143 零序过电流保护有哪些优点？

答 (1) 零序保护是按躲开最大不平衡电流整定，且数值很小，由于发生单相接地短路时，故障相电流与零序电流 $3I_0$ 在双侧或多侧电源网中，每侧电源处的变压器中性点至少有一台直接接地，在线路上任一点发生接地相等，所以具有较高的灵敏度。

(2) 零序电流保护时限短。

(3) 零序电流保护受系统运行方式变化影响较小，零序Ⅰ段保护范围大，零序Ⅱ段也易满足灵敏度要求。

(4) 当系统出现不正常运行状态时，如振荡、短时过负荷等，相间电流保护可能会误动作，而零序过电流保护不受其影响。

(5) 在110kV及以上线路中，单相接地故障占全部故障的70%～90%，因此采用专门零序保护就具有显著优越性。

2-144 什么是零序方向过电流保护？

答 在双侧或多侧电源的电网中，每侧电源处的变压器中性点至少有一台变压器中性点直接接地，在线路上任一点，发生接地故障时，零序电流均要流经各变压器中性点，如图2-22所示。K_1 点发生故障保护3可能动作，K_2 点发生故障保护2可能动作，这种动作均是无选择动作，所以必须在零序电流保护上加装方向元件，构成零序方向保护。其动作行为是当故障电流 I_0 由母线流向线路时，保护就动作，反之保护不动作。

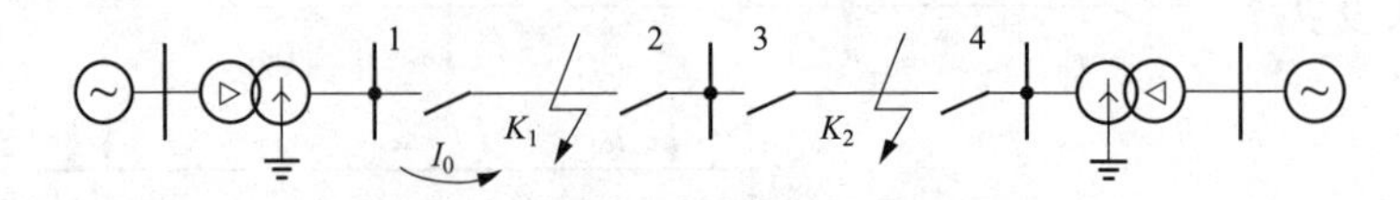

图2-22 双侧电源的电网接线图

2-145 主变压器装设了哪几种保护？哪个是主保护，哪个是后备保护？

答 主变压器装设了差动保护、瓦斯保护、过电流保护、温度保护、过负荷保护。其中差动保护和瓦斯保护是主保护，过电流保护、温度保护、过负荷保护是后备保护。

2-146 什么是变压器的电流速断保护？它有何优缺点？

答 瓦斯保护不能保护变压器油箱外部故障，对于容量较小的变压器（7500kVA以下），可用电流速断装置来保护电源侧套管及引出线上的短路故障，其原理接线如图2-23所示。

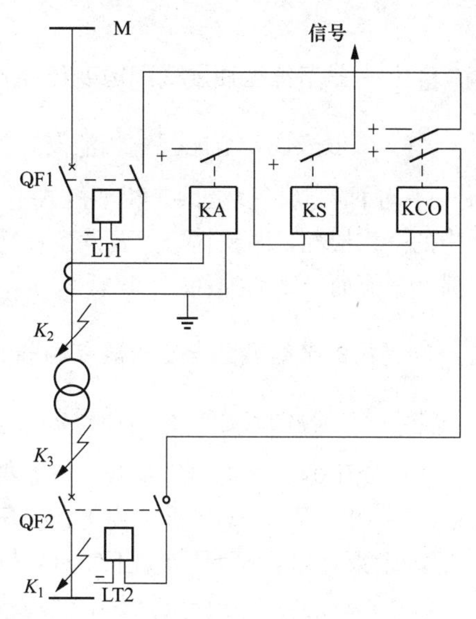

图2-23　变压器电流速断保护原理接线图

电流速断保护装在电源侧，当电源侧为小接地电流系统时，保护装置采用两相不完全星形接线；当电源侧为大接地电流系统时，保护装置采用三相完全星形接线。保护动作后，瞬时切断变压器两侧断路器。

电流速断保护的优点是接线简单、动作迅速，对于小容量变压器可用它代替差动保护。其缺点是由于启动电流只能按躲开 K_1 点短路的最大短路电流来整定，因此，它不可能保护变压器的全部，当系统容量不大时，保护区很小，甚至不能伸到变压器内部，因此灵敏度较低。

2-147 什么是变压器的瓦斯保护？有何优缺点？

答 当变压器内部发生故障时，变压器油将分解出大量气体，利用这种气体动作的保护装置称为瓦斯保护。

瓦斯保护的动作速度快、灵敏度高，对变压器内部故障有良好的反应能力，但对油箱外套管及连线上的故障反应能力却很差。

2-148 下列容量的变压器应采用哪些保护？

答 下列容量的变压器应设保护如下：

（1）容量为500kVA及以下的变压器可用熔断器保护。低压侧熔断器应担当变压器过负荷及低压侧电网短路的保护作用。高压侧熔断器应担当变压器套管处及严重内部故障的保护作用。低压侧熔断器的全部动作时间应小于高压侧熔断器的动作时间。

（2）容量为630～1000kVA变压器的主要保护应在一次侧装设过电流及速断保护。1000kVA以上的变压器和车间内的降压变压器（容量在630kVA以上的）均应装设瓦斯保护。变压器无开关时，瓦斯保护可以仅动作于信号，但此时瓦斯继电器的各元件应分别设立信号装置。

（3）1600～5000kVA变压器应装设过电流保护、速断保护、瓦斯保护及温度信号装置。

2-149 变压器的零序保护在什么情况下投入运行？

答 变压器零序保护应装设在变压器中性点直接接地侧，用来保护该绕组的内部引起出线上发生的接地短路，也可作为相应母线和线路接地短路时的后备保护，因此当该变压器中性点接地隔离开关合上后，零序保护即可投入运行。

2-150 什么是节能型油浸式配电变压器？

答 一般来说，节能型三相油浸式配电变压器是指性能参数空载损耗、负载损耗均比GB/T 6451平均下降10%以上的三相油浸式电力变压器（10kV和20kV及35kV电压等级）。变压器损耗中的空载损耗，即铁损，主要发生在变压器铁芯叠片内，主要是由交变的磁力线通过铁芯产生磁滞及涡流而带来的损耗。

2-151 常用的节能型配电变压器有哪些？不同类型的节能型变压器分别具有哪些特点？

答 产品性能参数空载损耗、负载损耗比Gwr10228（组1）平均降低10%以上的三相油浸式和干式变压器。常用的节能型变压器有："S9型"、"S10型"、"S11型"等系列三相油浸式变压器和"S9型"、"S10型"等系列干式变压器，其中有叠铁芯、卷铁芯和非晶合金铁芯等。

节能型变压器分别具有如下特点：

（1）卷铁芯配电变压器（S11型）。这种变压器早在20世纪60年代就被一些发达国家所采用，近年来在我国逐渐推广，卷铁芯变压器的优点：降低变压器空载损耗10%～25%，依变压器容量而变；降低空载电流，一般为叠片铁芯的50%；变压器噪声水平显著降低，小型变压器可做到37～42dB，减少对城镇噪声污染。

（2）单相配电变压器（D10型）。此类变压器多为柱上式，便于安装并靠近负荷中心，通常为少维护的密封式。

（3）非晶合金配电变压器。非晶合金配电变压器的空载损耗比硅钢片的变压器下降70%～80%，至今未全面推广使用的根本原因是价格较高。

（4）干式配电变压器。它由于结构简单、维护方便、防火阻燃、防尘等特点，被广泛应用在对安全运行有较高要求的场合。主要有两类产品：环氧树脂干式变压器和浸渍式干式变压器（或称为Nomex纸型）。

2-152 什么是非晶合金配电变压器？

答 非晶合金配电变压器采用新型非晶合金导磁材料制造变压器铁芯，空载电流下降约80%，是目前节能效果较理想的配电变压器，特别适用于农村电网和发展中地区等负载率较低的地方。

2-153 哪些属于高压开关？高压开关将起什么作用？它们如何分类？

答 高压开关是高压配电装置中的重要设备。高压开关是在电气系统中用来闭合或断开电路的元件，但是由于电路变化的复杂性，它们在电路中所负担的任务也有所不同，按它们在电力系统中的功能，一般可分为下列几大类。

（1）断路器。用于接通或断开有载或无载线路的负荷电流，以及发生短路故障时，自动切断故障电流。

（2）隔离开关。是具有明显可见断口的开关，可用于通断有电压而无负载电流的线路，还允许进行接通或断开空载的短线路、电压互感器及有限容量的空载变压器。

（3）负荷开关。接通或断开负载电流、空载变压器、空载线路和电力电容器组，如与熔断器配合使用，尚可代替断路器切断线路的过载及短路故障。负荷开关按灭弧方式分为固体产气式、压气式和油浸式等。

（4）熔断器，用于切断过载和短路故障，如与串联电阻配合使用，可切断容量较大的短路故障。熔断器按结构及使用条件可分为限流式和跌落式等。

（5）重合器。它是一种自具控制及保护功能的高压开关。

（6）分段器。它是一种记忆故障电流、开断负荷电流、隔离永久性故障的高压开关。

2-154 高压断路器有什么作用？

答 高压断路器用于接通或断开有载或无载线路及电气设备，以及发生短路故障时，自动切断故障或重新合闸，能起到控制和保护两方面的作用。

2-155 高压断路器如何分类？

答 按高压断路器的绝缘介质分类：

（1）油断路器。利用变压器油作为灭弧介质，分多油和少油两种类型，当前大部分油断路器已被淘汰。

（2）SF_6 断路器。采用惰性气体 SF_6 来灭弧，并利用它所具有的很高的绝缘性能来增强触头间的绝缘。

（3）真空断路。触头密封在高真空的灭弧室内，利用真空的高绝缘性能来灭弧。

（4）空气断路器。利用高速流动的压缩空气来灭弧。

（5）固体产气断路器。利用固体产气物质在电弧高温作用下分解出来的气体来灭弧。

（6）磁吹断路器。断路时，利用本身流过的大电流（短路电流）产生的电磁力将电弧迅速拉长而吸入磁性灭弧室内冷却使电弧熄灭。

2-156 什么是高压断路器的操作机构？

答 控制高压断路器的接通和开断的机构叫操作机构，按操作性质可分为电动操作机构、气动操作机构、液压操作机构、弹簧储能操作机构、手动操作机构。

2-157 什么是隔离开关？它的主要用途是什么？

答 隔离开关就是具有明显可见的分断间隙，因此它主要用来隔离高压电源，保证设备的安全检修，并能够通断一定的小电流。它没有专门的灭弧装置，因此不允许切断正常的负荷电流，更不能用来切断短路电流。因此，隔离开关通常与断路器配合使用。

隔离开关（也称刀闸）的主要用途如下：

（1）隔离电源，使需要检修的电气设备与带电部分形成明显的断开点，以保证作业安全。

（2）与断路器相配合来改变运行接线方式。

（3）切合空载和小电流电路。

2-158 隔离开关的主要结构如何？

答 高压隔离开关的主要结构如下：

（1）绝缘结构部分。隔离开关的绝缘主要有两种，一是对地绝缘，二是断口绝缘。对地绝缘一般由支柱绝缘子和操作绝缘子构成。它们通常采用实心棒形瓷质绝缘子，有的也采用环氧树脂或环氧玻璃布板等作为绝缘材料。断口绝缘具有明显可见的断口，绝缘必须稳定可靠，通常以空气为绝缘介质，断口绝缘水平应较对地绝缘高10%～15%，以保证断口处不发生闪络或击穿。

(2) 导电系统部分。

1) 触头。隔离开关的触头是裸露于空气中的，表面易氧化或脏污，这会影响触头接触的可靠性。故隔离开关的触头要有足够的压力和自清扫能力。

2) 闸刀（或导电杆）。是由两条或多条平行的铜板或铜管构成，其铜板厚度和条数是由隔离开关的额定电流一级动、热稳定性决定的。

3) 接线座。常见的有板型和管型两种，一般根据额定电流的大小而有所区别。

4) 接地刀闸。隔离开关的接地刀闸是为了保证人身安全所设的。当开关分闸后，将回路可能存在的残余电荷或杂散电流通过接地刀闸可靠接地。带接地刀闸的隔离开关有每极一侧和每极两侧两种类型。

2-159 隔离开关的过载能力有多大?

答 DL/T 593—2006《高压开关设备和控制设备标准的共用技术要求》规定，温升试验的试验电流为额定电流的1.1倍，提高温升试验电流始于1992年，当时规定为1.2倍，并且注明此规定为“根据我国运行经验提出”。

所谓“我国运行经验”，据分析有以下两点：

(1) 国家标准和IEC标准规定，温升试验应该在装有清洁触头的新开关装置上以额定电流进行，而实际运行中高压开关特别是隔离开关长期完全暴露在大气环境中工作，导电元件会受到环境和气候条件以及污秽、氧化作用，加上年久失修，引起接触不良。凡此种种运行中的不利因素，将降低开关设备的实际通流能力，如户外隔离开关导电回路过热是较为普遍的现象。根据以往运行经验，户外隔离开关的工作电流如果达到其额定电流的70%，一般会发生过热。

(2) 日照的影响会使导电回路温升提高。据国内试验表明，SF_6 断路器出线端处附加温升为16℃；户外隔离开关镀银触头及软连接处为12.5℃，铝导电管为19℃，但持续时间仅为1h。

通常是按照额定短时耐受电流而不是按额定电流来选用隔离开关的，所以长期通过隔离开关的最大电流要比额定电流小得多，而且考虑长远发展，一般所选额定电流也有较大裕度。因此，运行中隔离开关导电回路发热的原因，并不是通过电流过大超过了额定电流，而是由于触头及接触部位的结构、材料、表面处理和装配工艺存在问题，运行环境恶劣引起接触部位接触电阻提高而引起过热，而且恶性循环。要解决户外隔离开关导电回路过热，关键是要防止接触不良的产生，这就要从完善结构设计、选用优质材料及提高制造工艺水平上全面考虑，包括提高安装调整质量、改善运行操作条件和检修维护工作，来提高产品抵御环境影响的能力。

2-160 接地开关的短路持续时间规定是多少?

答 接地开关的短路持续时间在DL/T 593—2016《高压开关设备和控制设备标准的共用技术要求》对开关设备在合闸状态下承载额定短时耐受电流的时间间隔，规定为：550～1100kV为2s；126～363kV为3s；72.5kV及以下为4s。

DL/T 486—2010《高压交流隔离开关和接地开关》关于额定短路持续时间规定为：应符合DL/T 593的规定，但接地开关可以为配用隔离开关相应数值的一半，但不得小于2s。GB 1985—2014也规定“除另有规定，接地开关短时耐受电流的额定持续时间为2s。”

2-161 接地开关的长期通流问题与什么有关？

答 接地开关是用于将回路接地的一种机械开关装置，在异常条件下（如短路），可承载规定时间的短路电流，但在正常回路条件下，不要求承载电流。这是接地开关与隔离开关的主要区别。实际运行中，必须严格遵循如下程序：隔离开关合闸时，接地开关必须分闸；隔离开关分闸后，接地开关才能合闸。这就说明，接地开关没有长期通过工作电流的可能，所以接地开关也就没有额定电流和回路电阻的参数。

2-162 负荷开关如何分类？它的主要用途是什么？

答 负荷开关主要分为高压负荷开关和低压负荷开关两大类。

高压负荷开关按结构分类，主要分为以下 6 种：

（1）固体产气式高压负荷开关。利用开断电弧本身的能量使弧室的产气材料产生气体来吹灭电弧，其结构较为简单，适用于 35kV 及以下的产品。

（2）压气式高压负荷开关。利用开断过程中活塞的压气吹灭电弧，其结构也较为简单，适用于 35kV 及以下产品。

（3）压缩空气式高压负荷开关。利用压缩空气吹灭电弧，能开断较大的电流，其结构较为复杂，适用于 60kV 及以上的产品。

（4）SF_6 式高压负荷开关。利用 SF_6 气体灭弧，其开断电流大，开断电容电流性能好，但结构较为复杂，适用于 35kV 及以上产品。

（5）油浸式高压负荷开关。利用电弧本身能量使电弧周围的油分解汽化并冷却熄灭电弧，其结构较为简单，但质量大，适用于 35kV 及以下的户外产品。

（6）真空式高压负荷开关。利用真空介质灭弧，电寿命长，相对价格较高，适用于 220kV 及以下的产品。

低压负荷开关按结构分类，主要分为以下 5 种：

（1）封闭式负荷开关（俗名铁壳开关），如 HH 系列负荷开关。

（2）启开式负荷开关（俗名胶木开关），如 HK 系列负荷开关。

（3）旋转式负荷开关，如 GL 系列负荷开关。

（4）熔断器式负荷开关，如 HR 系列负荷开关。

（5）防爆式负荷开关，如 BKR 系列负荷开关。

负荷开关是介于断路器和隔离开关之间的一种开关电器，具有简单的灭弧装置，能切断额定负荷电流和一定的过载电流，但不能切断短路电流。当前，配电系统中多在环网供电中应用，用于开断设备（变压器、线路、电机等）的额定负荷电流和一定的过负荷电流。负荷开关常与熔断器配合一起使用，才能发挥组合电器的最大作用。

2-163 高压负荷开关与高压隔离开关有何区别？

答 隔离开关是结构上没有灭弧装置的，其主要功能是隔离电源，保证其他电气设备的安全检修，因此不允许带负荷操作。但在一定条件下，允许接通或断开小功率（小电流）电路。高压隔离开关不具备保护功能。

负荷开关是具有简单的灭弧装置，可以带负荷分、合电路，能通断一定的负荷电流，但不能分断短路电流。再者，高压负荷开关是有一定保护的，一般是加熔断器保护，还有速断和过电流保护。

2-164 高压熔断器在电路中的作用如何？怎样概括分类？其型号意义是什么？

答 熔断器是电路或电气设备的保护元件，用在小功率输配电线路、配电变压器的短路和过载保护中，当短路或过载电流通过熔断器时，将热元件本身加热熔断，从而使电路切断，达到保护电力设备的目的。

熔断器按使用场所分为户内式和户外式两种，按动作性能又可分为固定式和自动跌开（落）式，按工作特性又可分为有限流作用和无限流作用熔断器。

不论何种高压熔断器，其管内的熔体（熔丝）的熔化时间必须符合下列规定：

（1）当通过熔体的电流为额定电流的130%时，熔化时间应大于1h。

（2）当通过熔体的电流为额定电流的200%时，必须在1min以内熔断。

（3）保护电压互感器的熔断器，当通过熔断器的电流在0.6～1.8A范围内时，其熔断时间不超过1min。

高压熔断器型号含义如下：

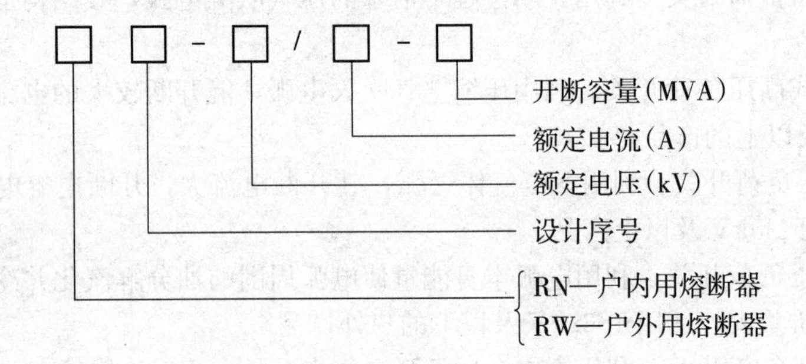

2-165 限流式熔断器的工作原理和特性是什么？

答 限流式熔断器的主要结构由熔体管、触座、接线板、支持绝缘子和底板组成。

限流式熔断器的熔体按额定电流的大小，采用一根和多根熔丝缠在有棱的瓷芯上，或绕成螺旋形直接装在管内，在管内充以石英砂，两端有铜端盖，装好后与顶盖焊牢，以保持密封。当短路电流或过载电流通过时，熔体很快熔化，所产生的电弧与石英砂紧密接触，加强了去游离和冷却作用，使电弧很快熄灭，同时指示器弹出。

限流式熔断器熄弧能力很强，具有限流作用，能使短路电流未达到最大峰值之前将电弧熄灭（即强迫过零）。这对于限制短路电流，降低电气设备动、热稳定性具有重要的意义。

这种熔断器在开断电路时无游离气体排出，因此在户内装置中被广泛采用。

2-166 10kV RN1型和RN2型熔断器的保护对象有何不同？各自的技术数据有哪些？

答 RN1型和RN2型熔断器，都是限流式高压熔断器，都用于户内，管内都充以石英砂，而保护对象却不相同。

RN1型熔断器适用于小功率输配电线路和电气设备的短路及过载保护，熔断器最短熔断时间为0.005～0.007s。

RN2型熔断器适用于保护电压互感器的短路，但不能作过载保护，当通过熔体管的电流为0.6～1.8A时，其熔断时间不超过1min。

RN1 型和 RN2 型熔断器的技术数据见表 2-16 和表 2-17。

表 2-16　RN1-10 型高压熔断器的技术数据

型号	额定电压/kV	最高工作电压/kV	额定电流/A	最大开断电流/kA	最小开断电流（以额定电流倍数表示）	最大断流容量（三相）/MVA	当开断最大电流时的最大电流瞬时值/kA
RN1-10	10	11.5	20	12	不规定	200	4.5
			50		1.3		8.6
			100		1.3		15.5
			150		1.3		
			200		1.3		

表 2-17　RN2-10 型高压熔断器的技术数据

型号	额定电压/kV	额定电流/A	三相断流容量/MVA	遮断电流/kA	当切断极限短路电流时的最大电流峰值/kA	熔丝电阻/Ω
RN2-10	10	0.5	1000	50	1000	90

2-167 高压跌落式熔断器的结构和开断过程如何？

答 高压跌落式熔断器也叫跌开式熔断器或跌落保险，由上下触头座、熔体管、绝缘子、安装板等部件组成。

跌落式熔断器是利用熔丝本身的机械拉力，将熔体管上的活动关节（动触头）锁紧，借以保持合闸状态。当通过短路电流或过载电流时，熔丝熔断，在熔体管内产生电弧，熔体管内壁在电弧作用下产生大量气体，管内压力升高，气体高速向外喷出将电弧拉长或熄灭。同时，熔丝熔断后，拉力消失，活动关节被释放，熔体管自动跌落，形成了明显的可见断开点。

跌落式熔断器开断大电流的能力强，而开断小电流时燃弧时间则较长。它没有使电流强迫过零的能力，因此不起限流作用。而且其能承受的过电压倍数也比较低。跌落式熔断器的熔体管结构有两端排气和分级排气两种。分级排气式熔断器的断流能力比较大。

跌落式熔断器一般分为单管式和双管式两种，双管式熔断器多为重合保险。

跌落式熔断器在开断电弧时，会喷出大量的游离气体，同时能发生爆炸声响，故只能用于户外。

2-168 常用 6～10kV 户外跌落式熔断器的技术数据和配用熔丝规格有哪些？

答 常用 6～10kV 户外跌落式熔断器的技术数据和配用熔丝规格如下：

（1）RW3-10 型户外跌落式高压熔断器主要用于保护变压器和配电线路，它的主要技术数据见表 2-18。

表 2-18　RW3-10 型户外跌落式高压熔断器技术数据

型号	额定电压/kV	熔管额定电流/A	最大断流容量（三相）/MVA	熔丝额定电流范围/A
RW3-10	6～10	50、60 100、200	50、75、80、100	1、2、3、5、7、10、15、20、25、30、50、60、75、100、150、175、200
RW3-10 RW3-10Z	10	100、200	60、75、100、200	3、5、7.5、10、15、20、25、30、40、50、60、75、100、150、200

其中 RW3-10Z 型为自动重合闸跌落式高压熔断器，每相装有两只熔管，一只为常用，一只为备用。在备用熔管下面装置一个重合机构，当常用熔管熔断跌落下来时，隔一定时间（在 0.3s 以内），借助重合机构使备用熔管投入而自动重合。

（2）RW4-10 型户外跌落式高压熔断器具有性能好、寿命长、成本低等特点，可用直接分、合熔断管的方法来分、合线路和配电变压器，是杆上变压器及高压配电所进户端使用最广泛的一种。其技术数据如表 2-19 所示。

表 2-19　RW4-10 型户外跌落式高压熔断器技术数据

规格	单次式				单次重合式	
产品代号	6151	6111	6113	6123	6151Z	6151Z
额定电压（有效值）/kV	6～10	6～10	6～10	6～10	6～10	6～10
额定电流/A	50	100	100	200	50	100
额定断流容量（三相）/MVA	100	100	300	300	100	100
每具产品净重/kg	5.8	6.1	6.2	6.5	14	14.6

RW4-10 型高压熔断器配用有规定尺寸的纽扣熔丝，其过载特性同高压熔断器一切要求，纽扣高压熔丝的规格如表 2-20 所示。

表 2-20　纽扣高压熔丝的规格

产品代号	6952	6953	6954	6955	6956	6957	6958	6959	6960	6961
额定电流/A	2	3	5	7.5	10	15	20	30	40	50
纽扣直径/mm	19	19	19	19	19	19	19	19	19	19

2-169 XGN 型 10kV 高压开关柜有何特点？其型号及含义是什么？

答 XGN 系列箱型固定式交流金属封闭开关柜用于 3.6～12kV 三相交流 50Hz、单母线和单母线带旁路或双母线系统中作为接受和分配电能之用，安装于户内场所。防护等级为 IP2×，主开关柜采用 ZN28-12 系列真空断路器，配用电磁操动机构或弹簧操动机构，也可选高品质的 ZN63A（VS1）、VD4 真空断路器。隔离开关采用 GN30-12 系列旋转式隔离开关系列产品。主开关、隔离开关、接地开关及柜门之间的联锁机构采用强制性机械闭锁方式，符合“五防”功能。

例如，10kV 高压开关柜 XGN_{28}-12 第一个字母 X 表示箱型结构；第二个字母 G 表示固定式；第三个字母 N 表示户内式；N 字下角阿拉伯数字 28 表示设计序号；“-”后阿拉伯数字 12 表示开关柜额定电压为 12kV。

2-170 KYN 型 10kV 高压开关柜有何特点？其型号及含义是什么？

答 KYN 系列铠装移开式交流金属封闭开关设备柜，柜体结构采用组装式，断路器采用中置手车落地式结构；手车车架中装有丝杠螺母推进机构，可轻松移动手车，并防止误操作而损坏推进结构；所有的操作均可在柜门关闭状态下进行；主开关、手车、开关柜门之间的联锁均采用强制性机械闭锁方式。适用于三相交流 50Hz、3～12～40.5kV 电力系统，主要用于发电厂、变电所及工矿企业、铁路运输、高层建筑的变配电中作为接受和分配电能之用，并对电路实行控制、保护和监测，满足 IEC 60298、GB 3906、DL/T 404 等标准的要求，并具备“五防”功能。

例如，10kV 高压开关柜：KYN_{28}-12 型的第一个字母 K 表示金属铠装结构；第二个字母 Y 表示移开式；第三个字母 N 表示户内式；N 字下角阿拉伯数字 28 表示设计序号；“-”后阿拉伯数字 12 表示开关柜额定电压为 12kV。

2-171 常规 10kV KYN 系列中压开关柜结构有哪些特点？

答 常规 10kV KYN 系列中压开关柜结构见表 2-21。

表 2-21 常规 KYN 系列开关柜结构

<table>
<tr><td colspan="2">开关柜型号</td><td>KYN1</td><td>KYN4A</td><td>KYN（改进型）</td><td>JYN 改型为 KYN</td><td>KYN1（改）</td></tr>
<tr><td colspan="2">手车推进方式</td><td>螺杆式</td><td>杠杆式及螺杆式</td><td>杠杆式</td><td>直推式</td><td>螺杆式</td></tr>
<tr><td colspan="2">断路器主触头型</td><td>多片蟹钳状夹紧</td><td>多片蟹钳状夹紧</td><td>多片蟹钳状夹紧</td><td>瓣形</td><td>多片蟹钳状夹紧</td></tr>
<tr><td rowspan="3">接地开关</td><td>性能</td><td>无快速机构</td><td>有快速机构</td><td>无快速机构</td><td>有快速机构</td><td>有快速机构</td></tr>
<tr><td>带否带电传感器</td><td>不带</td><td>带</td><td>不带</td><td>不带</td><td>不带</td></tr>
<tr><td>传动机构</td><td>连杆</td><td>连杆</td><td>万向节转换</td><td>连杆</td><td>连杆</td></tr>
<tr><td rowspan="4">开关柜</td><td>柜体制造方式</td><td>焊接</td><td>铆接</td><td>焊接</td><td>焊接</td><td>焊接</td></tr>
<tr><td>进出线方向</td><td>下进，上出</td><td>下进，下出</td><td>下进，下出</td><td>下进，下出</td><td>下进，下出</td></tr>
<tr><td>帘门运动方式</td><td>同向上下滑</td><td>异向上下滑</td><td>同向上下滑</td><td>同向上下滑</td><td>异向上下滑</td></tr>
<tr><td>加热器</td><td>220V、150W
两只串联</td><td>220V、150W
两只串联</td><td>220V、150W
两只串联</td><td>220V、150W
两只串联</td><td>220V、150W
两只串联</td></tr>
<tr><td colspan="2">二次插接件型式</td><td>航空插件滑动插件</td><td>航空插件</td><td>航空插件</td><td>航空插件</td><td>滑动对接式</td></tr>
<tr><td colspan="2">静插头盒及
电流互感器结构</td><td>一体式</td><td>独立非一体式</td><td>独立非一体式</td><td>一体式</td><td>独立非一体式</td></tr>
<tr><td colspan="2">电压互感器/
避雷器结构</td><td>小车式</td><td>小车式</td><td>小车式</td><td>固定式</td><td>小车式</td></tr>
</table>

2-172 什么是计量柜（箱）？

答 电力用户处户内或户外计费用的电能计量所必需的计量器具和辅助设备的总体称为计量柜（箱），它包括电能表、计量用电压、电流互感器及其二次回路、屏、柜、箱体。按用途分有户内式、户外式、柱上悬挂式；按电压分有低压计量柜（箱）和高压计量柜（箱）。它与各型高、低压开关柜配套使用。

2-173 什么是 F-C 回路？什么是 F-C 回路手车式高压开关柜？它们适用于哪些场合？

答 由高压限流式熔断器（简称熔断器 F）与高压真空接触器（简称接触器 C，该真空接触器实际上就是负荷开关）组合装配而成的手车式开关装置，称为 F-C 手车（包括一次插头）。由 F-C 手车、综合保护装置及连接主母线和电缆的分支母线所组成的回路，称为 F-C 回路。由 F-C 回路为开关元件组成的开关柜，称为 F-C 回路手车式高压开关柜。

F-C 回路对控制频繁操作的高压电动机及其他负荷特别适用。而且，由于采用高分断能力的限流式熔断器，F-C 回路可以使用在高短路容量系统中，有效地保护短路故障。在这些方面 F-C 回路明显优于断路器，并且 F-C 回路在造价方面也显示出明显的优势，F-C 回路手车式高压开关柜已经受到越来越多的用户关注。它主要应用在工厂里的以下场合：电容器组回路；800kW 及以下容量的风机类电动机；1000kW 及以下的泵类电动机及 1250kVA 及以下的低压干式变压器。它的应用主要是考虑在满足安全生产的条件下又能较好节省投资。

2-174 什么是固体绝缘开关柜？

答 固体绝缘开关柜（SIS）是用固体绝缘材料将一次回路全部贯通包覆起来的一种中压开关柜。环氧树脂的材料和制品工艺的技术进步，以及真空开关的普及，为固体绝缘开关柜的发展奠定了技术基础。

2-175 什么是环网柜？其工作原理是什么？

答 环网柜（Ring Main Unit）是一组输配电气设备（高压开关设备）装在金属或非金属绝缘柜体内或做成拼装间隔式环网供电单元的电气设备，其核心部分采用负荷开关和熔断器，具有结构简单、体积小、价格低、可提高供电参数和性能，以及供电安全等优点。它被广泛使用于城市住宅小区、高层建筑、大型公共建筑、工厂企业等负荷中心的配电站及箱式变电站中。

10～20kV户外箱式环网柜，又称环网供电单元（简称环网柜），每个环网供电单元由3至5路开关柜共箱组成（在马路人行道上挺立），接线方式灵活多样，可以满足不同配电网络节点的需求。

环网柜工作原理是为了提高供电可靠性，使用户可以从两个方向获得电源（电源A、电源B），通常将供电网连接成环形。这种供电方式简称为环网供电。其工作原理接线图见图2-24。

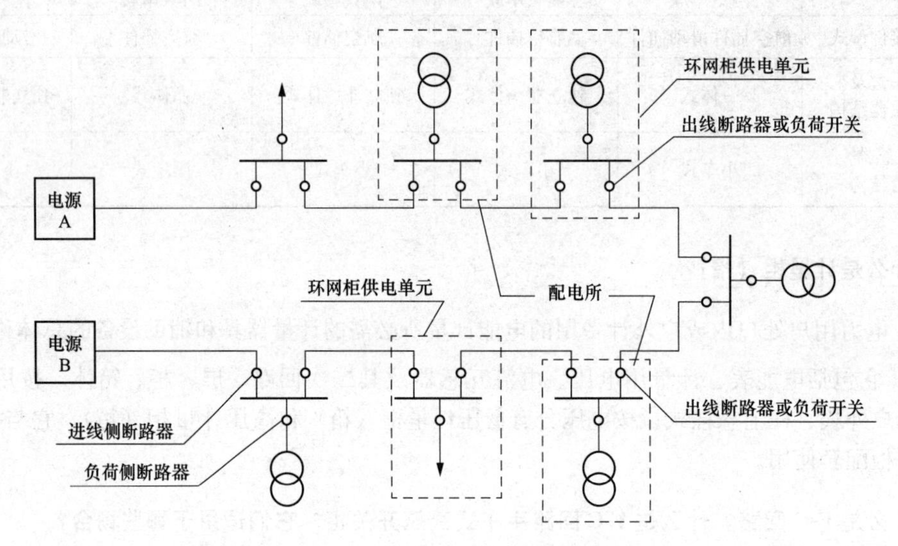

图2-24 环网柜工作原理接线图

2-176 环网柜有哪几种类型？

答 环网柜有以下几种类型：

（1）HXGN3-10型（H—环网柜；X—箱式；G—固定式；N—户内）。柜体结构由钢板弯制焊接组装而成，防护等级IP2X。柜体上部为母线室，仪表室位于母线室的前部，用钢板分隔。柜体中部为负荷开关室，负荷开关与其他元件之间设有绝缘隔板。对于电缆进出线柜，其柜底装有可拆装的活动盖板；对于架空进出线柜，其柜顶可加装母线通道或遮拦架。

（2）HXGN-10型。HXGN-10系列空气环网柜具有15种方案，其中01号方案为负荷开关熔断器柜；02号方案为负荷开关柜，这两种柜都设有接地开关；09号方案为计量柜。

该系列环网柜的外壳采用钢板弯制，螺钉紧固组装而成的金属全封闭结构。柜体由4根立柱、上盖板、下底板、前面板、后背板、侧板等组成。负荷开关柜正面有上下两块用螺钉固定的门；负荷开关熔断器柜正面则有3块门板。门上有观察窗，可观察负荷开关和接地开关所处的位置；柜与柜之间母线连接为梅花触头插接形式，母线配有绝缘护套管。柜的顶部可根据用户要求，增设仪表箱。

环网柜中安装的负荷开关为产气式的，无油无毒；配备的手动、电动操作机构为扭力弹簧储能机构，结构简单，操作力小。

(3) GE型。这是一种引进型号，它采用SF_6负荷开关。操作机构为弹簧储能式，具有快合快分装置，分闸机构是在合闸动作中自动拉伸弹簧进行储能的，通过分闸线圈或HRC熔丝控制（击发）脱扣。8DJ20（8DH10）为SF_6负荷开关，气箱采用不锈钢激光焊接，完全密闭焊接，不存在任何漏气点和密封垫圈；其中8DJ20为不可扩展共气箱结构；8DH10为可扩展式；采用模块化设计，满足各种终端型和环网型用户的需求。具有结构紧凑、占地面积小、免维护等优点。

2-177 固态绝缘环网柜有什么特点？

答 固体绝缘环网柜是一种集外固封、绝缘母线及组合单元小型化三种技术于一体，开关与高压带电部件采用环氧树脂进行整体浇注，以环氧树脂固封作为带电体对地及相间绝缘的新型配电设备。固态绝缘环网柜的特点如下：

(1) 固体绝缘环网柜不排放任何有毒物质，无漏气爆炸与内部燃弧的隐患，具有绝缘性能高、整体强度高、免维护等特点。固体绝缘环网柜根据不同的配置，可实现开断负荷电流、开断短路电流、双电源进线手动与自动切换、电流速断保护、小电流接地系统的单相接地保护、通信等功能。

(2) 固体绝缘环网柜分为：V单元（断路器单元）、C单元（负荷开关单元）、F单元（组合电器单元），每个单元可以单独使用也可自由扩展，其结构分为仪表室、操作机构、一次部分。仪表室可配备微机、保护装置（控制器），机构为专用的弹簧操作机构。

(3) 一次部分采用APG自动凝胶工艺，将开关和灭弧室完全固封在环氧树脂中，并有专用接头和母线相连。灭弧室的设计开关选用的灭弧室采用专用的铜铬触头材料，R型纵磁场触头，以及完全一次封排工艺，该灭弧室开断短路电流能力及稳定性、电寿命、温升及绝缘水平较之前的灭弧室（铜铝触头材料、杯状纵磁场触头结构，以及不完全一次封排工艺）有了明显提高。操动机构的设计机构采用与开关配合一体的弹操机构，即隔离开关和主开关弹操机构为一整体，可方便实现互锁，且机构零件少，减少了不必要的传动环节，可靠性高且可根据用户需要配手动、电动操作。

(4) 一次部分工艺设计开关采用APG自动凝胶工艺，将导电回路完全固封在环氧树脂中，并且采用三相分体式。这种设计充分考虑了国家标准和残酷环境下使用的有关要求，配合防洪型可触摸专用插头及微机保护真正实现全密封、全绝缘、免维护、小型化、智能化的配电要求。

(5) 固体绝缘环网柜是实现了绿色环保、无污秽、体积小、安全可靠，并与智能化结合的免维护的新一代产品，其单个单元宽400mm，深750mm，高1140mm，可单独使用也可并柜，是真空技术与绝缘技术的完美结合，在灭弧和绝缘性能上完全取代了SF_6气体，符合国家提倡的电气产品减少废气污染的要求。发展趋势是固体绝缘环网柜全面取代SF_6环网柜。

(6) 固体绝缘环网柜适用于城区配网及用户供电系统，满足−45℃高寒，4000m高海拔，沿海及污染地区的使用要求。

2-178 选用环网柜需要注意哪些问题？

答 选用环网柜需注意的问题如下：

(1) 考虑配电网自动化的要求。目前，国内配电网自动化刚刚起步，水平还不高，大多数配电工程基本没有自动化操作的功能。为满足日后配电网自动化的发展，最重要的变配电工程，10kV环网柜选型时应同时考虑配置可提供遥信、遥测、遥控的功能。

(2) 考虑中性点接地方式的要求。过去，国内10kV电网中性点不接地或经消弧线圈接地。但是，目前有的单位将变电站10kV系统改为中性点经低电阻接地方式运行。故选择10kV环网柜也应考虑中性点接地方式的要求。10kV中性点不接地，发生单相接地故障时可允许运行1～2h，而不会立即跳闸，这时非故障两相电压将升高$\sqrt{3}$倍，因此，选用的环网柜的开关绝缘水平应满足这个要求。

10kV中性点经低值电阻接地，在发生单相接地故障时，有较大的短路电流流经故障线路，但继电保护装置能迅速切除故障，系统处于非正常的时间非常短，这同时也使停电次数增加，降低了供电可靠性。因此，要求实现环网供电，并且选用的环网柜的开关应有足够的额定电流裕度。

(3) 注意技术参数的选择。不论国产或进口，同类型的10kV环网柜都有不同的技术参数可供选择。例如，国产环网柜，线路侧额定电流有400A和630A，开关的操动机构有手动或电动可选择，同时还可选定多种附件。订购这些开关，应根据系统本身的运行方式、可靠性等要求选择技术参数。

2-179 环网柜与分支箱有什么区别？

答 环网柜与分支箱是两类电力设备，其功能是不相同的，它们的区别如下：

(1) 环网柜主要是实现双回路或多回路供电，以提高供电的可靠性。目前先进的环网柜可以做到配网自动化，实现远距离操作。

环网柜既有进线也有出线，电缆分支箱也一样，我们认为区别应该是供电方式而非进出线方式，环网柜可以双回路或多回路供电，确保供电可靠性，而电缆分支箱不具备多回路或双回路的供电能力。另外，环网柜现在可以实现配网自动化，进行远程控制（带开关的户外环网柜除外），电缆分支箱目前基本不具备这样的功能。

(2) 分支箱的主要作用是将电缆分接或转接。

1) 电缆分接。在一条距离比较长的线路上有多根小面积电缆往往会造成电缆使用浪费，于是在出线到用电负荷中，往往使用主干大电缆出线，然后在接近负荷的时候，使用电缆分支箱将主干电缆分成若干小面积电缆，由小面积电缆接入负荷。这样的接线方式广泛用于城市电网中的路灯等供电、小用户供电。

2) 电缆转接。在一条比较长的线路上，电缆的长度无法满足线路的要求，那就必须使用电缆接头或者电缆转接箱，通常短距离时采用电缆中间接头，但线路比较长的时候，根据经验在1000m以上的电缆线路上，如果电缆中间有多中间接头，为了确保安全，会在其中考虑用电缆分支箱进行转接。

3) 分支箱广泛用于户外，随着技术的进步，现在带开关的电缆分支箱也不断增加，而城市电缆往往都采用双回路供电方式，于是有人直接把带开关的分支箱称为户外环网柜，但目前这样的环网柜大部分无法实现配网自动化，不过已有厂家推出可以配网自动化的户外环网柜了。这也使得电缆分支箱和环网柜的界限开始模糊了。

现在环网柜方式的电缆分支箱也多起来，以后估计会融合一体了。

2-180 如何选用10～20kV电缆分支箱？10～20kV电缆分支箱出线回路数以多少为宜？

答 10～20kV电缆分支箱按以下原则选择：

(1) 根据进出线电缆截面的大小；

(2) 根据进出线电缆的回路数。

目前常用的电缆分支箱有进、出数量之分（电源侧叫"进"，用户侧叫"出"），它有以下几种：

(1) 1进线2出线，1进线3出线，1进线4出线。

(2) 2进线1出线，2进线2出线，2进线4出线，2进线6出线。

(3) 3进线3出线，3进线6出线。

一般情况下，电缆分支箱出线回路数取2～4为适宜。

2-181 10kV电缆分支箱中备用出线端子为什么要加装保护帽？

答 10kV电缆分支箱中备用出线端子加装保护帽，主要是防止备用出线间隔过电压时沿面飞闪（弧），并防止工作人员触电。

2-182 带电插拔10kV电缆分支箱出线应注意哪些安全事项？

答 在带电插拔10kV电缆分支箱出线之前，要正确判断该采用何种插拔方式，肘型10kV电缆头有等电位和带负荷两种插拔方式，负荷电流为200A（截面积为120mm^{2}以下）以下时可以采用带负荷插拔方式，最多只容许插拔6次。

采用等电位插拔方式应截断相应间隔负荷。插拔时要按照带电作业安全规程来做，保持足够安全距离，戴绝缘手套，采用专用的绝缘棒把电缆头拔掉，并在相应位置临时加防护套。

2-183 什么是高压计量箱？

答 高压计量箱主要用于高压电能计量，特别适用于中、小型变压器用户，能够完整准确地计量有功电能和无功电能。产品设计巧妙合理，结构紧凑，美观大方，各部封锁严密，防窃电能力强，配置仪表箱组成一个完整的计量装置，也可以分开单独安装仪表箱，表箱内装有两只高精度电能表，箱门上设有两个观察孔，便于直观抄表，并且配合仪表电能计量有专用接线盒，为现场校验提供方便。

2-184 什么是自动重合器？其工作原理及特点是什么？

答 一种自具控制及保护功能的高压开关设备叫做重合器；所谓"自动"是指它本身具备故障电流检测和操作顺序控制与执行功能，无须提供附加继电保护和操作机构及操作电源。重合器能自动检测通过本身回路的电流，当确认是故障电流后，按反时限保护自动开断故障电流，并依照预定的延时和顺序进行多次重合，向线路恢复供电。当遇到永久性故障，它将完成预先整定的重合闸次数（一般为三次），确认故障区段（或与分段器配合），则自动闭锁，不再对故障线路供电。直至人为排除故障后，重新将合闸闭锁解除，恢复正常状态。上述过程自动进行，无须通信手段。

自动重合器的特点如下：

(1) 它能自身判断电流的性质，完成故障检测，执行开合功能，并能恢复初始状态、记忆动作次数、完成合闸闭锁等，且具有操作顺序选择、开断和重合特性调整等功能；

（2）操作电源可直接取自高压线路或外加低压交流电源，不需附加装置；

（3）有多次重合闸功能，一般为 4 次分断 3 次重合，且可根据需要调整重合次数及重合闸间隔时间；

（4）相间故障开断都采用反时限特性，具有快、慢两种安-秒特性曲线，快速曲线只有一条，慢速曲线可多至 16 条，这样有利于与保护及熔断器配合；

（5）开断能力较大，容许开断次数较多，基本可不检修。

重合器在辐射网中一般与分段器配合应用，由分段器隔离故障，而重合器担负切除故障。

2-185 自动重合器有哪些类型？

答 自动重合器品种很多，按绝缘介质和灭弧介质分类有油重合器、真空重合器、SF_6 重合器；按控制机构分类有液压操作机构重合器、集成电子操作机构重合器、微机操作机构重合器、电子液压混合操作机构重合器；按控制相数分类有单相重合器和三相重合器；按安装方式分类有柱上重合器、地面重合器、地下重合器。

2-186 重合器的运行工作过程是怎样的？

答 在配电系统自动化中有采用三台重合器构成环网供电接线的方案，具体接线见图 2-25。图中 TV 为电压互感器，由它从线路上取得操作电源；Z1、Z2 为分段重合器，平时为合闸状态；Z0 为联络重合器，平时为分闸状态，事故处理时，可自动合闸，转移供电；QF1、QF2 为变电站出线断路器。

假如图 2-25 三台重合器构成的单环网（手拉手）接线供电网络正在运行中，重合闸的动作过程如下：

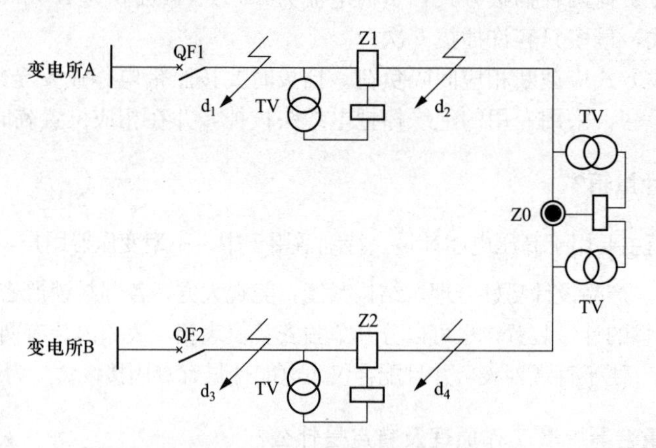

图 2-25 三台重合器构成的环网供电方案示意图

（1）当 d_1 段发生永久性故障时，出线断路器 QF1 重合不成功，并自动闭锁；分段重合器 Z1 和联络重合器 Z0 的控制器检测到电源侧失压，两台控制器开始计时，Z1 重合器延时分闸时间整定值小于 Z0 重合器合闸延时时间，控制器控制在延时后 Z1 重合器分闸，Z0 重合器一次，Z1 和 Z0 重合器之间的无故障区段恢复供电。

（2）当 d_2 段发生永久性故障时，重合器 Z1 多次重合不成功后分闸闭锁，QF1 和 Z1 之间的无故障区段恢复供电。Z0 重合器检测到 d_2 一端失压，经预定延时后 Z0 重合器合闸至故障上，Z0 跳闸并闭锁，将隔离 d_2 故障段。

（3）变电所 A 母线失电，Z1 重合器检测到电源端失电，Z0 重合器检测到 Z1 重合器端失电，两台重合器同时计时，由于时间 $T_0>T_1$，Z1 重合器经 T_1 跳开并闭锁，Z0 重合器延时 T_0 后合闸，此时 Z0 到 Z1 段线路恢复供电，而电源（变电所 B）不会倒送到变电所 B。

（4）当断路器 QF1 停电检修，类似母线失电。断路器 QF1 分闸后，断路器 QF1 到重合闸 Z1 段无电，要人工合上 Z1 才能使之供电，进入转移供电方式（非环网供电方式）。

（5）转移供电方式（以断路器 QF1 停运，断路器 QF2 供电为例）：d_1 段发生永久性故障时，Z1、Z2、Z0 重合器同时检测到故障电流，三台重合器均跳闸，Z1 重合器跳闸后不能重合（失去操作机构的工作电压），Z0 和 Z2 重合器经延时后重合成功，故障被隔离在 Z1 后一段，又当 Z2 处发生故障，Z0 和 Z2 重合器同时检测到故障电流而跳闸，Z0 重合器重合到故障线路上跳闸闭锁，Z2 重合器重合成功，故障被隔离在 Z0 后一段。d_3 和 d_4 处故障类推，不再赘述。

2-187 图 2-25 所示三台重合器构成单环网（手拉手）接线供电网络方案的优缺点有哪些？

答 （1）供电网络方案的优点如下：

1）线路上有 1/2 的故障由重合器来切除，实现了故障范围不扩大，由线路开关自身解决事故的时间少；

2）d_2（d_4）处故障由 Z0 重合器和 Z1 重合器（Z2 重合器）切除，影响范围小，对电网的冲击次数少；

3）设备简单、清晰，方案可以分步实施，投资少，成功率高；

4）对变电所原有设施不做任何改动，施工简单。与分支线采用分段器配合更为合理。

（2）供电网络方案的缺点如下：

1）投资费用高；

2）变电站中断路器的动作时限，在变电站近区故障时延长了切除时间，对电网安全运行不利。

特别需要指出，重合器一般有多条“电流-时间”曲线可供选择整定，其多次分、合循环操作顺序也可按电网实际需要预先整定，如“一快一慢”、“二快二慢”、“一快三慢”等。这里“快”是指瞬时跳闸，“慢”是指按“电流-时间”曲线跳闸。按预先整定的动作顺序及次数动作后，若重合失败，重合器将闭锁在分闸位置，需手动复位后才能解除闭锁。而循环动作无论哪一次重合成功（即消除故障），则终止后续操作，经一定延时复归，为下一次故障的到来做好准备。

2-188 重合器通常使用在哪些场合？如何选择重合器？

答 （1）重合器通常使用场合如下：

1）在变电站内，作为配电线路的出线保护和主变压器出口保护；

2）在配电线路的中部，将长线路分段，避免由于线路末端故障全线停电；

3）在配电线路的重要分支线入口，装设重合器可避免因分支线故障造成主回路线路停电。

（2）选择重合器时有以下要求：

1）重合器的额定电压应等于或大于安装地点的系统最高运行电压。

2）重合器的额定电流应大于安装地点的长远的最大负荷电流。除此，通常选择重合器额定电流留有较大裕度（一般考虑留 20%～30%的富裕度）。还应考虑重合器的触头的载流量和温升是否满足要求。

3）重合器的额定短路开断电流应大于安装地点的长远规划最大故障电流。

4）重合器的最小分闸电流应小于保护区段的最小故障电流。

5）重合器与线路其他保护设备相配合。某线路段重合器与线路上其他重合器、分段器、熔断器的保护配合，以保证在重合器后备保护动作或在其他线路元件发生损坏之前，重合器能够及时分断。

2-189 什么是自动分段器？分段器的特点是什么？

答 一种能够记忆线路故障电流出现的次数，达到整定的次数后，在无电流情况下自动分闸并闭锁，具有开断负荷电流能力的开关设备叫做自动分段器。它可关合短路电流，但均不能开断短路电流。它广泛应用在配电网线路的分支线或区段线路上，用来隔离永久性故障。

自动分段器的特点如下：

（1）分段器只能开断负荷电流，不能开断短路电流，因此不能作为电路的主保护断路器。

（2）当线路故障时，它可记忆后备保护断路器开断故障电流次数，并在达到额定记忆次数（1～3次）无故障电流时（滞后0.1～0.25s）自动分闸，隔离故障区段。如瞬时故障，则分段器计数器的计数次数可在一定时间后自动复位，将计数清除为零。

（3）它无安-秒特性，能与变电所的断路器、线路上的重合器相配合使用。

（4）分段器具有多种抑制功能，如电压抑制功能、冲击电流抑制功能等，这样提高了动作的选择性，使分段器能有效区分故障。

（5）分段器动作后，需手动操作复位。

2-190 自动分段器有哪些类型？

答 自动分段器品种很多，按绝缘介质和灭弧介质分类有油分段器、真空分段器、SF_6分段器和空气分段器；按控制机构分类有液压操作机构分段器、集成电子操作机构分段器、微机操作机构分段器和电子液压混合操作机构分段器；按控制相数分类有单相分段器和三相分段器；按动作原理分类有跌落式分段器和重合式分段器。

2-191 选择分段器时应注意哪些问题？

答 选择分段器时，应注意以下问题：

（1）启动电流的问题。分段器的额定启动电流应为后备保护开关最小分闸电流的80%。当液压控制分段器与液压控制重合器配合使用时，分段器与重合器选用相同额定电流的串联线圈即可。因为液压分段器的启动电流为其串联线圈额定电流的1.6倍，而液压重合器的最小分闸电流为其串联线圈额定电流的2倍。电子控制分段器的启动电流可根据其额定电流直接整定，但必须满足上述80%原则。电子重合器整定值为实际动作值，应考虑配合要求。

（2）记录次数的问题。分段器的计数次数应比后备保护开关的重合次数少一次。当数台分段器串联使用时，负荷侧分段器应依次比其电源侧分段器的计数次数少一次。在这种情况下，液压分段器通常不用降低其启动电流值的方法来达到各串联分段器之间的配合，而是采用不同的计数次数来实现，以免因网络中涌流造成分段器误动。

（3）记忆时间的问题。必须保证分段器的记忆时间大于后备保护开关动作的总累积时间，否则分段器可能部分地“忘记”故障开断的分闸次数，导致后备保护开关多次不必要的分闸或分段器与前级保护都进入闭锁状态，使分段器起不到应有的作用。液压控制分段器的记忆时间不可调节，它由分闸活塞的复位快慢所决定。复位快慢又与液压机构中油黏度有关。

2-192 分段器配合应用时的附件有哪些？它们的功能是什么？

答 分段器是配电网中用来隔离故障线路区段的自动开关设备，它一般与重合器或断路器或熔断器相配合，串联于重合器与断路器的负荷侧，在无电压或无电流情况下自动分闸。分段器按识别故障的原理不同，可分为“过流脉冲计数型”（电流-时间型）和“电压-时间型”两大类。电流-时间型分段器通常与前级开关设备（重合器或断路器）配合使用，它不能开断短路电流，但具有“记忆”前级开关设备开断故障电流动作次数的能力。电压-时间型重合式分段器是凭借加压或失压的时间长短来控制其动作，失压后分闸，加压后合闸或闭锁。

2-193 配电网使用重合器和分段器有哪些优点？

答 配电网使用重合器和分段器具有以下优点：

（1）重合器和分段器的操作电源直接取自所用变压器或自身控制的供电线路上的交流电源，无须增加直流装置，节省了工程投资，减少了设备的维护工作量。

（2）重合器和分段器本身具有记忆的功能，无须采用继电保护装置和信号屏。

（3）重合器和分段器可以安装在户外柱上（电杆）或构架上，不必兴建配电间、电源室，占地小，土建费少。一个35kV农村变电所的总投资与目前建相同规模的常规变电所方案相比可节省30%～50%的投资，其中土建投资及节省约80%。

（4）因为大自然界中的雷电、大风、大雨、鸟兽等因素影响，瞬时性故障的概率较多，线路故障中90%以上属于瞬时性故障，通常一次重合闸成功率高，可消除此种故障的50%左右。

（5）重合器和分段器能减少瞬时性故障造成的停电事故，当发生永久性故障时，能隔离故障区段，将永久性故障造成的停电范围限制到最小程度。

（6）重合器和分段器都配有电子操作机构装置，能够接收遥控信号，可实现控制中心进行遥控，满足远动操作的要求。

（7）重合器和分段器的使用寿命长，维护工作量少，尤其是真空重合器和分段器一般10年不修，因此，大大减少了检修工作量，提高了供电可靠性和连续性。

2-194 重合器与分段器的配合原则是什么？

答 重合器与分段器是智能化设备，具有自动化程度高的优点，只有配合得当，使用时才能发挥其作用，因此，要求遵守以下配合使用原则：

（1）分段器必须与重合器串联使用，并安装在重合器的负荷侧，当发生永久性故障时，它在预定的“记忆”次数或分合操作闭锁后于分闸状态而隔离故障区段，由重合器恢复对线路其他区段的供电，将故障停电范围限制到最小。当瞬时性故障而使分段器未达到预定记忆次数或分合操作次数时，分段器将保持在合闸状态，保证线路正常供电。

（2）后备重合器必须能检测到并能动作于分段器保护范围内的最小故障电流。

（3）分段器的启动电流必须小于其保护范围内的最小故障电流。

（4）分段器的热稳定额定值和动稳定额定值必须满足要求。

（5）分段器的启动电流必须小于80%后备保护的最小分闸电流，大于预期最大负荷电流的峰值。

（6）分段器的记录次数必须比后备保护闭锁前的分闸次数少1次以上。

（7）分段器的记忆时间必须大于后备保护的累积故障开断时间。后备保护动作的总累积时间为后备保护顺序中各次故障通流时间与重合间隔时间之和。

以上原则也适用于断路器与分段器的配合。

第3章

低压配电系统工程

3-1 什么是低压配电装置?

答 以低压开关电器和控制电器组成的统一体（开关柜），由统一体联合构成成套低压配电装置叫做低压配电装置。

3-2 低压成套配电装置包括哪两种类型?

答 低压成套配电装置分为两类，一般来说，低压成套配电装置可分为配电屏（盘、柜）和配电箱两类。具体地说，按其控制层次可分为配电总盘、分盘和动力、照明配电箱。总盘上装有总控制开关和总保护电器；分盘上装有分路开关和分路保护电器；动力、照明配电箱内装有控制动力或照明设备的控制保护电器。总盘和分盘一般装在低压配电室内；动力、照明配电箱通常装设在动力或照明用户内（如车间、泵站、住宅楼）。

低压配电屏的结构是敞开式的，它由薄钢板和角钢制成。盘顶放置低压母线，盘内装有低压断路器、隔离开关、熔丝及有关表计。常用配电屏的型号有 BDL（靠墙式）、BS（独立式）、BFC 型（防尘抽屉式）。

低压配电箱相当于小型的封闭式配电盘（屏），它一般供 1～2 间房屋或户外的动力和照明配电用。内部装有断路器、隔离开关、熔丝等部件，其尺寸大小不同，视内装部件的多少而定。

3-3 目前市场上流行的低压配电柜有哪几种类型?

答 目前市场上流行的低压配电柜有 GCK、GCS、MNS、MCS 低压抽出式开关柜和 GGD、GDH、PGL 低压固定式开关柜两大类型。

3-4 低压抽出式开关柜有何特点?

答 低压抽出式开关柜是由固定的柜体和装有开关等主要电气元件的可移装置部分组成的。可移装置部分移换时要轻便，移入后定位要可靠，并且相同类型和规格的抽屉能可靠互换，抽出式中的柜体部分加工方法基本和固定式中柜体相似。但由于互换要求，柜体的精度必须提高，结构的相关部分要有足够的调整量，至于可移装置部分，要既能移换，又要可靠地承装主要元件，所以要有较高的机械强度和较高的精度，其相关部分还要有足够的调整量。制造低压抽出式开关柜的结构工艺特点是：①固定和可移两部分要有统一的参考基准；②相关部分必须调整到最佳位置，调整时应用专用的标准工装，包括标准柜体和标准抽屉；③关键尺寸的误差不能超差；④相同类型和规格的抽屉互换性要完全可靠。

3-5 低压抽出式开关柜的基本参数有哪些?

答 低压抽出式开关柜的基本参数有：

额定绝缘电压：交流 660（1000）V；

额定工作电压：主回路线交流 660（1000）V，辅助电路交流 380、220、24V，直流 110、220V；

额定频率：50（60）Hz；

水平母线额定电流：小于或等于 4000A；

垂直母线额定电流：1000A；

额定峰值耐受电流：105（176）kA；

额定短时耐受电流：50（80）kA。

3-6 PGL 型低压配电屏有何特点？

答 PGL 型低压配电屏属于固定式开关柜，能满足各电气元件可靠地固定于柜体中确定的位置。柜体外形一般为立方体，如屏式、箱式等；也有棱台体，如台式等。PGL 型交流低压配电屏具有结构合理、电路配置安全、防护性能好、分断能力高、动热稳定性好、运行安全可靠等优点，主要表现在：

（1）该产品每一个主电路方案对应一个或数个辅助电路方案。使用户在选取主电路方案后，可很方便地从对应的辅助电路方案中选取合适的电气原理图，从而减轻了用户的设计工作量，提高了工作效率。

（2）取消了多回路小电动机控制方案，使主电路方案更加简洁合理。有关多回路小电动机的控制方案，建议选取动力箱系列产品。

（3）本产品屏宽尺寸分 400、600、800、1000mm 四种，每一屏可作为一独立单元，也能以屏为单元组合成各种不同方案，以便用户选用。

3-7 GCS 型低压抽出式开关柜的特点及用途是什么？

答 （1）GCS 型低压抽出式开关柜的特点如下：

1）提高转接件的热容量，较大幅度地降低由于转接件的温升给接插件、电缆头、间隔板带来的附加温升。

2）母线平置式排列使装置的动、热稳定性好，能承受 80/176kA 短路电流的冲击。

3）MCC 柜单柜的回路数量多到 22 回，充分考虑大单机容量发电、石化系统等行业自动化电动门（机）群的需要。

4）装置与外部电缆的连接在带电缆隔室中完成，电缆可以上下进出。零序电流互感器置于电缆隔室内，使安装维修方便。

5）同一电源配电系统，可以通过限流电抗器匹配限制短路电流，稳定母线电压在一定的数值，还可部分降低对元器件短路强度的要求。

6）抽屉单元有足够数量的二次插接件（1 单元及以上为 32 对，1/2 单元为 20 对），可满足计算机接口和自控回路对接点数量的要求。

7）装置的主构架采用 8MF 型钢，构架采用拼装和部分焊接两种结构形式。主构架上均有安装模数孔（E=20mm）。

8）装置各功能室严格分开，其隔室主要分为功能单元室、母线室、电缆室，各单元的功能相对独立，不因某一单元的故障而影响其他单元工作，使故障局限在最小范围。

9）装置柜体的尺寸系列：高（2200）×宽（400、600、800、1000）×深（600、800、1000）

（单位：mm）。

（2）GCS型低压抽出式开关柜的用途。它适用于发电厂、石油、化工、冶金、纺织、高层建筑等行业的配电系统。在大型发电厂、石化系统等自动化程度高，要求与计算机接口的场所，作为三相交流频率为50（60）Hz、额定工作电压为380、400、600V，额定电流为4000A及以下的发、供电系统中的配电、电动机集中控制、无功功率补偿使用的低压成套配电装置。

3-8 GCS型低压抽出式开关柜的型号及含义是什么？

答 GCS型低压抽出式开关柜的型号及含义如下：

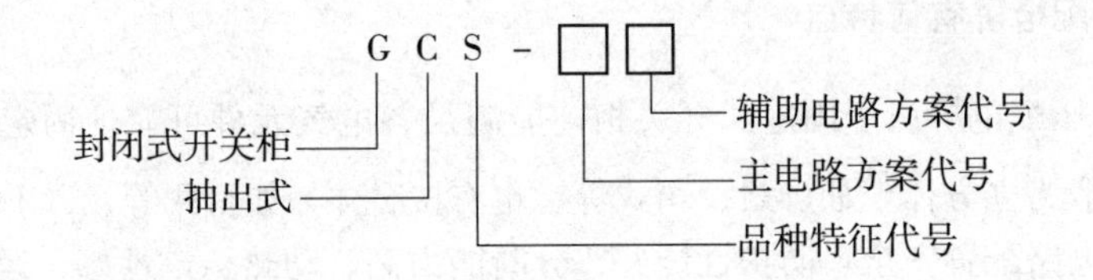

3-9 MNS型低压抽出式开关柜的结构特点及用途是什么？

答 （1）MNS型低压抽出式开关柜的结构特点如下：

1）MNS型低压抽出式开关柜框架为组合式结构，基本骨架由C型钢材组装而成。柜架的全部结构件经过镀锌处理，通过自攻锁紧螺钉或8.8级六角螺栓紧固连接成基本柜架，加上对应于方案变化的门、隔板、安装支架以及母线功能单元等部件组装成完整的开关柜。开关柜内部尺寸、零部件尺寸、隔室尺寸均按照模数化（$E=25$mm）变化。

2）MNS型低压抽出式开关柜的每一个柜体分隔为三个室，即水平母线室（在柜后部）、抽屉小室（在柜前部）、电缆室（在柜下部或柜前右边）。室与室之间用钢板或高强度阻燃塑料功能板相互隔开，上下层抽屉之间有带通风孔的金属板隔离，以有效防止开关元件因故障引起的飞弧或母线与其他线路短路造成的事故。

3）MNS型低压抽出式开关柜的结构设计可满足各种进出线方案要求：上进上出、上进下出、下进上出、下进下出。

4）设计紧凑，以较小的空间容纳较多的功能单元。

5）结构件通用性强、组装灵活，以$E=25$mm为模数，结构及抽出式单元可以任意组合，以满足系统设计的需要。

6）母线用高强度阻燃型、高绝缘强度的塑料功能板保护，具有抗故障电弧性能，使运行维修安全可靠。

7）各种大小抽屉的机械联锁机构符合标准规定，有连接、试验、分离三个明显的位置，安全可靠。

8）采用标准模块设计。分别可组成保护、操作、转换、控制、调节、测定、指示等标准单元，可以根据要求任意组装。

9）采用高强度阻燃型工程塑料，有效加强了防护安全性能。

10）通用化、标准化程度高，装配方便，具有可靠的质量保证。

11）柜体可按工作环境的不同要求，选用相适应的防护等级。

（2）MNS型低压抽出式开关柜的用途。MNS型低压开关柜适应各种供电、配电的需要，能广泛用于发电厂、变电站、工矿企业、大楼宾馆、市政建设等各种低压配电系统。

3-10 MNS型低压抽出式开关柜的型号及含义是什么？

答 MNS型低压抽出式开关柜的型号及含义如下：

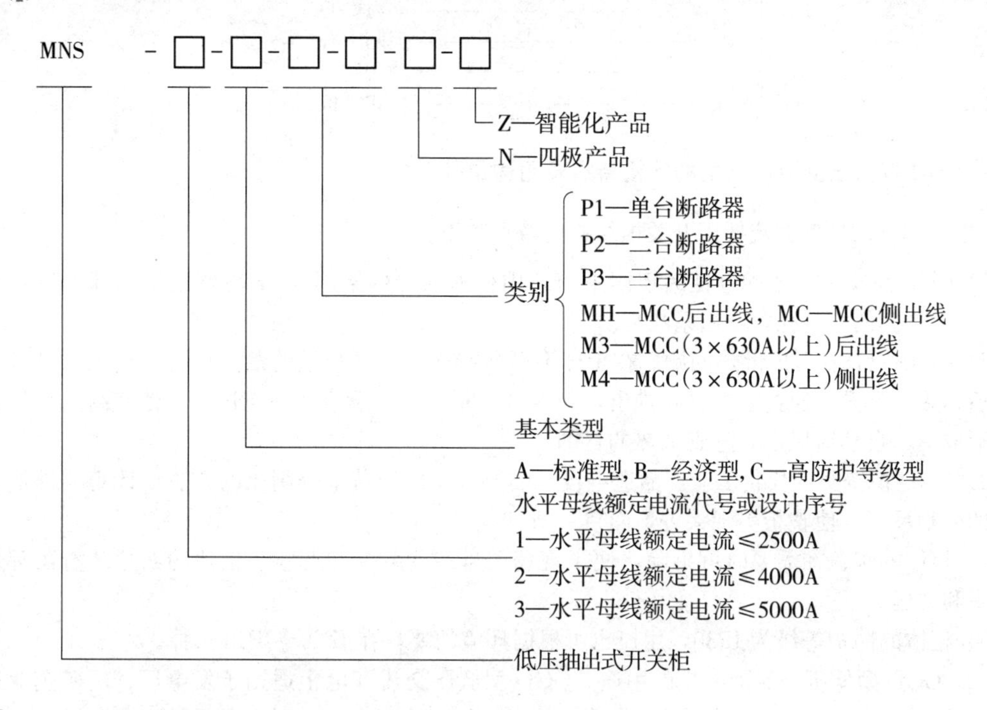

3-11 GCK型低压抽出式开关柜的结构特点及用途是什么？

答 (1) GCK型低压抽出式开关柜（以下简称开关柜）由动力配电中心（PC）柜和电动机控制中心（MCC）两部分组成。其特点如下：

1）整柜采用拼装式组合结构，模数孔安装，零部件通用性强，适用性好，标准化程度高。

2）柜体上部为母线室、前部为电器室、后部为电缆进出线室，各室间有钢板或绝缘板作隔离，以保证安全。

3）MCC柜抽屉小室的门与断路器或隔离开关的操作手柄设有机械联锁，只有手柄在分断位置时门才能开启。

4）受电开关、联络开关及MCC柜的抽屉具有三个位置：接通位置、试验位置、断开位置。

5）开关柜的顶部根据受电需要可装母线桥。

(2) GCK型低压抽出式开关柜的用途。GCK型低压抽出式开关柜适用于三相交流50、60Hz，额定电压660V，额定电流4000A及以下的三相四线制及三相五线制电力系统，适用于发电厂、变电站、工矿企业、大楼宾馆、机场、码头等电力用户和电力系统作为接受和分配电能之用。

3-12 GCK型低压抽出式开关柜的型号及含义是什么？

答 GCK型低压抽出式开关柜的型号及含义如下：

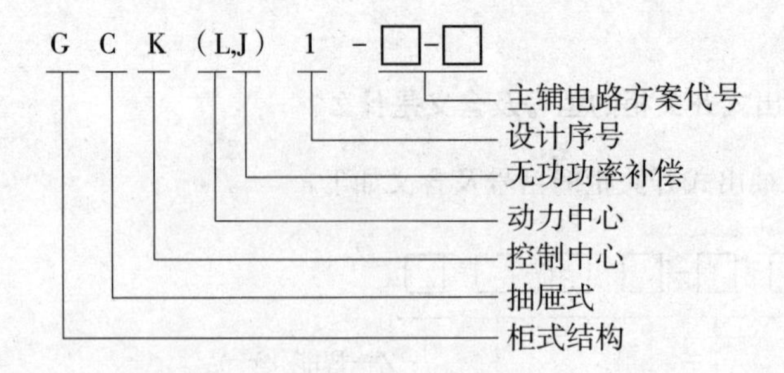

3-13 GGD型低压交流配电柜的结构特点及用途是什么？

答 (1) GGD型交流低压开关柜结构的特点如下：

1) GGD型交流低压配电柜的柜体采用通用柜形式，构架用8MF冷弯型钢局部焊接组装而成，并有20模的安装孔，通用系数高。

2) GGD柜充分考虑散热问题。在柜体上下两端均有不同数量的散热槽孔，当柜内电气元件发热后，热量上升，通过上端槽孔排出，而冷风不断地由下端槽孔补充进柜，使密封的柜体自下而上形成一个自然通风道，达到散热的目的。

3) GGD柜按照现代化工业产品造型设计的要求，采用黄金分割比的方法设计柜体外形和各部分的分割尺寸，使整柜美观大方，面目一新

4) 柜体的顶盖在需要时可拆除，便于现场主母线的装配和调整，柜顶的四角装有吊环，用于起吊和装运。

5) 柜体的防护等级为IP30，用户也可根据环境的要求在IP20～IP40选择。

(2) GGD型低压交流配电柜的用途。GGD型低压交流配电柜适用于发电厂、厂矿企业等电力用户的交流50Hz，额定工作电压380V，额定工作电流至3150A的配电系统，作为动力、照明及配电设备的电能转换、配电与控制之用。

3-14 GGD型低压交流配电柜的型号及含义是什么？

答 GGD型低压交流配电柜的型号及含义如下：

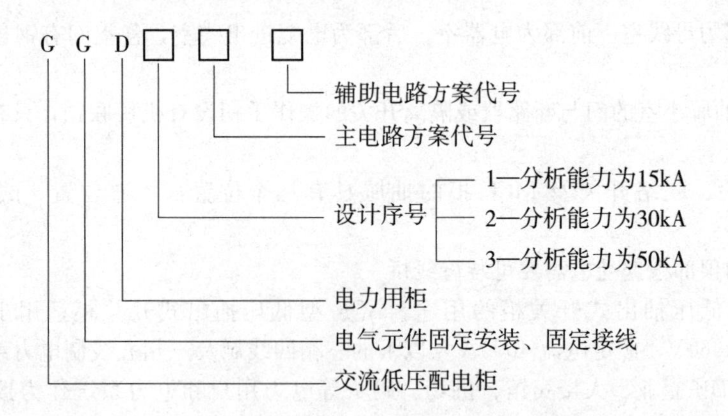

3-15 什么是MCC电气装置（电动机控制中心）？什么是PC电气装置（动力中心）？

答 MCC电气装置第一个字母M是英文Motor（电动机）的缩写；第二个字母C是英文

Control（控制）的缩写；第三个字母C是英文Center（中心）的缩写。MCC电气装置（电动机控制中心）实际指的是向电动机馈电的开关柜。

PC电气装置第一个字母P是英文Power（动力）的缩写；第二个字母C是英文Center（中心）的缩写。PC电气装置（动力中心）实际指的是向用户提供动力、照明配电的开关柜。

3-16 什么是动力配电箱？

答 工程中为了设计、制造和安装的方便和降低成本，通常把一、二次电路的开关设备、操动机构、保护设备、监测仪表及仪用变压器和母线等按照一定的线路方案组装在一个金属箱体中，供一条线路的控制、保护使用，这种安装了设备的箱体叫做动力配电箱。

3-17 动力配电箱有哪些用途？常用型号有哪些？

答 动力配电箱用于工矿企业，交流频率50Hz，电压500V以下IT系统、TN-C系统、TT系统（原称三相三线、三相四线电力系统）作为动力、照明配电用。XL-21型动力配电柜多用于终端配电（如水泵房的电机配电），柜前操作，柜前检修。

动力配电箱的分类可分为双电源箱、配电用动力箱、控制电机用动力箱、插座箱、接线箱、补偿柜、高层住宅专用配电箱等。

动力配电箱的型号国家有统一的标准，大型制造厂家也有各自的编号。作为电气设计施工人员，了解这些编号是必不可少的。我国动力箱编号是XL系列，有10、12型、XL-（F）14、15型、XL-20、21型、XLW-1户外型等。动力配电箱适用于发电厂、建筑、企业作500V以下三相动力配电之用。正常使用温度为40℃，而24h内的平均温度不高于35℃。环境温度不低于－15℃。在＋40℃时，相对湿度不超过50％，在低温时允许有较大的湿度。在＋20℃以下时，相对湿度为90％。海拔不超过2000m。

设计序号14～21是落地式，高1600～1800mm，宽600～700mm。在XL-(14～21）系列的基础上又发展了新型GGL系列，除能满足防尘要求外，正面有可装卸的活门，门轴暗装。进出线有上进上出、上进下出、下进下出、下进上出的电缆接线形式。箱体还可以与梯级式、托盘式、槽式箱或标准电缆桥架配套组装。箱内控制设备用最新的DZ20系列、TO、TG系列、C45N系列，接触器CJ20系列、B系列作为主开关。最大额定电流630A，最大开断电流30kA。Y/Δ自耦降压启动器，降压启动最大功率75kW，最小功率55kW。无功补偿最大容量60kvar。

配电箱的型号是由汉语拼音组成的。原用X代表配电箱，L代表动力，M代表照明，D代表电表，XL代表动力配电箱，XM代表照明配电箱。现在国家标准符号将照明箱标为AL，动力箱标为AP，但是配电箱厂家型号还是以汉语拼音为主。

例如，XL10-4/15表示这个配电箱设计序号是10，有4个回路，每个回路有15A。以上设计序号为14、15、16等，都是落地式动力配电箱。

XL（F）15型配电箱是户内安装，箱壳分为保护式和防尘式，正面有门，面板上可装一块电压表，以指示汇流母线的电压。打开门，配电箱内的设备全部敞露，便于检修，标有（F）字体的为防尘式。通常采用电缆或穿管进线。

3-18 XL型配电箱有何特点？

答 XL型配电箱的特点如下：

（1）XL-21M型动力配电箱是各行各业第二级配电不可缺少的一种轻型配电设备，主要用于交流 50Hz、380/220V 线路中，作为动力配电、照明配电之用。同时也对线路过载、短路、漏电起保护作用。

（2）XL-21M 型动力配电箱系户内装置，可靠墙安装，屏前检修。该产品具有操作简单、使用安全可靠、结构新颖、防护等级高等特点。

（3）XL-21M 型动力配电箱主构架用钢板弯制而成，部分采用焊接而成，壳体结构为全封闭结构，其测量仪表、控制开关、按钮、信号指示等装在仪表门上，提高了监视、操作效率，保证了操作人员的安全操作。内部元件全部敞开安装，便于维修。

3-19 什么是低压电器？

答 凡是用于额定电压交流 1000V 或直流 1500V 及以下，在由供电系统和用电设备等组成的电路中起保护、控制、调节、转换和通断作用的电器叫做低压电器。

3-20 低压电器的分类与用途有哪些？

答 低压电器的分类有多种方法，如按用途或控制对象分类、按动作方式分类、按工作原理分类、按低压电器型号分类等。我们仅介绍常用的两种方法。

1. 按用途或控制对象分类

（1）配电电器，主要用于低压配电系统中。要求系统发生故障时准确动作、可靠工作，在规定条件下具有相应的动稳定性与热稳定性，使电器不会被损坏。常用的配电电器有刀开关、转换开关、熔断器、断路器等。

（2）控制电器，主要用于电气传动系统中。要求寿命长、体积小、质量轻，且动作迅速、准确、可靠。常用的控制电器有接触器、继电器、启动器、主令电器、电磁铁等。

2. 按型号分类

为了便于了解文字符号和各种低压电器的特点，将低压电器分为 13 个大类。每个大类用一位汉语拼音字母作为该产品型号的首字母，第二位汉语拼音字母表示该类电器的各种形式。

（1）刀开关 H，例如 HS 为双投式刀开关（刀型转换开关），HZ 为组合开关。

（2）熔断器 R，例如 RC 为瓷插式熔断器，RM 为密封式熔断器。

（3）断路器 D，例如 DW 为万能式断路器，DZ 为塑壳式断路器。

（4）控制器 K，例如 KT 为凸轮控制器，KG 为鼓型控制器。

（5）接触器 C，例如 CJ 为交流接触器，CZ 为直流接触器。

（6）启动器 Q，例如 QJ 为自耦变压器降压启动器，QX 为星三角启动器、QC 为磁力启动器。

（7）控制继电器 J，例如 JR 为热继电器，JS 为时间继电器。

（8）主令电器 L，例如 LA 为按钮，LX 为行程开关。

（9）电阻器 Z，例如 ZG 为管型电阻器，ZT 为铸铁电阻器。

（10）变阻器 B，例如 BP 为频敏变阻器，BT 为启动调速变阻器。

（11）调压器 T，例如 TD 为单相调压器，TS 为三相调压器。

（12）电磁铁 M，例如 MY 为液压电磁铁，MZ 为制动电磁铁。

（13）其他 A，例如 AD 为信号灯，AL 为电铃。

3-21 什么是主电路？什么是辅助电路？

答 设备中一条用来传输电能的电路上所有的导电元件回路叫做主电路。设备中（除主电路以外）用于控制、测量、信号和调节、数据处理等电路上所有的导电元件回路叫做辅助电路。

3-22 配电装置中的母线的相序排列是怎样规定的？母线的相序颜色涂色是怎样规定的？

答 （1）母线的相序排列（观察者从设备正面所见）原则如下：

从左到右排列时，左侧为U（A）相，中间为V（B）相，右侧为W（C）相。

从上到下排列时，上层为U（A）相，中间为V（B）相，下层为W（C）相。

从远至近排列时，远为U（A）相，中间为V（B）相，近为W（C）相。

（2）母线涂漆颜色是按以下规定涂色的：

U（A）相涂黄色，V（B）相涂绿色，W（C）相涂红色，中性线不接地涂紫色，正极涂褚色，负极涂蓝色，接地线涂黑色或涂黄绿相间色。

3-23 什么是低压配电线路？

答 低压配电线路是指由380/220V电压供电的电力线路。按其结构不同可分为架空配电线路和电缆配电线路两种。它的配电方式有单相两线制、三相三线制和三相四线制等形式。单相两线制一般供照明用电，三相三线制一般供动力用电（排灌用），三相四线制一般供照明和动力混合用电。

3-24 什么是电气间隙？什么是爬电距离？什么是爬电比距？

答 电器中具有电位差的相邻两导体间，通过空气的最短距离叫做电气间隙（又称电气距离或电气间距）。电器中具有电位差的相邻两导电部件之间，沿绝缘体表面的最短距离叫做爬电距离。爬电距离与工作电压的比值叫做爬电比距，单位为m/kV。

3-25 什么是低压自动空气断路器？

答 低压自动空气断路器（曾称自动开关）是一种不仅可以接通和分断正常负荷电流和过负荷电流，还可以接通和分断短路电流的开关电器。低压自动空气断路器在电路中除起控制作用外，它具有一定的保护功能，附有脱扣器（机构），脱扣器的脱扣方式有热动、电磁和复式脱扣三种，如过负荷、短路、欠压和漏电保护等。低压自动空气断路器的分类方式很多，按使用类别分为有选择型（保护装置参数可调）和非选择型（保护装置参数不可调）；按灭弧介质分为有空气式和真空式（国产多为空气式）。

随着智能电网的快速发展，低压电器的“智能化”和“可通信”最终将向智能电网方向发展，形成智能电网的低压用户端产业。低压自动空气断路器的作用是用来分配电能，不频繁地启动异步电动机，对电源线路及电动机等实行保护，当它们发生严重的过载或者短路及欠压等故障时能自动切断电路，其功能相当于熔断器式开关与过欠热继电器等组合。

3-26 常用低压断路器的主要技术数据有哪些？

答 常用低压断路器的主要技术数据如下：

1. 额定电压

额定电压是指断路器在规定条件下长期运行所能承受的工作电压，一般指线电压。常用的有380、500、660V等。

额定绝缘电压是指在规定条件下，用来度量断路器在不同电位部分的绝缘强度、电气间隙和爬电距离的标称电压值。其值一般等于或大于额定电压。

2. 额定电流

额定电流分为断路器额定电流和断路器壳架等级额定电流。断路器额定电流指在规定条件下，断路器可长期通过的电流，又称为脱扣器额定电流；断路器壳架等级额定电流指断路器的框架或塑料外壳中脱扣器的额定电流。

3. 短路通断能力

短路通断能力是指在规定条件下，断路器能够接通和分断的电路电流值。

(1) 额定短路接通能力。指断路器在额定频率和功率因数等规定条件下，能够接通的最大短路电流的能力，用最大预期峰值电流表示。

(2) 额定短路分断能力。指断路器在额定频率和功率因数等规定条件下，能够分断的最大短路电流值。它分为额定极限短路分断能力和额定运行短路分断能力两种，一般用短路电流周期分量的有效值表示。

(3) 额定短时耐受电流。指断路器在规定试验条件下，在指定的短时间内所能承受的电流有效值。

(4) 动作时间。指从电路出现短路的瞬间开始到触头分离、电弧熄灭、电路被完全分断所需要的全部时间。它包括以下三部分。

1) 断路器由正常工作电流增大到脱扣器整定电流所需的时间。

2) 断路器从过电流脱扣器得到信号开始动作起，到触头系统受到自由脱扣机构的作用，弧触头开始分离并出现电弧的一段时间。这段时间习惯上称为固有时间。

3) 从弧触头间产生电弧开始，到电弧完全熄灭、电流被切断为止的时间，习惯上称为燃弧时间。

动作时间又称为全分断时间，一般断路器的动作时间为30～60ms，限流式和快速断路器的动作时间一般小于20ms。

4. 保护特性

断路器的保护特性主要是指断路器对短路电流的保护特性，一般用各种过电流情况与断路器动作时间的关系曲线表示，如图3-1所示。

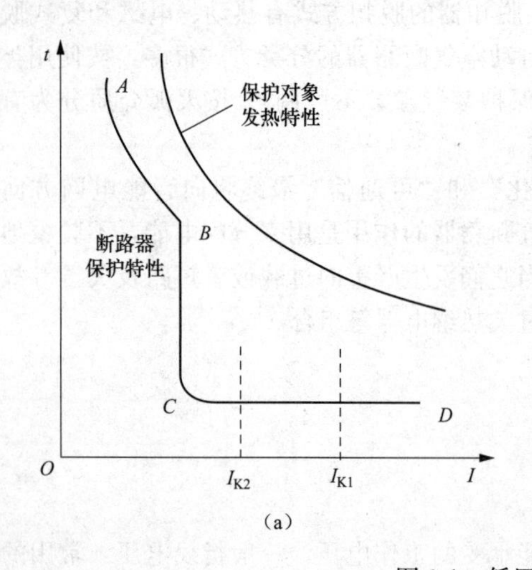

(a)

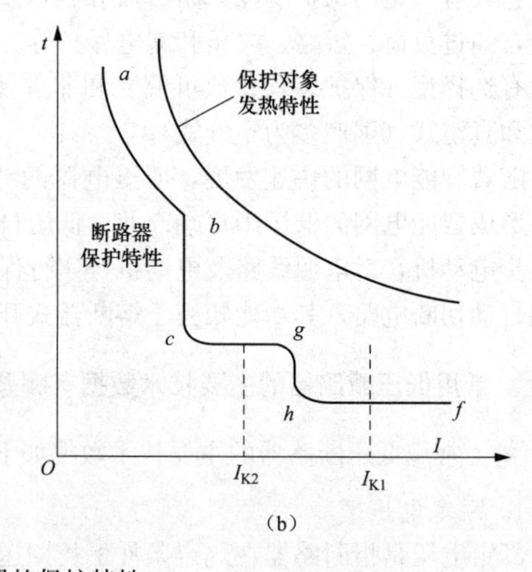

(b)

图3-1 低压断路器的保护特性

图 3-1（a）中，*ABCD* 曲线为两段式保护特性曲线——过载长延时和短路瞬时动作。*AB* 段为反时限保护特性，用于过载保护，与被保护电器（或线路）相配合。当过载电流较小时，不立即切断故障电路，经过一段延时时间后（*BC* 段），若故障没有消除则断路器断开，切断故障电流。这样，可充分利用设备（或线路）的过载能力而不损坏设备（或线路）。当过载电流较大时，延时时间应较短，但应躲过电动机启动时间。*CD* 段为瞬时脱扣器动作特性，即在电路中发生短路时，短路电流达到规定动作值以后，过电流脱扣器瞬时动作，以减轻（或避免）短路电流的电动力和热效应对电气设备（或线路）的危害。

图 3-1（b）所示为三段式保护特性曲线。即 *abcghf* 式保护特性曲线——过载长延时、短路短延时和特大短路瞬时动作。*ab* 段是反时限长延时过载保护部分；*cg* 段是短路电流较小的定时限短延时动作部分，只要故障电流超过与 *C* 点相对应的电流值，过电流脱扣器经过一定的延时后即动作，切断故障电路；*hf* 段是瞬时动作部分，只要故障电流超过了与 *h* 点相对应的电流值，过电流脱扣器便瞬时动作，切除故障电路。应用电子电路可以方便地实现三段式保护。

3-27 常用低压断路器有哪几种？

答 常用低压断路器品种主要有：万能式断路器（框架式断路器，简称 ACB）；塑壳式断路器（配电保护、电动机保护，简称 MCCB）；漏电断路器（又称剩余电流动作断路器，简称 RC-BO）；微型断路器（又称小断路器，简称 MCB）；真空断路器；直流快速断路器。

3-28 低压自动空气断路器的作用是什么？

答 低压自动空气断路器（俗称空气开关）是一种只要有短路现象，短路电流使开关形成回路就会自动跳闸的开关。它附有脱扣器（机构），脱扣器的脱扣方式有热动、电磁和复式脱扣 3 种。

当线路发生一般性过载时，过载电流虽不能使电磁脱扣器动作，但能使热元件产生一定热量，促使双金属片受热向上弯曲，推动杠杆使搭钩与锁扣脱开，将主触头分断，切断电源。

当线路发生短路或严重过载电流时，短路电流超过瞬时脱扣整定电流值，电磁脱扣器产生足够大的吸力，将衔铁吸合并撞击杠杆，使搭钩绕转轴座向上转动与锁扣脱开，锁扣在反力弹簧的作用下将三副主触头分断，切断电源。

开关的脱扣机构是一套连杆装置。当主触点通过操作机构闭合后，就被锁钩锁在合闸的位置。如果电路中发生故障，则有关的脱扣器将产生作用使脱扣机构中的锁钩脱开，于是主触点在释放弹簧的作用下迅速分断。按照保护作用的不同，脱扣器可以分为过电流脱扣器及失压脱扣器等类型。

在正常情况下，过电流脱扣器的衔铁是释放着的；一旦发生严重过载或短路故障时，与主电路串联的线圈就将产生较强的电磁吸力把衔铁往下吸引而顶开锁钩，使主触点断开。欠压脱扣器的工作恰恰相反，在电压正常时，电磁吸力吸住衔铁，主触点才得以闭合。一旦电压严重下降或断电时，衔铁就被释放而使主触点断开。当电源电压恢复正常时，必须重新合闸后才能工作，实现了失压保护。

因为绝缘方式有很多，有油断路器，真空断路器和其他惰性气体（六氟化硫气体）的断路器。空气断路器就是使用空气灭弧的开关，所以又称空气开关。利用了空气来熄灭开关过程中产生的电弧。所以叫空气断路器（空气开关）。

3-29 选用低压断路器要注意些什么？

答 选用低压断路器要注意以下问题：

（1）应根据线路对保护的要求确定断路器的类型和保护形式，如万能式或塑壳式断路器，通常电流在600A以下时多选用塑壳式断路器，当然，现在也有塑壳式断路器的额定电流大于600A。

（2）断路器的额定电压U_N应等于或大于被保护线路的额定电压。

（3）断路器欠电压脱扣器额定电压应等于被保护线路的额定电压。

（4）断路器的额定电流及过电流脱扣器的额定电流应大于或等于被保护线路的计算电流。

（5）断路器的极限分断能力应大于线路的最大短路电流的有效值。

（6）配电线路中的上、下级断路器的保护特性应协调配合，下级的保护特性应位于上级保护特性的下方，并且不相交。

（7）断路器的长延时脱扣电流应小于导线允许的持续电流。

（8）选用断路器时，要考虑断路器的用途。

（9）在直流控制电路中，直流断路器的额定电压应大于直流线路电压。若有反接制动和逆变条件，则直流断路器的额定电压应大于2倍的直流线路电压。

3-30 什么是微型断路器？其有何应用？

答 微型断路器俗称小型断路器，相对于其他类型的断路器（如配电型断路器）而言，无论在体积上还是在分断能力上都较小。微型断路器又简称MCB（Micro Circiut Breaker），是建筑电气终端配电装置中使用最广泛的一种终端保护电器，用于125A以下的单相、三相的短路、过载、过电压等保护，包括单极1P、二极2P、三极3P、四极4P等四种。

微型断路器主要应用于照明电路的保护和控制，多使用在家用电器设备上。

3-31 微型断路器的电流脱扣特性曲线有哪几种？

答 微型断路器的电流脱扣特性曲线一般有A、B、C、D、K等几种，各自的含义如下：

（1）A型脱扣曲线：脱扣电流为（2～3）I_n，适用于保护半导体电子线路、带小功率电源变压器的测量线路，或线路长且短路电流小的系统；

（2）B型脱扣曲线：脱扣电流为（3～5）I_n，适用于住户配电系统、家用电器的保护和人身安全保护；

（3）C型脱扣曲线：脱扣电流为（5～10）I_n，适用于保护配电线路及具有较高接通电流的照明线路和电动机回路；

（4）D型脱扣曲线：脱扣电流为（10～14）I_n，适用于保护具有很高冲击电流的设备，如变压器电磁阀等；

（5）K型脱扣曲线：具备1.2倍热脱扣动作电流和8～14倍磁脱扣动作范围，适用于保护电动机线路设备，有较高的抗冲击电流能力。

例如，C65a/N/H系列微型断路器脱扣曲线如图3-2所示。

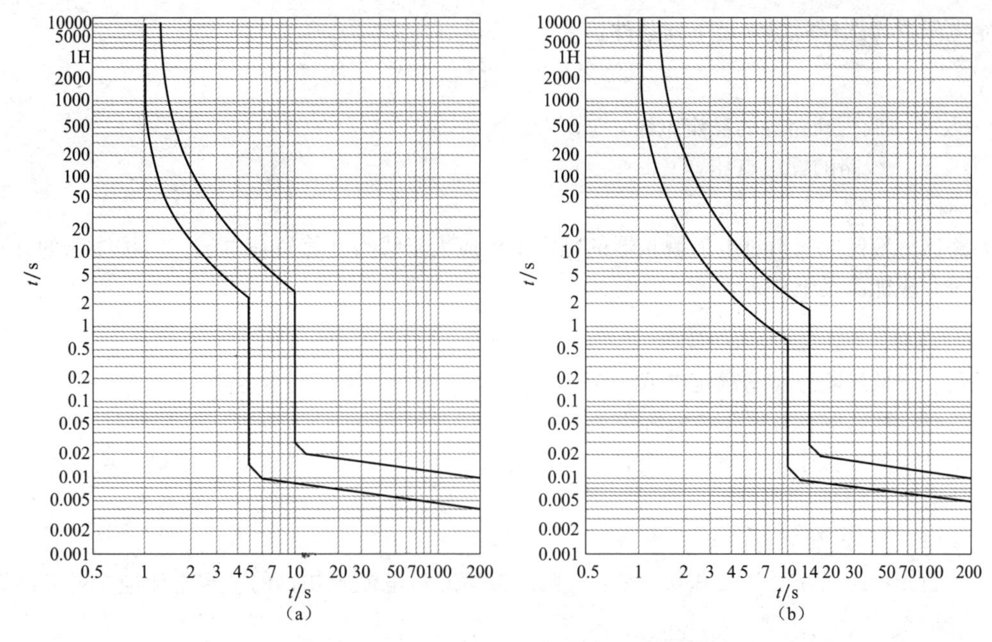

图 3-2 C65a/N/H 系列微型断路器脱扣曲线

(a) C 型脱扣曲线；(b) D 型脱扣曲线

3-32 对于不同性质的负载，如何选择微型断路器？

答 对于不同性质的负载，在其电路上选用的断路器的额定电流和保护特性也是不同的。例如，在电阻负载型回路上，对应的负载为电灯（白炽灯）、电热器等，理论上，所选的微型断路器其额定电流应大于或等于线路或电气设备的额定电流，考虑可能发生的误动作，设计上选用额定电流为 1.1～1.15 倍线路或电气设备的额定电流。白炽灯和电热回路在通电的瞬间都可能产生闪流（由冷态电阻逐渐形成热态电阻的过程），最大闪流可达线路或电气设备额定电流的 10 倍，故在选用时应选用 C 型脱扣特性的微型断路器。

在注塑机的电气控制系统中，采用到微型断路器实行过电流、过载保护的地方主要有加热回路、控制回路、插座配电回路等，考虑到其负载的冲击电流较小，一般均采用具有 C 型脱扣曲线的微型断路器。

3-33 什么是塑壳断路器？其应用如何？

答 塑壳断路器的塑壳指的是用塑料绝缘体来作为装置的外壳，用来隔离导体之间及接地金属部分。塑壳断路器通常含有热磁跳脱单元，而大型号的塑壳断路器会配备固态跳脱传感器。其脱扣单元分为热磁脱扣与电子脱扣器。

塑壳断路器用来分配电能以及保护线路和用电设备的过载或短路，也可以正常条件下作电路的不频繁接通和分断之用。一般用于低压配电柜的总开关和保护电动机、保护照明线路等。

3-34 低压塑壳断路器如何整定？

答 1. 额定电压

断路器的额定电压应大于线路额定电压。主要是交流 380V 或直流 220V 的供电系统。按线路额定电压进行选择时应满足下列条件：

$$U_N \geqslant U_{NL} \tag{3-1}$$

式中 U_N——低压断路器的额定电压，V；

U_{NL}——线路的额定电压，V。

2. 额定电流

断路器的额定电流与过电流脱扣器的额定电流应大于线路计算负荷电流。当按线路的计算电流选择时，应能满足下式：

$$I_N \geqslant I_{js} \tag{3-2}$$

式中 I_N——低压断路器的额定电流，A；

I_{js}——线路的计算电流或实际电流，A。

如果环境温度低于＋40℃，则电器产品温度每下降1℃，允许电流比额定电流值增加0.5％。但增加总数不得超过20％。

3. 瞬时过电流脱扣器的整定电流

瞬时脱扣器的动作时间为0.02s左右。瞬时或短时过电流脱扣器的整定电流应能躲开线路的尖峰电流。

负载是单台电动机，整定电流按下式计算。

$$I_{szd} \geqslant KI_{SM} \tag{3-3}$$

式中 I_{szd}——瞬时或短时过电流脱扣器整定电流值，A。

K——可靠系数，对动作时间大于0.02s的断路器，K取1.35；对动作时间小于0.02s的断路器K取1.7～2.0。

I_{SM}——电动机的启动电流，A。

4. 长延时过电流脱扣器整定电流

长延时过电流脱扣器整定电流应大于线路中计算电流，有

$$I_{gzd} \geqslant KI_{js} \tag{3-4}$$

式中 I_{gzd}——过电流脱扣器的长延时动作整定电流值，A；

K——可靠系数，一般取1.1；

I_{js}——线路的计算电流，单台电动机是指电动机的额定电流，A。

5. 分断能力

(1) 断路器额定短路分断能力应大于线路中最大短路电流。

(2) 断路器的额定极限短路分断能力应大于断路器额定运行短路分断能力（对于直流电流线路，两者的数值相同）。分断能力是指低压断路器在规定的试验（如电压、频率、线路其他参数等）条件下，能够接通或切断短路电流的数值。分断能力用电流有效值（kA）表示。

(3) 断路器额定运行短路分断能力应大于线路中的最大短路电流。

(4) 断路器的额定短时耐受电流（0.5、3s）应大于线路中短时持续短路电流。

6. 断路器的保护定值

(1) 长延时脱扣器的电流整定值，动作时间可以不小于10s；长延时脱扣器只能作过载保护。

(2) 短延时脱扣器的电流整定值，动作时间为0.1～0.4s；短延时脱扣器可以作短路保护，也可以作过载保护。

(3) 瞬时脱扣器的电流整定值，其动作时间约为0.02s。瞬时脱扣器一般用作短路保护。

3-35 SM40 系列塑壳断路器怎样分类？

答 SM40 系列塑壳断路器有 SM40 普通型、SM40L 漏电型、SM40E_1 可调型、SM40E_2 通信型，四种断路器是孪生兄弟，具有同壳架等级、同一安装尺寸。

3-36 SM40 系列塑壳断路器在功能方面有什么特点？

答 SM40 系列塑壳断路器的特点如下：

（1）结构紧凑，体积小，分断能力高，内外附件齐全。

（2）有隔离功能。

（3）剩余电流保护功能齐全，有延时型、非延时型和漏电报警型。

（4）外形和安装尺寸同规格相同，有较好互换性。

3-37 双电源自动转换开关的用途有哪些？

答 双电源自动转换开关的用途，简单来说就是在自动转换电源，两路电源一路为常用，另一路为备用，当常用电源突然故障或停电时，通过双电源切换开关，自动投入到备用电源上（小负荷下备用电源也可由发电机供电），使设备仍能正常运行。最常见的是电梯、消防、监控上的，银行用的不间断电源（UPS），不过它的备用电源是电池组。一些一类负荷和二类负荷的厂矿或公司大单位大多都拥有它。

3-38 SQ40 系列自动电源转换开关有何特点及应用？

答 SQ40 系列自动电源转换开关功能特点有：

（1）两台断路器之间具有可靠的机构联锁装置和电气联锁保护，彻底杜绝了两台断路器同时合闸的可能性。

（2）智能化控制器采用单片机为控制核心，硬件简洁，功能强大，扩展方便，可靠性高。

（3）具有短路、过载保护功能，过电压、欠电压、断相自动切换功能与智能报警功能。

（4）自动切换参数可在外部自由设定。

（5）具有操作电机智能保护功能。

（6）本装置带有消防控制电路，当消防控制中心给一控制信号进入智能控制器，两台断路器都进入分闸状态。

（7）留有计算机联网接口，以备实现遥控、遥调、遥信、遥测等四遥功能。

SQ40 电源转换开关适用于交流 50Hz，额定绝缘电压 690V，额定工作电压 400V 及以下，额定工作电流 6～1250A，具有常用电源和备用电源的供电系统中，因其中一路发生故障而进行电源之间的自动转换，以保证供电的可靠性和安全性。当一路电源发生异常时，双电源自动切换开关可自动进行电源之间的切换，保证用户供电的可靠性和连续性。适用于医院手术房、高层建筑安全保障系统、计算机房、购物中心照明系统、连续生产线、船舶机房、热电力站关键部位、港口和铁路系统、高速路照明系统、军队驻地控制系统等。

3-39 SQ40 系列自动电源转换开关有哪些技术参数？

答 SQ40 系列自动电源转换开关的技术参数：

（1）电器级别：CB 级。
（2）使用类别：AC-33B。
（3）额定工作电压：400V（三极或四极）、220V（二极）。
（4）额定频率：50Hz。
（5）欠电压转换值：70%U。
（6）欠电压返回值：80%U。
（7）过电压转换值：120%U。
（8）过电压返回值：115%U。
（9）转换延时时间：0.1s、0.5s、2.0s、5s，可调出厂设定值 0.5s。
（10）返回延时时间：5s。
（11）电压显示精度：2.5 级。
（12）执行断路器特性：见表 3-1。

表 3-1 执行断路器特性表

转换装置型号	执行的断路器	短路分断能力级别	额定电阻（A）	额定工作电压	额定绝缘电压	额定频率	极数
SQ40-63	SM40-63	（C，S）	10，16，25，32，40，50，63	440V	690V	50Hz	三极或四极
SQ40-100	SM40-100	（C，S）	16，20，25，32，40，50，63，80，100				
SQ40-200	SM40-225	（C，S）	100，125，160，180，200				
SQ40-400	SM40-400	（C，S）	200，225，250，315，350，400				
SQ40-630	SM40-630	（C，S）	400，500，630				
SQ40-800	SM40-800	（C，S）	630，700，800				

3-40 SQ40 系列自动电源转换开关的型号及含义是什么？

答 SQ40 系列自动电源转换开关的型号及含义如下：

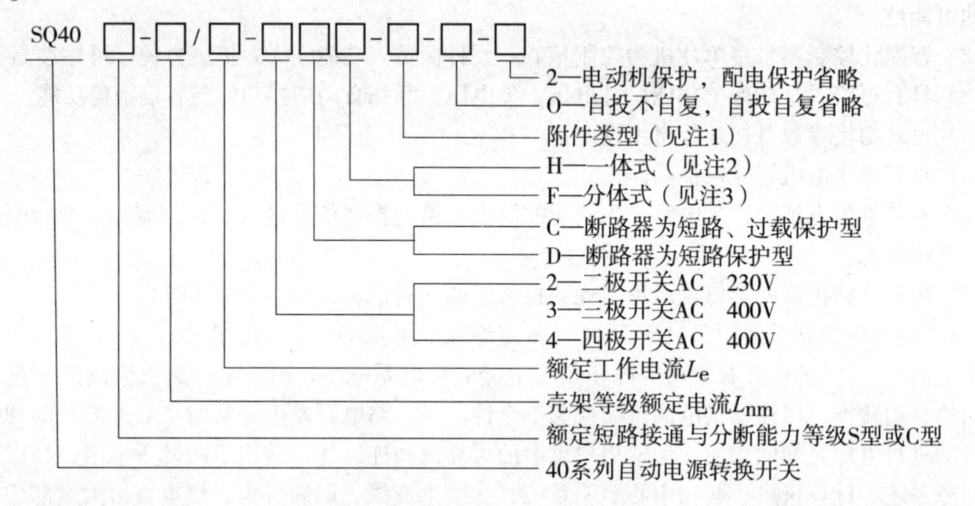

注 1：2A2S2（2A2S4） 带 1 对动合辅助触头与一对 AC 230V 分励脱扣器（AC 400V 分励脱扣器）；
4C 带 2 对转换型辅助触头；
无代码 带 1 对转换型辅助触头（正常供货）。

注 2：一体式指控制器与本体组装在同一底板上。

注 3：分体式指控制器与本体分离并采用连接器通过专用电缆线连接。

3-41 SG1系列负荷—隔离开关有何特点及应用？

答 SG1系列负荷—隔离开关由两台塑壳断路器或小型断路器及机械联锁传动机构、智能控制器等组成，根据智能控制器的结构形式，分为一体式与分体式两种。一体式是控制器和执行机构同装在一个底座上；分体式是控制器装在柜体面板上，执行机构装在底座上，由用户安装在柜体内，控制器与执行机构用约2m长的电缆连接。其特点是：

（1）两台断路器之间具有可靠的机构联锁装置和电气联锁保护，彻底杜绝了两台断路器同时合闸的可能性。该机构已获国家专利产品。

（2）智能化控制器采用单片机为控制核心，硬件简洁，功能强大，扩展方便，可靠性高。

（3）具有短路、过载保护功能，过电压、欠电压、断相自动切换功能与智能报警功能。

（4）自动切换参数可在外部自由设定。

（5）具有操作电机智能保护功能。

（6）本装置带有消防控制电路，当消防控制中心给一控制信号进入智能控制器，两台断路器都进入分闸状态。

（7）留有计算机联网接口，以备实现遥控、遥调、遥信、遥测等四遥功能。

SG1系列自动转换开关电器（以下简称ATSE）适用于交流50Hz，额定绝缘电压690V，额定工作电压400V及以下，额定工作电流6～1250A，具有常用电源（电网）和备用电源（电网或发电机）的供电系统中。因其中一路发生故障而进行电源之间的自动转换，以保证供电的可靠性和安全性。当一路电源发生异常时，ATSE可自动进行电源之间的切换，保证用户供电的可靠性和连续性。适用于医院手术房、高层建筑安全保障系统、计算机房、购物中心照明系统、连续生产线、船舶机房、热电力站关键部位、港口和铁路系统、高速路照明系统、军队驻地控制系统等。

3-42 ZB30系列小型断路器有何特点？其应用如何？

答 ZB30系列小型断路器具有以下特点：

（1）外观新颖，人性化设计，具有结构先进、性能可靠、分断能力高、外形美观小巧等特点。

（2）具有新颖的限流结构——额定短路能力高达10kA。

（3）具有过载及短路保护装置——保护功能齐全。

（4）采用“框式”接线结构——接线安全可靠。

（5）可配多种附件：辅助触头、报警触头、分励脱扣器、汇流排——功能扩展方便。

（6）模块化、模数化——任意组合，具有模数化插座特点系列配套。

（7）TH35mm标准安装轨安装——安装便捷方便。

（8）装于模数化终端配电箱和其他成套电器箱内，对用电设备进行插接。

（9）产品系列化、模块化、宽度尺寸模数化。

（10）TH35mm标准安装轨安装，壳体采用高阻燃高强度的特种塑料，抗冲击能力强。

ZB30系列小型断路器的应用：ZB30-32微型断路器适用于交流50Hz、额定电压为230V及以下的单相线路中，额定电流6～32A，作为工矿企业、公共场所、家用及类似场所的电气线路设备的漏电、过载、短路和过电压保护之用，也可作为不频繁操作的转换电路控制和隔离之用。该产品具有体积小、分断能力高、中性线和相线同时切断的特点，杜绝了中性线和相线接反和中性线对地电位造成的人身及火灾危险，是目前民用住宅中理想的配电保护开关。作为工矿企业、公共场所、家用及类似场所的电气线路设备的漏电、过载、短路和过电压保护之用，也可作为不频繁操作的转换电路控制和隔离之用。

ZB30-63系列高分断小型断路器适用于交流50Hz，额定工作电压至400V，额定电流为63A及以下的场所，主要作为办公楼、住宅和类似建筑物的照明、配电线路及设备的过载、短路保护，也可在正常情况下，作为线路不频繁的转换之用。

ZB30-100系列高分断小型断路器适用于交流50Hz，额定工作电压至400V，额定电流为100A及以下的场所，主要作为办公楼、住宅和类似建筑物的照明、配电线路及设备的过载、短路保护，也可在正常情况下，作为线路不频繁的转换之用。

3-43 我国万能式低压断路器经历了哪两个阶段？

答 我国万能式低压断路器的发展经历的两个阶段：

（1）第一阶段为热磁式技术的万能式低压断路器，如DW10/DW15/ME系列、AH系列等产品。ME和AH系列产品是我国20世纪80年代采用的引进技术，分别是从德国AEG公司（现被GE公司收购）和日本寺畸公司引进的制造技术，目前广泛应用于低压配电网络中。

（2）第二阶段为智能式技术的万能式低压断路器。随着计算机单片机技术的发展及其在电器制造领域的应用，断路器在接通、分断、保护、安全、维护等方面的性能有了显著变化。DW18、DW48等系列万能式低压断路器，由上海电器科学研究所研发的产品DW45万能式断路器和国外ABB公司的F和E系列、MG公司的M系列、西门子公司的3WL系列、德国金钟-默勒公司的IZM系列、GE公司的MPAKRT系列等均属该类产品。智能型万能式低压断路器因其卓越的性能正以惊人的速度在低压配电网络中得到大量应用。

3-44 万能式低压断路器适用于哪些场合？

答 万能式断路器曾称为框架式断路器，这种断路器一般都有一个钢制的框架，所有的零部件均安装在框架内，主要零部件都是裸露的，没有外壳。其容量较大（200～4000A），并可装设多种功能的脱扣器和较多的辅助触头，由不同的脱扣器组合可以构成不同的保护特性，所以万能式断路器可以作为配电用断路器和电动机保护用断路器。

配电用断路器的容量，用在交流电路时，一般为200～4000A；其保护特性有选择型和非选择型两类。选择型保护有瞬时动作和短延时动作两段保护特性的，也有瞬时动作、短延时动作和长延时动作三段保护特性的。它们一般应用在电源的总开关和支路近电源端开关。非选择型保护有限流型和一般型，且可以延时动作和瞬时动作。它们一般应用在近电源端和支路末端开关。配电用断路器用在直流电路时，其容量一般为600～6000A；并有快速型和一般型。快速型断路器可用来保护硅整流设备，一般型断路器可用来保护一般直流设备。

电动机保护用断路器一般用于交流60～600A，可以直接启动或间接启动的交流电动机。用于直接启动的可以保护笼形异步电动机，用于间接启动的可以保护笼形和绕线转子异步电动机。

3-45 万能式低压断路器型号的含义及分类是什么？

答 万能式低压断路器型号含义如下：

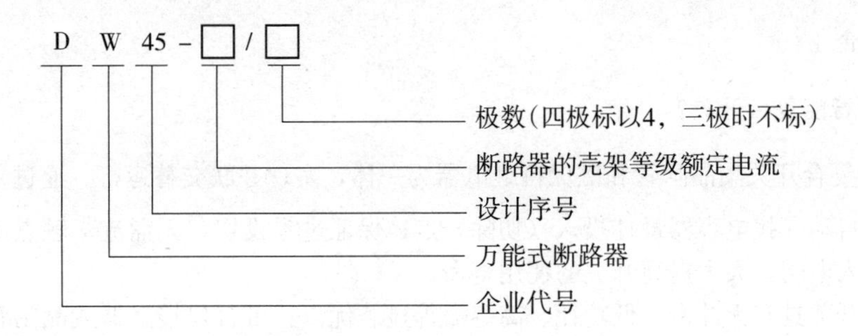

万能式低压断路器的分类：按安装方式分为固定式和抽屉式；按极数分为三极和四极；按操作方式分为电动操作和手动操作（检修、维护用）。

3-46 DW45 型低压断路器的结构特点是什么？

答 DW45 型低压断路器的结构分本体结构和抽屉座结构。

本体结构特点如下：

（1）断路器本体为立体布置形式，具有结构紧凑和体积小的特点，有固定式和抽屉式之分。把固定式断路器本体装入专用的抽屉就成为抽屉式断路器。本体由触头系统、灭弧系统、操作机构、智能控制器、辅助触头、接线端子、欠电压脱扣器、分励脱扣器、闭合电磁铁、电动储能机构等组成。

（2）绝缘系统。断路器底座、盖采用绝缘性、阻燃性、机械强度都很好的绝缘材料，这样不仅提高断路器的分断能力，而且保证了断路器的机械寿命、电气寿命。

（3）触头系统。采用主、弧触头系统，多路并联，降低电动斥力，提高触头系统的电动稳定性。新型耐弧的触头材料，使触头在分断短路电流后不致过分发热而引起温度过高。

（4）灭弧室。灭弧室全部置于断路器的绝缘基座内，每极分开，相互绝缘，与其他部分及操作人员隔离，既安全又不至于在分断大电流时炸裂。采用去离子栅片灭弧原理，使得断路器上方飞弧距离为零。

（5）操作机构和手动、电动储能机构。采用五连杆机构，完成合、分闸动作，并可手动或电动储能。

抽屉座结构特点如下：

（1）抽屉座由带有导轨的左右侧板、底座和横梁等组成。底座上设有推进机构，并装有位置指示，抽屉座的上方装有辅助电路静隔离触头。桥式主回路触头前方设置安全隔板。

（2）断路器本体在抽屉座内的运动具有 3 个“位置”：连接、试验、分离。连接：主回路、二次回路均接通，安全隔板开启。试验：主回路断开、二次回路接通，安全隔板关闭，可以进行动作试验。分离：主回路、二次回路均断开，安全隔板关闭。

（3）抽屉座与断路器本体间有机械联锁断路器，必须在分闸状态才能摇出来。

3-47 DW45 型与 DW48 型断路器有何区别？

答 DW45 与 DW48 系列的主要区别在于体积和电流范围、框架结构上，以及断路器本身安全闭锁上的差异。DW48 系列电流壳架分为 1600、3200A，DW45 系列电流壳架分为 2000、3200、6300A，电流范围大；按极数都可分为三极和四极；电气性能上差异不大：额定运行分断能力 I_{cs} 均为 50kA 以上，额定极限分断能力 I_{cu} 为 65kA 以上，额定短时耐受分断能力 I_{cw} 为 50kA 以上；机械寿命和电寿命也相同，分别为 10000 次和 2000 次。DW45 断路器在国内市场占有率极大，遍布全国各主要企业。

3-48 什么是智能复合开关？

答 智能复合开关集晶闸管和磁保持继电器为一体，实现并联交替运行。通过复合开关内部的微处理器，自动寻找电容器最佳投入（切除）点；保证过零投切，无涌流、触点不烧结、能耗小、无谐波注入电网，大大提高开关的使用寿命。

智能复合开关具有无冲击、低功耗、高寿命等显著优点，可替代接触器或晶闸管开关，广泛用于低压无功补偿领域。

3-49 智能复合开关的工作原理是什么？

答 智能复合开关工作原理基本如下：用小形三端封装的晶闸管作为电容器的投入和切除单元，用大功率永磁式磁保持继电器代替交流接触器负责保持电容器投入后的接通，其过零检测元件是一粒电压过零型光耦双向晶闸管。它存在下面一些缺陷：

（1）小形三端（TOP）封装晶闸管由于结构性的原因，目前这类型式的晶闸管其短时通流容量不能做得很低（低于60A），反向耐压一般也只能达到1600V左右，这就限制了它的应用范围。由仿真和计算证明，在380V的系统电压下，电容器理想开断时的稳态过电压就可能达到1600V，当系统电压高于380V（这是常有的情况）或非理想开断时的暂态过电压就可能远大于晶闸管的反向耐压位1600V，众所周知晶闸管是一种对热和电冲击很敏感的半导体元件，一旦出现冲击电流或电压超过其容许值，就会立即使其永久性损坏。实际运行情况已经表明复合开关的故障率相当高。

（2）由于采用了晶闸管等电子元器件，其结构复杂成本上升，与交流接触器在价格上难以相比。

（3）复合开关的过零是由电压过零型光耦检测控制的，从微观上看它并不是真正意义上的过零投切，而是在触发电压低于16～40V时导通，因而仍有一点涌流。

（4）复合开关技术既使用晶闸管又使用继电器，于是结构就变得相当复杂，并且由于晶闸管对dv/dt的敏感性也比较容易损坏。

3-50 什么是接触器？

答 凡是利用线圈流过电流产生磁场，使触头闭合，以达到控制负载的电器叫做接触器。接触器主要由触点系统、电磁操动系统、支架、辅助触点和外壳（或底架）组成。

因为它可快速切断交流与直流主回路和可频繁地接通与大电流控制（某些型别可达800A）电路的装置，所以经常运用于电动机作为控制对象，也可用作控制工厂设备、电热器、工作母机和各样电力机组等电力负载，并作为远距离控制装置。接触器利用主触点来开闭主电路，用辅助触点来导通控制回路。主触点一般只有常开触点，而辅助触点常有两对具有常开和常闭功能的触点，小型的接触器也经常作为中间继电器配合主电路使用。

具有可高频率的接触器可用于电源开启与切断控制，最高操作频率甚至可达每小时1200次。20A以上的接触器加有灭弧罩。接触器的使用寿命很高，机械寿命通常为数百万次至一千万次，电流寿命一般则为数十万次至数百万次，它是一种操作电器。

3-51 接触器是如何分类的？

答 接触器的分类如下：

（1）按控制线圈的电压不同可分为直流接触器和交流接触器。交流接触器又可分为电磁式和真空式两种。

（2）按操作机构可分为电磁式接触器、液压式接触器和气动式接触器。

（3）按动作方式可分为直动式接触器和转动式接触器。

（4）按接触器触点特性可分为空气接触器、真空接触器和无弧接触器。

3-52 接触器与继电器的区别是什么?

答 接触器原理与继电器相同，只是接触器控制接通和断开主电路的负载功率较大，能频繁操作，故体积也较大。继电器广泛用于回路的开断和导通控制电路，触点通过的电流较小。

3-53 什么是真空式接触器?

答 真空式接触器为接点系统采用真空消磁室的接触器。煤矿中有瓦斯气体，防爆式真空磁力启动器多半在煤矿应用，以保障坑道煤炭安全生产。

3-54 什么是半导体接触器?

答 半导体接触器是使用电子器件来改变电路回路的导通状态和断路状态而完成电流操作，又称为无弧接触器。

3-55 如何选择交流接触器?

答 接触器作为通断负载电源的设备，接触器的选用应按满足被控制设备的要求进行，除额定工作电压与被控设备的额定工作电压相同外，被控设备的负载功率、使用类别、控制方式、操作频率、工作寿命、安装方式、安装尺寸及经济性也是选择的依据。

选用原则如下：

（1）交流接触器的电压等级要和负载相同，选用的接触器类型要和负载相适应。

（2）负载的计算电流要符合接触器的容量等级，即计算电流小于等于接触器的额定工作电流。接触器的接通电流大于负载的启动电流，分断电流大于负载运行时分断需要电流，负载的计算电流要考虑实际工作环境和工况，对于启动时间长的负载，半小时峰值电流不能超过约定发热电流。

（3）按短时的动、热稳定校验。线路的三相短路电流不应超过接触器允许的动、热稳定电流，当使用接触器断开短路电流时，还应校验接触器的分断能力。

（4）接触器吸引线圈的额定电压、电流及辅助触头的数量、电流容量应满足控制回路接线要求。要考虑接在接触器控制回路的线路长度，一般接触器要能够在85%～110%的额定电压值下工作。如果线路过长，由于电压降太大，接触器线圈对合闸指令有可能不起反应；由于线路电容太大，可能对跳闸指令不起作用。

（5）根据操作次数校验接触器所允许的操作频率。如果操作频率超过规定值，额定电流应该加大一倍。

（6）短路保护元件参数应该和接触器参数配合选用。选用时可参见样本手册，样本手册一般给出的是接触器和熔断器的配合表。

接触器和空气断路器的配合要根据空气断路器的过载系数和短路保护电流系数来决定。接触器的约定发热电流应小于空气断路器的过载电流，接触器的接通、断开电流应小于断路器的短路保护电流，这样断路器才能保护接触器。实际中接触器在一个电压等级下约定发热电流和额定工作电流比值为1～1.38，而断路器的反时限过载系数参数比较多，不同类型断路器不一样，所以两者间配合很难有一个标准，不能形成配合表，需要实际核算。

(7) 接触器和其他元器件的安装距离要符合相关国家标准、规范，要考虑维修和走线距离。

3-56 什么是磁力启动器？

答 用于电机启动和停止并同过载保护元件组合在一起，两者置于一个外壳内的组合体(电器) 叫做磁力启动器。磁力启动器广泛使用于自动控制系统中，作为电动机开停和正反转控制之用。不可逆磁力启动器一般由一只接触器和三只热继电器以及两只按钮安装在壳体内构成。

3-57 什么是可逆磁力启动器？什么是真空磁力启动器？

答 可逆磁力启动器一般由两只接触器和三只热继电器以及三只按钮安装在壳体内构成，广泛使用于自动控制系统中，作为电动机开停和正反转控制之用。

采用真空磁力接触器和热继电器以及按钮组成的启动器叫做真空启动器。

3-58 什么是热继电器？什么是热继电器的热惯性？

答 利用电流的热效应来推动动作机构，使触头闭合或断开的保护电器叫做热继电器，主要用于电动机的过载保护、断相保护、电流不平衡保护，以及其他电气设备发热状态时的控制。它是一种电气保护元件。热继电器在应用过程中应当注意一个问题就是热继电器有热惯性，动作后要经过一段时间才能重复工作。

热继电器通过过载电流后受热断电，温度下降至临界点又自动恢复，但是不会很快，因为降温需要一个过程（时间），这个过程叫做热继电器的热惯性。

3-59 热继电器的工作原理是怎样的？

答 热继电器是由电阻丝做成的热元件，其电阻值较小，工作时将它串接在电动机的主电路中。电阻丝所围绕的双金属片由两片线膨胀系数不同的金属片压合而成，左端与外壳固定。其工作原理见图 3-3。当热元件中通过的电流超过其额定值而过热时，由于双金属片的上面一层热膨胀系数小，而下面的大，双金属片受热后向上弯曲，导致扣板脱扣，扣板在弹簧的拉力下将常闭触点断开。触点是串接在电动机的控制电路中的，使得控制电路中的接触器的动作线圈断电，从而切断电动机的主电路。

3-60 热继电器的基本结构是怎样的？国产热继电器的型号及含义是什么？

答 (1) 热继电器基本结构见图 3-4。

除主电路外，有一对动合触点和动断触点，一般有标志，NO为常开，NC为常闭，不接入电路（断电时）看看哪两个端子之间是接通的就是常闭触点。红色按钮是复位用的。电流调整时旋转白色的圆盘，将相应的数字对准箭头就是整定的电流。

(2) 国产的热继电器的型号及含义（如 JR_{20}-12R）如下：

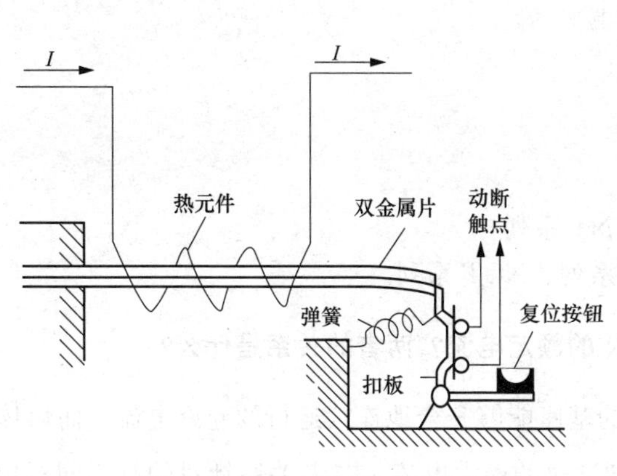

图 3-3　热继电器的工作原理

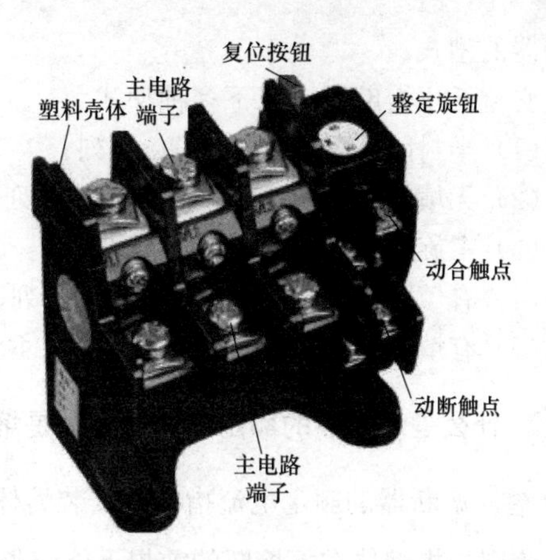

图 3-4　热继电器基本结构

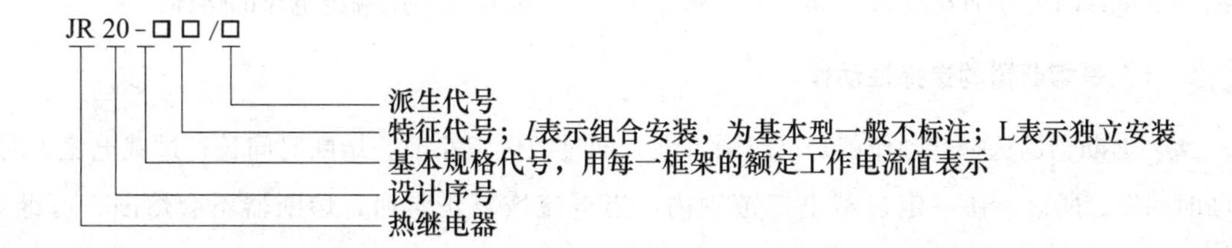

3-61　什么是带有断相保护的热继电器？

答　普通的热继电器，也就是不带断相保护的，适用于出现过载电流的情况。若三相中有一相断线，因为断线那一相的双金属片不弯曲而使热继电器不能及时动作，故不能起到保护作用。

带有断相保护的热继电器，当电流为额定值时，三个热元件均正常发热，其端部均向左弯曲推动上、下导板同时左移，但达不到动作位置，继电器不会动作，当电流过载达到整定值时，双金属片弯曲较大，把导板和杠杆推到动作位置，继电器动作，使动断触点立即打开，当一相（A相）断路时，A相（右侧）的双金属片逐渐冷却降温，其端部向右移动，推动上导板向右移动；而另外两相双金属片温度上升，使端部向左移动，推动下导板继续向左移动，产生差动作用，使杠杆扭转，继电器动作，起到断相保护作用。

现在的热继电器基本上都自带断相保护。

3-62　什么是熔断器？

答　当通过能熔断导体的电流超出限定值时，借助熔体熔化而分断电路的电器叫做熔断器，它是一种用于过负荷和短路保护的电器。熔断器最大特点是结构简单、体积小、质量轻、使用维护方便、价格低廉、可靠性高，具有较大的实用价值和经济意义。

熔断器是一种最简单的保护电器。在农村，配电变压器高，低压侧都装有熔断器作为短路保护，以防止短路电流对变压器的损害。另外，各种动力和照明装置也常常采用熔断器作短路故障或连续过负荷的保护装置。

3-63　低压熔断器有哪几种型式？

答　低压熔断器基本分为两大类：交流低压熔断器和直流低压熔断器。本题只介绍交流低压熔断器的型式。

交流低压熔断器有以下多种型式：

（1）半封闭式熔断器——RC系列；

（2）无填料封闭式熔断器——RM系列；

（3）螺旋式熔断器——RL系列；

（4）有填料封闭式熔断器——RT系列、NT系列；

（5）有填料封闭管式快速熔断器——RS系列、NGT系列。

3-64 什么是熔断器的额定电流？什么是熔体的额定电流？两者的关系是什么？

答 熔断器的额定电流指的是安装熔体的基座能够安全地连续运行的允许电流。而熔体的额定电流则是指熔体在不熔断的前提下能够长期通过的最大电流。二者关系针对的是不同对象，熔断器的额定电流大于或等于熔体的额定电流。例如，RL1-60螺旋式熔断器的额定电流为60A，根据需要在其内可分别安放20、25、32、36、40、50、60A等不同额定电流的熔体。

3-65 什么是熔断器的选择性动作？

答 熔断器的选择性动作就是反时限特性，即过载电流小时，熔断时间长；过载电流大时，熔断时间短。所以，在一定过载电流范围内，当电流恢复正常时，熔断器不会熔断，可继续使用。

3-66 低压熔断器的特点是什么？

答 熔体额定电流不等于熔断器额定电流，熔体额定电流按被保护设备的负荷电流选择，熔断器额定电流应大于熔体额定电流，与主电器配合确定。

熔断器主要由熔体、外壳和支座三部分组成，其中熔体是控制熔断特性的关键元件。熔体的材料、尺寸和形状决定了熔断特性。熔体材料分为低熔点和高熔点两类。低熔点材料如铅和铅合金，其熔点低容易熔断，由于其电阻率较大，故制成熔体的截面尺寸较大，熔断时产生的金属蒸气较多，只适用于低分断能力的熔断器。高熔点材料如铜、银，其熔点高，不容易熔断，但由于其电阻率较低，可制成比低熔点熔体较小的截面尺寸，熔断时产生的金属蒸气少，适用于高分断能力的熔断器。熔体的形状分为丝状和带状两种。改变截面的形状可显著改变熔断器的熔断特性。熔断器有各种不同的熔断特性曲线，可以适用于不同类型保护对象的需要。

3-67 交流低压熔断器和直流低压熔断器能互换使用吗？

答 不能互换使用。不管是交流低压熔断器还是直流低压熔断器，二者的工作原理是相同的，都是利用电流流过导体时，因导体存在一定的电阻，所以导体将会发热，且发热量遵循公式：$Q=0.24I^2RT$。其中，Q是发热量，0.24是一个常数，I是流过导体的电流，R是导体的电阻，T是电流流过导体的时间。依此公式不难看出，发热量与通过电流的平方成正比，这就是熔断器的简单工作原理。一旦制作熔断器，当大电流流过它时，它的发热不是按倍数增加的，而是按平方关系增加的；随着时间的增加其发热量也在增加。电流与电阻的大小确定了产生热量的速度，熔体的构造与其安装的状况确定了热量耗散的速度，若产生热量的速度小于热量耗散的速度，熔体是不会熔断的。若产生热量的速度等于热量耗散的速度，在相当长的时间内它也不会熔断。若产生热量的速度大于热量耗散的速度，那么产生的热量就会越来越多。又因为它有一定比热及质量，其热量的增加就表现在温度的升高上，当温度升高到熔体的熔点以上时熔体就发生了熔断。

3-68 交流低压熔断器和直流低压熔断器在不同工况下如何工作？

答 交流低压熔断器和直流低压熔断器在不同工况下工作的分析如下：

（1）由于直流电流没有电流过零点的问题，因此在开断故障电流时，只能依靠电弧在石英砂填料强迫冷却的作用下，自行迅速熄灭进行开断，比开断交流电弧要困难许多。熔片的合理设计与焊接方式，石英砂的纯度与粒度配比、熔点高低、固化方式等因素，都决定着对直流电弧强迫熄灭的效能和作用。

（2）在相同的额定电压下，直流电弧产生的燃弧能量是交流燃弧能量的2倍以上，为了保证每一段电弧能够被限制在可控制的距离之内同时迅速熄灭，不会出现各段电弧直接串联导通酿成巨大的能量汇集，导致持续燃弧时间过长发生熔断器炸裂的事故，直流熔断器的管体一般要比交流熔断器长，否则在正常使用时看不出尺寸差异，当故障电流出现时就会产生严重的后果。

（3）根据国际熔断器技术组织的推荐数据，直流电压每增加150V，熔断器的管体长度即应增加10mm，依此类推，直流电压为1000V时，管体长度应为70mm，当直流电压高至10～12kV时，管体长度至少应在600～700mm，即使对熔片进行弯折处理，管体长度也应保证在300mm左右，否则串联电弧的威胁仍然存在。当今国内外的交流10～12kV熔断器管体长度普遍采用292～442mm，欧美的直流熔断器在DC 2000V时，圆管体为127～190mm，方形大电流管体为170～200mm，都是基于必须保证安全可靠分断的科学选择。

（4）熔断器在直流回路使用时，必须考虑电感、电容能量存在所产生的复杂影响，因此时间常数L/R是不可忽略的重要参数，应根据具体线路系统的短路故障电流发生和衰减率做准确评估，不是随意选大或选小都可以。由于直流熔断器时间常数L/R大小决定着分断燃弧能量和分断时间及允通电压，所以管体的粗细与长短必须合理而安全地选择使用，某些厂家限于现有瓷管的尺寸或为降低成本，盲目采用低强度瓷或短管体生产直流高电压熔断器的做法，是不负责和不可取的。

（5）有些厂家因为没有自成体系的直流熔断器产品，改用交流熔断器代替使用，从实用角度是可行的，但基于以上所述的安全原因，当交流熔断器用在直流回路时，应该降压使用。

3-69 直流低压熔断器应用在哪些场合？

答 直流低压熔断器随着工业的发展通常应用于轨道交通、光伏电池发电系统、电动汽车、电子设备等。

3-70 交流低压熔断器的选用应该注意哪些问题？

答 （1）根据线路要求和安装条件选择熔断器的型号。容量小的电路选择半封闭式或无填料封闭式；短路电流大的选择有填料封闭式；半导体元件保护选择快速熔断器。

（2）根据负载特性选择熔断器的额定电流。

（3）选择各级熔体需相互配合，后一级要比前一级小，总闸和各分支线路上电流不一样，选择熔体也不一样。

（4）根据线路电压选择熔断器的额定电压。

（5）交流异步电机保护熔体电流不能选择太小（建议为2～2.5倍电机的额定电流）。如选择过小，易出现一相熔断器熔断后，造成电机断相运转而烧坏，必须配套热继电器作过载保护。

3-71 熔断器在选用前应确定哪些问题?

答 1. 熔断器的类型

(1) 按分断范围，熔断体可分为 g 和 a 两类。

1) g 类为全范围分断，其连续承载电流不低于其额定电流，并可在规定条件下分段最小熔化电流至其额定分断电流之间的各种电流。

2) a 类为部分范围分断，其连续承载电流不低于其额定电流，但在规定条件下只能分段 4 倍额定电流至其额定分断电流之间的各种电流。

(2) 按使用类别，熔断体可分为 G 和 M 两类。

1) G 类为一般用途熔断体，可用于保护电缆在内的各类负载。

2) M 类为电动机电路用途熔断体。对于具体的熔断体，上述两类可以有不同的组合，如 Gg、aM 等。

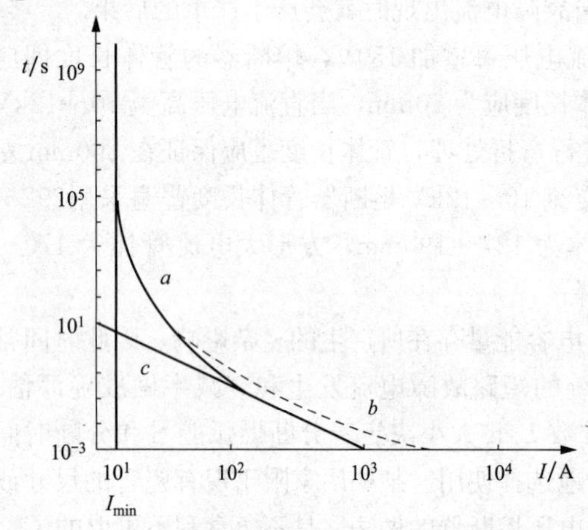

图 3-5 熔断器的时间—电流特性

I_{min}—最小熔化电流；a—弧前时间—电流特性；b—熔断时间—电流特性；c—等 I^2t 线

2. 时间—电流特性

熔断器的时间—电流特性可用弧前时间—电流特性、熔断时间—电流特性的形式表示（见图3-5）。熔断器的时间—电流特性落在两条直线之间并与之渐进：小电流时与最小熔化电流线（垂线）渐进；大电流时则与表示 I^2t 的等值斜线渐进。有的标准规定熔断器的时间—电流特性的容许偏差为 7%，许多熔断器产品的实际偏差都低于 5%。在电流未超过额定电流的 20 倍以前，弧前时间—电流特性和熔断时间—电流特性是重合的；电流再大时，这两条曲线便分开了。

3. 熔断器的选用

首先应根据实际使用条件确定熔断器的类型，包括选定合适使用类别和分断范围。一般全范围熔断器（g 类熔断器）兼有过载保护功能；而部分范围熔断器（a 类熔断器）的作用主要是短路保护功能。由于低倍过电流不能使这种熔断器动作，故在使用这种熔断器时应另外配过载保护元件（如热继电器）。

(1) 熔断体额定电流的确定。正常运行情况下，熔断体额定电流 I_n 不应小于线路的计算电流，但应尽量接近线路的计算电流。

当用于电动机电路时应考虑启动情况，在不经常启动或启动时间不长（如一般机床电动机）的情况下，可按

$$I_n = I_A/(2.5 \sim 3)$$

选用。在经常启动或启动时间较长（如起重机电动机）的情况下，可按

$$I_n = I_A/(1.6 \sim 2)$$

选用。上两式中，I_A 为电动机的启动电流。

如按启动情况求得的熔断体电流低于线路的计算电流，则仍应按正常运行情况选用。

(2) 熔断体动作选择性的配合分为与启动设备动作时间的配合、熔断体之间的配合和与电缆导体截面的配合三种情况考虑。

1）与启动设备动作时间的配合，要求熔断器的熔断时间小于启动设备的断开时间，以保证在短路电流超过启动设备的极限分段能力时，由熔断器分断短路电流。通常可靠系数取为2，即熔断时间为启动设备断开时间的一半。例如，接触器释放时间为0.04s，熔断器的熔断时间可选0.02s。如发生熔断时间大于启动设备断开时间的情况，可采用下列措施：改用断路器，增加电缆截面，改用极限分断电流较高的设备。

2）熔断体之间的配合，一般情况下可按时间—电流特性不相交或上级熔断器的熔断体电流与下级熔断器的熔断体电流之比不低于熔断器的过电流选择比的原则选用。例如，设上级熔断器的熔断体电流为160A，则当过电流选择比为1.6∶1时，下级熔断器的熔断体电流不得大于100A，当过电流选择比为2∶1时，下级熔断器的熔断体电流不得大于80A。当短路电流很大时，这样选择后还须用I^2t值进行验证，保证上级熔断器的I^2t大于下级熔断器。

如已知熔断体的熔断时间为$\delta\%$，也可按下式

$$t_1 \geqslant \frac{1.05+\delta\%}{0.95-\delta\%}t_2 \tag{3-5}$$

选配。式中，t_1、t_2分别为上级和下级熔断器的熔断时间，与具体短路电流值有关。

3）与电缆导体截面的配合，要求熔断体电流不大于导体长期允许电流的2.5倍（短路保护）或0.8倍（过载保护）。

（3）额定电压、额定电流确定的。熔断器的额定电压U_n不应低于线路的额定电压U_e，但当熔断器用于直流电路（如变流器控制回路中的直流部分）时，因没有电流过零点帮助灭弧，故在同样电压下，熔断器在直流电路中的总动作时间比在交流电路中要长些。熔断器的最大分断电流应大于线路中可能出现的峰值短路电流有效值。保护电动机时，额定电流可按电动机额定电流的1.2～1.5倍选择；保护电容器控制设备时，额定电流应为熔断器额定电流的1.6倍以上。

4. 熔断器与其他电器的组合

（1）熔断器与断路器的组合。如果电网中某处的短路电流可能超过该处所设断路器的额定分断能力，则需在断路器的电源侧增设一只后备保护熔断器。后备保护熔断器必须在短路电流达到断路器的额定分断能力以前分断（见图3-6）。

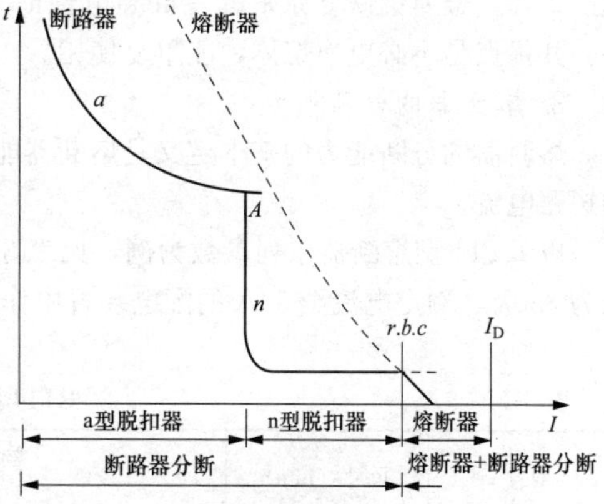

图3-6 熔断器和断路器的组合

a—热脱扣器；n—瞬动脱扣器；$r.b.c$—额定分断能力；I_D—安装位置上的最大预期短路电流；A—两特性间距

（2）熔断器、接触器和热继电器的组合。这种组合中热继电器和熔断器在该回路分别起到过载保护和短路保护的作用。在选择熔断器、接触器和热继电器的组合时，需要对各电气元件的有效范围和工作特性进行科学选配，下列各项条件必须完全满足：

1）热继电器和熔断器的时间—电流特性必须有保证电动机从零速启动到全速的延时范围；

2）熔断器必须能保护热继电器不受可能超过其额定电流10倍的大电流破坏；

3）熔断器必须能分断接触器不能分断的大电流（高达接触器额定工作电流的8倍或10倍以上）。

（3）熔断器必须在短路时保护接触器。保护接触器触点不会发生熔焊。和使用类别为gG的熔断器比较，开关电器保护用的aM类熔断器有一定优点，它能充分发挥接触器控制电动机的能

力，并能在保证不出现熔焊的条件下完成短路保护。

3-72 常用熔断器的分类及分断能力如何？

答 1. 熔断器的分类

（1）插入式熔断器。它常用于380V及以下电压等级的线路末端，作为配电支线或电气设备的短路保护用。

（2）螺旋式熔断器。熔体上的上端盖有一熔断指示器，一旦熔体熔断，指示器马上弹出，可透过瓷帽上的玻璃孔观察到，它常用于机床电气控制设备中。螺旋式熔断器分断电流较大，可用于电压等级500V及其以下、电流等级200A以下的电路中，作短路保护。

（3）封闭式熔断器。封闭式熔断器分有填料封闭式熔断器和无填料封闭式熔断器两种。有填料封闭式熔断器一般用方形瓷管，内装石英砂及熔体，分断能力强，用于电压等级500V以下、电流等级1kA以下的电路中。无填料封闭式熔断器将熔体装入密闭式圆筒中，分断能力稍小，用于500V以下、600A以下电力网或配电设备中。

（4）快速熔断器。主要用于半导体整流元件或整流装置的短路保护。由于半导体元件的过载能力很低，只能在极短时间内承受较大的过载电流，因此要求短路保护具有快速熔断的能力。快速熔断器的结构和有填料封闭式熔断器基本相同，但熔体材料和形状不同，它是以银片冲制的有V形深槽的变截面熔体。

（5）自复熔断器。采用金属钠作为熔体，在常温下具有高电导率。当电路发生短路故障时，短路电流产生高温使钠迅速汽化，气态钠呈现高阻态，从而限制了短路电流。当短路电流消失后温度下降，金属钠恢复原来的良好导电性能。自复熔断器只能限制短路电流，不能真正分断电路。其优点是不必更换熔体，能重复使用。

2. 熔断器的分断能力

熔断器的分断能力的基本定义是熔断器能够安全切断电路的最大电流，一般情况下是指通过的短路电流。

以RT14型熔断器系列参数为例，见表3-2分断能力；它为圆筒形帽熔断器，适用于额定电压为380V，额定电流至63A的配电装置中作过载和短路保护之用。

表3-2 RT14型熔断器参数

型号	尺寸（mm）	额定电流（A）	耗散功率（W）	分断能力（kA）	质量（kg）
RT14-20	10×38	2，4，6，10，16，20	≤3	100	0.009
RT14-32	14×51	2，4，6，10，16，20，25，32	≤5	100	0.022
RT-63	22×58	10，16，20，25，32，40，50，63	≤9.5	100	0.060

型号	额定电流（A）	极数	尺寸（mm）					安装方式
			A	B	C	L	H	
RT14-20	20	单极	—	20	—	70	48	螺钉安装
RT14-32	32	单极	16.6	25	55	104	56	螺钉安装
RT-63	63	单极	19.6	33.5	60	124	65	螺钉安装
RT14-32/3P	32	三级	—	78	55	104	100	螺钉安装
RT14-63/3P	63	三级	—	1000	64	124	110	螺钉安装

3-73 什么是电动机的软启动?

答 使电动机的输入电压从零以预设函数关系逐渐上升，直至启动结束，赋予电动机全电压，即为软启动。在软启动过程中，电动机启动转矩逐渐增加，转速也逐渐增加。软启动器是一种用来控制笼形异步电动机的新设备，是集电动机软启动、软停车、轻载节能和多种保护功能于一体的新颖电动机控制装置。

3-74 软启动有哪几种启动方式?

答 软启动一般有下面四种启动方式：

（1）斜坡升压软启动。这种启动方式最简单，不具备电流闭环控制，仅调整晶闸管导通角，使之与时间呈一定函数关系增加。其缺点是，由于不限流，在电动机启动过程中，有时要产生较大的冲击电流使晶闸管损坏，对电网影响较大，实际很少应用。

（2）斜坡恒流软启动。这种启动方式是在电动机启动的初始阶段启动电流逐渐增加，当电流达到预先所设定的值后保持恒定（t_1 至 t_2 阶段），直至启动完毕。启动过程中，电流上升变化的速率可以根据电动机负载调整设定。电流上升速率大，则启动转矩大，启动时间短。该启动方式是应用最多的启动方式，尤其适用于风机、泵类负载的启动。

（3）阶跃启动。开机即以最短时间，使启动电流迅速达到设定值，即为阶跃启动。通过调节启动电流设定值，可以达到快速启动效果。

（4）脉冲冲击启动。在启动开始阶段，使晶闸管在极短时间内，以较大电流导通一段时间后回落，再按原设定值线性上升，进入恒流启动。该启动方法，在一般负载中较少应用，适用于重载并需克服较大静摩擦的启动场合。

3-75 软启动器适用于哪些场合?

答 软启动原则上适用于笼形异步电动机的启动，凡不需要调速的各种应用场合都可适用。目前的应用范围是交流380V（也可660V），电机功率从几千瓦到800kW。

软启动器特别适用于各种泵类负载或风机类负载需要软启动与软停车的场合。

同样对于变负载工况，电动机长期处于轻载运行，只有短时或瞬间处于重载的场合，应用软启动器（不带旁路接触器）则具有轻载节能的效果。

3-76 软启动与传统减压启动方式的不同之处在哪里?

答 软启动与传统减压启动方式的不同之处是：

（1）无冲击电流。软启动器在启动电动机时，使电动机启动电流从零线性上升至设定值。对电动机无冲击，提高了供电可靠性，平稳启动，减少对负载机械的冲击转矩，延长机器使用寿命。

（2）有软停车功能，即平滑减速，逐渐停机。它可以克服瞬间断电停机的弊病，减轻对重载机械的冲击，避免高程供水系统的水锤效应，减少设备损坏。

（3）恒流启动。软启动器可以引入电流闭环控制，使电动机在启动过程中保持恒流，确保电动机平稳启动。

（4）启动参数可调，根据负载情况及电网继电保护特性选择，可自由地无级调整至最佳的启动电流。

3-77 什么是电动机的软停车？

答 电动机停机时，传统的控制方式都是通过瞬间停电完成的。但有许多应用场合，不允许电动机瞬间关机。例如，高层建筑、大楼的水泵系统，如果瞬间停机，会产生巨大的“水锤”效应，使管道，甚至水泵遭到损坏。为减少和防止“水锤”效应，需要电动机逐渐停机，即软停车，采用软启动器能满足这一要求。在泵站中，应用软停车技术可避免泵站的“拍门”损坏，减少维修费用和维修工作量。

软启动器中的软停车功能是晶闸管在得到停机指令后，从全导通逐渐地减小导通角，经过一定时间过渡到全关闭的过程。停车的时间根据实际需要可在0～120s调整。

3-78 软启动器是如何实现轻载节能的？

答 软启动器应用于笼形异步电动机的启动，它采用降压启动的条件：一是电动机启动时，机械不能承受全压启动的冲击转矩；二是电动机启动时，其端电压不能满足规范要求；三是电动机启动时，影响其他负荷的正常运行。下面讲述软启动器是如何实现轻载节能的。

笼形异步电动机是感性负载，在运行中，定子线圈绕组中的电流滞后于电压。如电动机工作电压不变，处于轻载时，功率因数低；处于重载时，功率因数高。软启动器能实现在轻载时，通过降低电动机端电压，提高功率因数，减少电动机的铜耗、铁耗，达到轻载节能的目的；负载重时，则提高电动机端电压，确保电动机正常运行。

笼形异步电动机电子软启动器既能改变电动机的启动特性保护拖动系统，更能保证电动机可靠启动，又能降低启动冲击，而且配有计算机通信接口实现智能控制。

3-79 软启动器具有哪些保护功能？

答 软启动器具有以下保护功能：

(1) 过载保护功能。软启动器引进了电流控制环，因而随时跟踪检测电动机电流的变化状况。通过增加过载电流的设定和反时限控制模式，实现了过载保护功能，电动机过载时，能关断晶闸管并发出报警信号。

(2) 断相保护功能。工作时，软启动器随时检测三相线电流的变化，一旦发生断流，即可做出断相保护反应。

(3) 过热保护功能。通过软启动器内部热继电器检测晶闸管散热器的温度，一旦散热器温度超过允许值后自动关断晶闸管，并发出报警信号。

(4) 其他功能。通过电子电路的组合，还可在系统中实现其他种种联锁保护。

3-80 什么是软启动MCC控制柜？

答 MCC（Motor Control Center）控制柜，即电动机控制中心。软启动MCC控制柜由以下几部分组成：

(1) 输入端的断路器。

(2) 软启动器（包括电子控制电路与三相晶闸管）。

(3) 软启动器的旁路接触器。

(4) 二次侧控制电路（完成手动启动、遥控启动、软启动及直接启动等功能的选择与运行），有电压、电流显示和故障、运行、工作状态等指示灯显示。

3-81 为什么有的软启动器装有旁路接触器?

答 大多数软启动器在晶闸管两侧装有旁路接触器触头，其优点是：

(1) 控制柜具有了两种启动方式（直接启动、软启动）。

(2) 软启动结束，旁路接触器闭合，使软启动器退出运行，直至停车时，再次投入。这样既延长了软启动器的寿命，又使电网避免了谐波污染，还可减少软启动器中的晶闸管发热损耗。

3-82 HPS2D常规型软启动器的结构特点及应用如何?

答 HPS2D常规型软启动器是一种全数字控制的软启动器，控制功能十分完善并有多种保护功能。它采用16位单片机，数据处理实现全部数字化，启动和停止时的电压斜坡由单片机控制，具有脉冲突跳、大电流断开、泵停止、内置电子过载保护（可选）、断相保护、过电流保护、过温保护，以及自诊断和节能功能。它可消除电动机启动、停止过程中的电流冲击，减小电网容量，避免电动机启动时机械冲击，保护电动机和负载，是传统星-三角、自耦降压启动器的最佳换代产品，可广泛应用于纺织、冶金、石油化工、水处理、食品和保健品加工、采矿和机械等行业。

3-83 HPMV-DN型（中压固态）软启动器的特点及应用如何?

答 HPMV-DN型（中压固态）软启动器由多个晶闸管串并联而成，可以满足不同的电流及电压要求，控制晶闸管的触发角就可以控制输出电压的大小。在电动机启动过程中，HPMV按照预先设定的启动曲线增加电动机的端电压使电动机平滑加速，从而减少了电动机启动时对电网、电动机本身、相连设备的电气及机械的冲击。当电动机达到正常转速后，旁路接触器接通。电动机启动完毕后，HPMV-DN型（中压固态）软启动器继续监控电动机并提供各种故障保护。在软停机时首先按照预先设定好的停机曲线平滑地降低电动机的端电压，直到电动机停机。软停机可以解决突然停机引起的水泵“水锤”现象及机械冲击等相关问题。它主要应用于发电厂、矿山、石油、化工等大型企业中电压为2.3～13.8kV、功率范围为160～6000kW的三相异步或同步电动机的控制。

HPMV-DN型（中压固态）软启动器的特点如下：

(1) 可调节参数。

电动机的满载电流可调：双斜坡调整，两个独立的设定值；

初始电压：10%～50%的线电压；

电流限流：100%～400%的电机额定电流；

加速时间：1-30s（可延伸至90s）；

软停时间：1-30s（可延伸至90s）速度闭环软起控制四种水泵控制曲线；

脉冲突跳启动：0.1～1.0s（80%线电压）；

每小时启动次数锁定：1～4次。

(2) 具有通信接口及协议。

(3) 免维护晶闸管是无触点的电子器件，不同于其他类型的产品需经常维护导电液体和部件等，把机械寿命变为电子元件使用寿命，连续运行数年也无须停机维护。

(4) 安装使用简单。HPMV-DN型（中压固态）软启动器是一个完整的电动机启动控制和保护系统，安装时只需连接电源线和电动机线即可投入运行。在加高压运行前，允许使用低压对整个系统进行机械及电气测试。HPMV-DN型（中压固态）软启动器具有自检测、自学习和自动设置启动参数的功能。

（5）备份特性。柜内装有可直接启动电动机的真空接触器，如果HPMV-DN型（中压固态）软启动器控制系统出现故障，可利用真空接触器直接启动电动机，以保证生产的连续性。

3-84 什么是变频器？软启动器与变频器的主要区别是什么？

答 把电压和频率固定不变的交流电变换为电压或频率可变的交流电的装置称为变频器。变频器广泛应用于电动机的调速系统中，它调速平滑而且是无级调速。

变频器用于需要调速的地方，其输出不但改变电压而且同时改变频率；软启动器实际上是个调压器，用于电动机启动时，只改变电压并没有改变频率。变频器具备软启动器的所有功能，但它的价格比软启动器贵得多，结构也复杂得多。

3-85 什么是变频控制柜？它有什么特点和功能？

答 变频控制柜是由变频器、低压断路器、控制开关等电气元件以及柜体组成的统一体。

1. 变频控制柜的特点

（1）节约能源。变频器控制电动机与传统控制的电动机比较，节约能源是最有实际意义的，根据注水量、输油量需求来供给的电动机工况是经济的运行状态，大约可节电48.8%。

（2）运行成本降低。传统电动机的运行成本由三项组成，即初始采购成本、维护成本和能源成本。其中，能源成本大约占电动机运行成本的77%。通过能源成本降低44.3%，再加上变频启动后对设备的冲击减少，维护和维修量也随之降低，所以运行成本将大大降低。

（3）提高压力控制精度。变频控制系统具有精确的压力控制能力，使电动机的动力输出与系统所需的注水量相匹配，变频控制电动机的输出量随着电动机转速的改变而改变。

（4）延长电动机的使用寿命。变频器从0Hz启动电动机，它的启动加速时间可以调整，从而减少启动时间对电动机的电气部件和机械部件所造成的冲击，增强系统的可靠性，使电动机的使用寿命延长。此外，变频控制能够减少机组启动时的电流波动，这一波动电流会影响电网和其他设备的用电，变频器能够有效地将启动电流的峰值减少到最低程度。

（5）降低电动机的噪声。根据电动机的工况要求，安装变频调速后，电动机运转速度明显减慢，因此有效地降了电动机运行时的噪声。

2. 变频控制柜的功能

（1）变频控制柜的电源切换与保护功能。变频控制柜通常设计有断路器元件，它连接着进线电源，可以帮助变频控制柜完成电路的通断操作，并能够在电路和变频器出现短路或过载时提供保护。此外，变频控制柜还可以在电动机维护时切断电源，保证操作人员安全。

（2）变频控制柜的变频调速功能。变频控制柜的控制面板上设置有变频调速用的电位器，可以根据操作人员的输出频率，向电动机输送指令信号，控制电动机的转速。变频控制柜中的部分产品设置有工频切换功能，以保证在变频器出现故障时，通过自动控制回路将电动机切换回工频电源。

（3）变频控制柜的直观控制功能。变频控制柜的柜体上设计有显示设备与操作面板，它与变频控制柜内部的电气元件相连，可以直观显示变频控制柜的运行状态，同时方便操作人员控制变频装置的运行，以及对电动机等被控制设备进行现场操作。变频控制柜的柜体上，还安装有各种仪器仪表及指示灯，如电压表、电流表、频率表、电源指示灯、报警指示灯、运行指示灯、工频指示灯等。变频控制柜的运行及操作状态，可以直接反映在各项仪表及指示灯上，实现对变频器工作状态的实时监控。

（4）变频控制柜的安全防护功能。变频控制柜将包括变频器在内的各种电气元件都集中在柜体内，这样可以减少外部环境对电气元件的影响程度，降低电气元件受环境污染的程度，也降低变频控制柜操作人员的触电危险，因此具有较好的安全防护效果。

3-86 什么是低压电抗器？它有什么用途？它有几种类型？

答 凡是由铁芯和线圈组成的电感元件都叫做低压电抗器。低压干式铁芯串联电抗器用于低压无功补偿柜中，与电容器串联，当低压电网中有大量整流、变流装置等谐波源时，其产生的高次谐波会严重危害主变压器及其他电气设备的安全运行。电抗器与电容器串联后，能有效地吸收电网谐波，改善系统的电压波形，提高系统的功率因数，并能有效地抑制合闸涌流及操作过电压，有效地保护电容器。

按电抗器的电压分为高压电抗器和低压电抗器；按电抗器的结构分为空芯电抗器和铁芯电抗器以及油浸式铁芯电抗器。低压电抗器多为干式铁芯电抗器。按电抗器的用途分为串联电抗器和并联电抗器。

3-87 并联电抗器与串联电抗器的用途各有什么不同？

答 线路并联电抗器可以补偿线路的容性充电电流，限制系统电压升高和操作过电压的产生，保证线路的可靠运行。

母线串联电抗器可以限制短路电流，维持母线有较高的残压。而电容器组串联电抗器可以限制高次谐波，降低电抗。

3-88 城市里的低压配电线路供电半径为多大？

答 低压配电线路供电半径指从配电变压器到最远负荷点的线路的距离，而不是空间距离。城区低压 0.4kV 线路供电半径在市区不宜大于 300m，近郊地区不宜大于 500m。接户线长度不宜超过 20m，不能满足时应采取保证客户端电压质量的技术措施。

供电半径是电气竖井设置的位置及数量最重要的参数。250m 为低压的供电半径，考虑 50m 的室内配电线路，取 200m 为低压的供电半径，当超过 250m 时，每 100m 加大一级电缆。低压配电半径 200m 左右指的是变电所（二次侧电压为 380V）的供电半径，楼内竖井一般以 800m^2 左右面积设一个，末端箱的配电半径一般为 30～50m。

3-89 配电架空线路所用导线有何规定？

答 配电线路所采用的导线应符合国家电线产品技术标准。供计算用的导线性能参数，如线膨胀系数、弹性系数，宜符合要求。钢芯铝绞线及其他复合导线，应按综合计算拉断力进行计算。

（1）导线截面的确定应符合下列要求：

1）应结合地区配电网发展规划。

2）采用允许电压降校核时，高压配电线路自供电的变电所二次侧出口至线路末端变压器或末端受电变电所一次侧入口的允许电压降为供电变电所二次侧额定电压（6、10kV）的 5%。低压配电线路自配电变压器二次侧出口至线路末端（不包括接户线）的允许电压降为额定低压配电电压（220、380V）的4%。

（2）校验导线的载流量时，导线的允许温度宜采用70℃。

（3）三相四线制的中性线截面应符合下列要求：

1）LJ、LCJ、TJ，中性线截面与相线截面相同。

2）单相制的中性线截面应与相线截面相同。

（4）配电线路不应采用单股的铝线或铝合金线。高压配电线路不应采用单股铜线。

（5）在对导线有腐蚀作用的地段，宜采用防腐型导线或采取其他措施。

（6）导线的连接，应符合下列要求：

1）不同金属、不同规格、不同绞向的导线，严禁在档距内连接。

2）在一个档距内，每根导线不应超过一个接头。

3）接头距导线的固定点，不应小于0.5m。

（7）导线的接头应符合下列要求：

1）钢芯铝绞线，铝绞线在档距内的接头，宜采用钳压或爆压。

2）铜绞线在档距内的接头宜采用绕接或钳压。

3）铜绞线与铝绞线的接头宜采用铜铝过渡线夹、铜铝过渡线，或采用铜线搪锡插接。

4）铝绞线、铜绞线的跳线连接宜采用钳压、线夹连接或搭接。导线接头的电阻，不应大于等长导线的电阻。档距内接头的机械强度不应小于导线计算拉断力的90%。

（8）导线的弧垂应根据计算确定。考虑导线架设后塑性伸长对弧垂的影响，宜采用减小弧垂法补偿，弧垂减小的百分数：铝绞线为20%，钢芯铝绞线为12%，铜绞线为7%～8%。

（9）配电线路的铝绞线、钢芯铝绞线或铝合金线在与绝缘子或金具接触处，应缠绕铝包带。

（10）导线排列。

1）高压配电线路的导线应采用三角排列或水平排列。双回路线路同杆架设时，宜采用三角排列，或采用垂直排列。

2）低压配电线路的导线宜采用水平排列。城镇的高压配电线路和低压配电线路宜共杆架设，且应是同一回电源。

3）同一地区低压配电线路的导线在电杆上的排列应统一；中性线应靠电杆或靠建筑物；同一回路的中性线，不应高于相线。

4）低压路灯线在电杆上的位置，不应高于其他相线和中性线。

5）沿建（构）筑物架设的低压配电线路应采用绝缘线，导线支持点之间的距离不宜大于15m。

6）配电线路的档距：对于城镇，高压40～50m，低压40～50m；对于郊区，高压60～100m，低压40～80m。耐张段的长度不宜大于1km。

3-90 采用三相四线制供电时，中性线的截面有何要求？

答 采用三相四线制供电时，要求中性线的截面与相线截面相同。

3-91 如何确定架空线横担间的垂直距离？

答 横担间垂直距离的确定主要取决于线路的线间距离，依据GB 50061—2010《66kV及以下架空电力线路设计技术规范》中规定的导线水平相间距离计算公式：

$$D = 0.4L_1 + \frac{U}{110} + 0.65\sqrt{f} \tag{3-6}$$

式中　D——导线水平相间距离，m；

L_1——悬垂串长度，m（采用柱式绝缘时，$L_1=0$）；

U——线路额定电压，kV；

f——线路的最大弧垂，m。

从式（3-6）中可以看到，导线水平相间距离与线路额定电压和线路的最大弧垂十分相关。在表 3-3 中列出了 20kV 等级线路的线间距离推荐值

表 3-3　20kV 等级线路的线间距离推荐值　单位：m

电压等级	20kV 线路的档距				
	60 及以下	70	80	90	100
20kV	0.75	0.8	0.85	0.9	1.0

另外，横担间的垂直距离还应考虑同杆不同电压线路在不停电情况下检修时人员的人身安全距离，所以应适当增大一些距离。

3-92 1～10kV 配电架空线路架设在同一电杆上横担间垂直距离有何规定?

答　1～10kV 配电架空线路架设在同一电杆上横担间垂直距离规定为 1.0m。

3-93 1～20kV 配电架空线路架设在同一横担上横担间垂直距离有何规定?

答　1～20kV 配电架空线路架设在同一电杆上横担间垂直距离规定为 1.5m。

3-94 配电架空线路的导线或引线之间的净空距离有何规定?

答　配电线路每相的过引线、引下线与邻相的过引线、引下线或导线之间的净空距离，高压（10kV）不应小于 0.3m，低压（380V）不应小于 0.15m。

3-95 配电架空线路的导线与拉线、电杆或构架间的净空距离有何规定?

答　配电线路的导线与拉线、电杆或构架间的净空距离，高压（10kV）不应小于 0.2m，低压（380V）不应小于 0.1m。

3-96 配电线路电杆的埋设深度有何规定?

答　配电线路电杆埋设深度应按要求计算确定。多回路的配电线路验算电杆基础底面压应力、抗拔稳定、倾覆稳定时，应符合 GB 50061—2010 的规定。现浇基础的混凝土强度等级不宜低于 C15 级，预制基础的混凝土强度等级不宜低于 C20 级。通常配电线路电杆最小埋设深度如表 3-4 所示。

表 3-4　配电线路电杆最小埋设深度　单位：m

杆高	8.0	9.0	10.0	11.0	12.0	13.0	15.0	18.0
埋深	1.5	1.6	1.7	1.8	1.9	2.0	2.3	2.6～3.0

3-97 什么是拉线？电杆的拉线有哪些作用？

答 拉（稳）住电杆的一条金属线（棒）叫做拉线。它的作用是平衡电杆各方面的作用力并抵抗风压，防止电杆倾倒。根据线路的拉力大小来确定拉线的粗细、拉盘的大小、拉棒的粗细。拉线的横截面要与所拉导线的横截面相对应，其强度设计安全系数应不小于 2，截面最小规格不小于 $35mm^2$。

3-98 电杆拉线有几种类型？

答 拉线有以下类型：

（1）普通拉线，用于终端杆、转角杆和耐张杆处，起平衡拉力的作用；

（2）二侧拉线，装于直线杆二侧，用以增强电杆的抗风能力；

（3）四方拉线，在电杆四周拉线，用以增强杆的稳定性；

（4）过道拉线，是在道路边立一根拉线杆，在此杆上做一条过道拉线，必须保持一定高度，不影响交通；

（5）V 形拉线，是当电杆高、横担多、架设导线较多时，在拉力的合力点上、下两处各安装的一条拉线，其下部合为一条，构成 V 形；

（6）共同拉线，是将拉线固定在相邻电杆上，用以平衡拉力；

（7）弓形拉线，是在电杆中部加一支柱，在其上下加装的拉线，以防止电杆弯曲。

拉线与地面的夹角一般为 45°；如条件、环境限制，可在 30°～60°选择。拉线距带电部分在 200mm 以上；拉线穿过带电线路时，应在线路上、下两侧加装圆瓷管，拉线底盘应垂直于拉线，其埋设深度在 1.3～2.1m。

3-99 10kV 及以下配电线路装设拉线有哪些规定？

答 10kV 及以下配电线路装设拉线有以下规定：

（1）拉线应根据电杆的受力情况装设；

（2）拉线与电杆的夹角宜采用 45°，当受地形限制可适当减小，且不应小于 30°；

（3）跨越道路的水平拉线，对路边缘的垂直距离不应小于 6m；

（4）拉线柱的倾斜角宜采用 10°～20°；

（5）跨越电车行车线的水平拉线，对路面的垂直距离，不应小于 9m；

（6）拉线应采用镀锌钢绞线，其截面应按受力情况计算确定，且不应小于 $25mm^2$；

（7）空旷地区配电线路连续直线杆超过 10 基，宜装设防风拉线。

3-100 架空电力配电线路是否要安装卡盘和底盘？

答 架空电力配电线路是否要安装卡盘和底盘要看线路所经过地段的情况，根据当地土壤特性和运行经验，决定是否需用底盘、卡盘。架空线路中的底盘和卡盘杆是与水泥电杆配套的，底盘放在最下面，给水泥电杆支撑（防止底下泥土太松，电杆下沉），用于承受由杆体传下的下压力。卡盘抱住电杆，增加周围泥土对电杆的挤压面积，保证电杆垂直，是增加电杆抗倾覆能力的。拉盘是用于固定拉线的。卡盘、底盘、拉盘都是为了增加电杆的各种承载力而安装的。

3-101 什么是绝缘导线？绝缘导线是如何分类的？导线常用的绝缘材料有哪些？

答 凡是外面包裹绝缘层的导线叫做架空绝缘导线，早期称为架空绝缘电缆。起源沿海城市的供电线路采用裸架空导线，暴露于大气中的金属经常遭受盐雾侵蚀，导体腐蚀严重，引起断线事故频繁发生，从而改用绝缘导线作为架空线路的导线。

架空绝缘导线按结构形式分为两种类型：分相式绝缘导线和集束型绝缘导线。

导线常用的绝缘材料一般有耐气候型的 PVC（聚氯乙烯）、PE（聚乙烯）、HDPE（高密度聚乙烯）、XLPE（交联聚乙烯）。目前比较普遍采用的是 XLPE（交联聚乙烯）。

3-102 架空绝缘配电线路适用于哪些地区？

答 下列地区宜采用绝缘架空线路：

（1）与建筑物的距离不能满足现行行业标准 DL/T 5220—2005《10kV 及以下架空配电线路设计技术规程》规定要求的地区；

（2）高层建筑群地区；

（3）人口密集、繁华街道地区；

（4）绿化地区及林业带、树线矛盾突出地区；

（5）污秽严重、有腐蚀气体、盐雾、酸雾的地区。

3-103 绝缘导线进水时，对导线的安全运行有何危害？

答 绝缘导线进水时的危害：

（1）绝缘导线进水会在导线最低位置积聚水分，水分对导线有腐蚀作用，使导线局部直流电阻增大，引起导线局部过热，严重时还会将导线烧断。

（2）冬天温度低时，积水会结冰，冰体积膨胀，会挤压绝缘层，严重时造成绝缘层破损。

（3）绝缘导线进水会改变电场均匀分布，电场产生畸变，使绝缘发生“水树”现象，加速绝缘老化，缩短绝缘导线的使用寿命。

3-104 什么是集束导线？

答 集束导线是低压架空绝缘电缆的一种，用绝缘材料连接筋将多根（一般为 4 根）绝缘电缆紧凑的连接在一起，按集成的方式有平行（扁形）和方形两种。集束导线既具有电力电缆线路的优点，又克服了架空线路的缺点，整条线路改造成本与原有三相四线制架空绝缘线相比，成本略低，达到既经济又实用的目的。集束导线在改造过程中，不占用线路走廊，且线路结构简单，能通过狭窄街巷，告别了复杂交错的原始架空线路，减少了树线矛盾，与树木接近时，无须大量砍伐树木或剪枝，较小空间即能满足要求，有效地保护了城市绿化。同时在改造中对金具种类及数量使用上也大大减少，使施工和维护运行更为方便，提高了工作人员的工作效率。集束导线按导线材料分，有铜芯、铝芯两种；集束导线按绝缘材料分，有聚氯乙烯（PVC）、聚乙烯（PE）、交联聚乙烯（XLPE）绝缘三种；集束导线按结构型式分，有方形（BS1）、星形（BS2）、平行三种，见图 3-7。

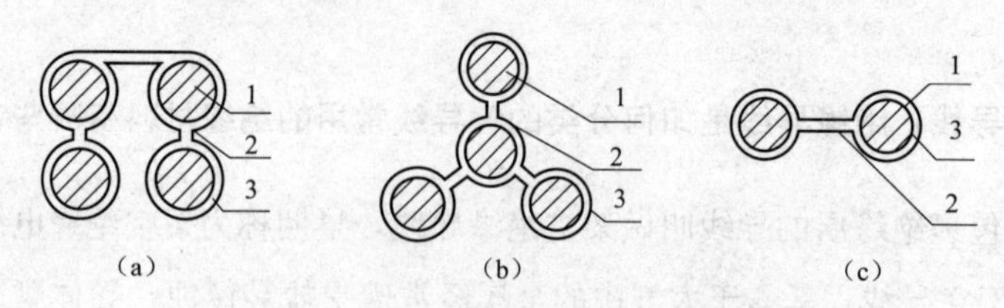

图 3-7 集束导线结构断面示意图
(a) 方形（BS1）；(b) 星形（BS2）；(c) 平行（BS3）
1—导体铜或铝；2—连接筋 PVC 或 PE 或 XLPE；3—绝缘 PVC 或 PE 或 XLPE

3-105 低压集束型绝缘线路有哪些特点？

答 低压集束型绝缘线路的特点如下：

(1) 节约电能。集束导线与传统电线电缆相比每 kW·h 约降低 0.25 元，有效地减轻了使用者的负担。从集束导线的自身特点上看，集束导线具有扩容功能，其载流量比常规导线高，而由于整个低压配电网均采用三相四线制，那么在输送同等的电力容量时集束导线的截面也按照常规设计截面可减少一个档次。

(2) 降低电压损耗。导线的电抗由阻抗、容抗和感抗组成。在相同材料和截面的情况下，集束导线的电阻与裸导线基本相同，但集束导线通过在制造上采用紧密型和对称分裂结构，使导线的电感大幅度降低，却加大了线间介电常数，从而使电容量大大增加，使整个网络的电抗大幅度降低，最终实现降损和改善无功需求平衡的目的。

(3) 采用集束导线模式，可以很简单地实现三相四线制供电到每个计量点，在各计量点中平均分配用电户，使三相负荷最大限度地趋于平衡，中性线电流趋于最小。这样有效地提高变压器的利用率，有效地抑制中性点的位移，降低网损。

(4) 压缩工程造价。采用集束导线，其工程造价与常规改造相比，采用铜导线节省投资 13%，采用铝导线可节省投资 16%。

(5) 集束导线优于绞合式绝缘线，一是因为绞合式绝缘线实际长度大，增加了成本；二是由于绞合式绝缘线的绝缘是受压的，相线、中性线的位置都不是固定的，不易分辨，特别是在干线与分支、分支与接户线在张力状态下是很难接引的。集束导线由于有效长度变短，所以与城网采用的绞合绝缘线材比较，不仅节省有色金属，而且使损耗也得到了明显降低。

(6) 集束导线与常规裸导线相比，减少了电抗，增大了电纳，有效地提高了网络的自然功率因数。

(7) 集束导线与钢芯铝绞线相比，在相同截面下采用两芯分裂导线束的载流量比常规单根相线提高了 19%，采用四芯分裂导线，其载流量提高了 41%。

3-106 集束型绝缘导线冷缩式终端头制作注意事项有哪些？

答 集束型绝缘导线冷缩式终端头制作注意事项：像交联电缆一样剥除绝缘层，将冷缩管套入指定位置，逆时针旋转退出分瓣开合式芯绳，冷缩绝缘套管根端开始收缩，形成冷缩终端头。采用冷缩绝缘套管时，其端口应用绝缘材料密封。

3-107 集束型绝缘导线热缩式终端头制作注意事项有哪些？

答 集束型绝缘导线热缩式终端头制作注意事项如下：

（1）加热工具使用丙烷喷枪（火焰呈黄色），一般不用汽油喷灯。调节火焰温度时，应注意远离终端头，防止损伤终端附件，使用过程中，严格控制温度。

（2）将内层热缩护套推入指定位置，保持火焰，从热缩管中间或一端开始慢慢接近，并使火焰螺旋移动，保证热缩护套沿圆周方向充分均匀收缩。

（3）收缩完毕的热缩管套应光滑无褶皱，并能清晰地看到内部结构轮廓。

（4）在指定位置浇好热熔胶，推入外层热缩护套后继续用火焰使之均匀收缩。

（5）热缩部位冷却至环境温度之前，不准施加任何机械应力。

（6）在制作热缩终端头时，应尽量在天气干燥的情况下进行，施工人员的手必须保持清洁。

3-108 穿刺线夹有哪些特点、优点？如何操作？

答 1. 穿刺线夹的特点

（1）全绝缘壳体。

（2）电气接触电阻小。

（3）适用于铜铝过渡对接，并适用于不同截面导线的连接。

（4）防水、防腐蚀。

（5）安装简便。

2. 穿刺线夹的优点

（1）安装时不必剥去导线的绝缘层。

（2）利用线夹的尖锐牙直接穿破导线的绝缘层和导线本体咬合在一起。

（3）穿刺线夹采用力矩螺栓，不受人为因素控制。

3. 穿刺线夹的操作

（1）把支线插入连接器的盖套内。

（2）将线夹固定于主线连接处，用手拧紧。

（3）用扳手拧紧力矩螺母，至螺栓断脱为止。

3-109 低压集束型绝缘线路沿墙敷设对窗户、阳台的垂直距离是如何规定的？

答 低压集束绝缘导线与建筑物有关部分的距离，不应小于下列数值：

（1）低压集束绝缘导线与接户线下方窗户的垂直距离 0.3m；

（2）低压集束绝缘导线与接户线上方阳台或窗户的垂直距离 0.8m；

（3）低压集束绝缘导线与阳台或窗户的水平距离 0.75m；

（4）低压集束绝缘导线与墙壁、构架的距离 0.05m。

3-110 低压集束型绝缘线路施工的注意事项有哪些？

答 低压集束型绝缘线路施工的注意事项如下：

（1）绝缘线的裂解不允许缠绕，应采用专用的线夹、接续管进行连接。

（2）不同金属、不同规格、不同绞向的绝缘线严禁在档距内做承力连接。

（3）在一个档距内，分相架设的绝缘线每根只允许有一个承力接头，接头距导线固定点的距离不应小于 0.5m。低压集束绝缘线非承力接头应相互错开，各接头端距不小于 0.2m。

（4）铜芯绝缘线与铝芯或铝合金芯绝缘线连接时，应采取铜铝过渡连接。

（5）剥离绝缘层、半导体层应使用专用的切削工具，以免损伤导线。切口处绝缘层与线芯宜有15°的倒角。

（6）绝缘线连接后必须进行绝缘处理。绝缘线的全部端头、接口都要进行绝缘护封，不得有导线、接头裸露，防止绝缘线内进水。

3-111 低压集束型绝缘导线中间接头连接注意事项有哪些？

答 低压集束型绝缘导线中间接头连接注意事项如下：

（1）将需要连接的导线端部剥去绝缘层。两端剥去绝缘层的长度各为接线管长度的一半。

（2）套入热缩管。

（3）将欲连接的导线端部插入铝合金压接管，用液压钳压紧。

（4）将热缩管移至连接部位，加热缩紧。一个耐张段内同一根导线的连接点不得超过3处。各接头间距顺导线方向不小于200mm；固定点（如耐张线夹、悬垂线夹等）距最近接头点不小于500mm。

3-112 什么是C型线夹？C型线夹有什么用途？

答 C型线夹是一类电力连接金具，作为接续电流的导体连接端子（线路接头）的一种，要求有较大的通（续）流能力，因形似英文字母C而得名。C型线夹的外形如图3-8所示。

图3-8 C型线夹外形

C型线夹采用导电性能良好的高强度合金制造，合金具有弹性，并根据不同规格的导线，设计有特定形状的导线沟槽或相应的铰接楔块。结构合理且有弹性的C型线夹，即使在导线热胀冷缩时，也能始终保持导线与线夹间持久而恒定的接触压力，接触压力随外界环境及负载条件等的变化很小。如此恒定而足够大的接触压力和最大化的接触面能长期保持非常低的接触电阻，过流能力强，对导线形成稳定的压力负荷，且涂有耐腐蚀、抗氧化、憎水性的导电性能很强的电力复合脂，能保证不同材质的导线均接触良好，满足了接续电流的导线连接的最佳要求。在结构上根据固定导线的方式可分为楔块铰接固定式和压接钳钳压式两大类。

楔块铰接固定式C型线夹适用于输配电线路上的钢芯铝绞线、架空绝缘导线、铝绞线、铝包钢导线、铜导线之类的非张力位置上T接接续、并线续流连接、跳线连接，如铝-铝、铜-铜连接，铜-铝过渡，属非承力连接金具。安装不需用铝包带，操作简单、方便。

3-113 低压电缆有哪些种类？它在什么场合使用？

答 低压电缆有以下种类：

（1）电力电缆，敷设在室内、管道内、夹层内、隧道内。

（2）控制电缆，敷设在室内、管道内、电缆沟内、夹层内、隧道内。

（3）补偿电缆，敷设在室内、管道内、电缆沟内、夹层内、隧道内。

（4）射频电缆，敷设在室内、管道内、电缆沟内、夹层内、隧道内。

（5）SFT、SFF、PG系列微型射频同轴电缆，敷设在室内、管道内、电缆沟内、夹层内、隧道内。

（6）煤矿安全用电缆，沿竖井壁、坑道壁敷设在墙上或管道内。

（7）其他特种电缆，敷设在室内、管道内、电缆沟内、夹层内、隧道内。

3-114 电线与电缆有什么区别?

答 电线和电缆实质上并没有严格的区分界限，只是在尺寸、结构、用途、特性上存在很多差别，所以不能把两者混为一谈。

(1) 材料的区别。电线是用于承载电流的导电金属线材，有实心的、绞合的或箔片编织的等各种形式。按绝缘状况分为裸电线和绝缘电线两大类。电缆是由一根或多根相互绝缘的导电线芯置于密封护套中构成的绝缘导线，其外可加保护覆盖层。电线与电缆的区别在于电线的尺寸一般较小，结构较为简单，但有时也将电缆归入广义的电线之列。电缆常以绝缘材料分类。

(2) 用途的区别。裸电线是不包任何绝缘或保护层的电线，除作为传输电能和信息的导线外，还可用于制造电机、电器的构件和连接线，一般用铜、铝、铜合金、铝合金制成。此外，还有各种适用于特种要求的绝缘电线，如汽车用低压电线、汽车用高压点火线、电机电器引接线、航空导线、补偿导线等。电缆用于传输、分配电能或传送电信号。电缆按其用途可分为电力电缆、通信电缆和控制电缆等。

(3) 结构的区别。电力电缆与普通电线的差别主要是电缆尺寸较大，结构较复杂。电缆主要由以下四部分组成：①导电线芯；用高电导率材料制成；②绝缘层，用作电缆的绝缘材料应当具有高的绝缘电阻、高的击穿电场强度；③屏蔽层，15kV 及以上的电线电缆一般都有导体屏蔽层和绝缘屏蔽层；④保护层，其作用是保护电线电缆免受外界杂质和水分的侵入，以及防止外力直接损坏电力电缆。

除了上面的区别，电缆还具有明显的优势。与架空线相比，电缆的优点是线间绝缘距离小、占地空间小、地下敷设而不占地面以上空间、不受周围环境污染影响、送电可靠性高，对人身安全和周围环境干扰小。因此，电缆多应用于人口密集和电网稠密区，以及交通拥挤繁忙处，对于现代化建设有着不可忽视的作用。

3-115 电力电缆的中性线（或零线）截面积是怎样规定的?

答 在 GB 50054—2011《低压配电设计规范》中规定：在三相四线制线路中存在谐波电流时，计算中性导体的电流应计入谐波电流的效应。当中性导体电流大于相导体电流时，电缆相导体截面应按中性导体电流选择。当三相平衡系统中存在谐波电流，4 芯或 5 芯电缆内中性导体与相导体材料相同和截面相等时，按中性线导体电流选择截面。电缆载流量的降低系数见表 3-5。

表 3-5 电缆载流量的降低系数

相电流中三次谐波分量（%）	降低系数	
	按相电流选择截面	按中性线导体电流选择截面
0～15	1.00	—
>15 且≤33	0.86	—
>33 且≤45	—	0.86
>45	—	1.00

三相四线供电线路，通常就是指带有中性线的三相低压线路。在这类线路的负荷构成中，单相负载占有很大比例，而且由于用电时间上的差异，各相负荷经常处于不平衡状态，有时甚

至差别很大。因此，中性线上经常会有电流流过，如果中性线截面选择不当，就容易发生烧断中性线事故。这些年来，各地都发生过因中性线断线而造成大面积烧坏用电设备的事故，损失很大。那么中性线截面以多大为合适呢？一般情况下，中性线截面不应小于相线截面的50%。对于单相线路或接有单台容量比较大的单相用电设备线路，中性线截面应与相线截面相同为宜。

当今，在三相四线供电线路中接有大量新型节能灯具，这种气体放电元件会产生奇次谐波电流，中性线中不仅有不平衡电流通过，而且有谐波电流通过，二者均通过中性线，因此，中性线截面积的选择和相线截面积大小相同。

3-116 电缆线路路径的选择应符合哪些要求？

答 从电源点到受电点的电缆线路地下通道称为电缆线路路径。电缆工程投资较大，工程隐蔽，建成后要运行几十年，如果路径选择不当，将会给电缆运行带来一些不利影响，甚至会增加电缆故障次数。因此设计人员应当反复比较、周密考虑，选择一条在经济上和技术上均为最佳的、最合理的电缆线路路径方案，不仅要满足近期工程的需要，而且要满足城市和电力远景发展的需要。在城市电力网中，确定电力电缆线路路径通常要符合以下原则：

（1）电力电缆线路路径应符合城市规划管理部门关于道路地下管线统一规划原则。城市规划管理部门在道路设计图上，有时已指定了各种地下管线的具体位置，或者有关于管线位置的原则规定。例如，有的城市规定电力电缆的管线位置应在道路的东侧及南侧的人行道或非机动车道地面之下。

（2）电力电缆线路路径的选择，应有利于电缆的运行安全和检修方便，尽量减少穿越各种管道、公路、铁路、房屋建筑和其他电缆沟道。

（3）远离有机械振动和化学腐蚀的场所，以及各种气体管路、水管路等。

（4）确定电力电缆线路路径，要力求做到经济合理，电缆线路尽可能短一些，不要绕道。是否建设电缆隧道、排管等土建设施，要根据电缆线路的重要性，路径上近期和远景电缆平行根数的密集程度，道路结构，建设投资资金来源等因素进行技术经济比较来确定。

3-117 在选择电力电缆的截面时，应遵照哪些规定？

答 电力电缆的选择应遵照以下原则：

（1）电缆的额定电压要大于或等于安装点供电系统的额定电压。

（2）电缆持续容许电流应等于或大于供电负载的最大持续电流。

（3）线芯截面要满足供电系统短路时的稳定性要求。

（4）根据电缆长度验算电压降是否符合要求。

（5）线路末端的最小短路电流应能使保护装置可靠的动作。

3-118 怎样选择电力电缆的截面？

答 电力电缆截面和导线截面的选择方法一般有四种，分叙如下：

（1）按发热条件选择导线和电缆截面：应使导线和计算电流 I_{js} 不大于允许载流量（允许持续电流）I_{yx}。即

$$I_{yx} \geqslant I_{js} \tag{3-7}$$

式中 I_{yx}——电缆和导线的容许载流量，A；

I_{js}——电缆和导线的计算载流量，A。

（2）按经济电流密度选择电缆和导线的截面：

$$S_{ji} = I_{js}/I_{ji} \tag{3-8}$$

式中 S_{ji}——经济截面，mm^2；

I_{js}——计算电流，A；

I_{ji}——经济电流密度，A/mm^2。

（3）按电缆和导线的电压损失计算校验截面：

$$\Delta U\% = [(R_0 + X_0\tan\varphi)/10U_e^2] \times P \times L = \Delta u\% \times P \times L \tag{3-9}$$

式中 $\Delta U\%$——线路全长的电压损失（%）；

$\Delta u\%$——线路单位长度内的电压损失（%）；

P——线路负荷，kW；

L——线路长度，km；

U_e——线路额定电压，kV；

R_0——线路单位长度电阻，Ω/km；

X_0——线路单位长度感抗，Ω/km；

$\tan\varphi$——线路功率因数角 φ 的正切值。

注意 此公式只适用于电流滞后于电压的线路，不适用于电流超前电压的线路。

（4）按短路热稳定要求计算电力电缆和导体容许最小截面：

$$S \geqslant \frac{\sqrt{Q}}{C} \times 10^2 \tag{3-10}$$

$$C = \frac{1}{\eta}\sqrt{\frac{Jq}{\alpha K\rho}\ln\frac{1+\alpha(\theta_m - 20)}{1+\alpha(\theta_p - 20)}} \tag{3-11}$$

$$\theta_p = \theta_o + (\theta_H - \theta_o) \tag{3-12}$$

$$Q = I_d^2 \cdot t \tag{3-13}$$

式中 S——电缆和导体容许最小截面，mm^2；

C——热稳定系数；

J——热功当量系数，取1.0；

q——电缆导体的单位体积热容量，$J/(cm^3 \cdot ℃)$，铝芯取 $2.48J/(cm^3 \cdot ℃)$，铜芯取 $3.4J/(cm^3 \cdot ℃)$；

θ_m——短路作用时间内电缆导体容许最高温度，℃；

θ_p——短路发生前的电缆导体最高工作温度，℃；

θ_H——额定负荷的电缆导体容许最高工作温度，℃；

θ_o——电缆所处的环境温度最高值，℃；

α——20℃时电缆导体的电阻温度系数，$℃^{-1}$，铝芯为 $0.00403℃^{-1}$，铜芯为 $0.00393℃^{-1}$；

ρ——20℃时电缆导体的电阻率，$\Omega cm^2/cm$，铝芯为 $0.031\times10^{-4}\Omega cm^2/cm$，铜芯为 $0.0184\times10^{-4}\Omega cm^2/cm$；

η——计入包含电缆导体充填物热容影响的校正系数，对3～10kV电动机馈电回路，宜取 $\eta=0.93$，其他情况可取 $\eta=1$；

K——电缆导体的交流电阻与直流电阻之比值，可由表3-6查得；

Q——短路电流 I_d^2 通过缆芯产生的热量，$A^2 \cdot s$；

t——短路持续时间，s。

表 3-6　　　　**K值选择用表**

电缆类型		5～35kV 挤塑				自容式充油			
电缆截面/mm^2		95	120	150	185	240	240	400	600
芯数	单芯	1.002	1.003	1.004	1.006	1.010	1.003	1.003	1.029
	多芯	1.003	1.006	1.008	1.009	1.021	—	—	—

电力电缆截面和导线截面的选择方法一般首先采用按发热条件选择导线和电缆截面的方法，通过对线路负荷的计算得出回路工作电流大小值，这个数值也就是电缆和导线的计算载流量。在考虑电缆工作环境温度条件下，查阅电缆和导线制造厂给出的某种工作环境温度下的容许载流量，给出的载流量为25℃时的参数，必须给予温度修正。再按式（3-8）的条件校验，满足要求，则选择的电缆和导线为选中的规格。此种方法作为唯一条件选择，多应用于95mm^2以下的电缆和导线。

当电缆和导线工作在大电流回路（电缆母线或变压器主回路的母线）时，一般工作电流为1000～5000A，甚至更大，应按经济电流密度选择电缆和导体的截面。按经济电流密度选择电缆和导体的截面，通常大于按载流量所选的截面，但总费用支出会很小，而且增加的初期投资一般仅需2～4年即可收回。

当按发热条件或经济电流密度选择了电缆和导线的截面后，再用电压损失法来校验截面，计算出的电缆电压损失不超出有关规定，则两个条件均能满足要求。

电力电缆还需校验电缆芯线在供电系统短路时的热稳定性，它能满足热稳定要求，刚所选择的电缆和导线截面是合理和正确的。

3-119 怎样敷设电力电缆？

答 敷设电缆时，应留有足够的备用长度以备因温度变化而引起变形时的补偿和事故检修时使用。例如，在电缆从垂直面转往水平面的拐弯处，管道的出入口、电缆井内、伸缩缝附近、电缆头与电缆接头、引入建筑物及隧道等处均应留有适当的备用长度。

直接敷设电缆时，应按电缆沟全长的0.5%～1.0%留出备用长度，并做波形敷设。

3-120 在什么情况下应将电缆加以穿管保护？管子直径怎样选择？

答 在下列地点应将电缆穿入具有一定机械强度的管道内进行保护：

（1）电缆引入和引出建筑物、隧道外、构筑物、楼板及主要墙壁处。

（2）从电缆沟内引至电杆、支架或墙外敷设的电缆，距地面2m高及埋入地下0.25m深的一段。

（3）电缆与地下管道接近和交叉时不能满足表3-7的规定时，穿管保护。

表 3-7　　　　**电缆与电缆、管道、道路、构筑物等之间的最小距离**　　　　单位：m

电缆直埋敷设时的配置情况		平行	交叉
控制电缆之间		—	0.5*
电力电缆之间或与控制电缆之间	10kV及以下电力电缆	0.1	0.5*
	10kV以上电力电缆	0.25**	0.5*
不同部门使用的电缆		0.5**	0.5*
电缆与地下管沟	热力管沟	0.5**	0.5*
	油管或易（可）燃气管道	1	0.5*
	其他管道	0.5	0.5*

续表

电缆直埋敷设时的配置情况		平行	交叉
电缆与铁路	非直流电气化铁路路轨	3	1.0
	直流电气化铁路路轨	10	1.0
电缆与建筑物基础		0.6***	—
电缆与公路边		1.0***	—
电缆与排水沟		1.0***	—
电缆与树木的主干		0.7***	—
电缆与1kV以下架空线电杆		1.0***	—
电缆与1kV以上架空线杆塔基础		4.0***	—

* 用隔板分隔或电缆穿管时不得小于0.25m；
** 用隔板分隔或电缆穿管时不得小于0.1m；
*** 特殊情况时，减少值不得大于50%。

(4) 当电缆与道路、有轨电车路和各种铁路交叉时。

(5) 厂区内的各种电缆在可能受到机械损伤及房屋内行人容易接近的地方。

在选择管子的直径时，管子内径要比电缆外径大50%。

3-121 电缆的弯曲半径有哪些规定？

答 国家标准GB 50217—2007《电力工程电缆设计规范》明确规定：电缆在任何敷设方式及其全部路径条件的上下左右改变部位，均应满足电缆容许弯曲半径要求。电缆线路转弯，其弯曲半径与电缆外径的比值如表3-8所示。

表3-8　电缆弯曲半径与电缆外径的比值

电缆种类	比值
纸绝缘多芯电力电缆（铅包或铝包铠装）	15
纸绝缘单芯电力电缆（铅包铠装或无铠装）	25
胶漆布绝缘多芯及单芯电力电缆（铅包铠装）	25
橡皮或塑料多芯铠装电力电缆	15
橡皮或塑料多芯无铠装电力电缆	6
纸绝缘自容式充油铅包电力电缆	20
干绝缘单芯电力电缆（铅包铠装）	25

注　电缆制造商亦会提供比值数据。

3-122 电力电缆架空敷设时，应遵守哪些规定？

答 电力电缆架空敷设时应遵守以下规定：

(1) 电力电缆架空敷设时，应符合现行行业标准DL/T 601—1996《架空绝缘配电线路设计技术规程》中的各项有关规定；绝缘导线与地面或水面的最小距离见表3-9。

表3-9　绝缘导线与地面或水面的最小距离　单位：m

线路经过地区	线路电压	
	中压	低压
居民区	6.5	6.0
非居民区	5.5	5.0
不能通航也不能浮运的河、湖（至冬季水面）	5.0	5.0
不能通航也不能浮运的河、湖（至50年一遇洪水面）	3.0	3.0

(2) 绝缘导线及悬挂绝缘导线的钢绞索的设计安全系数均不应小于3。

(3) 悬挂绝缘导线的钢绞索的自重荷载应包括绝缘导线（电缆）、钢绞线、绝缘支架质量及200kg施工荷重。钢绞线的最小截面不应小于50mm²。

(4) 架空电力电缆采用钢索配线时，电缆一般使用悬挂托钩吊于钢绞线下，亦可用尼龙扎带绑扎。对于铠装电缆可每隔1m加一个固定点，无铠装电缆每隔0.6m加一个固定点。

3-123 敷设电缆时对环境温度有什么要求？应采取哪些措施？

答 敷设电缆时对环境温度的要求如下：

电缆敷设前，当电缆存放地点在24h内的平均温度低于表3-10中数值时应采取加热措施。

表3-10　存放地点在24h内的平均温度不得低于的数值　单位：℃

序号	电缆名称	温度
1	35kV以下的纸绝缘电力电缆	0
2	橡皮绝缘沥青浸渍护层电力电缆	−7
3	橡皮绝缘或聚氯乙烯护套电力电缆	−15
4	橡皮绝缘裸铅包电力电缆	−20

油浸纸绝缘电缆的加热方法有两种，一种是提高周围环境温度加热电缆。一般，周围环境温度为5～10℃时，需加热72h；为25℃时，只需加热24h。另一种是给缆芯通入电流使其发热，所通过的电流不能超过电缆的额定电流；加热后电缆表面温度在任何情况下不得超过表3-11中规定的数值。

表3-11　加热后电缆表面温度不容许超过数值　单位：℃

序号	电缆名称	温度
1	3kV及以下的电力电缆	40
2	6～10kV电力电缆	35
3	20～35kV电力电缆	5

当采用单相电流加热铠装电缆时，应采取能防止在铠装层内形成感应电流的措施。

电缆经过加热后，应尽快敷设，不宜放置时间过长。一般要求在敷设前的放置时间不宜超过1h。

3-124 什么是电缆中间接头和终端头？它的作用是什么？

答 1. 电缆中间接头

电缆敷设完毕以后，必须将各段连接起来，使其成为一个连续的电缆线路，这些起到连续作用的接点叫做电缆中间接头。

电缆中间接头按其功能不同，可分为以下类型：

(1) 直通接头。用于两根同型号的电缆相互连接的接头。自容式充油电缆的直通接头，其导体连接，除确保电气连通外，还要确保油道重油流畅通。

(2) 绝缘接头。这种接头用于较长的单芯电缆线路各相金属护套交叉互联，以减少金属护套的损耗。绝缘接头中将接头壳体对地绝缘，壳体当中采用环氧树脂绝缘片或瓷质绝缘垫片隔开，使两侧电缆的金属护套在轴向绝缘。接头增绕绝缘外，包绕半导电纸和金属接地层，在接头中间部分也要断开，不能连续。

（3）塞止接头。这种接头只作电缆的电气连接，而将被连接的电缆油道在接头处隔断，使其不能相互流通。塞止接头分割了电缆线路油段，使各油段电缆内部压力不超过容许值，并减少暂态油压的变化，能防止电缆因发生故障而漏油的情况扩大到整条电缆线路。

（4）分支接头。用于将三根或四根电缆相互连接的接头。

（5）过渡接头。用于两种不同绝缘材料的电缆相互连接的接头。例如，油纸和交联聚乙烯电缆互相连接的接头。

（6）转换接头。用于一根多芯和多根单芯相互连接的接头。

（7）软接头。可以弯曲的电缆接头，这种接头用于生产大长度水底电缆时，在制造厂将两根半成品电缆在铠装之前相互连接。软接头也用于水底电缆检修，在现场用手工制作，也称为检修软接头。

电缆中间接头按所用材料不同，有热缩型、冷缩型、绕包型（分带材绕包与成型纸卷绕包两种）、模缩型、浇铸（树脂）型、注塑型、预制件装配型等。

2. 电缆终端头

一条电缆线路首端或末端用一个套管保护电缆芯的绝缘体，并把电缆芯（导线）与外面的电气设备相连接，这个套管式绝缘体叫做电缆终端头。

电缆终端头按所用材料不同，有热缩型、冷缩型、橡胶预制型、绕包型、瓷套型、浇铸（树脂）型等品种。按外形结构不同，有扇形、倒挂形、鼎足型等。

电缆终端头按其功能不同，可分为以下类型：

（1）户内终端头。用于不受阳光直射和雨淋的室内环境。

（2）户外终端头。用于受阳光直射和风吹雨打的室外环境。

（3）设备终端头。被连接的电气设备上带有与电缆相连接的相应结构或部件，使电缆导体与设备的连接处于全绝缘状态。例如，插入变压器的象鼻式终端头，以及用于中压电缆的可分离连接器等。可分离连接器以硅橡胶或乙丙橡胶为绝缘，常用的有插入式和螺栓式两种。

（4）GIS终端头。用于SF_6气体绝缘、金属封闭组合电器中的电缆终端头。GIS终端头是高压电器常用附件之一，多用于屋内配电装置。

3-125 电缆终端头的出线、引线之间及引线与接地体间的距离是多少？

答 电缆终端头的端部金属部件（含屏蔽罩）在不同相之间和各相对地之间，应符合现行的行业标准DL/T 5352—2006《高压配电装置设计技术规程》中的室内、外配电装置最小安全净距的规定值，见表3-12。

表3-12　室内、外配电装置的最小安全净距　单位：mm

<table>
<tr><th colspan="2">系统标称电压/kV</th><th>0.4</th><th>6</th><th>10</th><th>20</th><th>35</th><th>66</th><th>110J</th><th>220J</th><th>330J</th><th>500J</th></tr>
<tr><td rowspan="2">室内</td><td>相～相</td><td rowspan="2">20</td><td rowspan="2">100</td><td rowspan="2">125</td><td rowspan="2">180</td><td rowspan="2">300</td><td rowspan="2">550</td><td>900</td><td>2000</td><td>—</td><td>—</td></tr>
<tr><td>带电部分～地</td><td>850</td><td>1800</td><td>—</td><td>—</td></tr>
<tr><td rowspan="2">室外</td><td>相～相</td><td rowspan="2">75</td><td rowspan="2">200</td><td rowspan="2">200</td><td rowspan="2">300</td><td rowspan="2">400</td><td rowspan="2">650</td><td>1000</td><td>2000</td><td>2800</td><td>4300</td></tr>
<tr><td>带电部分～地</td><td>900</td><td>1800</td><td>2500</td><td>3800</td></tr>
</table>

注 1. 110J、220J指中性点有效接地系统；
2. 当海拔超过1000m时，应进行修正，参见DL/T 5352—2006《高压配电装置设计技术规程》中的附录B。

电缆终端头的出线、引线之间及引线与接地体间的距离，应符合现行的行业标准DL/T 5352—2006《高压配电装置设计技术规程》中的室内、外配电装置最小安全净距的规定值，见

表 3-13。

表 3-13　电缆终端头的出线、引线之间及引线与接地体间的距离　单位：mm

系统标称电压/kV	1～3	6	10	20	35	66	110J	220J
户内	75	100	125	180	300	550	900	2000
户外	200	200	200	300	400	650	1000	2000

注　1. 110J、220J 指中性点有效接地系统；
2. 当海拔超过 1000m 时，应进行修正，参见 DL/T 5352—2006《高压配电装置设计技术规程》中的附录 B。

3-126 电缆应力锥起什么作用？

答　在电缆终端头和中间接头中，自金属护套边缘起绕包绝缘带（或套橡塑预制件），使得金属护套边缘到增绕绝缘外表之间，形成一个过渡锥面的构成件叫做应力锥（在设计中，锥面的轴向场强应是一个常数）。

应力锥的作用是改善金属护套末端电场分布，降低金属护套边缘处的电场强度。

3-127 电缆反应力锥起什么作用？

答　在电缆中间接头中，为了有效控制电缆本体绝缘末端的轴向场强，将绝缘末端削制成与应力锥曲面恰好反方向的锥形曲面叫做反应力锥。反应力锥是接头中填充绝缘和电缆本体绝缘的交界面，这个交界面是电缆接头的薄弱环节，如果设计或安装时没有处理好，容易发生沿着反应力锥锥面的移滑击穿。

3-128 塑料电缆的密封方法有哪几种？

答　塑料电缆的密封方法有黏合法、模塑法、热收缩法、冷收缩法四种。

1. 黏合法

一种是用聚氯乙烯胶黏带作为密封包绕层，因其性能较差，只适用于 10kV 及以下电缆头的密封，不能作长期密封；另一种是用自黏性橡胶带，它可以既作绝缘层，又作密封层，自黏性橡胶带本身在包缠过程中能紧密黏合成一整体，但长期运行过程中容易产生龟裂，因此最外面应包塑料带保护并压紧。

2. 模塑法

聚氯乙烯电缆可直接包聚氯乙烯带，然后用模具夹紧加热到 140℃，并保持 20min 即可热合成一整体，但对聚乙烯和交联聚乙烯电缆，因它们是非极性材料，无法直接黏合，因此在增绕绝缘层的内外各包 2～3 层未硫化的乙丙橡胶带，再用上模具夹紧加热到 160～170℃，保持 30～45min 后，乙丙橡胶带在硫化过程中与聚乙烯或交联聚乙烯紧密地黏合在一起形成一个良好的密封体。

3. 热收缩法

热收缩法适用于中、低压橡胶、塑料电缆终端头和中间接头的密封，也可适用于不滴流和黏性浸渍纸绝缘电缆。它采用的是一种遇热后能均匀收缩的热收缩管。管的材料有交联聚乙烯型和硅橡胶型两大类，它是在外力作用下扩张成形，再经强制冷却而成的。当再次加热到某温度时，又会恢复到原来尺寸，因而被称为具有“弹性记忆效应”。热收缩法就是将这种管材套于预定的黏合密封部位，并在黏合部位涂上热熔胶，当加热到一定温度后，热收缩管立即收缩，同时热熔胶熔化，待自然冷却后立即形成一道良好的密封层。

4. 冷收缩法

冷收缩法是利用弹性体材料（常用的有硅橡胶和乙丙橡胶）在工厂内注射硫化成型，再经扩径、衬以塑料螺旋支撑物构成各种电缆附件的部件。在现场安装时，将这些预扩张附件套在经过处理后的电缆末端或接头处，抽出内部支撑的塑料螺旋条（支撑物），自然压紧在电缆绝缘上而构成的电缆附件。因为它是在常温下靠弹性回缩力，而不是像热收缩电缆附件要用火加热收缩，故俗称冷收缩电缆附件。早期的冷收缩电缆终端头只是附加绝缘采用硅橡胶冷收缩部件，电场处理仍采用应力锥型式或应力带绕包式。冷收缩法是近十年发展起来的更先进的新工艺，现在普遍都采用冷收缩应力控制管，电压等级从 10kV 到 35kV。冷收缩电缆终端头，1kV 级采用冷收缩绝缘管作增强绝缘，10kV 级采用带内外半导电屏蔽层的接头冷收缩绝缘件。三芯电缆终端分叉处采用冷收缩分支套。

冷缩电缆终端头具有体积小、操作方便、迅速、无须专用工具、适用范围宽和产品规格多等优点，但价格较贵。它与热收缩式电缆附件相比，不需用火加热，且在安装以后挪动或弯曲不会像热收缩式电缆附件那样出现附件内部层间脱开的危险（因为冷缩电缆终端头靠弹性压紧力）。与预制式电缆附件相比，虽然都是靠弹性压紧力来保证内部界面特性，但是它不像预制式电缆附件那样与电缆截面一一对应，规格多。

3-129 怎样连接不同截面、不同金属的电缆芯线？

答 连接不同金属、不同截面的电缆时，应使连接点的电阻小而稳定。按照不同情况分叙如下：

（1）相同金属不同截面的电缆相接应选用与缆芯导体相同的金属材料，按照相接的两根缆线截面加工专用连接管，然后采用压接方法连接。

（2）当不同金属的电缆需要连接时，如铜和铝相连接，由于这两种金属标准电极电位（铜为＋0.345V，铝为－1.67V）高低不同，它们相差较大会产生接触电动势。当有电解质存在时，将形成以铝为负极，铜为正极的原电池，使铝产生电化腐蚀，从而增大接触电阻。所以连接两种不同金属电缆时，除应满足接触电阻的要求外，还应采取一定的防腐蚀措施。一般的方法是在铜质压接管内壁上搪一层锡后再进行压接，或者采用铜铝过渡连接管。这种连接管是用纯铜棒和铝棒经摩擦焊接或闪光焊接，而后经车制成适合一定截面的连接管，以压接法连接。

3-130 怎样进行电缆导体的机械冷压缩连接？

答 压缩连接（又称压接）是一种应用较广的导体连接方法。压接的电气和机械性能取决于压接塑性变量的大小和实际接触面积。因此必须选择合适的连接金具和合理的压接模具，同时还必须采用正确的压接工艺，现分叙如下。

1. 压接型接线端子和连接管

（1）压接型接线端子是一种使电缆末端导体与电气装置连接的导电金具。它与电缆末端导体连接的部位是管状，与电气设备连接部位是特定的平板形状，平板中央有与螺栓配合的圆孔。

压接型接线端子按材料不同有铜、铝之分，按结构特征不同，又分非密封式和密封式两种类型。接线端子的规格尺寸按其适用的电缆截面积确定，应符合接触电阻和抗拉强度的要求。管状部位的内径要与电缆导体的外径相配合。相同截面的导体，压接型导体适用的端子内径要比非压接型的稍微小一些，截面较大时，两者相差 1～2mm。

（2）压接型连接管是将两根及以上电缆导体在线路中间相互压接到管状导电金具。连接管按材料不同有铜、铝之分，按结构特征不同有直通式和堵油式两种类型。连接管的规格尺寸按其适用的电缆截面积确定，应符合接触电阻和抗拉强度的要求。连接管内径要与电缆导体的外径相配合。相同截面的导体，压接型连接管内径要比非压接型连接管稍小一些。

2. 压接模具

压接模具的作用是在压接工艺过程中，借助压接钳的压力使导电金具和电缆导体的连接部位产生塑性变形，在接触面上构成导电通路并具有足够机械强度。压接模具的正确设计和选用关系到压接的稳定。压接模具的宽度取决于压接钳的出力。导体压接面的总宽度，应当是压接管壁厚的2.75～5.5倍。当压接钳压力一次不能满足压接面宽度所需要的压力时，可分两次压接。

压接模具有围压模和点压模以及半圆压模三个系列。一般导体连接采用点压模压接电缆头（含电缆终端头和中间接头以及接线端子），围压模应用于预制式电缆接头，半圆压模适用于交联聚乙烯电缆头。

3. 压接工艺要点

为使导体压接能够形成良好的导电通路，具有足够的机械强度，应做到以下几点：

（1）压接前要检查核对连接金具和压模，必须与电缆导体标称截面、导体结构种类（压紧或非压紧）相符；

（2）应清除导体表面油污，铝导体要用钢丝刷除去表面氧化膜，使导体表面出现金属光泽；

（3）导体经圆整后插入连接管或接线端子，插入长度必须充足；

（4）压接应按规定顺序进行点压压坑中心线应成一条直线，围压形成的边应在一个平面上；

（5）当压模合拢到位后，应停留10～15s，压接部位金属塑性变形达到稳定后，才能松模；

（6）压接后，压接部位表面应光滑，不应有裂纹或毛刺，边缘处不得有尖端。

3-131 怎样焊接电缆的接地线？

答 焊接接地线时应按下列步骤进行：

（1）接地线截面应不小于10mm²，并且应使用多股软铜线。

（2）接地线的长度应按实际需要决定，但最短不应小于600mm。

（3）将焊接接地线处的铠装钢甲及铅包清理出金属光泽，然后把接地线顺电缆方向摆好，放在第一道卡子以上10～15mm的铅包处，打上第二道卡子，将接地线压在铠装钢甲上进行焊接。

（4）焊接时可采用液化气枪或电烙铁，焊接过程中应使用焊锡膏，禁止使用盐酸，并不得焊伤铅包。

（5）焊接处应平整无毛边，锡焊点呈鸭蛋形。

3-132 电缆头为什么容易漏油？有何危害？

答 纸质油浸电力电缆在运行中，由于缆芯通过负荷电流而发热，电缆、绝缘层及电缆油都膨胀；当发生短路时，短路电流的冲击将使电缆油产生冲击油压；另外，当电缆垂直安装时，由于高差的原因也会产生静油压。如果电缆密封不好或存在薄弱环节，则上述情况的发生将使电缆油沿着芯线和铅包内壁缝隙流淌到电缆外部来。这就是电缆头漏油的主要原因。

电缆头漏油后，不仅由于缺油使电缆的绝缘水平有所下降，而且由于漏油的缺陷不断扩大使外部潮气及水分很容易侵入电缆内部，从而导致绝缘状况的进一步恶化，使电缆在运行中发生击穿事故。

防止电缆头漏油的主要措施就是提高制作工艺水平，加强密封性。现在采用环氧树脂电缆头就是加强密封的一例。另外，要在运行中防止电缆过载，在敷设时应避免高差过大或垂直安装。

3-133 干包电缆头为何在三芯分支处容易产生电晕？如何防止？

答 干包电缆头指电缆末端不用金属盒子和绝缘胶密封，而只用绝缘漆和包带来密封。它主要用于10kV及以下的电缆头。干包电缆头在三芯分支处产生电晕的原因是芯与芯之间绝缘介质的变化使电场分布不均匀，某些尖端或棱角处的电场比较集中，当其电场强度大于临界电场强度时，就会使空气发生游离而产生电晕。

防止电晕的方法：利用等电位原理，将各芯的绝缘表面包一段金属带并将各个金属带相互连接在一起（称为屏蔽），即可改善电场分布而消除电晕。

3-134 电力电缆的长期允许载流量是怎样规定的？

答 电力电缆的长期允许载流量是由电缆容许温度及本身散热能力和环境条件所决定的。通常所说的电缆允许载流量，是指标定环境温度为25℃时，电缆内通过这个电流时，电缆的工作温度不超过规定值。显然当环境温度异于标定环境温度时，其长期允许载流量会发生变化，应重新计算。当环境温度高于标定环境温度时，长期允许载流量会变小；当环境温度低于标定环境温度时，长期允许载流量会变大。其环境温度变化后的允许载流量的计算公式为

$$\frac{I_1}{I_2}=\sqrt{\frac{\theta_m-\theta_2}{\theta_m-\theta_1}} \tag{3-14}$$

$$I_2=I_1\Big/\sqrt{\frac{\theta_m-\theta_2}{\theta_m-\theta_1}} \tag{3-15}$$

式中 I_1——电缆标定环境温度25℃下的容许载流量，A；

I_2——环境温度变化后的容许载流量，A；

θ_m——缆芯导体最高容许温度（见表3-14），℃；

θ_1——电缆标定环境温度25℃；

θ_2——电缆实际工作环境温度，℃。

表3-14 常用各种型式电力电缆最高容许工作温度 单位：℃

电缆型式		最高容许工作温度	
		长期	短时（最长持续5s）
黏性浸渍纸绝缘电力电缆	3kV及以下	80	220
	6kV	65	220
	10kV	60	220
	20～35kV	50	220
不滴流电缆		65	175
充油电缆		80	160
充气电缆		75	220
聚氯乙烯带电缆		70	160
聚乙烯电缆		70	140
交联聚乙烯电缆		90	250
橡皮绝缘电缆		65	150
丁基橡皮绝缘电缆		80	220
乙丙橡皮绝缘电缆		90	220

3-135 电缆最高允许工作温度是多少？

答 电缆的最高允许工作温度，主要取决于所用绝缘材料的老化性能。电缆工作温度过高，将加速绝缘材料老化，缩短电缆使用寿命。一般地说，如果能控制电缆最高允许工作温度不超过表 3-14 中所列数值，电缆将能够在 30 年寿命期内安全运行。

3-136 为什么不允许电缆长时间过载运行？

答 根据电流的热效应原理，当导体有电流通过时，由于导体电阻的存在，一部分电能将转化为热能使温度升高，即 $Q=0.24I^2Rt$。从公式中不难看出，当电缆的截面与长度一定时（忽略环境温度的影响），电缆的温度与电流的平方及时间成正比。由于电缆过载运行时电流增大，故缆芯温度也将按电流平方关系迅速增高而超过容许值，从而加速了绝缘的老化。另外，由于温度升高，电缆中的油膨胀，使电缆内部产生空隙，这些空隙在电场的作用下将发生游离导致绝缘性能降低，缩短了电缆的使用寿命。故《电力电缆运行规程》中规定，电缆线路原则上不容许过载运行。即使在事故情况下，也应尽量缩短过载的时间，以免其温度过分升高，损伤电缆绝缘。

3-137 电力电缆允许短时过载是怎样规定的？

答 电力电缆一般仅在事故情况下才允许有短时过载，其规定的过载倍数可参照表 3-15。

表 3-15 电力电缆允许过载倍数

电缆芯线导体截面积/mm^2	过载前 5h 负载率（%）					
	0		50		70	
	过载时间/h		过载时间/h		过载时间/h	
	0.5	1	0.5	1	0.5	1
50～95	1.15					
120～240	1.25		1.2			1.15
240 以上	1.45	1.2	1.4	1.15		1.3

注 本表的使用仅限于 10kV 及以下的电力电缆。

3-138 怎样用计算方法来判断电缆的截面？

答 在一般情况下，施工人员通过电缆盘架上所标明的规格数字可以方便地识别电缆的截面，但有些电缆则因存放时间过长，电缆盘架上的字迹往往已模糊不清无法识别，这时就可用计算方法来判断电缆的截面。下面根据缆芯的制造工艺不同分别介绍。

（1）未经压缩的圆形缆芯导体的总面积。

$$S=n\times\alpha\pi r^2 \tag{3-16}$$

式中 S——未经压缩的圆形缆芯导体的总面积，mm^2；

n——缆芯导体的根数；

α——导体的填充系数，导体为一次紧压的取 0.82～0.84，分层紧压的取 0.9～0.93；

r——缆芯单根导体的半径，mm。

（2）经压缩的圆形缆芯导体的总面积。

$$
\begin{aligned}
S &= n\times\alpha r(0.5l-r)\\
&= n\times\alpha r(\pi r-r)\\
&= n\times\alpha r^2(\pi-1)\\
&= n\times 2.14\alpha r^2
\end{aligned}
\tag{3-17}
$$

式中　S——经压缩的圆形缆芯导体的总面积，mm^2；

n——缆芯导体的根数；

α——导体的填充系数，导体为一次紧压的取0.82～0.84，分层紧压的取0.9～0.93；

l——缆芯单根导体的周长，mm；

r——缆芯单根导体的等值半径，mm。

3-139 电力电缆为什么要做试验？有哪些试验项目？

答　电力电缆的试验目的是及时发现缺陷和薄弱环节，以便及时处理。这对于保管中的电缆可防止缺陷扩大而损坏。对于即将投入运行的电缆则可起到防患于未然的作用。埋入地下的电缆，由于平时不易检查，其绝缘的变化主要通过试验来加以判断。所以一切新安装的电力电缆和运行中的电缆都要进行电气试验（运行中的电缆按运行规程的规定定期进行试验）。

电缆试验可分下列四类：

（1）新电缆的验收试验：①结构检查；②潮气试验；③导体直流电阻测量；④绝缘电阻测量；⑤电容测量；⑥介质损失角测量；⑦阻抗测量（正序）；⑧工频交流耐压试验；⑨直流耐压及泄漏电流测量。

（2）安装过程中的电缆试验：①潮气试验；②绝缘电阻测量；③导体及铅包连续性试验；④直流耐压及泄漏电流测量。

（3）新装电缆线路投入运行前的交接试验：①两端相位的核定；②绝缘电阻测量；③直流耐压及泄漏电流测量。

（4）运行中的电缆试验（电缆预防性试验）；①绝缘电阻测量；②直流耐压及泄漏电流测量；③负荷测量；④温度测量。

3-140 为什么用直流电做电缆耐压试验而不用交流电？

答　电缆一般不用工频交流电作为耐压试验是因为：

（1）交流耐压试验对电缆的破坏作用大，容易使绝缘产生永久性损伤。而直流耐压试验时，绝缘中的气泡产生的容积电荷电场与外加电压相反，降低了电场强度，不会发生长时间的气体游离，因而对绝缘的破坏性小。

（2）较长电缆的电容电流很大，需要大容量的交流试验设备。而做直流耐压试验时，通过电缆的绝缘电流很小，只需较小的整流设备即可。

如果是短电缆（6～10kV），在无整流设备时，也可以暂时用交流耐压试验代替直流耐压试验，试验电压是额定电压的1.65倍。

3-141 怎样测量电缆线路的绝缘电阻值？

答　测量绝缘电阻是检查电缆绝缘好坏的有效措施。在电缆进行耐压试验时，为了检查由试验而暴露的缺陷，在试验前后均应测量绝缘电阻。

在同样的温度和试验条件下，电缆越干燥，阻值越大。同一条电缆的绝缘电阻随温度的升高而下降。普通油浸渍纸绝缘电缆绝缘电阻随温度变化的系数列于表 3-16 中。

表 3-16　　普通油浸渍纸绝缘电缆的绝缘电阻随温度变化的系数

温度/℃	0	5	10	15	20	25	30	35	40
温度系数	0.48	0.57	0.70	0.85	1.0	1.13	1.41	1.66	1.92

电缆绝缘电阻换算到长度 1km 和温度 20℃时，对于额定电压为 6kV 及以上的电缆，应不小于 100MΩ；1kV 及以下的电缆用 1000V 兆欧表，1kV 以上的电缆用 2500V 兆欧表。在进行测量时，为消除电缆芯绝缘表面泄漏电流所引起的误差，须将缆芯绝缘用屏蔽环接到兆欧表的屏蔽端子上。测量多芯电缆绝缘电阻时，应将被测缆芯对其他缆芯和铅包接地。

使用绝缘电阻表测绝缘电阻时，手摇发电机应以 120r/min 的速度旋转，并应持续 40～60s 的时间，待指针稳定后再读取数据。重复测量时，被测回路应短路放电，其放电时间不应小于 2min。

3-142 为什么三芯电缆有钢带铠装，单芯电缆则没有钢带铠装？

答：在载流导体的周围存在着磁场，并且磁力线的多少与通过载流导体的电流成正比。由于铠装的钢带属于磁性材料，具有较高的磁导率，当导体有电流通过时，磁力线沿钢带流通，三芯电缆通常用于三相交流电路输电，由于三相交流电流是对称的，其相量和等于零 $\sum I=0$，伴随产生的三相对称相量磁通之和为零 $\sum \Phi=0$，在钢带中不会产生感应电流，所以三芯电缆虽有钢带铠装，并无其他不良影响。而单芯电缆只通过单相电流，显然在导体通过交流电流时，将在钢带中产生交变的磁场，根据电磁感应原理可知，在电缆钢带中将产生涡流使电缆发热，这不仅增加了损耗，而且相应降低了电缆的载流量，所以为了保证单芯电缆的安全经济运行，在制造单芯电缆时，不采用钢带铠装。

3-143 怎样近似计算电缆线路的电容电流？

答：6～10kV 电力电缆的芯线对地电容较大，电容电流的近似计算公式如下：

$$I_c \approx \frac{UL}{10} \tag{3-18}$$

式中　I_C——电缆电容电流，A；

U——电缆线路电压，kV；

L——电缆线路长度，km。

3-144 怎样计算电缆线路的充电功率？

答：电缆线路相当于一只大电容，在计算其充电功率时，可应用电容器的无功功率计算公式，即

$$\begin{aligned} Q_c &= U_c I_c \\ &= I_c^2 X_c \\ &= \omega C U_c \end{aligned} \tag{3-19}$$

式中　Q_c——充电无功功率，var；

I_c——电缆电容电流，A；

U_c——电容器两端电压（电缆芯相对地的电压），V；

C——电容量，F；

ω——角频率，$\omega=2\pi f$，$f=50\text{Hz}$；

X_c——电容器的容抗，Ω。

3-145 怎样计算电力电缆的电能损耗？

答 电力电缆的电能损耗包括导体电阻损耗、绝缘介质损耗、铅包损耗和铠装钢甲损耗。其中主要是导体电阻损耗，其他三部分的损耗所占比例很小，一般可忽略不计。其导体电阻损耗为

$$\Delta A = nI_{cj}^2RT\times10^{-3} \tag{3-20}$$

式中 ΔA——电缆芯导体电阻损耗，kW·h；

T——测计期内电缆线路运行小时数，h；

n——电缆的芯数；

I_{cj}——测计期内选定代表日的均方根电流，A；

R——电缆导体的电阻，Ω。

$$I_{cj}=\sqrt{\frac{\sum_{n=1}^{24}I_n^2}{24}} \tag{3-21}$$

$$=\sqrt{\frac{I_1^2+I_2^2+I_3^2+\cdots+I_{24}^2}{24}} \tag{3-22}$$

$I_1\sim I_{24}$——代表日每小时的电流，A。

$$R=\rho\frac{L}{S} \tag{3-23}$$

式中 ρ——电缆导体材料的电阻率，$\Omega\cdot\text{mm}^2/\text{km}$，铝导体 $\rho_{Al}=31.5\Omega\cdot\text{mm}^2/\text{km}$，铜导体 $\rho_{Cu}=18.8\Omega\cdot\text{mm}^2/\text{km}$；

L——电缆的长度，km；

S——电缆的截面积，mm^2。

【例 3-1】 某条 10kV 电力电缆线路为 ZLQ_{22}-10-3×95 型三相铝芯电力电缆，线路全长为 20km，测计期代表日负荷曲线如图 3-9 所示。计算当月（30 天）的线路损耗。

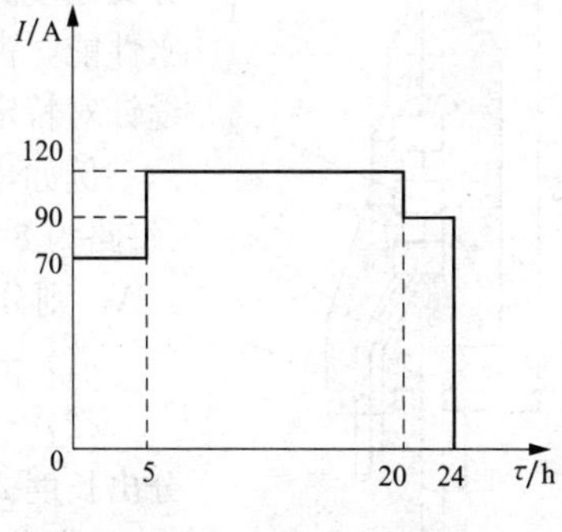

图 3-9　代表日负荷曲线

解：（1）计算其代表日方均根电流：

$$I_{cj}=\sqrt{\frac{\sum_{n=1}^{24}I_n^2}{24}}$$

$$=\sqrt{\frac{70^2\times5+120^2\times15+90^2\times4}{24}}$$

$$=\sqrt{\frac{272900}{24}}$$

$$\approx107(\text{A})$$

（2）计算电缆导体电阻。

$$R=\rho\frac{L}{S}$$

$$=31.5\times20/95$$

$$\approx 6.6(\Omega)$$

（3）计算全月的电能损耗。

$$\begin{aligned}\Delta A &= nI_{\text{qj}}^{2}RT \times 10^{-3} \\ &= 3 \times 107^{2} \times 6.6 \times 720 \times 10^{-3} \\ &\approx 163217(\text{kW} \cdot \text{h})\end{aligned}$$

3-146 配电电缆线路为何不装重合闸装置？

答 配电电缆线路不容许装重合闸装置，它不像配电架空线路在运行中有时会遇到临时性故障（如鸟害、风害等瞬间故障），在这种情况下，重合闸动作或掉闸后试送往往会成功，但是，配电电缆线路的故障多为永久性故障，此时若采用重合闸或掉闸后试送措施，则会扩大事故，对设备造成不应有的损坏，所以一般不安装重合闸装置。

3-147 为什么对不滴流电缆不规定敷设高差限制？

答 在敷设普通电缆时，对电缆两端的终端头的高差值均有一定的规定，这主要是因为普通低压电缆的浸渍剂多是低压电缆油与松香的混合物，所以即使在较低的工作温度下也会流动。当电缆敷设在高差较大的场合时，浸渍剂会从高端下流，造成高端绝缘干固，耐压下降，甚至可能导致绝缘击穿，而不滴流电缆如今都是热塑树脂绝缘材料，采用挤包工艺生产，不存在浸渍剂，如聚氯乙烯绝缘电缆、聚乙烯绝缘电缆、交联聚乙烯电缆等，它们均没有浸渍剂流动，所以不存在敷设高差的问题。

3-148 什么是预分支电缆？预分支电缆适合于哪种场合使用？

答 预先在主干电缆上制造的分支线截面大小和分支线长度等是根据设计要求决定的电缆叫做预分支电缆。在工厂内预先制造，极大缩短了施工周期，大幅度减少材料费用和施工费用，更大地保证了配电的可靠性。

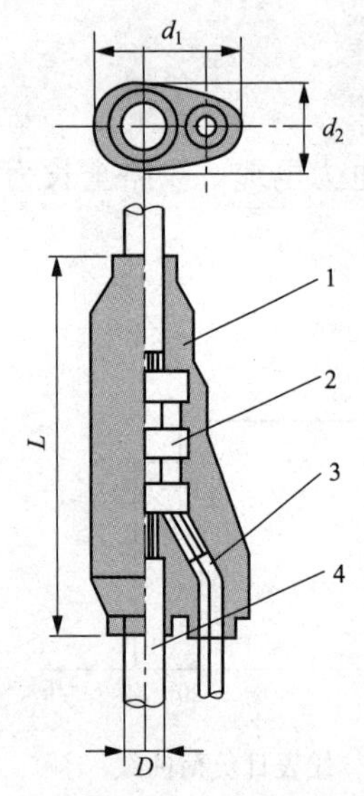

图 3-10　预分支电缆结构示意图

1—分支绝缘；2—连接件；3—支线电缆；4—主干电缆

预分支电缆多应用于高层建筑配电干线（树干式配电方式）。其主干电缆导体无接头（接头已经在生产厂加工时做好并封闭在分支点内），预分支电缆配电类似母线槽配电方式，但电缆具有良好的抗震、气密、防水性能，占用空间小、安装方便，缺点是质量故障难以现场修复，该电缆针对特定工程条件加工，不具有互换性。

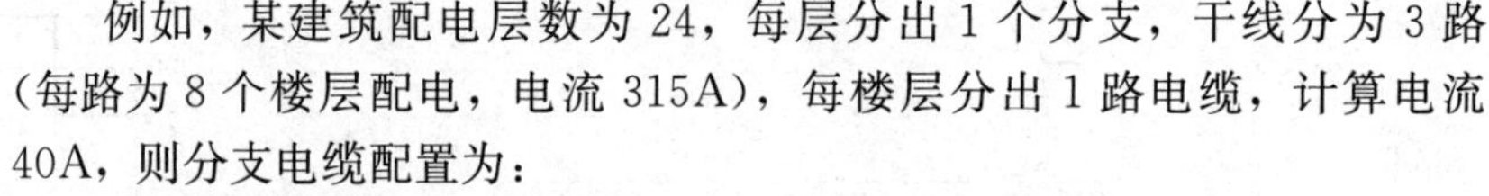

例如，某建筑配电层数为 24，每层分出 1 个分支，干线分为 3 路（每路为 8 个楼层配电，电流 315A），每楼层分出 1 路电缆，计算电流 40A，则分支电缆配置为：

（1）选择 3 根 8 分支电缆；

（2）干线电缆规格 YJV-4×185+1×95，分支电缆规格 YJV-5×16，分出长度 2m；

（3）标准层层高 3m，配电间至配电首层长度 80m；

（4）（馈电电缆 3 根×80m），成品预分支电缆 3 根×25m、分支间距 3m，电缆过渡箱 3 只。

预分支电缆是工厂在生产主干电缆时按用户设计图纸预制分支线的电缆，是近年来的一项新技术产品。预分支电缆结构示意图如图 3-10 所示。

3-149 电梯电缆有哪几种？有何特点？

答 电梯电缆是一种适用于自由悬吊、多次弯曲的信号或控制电缆。除用于高层建筑电梯设备外，还用于起重运输等其他设备上。一般电梯电缆按品种和用途可分为四种，见表3-17。

表3-17　电梯电缆品种和用途

电缆名称	型号	额定电压/V	长期最高工作温度/℃	规格		用途
				截面积/mm²	芯数	
电梯信号电缆	YT	250	65	0.75	24 30 42	户内一定信号线路用
	YTF					户外或接触油污及要求不延燃的移动线路用
电梯控制电缆	YTK	500	65	1.0	8 18 24	同YT同TY的条件控制线路用
	YTKF					同TYF的条件控制线路用

3-150 电焊机用电缆的特点是什么？品种型号有哪些？

答 电焊机用电缆与普通电缆相比，其特点是：

（1）由于电焊机的二次电压不高，其绝缘厚度主要是从机械强度考虑的，所以要比一般500V级的电缆厚得多。根据导线截面的大小，绝缘厚度为1.6～3.2mm。

（2）由于焊把线经常移动，所以含胶量高，综合性能好的橡皮作绝缘。同时为了使导线与绝缘易于相对滑动，导线外包一层聚酯薄膜，以提高电缆的弯曲性能。一般常见电焊机电缆有铜芯和铝芯两种，常见的电焊机电缆品种和用途见表3-18。

表3-18　电焊机电缆品种和用途

电缆名称	型号	额定电压/V	长期最高工作温度/℃	规格/mm²	用途
铜芯软电缆	YH	200及以下	65	10～150	在一般环境中供电焊机二次侧接线及连接焊钳
铝芯软电缆	YHL			16～185	

3-151 汽车、拖拉机用电线有哪些品种？各适用于哪些场合？

答 汽车、拖拉机用的电线因安装的地方不同，对电线的要求也不同。例如，用于高压点火的电线须承受15kV左右的脉冲电压，而作为照明用的电线只须承受几十伏的电压。常见的汽车、拖拉机用电线品种和用途见表3-19。

表3-19　常见的汽车、拖拉机用电线品种和用途

电线名称	型号	长期最高工作温度/℃	规格/mm²	用途
聚氯乙烯低压电线	QVR	65	0.5～50	用于照明、仪表及发动机接线
丁腈聚氯乙烯复合物绝缘低压电线	QFR			

续表

电线名称	型号	长期最高工作温度/℃	规格/mm²	用途
聚氯乙烯高压点火电线	QGV	65	0.75	汽车、拖拉机发动机高压点火系统的连接线，也可作为其他发动机点火线
橡皮绝缘聚氯乙烯护套高压点火电线	QGXV			
橡皮绝缘氯丁橡胶护套高压点火电线	QGS			
聚氯乙烯绝缘耐油橡套高压点火线	QGVY	65	0.75	
橡皮绝缘耐油橡套高压点火线	QGXY			
半导电塑料线芯聚氯乙烯绝缘高压阻尼点火线	QG	65	2.5	能抑制和衰减点火系统所产生的无线电干扰波的性能
纤维石墨线芯橡皮绝缘阻尼高压点火线	QGZ			

3-152 船用电缆有哪些特点？它有哪些品种规格？

答 船用电缆是供船舶及水上浮动建筑物使用的专用电缆，按用途可分为电力、照明、信号控制及通信联系等几种船用电缆。由于船用电缆的使用环境比较复杂，与普通电缆相比具有以下特点：

（1）船用电缆能适合各种气候条件的要求，如严寒、干燥、湿热等气候条件；

（2）由于船内空间小，故对电缆外径和外径公差要求严格，同时应具有良好的防潮、防霉、防振性能。一般常用的船用电缆品种规格见表3-20。

表3-20 常用的船用电缆品种规格

电缆名称	型号				长期最高工作温度/℃	规格	
	光护套	钢丝编织	铜丝编织	软结构		芯数	截面积/mm²
聚氯乙烯绝缘和护套电缆	CVV		CVV32		65	1，2，3，4～37 44～48	0.75～120 0，75～2.5 0.75
耐热聚氯乙烯绝缘和护套电缆	CVV—80		CVV32—80		80		
橡皮绝缘氯丁护套电缆	CF	CF31	CF32	CFR	70	1，2，3，4～37 44～48	0.75～440 0.75～120 0，75～2.5 0.75
橡皮绝缘聚氯乙烯护套电缆	CV						
丁基橡皮绝缘氯丁护套电缆	CDF	CDF31	CDF32	CDFR			
乙丙橡皮绝缘氯丁护套电缆	CEF	CEF31	CEF32	CEFR	80	0.75～120 0，75～2.5 0.75	0.75～440 0.75～120 0，75～2.5 0.75
乙丙橡皮绝缘硫化丁聚护套电缆	CEY	CEY31	CEY32	CEYR	85		

3-153 光缆和电缆的区别是什么？

答 光缆和电缆的区别是：

（1）材质上有区别。电缆芯以金属材质（大多为铜、铝）为导体，光缆以玻璃质纤维和特殊塑料纤维为导体。

(2) 传输信号上有区别。电缆传输的是电信号，光缆传输的是红外线光或激光信号。

(3) 应用范围上有区别。电缆现多用于能源传输及低端数据信息传输（如电话），光缆多用于高端数据传输（如变电所中的遥信、遥控、遥测、遥调、遥视信号传输）。

3-154 光纤电缆（光缆）具有什么特点？

答 光纤电缆主要是供通信用的一种通信电缆，叫做光纤电缆是不够确切的，应确切的叫做光纤光缆。光纤光缆由两个或多个玻璃纤维或塑料光纤芯组成，这些光纤芯位于保护性的覆层内，由塑料 PVC 外部护套管覆盖。沿内部光纤进行的信号传输一般使用红外线。

光纤光缆通信的特点：

(1) 光缆由许多光导纤维组成。每根光导纤维可传输上万路电话；光导纤维传输的是光波，不受一般电磁波的干扰，所以它不同于普通的通信电缆，光缆具有不用金属导体、体积小、质量轻的优点。

(2) 光缆传输性能好、损耗小、频带宽、空间利用率高、传输线路对数多、传输容量大、中继距离长、光纤绝缘性强、敷设安装施工方便、经济性好、可靠性高等。

(3) 光纤光缆有直径细、质量轻、挠性好、无感应影响、不串话、通信质量好、应用范围广的优点。

3-155 怎样测量导体截面积？

答 在工程实际中，测量电缆导体截面积的方法通常有以下几种。

1. 目测和查表法

经验丰富的电缆技工和工程技术人员，有的通过目测基本上可以估计出电缆导体截面积的大小，也可以通过被测量导体的外形尺寸，经查表知道导体截面积。

2. 测量线径计算法

未经压缩的圆形导体，测出其单根导体的直径，即可计算出导体截面积。

3. 称重法

截取一段电缆导体，将每根导线分层剥下，并扳成直线，擦清后，秤其质量，测其长度（取平均值）。一段单根电缆导体是一个圆柱体，一段电缆芯导体质量 $W=\rho LS$，于是导出下列计算截面积的公式：

$$S = 1000\frac{W}{\rho L} \tag{3-24}$$

式中 S——电缆的截面积，mm^2；

W——一段电缆芯导体的质量，kg；

L——一段电缆芯的长度，m；

ρ——电缆芯导体的密度，$\rho_{Cu}=8.92g/cm^3$，$\rho_{Al}=2.58g/cm^3$，$\rho_{Fe}=7.86g/cm^3$。

4. 电阻测量法

采用一定长度导体，测量出某温度下的电阻，而计算出截面积。单根导体的截面积应根据导体单位长度的电阻值来确定，而不是用计算截面积。以导体电阻作为标准的，导体面积只是标称值。也可以说，当实际导体面积与标准有冲突时，以导体电阻作为判定。

(1) 测量时，可以测量 L 长（至少 1m）的电缆线单根导体的电阻值，然后换算成 20℃、1km 时的电阻值，换算公式如下：

$$R_{20} = R_t \frac{254.5}{234.5 + t} \times \frac{1000}{L} \tag{3-25}$$

式中 t——测量时的试样温度，℃；

R_t——电缆在 t℃时，长度为 L 时的导体电阻值，Ω。

（2）在20℃时每1000m的电阻值 R_{20}。

0.5mm²，$R_{20} \leqslant 36.0\Omega$（无镀层）；$R_{20} \leqslant 36.7\Omega$（有镀层）；

0.75mm²，$R_{20} \leqslant 24.5\Omega$（无镀层）；$R_{20} \leqslant 24.8\Omega$（有镀层）；

1.0mm²，$R_{20} \leqslant 18.1\Omega$（无镀层）；$R_{20} \leqslant 18.2\Omega$（有镀层）；

1.5mm²，$R_{20} \leqslant 12.1\Omega$（无镀层）；$R_{20} \leqslant 12.2\Omega$（有镀层）；

2.5mm²，$R_{20} \leqslant 7.41\Omega$（无镀层）；$R_{20} \leqslant 7.56\Omega$（有镀层）；

4.0mm²，$R_{20} \leqslant 4.61\Omega$（无镀层）；$R_{20} \leqslant 4.70\Omega$（有镀层）。

3-156 怎样计算电缆线路的导体电阻？

答 电缆线路的导体电阻计算公式为

$$R_t = \rho \frac{L}{S} \tag{3-26}$$

式中 R_t——温度 t 时的电阻值，Ω；

ρ——20温度 t 下的电阻率，Ω·mm²/m，20℃时铜的电阻率 $\rho_{20} = 0.0172\Omega \cdot mm^2/m$；

S——横截面积，mm²；

L——电缆的长度，m。

3-157 电缆绝缘层的厚度是怎样确定的？

答 电缆绝缘层厚度取决于以下三个因素。

1. 工艺上容许的最小厚度

根据制造工艺的可能性，绝缘层必须有一个最小厚度。例如，黏性纸绝缘的层数不得少于5层；聚氯乙烯绝缘层最小厚度是0.25mm。1kV及以下电缆的绝缘厚度基本上是按工艺上规定的最小厚度来确定的，如果按照材料的平均强度公式来计算低压电缆的绝缘厚度，那就太薄了。例如，500VD聚氯乙烯电缆，按聚氯乙烯塑料击穿强度是10kV/mm计，安全系数取1.7，则绝缘厚度只有0.085mm，这样小的厚度是无法生产的。

2. 电缆在制造和使用过程中承受的机械力

电缆在制造和使用过程中，要受到拉伸、剪切、压、弯、扭等机械力的作用。1kV及以下的电缆，在确定绝缘厚度时，必须考虑其可能承受的各种机械力。大截面低压电缆比小截面低压电缆的绝缘厚度要大一些，原因就是前者所受的机械力比后者大。当满足了所承受的机械力的绝缘厚度，其绝缘击穿强度的安全裕度是足够的。

3. 电缆绝缘材料的击穿强度

电压等级在6kV及以上的电缆，绝缘厚度的主要决定因素是绝缘材料的击穿强度。在讨论这个问题的时候，首先要搞清楚电力系统中电缆所承受的电压情况。

（1）电缆在电力系统中要承受工频电压 U_0。U_0 是设计电压，一般相当于电缆线路的相电压。在进行电缆绝缘厚度计算时，要取电缆的长期工频试验电压，为2.5～3.0U_0。

（2）电缆在电力系统中要承受脉冲性质的过电压。脉冲性质的过电压是指大气过电压和内部过电压。大气过电压就是雷电过电压；内部过电压即操作过电压。电缆线路一般不会遭到直击雷，雷电过电压只能从连接的架空线侵入。装设避雷器能使电缆线路得到有效的保护。因此，电缆所承受的雷电过电压取决于避雷器的保护水平 U_P（U_P 是避雷器的冲击放电电压和残压两者之中数值较大者）。通常取 120%～130% U_P 为线路基本绝缘水平（Base Insulate Level，BIL），它也是电缆雷电冲击耐受电压。电力电缆雷电冲击耐受电压见表 3-21。确定电缆绝缘厚度，应按 BIL 值进行计算，因为操作过电压的幅值一般低于雷电过电压的幅值。

表 3-21　电力电缆雷电冲击耐受电压值

额定电压（U_0/U_e）/kV	8.7/10	12/20	21/35	26/35	64/110	127/220	190/330	290/500
雷电冲击耐受电压 BIL	95	125	200	250	550	950 1050	1175 1300	1550 1675

注　1. 表中 U_0/U_e 相当于相电压/线电压；
2. 表中 220kV 及以上的电缆有两个数值，可根据避雷器的保护特性、变压器及架空线路的冲击绝缘水平等因素计算选取。

综上所述，确定电缆绝缘厚度要同时依据长期工频试验电压和线路基本绝缘水平（BIL）来计算，然后取其高者。

3-158 电缆内渗入水分会有什么危害？

答　在油浸纸电缆制造过程中，要将绕包好的纸绝缘经过严格的真空干燥处理，除去吸附在纸表面和木质纤维素表面毛细管中的水分，然后浸渍电缆油，成为油浸纸绝缘。油浸纸绝缘一旦进入了水分，其电气性能将显著降低；绝缘电阻下降，击穿场强下降，介质损耗角正切（$\tan\delta$）增大。电缆纸含水后，其机械性能也明显变化，拉断强度有很大下降。水分的存在可以使铜导体对电缆油的催化活性提高，从而加速绝缘油老化过程的氧化反应。

挤包塑料电缆中进入了水分，其危害也是很大的。无论是进入塑料绝缘层表面还是导体表面的水分，都会使塑料绝缘在此处产生电树枝状物——水树枝。水树枝逐渐向绝缘内部伸展，导致塑料绝缘加速老化，直至击穿。当导体表面有水分时，由于温度较高，由此引发的水树枝将会对塑料绝缘产生加速老化的作用。因此，挤包式塑料绝缘电缆，必须有防止水分渗入的护套；在电缆末端，要有完善的密封帽。35kV 及以上交联聚乙烯电缆，如果由于短帽密封不良或其他原因造成了导体间隙中进水，必须设法排除水分。

3-159 什么是电缆截面的经济最佳化？

答　国际电工委员会标准 IEC 287-3-2：1995《电力电缆截面的经济最佳化》提出了电缆尺寸即导体截面经济最佳化的观点；电缆导体截面的选择，不仅要考虑电缆线路的初始成本，而且要同时考虑电缆在经济寿命期间的电能损耗成本，应符合使两项成本之和为最低的原则。用数学式表示为

$$CT = CI + CJ \tag{3-27}$$

式中　CT——总成本；

CI——初始投资成本；

CJ——N 年经济寿命期间焦耳损耗 I^2R 的现值，即按贴现率（i）换算成现值计算。

符合电缆导体截面经济最佳化的（即电缆工程投资总成本最低原则）称为经济导体截面，可以通过计算得到（可参看现行国家标准 GB 50217—2007《电力工程电缆设计规范》中的附录 B《10kV 及以下电力电缆经济电流截面选用方法》）。

根据电缆绝缘最高允许温度和载流量确定的截面实际上是最小允许导体截面。这时候仅计算

初始投资，而没有考虑电缆在经济寿命期间的导体损耗费用。如果增大导体截面，则线路损耗费用减少，初始投资增加。但加大导体截面所增加的这部分初始投资，可以从长期运行期间降低的电缆损耗中得到补偿，从而可降低供电总成本，提高电力部门的经济效益。

采用经济导体截面，电缆运行温度要比电缆绝缘容许最高温度低得多，这样可延长电缆线路的使用寿命，提高电缆供电的安全性。

IEC 287-3-2：1995 指出，通常应取电缆运行温度 θ_m 与平均环境温度 θ_0 之温度差，等于电缆容许最高温度 θ_c 与平均环境温度 θ_0 之温度差的 1/3，即 $\theta_m=\frac{1}{3}(\theta_c-\theta_0)+\theta_0$。例如，交联聚乙烯电缆容许最高温度为 90℃，设平均环境温度为 24℃，则其运行温度应是 $\frac{1}{3}(90-24)+24=46$℃，满足此运行温度的电缆截面，即符合经济最佳化的原则。根据计算，经济导体截面应比最高容许温度所确定的截面标准放大 2 个档次。若按最高容许温度所确定的截面是 120mm²，则经济导体截面应取 185mm²。

3-160 什么是短路电流热稳定性？怎样计算电缆允许短路电流？

答 电缆通过故障电流时，导体温度不超过容许短时温度（见表 3-14），或电缆的容许短路电流大于系统最大短路电流，这时，称电缆具有足够的短路电流热稳定性；反之称为热稳定性不够。电缆导体截面的选择，常取决于负荷电流，但在短路容量大的电力系统，有时也由短路电流热稳定性决定，如发电厂厂用电的电缆等。电缆的容许短路电流取决于容许短路温升、短路时间、导体电阻及其热容系数等。设短路电流为 I_∞，短路时间为 t_s，那么导体损耗为 I_∞^2R，产生的热量为 $\int_0^{t_s}I_\infty^2R\mathrm{d}t$，所产生的热量一部分使导体发热，温度升高；另一部分使绝缘层温度升高。

设单位长度导体热容量为 C，短路前导体温度为 θ_0。短路电流使导体温度升高不应超过其容许短路温度，即

$$\beta\int_0^{t_s}\frac{I_\infty^2Rt_s}{C}+\theta_0\leqslant\theta_{SC} \tag{3-28}$$

式中 θ_{SC}——电缆短路最高容许工作温度,℃。

t_S——短路时间，s。

β——短路时导体吸收热量与短路电流产生热量之百分比（%），当 $t_S\approx2$s 时，$\beta=82\%\sim93\%$；当 $t_S\approx6$s 时，$\beta=74\%\sim84\%$。

R——短路温度时单位长度导体电阻，Ω/m。

短路电流实际上是暂态电流，是时间的函数。假定短路电流 I_∞ 从短路开始时的有效值 I_H，经过时间 t_S后，按直线规律下降到短路电流稳定值 I_K，这样，式（3-28）经积分后得

$$\frac{\beta t_S[(I_H+I_K)^2-I_HI_K]R}{3C}+\theta_0\leqslant\theta_{SC} \tag{3-29}$$

工程上为简化计算，近似认为 $I_H=I_K=I_{SC}$，则

$$I_{SC}=\sqrt{\frac{(\theta_{SC}-\theta_0)C}{\beta t_SR}} \tag{3-30}$$

式中 $C=C_K\cdot V$，C 为导体热容系数 C_K 与导体体积 V 的乘积，即单位长度体积的数值与截面积的数值相同。铜的热容系数为 3.50×10^6J/(m·K)；铝的热容系数为 2.48×10^6J/(m·K)。

根据电缆截面和短路最高容许温度等条件，应用上述公式可计算出电缆容许短路电流，并应

满足系统的短路容量。

【例 3-2】 一条 35kV 电缆线路采用交联聚乙烯铜芯电缆，导体截面为 400mm²，短路前导体温度为 20℃，若系统中的短路电流为 25kA，短路时间为 3s。试问该电缆是否具有足够的短路电流热稳定性？

解：按题意知 $t_S=3s$，$\theta_0=20℃$，$\theta_{SC}=250℃$，$\alpha=0.00393℃^{-1}$，$\rho_{20}=0.01724\times10^{-6}\Omega\cdot m$；取 $\beta=93\%$，电缆截面积为 $S=A=400mm^2=400\times10^{-6}m^2$，则 $C=3.5\times10^6\times400\times10^{-6}=1400$ [J/(m·K)]。

$$R=\frac{\rho_{20}}{A}[1+\alpha(\theta_{SC}-20)]$$
$$=\frac{0.01724\times10^{-6}}{400\times10^{-6}}\times[1+0.00393\times(250-20)]$$
$$\approx0.82\times10^{-4}(\Omega/m)$$

代入公式得

$$I_{SC}=\sqrt{\frac{(\theta_{SC}-\theta_0)C}{\beta t_s R}}$$
$$=\sqrt{\frac{(250-20)\times1400}{0.93\times3\times0.82\times10^{-4}}}$$
$$\approx31.29(kA)$$

根据计算结果，该电缆容许短路电流为 31.29kA，大于系统最大短路电流，所以，该电缆具有足够的短路电流热稳定性。

3-161 什么是“绝缘回缩”？怎样消除“绝缘回缩”？

答 各种塑料、橡皮电缆［含聚氯乙烯（PVC）、聚乙烯（PE）、交联聚乙烯（XLPE）、橡皮等电缆］在电缆生产过程中，挤包电缆时内部会留有加热应力，这应力会使电缆导体附近的绝缘向绝缘体中间呈收缩趋势。当切断电缆时，就会出现电缆绝缘回缩和露出线芯的现象，这种现象称为“绝缘回缩”现象。这种电缆内部的应力会随时间缓慢地自行消除，但是往往需要很长时间才能消失。

消除电缆“绝缘回缩”的方法是在连接导线前，把两侧绝缘末端削成圆锥形（即反应力锥），把导线内屏蔽留得比常规长 10mm 左右，压接或焊接后，除去连接管表面的飞边，用汽油湿润的白布将连接管表面金属粉屑擦净，这时需先用半导电橡胶自粘带填平连接管的压坑，并用半叠绕方式包绕填平连接管与线芯半导电内屏蔽层之间的间隙，一定要认真包绕，用手压匀，不留间隙，起到均匀电场的作用。然后在连接管上半叠绕 2 层半导电带并延长至反应力锥绝缘体上 10mm，这样包缠处理，即使主绝缘回缩，一般也在 10mm 以下，屏蔽作用仍然存在。在增绕绝缘时，用自粘绝缘带包 6 层，且要拉伸至其宽度一半以半叠绕方式进行，使包上后带材具有一定的应力向内收紧，同时边缠绕边用手按绕向压紧，以排出气隙。采取上述措施后，可有效防止电缆主绝缘回缩而导致的接头击穿。

3-162 什么是绝缘强度？

答 绝缘物质在电场中，当电场强度增大到某一极限时就会被击穿，这个导致绝缘击穿的电场强度称为绝缘强度。

3-163 电缆线路为什么要加装接地引线？如何加装？

答 当电缆线路上发生击穿或流过较大电流时，金属护套（或屏蔽层）的感应电压就可能使内衬层（或内护套）击穿，引起电弧，直至将金属护套或内护套烧熔成洞。为了消除这种危害，电缆线路的接地可以在电缆线路的两终端处进行接地，其方式是在电缆金属屏蔽层和接头的外壳部位用导线和系统的接地网相连通，使电缆的内、外金属护层或屏蔽层处于系统的零地位。

3-164 为什么多根电缆并列运行时负荷分配会出现严重不均匀（不平衡）现象？

答 多根电缆并列运行时负荷分配会出现严重不均匀（不平衡）现象，甚至其中某根电缆的某一相负荷接近于零，其主要原因是终端连接部分的接点接触电阻的差异较大（尤其是户外铜铝过渡接点）。其次多根电缆本身每根电缆的阻抗值不相同。再者单芯电缆在敷设的几何位置和相序排列不相同。它们都会引起负荷分配不均匀现象。因此，设计电缆工程时，选择并列电缆要求同型号、同截面积、同结构、等长度。施工时，要求测量每条电缆的各项电气参数。运行时，要求监测每根电缆的相电流、电缆表皮温度；还要测量地温。

3-165 什么是电缆的腐蚀，分哪几类？

答 电缆的腐蚀一般是指电缆的金属护套受腐蚀，腐蚀部分的金属变成粉块状而脱离，使金属护套逐渐变薄至穿透后失去密封作用而导致绝缘受潮，经一定的时间绝缘性能逐步下降，在运行中或预防性试验中，就形成电缆线路的故障。电缆的腐蚀有化学腐蚀和电解腐蚀两种。

3-166 如何避免电缆腐蚀？

答 在设计电缆线路时，做好调查工作，选择无腐蚀性的地带进行敷设。在不可避免的有腐蚀作用的环境中敷设电缆线路时，应采用防腐蚀电缆，可采用挤塑外护套的电缆产品或者建设电缆隧道等方法防止电缆遭受腐蚀。电缆线路投运后，发现电缆线路上有化学腐蚀物渗入时，应寻找化学腐蚀物的所属单位，做好保护地下电力设施的措施，同时应对电缆做检查和对环境做化学分析，从而确定损害程度和防治方法。

3-167 电缆防火有哪些措施？

答 （1）采用阻燃电缆。

（2）采用防火电缆托架。

（3）采用防火涂料。

（4）主控制室出口电缆沟处、电缆沟变径处堵塞防火包，长距离电缆沟要分段堵塞防火材料。

（5）电缆隧道、夹层出口等处设置防火隔墙、防火挡板、防火包。

（6）架空电缆应避开油管道、防爆门，否则应取局部穿管或有隔热防火措施。

3-168 电缆穿墙孔洞应采取什么防火措施？

答 电缆穿墙孔洞应采用防火封堵材料组合封堵，封堵厚度宜与墙体相同。

3-169 电缆进入盘、柜、屏、台的孔洞应采取什么防火措施？

答 电缆进入盘、柜、屏、台的孔洞应采用防火封堵材料、防火隔板和电缆防火涂料等防火材料组合封堵。

3-170 电缆夹层面积大于 300m² 应采取什么防火措施？

答 电缆夹层面积大于 300m² 应进行防火分隔处理，防火分隔宜采用设阻火段的方法。

3-171 直流电源、报警、事故照明、双重化保护等重要回路，电缆穿墙孔洞应采取什么防火措施？

答 直流电源、报警、事故照明、双重化保护等重要回路，若采用非耐火型电缆，宜敷设在防火槽盒或防火桥架内保护。

3-172 敷设施工时，作用在电缆上的有哪几种机械力？

答 在电缆敷设施工时，作用在电缆上的机械力有三种：牵引力、侧压力和扭力。这三种机械力都不得超过所容许的数值，否则电缆可能会受到损伤，这是电缆敷设控制质量的一个重要参数。

1. 牵引力

牵引力是敷设电缆施工时为克服摩擦阻力，作用在电缆被牵引方向的拉力。当电缆端部安装上牵引端时，牵引力主要作用在金属导体上，不会轻易作用在金属护套和铠装上。但垂直方向敷设的电缆（如竖井电缆和水底电缆），其牵引力主要作用在铠装上。

电缆导体的容许牵引力，一般取导体材料抗拉强度的 1/4 左右，铜导体容许牵引应力为 70MPa，铝导体容许牵引应力为 40MPa。自容式充油电缆的容许牵引力还要受不使油道发生永久变形的限制，不论电缆截面积大小，不使油道发生永久变形的容许最大牵引力为 27kN。

用钢丝网套牵引塑料电缆，如无金属护套，则牵引力作用在塑料护套和绝缘层上。塑料护套最大容许牵引应力为 7MPa。

2. 侧压力

作用在电缆上与其导体呈垂直方向的压力称为侧压力。侧压力主要发生在牵引电缆时的弯曲部分，如电缆线路在转角处的滚轮、弧形滑槽或敷设水底电缆用的入水槽等处。经圆弧形滑槽的侧压力计算公式为 $P=T/R$，从公式中可看到侧压力 P 的大小，与牵引力 T 成正比，与弯曲半径 R 成反比。控制侧压力的重要性在于：一是避免电缆外护层遭受损伤，二是避免电缆在转弯处被压扁。自容式充油电缆受到过大的侧压力时，还会导致油道永久变形。容许侧压力的数值与电缆结构有关。油浸纸绝缘电缆容许侧压力为 7kN/m。有塑料外护套的电缆，为避免外护套在转弯处遭受刮伤，其容许侧压力规定为 3kN/m。

3. 扭力

作用在电缆上，对电缆产生的一种旋转机械力称为扭力。如果扭力超过一定限度，可能造成电缆绝缘与护层的损伤，有时积聚在电缆上的扭力，还会使电缆打成“小圈”。

电缆所受的扭力有以下两种情况：

（1）用钢丝绳牵引电缆，在达到一定拉力时，钢丝绳会出现退扭现象，钢丝绳的退扭力作用在电缆上使其产生扭力。为了及时消除这种扭力，在电缆牵引头前加装一个防捻器，防捻器的一侧，当受到扭转力矩时可以转动，从而消除钢丝绳或电缆的扭转应力。

（2）海底电缆在工厂装船时，电缆从直线状态转变为圈形状态，对电缆产生旋转机械力。在敷设施工时，从圈形状态转变为直线状态时会释放储存的扭转力，产生另一种旋转机械力——退扭力。为了控制作用在电缆上的扭力，使其在容许范围之内，必须做到：在呈圈形装船时，圈形周长单位长度扭转角应不大于25（°）/m。敷设施工时，在船上应安装退扭架，其高度应不小于圈形内圈周长或者外圈直径。

3-173 什么是电缆的牵引端？

答 电缆牵引端是安装在电缆首端供牵引电缆用的一种金具。它的作用是将牵引钢丝绳的拉力，传递到电缆的导体和金属护套。同时，它又是电缆端部的密封套头，因此，牵引端既能承受电缆牵引时的拉力，又具有与金属护套、金属封套相同的良好密封性能。有的牵引端的拉环可以转动，牵引时有退扭作用。如果拉环不能转动，则需连接一个防捻器。

高压电缆的牵引端，通常由制造商在电缆出厂前安装好。用于不同电缆结构上的牵引端，其式样不尽相同。

3-174 为什么油纸绝缘电缆要做直流耐压试验？

答 油纸绝缘电缆线路的预防性试验和交接试验，目前仍然以直流耐压试验为主。直流耐压试验和交流耐压试验相比，具有以下优点：

（1）试验设备的容量小、质量轻，便于携带。

（2）避免交流高电压对电缆油纸绝缘的永久性破坏作用。

（3）由于直流电压与被试体的电阻率成正比分布，绝缘完好时，电阻率较高的绝缘油承受较高试验电压，电场分布较合理，不会造成新的绝缘损伤；当绝缘存在局部缺陷时，大部分试验电压将施加在电阻率相对高的绝缘完好部分，随着缺陷的发展，绝缘完好部分承受的电压随之加大，直至击穿，因而有利于绝缘缺陷的发展。

（4）电缆直流耐压试验时，电缆导体接负极。这时如果电缆绝缘中有水分存在，将会因电渗透作用使水分子从表层移向导体，发展成为贯穿性缺陷，易于在试验电压下击穿，因而有利于发现电缆绝缘缺陷。

（5）绝缘击穿与电压作用时间的关系不大，一般缺陷在加压后几分钟内可以发现，因此电缆预防性试验规定的加压时间为5min，试验相对较短。

3-175 为什么交联聚乙烯等挤包绝缘电缆不宜做直流耐压试验？

答 （1）交联聚乙烯等挤包绝缘电缆的缺陷在直流电压下不容易被发现。由于直流电压下的电场强度按介质的体积电阻率分布，交联聚乙烯等挤包绝缘电缆的介质属于整体式结构，绝缘内的水分、杂质分散而且分布不均匀，介质内不易形成贯穿性通道。另外，直流耐压试验时会有电子注入到聚合场中使介质内部形成空间电荷，使该处电场畸变，电场强度降低，使交联聚乙烯绝缘在直流电压下具有较高的放电起始电压和较慢的放电通道增长速度，使绝缘不易击穿，造成不易发现电缆的缺陷。

（2）交联聚乙烯在直流耐压试验时不但不能有效发现绝缘缺陷，而且因为直流试验会导致交联聚乙烯绝缘内部形成空间电荷与积累效应，造成绝缘损伤。“水树枝”老化现象在交流电场下发展非常缓慢，电缆在很长时间里能保持较高的耐电水平，但是在直流试验电压下，交联聚乙烯电缆绝缘层中的“水树枝”会转变成为电树枝，从而加速绝缘老化，以致重新投入运行后发生绝缘击穿事故。如果不进行直流耐压试验，却能维持较长时期的正常运行。

（3）对于高电压的交联聚乙烯绝缘电缆，直流耐压试验不能反映整条线路的绝缘水平。在直流电压下，由于温度和电场强度的变化，交联聚乙烯绝缘层的电阻率会随之发生变化。绝缘层各处电场强度的分布因温度不同而各异，同样厚度下的绝缘层，因为温度升高而击穿水平降低，这种现象还与绝缘层的厚度有关，厚度越大这种现象越严重。因此，对交联聚乙烯电缆特别是高压等级的交联聚乙烯电缆不宜做直流耐压试验。

3-176 电缆在运行时容易出现哪些问题？

答 电缆在运行时，多出现以下问题：

（1）电缆护层绝缘发生故障，造成多点接地，从而产生护层循环电流，增加护套的损耗，影响电缆的载流能力，严重时甚至使电缆严重发热而烧毁。

（2）电缆隧道运行环境发生变化，出现沟道积水等情况。

（3）电缆铜屏蔽、接地箱及引线被盗。

3-177 接户线和进户线有何区别？

答 接户线和进户线在概念上是有区别的。接户线在现行行业标准 DL/T 5220—2005《10kV 及以下架空配电线路设计技术规程》的第 14.0.1 条明确规定：接户线是指 10kV 及以下配电线路与用户建筑物外第一支持点之间的架空导线。接户线、进户线在现行行业标准 DL/T 499—2001《农村低压电力技术规程》的第 9.1 条明确规定：

用户计量装置在室内时，从低压电力线路到用户室外第一支持物的一段线路为接户线；从用户室外第一支持物至用户室内计量装置的一段线路为进户线。用户计量装置在室外时，从低压电力线路到用户室外计量装置的一段线路为接户线；从用户室外计量箱出线端至用户室内第一支持物或配电装置的一段线路为进户线。进户线是接户线的延续线。

3-178 设置接户线时有哪些要求？接户线的进线处离开地面的高度应该多大？

答 凡用以引入户外线路的装置，包括木杆、混凝土杆、进户线、进户套管等，均称为进户装置。

1. 低压接户线、进户线装置的一般要求

（1）接户线的相线和中性线或保护中性线应从同一基电杆引下，其档距不应大于 25m，超过 25m 时，应加装接户杆，但接户线的总长度（包括沿墙敷设部分）不宜超过 50m。

（2）接户线与低压线如为铜线与铝线连接，应采取加装铜铝过渡接头的措施。

（3）沿墙敷设的接户线以及进户线两支持点的距离，不应大于 6m。

（4）接户线和室外进户线最小线间距离一般不小于下列数值：自电杆引下为 150mm，沿墙敷设为 100mm。

（5）接户线两端应绑扎在绝缘子上。

（6）接户线和进户线的进户端对地面的垂直距离不宜小于 2.5m。

（7）接户线和进户线对公路、街道和人行道的垂直距离，在导线最大弧垂时，不宜小于下列数值：公路路面为 6m；通车困难的街道、人行道为 3.5m；不通车的人行道、胡同为 3m。

（8）接户线、进户线与建筑物有关部分的距离不宜小于下列数值：与下方窗户的垂直距离为 0.3m；与上方阳台或窗户的垂直距离为 0.8m；与窗户或阳台的水平距离为 0.75m；与墙壁、构架的水平距离为0.05m。

(9) 接户线、进户线与通信线、广播线交叉时，其垂直距离不应小于下列数值：接户线、进户线在上方时为0.6m；接户线、进户线在下方时为0.3m。

(10) 进户线穿墙时，应套装硬质绝缘管，电线在室外应做滴水弯，穿墙绝缘管应内高外低，露出墙壁部分的两端不应小于10mm；滴水弯最低点距地面小于2m时，进户线应加装绝缘护套。

(11) 进户线与弱电线路必须分开进户。

2. 进户方式的安装选择

进户点选择妥当后，采取什么方式进户必须视实际情况而定。根据DL/T 499—2001《农村低压电力技术规程》规定，低压接户线的对地距离不应大于2.5m，考虑进户导线0.2m的裕度，因此进户点离地高度应为2.7m。

(1) 对于进户点高于2.7m的，应强调采用绝缘线穿套管进户。

(2) 对于2.7m高度的进户点，应加装进户杆，以硬料管、钢管穿绝缘线或以塑料护套线穿瓷套管进户。硬塑料管耐酸、耐碱性能较好，用它代替钢管，可以节约大量钢材。近年来的实践证明，硬塑料管施工也较钢管方便。

(3) 对于高于2.7m的进户点，由于某些原因，如因窗口的关系，接户线放不到窗垂直距离0.05m以内时，导线必须穿硬塑料管敷设。

3-179 低压接户线在跨越街道时要架设多高为宜？接户线在选择导线截面时应满足什么条件？

答：接户线在最大弧垂时对路面的中心垂直距离不应小于下列数值：交通要道为6m，交通困难的街道和一般胡同为3.5m；接户线不宜跨越建筑物，必须跨越时，对建筑物最高点的垂直距离不应小于2.5m，接户线与树枝最小净空距离不应小于300mm；接户线与配电线路的尖角在45°及以上时，应在配电线路的电杆上装设横担；接户线不得从档距中间悬空连线，横担长度应满足线间距离的要求，一般不小于150mm，接户线的中性线与相线交叉时，应采用绝缘套管隔离。接户线应采用耐压为500V以上的绝缘导线，且不应有接头；接户线的导线截面可根据用电负荷大小来确定，但其最小截面不小于下列数值：铜线为2.5mm^2，多股铝绝缘导线为10mm^2；接户线的档距不宜超过25m，对于偏僻地区不应超过40m。

3-180 选用单相进户线与三相进户线的根据是什么？

答：选用单相进户线与三相进户线的根据是负荷的大小。一般功率在10kW以下的用户采用单相接户线。单相10kW功率的电流达45A，一般最大单相电能表的额定电流为40A（当今亦有额定电流为60A的单相电能表生产）。功率10kW以上负荷若用单相供电，单相供电线路功率损耗太大，不符合节能要求也不符合经济性，其次单相线路的电压损失太大，不能保证电能质量；功率在10kW以上的用户采用三相接户线。

3-181 什么是明敷设？什么是暗敷设？

答：凡导线直接或者在管子、线槽等保护体内，敷设于墙壁、顶棚的表面及桁架、支架等处叫做明敷设。凡导线在管子、线槽等保护体内，敷设于墙壁、顶棚、地坪及楼板等内部，或者在混凝土板孔中敷设导线叫做暗敷设。

3-182 导线的敷设方式有哪几种？

答 (1) 明敷设的方式：①沿钢索布线 SR；②沿屋架或层架下弦布线 BE；③沿柱敷设 CLE；④沿墙敷设 WE；⑤沿天棚敷设 CE；⑥在能进人的吊顶内敷设 ACE。

(2) 暗敷设的方式：①敷设于梁内 BC；②敷设于柱内 CLC；③敷设在屋面内或顶板内 CC；④敷设在地面内或地板内 FC；⑤敷设在不能进人的吊顶内 AC；⑥敷设在墙内 WC。

(3) 穿管敷设的方式：①用轨型护套线敷设 DB；②用塑制线槽敷设 PR；③用硬质塑料管敷设 PC；④用半硬塑料管敷设 FEC；⑤用可挠型塑料管敷设 KPC；⑥用薄电线管敷设 TC；⑦用厚电线管敷设；⑧用水煤气钢管敷设 SC；⑨用金属线槽敷设 SR；⑩用电缆桥架或托盘敷设 CT。

(4) 夹板敷设的方式：①用瓷夹敷设 PL；②用塑制夹敷设 PCL；③用蛇皮管敷设 CP。

(5) 用瓷瓶式或瓷柱式绝缘子敷设 K。

3-183 导线穿管明敷设有何具体规定？

答 室内照明线路采用明管配线时，要符合以下规定：

(1) 明管配线，钢管壁厚不应小于 1.0mm；装于潮湿、易腐蚀场所的明管，以及埋在混凝土内的暗管，钢管壁厚不应小于 2.5mm，管壁应经过除锈和防腐处理。

(2) 采用硬塑料管配线时，明敷设管壁厚不应小于 2mm，暗敷设管壁厚不应小于 3mm。在易燃、易爆场所，明敷设时，禁止使用硬塑料管配线。

(3) 钢管或硬塑料管的管径选择，管内导线截面积总和（包括绝缘层）不应超过管子有效面积的 40%，最小管径不应小于 13mm。

(4) 管子转角处的弯曲半径，一般不小于管子外径的 6 倍。敷设于混凝土内时，其弯曲半径不应小于管子外径的 10 倍。管子的弯曲角度不应小于 90°。

(5) 明管采用管卡固定。钢管管卡间的距离一般不大于 2.5m，当管子外径大于 50mm 时，管卡间的距离可不大于 3.5m。硬塑料管管卡间的距离，管径在 20mm 以下时为 1m，管径在 20～40mm 时为 1.5m，管径在 40mm 以上时为 2m。

(6) 钢管与钢管之间或钢管与接线盒之间，一般采用丝扣连接。硬塑料管之间可采用套接或焊接。

(7) 采用钢管布线时，同一管路的导线必须穿在一根管内。不同电压的回路，禁止同管敷设，管内导线不得有接头。

(8) 采用钢管或硬塑料管配线，遇有下列情况时，均应加装中间分线盒或接线盒：①无转角时，在管线全长每 30m 处；②有一个转角时，在每 20m 处；③有两个转角时，在每 12m 处；④有三个转角时，在每 8m 处。

3-184 怎样用瓷夹板布线？

答 瓷夹板布线仅适用于 $6mm^2$ 以下的小截面绝缘导线，一般应用在干燥房屋、小型工厂及类似房屋内敞露场所。当前很少采用这种方法布线，此工艺投资虽然省，但人工费用高，基本被淘汰。

3-185 采用绝缘子敷线时，绝缘子间距及导线间距有何规定？

答 (1) 瓷柱式绝缘子配线时，导线线间最小距离及固定点间最大距离见表 3-22。

表 3-22　　瓷柱式绝缘子（珠）配线的线间及固定点的允许距离　　单位：mm

导线截面/mm²	瓷柱型号	线间最小距离	固定点最大间距
1.5～46～10	G38（296＃） G50（294＃）	100 100	1200～1500 1500～2500

（2）瓷绝缘子配线时，导线间最小距离及固定点间最大距离见表 3-23。

表 3-23　　瓷绝缘子配线的线间及固定点间的允许距离　　单位：mm

导线截面/mm²	瓷柱型号	线间最小距离	固定点最大间距
6～16	PD-1-3	100	6000
25～35	PD-1-2	100～150	6000
50～95	PD-1-1	150	6000

（3）室内沿墙壁、顶棚支持件固定点距离见表 3-24。

表 3-24　　室内沿墙壁、顶棚支持件固定点距离

导线	线芯截面积/mm²	最大允许距离/mm
瓷柱（珠）配线	1～4	1500
	6～10	2000
瓷瓶配线	16～25	2000～2500
	35～70	3000～6000
	95～120	3000～6000

3-186 导线穿管敷设时有哪些具体要求？

答 金属管布线和硬质塑料管布线的管道较长或转弯较多时，宜适当加装拉线盒和加大管径；两个拉线点之间的距离应符合下列规定：

（1）对无弯管路时，不超过 30m。

（2）两个拉线点之间有一个转弯时，不超过 20m。

（3）两个拉线点之间有两个转弯时，不超过 15m。

（4）两个拉线点之间有三个转弯时，不超过 8m。

3-187 采用金属管明敷设时，固定点的间距有何规定？

答 采用金属管明敷设时固定点的间距应符合表 3-25 的规定。

表 3-25　　金属管明敷设时固定点的最大间距

金属管种类	金属管公称直径/mm			
	15～20	25～32	40～50	70～100
	最大间距/m			
钢管	1.5	2.0	2.5	3.5
电线管	1.0	1.5	2.0	—

金属线应用卡子固定。这种固定方式较为美观，且在需要拆卸时，方便拆卸。有设计要求时，应按设计规定施工；无设计要求时，最大间距不应超过 3m。在距接线盒口处，用管卡将管

子固定；在弯头的地方，弯头两边也应用管卡固定。

3-188 电线管路与热水管、蒸汽管同侧敷设时有何要求？

答 低压配电设计中电线管与热水管、蒸汽管同侧敷设时相互间的净距规定有：

(1) 当电线管敷设在热水管下面时为0.2m，在上面时为0.3m；

(2) 当电线管敷设在蒸汽管下面时为0.5m，在上面时为1m。

当不能满足上述要求时，应采取隔热措施。对有保温措施的蒸汽管，上下净距均可减至0.2m。电线管与其他管道（不包括可燃气体及易燃、可燃液体管道）的平行净距不应小于0.1m。当与水管同侧敷设时，宜敷设在水管的上面。管线互相交叉时的距离，不宜小于相应上述情况的平行净距。

3-189 什么场合用硬塑料管？

答 PVC-U、PP、ABS、PAP属于硬塑料管，它们的力学性能相对较高，被视为“刚性管”，多在照明线路的明敷设中使用。

3-190 采用硬塑料管暗敷设时要注意什么？

答 硬塑料管的管路暗敷设要注意以下几点：

(1) 现浇混凝土墙板内管路暗敷设。管路应敷设在两层钢筋中间，管进盒、箱时应煨成灯叉弯，管路每隔1m处用镀锌铁丝绑扎牢，弯曲部位按要求固定，往上引管不宜过长，以能煨弯为准；向墙外引管可使用“管帽”预留管口，待拆模后取出“管帽”再接管。

(2) 滑升模板敷设管路时，灯位管可先引至牛腿墙内，滑模过后支好顶板，再敷设管至灯位。

(3) 现浇混凝土楼板管路暗敷设。根据建筑物内房间四周墙的厚度，弹十字线确定灯头盒的位置，将端接头、内锁母固定在盒子的管孔上，使用顶帽护口堵好管口，并堵好盒口，将固定好盒子，用机螺钉或短钢筋固定在底筋上。接着敷管，管路应敷设在弓筋的下面、底筋的上面，管路每隔1m用镀锌铁丝绑扎牢。引向隔断墙的管子可使用“管帽”预留管口，拆模后取出管帽再接管。

(4) 预制薄型混凝土模板管路暗敷设。确定好灯头盒位置尺寸，先用电锤在板上面打孔，然后在板下面扩孔，孔大小应比盒子外口略大一些。利用高桩盒上安装好的卡铁（轿杆）将端接头、内锁母固定在盒子孔处，并将高桩盒用水泥砂浆埋好，然后敷设管路。管路保护层应不小于80mm为宜。

(5) 预制圆孔板内管路暗敷设。电工应及时配合土建，在吊装圆孔板时，敷设管路。在吊装圆孔板时，及时找好灯位位置尺寸，打灯位盒孔，接着敷设管路。管子可以从圆孔板板孔内一端穿入至灯头盒处，将管固定在灯头盒上，然后将盒子用卡铁放好位置，同时用水泥砂浆固定好盒子。

(6) 灰土层内管路暗敷设。灰土层夯实后进行挖管路槽，接着敷设管路，然后在管路上面用混凝土砂浆埋护，厚度不宜小于80mm。最后进行扫管穿带线：①对于现浇混凝土结构，如墙、楼板应及时进行扫管，即随拆模随扫管，这样能够及时发现堵管不通现象，便于处理。可以在混凝土未终凝时，修补管路。②对于砖混结构墙体，在抹灰前进行扫管，有问题时修改管路，便于土建修复。经过扫管后确认管路畅通，及时穿好带线，并将管口、盒口、箱口堵好，加强成品配管保护，防止出现二次堵塞管路现象。

3-191 采用硬塑料管明敷设时，其固定点间距及管道之间最小距离应该多大？

答 采用硬塑料管明敷设时，支架、吊架及敷设在墙上的管卡固定点及盒、箱边缘的距离为

150～300mm，管路中间固定点的距离见表 3-26。

表 3-26 管路中间固定点间距 单位：mm

支架管径	间距		允许偏差
	垂直	水平	
20	1000	800	30
25～40	1500	1200	30
50	2000	1500	

3-192 不同数量和线径的导线穿管时，宜选用多大直径管子？

答 不同数量导线穿管时和根数（线径）的配合关系，应符合表 3-27 的规定。

表 3-27 不同数量导线穿管时和根数（线径）的配合关系

导线根数 / 线管直径 / 导线截面/mm^2	2 根	3 根	4 根
2.5	15	15	20
4	15	20	20
6	20	20	25
10	20	25	32
16	25	32	32
25	32	40	40
35	32	40	50
50	40	50	50
70	50	70	70
95	70	70	80
120	70	80	80

3-193 什么是钢索布线？

答 凡是在钢索上吊装灯具、绝缘子、瓷夹、钢管、塑料管、铅皮线、塑料护导线、橡皮软电缆等的均叫做钢索布线。钢索布线的方法多应用于较高大的厂房或工作经常移动的设备的供电线路布线。同时，亦用来吊装照明灯具。钢索布线分水平钢索布线和垂直钢索布线两种。

3-194 钢索布线应满足哪些基本条件？

答 钢索布线应满足以下基本条件：

（1）钢索布线要求美观、牢固。水平敷设导线不应低于 2.5m。

（2）钢索两端可固定在墙上或金属构架上，并加装花篮螺栓调节松紧。

（3）绝缘导线、塑料护导线、橡皮软电缆等在钢索上可用瓷柱、绝缘子和钢管固定。

（4）绝缘导线、塑料护导线、橡皮软电缆等经过专制瓷柱、绝缘子和钢管固定专用卡，悬吊在钢索上布线。

钢索布线有专门的定型设计，供大家选用，可到各省标准站选用购买。

3-195 板孔布线与半硬塑料管布线适合什么场合使用?

答 板孔布线与半硬塑料管布线适合使用的场合如下：

(1) 半硬塑料管及预制的混凝土板孔布线适用于正常环境一般室内场所，潮湿场所不应采用。

(2) 半硬塑料管布线应采用难燃平滑塑料管及塑料波纹管。

(3) 建筑物顶棚内，不宜采用塑料波纹管。塑料护套电线及塑料绝缘电线在混凝土板孔内不得有接头，接头应在接线盒内进行。

(4) 半硬塑料管布线宜减少弯曲，当线路直线段长度超过 15m 或直角弯超过三个时，均应装设拉线盒。

在现浇钢筋混凝土中敷设半硬塑料管时，应采取预防机械损伤的措施。

3-196 板孔穿线应该采用什么导线?

答 预制混凝土板孔穿线应采用塑料护套电线或塑料绝缘电线穿半硬塑料管敷设。

3-197 半硬塑料管布线与板孔穿线如何配合?

答 半硬塑料管布线与板孔穿线的配合：

(1) 预制混凝土板孔走塑料护套电线，墙面内走塑料绝缘电线穿半硬塑料管暗敷设；

(2) 地面现浇混凝土中走暗敷设半硬塑料管布线。

3-198 半硬塑料管有哪些规格?

答 由于塑料材质的不同，半硬塑料管有十余种，我们仅以常用的 CPVC 高压电力电缆护套管材为例。

CPVC 高压电力电缆护套管材以耐热、绝缘性能优异的 CPVC 树脂为主要材料，CPVC 制品是目前公认的绿色环保产品，其优异的物化性能越来越受到行业的重视。CPVC 高压电力电缆护套管材是硬直实壁管，内、外壁光滑平整，颜色呈橘红色，色泽明亮、醒目，较普遍的 UPVC 双壁波纹管耐热温度提高了 15℃，能在 93℃以上的环境下保持不变形，且具有足够的强度。产品能经受 30000V 以上的高电压，环刚度达到 10kPa，明显高于国家有关部门对于埋地塑料管的要求，该材料良好的低温冲击性使其在 0℃温度下能经受 1kg 重锤，2m 高度的冲击力。由于它的氯含量明显高于 PVC，所以阻燃性和烟密度指数更有明显的提高。埋地式高压电力电缆保护管质量轻、强度高、施工敷设方法简捷，能实现夜间开挖埋设，回填路面，白天可以照常通车；采用弹性密封橡胶圈承插式连接，安装连接方便、快捷、连接密封性能良好，能防止地下水的渗漏，有效保护电力电缆的使用安全。因 CPVC 材料耐腐蚀、抗老化，所以其使用寿命可长达 50 年以上。CPVC 电力管的实体见图 3-11。CPVC 电力管规格型号见表 3-28。

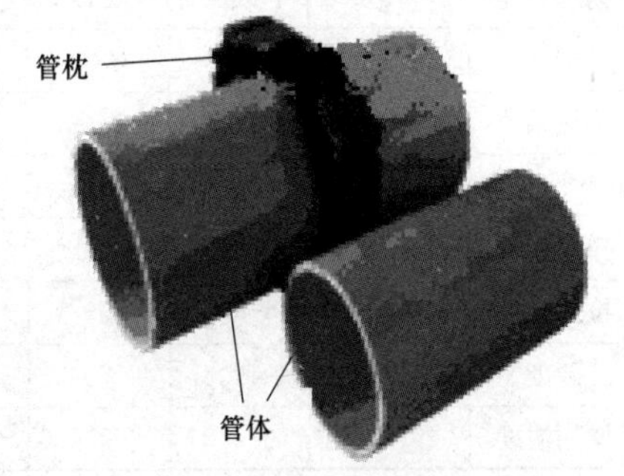

图 3-11　CPVC 电力管实体图

CPVC 电力管广泛用于城市电网建设和改造，城市市政改造工程，民航机场工程建设，工程园区、小区工程建设等领域。

表 3-28　　CPVC电力管规格型号　　单位：mm

规格	公称外径	壁厚	基本内径
DLG90×3.0	90	3.0	84
DLG110×4.0	110	4.0	102
DLG110×5.0	110	5.0	100
DLG125×5.0	125	5.0	115
DLG139×5.0	139	5.0	129
DLG160×5.0	160	5.0	150
DLG167×6.0	167	6.0	155
DLG167×8.5	167	8.5	150
DLG200×8.5	200	8.5	183
DLG219×8.5	219	8.5	202

3-199 硬塑料管有什么物理性能？

答 塑料管的物理性能影响管道的方式、用途、补偿措施和管道保温等方面。

（1）PVC-U、PP、ABS、PAP的力学性能相对较高，被视为“刚性管”，明装较好。反之，PE、PE-X、PB作为“柔性管”，适合暗敷设。

（2）塑料管的使用温度及耐热性能决定了PVC-U、PE、ABS、PAP仅能用于冷水管，而PE-X、PP、PB、XPAP可作为热水管。当建筑物有热水供应系统且冷热水采用统一管材时，耐热性能成为主要指标。

（3）塑料管因热膨胀系数高，在塑料管路中尤其是作为热水管，采用柔性接口、伸缩节或各种弯位等热补偿措施较多。其中以PE、PP等聚烯烃类为最。施工安装时如果对此没有足够重视，并采取相应技术措施，极易发生接口处因伸缩节而拉脱的问题。

（4）由于导热系数低，塑料管的绝热保温性能优良，进而可减少保温层的厚度，甚至无须保温。不同塑料管之间绝热性的比较除导热系数外，还同它们各自的管壁厚度有关。塑料管的物理性能和铝塑复合管、钢管、铜管的比较见表3-29。

表 3-29　　塑料管的物理性能和铝塑复合管、钢管、铜管的比较

物理性能	单位	PVC-U	PE	PE-X	PP	PB	ABS	PAP	钢	铜
密度	g/cm	1.50	0.95	0.95	0.90	0.93	1.02	—	7.85	8.89
导热系数	w/mk	0.16	0.48	0.40	0.24	0.22	0.26	0.45	50	400
热膨胀系数	mm/(m℃)	0.07	0.22	0.15	0.16	0.13	0.11	0.36	0.012	0.018
弹性模量	MPa	3000	600	600	900	350	2500	—	210000	110000
拉伸强度	MPa	40	25	>25	28	17	40	—	700	150
硬度	R	120	70	—	100	60	—	—	230HB	—
使用温度	℃	0～60	−60～60	−60～95	−20～95	−20～95	−20～80	−60～95	—	—

注　PAP（PEX-AL-PEX）表示铝塑复合管，交联铝塑复合管为XPAP。

3-200 什么是安全滑触线？

答 安全滑触线是为380/220kV移动设备（主要是行车、吊车及自动流水生产线）提供电力的一种“特殊安全导电母线”。

3-201 安全滑触线由什么装置构成？

答 安全滑触线由导管、受电器两个主要部件及一些辅助组件构成。

（1）导管是一根半封闭的异形管状部件，是滑触线的主体部分。其内部可根据需要嵌高3～16根裸体导轨作为供电导线，各导轨间相互绝缘，从而保证供电的安全性，并在带电检修时有效地防止检修人员触电事故。

（2）受电器是在导管内运行的一组电刷壳架，由安置在用电机构（行车、小车、电动葫芦等）上的拨叉（或牵引链条等）带动，使之与用电机构同步运行，将通过导轨、电刷的电能供到电动机或其他控制元件。受电器电刷的极数有3～16极，与导管中导轨极数相对应。

安全滑触线外壳由高绝缘性能的工程塑料制成。外壳防护等级可根据需要达IP13、IP55级，能防护雨、雪和冰冻袭击以及吊物触及。

3-202 安全滑触线应用在哪些场合？

答 安全滑触线可用于电动葫芦、电动梁式和桥式起重机；堆垛机、机电产品的自动检测线，自动化生产线，移动式电动工具和其他移动受电设备，以及厂矿、车间、办公场所内固定敷设母线槽。

3-203 滑触线的辐射应考虑哪些问题？

答 滑触线的辐射应考虑两个问题：第一个是热辐射问题，滑触线工作时通过大电流，必然产生热辐射，引起周围环境温度升高，因此要求考虑通风散热的问题；第二个是电磁辐射问题，交流滑触线虽然通过大电流，由于它的频率是50Hz，不可能产生很强的电磁辐射，不会产生安全问题。

3-204 什么是母线槽？

答 母线槽是导线系统形式的通过型式试验的成套设备。导线系统由母线构成，这些母线在走线槽或类似的壳体中，并由绝缘材料支撑或隔开。母线槽可为交流三相三线制、三相四线制、三相五线制，频率50～60Hz，电压至400V，额定工作电流为250～5000A，主要作为工矿、企事业和高层建筑中新型供配电设备。

带插口的母线槽，通过插接头箱或插接开关箱，能很方便地引出电源分支路。母线槽具有体积小、结构紧凑、传输电流大、维护方便等优点。

3-205 封闭母线槽有哪几种类型？

答 封闭母线槽按结构形式分有以下几种类型：空气绝缘母线槽、密集绝缘母线槽、外壳加强型绝缘母线槽、分置式母线槽、圆筒形母线槽、无金属外壳全封闭树脂浇注母线槽。

母线槽按用途分有以下几种类型：配电用母线槽和照明用母线槽。

封闭母线槽主要类型见图 3-12。

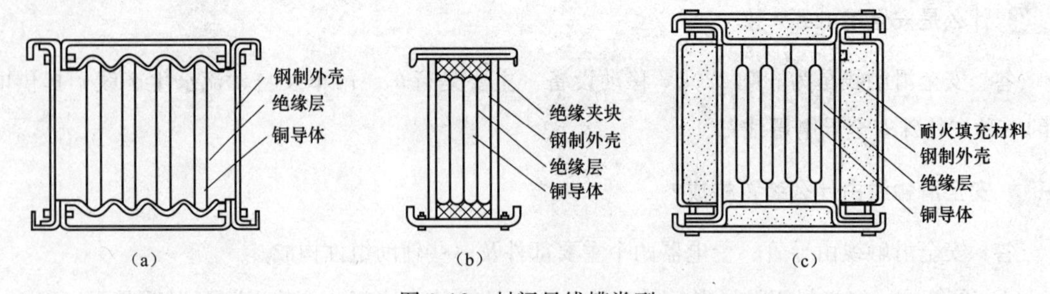

图 3-12 封闭母线槽类型

(a) 空气式母线槽；(b) 高强度密集型母线槽；(c) 耐火型封闭式母线槽

3-206 什么是密集绝缘母线槽？

答 密集绝缘母线槽是将裸母线用绝缘材料覆盖后，紧贴通道壳体放置的母线槽。

3-207 什么是空气绝缘母线槽？

答 空气绝缘母线槽是将裸母线用绝缘材料覆盖，并用绝缘衬垫隔开后支承在壳体内，不仅靠绝缘物绝缘，同时也靠空气介质绝缘的母线槽。

3-208 什么是外壳加强型绝缘母线槽？

答 外壳加强型绝缘母线槽是将裸母线用绝缘材料覆盖并分置在波形加强壳体内，母线窄边与壳体紧贴的母线槽。

3-209 什么是分置式母线槽？

答 分置式母线槽是通常由铜管制成的裸母线分置在相互分隔的塑料绝缘壳体内的母线槽。

3-210 什么是圆筒形母线槽？

答 圆筒形母线槽是通常由铜管制成的裸母线用绝缘衬垫支承，分置固定在钢管内的母线槽。

3-211 什么是防喷水耐火型母线槽？

答 防喷水耐火型母线槽是在规定的时间内和温度下具有一定耐火性能，又能防消防喷水的母线槽。

3-212 什么是无金属外壳全封闭树脂浇注母线槽？

答 无金属外壳全封闭树脂浇注母线槽是将裸母线分置在壳体内，用复合树脂整体（包括接头）浇注并固化成一体的无金属外壳的母线槽。

3-213 什么是超长母线槽？

答 超长母线槽是直段长度大于 6m 的母线槽。一般母线槽直线段的长度不超过 4m。

3-214 如何选择母线槽？

答 选择母线槽的方法如下：

（1）选用母线槽时应综合考虑使用环境（污染情况，防火、防水、防爆要求，散热条件等）、负载性质（电流冲击程度）、经济截面、安装条件等因素。

（2）母线槽应选用具有3C强制认证标记的产品，并有型式试验报告。

（3）母线槽的冲击浪涌电压值，应符合现行国家标准的规定。

（4）母线槽的外壳防护等级应符合下列规定：

1）室内专用洁净场所，采用IP30及以上等级。

2）室内普通场所，采用不低于IP40等级。

3）室内有防溅水要求的场所，采用不低于IP54等级。

4）室内潮湿场所或有防喷水要求的场所，采用IP65及以上等级。

5）有防腐蚀要求的场所或室外，采用IP65等级的无金属外壳的全封闭树脂浇注母线槽。

（5）母线槽水平安装，且支架能根据需要设置时，宜采用长度为3m左右的母线槽。当支架间距为6m及以上时，应选用超长母线槽。

（6）当母线槽在不同形状的建筑中沿平面安装时，宜选用外壳为矩形的母线槽。当沿圆弧面安装时，应选用无金属外壳树脂浇注母线槽或圆筒形母线槽。

（7）当电流为100A及以下时，应选用分置型或空气型母线槽。对大电流容量宜选用密集型或树脂浇注母线槽。

（8）当母线槽垂直安装时，宜选用密集绝缘或树脂浇注母线槽，且绝缘材料应采用适用于长期工作温度不低于130℃的材料，当选用空气绝缘母线槽时，母线槽壳体内每单元间应设置阻火隔断。

（9）当用于应急电源时，应选用耐火且防喷水的母线槽。

3-215 母线槽与电缆比较具有什么优点？

答 母线槽与电缆比较，具有以下优点：

（1）可满足最大5000A额定电流，而电缆需多根并联。

（2）LD型5000A母线槽的截面仅为（240×180）mm^2，占用空间少，节约了空间，而多根电缆需要很大的空间和走廊。

（3）母线槽可在离设备最近的位置进行控制，而电缆必须在配电室控制。

（4）母线槽配有标准的安装支架，无须其他支撑；电缆必须用单独的桥架或管、沟道进行敷设。

（5）母线槽寿命可达50年，并可重复使用；而电缆寿命较短，为10～15年，且不可以重复使用。

（6）母线槽的分接口可增加分接支回路，而电缆必须从配电室开始敷设电缆。

（7）安装母线槽的安全性高而保险费用比较低，但电缆故障率相对较高。

3-216 我国为什么有零线和中性线之分的说法？

答 在国际电工委员会（IEC）制定的标准中是没有零线与中性线之分的，只有唯一的中性点、中性线。而在我国习惯做法分为零线和中性线。如发电机和变压器大部分三相绕组为星形接法，绕组的尾端连接在一起的点称为中性点；从中性点引出的导线叫做中性线。我国习惯把中性点接地的点叫做零点；从零点引出的导线叫做零线。为了表达更直观清楚，示意图如图 3-13 所示。

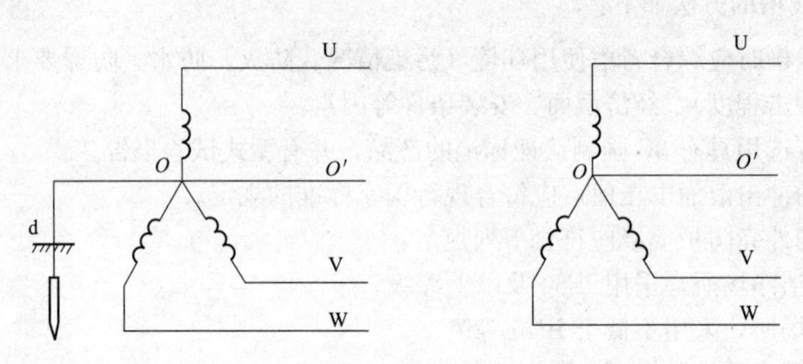

图 3-13 零点、零线与中性点、中性线的示意图

3-217 三相低压供电有哪几种供电方式，各有何特点？

答 低压配电系统分为三种供电方式，即 TN、TT、IT 三种供电接线方式。其中，第一个大写字母 T 表示电源变压器中性点直接接地；I 则表示电源变压器中性点不接地（或通过高阻抗接地）。第二个大写字母 T 表示电气设备的外壳直接接地，但和电网的接地系统没有联系；N 表示电气设备的外壳与系统的接地中性线相连。

三种供电接线方式分叙如下。

1. TN 供电接线方式

电力系统的电源变压器的中性点接地，根据电气设备外露导电部分与系统连接的不同方式又可分三类，即 TN-C 系统、TN-S 系统、TN-C-S 系统。下面分别进行介绍。

(1) TN-C 系统。其特点是：电源变压器中性点接地，保护线（PE）与中性线（N）共用一根导线，叫做保护中性线（PEN）。国内原先称为保护接零系统。

1) TN-C 系统利用中性点接地系统的中性线作为故障电流的回流导线，当电气设备相线碰壳，故障电流经中性线回到中性点，由于短路电流大，因此可采用过电流保护器切断电源。TN-C 系统一般采用零序电流保护。

2) TN-C 系统适用于三相负荷基本平衡场合，如果三相负荷不平衡，则 PEN 线中有不平衡电流，再加一些负荷设备引起的谐波电流也会注入 PEN，从而中性线（N）带电，且极有可能高于 50V，它不但使设备机壳带电，对人身造成不安全，而且还无法取得稳定的基准电位。

3) TN-C 系统应将 PEN 线重复接地，其作用是当接零的设备发生相线与外壳接触时，可以有效地降低 PEN 线对地电压。

由上可知，TN-C 系统存在以下缺陷。

1) 当三相负载不平衡时，在 PEN 线上出现不平衡电流，PEN 线对地呈现电压。当三相负载严重不平衡时，触及 PEN 线可能导致触电事故。

2) 通过漏电保护开关的中性线，只能作为工作中性线（N），不能作为电气设备的保护线，这是由漏电开关的工作原理所决定的。

3) 对接有二极漏电保护开关的单相用电设备，如用于 TN-C 系统中其金属外壳的保护线，严禁与该电路的中性线相连接，也不允许接在漏电保护开关前面的 PEN 线上，但在使用中极易发生误接。

4）重复接地装置的接地线，严禁与通过漏电开关的中性线相连接，否则造成漏电开关误动。

（2）TN-S系统。TN-S供电系统将中性线与保护线完全分开，从而克服了TN-C供电系统的缺陷，所以现在施工现场已经不再使用TN-C系统。TN-S整个系统的中性线（N）与保护线（PE）是分开的。

1）当电气设备相线碰壳，直接短路，可采用过电流保护器切断电源。

2）当N线断开，如三相负荷不平衡，中性点电位升高，但外壳无电位，PE线也无电位。

3）TN-S系统PE线首末端应做重复接地，以减少PE线断线造成的危险。

4）TN-S系统适用于工业企业、大型民用建筑。

目前单独使用一台变压器供电的或变配电所距施工现场较近的工地基本上都采用了TN-S系统，与逐级漏电保护相配合，它确实起到了保障施工用电安全的作用，但TN-S系统必须注意几个问题。

1）保护线（PE）绝对不允许断开，否则在接PE线设备发生带电部分碰壳或是漏电时，就构不成单相回路，电源就不会自动切断，就会产生两个后果：一是使接PE线设备失去安全保护；二是使后面的其他完好的接PE线设备外壳带电，引起大范围的电气设备外壳带电，造成可怕的触电事故。

2）同一用电系统中的电气设备绝对不允许部分接地部分接PE线，否则当保护接地的设备发生漏电时，会使中性点接地线电位升高，造成所有采用保护接PE线的设备外壳带电。

3）保护接PE线的材料及连接要求：保护PE线的截面应不小于中性线（N）的截面，并使用黄/绿双色线。与电气设备连接的保护PE线应为截面不少于2.5mm^2的绝缘多股铜线。保护线与电气设备连接应采用铜鼻子等可靠连接，不得采用铰接；电气设备接线柱应镀锌或涂防腐油脂，保护PE线在配电箱中应通过端子板连接，在其他地方不得有接头出现。

（3）TN-C-S系统。它由两个接地系统组成，第一部分是TN-C系统，第二部分是TN-S系统，其分界面在N线与PE线的连接点。

1）当电气设备发生单相碰壳，同TN-S系统。

2）当N线断开，故障同TN-S系统。

3）TN-C-S系统中PEN应重复接地，而N线不宜重复接地。

PE线连接的设备外壳在正常运行时始终不会带电，所以TN-C-S系统提高了操作人员及设备的安全性。施工现场一般当变压器台区距现场较远或没有施工专用变压器时采取TN-C-S系统。

2. TT供电接线方式

TT系统的特点是电源中性点直接接地，电气设备的外露导电部分用保护接地线（PEE线）接到接地极（此接地极与中性点接地线没有电气联系），只是通过大地构成回路。

在采用此系统保护时，当一个设备发生漏电故障，设备金属外壳所带的故障电压较大，而电流较小，不利于保护开关的动作，对人和设备有危害。为消除TT系统的缺陷，提高用电安全，保障可靠性，根据并联电阻原理，特提出完善TT系统的技术革新。技术革新内容是：用不小于工作N线截面的绿/黄双色线（简称PT线），并联总配电箱、分配电箱、主要机械设备下埋设的4～5组接地电阻的保护接地线为保护接地线（PEE线），用绿/黄双色线连接电气设备金属外壳。它有下列优点：①单相接地的故障点对地电压较低，故障电流较大，使漏电保护器迅速动作切断电源，有利于防止触电事故发生。②PE线不与中性线相连接，线路架设分明、直观，不会有接错线的事故隐患；几个施工单位同时施工的大工地可以分片、分单位设置PE线，有利于安全用电管理和节约导线用量。③不用每台电气设备下埋设重复接地线，可以节约埋设接地线费用开支，也有利于提高接地线质量并保证接地电阻≤10Ω，用电安全保护更可靠。

TT系统在国外被广泛应用，在国内仅限于局部对接地要求高的电子设备场合，目前在施工现场一般不采用此系统。但如果是公用变压器，而有其他使用者使用的是TT系统，则施工现场也应采用此系统。

3. IT供电接电方式

IT系统是电力系统的带电部分与大地间无直接连接（或经电阻接地），而受电设备的外露导电部分则通过保护线直接接地。

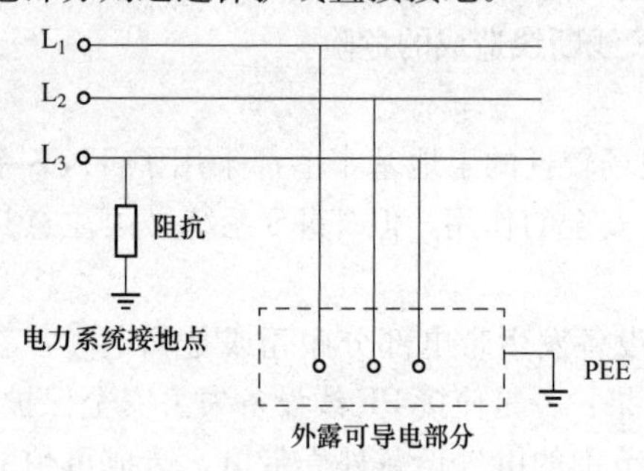

图3-14 IT系统接线方式

这种系统主要用于10kV及35kV的高压系统和矿山、井下的某些低压供电系统，不适合在施工现场应用。

4. 各种接地型式的优缺点及适应性

(1) IT系统的优缺点及适应性。

IT系统接线方式如图3-14所示。

IT系统的主要优点是：

1）单线触电电流小，易于脱离，因而不易造成人身触电重伤、死亡事故。

2）保护接地的保护效果很好，能切实起到接地保护作用。

3）能抑制低压线路或高压线路落雷在配电变压器上形成的正变换或逆变换电压。

4）对于高压两线一地运行电网，能避免（低压中性点不接地时）或抑制（低压中性点通过阻抗接地时）配电变压器高压侧及台架绝缘击穿通过接地线入地而形成的反击（对低压电网）过电压。

IT系统的主要缺点是：

1）某相线接地后，其他相线对地电压升高3倍，中性线的对地电压升高到220V，此时将增加触电的可能性和危害程度。

2）低压电网雷击时，因雷电流难以泄漏而出现雷击过电压，造成低压电网的绝缘击穿。

3）高压线与低压线搭连或配电变压器高低压绕组间绝缘击穿，会使低压电网出现危险的过电压造成绝缘击穿或伤亡事故。为扬其长而避其短，IT系统适用于没有中性线输出的纯动力用电处所或中性线输出很短的混合用电的小自然村。

(2) TT系统的优缺点及适应性。TT系统的接线方式如图3-15所示。

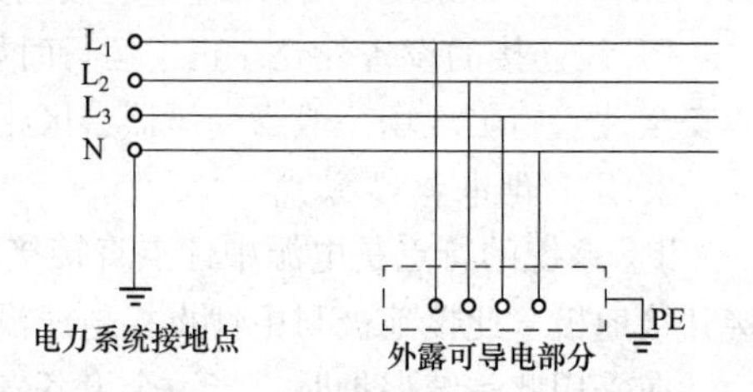

图3-15 TT系统的接线方式

TT系统的主要优点是：

1）能抑制高压线与低压线搭连或配电变压器高低压绕组间绝缘击穿时低压电网出现的过电压。

2）对低压电网的雷击过电压有一定的泄漏能力。

3）与低压电器外壳不接地相比，在电器发生碰壳事故时，可降低外壳的对地电压，因而可减轻人身触电危害程度。

4）由于单相接地时接地电流比较大，可使保护装置（漏电保护器）可靠动作，及时切除故障。

TT系统的主要缺点是：

1）低、高压线路雷击时，配电变压器可能发生正、逆变换过电压。

2）低压电器外壳接地的保护效果不及IT系统。

TT系统适用于有中性线输出的单、三相混合用电的较大的村庄。加装上漏电保护装置，可收到较好的安全效果。

(3) TN-C系统的优缺点及适应性。TN-C系统除具有TT系统中性线直接接地的优点外，还因低压电器设备的外壳与中性线相接，当发生碰壳故障时，单相短路电流可使该电器的短路保护装置动作，及时切除故障设备而避免触电事故的发生，所以比 TT 系统中电器外壳接地保护的效果要好一些。其缺点是当发生中性线断路时，可能使断路点后面的有接中性线的电器的外壳带电，因而增加人身触电的可能性。TN-C 系统的接线方式如图 3-16 所示。TN-C 系统的适用场所与 TT 系统基本相同。

（4）TN-S 系统的优缺点及适应性。TN-S 系统的接线方式如图 3-17 所示。

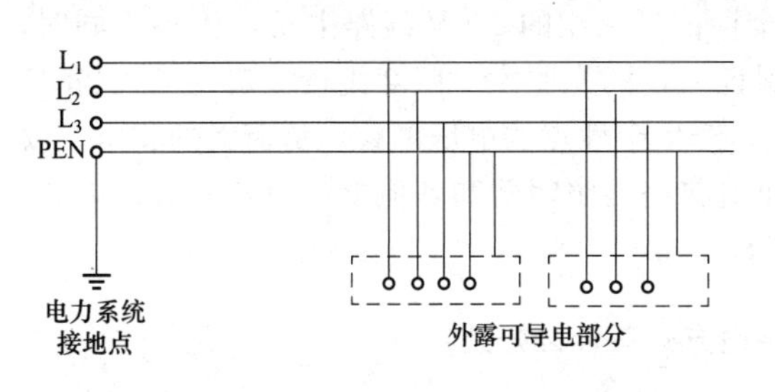

图 3-16　TN-C 系统（整个系统中性线与保护线合一的）的接线方式

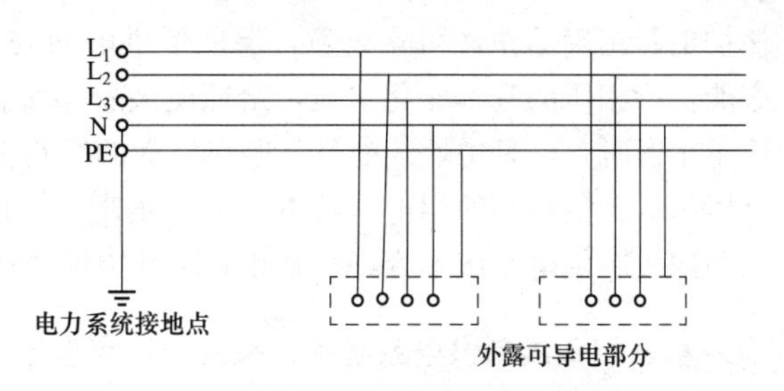

图 3-17　TN-S 系统（整个系统的中性线与保护线是分开的）的接线方式

TN-S 系统具有 TN-C 系统的所有优点，且因保护线与中性线分设，避免了 TN-C 系统中由于中性线断路会使断路点后面接中性线设备外壳可能带电而增加触电可能性的问题。缺点是由于增设了保护线而增加了投资。TN-S 系统适用于安全要求较高、经济条件较好的处所。

（5）TN-C-S 系统的优缺点及适应性。TN-C-S 系统是对 TN-C 系统和 TN-S 系统的优缺点综合处理的一种接地型式，它既可在一定程度上满足安全要求较高的部分用户的安全性的需要，又可满足安全要求一般的部分用户的经济性的需要。TN-C-S 系统适用于只有部分用户对安全要求较高的村镇。TN-C-S 系统的接线方式如图 3-18 所示。

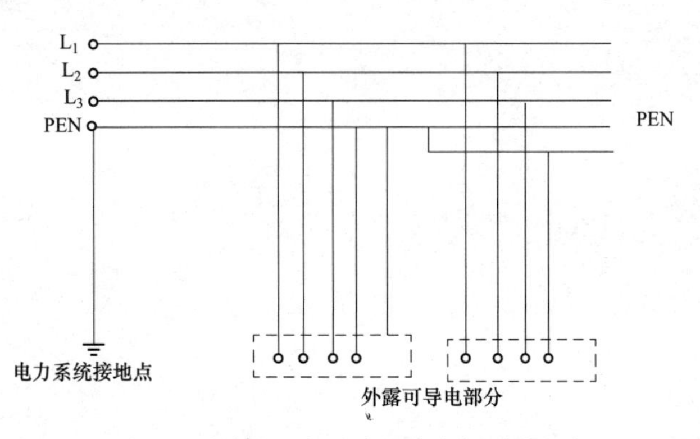

图 3-18　TN-C-S 系统（系统中有一部分中性线与保护线是合一的）的接线方式

5. 根据农村的具体情况因地制宜地选择接地型式

（1）对于经济条件较差，用电量很小，气候比较干燥的小村和纯动力用电的场所（如北方田间纯灌溉用电的低压电网）可采用 IT 接地型式。

（2）对于经济条件一般，用电量一般的较大村庄，应采用 TT 或 TN-C 接地型式，并加装漏电保护装置。

（3）对于工副业较多，经济条件较好，且安全条件要求很高的某些低压用户的村镇，应采用 TN-C-S 接地型式。

（4）对于工副业很多，经济条件很好，安全条件普遍要求较高的村镇，也可采用 TN-S 接地型式。就我国目前多数农村的经济条件和对安全的要求看，我国农村低压电网的接地型式，以TT、TN-C、IT为主。

3-218 三相四线制供电系统中，中性线的作用是什么？为什么中性线不允许断路？

答 三相四线制供电系统中变压器的中性点是直接接地的，中性线的作用是为380/220V系统制造一个线电压380V和一个相电压220V，并构成照明用电的回路和故障电流回路，从而保障保护电器正确动作，切除故障，保证了供电的安全性；当三相的220V线路上负荷大小不同时，亦能保持相压的基本变化不大，给照明装置系统保证一定的光照度（照度比较稳定）。当三相负荷不平衡时，一旦中性线断裂，断点后面的线路上，产生中性点的电压漂移，负荷大的相电压就电压偏低，负荷小的相电压就电压上升很高，从而引起烧毁照明器和其他单相设备事故，因此，三相四线制供电系统不容许（禁止）断开中性线运行。

3-219 三相四线制供电系统中，采用中性点直接接地方式有什么好处？

答 采用中性点直接接地方式的好处是：

（1）采用中性点直接接地方式能消除中性点对地的电位差；

（2）避免当配电变压器高压绕组绝缘损坏时危及低压系统人身及设备的安全；

（3）当发生单相接地时，能使空气断路器或熔断器迅速自动断开电源，同时又避免其他两相对地电压升高，从而保证人身和设备安全；

（4）用中性线作照明线路的零线，可降低照明线路的投资。

第4章

电 工 测 量

4-1 什么是仪表和自动化仪表？

答 仪表是测定温度、气压、电量、血压、流量等仪器的统称。外形似计时的表，能由刻度直接显示数值，主要分为压力仪表、温度仪表、流量仪表、电工仪器仪表、电子测量仪器、光学仪器、分析仪器、实验仪器等。广泛应用于工业、农业、交通、科技、环保、国防、文教卫生、人民生活等各方面。

自动化仪表是由若干自动化元件构成的，具有较完善功能的自动化技术工具。它一般同时具有数种功能，如测量、显示、记录或测量、控制、报警等。自动化仪表本身是一个系统，又是整个自动化系统中的一个子系统。自动化仪表是一种“信息机器”，其主要功能是信息形式的转换，将输入信号转换成输出信号。信号可以按时间域或频率域表达，信号的传输则可调制成连续的模拟量或断续的数字量形式。

4-2 什么是仪表测量和电工测量？

答 在工业生产流程中测定温度、气压、电量、压力、流量等技术参数，监视运行状态的测量称为仪表测量。而电工测量只是仪表测量的一个分支。

在电力工业生产流程中，各种电量、磁量及电路参数的测量统称为电工测量。

4-3 一次仪表和二次仪表的区别是什么？

答 一次仪表和二次仪表的称呼是工程建设（施工）中的一般习惯性的称呼。一次仪表（如各种变送器、温度元件、信号采集设备）和二次仪表（监视仪表屏）的确切名称应为测量仪表和显示仪表。

一次仪表属于信号采集转换（各种变送器、温度元件、信号采集设备），二次仪表是显示报警调节（盘装显示报警仪表、分散控制系统的输入、集散控制系统的输入）。

一次（测量）仪表与介质直接接触，是在室外就地安装；二次（显示）仪表多在控制室盘上安装。为了区分一套系统中的仪表，把现场就地安装的仪表简称一次仪表，将盘装的显示仪表简称二次仪表。

4-4 电工测量仪表有哪几种型式？

答 电工测量仪表的种类繁多，分类方法也很多，现列举几种常见电工测量仪表的分类方法：

按读数方法分，有直读式仪表和比较式仪表。直读式仪表能从仪表上读取测量结果。而比较式仪表需要度量器参与测量，将被测量与标准进行比较后，才能读取结果。

按工作原理分，有电磁式（按测量机构又可分为扁线圈吸引型和圆线圈排斥型）、电动式、磁电式（按测量机构又可分为动磁式和动圈式）、感应式、整流式、热电式、电子式、静电式等。

按被测量名称分，有电压表、电流表、功率表、欧姆表、电能表、功率因数表、频率表及万用表等。

按使用方式分，有开关板式和可携式。开关板式仪表通常固定在开关板上或配电盘上，一般误差较大。可携式仪表一般误差较小，准确度也比较高。

根据被测量的性质分，有直流仪表、交流仪表及交直流两用仪表等。

4-5 常用电工仪表是如何分类的？各类电工仪表有什么特点？

答 一般常用电工仪表按结构分为数字仪表、比较仪表、指示仪表、智能仪表四大类。

（1）数字仪表的特点。采用数字测量技术，并以数码的形式直接显示出被测量的大小的仪表，称为数字仪表。例如，通常用的数字式万用表，如图 4-1 所示。

（2）比较仪表的特点。在测量过程中，通过被测量与同类标准量进行比较，根据比较结果才能确定被测量的大小的仪表，称为比较仪表，如图 4-2 所示。

图 4-1 数字式万用表

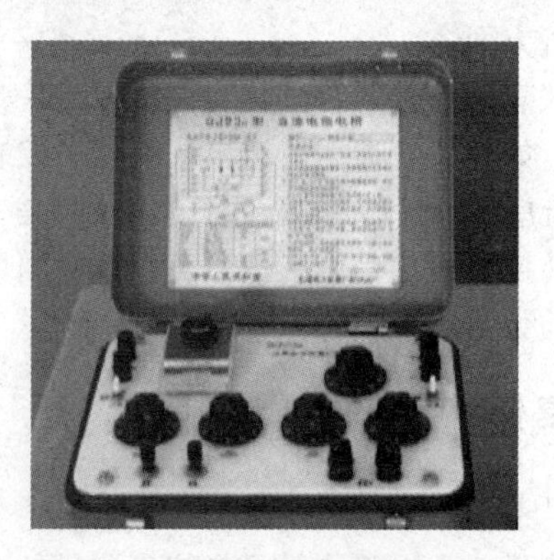

图 4-2 比较式直流电桥

（3）指示仪表的特点。能将被测量转换为仪表可动部分的机械偏转角，并通过指示器直接指示出被测量大小的仪表，称为指示仪表，故又称为直读仪表，如图 4-3 所示。

图 4-3 指示电压表

按工作原理分类，主要有磁电系仪表、电磁系仪表、电动系仪表和感应系仪表。此外，还有整流系仪表、铁磁电动系仪表等。

（4）智能仪表的特点。利用微处理器的控制和计算功能，可实现程控、记忆、自动校正、自诊断故障、数据处理和分析运算等功能的仪表，称为智能仪表。例如，数字式存储示波器，它具有记忆、数据处理和分析功能，如图 4-4 所示。

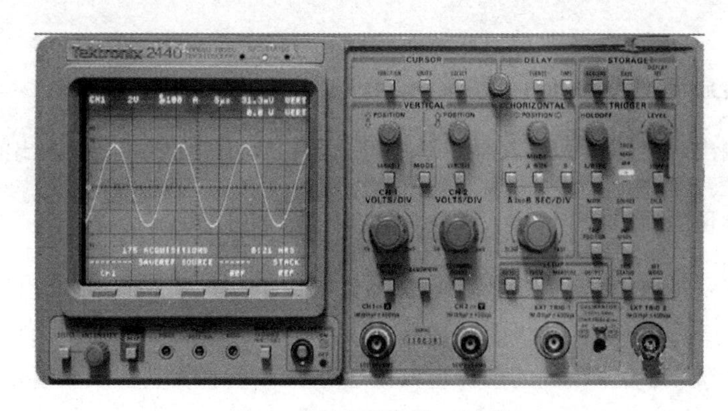

图 4-4　数字式存储示波器

智能仪表一般分为两大类：一类是带微处理器的智能仪器，另一类是自动测试系统。

4-6 对电工测量仪表有哪些基本要求？

答 电工测量仪表是监视电气设备各种技术参数的重要手段，因此，要保证测量结果准确、可靠，必须对仪表提出一定的技术要求：

（1）有足够的准确度，仪表的误差应符合所属准确度等级的规定。

（2）抗干扰能力要强，即测量误差不应随时间、温度、湿度及外磁场等外界因素发生变化，其误差应在规定的范围内。

（3）仪表本身消耗的功率越小越好。否则在测量小功率电器时，会使电路工作情况改变而引起误差。

（4）为保证使用安全，仪表应有足够的绝缘电阻和耐压能力。

（5）要有良好的读数装置，被测量的值应能直接读出，表盘的刻度应尽可能均匀。

（6）使用维护方便、坚固、有一定的机械强度。

4-7 常用的电工测量方法有哪些？

答 常用的电工测量方法有直接测量法、比较测量法和间接测量法。

（1）直接测量法。直接测量法是指测量结果可以从一次测量的实验数据中得到。它可以使用度量器直接参与比较，测得被测数值的大小；也可以使用具有相应单位分度的仪表，直接测得被测数值，如用电流表测电流、用电压表测电压等都属于直接测量法。

（2）比较测量法。比较测量法是将被测量与度量器在比较仪器中进行比较，从而测得被测量数值的一种方法。分为：

1）零值法。零值法又称指零法或平衡法。它是利用被测量对仪器的作用与已知量对仪器的作用相抵消的方法，由指零仪表做出判断。当指零仪表指零时表明被测量与已知量相同。

2）较差法。较差法是利用被测量与已知量的差值作用于测量仪器而实现测量目的的一种测量法。较差法有较高的测量准确度。

3）替代法。替代法是利用已知量代替被测量，而不改变仪器原来的读数状态，这时被测量与已知量相等，从而获取测量结果，其准确度主要取决于标准量的准确度和测量的灵敏度。

（3）间接测量法。间接测量法是指测量时，只能测出与被测量相关的量，然后经过计算求得被测量。

4-8 什么是测量显示数字化？

答 在读数输出时通过A/D转换器将模拟量（即波形）转变成数字量输出的过程。

4-9 什么是数字量的采集？

答 数据采集，是指从传感器和其他待测设备等模拟和数字被测单元中自动采集信息的过程。数据采集系统是结合基于计算机的测量软硬件产品来实现灵活的、用户自定义的测量系统。而数字量的采集的含义是将采集到的模拟量数据通过A/D转换器转换成数字量再传输给上方采集单元。

4-10 电工测量仪表有哪些误差？

答 根据误差的性质和产生的原因，一般可分为：

(1) 系统误差，又称规则误差，即在重复测量同一个量时，维持不变或按一定规律而变的误差。例如，由于仪表分度不准、指针弯曲、机械平衡调得不准等原因引起的工具误差或由于环境和外界因素（如温度、电压、频率、外磁场等）而引起的仪表附加误差等。

(2) 随机误差，在测量中，如果已经消除引起规则误差的因素，而由于接触不好，电阻元件偶然过热及各种短暂干扰等引起的误差，称为随机误差。

(3) 疏失误差，也称过失误差，是指有明显错误的数值。一般是由于试验人员不注意，使用了有毛病的测量设备，或读取数值错误而引起的。这类误差是完全可以避免的。

4-11 什么是电工仪表的绝对误差和相对误差？

答 (1) 绝对误差。不论测量仪表的质量如何，它的指示值和被测量的实际值总是存在一定误差。仪表测出的数值与被测对象的实际值之间的差值叫绝对误差。用A_X表示测量结果，A_0表示被测量的实际值，则绝对误差Δ可表示为

$$\Delta = A_X - A_0 \tag{4-1}$$

(2) 相对误差。相对误差是绝对误差Δ与被测量的实际值A_0之间的比值，它通常以百分数γ表示，即

$$\gamma = \frac{\Delta}{A_0} \times 100\% \tag{4-2}$$

例如，用两只电流表测量两个大小不同的电流量时，一只电流表在测量400A时，绝对误差为4A；另一只电流表在测量100A时，绝对误差为2A。就绝对误差而言，显然是前者大后者小，但如果从绝对误差与测量结果比较来看，前者的误差只占测量结果的1%，而后者则占测量结果的2%，由此可见，前者的相对误差小，测量的准确度就高。

但是，在实际计算相对误差时，往往有时很难确定被测量的实际值，这时可以近似估算，即以测量值A_X代替被测量的实际值A_0来计算相对误差，表达式为

$$\gamma = \frac{\Delta}{A_X} \times 100\% \tag{4-3}$$

4-12 怎样减小电工测量的误差？

答 测量中的误差是客观存在的，想要完全消除误差很难做到。但是，如果采用不同的测量

方式及选用适当的仪表进行测量，则可以使误差控制在最小范围内。一般减小系统误差的方法有：

（1）替代法，它属于比较法的一种，将被测量与标准量先后替代接入同一测量装置，在保持测量装置工作状态不变的情况下，用标准量值来确定被测量。

（2）正负消去法，为消除系统误差，有时候对一个量重复测量两次，若第一次测量时误差为正，而第二次测量时为负，取二次测量的平均值。

（3）引入更正值，在测量中如果系统误差为已知值，在读取数值时，应引入相应的更正值，以消除误差。

4-13 常用电工测量仪表都用哪些文字符号表示？各表示什么意思？

答 常用电工测量仪表文字符号表示方法见表4-1。

表 4-1　　常用电工测量仪表文字符号

测量单位的名称和符号			
名称	符号	名称	符号
千安	kA	兆赫	MHz
安培	A	千赫	kHz
毫安	mA	赫兹	Hz
微安	μA	千欧	kΩ
千伏	kV	兆欧	MΩ
伏特	V	欧姆	Ω
毫伏	mV	毫欧	mΩ
微伏	μV	微欧	μΩ
兆瓦	MW	相位角	φ
千瓦	kW	功率因数	cosφ
瓦特	W	微法	μF
毫瓦	mW	皮法	pF
兆乏	Mvar	亨利	H
千乏	kvar	毫亨	mH

4-14 什么是测量仪表的准确等级？国产常用电工测量仪表有哪些等级？

答 在正常工作条件下，仪表的绝对误差Δ与该仪表的测量上限（最大刻度）之比，称为引用误差，用百分数表示为

$$\gamma_m = \frac{\Delta}{A_m} \times 100\% \tag{4-4}$$

式中 γ_m——仪表的引用误差，用百分数表示；

Δ——仪表读数的绝对误差；

A_m——仪表的测量上限。

我们把引用误差作为仪表准确度的等级，例如一只量限为250V的电压表，它在测量时的最大绝对误差是2.5V，那么它的引用误差就是

$$\gamma_m = \frac{2.5}{250} \times 100\% = 1\% \tag{4-5}$$

这只电压表的准确度是1.0级。

目前我国生产的直读式仪表，按准确度分为七级，各级所代表的引用误差见表4-2。

表4-2　仪表的准确度等级

仪表的准确度等级	代表符号	引用误差	仪表的准确度等级	代表符号	引用误差
0.1	0.1	≤±0.1%	1.5	1.5	≤±1.5%
0.2	0.2	≤±0.2%	2.5	2.5	≤±2.5%
0.5	0.4	≤±0.5%	5.0	5.0	≤±5.0%
1.0	1.0	≤±1.0%			

4-15 电工测量指示仪表与较量仪器有何区别？

答　电工测量指示仪表与较量仪表是两种截然不同的仪表，它们的测量方式、读数方法及使用范围均有很大区别。

一般电工测量指示仪表，从其测量方法来看，都是将被测电量转换成转动力矩，使指针偏转。所以指示仪表通常由测量机构和测量线路组成，并且由测量线路将被测量变换成测量机构能直接测量的电磁量，它与较量仪器相比，具有使用方便、读数直观、成本低等优点。但是由于指示仪表的精确度一般不高，不能满足某些高精度的测量要求。要进一步提高精度，必须采用较量仪器测量。较量仪器与指示仪器不同的是，测量方式是根据比较法的原理来实现的。在利用这种仪器进行测量时，是将被测量与已知标准量进行比较，从而确定被测量的大小，因此有准确度高等优点，电桥就是属于这类仪器。

4-16 磁电式仪表的工作原理是什么？

答　磁电式仪表在电气测量中占有极其重要的地位，应用十分广泛，它具有灵敏度和准确度高、消耗功率小、阻尼强、防外磁场能力强等优点。其工作原理以永久磁铁磁间隙中的磁场与载流动线圈互相作用为基础，如图4-5所示。

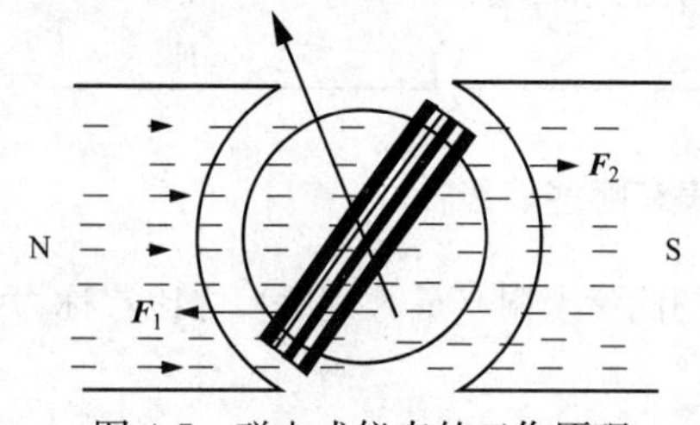

图4-5　磁电式仪表的工作原理

当可动线圈通有电流 I 时，根据载流导体在磁场中受力的原理，将使可动线圈的两个有效边上产生作用力矩 F_1 和 F_2，它带动指针发生偏转而有指示。作用于可动线圈上的力矩用下式表示：

$$M = IBNS \tag{4-6}$$

式中　M——转动力矩，N·m；

B——间隙中的磁感应强度，T；

S——可动线圈的有效面积，m^2；

N——可动线圈匝数；

I——通过可动线圈的电流，A。

由式（4-6）可见，磁感应强度越大，线圈面积越大，通过线圈的电流越大，则产生的力矩也越大，因此指针偏转的大小与通过线圈中的电流成正比。这就是磁电式仪表指针能指示出电流大小的原理。

4-17 为什么磁电式仪表只能测量直流电，而不能测量交流电？

答 磁电式仪表只能用来测量直流电，其原因是：磁电式仪表的磁场是由永久磁铁产生的，其方向是不变的，所以可动线圈所受到的电磁力作用方向，仅取决于线圈中电流的方向。当仪表用来测量直流电时，可动线圈便有直流电通过，由于直流电流方向不变，转动力矩也就不变，指针将按顺时针方向偏转而有指示。反之，当通入交流电时，由于电流方向不断变化，则转动力矩也随着变化，由于仪表的可动部分具有一定的惯性而来不及变化，所以指针只能在零位左右摆动，不会使指针发生偏转。再者磁电式仪表反映的是被测量的平均值，而交流分量只会使仪表线圈发热，如果电流较大或时间较长，很可能使仪表烧毁。

利用此种仪表测量交流电时，须加一变换器，这就构成了具有磁电式测量机构并带有整流的仪表，万用表的表头就属于这种仪表。

4-18 什么是电子式电能表？具有哪些特点？

答 电子式电能表通过对用户供电电压和电流实时采样，采用专用的电能表集成电路对采样电压和电流信号进行处理并相乘转换成与电能成正比的脉冲输出，通过计度器或数字显示器显示。

其特点如下：

(1) 功能强大，易扩展。一只电子式电能表相当于几只感应式电能表，如一只功能全面的电子式多功能表相当于两只正向有功表、两只正向无功表、两只最大需量表和一只失压计时仪，并能实现这七只表所不能实现的分时计量、数据自动抄读等功能。同时，表计数量的减少，有效地降低了二次回路的压降，提高了整个计量装置的可靠性和准确性。

(2) 准确度等级高且稳定。感应式电能表的准确度等级一般为0.5～3.0级，并且由于机械磨损，误差容易发生变化，而电子式电能表可方便地利用各种补偿轻易地达到较高的准确度等级，并且误差稳定性好。电子式电能表的准确度等级一般为0.2～1.0级。

(3) 启动电流小且误差曲线平整。感应式电能表要在0.3%I_b下才能启动并进行计量，误差曲线变化较大，尤其在低负荷时误差较大；而电子式电能表非常灵敏，在0.1%I_b下就能开始启动并进行计量，且误差曲线好，在全负荷范围内误差几乎为一条直线。

(4) 频率响应范围宽。感应式电能表的频率响应范围一般为45～55Hz，而电子式多功能表的频率响应范围为40～1000Hz。

(5) 受外磁场影响小。感应式电能表是依据移进磁场的原理进行计量的，因此外界磁场对表计的计量性能影响很大。而电子式电能表主要依靠乘法器进行运算，其计量性能受外界磁场影响小。

(6) 便于安装使用。感应式电能表的安装有严格的要求，若悬挂水平倾度偏差大，甚至明显倾斜，将造成电能计量不准。而电子式电能表采用的是电子式的计量方式，无机械旋转部件，因此不存在上述问题。另外，它的体积小、质量轻，便于使用。

(7) 过负荷能力大。感应式电能表是利用线圈进行工作的，为保证其计量准确度，一般只能过负荷4倍；而电子式多功能表可达到过负荷6～10倍。

(8) 防窃电能力更强。新型的电子式电能表从基本原理上实现了防止常见的窃电行为。例如，ADE7755能通过两只电流互感器分别测量相线、中性线电流，并以其中大的电流作为电能计量依据，从而实现防止短接电流导线等窃电方式。

4-19 为什么磁电式仪表的刻度均匀，而电磁式仪表的刻度不均匀？

答 因为磁电式仪表的作用原理是以永久磁铁间隙中的磁场与通有直流电流线圈的相互作用而产生指示。当转动力矩和反作用力矩相等时，仪表指针将有一个稳定偏转角α，即

$$\alpha = \frac{SBN}{W}I \tag{4-7}$$

式中 α——偏转角，°；

N——可动线圈匝数；

I——线圈通过的电流，A；

S——可动线圈面积，mm^2；

B——磁感应强度，T；

W——反作用力矩系数。

从式（4-7）可看出，仪表指针偏转角α与可动线圈面积S、匝数N，磁感应强度B及线圈中所通过的电流I均成正比，与反作用力矩系数W成反比。但是，仪表一经制成，线圈面积S、匝数N、反作用力矩系数W均为一固定值，并且可动线圈在磁间隙中受到的是均匀辐射磁场，磁感应强度B也可以看作一定值。由此可见，偏转角α仅与线圈中所通过的电流I成正比，所以刻度是均匀的。而电磁式仪表则不然，它的作用原理是以通有电流的固定线圈产生的磁场对动铁芯的吸引，或彼此磁场化的静铁芯与动铁芯之间的作用，而产生转动力矩。当转动力矩与反作用力矩相等时，其指针偏转角为

$$\alpha = \frac{1}{2W}(NI)^2\frac{dK_L}{d\alpha} \tag{4-8}$$

式中 K_L——比例系数。

由式（4-8）可见，其指针偏转角α，与线圈的匝数和电流积的平方成正比，仪表刻度为平方律，刻度越来越扩展，所以电磁式测量仪表的刻度不均匀。

4-20 钳形电流表的用途和工作原理如何？

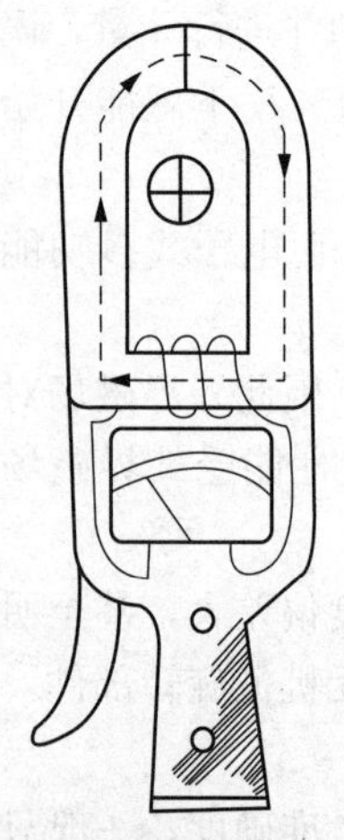

图4-6 钳形电流表结构原理图

答 通常应用普通电流表测量电流时，需要切断电路才能将电流表或电流互感器一次绕组串接到被测电路中。而使用钳形电流表进行测量时，则可在不切断电路的情况下进行测量，其工作原理如下：钳形电流表由电流互感器和电流表组成。互感器的铁芯有一活动部分，并与手柄相连，使用时按动手柄使活动铁芯张开。将被测电流的导线放入钳口中，放开后使铁芯闭合。此时通过电流的导线相当于互感器的一次绕组，二次绕组出现感应电流，其大小由导线的工作电流和线圈比确定。电流表是接在二次绕组两端，因此它所指示的电流是二次绕组中的电流，此电流与导线中的工作电流成正比，所以只要将归算好的刻度作为电流表的刻度，当导线中有工作电流通过时，和二次绕组相连的电流表指针便按比例发生偏转，从而指示出被测电流的数值，如图4-6所示。

钳形电流表虽然有使用方便等优点，但它的准确度不高，一般常用于

不便拆线或不能切断电路及对测量要求不高的场合。钳形电流表中的测量机构常采用整流式的磁电系仪表，它只能用于测量交流电流。如果采用电磁系测量机构，则可以交直流两用。

4-21 怎样用钳形电流表测量绕线转子异步电动机的转子电流？

答 采用钳形电流表测量绕线转子异步电动机的转子电流时，必须选用具有电磁系测量机构的钳形表。如采用一般常见的整流式磁电系钳形表测量，指示值与被测量的实际值会有很大出入，甚至没有指示。其原因是，整流式磁电系钳形表的表头是与互感器二次绕组连接的，表头电压是由二次绕组得到的。根据电磁感应原理可知，互感电动势 $E_2=4.44fW\phi_m$，由公式不难看出，互感电动势的大小与频率成正比。当采用此种钳形电流表测量转子电流时，由于转子上的频率较低，表头上得到的电压将比测量同样电流值的工频电流小得多，有时电流很小，甚至不能使表头中的整流元件导通，所以钳形电流表没有指示，或指示值与实际值有很大出入。

如果选用电磁系测量机构的钳形电流表，由于测量机构没有二次绕组，也没有整流元件，磁回路中的磁通直接通过表头，而且与频率没有关系，所以能够正确指示出转子电流的数值。

4-22 为什么用钳形电流表测量三相平衡负载时，钳口中放入两相导线的指示值与放入一相导线的指示值相同？

答 用钳形电流表测量三相平衡负载电流时，会出现一种奇怪现象，即钳口中放入两相导线时的指示值与放入一相导线时的指示值相同。这是因为在三相平衡负载的线路中，每相的电流值相等，即 $I_A=I_B=I_C$。当钳口中放入一相导线时，钳形电流表指示的是该相的电流值；当钳口中放入两相导线时，指示的是电流的相量之和，按照相量相加的原理，$I_A+I_B=-I_C$，如图 4-7 所示。因此指示值与放入一相时相同。

当钳口中放入一相正接导线和一相反接导线时，该表所指示的数值为 $I_A+|-I_B|=I_{AB}=\sqrt{3}I_A$，如图 4-8 所示。

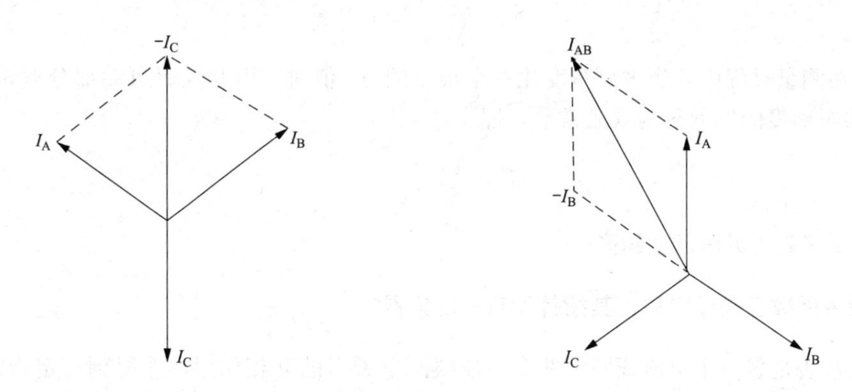

图 4-7　钳口放入两相导线时的相量图　图 4-8　钳口放入一相正接导线和一相反接导线时的相量图

4-23 电流表、电压表和电力（功率）表等的伏安容量是怎样决定的？它与选择电流互感器、电压互感器的伏安容量有何关系？

答 电流表、电压表和电力（功率）表的伏安容量，是由通过其线圈的电流及其线圈端子间电压的大小决定的。电压表线圈两端电压虽高，但通过的电流却很小；电流表线圈通过的电流虽大，但端电压很低，一般普通的仪表其伏安容量如下：

电流表：0.7～2.4VA。

电压表：3～10VA。

电力（功率）表电流线圈4VA，电压线圈1～2VA。

功率因数表电流线圈15VA，电压线圈33VA。

频率表：电压线圈15VA。

在选择电流互感器和电压互感器的容量时，应考虑接用仪表的伏安容量总和，不能超过互感器的额定容量，否则会因互感器过载而影响测量的准确性。

4-24 用一只0.5级100V和一只1.5级15V的电压表，分别测量10V电压时，哪只仪表测量误差小？

答 测量仪表的误差等级是仪表的最大绝对误差占满刻度的百分数。用0.5级100V的电压表测量10V电压，显然绝对误差较大。因为0.5级100V的电压表，其每一刻度线的误差均允许在0.5级以内，当测量电压为10V时，最大误差可达0.5V。反之，若用1.5级15V的电压表测量，虽然准确度比第一只表低，但是该表每一刻度线的误差只允许在1.5%×15V=0.225V以内，在测量10V电压时，最大误差只有0.225V。所以用第二只电压表测量精确度较高。因此在选用仪表时，除应注意准确等级外，还应按被测量的大小选择合适的仪表。单独强调仪表的准确等级，而不考虑被测量的大小，测量结果不一定准确，一般选用仪表的原则，应使指针在满刻度的2/3处最佳。

4-25 什么是仪表的灵敏度和仪表常数？

答 灵敏度是仪表的重要技术指标之一，它指仪表测量时所能测量的最小被测量，一般用S表示。

$$S=\frac{\Delta a}{\Delta x} \tag{4-9}$$

公式说明，在测量过程中，当被测量变化一个很小的Δx值时，引起仪表可动部分偏转角改变一个Δa。仪表灵敏度的倒数称为仪表常数，即

$$C=\frac{1}{S} \tag{4-10}$$

仪表常数越小，则仪表的灵敏度就越高。

4-26 为什么功率因数表在停电后，其指针没有一定位置？

答 功率因数表是靠一个电流线圈和两个电压线圈电磁力的互相作用，才得到一定指标的，因为它没有零位及游丝，所以停电后，指针就没有一定位置。

4-27 功率因数表的工作原理是什么？

答 功率因数表又称相位表，按照测量机构可分为电动系、铁磁电动系和电磁系三类，根据测量相数又有单相和三相之分。现以电动系功率因数表为例分析其工作原理，如图4-9所示。

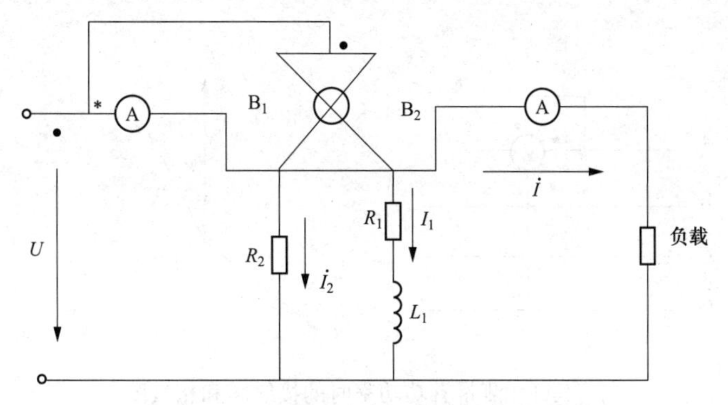

图 4-9　电动系功率因数表结构原理

图中 A 为电流线圈，与负载串联；B_1、B_2 为电压线圈，与电源并联；“・”表示电压线圈、电流线圈的起始端，接线时应特别注意，不可接错。其中电压线圈 B_2 串接一只高电阻 R_2，B_1 串联一电感线圈。在 B_2 支路上为纯电阻电路，电流与电压同相位；B_1 支路上为纯电感电路（忽略 R_1 的作用），电流滞后电压 90°。

当接通电源后，通过电流线圈的电流产生磁场，磁场强弱与电流成正比。此时两电压线圈 B_1、B_2 中的电流，根据载流导体在磁场中受力的原理，将产生转动力矩 M_1、M_2。由于电压线圈 B_1 和 B_2 绕向相反，作用在仪表测量机构上的力矩一个为转动力矩，另一个为反作用力矩，当两个力矩平衡时，即停留在一定位置上，只要使线圈和机械角度满足一定关系就可使仪表的指针偏转角不随负载电流和电压的大小而变化，只取决于负载电路中电压和电流的相位角，从而指示出电路中的功率因数值。

4-28 用单相瓦特表如何测量无功功率？

答 功率表不仅能测量有功功率，改变它的连接方法也可以测量无功功率。单相交流电路中的无功功率为

$$Q = UI\sin\varphi = UI\cos(90^\circ - \varphi) \tag{4-11}$$

根据式（4-11），如果改变接线方式，设法使功率表电压支路上的电压 $\dot{U}$ 与电流线圈上的电流 $\dot{I}$ 之间的相位差接成（$90^\circ-\varphi$），这时功率表的读数就是无功功率了。从图 4-10 的相量图中可以看出，如果在测量有功功率时，加在功率表电压支路上的电压为 U，那么在测量无功功率时，就应该加上与 U 相差 90°的电压 U'。

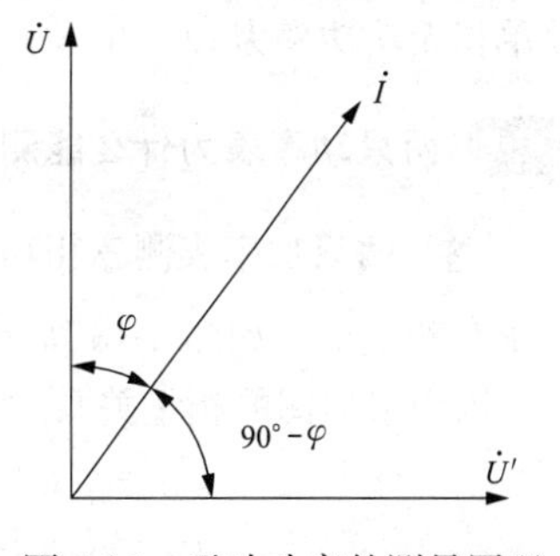

图 4-10　无功功率的测量原理

我们知道，在对称三相电路中线电压 U 与相电压 U_A 有 90°的相位差，也就是 $\dot{U}_{AB}$和 $\dot{I}_A$之间有一个（$90^\circ-\varphi$）的相位差。因此将图 4-11 所示测量单相有功功率的接线，改接为图 4-12 所示的电路，即把 U_{BC}加到功率表的电压支路上，电流线圈仍然接在 A 相电路中，这时功率表的读数为

$$Q' = U_{BC}I_A\cos(90^\circ - \varphi) = U_x I_x \sin\varphi \tag{4-12}$$

式中　U_x——线电压，V；

I_x——线电流，A；

φ——负载每相的功率因数角。

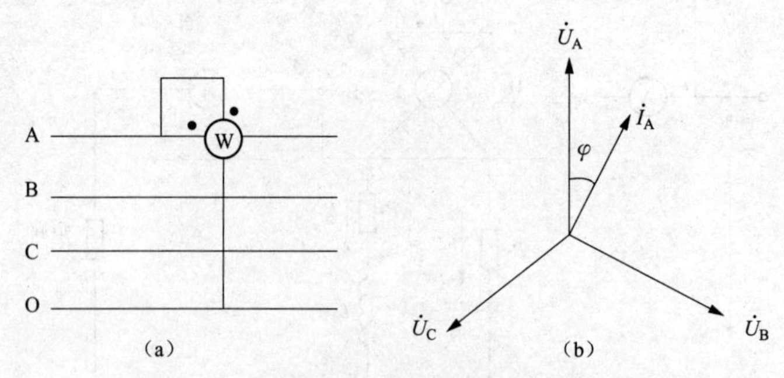

图 4-11 测量有功功率时的接线图和相量图

(a) 接线图；(b) 相量图

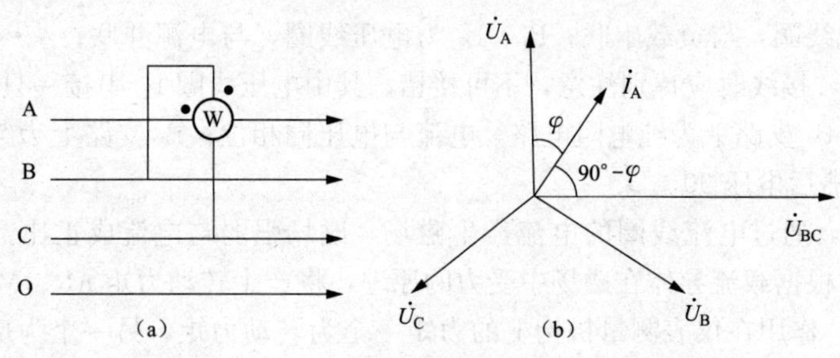

图 4-12 测量无功功率时的接线图和相量图

(a) 接线图；(b) 相量图

因此可见，只要三相对称，功率表所测量的就是无功功率，但由于线电压为相电压的$\sqrt{3}$倍，故单相无功功率为$Q'/\sqrt{3}$。

4-29 两只功率表为什么能测量三相有功功率、无功功率和功率因数？

答 两只功率表测三相功率，是一只功率表取AB线电压A相电流，另一只功率表取CB线电压C相电流，如图4-13所示。

因为根据图的相量关系

$$P_1 = U_{AB}I_A\cos(30^\circ + \varphi) = U_{AB}I_A(\cos30^\circ\cos\varphi - \sin30^\circ\sin\varphi) \tag{4-13}$$

$$P_2 = U_{CB}I_C\cos(30^\circ - \varphi) = U_{CB}I_C(\cos30^\circ\cos\varphi + \sin30^\circ\sin\varphi) \tag{4-14}$$

两表和为

$$\begin{aligned}P_1 + P_2 &= U_{AB}I_A(\cos30^\circ\cos\varphi - \sin30^\circ\sin\varphi) + U_{CB}I_C(\cos30^\circ\cos\varphi + \sin30^\circ\sin\varphi)\\ &= 2U_xI_x\cos30^\circ\cos\varphi\\ &= 2U_xI_x\frac{\sqrt{3}}{2}\cos\varphi\\ &= \sqrt{3}U_xI_x\cos\varphi\end{aligned} \tag{4-15}$$

式中 U_x——线电压；

I_x——线电流。

所以能测三相有功功率，由公式中可见：

当$\varphi=60^\circ$时，$P_2>0$，$P_1=0$。

当$\varphi<60^\circ$时，$P_2>0$，$P_1>0$。

当$\varphi>60^\circ$时，$P_2>0$，$P_1<0$。

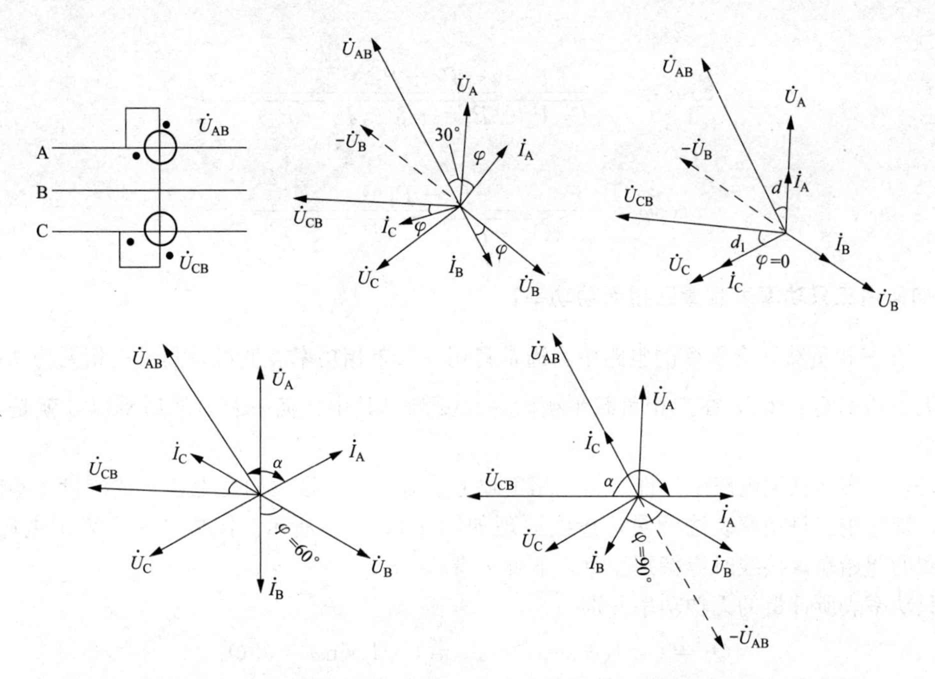

图 4-13 用两只功率表测量三相有功、无功功率和功率因数的接线图和相量图

当 $\cos\varphi=1$ 时，电流、电压同相，两表指示均为正值，两值相加。

当 $\varphi=60°$ 即 $\cos\varphi=0.5$ 时，U_{AB} 与 I_A 的夹角等于 90°，A 相功率表指示值等于零，而 I_C 在 U_{CB} 上的投影是同一方向，C 相功率表为正值。

当 $\cos\varphi=0$ 时，I_A 投影和 U_{AB} 反相，A 相功率表指示为负；C 相则为正。

两表之差为

$$P_1-P_2=-2U_{AB}I_A\sin 30°\sin\varphi=-2U_{AB}I_A\ \frac{1}{2}\sin\varphi=-U_{AB}I_A\sin\varphi \tag{4-16}$$

因为以绝对值而言，三相无功功率为

$$Q=\sqrt{3}UI\sin\varphi \tag{4-17}$$

所以

$$Q=\sqrt{3}(P_1-P_2)=\sqrt{3}UI\sin\varphi \tag{4-18}$$

又因为

$$\cos\varphi=\frac{P}{\sqrt{P^2+Q^2}} \tag{4-19}$$

现有有功功率为 P_1+P_2，无功功率为 $\sqrt{3}$（P_1-P_2），

所以

$$\cos\varphi=\frac{P_1+P_2}{\sqrt{(P_1+P_2)^2+[\sqrt{3}(P_1-P_2)]^2}}=\frac{P_1+P_2}{\sqrt{(P_1+P_2)^2+3(P_1-P_2)^2}} \tag{4-20}$$

因此只要知道两只功率表的读数，就能求出功率因数。

三相有功功率等于两表读数的代数和。

$$P=P_2\pm P_1 \tag{4-21}$$

因此当电流与电压的相角 φ 大于 60°时，P_1 是反转的。这时求功率因数须将表 P_1 的负号写入式（4-21）。

即

$$\cos\varphi = \frac{-P_1 + P_2}{\sqrt{[(-P_1 + P_2)^2 + 3(-P_1 - P_2)]^2}} \tag{4-22}$$

或

$$\cos\varphi = \frac{P_2 - P_1}{\sqrt{[(P_2 - P_1)^2 + 3(P_2 + P_1)]^2}} \tag{4-23}$$

4-30 如何用三只功率表测量三相无功功率？

答 在三相负载完全平衡的电路中，通常只用一只单相功率表就可以测量三相无功功率，因为三相无功功率 $Q=3Q_\varphi$，在三相负载平衡时，只要测出其中任何一相，然后乘以 3 就是三相总无功功率。

但是，在实际被测电路中，许多是三相负载不平衡电路，显然如按上述方法测量是不能正确计量的，则需用三只功率表法测量，接线原理如图 4-14（a）所示。图中“·”表示电压线圈、电流线圈的起始端，接线时应特别注意，不可接错。

三只功率表所计量的无功功率分别为

$$Q_1 = U_{BC} I_A \cos(90° - \varphi) = U_{BC} I_A \sin\varphi = \sqrt{3} Q_A \tag{4-24}$$

$$Q_2 = U_{CA} I_B \cos(90° - \varphi) = U_{CA} I_B \sin\varphi = \sqrt{3} Q_B \tag{4-25}$$

$$Q_3 = U_{AB} I_C \cos(90° - \varphi) = U_{AB} I_C \sin\varphi = \sqrt{3} Q_C \tag{4-26}$$

其相量关系如图 4-14（b）所示。

由于三相总无功功率 $Q_总 = Q_A + Q_B + Q_C$，那么三只表所计量的无功功率为

$$Q = \frac{\sqrt{3}(Q_A + Q_B + Q_C)}{\sqrt{3}} = Q_A + Q_B + Q_C \tag{4-27}$$

使用三只功率表测量时，有的表针可能出现反打现象，可将此相电流线圈端反接一下，但在计算时，应将此相指示值取为负值。

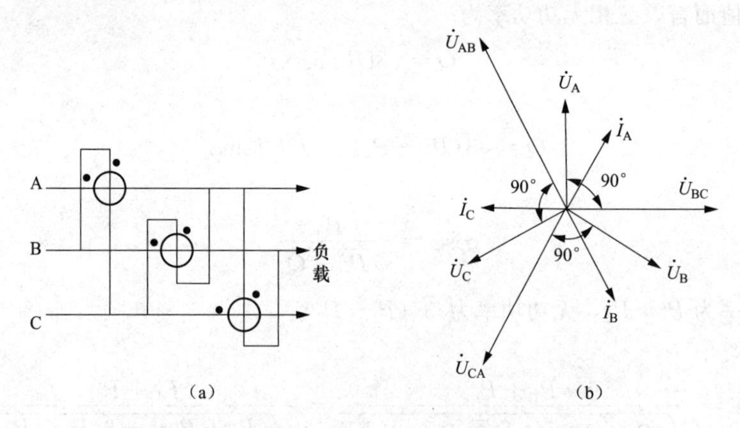

图 4-14 三只功率表测量三相不平衡负载接线图和相量图
（a）接线图；（b）相量图

4-31 电能表属于哪种型式的仪表？它是怎样计算电量的？

答 电能表属于感应式仪表，它是利用一个或几个固定的载流回路产生的磁通，与这些磁通在

活动部分（铝盘）感应的电流间相互作用，产生转动力矩而有指示的。电能表由驱动元件（电压元件、电流元件）、转动元件（铝盘）、制动元件（制动磁铁）和其他部件（计数器等）四部分组成。

当电能表接入电路时，电压线圈的两端加上电源电压，电流线圈通过负荷电流，此时电压线圈和电流线圈产生的主磁通穿过铝盘，在铝盘上便有三个磁通的作用（一个电压主磁通，两个大小相等、方向相反的电流主磁通），在铝盘上共产生三个涡流，这三个涡流与三个主磁通互相作用产生转矩，驱动铝盘开始旋转，并带动计数器计算电量。

铝盘旋转的速度与通入电流线圈中的电流成正比。电流越大，铝盘旋转越快。铝盘的转速叫变换系数，变换系数的倒数叫标称常数，即铝盘转一圈所需要的电能数。因此，只要知道铝盘的转数就能知道用电量的大小。

4-32 为什么三相三线电能表通过断开 B 相电压能判断其接线是否正确?

答　三相三线两元件电能表的接线如图 4-15 所示。当按图接完线后，为判断接线是否正确，可先接上负载后确定一转数，然后将 B 相电源切断，如此时转数为原转数的一半，则说明接线正确。其原理是：两元件的电能表电压线圈的公共端均接在 B 相，W_1 电压为 U_{AB}，W_2 电压为 U_{CB}。将 B 相切断时，两电压线圈变为串联，电压线圈两端的电压降低了一半。并且两元件中电压与电流之间的相位差正好互换，此时 W_1 反映的功率为 W_2 功率的一半，W_2 反映的功率为 W_1 功率的一半，所以合成功率为原功率的二分之一，而转数显然也降低了一半。

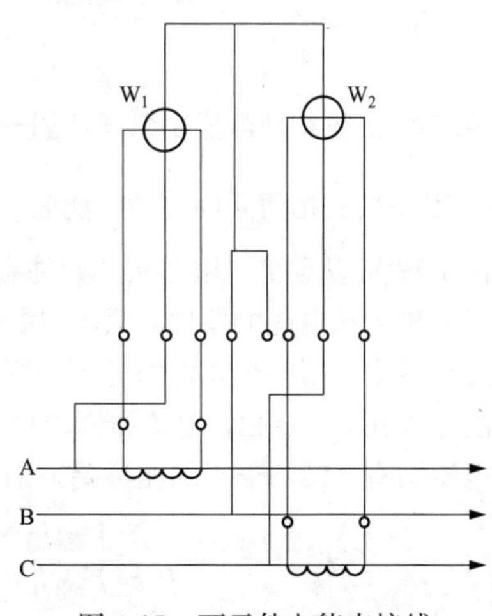

图 4-15　两元件电能表接线

4-33 用一只单相电能表能测量三相无功电能吗?

答　在三相负载对称的情况下，采用图 4-16 的接线方式可以测得三相无功电能。因为单相交流电路的无功功率为

$$Q = UI\cos(90^\circ - \varphi) \tag{4-28}$$

由于在对称三相交流电路中，线电压 $\dot{U}_{AB}$ 与相电压 $\dot{U}_A$ 存在着（$90^\circ - \varphi$）的相位差，根据这一原理，只要变换一下电能表的接线方式，并使电能表电压线圈上的电压与通过电流线圈的电流有一个（$90^\circ - \varphi$）的相位关系，那么该电能表所计量的就是无功功率了。

从接线图可知，它的功率和电压线圈两端的电压 U_{BC}、通过电流线圈的电流 I_A，以及两者间的功率因数 $\cos\varphi$ 成正比，即

$$P = U_{BC} I_A \cos\varphi \tag{4-29}$$

用相量图可以看出 $\dot{U}_{BC}$ 和 $\dot{I}_A$ 间的相位差等于（$90^\circ - \varphi$），故

$$P = U_{BC} I_A \cos(90^\circ - \varphi) = U_{BC} I_A \sin\varphi = U_x I_x \sin\varphi \tag{4-30}$$

在对称的三相电路中，三相无功电能

$$A_q = \sqrt{3} U_x I_x \sin\varphi t \tag{4-31}$$

因此用上述方法测量三相无功电能时，应当将电能表的读数乘以 $\sqrt{3}$。

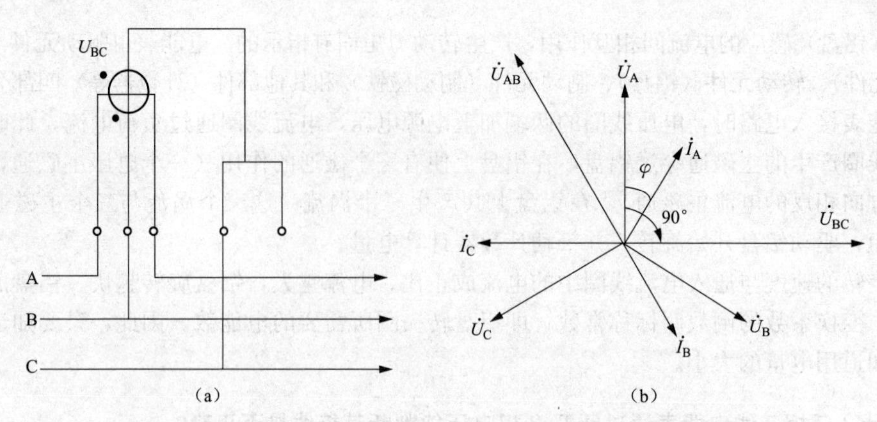

图 4-16 用一只单相电能表测量三相无功电能的接线图及相量图

(a) 接线图；(b) 相量图

4-34 用三相三线有功电能表怎样测量无功电能？

答：用一只三相两元件有功电能表按图 4-17 接线，即可测得三相无功电能。

由图 4-17 可以看出，用三相两元件有功电能表测量三相无功电能时实际上根据的是单相电能表能测量三相无功电能的原理，只不过是利用具有两只单相电能表测量机构的电能表进行测量而已。在接线图中，第一个元件的电压线圈并接在 B、C 相，电流线圈串接于 A 相，第二个元件的电压线圈并接在 A、B 相，电流线圈串接在 C 相。当三相对称时，由相量图可以看到，两元件的电压与电流均有（90°−φ）的相位差，因此：

$$P_1 = U_{BC} I_A \cos(90° - \varphi) \tag{4-32}$$

$$P_2 = U_{AB} I_C \cos(90° - \varphi) \tag{4-33}$$

$$\begin{aligned} P_1 + P_2 &= U_{BC} I_A \cos(90° - \varphi) + U_{AB} I_C \cos(90° - \varphi) \\ &= 2U_x I_x \cos(90° - \varphi) = 2U_x I_x \sin\varphi \end{aligned} \tag{4-34}$$

而三相无功电能 $A_q = \sqrt{3} U_x I_x \sin\varphi t$，因此电能表读数还应乘以 $\sqrt{3}/2$，才等于实际无功电能，即

$$A_q = \sqrt{3}/2 \times 2U_x I_x \sin\varphi t = \sqrt{3} U_x I_x \sin\varphi t \tag{4-35}$$

该接法只适用于三相对称电路，否则将有测量误差。

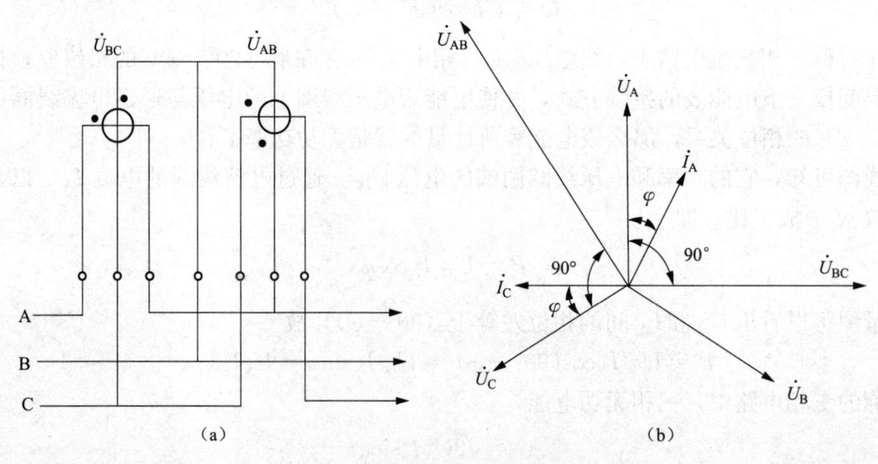

图 4-17 三相两元件电能表测量无功接线图及相量图

(a) 接线图；(b) 相量图

4-35 三相两元件电能表使用在三相四线不平衡的照明负载线路上，能够正确测量电能吗？

答 三相两元件电能表使用在三相四线的照明负载电路上，不能正确记录实际耗电量。因为电能表实质上是在功率表的基础上增加了与时间成正比的测量机构（计数器），所以电能表所计量的是用电负载功率与时间的乘积。从电工学中我们知道，功率等于电流与电压的乘积（当 $\cos\varphi=1$ 时），即 $P=UI$，由图 4-18 的接线图可以看出，该表只有两个电流线圈和两个电压线圈。而接在 B 相的负载电流不经过电能表的电流线圈，这一相上的照明负载用电量不能记录在表上，故用三相两元件电能表计量三相四线照明负载的用电量是不允许的。

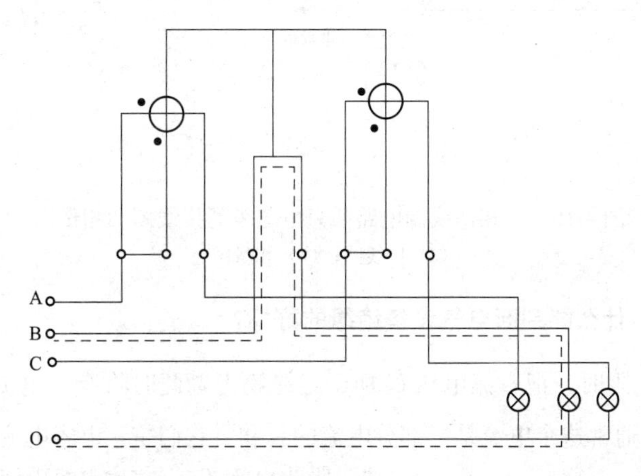

图 4-18 两元件电能表在三相四线不平衡照明负载下的工作情况

4-36 在三相四线制电路中，如果每相只装一只单相电能表，当使用单相 380V 电焊机时，为什么有一相的电能表会停转或者反转？

答 现假设电焊机接于 A、B 两相上用电。

从图 4-19（a）和（b）中可以看出，A 相电能表 W_1 接的电压是 U_A，通过的电流是 I_{AB}，所测功率为

$$P_1=U_AI_{AB}\cos(30^\circ-\varphi) \tag{4-36}$$

B 相电能表 W_2 接的电压是 U_B，通过的电流是 $I_{AB}(-I_{BA})$，所测功率为

$$P_2=U_BI_{AB}\cos(30^\circ+\varphi) \tag{4-37}$$

可以看出，电能表 W_1 不论在功率因数大于、等于还是小于 0.5 时，φ 小于 90°，$\cos\varphi$ 是正值，电能表都要正转。而 B 相电能表 W_2 则不然，在功率因数等于 0.5 时，φ 都小于 90°，$\cos(60^\circ+30^\circ)=\cos90^\circ=0$，电能表停转。在功率因数大于 0.5 时，$\cos\varphi$ 是负值，电能表倒转，而在功率因数小于 0.5 时，φ 小于 90°，$\cos\varphi$ 是正值，电能表正转。

必须说明，这种计费方法是正确的，因为两只电能表的转速和方向是随功率因数变化的，并不是电能表本身和接线的错误。而是电焊机在负载较轻的情况下，功率因数是经常低于 0.5 的。应注意的是，计量电能应为两表的代数和，如表 W_1 走 500kW·h，表 W_2 反走 100kW·h，则计量电能应为 500+(−100)=400(kW·h)，而 500+100=600(kW·h) 的算法是错误的。

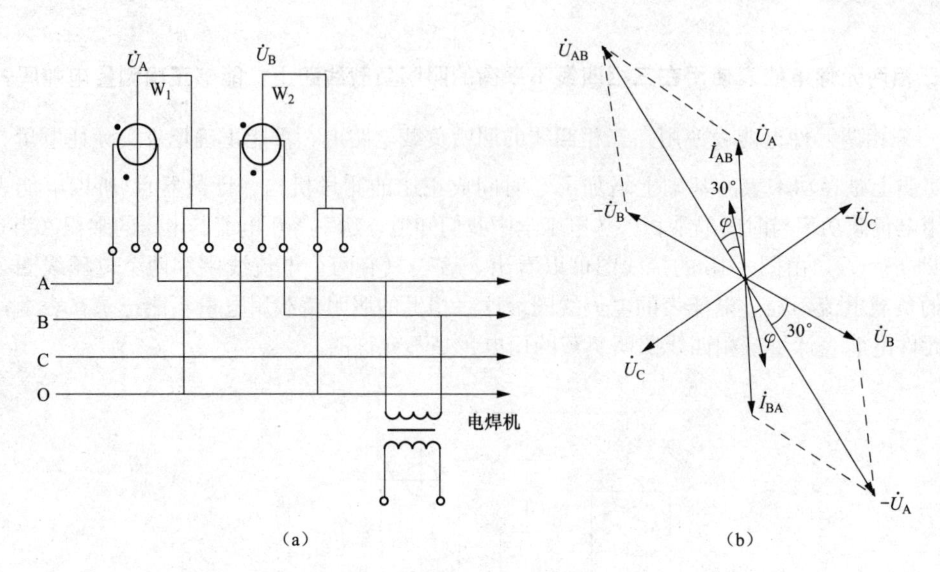

图 4-19 三相四线制电路两只电能表的接线图和相量图

(a) 接线图；(b) 相量图

4-37 测量绝缘电阻为什么能判断电气设备绝缘的好坏？

答 当测量绝缘电阻时，把直流电压 U 加于绝缘物上，此时将有一电流随时间做衰减变化，最后趋于一稳定数值。通常这个电流是三部分电流的总和。它们是：电容电流 I_c，它的衰减速度很快；吸收电流 I_{abc}，它比电容电流衰减慢得多；传导电流 I_{mp}，它经很短时间就趋于恒定，如图 4-20 所示。

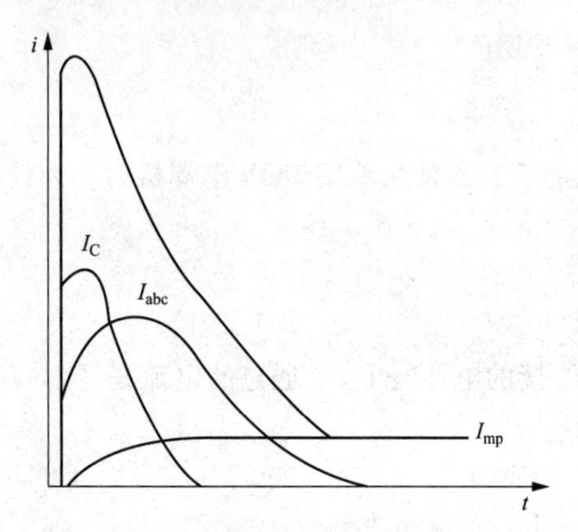

图 4-20 直流电压作用下通过绝缘电阻的电流

如果绝缘电阻没有受潮并且表面清洁，瞬变电流分量 I_c、I_{abc}很快衰减到零，仅剩很小的传导电流 I_{mp} 通过，因为绝缘电阻与流通电流成反比，绝缘电阻将上升很快，并且稳定在很大的数值上。反之，如果绝缘电阻受了潮，传导电流显著增大，甚至比 I_{abc} 起始值增大更快，瞬变电流成分明显减少，绝缘电阻值表现很低，并且随时间的延长而变化甚微。所以，在绝缘电阻试验中，一般通过吸收比判断绝缘电阻的受潮情况。当吸收比大于 1.3 时，表明绝缘电阻良好；吸收比近于 1 时，表明绝缘电阻受了潮。

4-38 为什么用绝缘电阻表摇测对地绝缘电阻时，接线端钮“E”端子接地，“L”端子接被测物？若反接对测量有何影响？

答 用绝缘电阻表摇测电气设备对地绝缘电阻时，其正确接线应该是“L”端子接被试设备导体，“E”端子接地（即接地的设备外壳），否则将会产生测量误差。

由绝缘电阻表的原理接线可知［见图 4-21（a)］，绝缘电阻表的“E”端子接发电机正极，“L”端子接至测量线圈，而屏蔽端子“G”则接至发电机的负极。当绝缘电阻表按正确接线测量被测设备对地绝缘电阻时，绝缘表面泄漏电流经“G”直接流回发电机负极，并不经过测量线圈，因而能起到屏蔽作用。但如果将“L”和“E”反接［见图 4-21（b)］，流过体积绝缘电阻的泄漏电流和一部分表面泄漏电流仍然经外壳汇集至地，并由地经“L”端子流入测量线圈，根本起不到屏蔽作用。

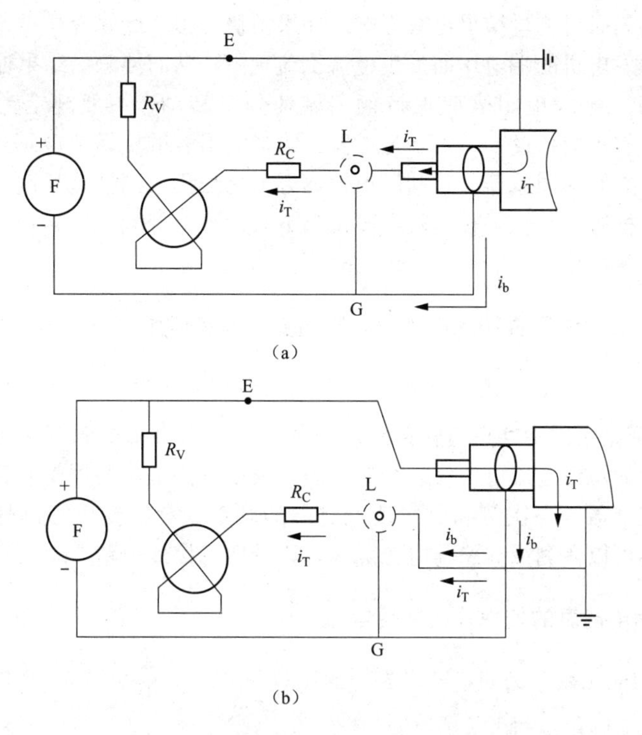

图 4-21　绝缘电阻表电路原理接线图

(a) 正确接线；(b) 反接

另外，一般绝缘电阻表的“E”端子及其内部引线对外壳的绝缘水平比“L”端子要低一些，通常绝缘电阻表是放在地上使用的。因此，“E”对表壳及表壳对地有一个绝缘电阻 R_f，当采用正确接线时，R_f 是被短路的，不会带来测量误差。但如果将引线反接，即“L”接地，使“E”对地的绝缘电阻 R_f 与被测绝缘电阻 R_x 并联，造成测量结果变小，特别是当“E”端子绝缘不好时将会引起较大误差。

由上述分析可见，使用绝缘电阻表必须采用“L”接被测物导体、“E”接地、“G”接屏蔽的正确接线。

4-39 绝缘电阻表为什么没有指针调零位螺钉？

答 绝缘电阻表的测量机构为流比计型，因没有产生反作用力矩的游丝，在摇测之前指针可以停留在标尺的任意位置上，所以没有指针调零位螺钉。

4-40 绝缘电阻表摇测的快慢与被测绝缘电阻值有无关系？为什么？

答 绝缘电阻表摇测得快慢，一般来讲，只要速度均匀不会影响对固定高值电阻的测量。因为从绝缘电阻表的测量机构来讲，它是由磁电系比率表和一手摇直流发电机组成的。发电机电压的大小是由旋转速度决定的，转子转动越快（即线圈中磁场变化越快），产生的电压越高。由于绝缘电阻表的读数反映发电机电压与电流的比值，当电压有变化时，通过绝缘电阻表电流线圈的电流也同时按比例的变化，所以电阻读数不变。

但是，用绝缘电阻表测量绝缘电阻情况就不同了。因为通过绝缘介质的泄漏电流与所加电压的高低有关，特别是有局部缺陷的绝缘，当电压达到一定值时才能反映出来，如果转速太慢使电压过低，将使测量结果偏高。

另外，速度不均匀时对测量结果也有影响。如果由快变慢，绝缘介质两端在速度快速充的电压将高于绝缘电阻表发电机的端电压而发生电流倒流现象，从而使测量结果偏高。

由上述分析可知，绝缘电阻表应保持额定转速匀速转动，一般规定为120r/min，可以有±20%的变化，但最多不应超过±25%。为了保证绝缘电阻表的旋转速度不致过高，有些绝缘电阻表在摇柄和机构中装有一调速器，它利用惯性离心力的作用，当摇动速度过快时，调速器会自动使发电机转子与摇柄脱离，转子转速就会慢慢降下来；当降低到一定转速后，调速器又将发电机转子与摇柄重新恢复原位。

4-41 用电压表、电流表法测量接地电阻时，隔离变压器有何作用？

答 采用电压表、电流表法测量接地电阻时，一般规定须使用交流电源。由于工厂常用的220/380V系统电源都是采用中性点直接接地的方式，显然如果将电源直接接入测量线路，就会造成接地短路，产生的短路电流可使仪表损坏。因此须设法使电源与测量线路隔离。根据变压器的工作原理可知，变压器的一次侧和二次侧没有电的联系（自耦变压器例外），只有磁的联系，所以利用隔离变压器可以使测量线路与电源隔离，不会造成接地短路。

4-42 怎样计算三相电能表的倍率及实际用电量？

答 看互感器的变比数。例如，一只表的变比数为200：5，也就是40倍，该表读数差乘以40，就是该表测得的实际用电量。

4-43 功率表和电能表有什么不同？它们如何接入高压供电线路？

答 功率表是一种测量电功率的仪器，但是非专业人员一般不使用，所测量的是测量当时（瞬间）的发电设备、供电设备和用电设备所发出、传送和消耗的电能（即电功）数，单位是W或kW。

电能表是用来测量电能的仪表，又称电度表、火表、千瓦小时表。所测量的是累计某一段时间内发电设备、供电设备和用电设备所发出、传送和消耗的电量，单位是W·h或kW·h。

它们通过高压电压互感器和电流互感器接入高压供电线路中，其接线如图4-22所示。

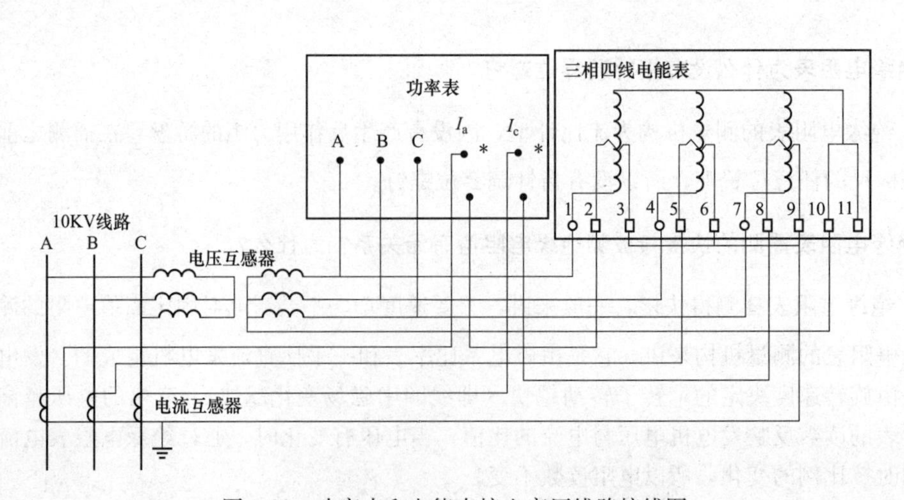

图4-22 功率表和电能表接入高压线路接线图

4-44 什么是电气测量仪表的误差？什么是基本误差？

答 在进行电气测量时，由于测量仪器的精度及人的主观判断的局限性，无论我们怎样测量或用什么测量方法，测得的结果与被测量实际数值总会存在一定差别，这种差别称为电气测量仪表的误差。

基本误差是指仪表在规定的条件下（如电表放置的位置正确，没有外界电场和磁场的干扰，周围温度在规定值范围内，频率是 50Hz，波形是正弦波等），由于制造工艺限制，本身所具有的误差。

4-45 万用表能进行哪些测量？结构如何？

答 万用表又叫万能表，是一种多用途的携带式电工测量仪表，它的特点是量限多、用途广。其测量机构是电压表、电流表、电阻表原理的组合。一般万用表可以用来测量直流电流、直流电压、交流电压和电阻，有些万用表还可以用来测量交流电流、电功率、电感量、电容量等。

万用表是用磁电系测量机构配合测量电路来实现各种电量的测量的，万用表的结构有下列主要部分：

（1）表头。表头是万用表的主要元件，是一种高灵敏度的磁电式直流电流表，它的满刻度偏转电流一般为几微安到几百微安，其全偏转电流越小，灵敏度越高，表头的特性越好。表头的表盘上有对应各种测量所需要的多条标度尺。

由于表头的灵敏度要求很高，所以表头中可动线圈必须匝数多（使小电流时转动力矩足够大）、导线细（使线圈轻便，当转动力矩小时也能产生较大偏转角）。因此导线越细、匝数越多，则表头灵敏度就越高，内阻就越大。

（2）测量线路。万用表的测量线路实际是由多量限的直流电流表、电压表、整流式交流电压表和电阻表等几种线路组合而成的。其测量线路中的元件多为各种类型和数值的电阻元件（如绕组电阻、碳膜电阻等）。在测量时，将这些元件通过转换开关接入被测线路中，使仪表发生指示。测量交流电压线路中，还设有整流装置，整流后的直流再通过表头，这样与测量直流电压时的原理完全相同。

（3）转换开关（也叫选择式量程开关）。万用表中各种测量种类和量限的选择是靠转换开关来实现的。转换开关里有固定接触点和活动接触点，用以闭合和分断测量回路。其活动接触点通常称为“刀”，固定接触点称为“掷”，而转换开关是按需用特制的，通常有多刀和几十个掷，各刀之间是相互同步联动的，变换“刀”的位置，就可以使表内接线重新分布，从而实现所需测量的范围和要求。

4-46 怎样正确使用万用表？应注意些什么？

答 万用表的种类和形式很多，表盘上的旋钮、测量范围也各有差异。因此在使用万用表测量之前，必须熟悉和了解仪表的性能及各部件的作用。为了正确使用万用表，一般应注意以下几点：

（1）测量时应将万用表放平，为了保证读数准确，应使仪表放在不易受振动的地方。

（2）使用前应检查指针是否在机械零位，如不在应调至零位。测量电阻时，将转换开关转至电阻挡上，将两表棒短接后，旋转“Ω”调零器，使指针指零欧。当变换电阻挡位时，需要重新调整调零器，使指针仍指在零欧。

（3）根据测量对象将转换开关转至所需挡位上。例如，测量直流电压时，将开关指示箭头对准“DC-V”符号的位置，其他测量也按上述要求操作。

（4）表棒插入表孔时，应按表棒颜色插入正负孔内，红色表棒的插头应插入标有“+”号的插孔内，黑色表棒的插头插入标有“-”号的插孔内。测量直流电压或电流时，一定要按表棒的极性将红色和黑色表棒接被测物的正极和负极，否则因极性接反会使表针反打，以致撞坏指针，甚至烧毁仪表。

（5）选用测量范围时，应了解被测量的大致范围，使指针移动至满刻度的三分之二附近，这样可使读数准确。若事先不知被测量的大概数值，应尽量选用大的测量范围，若指针偏转很小，再逐步换用较小的测量范围，直到指针移动至满刻度的三分之二附近为止。在测量较高电压和较大电流时，不能带电转动开关旋转，否则会在触点上产生电弧，导致触点烧毁。

（6）测量直流电压前（特别是高压）一定要事先了解正负极，如果预先不知道，要先用高于待测电压几倍的测量范围，将两表棒快接快离。如指针顺时针偏转，则说明是接对了，反之应交换表棒。

（7）在测量1000V以上的电压时，必须用专用测高压的绝缘表棒和引线，先将接地表棒接于负极，然后再将另一表棒接在高压测量点。为安全起见，最好两人进行测量（其中一人监护）。测量时不要两手同时持两表棒，空闲的手也不准接触铁架等接地物。表棒、手指、鞋底应保持干燥，必要时应使用橡皮绝缘手套和绝缘垫。

（8）当转换开关转到测量电流位置上时，绝对不能将两表棒直接跨接在电源上，否则万用表会通过短路电流而立即烧毁，这是需要特别注意的。

（9）每当测量完后，应将转换开关转到测量高电压位置上，防止开关在电阻挡时，两表棒被其他金属短接使表内电池耗尽。

（10）万用表应谨慎使用，不得受震动、受热和受潮等。

4-47 有些万用表的刻度盘上标有LI、LV是什么意思？有何用途？

答 LI、LV刻度指示，实际上是万用表欧姆挡的辅助刻度，表示用万用表欧姆挡测量电阻时，加在电阻元件两端的相应电压和流过元件的相应电流。

在LV的刻度线上，电压满刻度为零，而起始值为该表欧姆挡所使用的电源电压。例如，当某型号万用表的欧姆挡$R\times1$、$R\times10$、$R\times100$、$R\times1000$的电源电压为1.5V时，那么LV的起始值就是1.5V。而LI的刻度则相反，它的起始值各挡都是零，并且满刻度值对欧姆挡的各挡是不同的。例如，MF50型万用表，$R\times1$挡LI的满刻度值是150mA，而$R\times10$为15mA，LI的满刻度值等于欧姆挡使用电源的电压除以该挡电阻的中心值。一般常用此项刻度估算直流电流表的满刻度值及测量晶体管的有关参数。

4-48 为什么用万用表测量二极管的正向电阻时，选用不同的欧姆挡测出的阻值也不同？

答 因为二极管是一种非线性元件，从二极管的伏安特性曲线可以看出，加在二极管两端的电压与流过元件的电流并不成正比关系，即其伏安特性不是一条直线而是一条曲线。当用万用表欧姆挡测量二极管正向电阻时，虽然欧姆挡的$R\times1$到$R\times1000$的表内电源电压相同，但是选用不同挡位测量时，其测量回路的内阻随之变化，所以加在元件两端的电压也就不同，结果使被测元件反映出不同的阻值。

4-49 怎样用万用表判断电动机的转速？

答 只要知道电动机的磁极数，就可以求出电动机的同步转速，根据同步转速，就可以知道电动机的大约转速了。判断方法如下：

（1）将电动机的六个头拆开，利用万用表的欧姆挡，任意找出一个绕组，如1～2端，如图4-23所示。

（2）将万用表拨到毫安挡的最小一挡，接在该绕组两端。

（3）将电动机转子慢慢均匀转动一圈，看万用表指针左右摆动几次，如果摆动一次，就说明电流正负变化一个周期，就是二级电动机。同样理由，两次就是四级电动机，依此类推。用这个方法，看指针摆动几次，就可以判断出几个极，从而也就能知道电动机的大约转速（即略低于同步转速）。电动机同步转速是由磁极对数来决定的，即

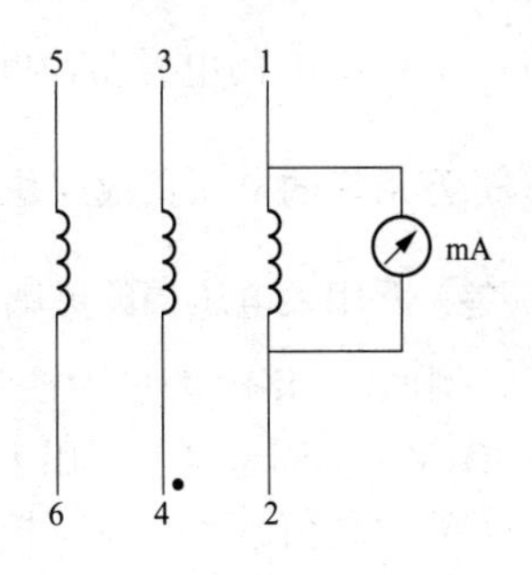

图4-23　用万用表毫安挡测量电动机转速

$$n = \frac{60f}{P} \tag{4-38}$$

式中　n——同步转速，r/min；

f——频率，Hz；

P——磁极对数。

如二级是3000r/min，六级是1000r/min等。

4-50 怎样用万用表判断电容器的好坏？

答 因为直流电压加至电容器时，有一个充电过程，根据这个原理可以大概地判断电容器的好坏，即用万用表的欧姆挡加以测量判断。

电容器的容量在1μF以上，充电过程比较明显（用$R \times 1000$挡即可看出）。当表笔接通电容器时，表针左右摆动一次。摆动越大，说明电容量越大，有时甚至可以看到指针已到零值，过一会儿才慢慢退回，直到表针稳定不动时，所指的电阻就是电容器的漏电电阻。这个电阻越大越好，最好是“∞”（无限大）。如果接通时表针根本不动（正反多试几次），说明电容器内部断路，如果表针到零位时不再退回，说明电容器已击穿。电容器在0.01～1μF时，要用$R \times 10$k这一挡才可以看出微小的一点充电过程（可正反多试多次）。

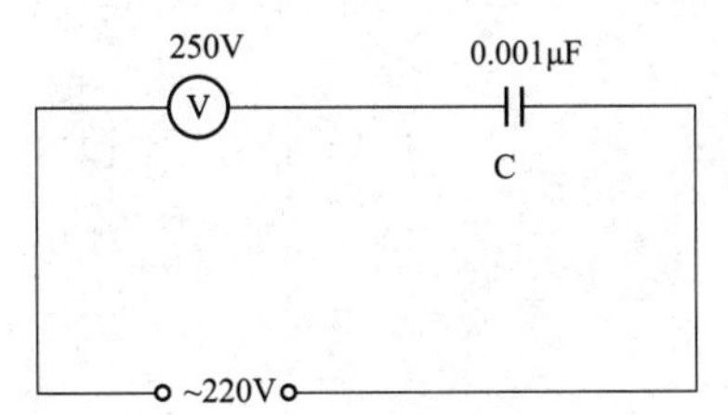

图4-24　交流电压法判断电容器好坏

当电容器小于0.01μF时，用上述方法只能检查电容器是否击穿，这时改用交流电压法来判断，如图4-24所示。

例如，电容器的容量为0.001μF时，对50Hz交流容抗为

$$X_C = \frac{1}{2\pi fC} = \frac{1}{2\pi \times 50 \times 10^{-6}} = 3.18(\mathrm{M\Omega})$$

设表头为100μA，当开关放在交流250V挡时，电表所串的电阻为

$$R = \frac{250}{100 \times 10^{-6}} = 2.5(\mathrm{M\Omega})$$

那么总阻抗

$$Z = \sqrt{R^2 + X_C^2} = \sqrt{2.5^2 + 3.18^2} \approx 4.05(\mathrm{M\Omega})$$

电路中电流

$$I = \frac{220}{4.05 \times 10^6} \approx 54.32(\mu\mathrm{A})$$

可见表针会指到表盘的一半多一点，这说明电容器是好的。这个方法很简单，可用来测

0.01～0.0001μF 的电容器，再小的电容器用万用表就无法测量了。

4-51 万用表的电压灵敏度是怎样表示的？有何意义？

答 万用表电压挡的灵敏度是用单位伏特内阻表示的，表示方法为“Ω/V”，一般标在刻度盘上。例如，MF10 型万用表，直流电压挡内阻可达 100000Ω/V，交流电压挡内阻也可达 20000Ω/V。不同型号的万用表，单位伏特内阻也不同。

Ω/V 的数值越大，电压挡的灵敏度就越高，说明内阻越大，在同样的电压指示值时，流过表头的电流越小。因为表头指针偏转角与流过表头的电流成正比，如果流过表头一个很小的电流就会有明显的指示，则说明该表的灵敏度高。特别是在测量微量电压信号时，若使用低内阻的万用表测量，由于被测支路信号电流极小或呈开路状态，而表的接入将改变被测量电路的状态，甚至使电压线圈的电流大于被测支路电流，显然误差很大，所以应选用内阻高的万用表。

4-52 为什么一些万用表的刻度盘单独有一条交流 10V 挡刻度线？

答 因为一般万用表的表头多采用高灵敏的磁电式电流表，而磁电式电流表只能用于直流电路的测量，因此在测量交流电压时，是把交流电压整流后用其平均值表示的。由于整流元件（如二极管、氧化铜等）是一种非线性元件，并且电压越低，其非线性影响越严重，当测量低电压时，电压挡所选用的分压电阻的阻值也很小。同时由于分压电阻与整流元件串联，受整流元件阻值变化影响较大。显然交流低电压挡和直流电压挡共用一条刻度线不能正确指示，所以大多数万用表采用单独的一条 10V 交流刻度线。

4-53 用万用表测量较小电阻值时应注意什么？

答 万用表电阻挡实质上就是一个多量程限的欧姆表，测量电阻时，反映到表头的被测量实际是通过被测量电阻的相应电流，被测电阻越大，电流越小，即偏转角越小，指针偏转角与被测电阻的关系为

$$\alpha = \frac{R}{R + R_x} n \tag{4-39}$$

式中 α——指针偏转角；

R——中心阻值；

R_x——被测电阻阻值；

n——指针满偏转角时的角度（多为 90°）。

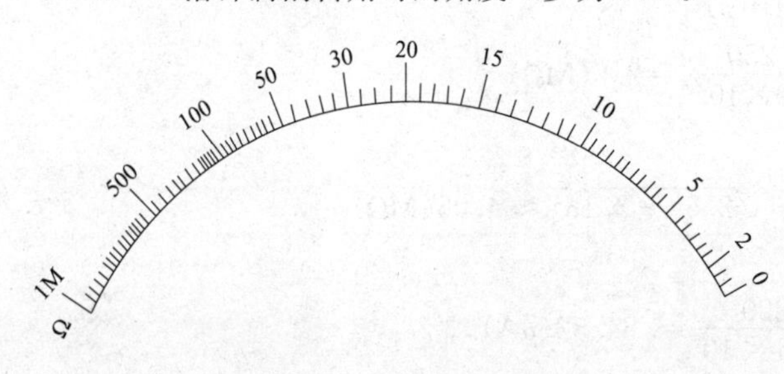

图 4-25 欧姆表的刻度

而在刻度时，一般是以中心阻值为基准（即正中位置为 45°），然后向两边逐点刻度，并且刻度是不均匀的。从万用表的刻度可以看出，欧姆标尺为反向刻度，也就是说偏转越小，指示的阻值越大（见图 4-25）。由图可见，在高阻端（100Ω 以上），每一刻度线的阻值相差很大，测量时若在这一段分度线上，把指

针看偏一个很小的角度，将会造成很大的误差，特别是测量小电阻时，误差就更加明显。所以为保证测量的准确度，在测量小电阻时，应通过换挡的方法，尽量使指针在中心位置附近。

4-54 惠斯通电桥的工作原理如何？

答 惠斯通电桥是一种直流单电桥，主要用于测量直流电阻。它根据平衡线路的原理，将被测电阻与已知标准电阻直流进行比较来确定所测电阻值。图 4-26 是其电路原理图，图中 ac、cb、bd、da 四条支路称为电桥的四个臂，其中一个臂 R_x 是被测量电阻，其余三个臂连接标准电阻，在电桥对角线 cd 上连接检流计，另一对角线 ab 上连接直流电源。

在电桥工作时，调节电桥的一个臂或几个臂的电阻值（已知电阻阻值使电桥达到平衡。这时 c、d 两点电位相等即没有电位差），通过检流计的电流等于零，所以指针指示为零。因此由 a 到 c 的电压降必然和由 a 到 d 的电压降相等，由 c 到 b 的电压降和由 d 到 b 的电压降也一定相等，即

$$U_{ac} = U_{ad} \quad 或 \quad I_1R_x = I_4R_4$$
$$U_{cb} = U_{db} \quad 或 \quad I_2R_2 = I_3R_3$$

将两式相除，得

$$\frac{I_1R_x}{I_2R_2} = \frac{I_4R_4}{I_3R_3}$$

因 $I_1=I_2$，$I_3=I_4$，故电桥平衡条件为

$$R_xR_3 = R_2R_4$$

这个式子说明在电桥平衡时，两个相对桥臂上电阻的乘积，等于另外两个相对桥臂上电阻的乘积，因此如果已知三个桥臂的电阻，就可以确定另外一个桥臂的电阻。也就是如果已知 R_2、R_3、R_4 的电阻，就可以知道被测电阻 R_x 是多少，即

$$R_x = \frac{R_2R_4}{R_3} \tag{4-40}$$

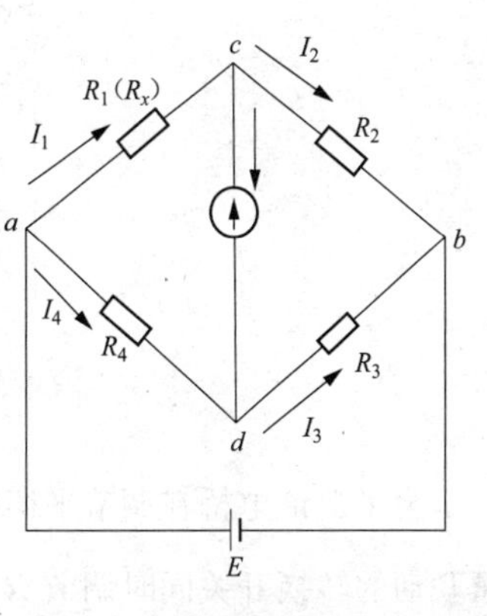

图 4-26 惠斯通电桥原理图

此种电桥在应用时，引起测量误差的主要因素是引线上的电阻和接头处的接触电阻，这在测量低电阻时特别明显。所以在测量前应先测量出引线本身的电阻，然后将测量数值减去引线电阻，这才是被测电阻的实际阻值。

4-55 为什么直流双电桥测量小电阻比单电桥准确？

答 惠斯通电桥的桥臂中，除了接入标准电阻和被测量电阻之外，还存在着连接导线的电阻和接线端钮的电阻。当被测电阻较大，各桥臂电阻都较大的时候，这些附加电阻（即上述导线电阻和接触电阻之和）相对来说就比较小，这时可以不考虑它们的影响。但当被测电阻很小时，附加电阻的影响就不能忽略。被测量电阻越小，附加电阻的影响就越大。例如，当 $R_x=1\Omega$ 时，如果这个桥臂的附加电阻是 0.001Ω，就造成 0.1%的误差；如果 R_x 只有 0.01Ω，误差就达 10%，显然这时测量的数值是极不标准的。因此必须设法消除附加电阻对测量的影响。直流双电桥（又称开尔文电桥）就是为解决这一矛盾而设置的，如图 4-27 所示。

图中 R_n 为标准电阻，作为电桥的比较臂。R_x 为被测电阻。标准电阻 R_n 和被测电阻 R_x 各有一对“电流接头”和一对“电位接头”。测量时将 R_n 和 R_x 用一根粗导线 R 连接起来，与电源成一闭合回路。这时被测电阻 R_x 和标准电阻 R_n 之间的接线电阻及接触电阻都包括在含有电阻 R 的支路内，从而实现将接线电阻和接触电阻引进电源电路或大电阻的桥臂中。当电桥平衡时，被测

电阻用下式求得

$$R_x=\frac{R_2}{R_1}R_n+\frac{RR_2}{R+R_3+R_4}\left(\frac{R_3}{R_1}-\frac{R_4}{R_2}\right) \tag{4-41}$$

根据公式可以看出，不管 R 的阻值如何，只要保证

$$\frac{R_3}{R_1}=\frac{R_4}{R_2} \tag{4-42}$$

被测电阻 R_x 就完全由$\frac{R_2}{R_1}R_n$ 所决定，即 $R_x=\frac{R_2}{R_1}R_n$，这样就消除了接线电阻和接触电阻对测量结果的影响。

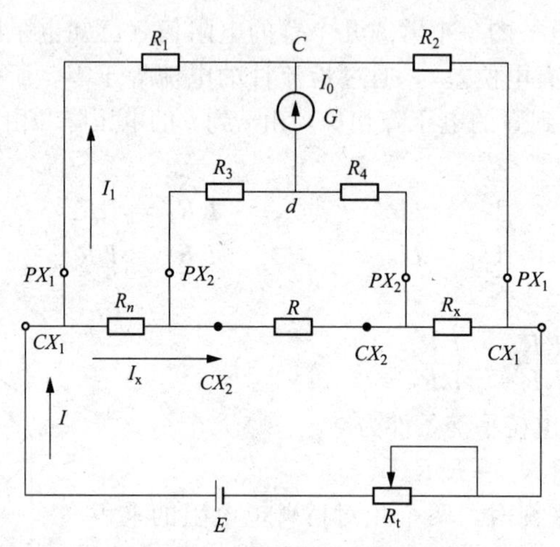

图 4-27 开尔文电桥原理图

为了保证电桥在调节平衡的过程中，始终保持$\frac{R_3}{R_1}$恒等于$\frac{R_4}{R_2}$，在制造电桥时，通常采用两个机械联动的转换开关同时调节 R_1 与 R_3，R_2 与 R_4，使它们保持比例相等。由此可见，双臂电桥是将附加电阻并入误差项，并使误差项等于零，而使电桥的平衡不会受这部分电阻的影响，从而提高了电桥测量的准确性。

4-56 什么是数字仪表？

答 数字仪表是用数字显示被测值的仪表，是把测量转化为数字量并以数字形式显示出来的仪表。工业测量中被测量变成位移、电流、电压、空气压等模拟量，经 A/D 转换器，把模拟量换成数字量（简称 A/D 转换）。数字仪表以数字的形式显示被测量，读数直观。它的原理较为复杂，各种型号、功能不同，原理也不一样，共同之处在于都由电子元器件组成，都是将被测的模拟量转换成数字量（A/D 转换），最终由显示器来直接显示被测量的数值。数字仪表由于读数直观、方便、没有视觉误差等优点，发展很快，近几年更发展为可以与其他执行机构（如打印机）连接，还可以输出开关量或模拟量，用以连接控制系统或计算机。还有些数字电工仪表有自己的中央处理器（CPU）和各种存储器，所以有些数字电工仪表也已经“微机”化、智能化。

4-57 数字仪表由哪些部分组成？

答 数字仪表一般用标度盘和指针指示电量，以电磁力为基础的包括测量线路、A/D 转换及数字显示三部分。

4-58 数字仪表有哪些特点？

答 数字仪表与普通机械式仪表相比，具有如下几方面的特点：

（1）数字显示，读数不存在视觉误差。

（2）精确度一般较高，数字仪表由于没有机电类仪表的可动部分，所以机械摩擦、变形的影响极小，只要元器件的质量、性能没问题，数字仪表比较容易制成很高精准度的仪表。例如，某公司生产的KM显示表精度都已经达到了0.01%,，代理的CSS系列产品已经达到了十万分之一的精确度。目前一般机电类仪表精准度达0.1%已很不容易，而数字仪表可轻易达到0.05%，有些数字仪表已达到0.01%的精确度。

（3）灵敏度高。由于有些数字仪表内多设有各种放大线路或器件，所以可测量较小的信号，如1mV左右的电压信号，1mA左右的电流信号、0.01Hz的频率信号。

（4）输入阻抗高。数字仪表一般本身有工作电源，除测量电流外，一般阻抗都可以制得较高，使在测量时对被测物理量影响很小。

（5）使用方便。特别是实验室用便携式、台式仪表，可制成多量程（目前有－1999～9999显示量程的KM表系）、多功能仪表（可测量电流、电压、频率、功率、线速、转速）。

（6）性价比高。

（7）抗干扰性能较差。数字仪表灵敏度高，其副作用就是抗干扰性能差，外磁场和电场等变化容易引起读数变化。

（8）数字仪表的精确度表示方法不同于指针式仪表。数字仪表一般多以上量限或读数值为基准值的百分数再加上几个数字来表示该表的精确度。例如，KM系列数显仪表，系统精度0.1%（直流），0.2%（交流）满刻度1字。一般多功能、多量程的数字多用表的各功能、量程挡位不同时，精确度也不一样，所以在选择和使用数字仪表时应引起注意，最好找专门的仪器仪表企业为你选型。

4-59 什么是数字电路？

答 用数字信号完成对数字量进行算术运算和逻辑运算的电路称为数字电路或数字系统。由于它具有逻辑运算和逻辑处理功能，所以又称数字逻辑电路。现代的数字电路由半导体工艺制成的若干数字集成器件构造而成。逻辑门是数字逻辑电路的基本单元。存储器是用来存储二值数据的数字电路。从整体上看，数字逻辑电路可以分为组合逻辑电路和时序逻辑电路两大类。

4-60 数字显示电路由哪几部分组成？

答 在数字测量仪表和数字系统中，都需要将被测的各种物理量以数字量的形式直观地显示出来，以便待测人员直接读取测量和运算结果，因此，数字显示电路是数字测量仪表的重要组成部分。

由于在数字电路中，数字量都是以一定的代码形式出现的，通常数字显示电路由计数器、译码器、驱动器、显示器等部分组成，其框图如图4-28所示。

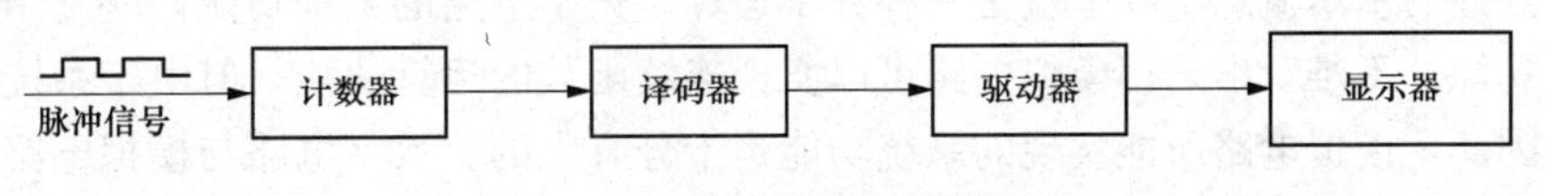

图4-28 数字显示电路框图

数字显示目前以分段式居领先地位，并有较大的发展前途。图 4-29 表示八段式数字显示器利用不同发光段组合，显示 0～9 十个阿拉伯数字时的段组合情况。

4-61 数字逻辑电路分为几类？

答 数字逻辑电路分为两大类，即组合逻辑电路和时序逻辑电路。

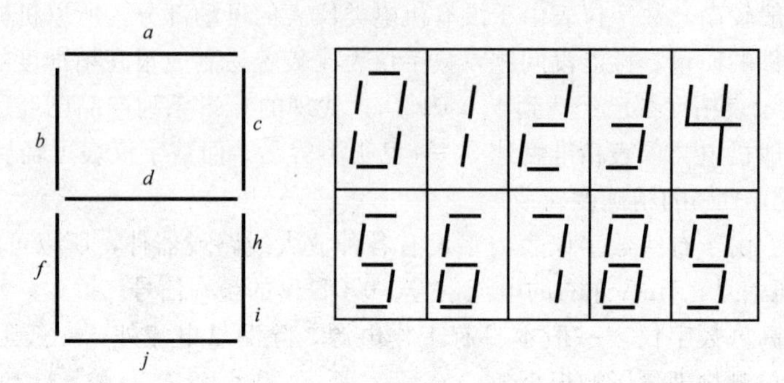

图 4-29 八段式数字显示器

4-62 数字电路的特点是什么？

答 1. 基本特征

从信号处理的性质上看，现代电子电路可以分为模拟电路和数字电路。模拟电路所能处理的是模拟电压或电流信号，数字电路是指只能处理逻辑电平信号的电路，因此，数字电路又叫做数字逻辑电路。

数字电路是组成数字逻辑系统的硬件基础。数字电路的基本性质是：

（1）严格的逻辑性：数字电路实际上是一种逻辑运算电路，其系统描述的是动态逻辑函数，因此数字电路设计的基础和基本技术之一就是逻辑设计。

（2）严格的时序性：为实现数字系统逻辑函数的动态特性，数字电路各部分之间的信号必须有着严格的时序关系。时序设计也是数字电路设计的基本技术之一。

（3）基本信号只有高、低两种逻辑电平或脉冲：数字电路既然是一种动态的逻辑运算电路，因此其基本信号就只能是脉冲逻辑信号。脉冲信号的特征是：只有高电平和低电平两种状态，两种电平状态各有一定的持续时间。

（4）与逻辑值（0 或 1）对应的电平随使用的实际电路而不同。

（5）固件特点明显：固件是现代电子电路，特别是数字电路或系统的基本特征，也是现代电子电路的发展方向。固件是指电路的结构和运行靠软件控制完成的电路或器件，这与传统的数字电路完全不同。传统数字电路完全由硬件实现，一旦硬件电路或系统确定之后，电路的功能是不能更改的。而固件由于硬件结构可以由软件决定，因此电路十分灵活，同样的电路芯片可以根据实际需要实现完全不同的功能电路，甚至可以在电路运行中进行电路结构的修改，如可编程逻辑门阵列 GAL 和单片机等。

（6）从电子系统要实现的工程功能来看，任何一个工程系统都可以被看成是一个信号处理系统，而信号处理的基本概念实际上就是一种数学运算。数字电路的工程功能，就是用硬件实现所设计的计算功能。不难看出，用模拟电路可以实现连续函数的运算功能，但由于系统的运算功能比较复杂，因此，模拟电路所能实现的系统功能是十分有限的。数字电路与模拟电路不同，数字电路可以实现基本的运算单元，用这些基本运算单元通过程序设计，可以直接进行各种运算，所以，数字电路可以实现各种复杂运算。目前，数字电路已经成为现代电子系统的核心和基本电路，掌握数字电路的基本工作特点和行为特性，是现代电子系统的基础之一。

（7）由于数字电路所处理的是逻辑电平信号，因此，从信号处理的角度看，数字电路系统比模拟电路具有更高的信号抗干扰能力。

2. 基本技术特性

数字电路中使用的基本器件是数字集成电路，数字集成电路的技术特点是以实现逻辑功能为目标。一个数字电路能否满足设计要求，主要取决于数字集成电路的电路功能与技术参数指标。数字电路的基本技术特性与电路工艺有关。只有了解了数字电路的基本技术特性，才能设计和描述一个数字逻辑电路系统，才能正确确定数字电子系统所需要的电路器件。因此，数字电路的基本技术特性是数字电子系统设计、分析和调试技术的基础，也是数字电路系统的基本描述语言。数字电路可以用来实现各种处理数字信号的逻辑电路系统。从系统行为上看，可以把数字电路分为静态电路和动态电路。

静态电路的基本特点是：

1）电路信号的输出仅与当前输入有关，与信号输入和电路输出的历史无关。

2）静态电路所关心的只是电路输入信号进入稳定状态后电路的状态，而对输入信号的变化过程并不关心。在数字逻辑电路中，静态电路一般是指组合逻辑电路（一种无反馈的数字逻辑电路）。影响静态逻辑电路（组合逻辑电路）正常工作的一个重要因素是系统的工作速度，这是组合逻辑电路设计中必须十分注意的一个问题。静态电路是实现各种逻辑系统的基础，也是实现动态电路的基础。

动态电路包括同步时序电路和异步时序电路两种，其基本特点是：

1）电路具有信号反馈（输出信号以某种方式反馈到输入端）。

2）系统工作状态受信号延迟的影响。

3）系统当前输出不仅与当前输入有关，而且与系统的上一个状态有关（即与系统的历史有关）。动态电路的基本分析方法是状态分析（如利用状态表或状态图），基本设计技术则是以系统状态分析为基础。动态电路的调试，主要是通过观察系统的状态分析系统的功能和性能。

4-63 数码显示器如何分类？

答 数码显示器（亦称数码管）是用来显示数字或文字、符号的器件，现已有多种不同类型的产品，广泛应用于各种数字设备中，通常按以下形式分：

1. 按显示方式分

（1）半导体显示器（亦称发光二极管显示器）。

（2）荧光数字显示器（如荧光数码管、场效发光二极管）。

（3）液晶数字显示器（如液晶显示器、电泳显示器等）。

（4）气体发电显示器（如辉光数码管、等离子体显示器等）。

2. 按发光物质分

（1）字型重叠式（它是将不同字符的电极重叠起来，要显示某字符，只须相应的电极发亮即可）。

（2）分段式（数码由分布在同一平面上若干段发光的笔画组成）。

（3）点矩阵式（由一些按一定规律排列的可发光的点阵组成，利用光电的不同组合显示出不同的数码）。

4-64 发光二极管显示器的工作原理如何？有何优缺点？

答 发光二极管是采用某种特殊半导体材料制成的PN结，当在二极管两端外施正向电压时，空穴从P区向N区扩散，而电子则从N区向P区扩散，此时，电子从导带跃进到价带与空穴复合，放出能量，从而发出一定波长的光束，其波长与材料的禁带有关。

通常单个PN结可用环氧树脂封装成半导体发光二极管，多个PN结可按分段式或点阵式封装，做成半导体数码管。发光二极管的优点是：①亮度强，清晰；②电压低（1.5～3V），体积小，可靠性高；③响应速度快（1～100μs），有黄、绿、红等颜色。其主要缺点是工作电流较大，目前主要用于数字仪表和电子计算器的显示中。

4-65 发光二极管（LAMP）有哪些特性参数？其意义各是什么？

答 发光二极管特性及参数含义如下：

（1）I_F（发光二极管的正向电流）。其值通常为20mA被设为一个测试条件和常亮时的一个标准电流，设定不同的值用以测试二极管的各项性能参数，瞬间（20ms）可增至100mA。具体接线见图4-30。

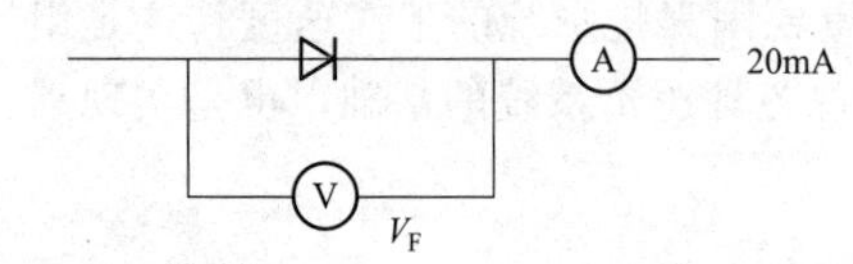

图4-30 I_F特性试验接线图

I_F增大时发光二极管的颜色、亮度、V_F特性及工作温度均会受到影响，它是正常工作的一个先决条件，I_F值增大，会使发光二极管的寿命缩短，引起V_F值增大、波长偏低、温度上升、亮度增大、角度不变等变化，与相关参数间的关系接线见图4-30～图4-33。

（2）V_F（发光二极管的正向电压）。正向电压指发光二极管通过正向电流为规定值时，正、负极之间产生的电压降，用符号V_F表示。我们通常用的贴片发光二极管正向电压为2.0～3.5V，当超过正常工作电压发光二极管可能被击穿。此外，在正向电压小于某一值（叫阈值）时，电流极小时它就不发光。当电压超过某一值后，正向电流随电压迅速增加而使发光二极管发光。

（3）V_R（发光二极管的反向崩溃电压）。由于二极管具有单向导电特性，反向通电时反向电流为0，而反向电压高到一定程度时会把二极管击穿，刚好能把二极管击穿的电压称为反向崩溃电压，可以用V_R来表示。

V_R具有以下特性：

1）V_R是衡量PN结反向耐压特性的，因此V_R越高越好。

2）V_R值较低在电路中使用时经常会有反向脉冲电流经过，容易击穿变坏。

3）V_R又通常被设定一定的安全值来测试正向电流（I_F值），一般设为5V。红、黄、黄绿等四元晶片反向电压可做到20～40V，蓝、纯绿、紫色等晶片反向电压只能做到5V以上。

（4）I_V（发光二极管的光照强度，一般称为发光二极管的亮度）。指发光二极管有流过电流时的光强，单位一般用毫烛光（mcd）来衡量。由于同一亮度发光二极管的顺向电流越大，亮度越高。亮度还跟角度有关系，同样物料角度越大亮度越低，角度越小，亮度越高，所以要求亮度的同时要考虑到角度的大小。

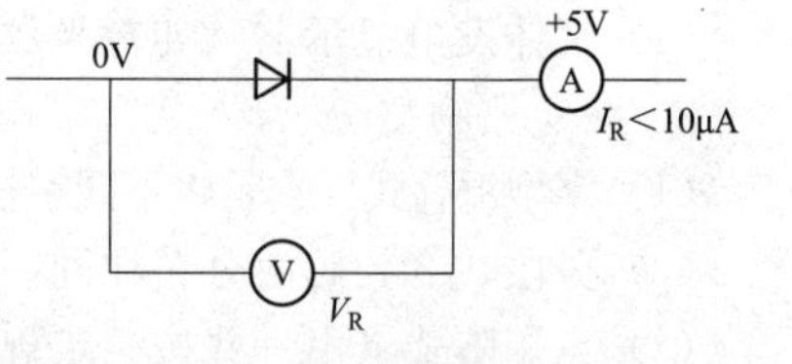

图4-31 V_R特性试验接线图

（5）发光二极管的颜色与波长W/D（主波长单位是nm）。发光二极管正常工作时的颜色特性，通常用 W/D 来衡量颜色的变化特性，在电流和温度不同的情况下主波长测试值均不相同的，封装厂商会按相同的条件将 W/D 按不同的等级分类。

（6）△θ（发光二极管的半视角）。发光二极管 LAMP 发光强度为一半时所对应的角度。角度的大小与晶片体积的大小、支架碗杯的角度、杯深、模粒的球面直径、卡点等有关系。角度越大照出的光圈越大，反之越小。

（7）发光二极管的特性参数关系曲线，图 4-32 散射型发光二极管发光强度分布图。图中（极坐标）的曲线从−90°～90°为发光二极管放射角，草莓形曲线为发光强度曲线，同心半圆为等照度曲线。

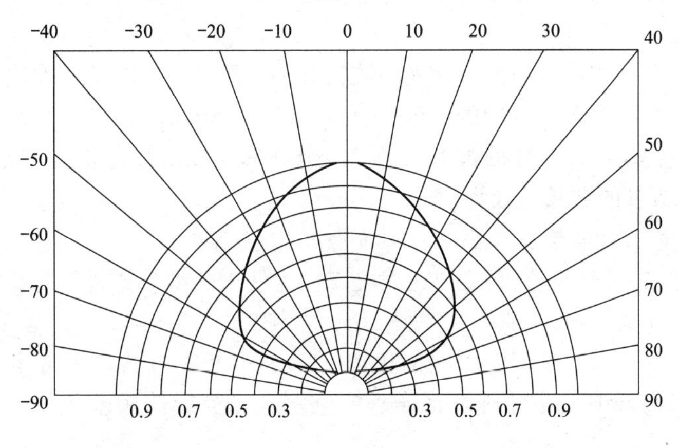

图 4-32　散射型发光二极管发光强度分布图

发光二极管特性参数间的关系见图 4-33。

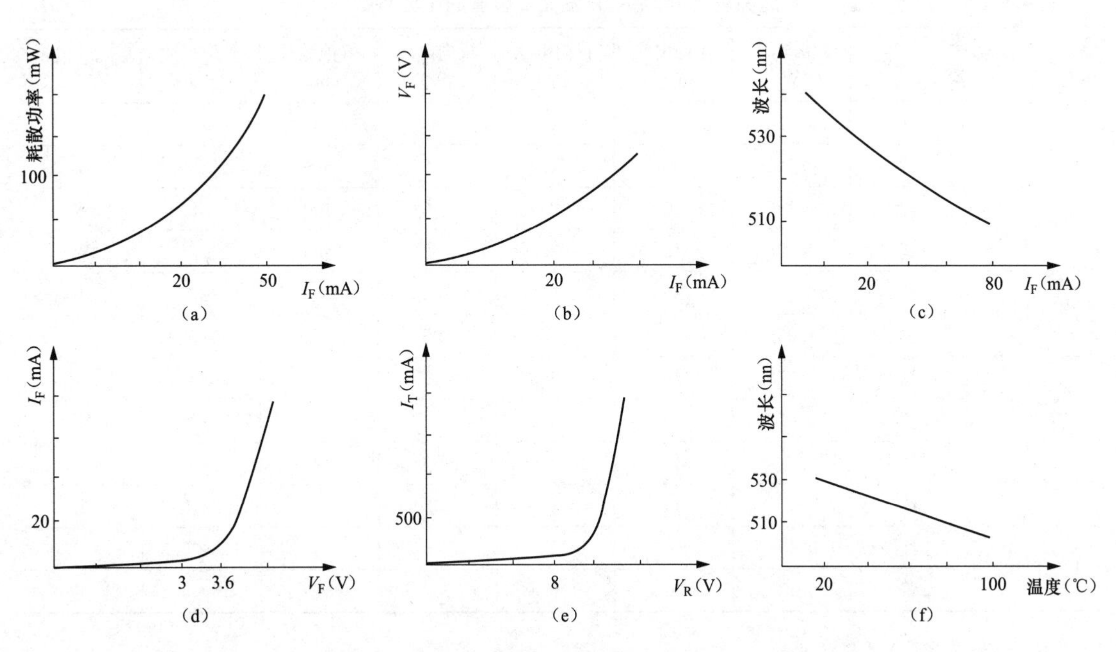

图 4-33　相关特性参数间关系

（a）顺向电流与亮度；（b）顺向电流与顺向电压；（c）顺向电流与波长；
（d）顺向电压与顺向电流；（e）反向电压与反向电流；（f）温度与波长

4-66 发光二极管按发光强度和工作电流是怎么分类的？

答 发光二极管还可分为普通单色发光二极管、高亮度单色发光二极管、超高亮度单色发光二极管、变色发光二极管、闪烁发光二极管（BTS）、电压控制型发光二极管（BTV）、红外发光二极管和负阻发光二极管等。

1. 普通单色发光二极管

普通单色发光二极管具有体积小、工作电压低、工作电流小、发光均匀稳定、响应速度快、寿命长等优点，可用各种直流、交流、脉冲等电源驱动点亮。它属于电流控制型半导体器件，使用时需串接合适的限流电阻。

普通单色发光二极管的发光颜色与发光的波长有关，而发光的波长又取决于制造发光二极管所用的半导体材料。红色发光二极管的波长一般为650～700nm，琥珀色发光二极管的波长一般为630～650nm，橙色发光二极管的波长一般为610～630nm，黄色发光二极管的波长一般为585nm，绿色发光二极管的波长一般为555～570nm。

2. 高亮度单色发光二极管和超高亮度单色发光二极管

高亮度单色发光二极管和超高亮度单色发光二极管使用的半导体材料与普通单色发光二极管不同，所以发光的强度也不同。

通常，高亮度单色发光二极管使用砷铝化镓（GaAlAs）等材料，超高亮度单色发光二极管使用磷铟砷化镓（GaAsInP）等材料，而普通单色发光二极管使用磷化镓（GaP）或磷砷化镓（GaAsP）等材料。

常用的高亮度红色发光二极管的主要参数见表4-3，常用的超高亮度单色发光二极管的主要参数见表4-4。

表4-3 高亮度（FG系列）发光二极管的主要参数

参数 型号	发光颜色	耗散功率（W）	正向电流（mA）	正向电压（V）	反向电压（V）	峰值波长（nm）	外形尺寸（mm）	封形式装
FG314003	红	0.125	50	<2.5	>5	700	φ5	T
	黄	0.125	50	<2.5	>5	585	φ5	T
FG313003	红	0.125	50	<2.5	>5	700	φ5	W
	黄	0.125	50	<2.5	>5	585	φ5	W
FG314001	红	0.075	30	<2.5	>5	700	φ3	T
	黄	0.075	30	<2.5	>5	585	φ3	T
FG313001	红	0.075	30	<2.5	>5	700	φ3	W
	黄	0.075	30	<2.5	>5	585	φ3	W
FG314101	红	0.1	40	<2.5	>5	700	2×5	T
	黄	0.1	40	<2.5	>5	585	2×5	T
FG314102	红	0.1	40	<2.5	>5	700	1.8×5.2	T
	黄	0.1	40	<2.5	>5	585	1.8×5.2	T

3. 变色发光二极管

变色发光二极管是能变换发光颜色的发光二极管。变色发光二极管按发光颜色种类可分为双色发光二极管、三色发光二极管和多色（有红、蓝、绿、白四种颜色）发光二极管。

表 4-4 超亮发光二极管的主要参数

10mm 超亮发光二极管								
型号	芯片材质	发光颜色	波长(nm)	胶体颜色	光电特性			1/2 视角(°)
					正向电压(V)		测试电流=20mA 发光强度(mcd)	
					一般值	最大值		
1025MW7C	GaInN	白色 7000K	x=.29 y=.30	无色透明	3.0	3.6	4200～8200	17～23°
105MW7D	GaInN	白色雾状	x=.29 y=.30	白色雾状	3.0	3.6	1100～2100	40～50°
1025LB7C	GaInN	蓝色	470	无色透明	3.0	3.6	2130～3000	17～23°
105LB7D	GaInN	白色雾状	470	蓝色雾状	3.0	3.6	280～550	40～50°

变色发光二极管按引脚数量可分为二端变色发光二极管、三端变色发光二极管、四端变色发光二极管和六端变色发光二极管。

常用的双色发光二极管有 2EF 系列和 TB 系列，常用的三色发光二极管有 2EF302、2EF312、2EF322 等型号。

4. 闪烁发光二极管

闪烁发光二极管是一种由 CMOS 集成电路和发光二极管组成的特殊发光器件，可用于报警指示及欠压、超压指示。

闪烁发光二极管在使用时，无须外接其他元件，只要在其引脚两端加上适当的直流工作电压（5V）即可闪烁发光。

5. 电压控制型发光二极管

普通发光二极管属于电流控制型器件，在使用时需串接适当阻值的限流电阻。电压控制型发光二极管是将发光二极管和限流电阻集成制作为一体，使用时可直接并接在电源两端。

4-67 液晶显示器的工作原理如何？有何特点？

答 液晶显示器通常用来制成七段分段式或点阵式数码显示屏，其工作原理如图 4-34 所示。它是在平整度很高的玻璃上喷有二氧化锡透明导电层，用光刻成七段作为正面电极，而在另一块玻璃板上对应的做成七段 8 字形反面电极，然后封装成间隙约 10μm 的液晶盒，灌注液晶后密封而成。当需要显示某一具体数字时，只需在液晶显示屏的正面电极的相应段和反面电极间，加一适当大小的电压，则该段夹持的液晶产生散射效应，变为乳白色，并借助于自然光或外界其他光源显示出相应的数码。

由于液晶显示是借助外界光源的，故存在着显示不够清晰、对比度与光源强度及视角的关系较大、工作温度受到一定的限制（一般为−10～+60℃）和响应速度低等问题。但它具有电光记忆性（主要是由散射效应决定的）、结构简单、成本低、功率小等优点。目前多用于电子手表、时钟、数字仪表和数字计算器中。

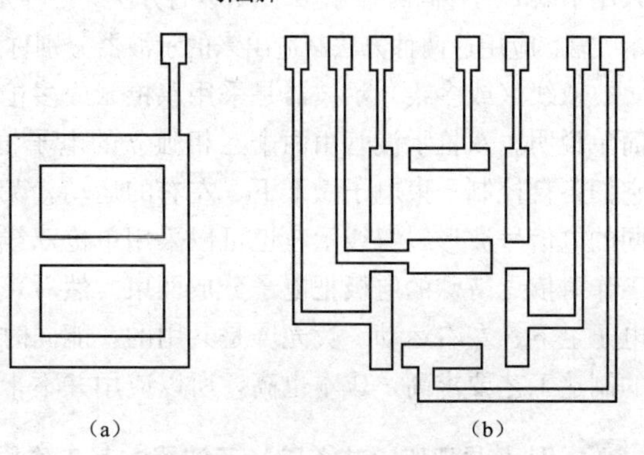

图 4-34 液晶显示器工作原理
(a) 液晶显示反面电极；(b) 正面电极

4-68 示波器由哪些基本电路组成?

答 示波器是一种用途广泛的电子测量仪器，通常使用示波器来观察电压、电流波形，测量频率、电压、电流、功率等参数。示波器的基本电路大致可分为：Y 轴偏转系统、X 轴偏转系统、显示器和电源四部分。其中，Y 轴偏转系统包括输入 RC 衰减器、前置放大器、延迟线及末极平衡放大等。X 轴偏转系统包括触发放大、扫描发生器、水平放大等。显示器包括示波管及其控制电路等。电源部分包括变压器、滤波器、电子稳压器等。通用示波器的结构如图 4-35 所示。

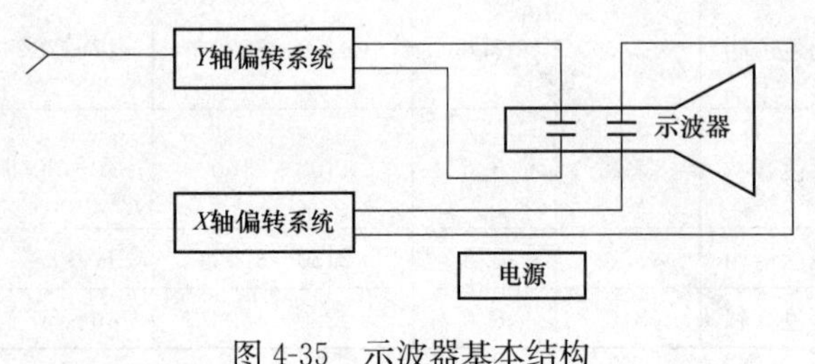

图 4-35 示波器基本结构

4-69 示波器的工作原理是什么?

答 示波器利用狭窄的、由高速电子组成的电子束打在涂有荧光物质的屏面上，产生细小的光点。在被测信号的作用下，电子束就好像一支笔的笔尖，可以在屏面上描绘出被测信号瞬时值的变化曲线。利用示波器能观察各种不同信号幅度随时间变化的波形曲线，还可以用它测试各种不同的电量，如电压、电流、频率、相位差、调幅度等。

4-70 示波器波形显示的原理是什么?

答 示波管是示波器观测电信号波形的关键器件，通常采用具有静电偏转的阴极射线示波管(CRT)。阴极射线示波管主要由电子枪、偏转系统、荧光屏三部分组成，其工作原理是：由电子枪产生的高速电子束轰击荧光屏的相应部位使荧光屏发光，而偏转系统则能使电子束发生偏转，从而改变荧光屏上光点的位置。

4-71 什么是双线（或多线）示波器？其工作原理是什么?

答 在电子实践技术过程中，常常需要同时观察两种（或两种以上）信号随时间变化的过程，并对这些不同信号进行电参量的测试和比较。为了达到这个目的，人们在应用普通示波器原理的基础上，采用了以下两种同时显示多个波形的方法：一种是双线（或多线）示波法；另一种是双踪（或多踪）示波法。应用这两种方法制造出来的示波器分别称为双线（或多线）示波器和双踪（或多踪）示波器。

双线（或多线）示波器是采用双枪（或多枪）示波管来实现的。下面以双枪示波管为例加以简单说明。双枪示波管由两个互相独立的电子枪产生两束电子。另有两组互相独立的偏转系统，它们各自控制一束电子做上下、左右的运动。荧光屏是共用的，因而屏上可以同时显示出两种不同的电信号波形，双线示波也可以采用单枪双线示波管来实现。这种示波管只有一个电子枪，在工作时依靠特殊的电极把电子分成两束。然后，由管内的两组互相独立的偏转系统分别控制两束电子上下、左右运动。荧光屏是共用的，能同时显示出两种不同的电信号波形。由于双线示波管的制造工艺要求高，成本也高，所以应用并不十分普遍。

4-72 什么是双踪（或多踪）示波器？其工作原理是什么?

答 双踪（或多踪）示波器是在单线示波器的基础上，增设一个专用电子开关，用它来实现两种（或多种）波形的分别显示。由于实现双踪（或多踪）示波比实现双线（或多线）示波来得简单，不需要使用结构复杂、价格昂贵的“双腔”或“多腔”示波管，所以双踪（或多踪）示波器获得了普遍的应用。

双踪示波器的工作原理：电子开关S的作用是使加在示波管垂直偏转板上的两种信号电压做周期性转换。例如，在0～1这段时间里，电子开关S与信号通道A接通，这时在荧光屏上显示出信号U_A的一段波形；在1～2这段时间里，电子开关S与信号通道B接通，这时在荧光屏上显现出信号U_B的一段波形；在2～3这段时间里，荧光屏上再一次显示出信号U_A的一段波形；在3～4这段时间里，荧光屏上将再一次显示出U_B的一段波形……这样，两个信号在荧光屏上虽然是交替显示的，但由于人眼的视觉暂留现象和荧光屏的余辉（高速电子在停止冲击荧光屏后，荧光屏上受冲击处仍保留一段发光时间）现象，就可在荧光屏上同时看到两个被测信号波形。

4-73 常见的电气数字测量仪表有哪些特点？

答 现代科学技术的飞速发展，对电气测量技术提出了更高的要求，普通电工指示仪表已不适应工业发展的需要。电子测量仪表由于具有精度高、抗干扰力强、灵敏度高、反应速度快和易于直读等优点，因此得到了迅速发展和广泛的应用。

数字测量仪表是一种采用电子技术将被测模拟量参数进行模数转换（A/D转换）直接以数字量显示的仪表。常见的数字测量仪表有数字电压表、数字相位表、数字频率表和数字功率表等。

4-74 什么是数字频率表？由哪几部分组成？

答 数字频率表是通过电子电路自动计算被测交流电每秒钟的变化次数（即频率），并以数码显示测量结果的仪表。

数字频率表的基本结构可分成：整形放大器、石英振荡器、分频器、脉冲控制器和脉冲计数器五个部分。整形放大器的作用是把被测信号放大后加以整形，然后通过RC微分电路得到所需的尖顶波。石英振荡器和分频器组成一个标准的时间信号发生器，其作用是每隔一定的时间向脉冲控制器发出一个控制脉冲。脉冲控制器是一个晶体管控制门，当控制门被触发打开时，被测信号的脉冲通过。脉冲计数器用来累计控制门送来的脉冲个数，并通过译码后由数码管直接显示出来，数码管显示出来的数字是标准单位时间内被测信号的脉冲个数，即被测频率的数值。

4-75 V-T型数字电压表的基本工作原理如何？

答 数字电压表是应用较多的一种数字仪表，目前生产的数字电压表类型很多，款型也各不相同，但是它们都有一个共同的特点，就是把被测电压的大小转换成可以计数的标准脉冲个数，然后再把测量结果用数字显示出来。

V-T型数字电压表的基本工作原理是将被测量电压转换成标准的时间间隔，并使间隔和被测电压成正比，然后通过计数器对时间间隔内的脉冲计数来反映被测电压的大小。

4-76 V-F型数字电压表的基本工作原理如何？

答 V-F型数字电压表的基本工作原理如图4-36所示。它把被测电压U_X转换成和它成正比的频率，然后用数字频率表直接显示出测量结果，因此有较强的抗干扰能力。这是因为当被测电压U_X作用于可变频率振荡器时，使它产生和被测电压数值成正比的输出频率，而固定频率振荡器的输出频率是一个定值。当被测电压为零时，则可变频率振荡器的输出频率和固定频率振荡器的输出频率相等。两个振荡器的输出在混频器中混频的结果为零，计数器的指示也为零。即被测电压越高，混频器输出的频率也就越高。适当选择可变频率振荡器和固定频率振荡器的频率，计数器就可以直接显示被测电压的大小。

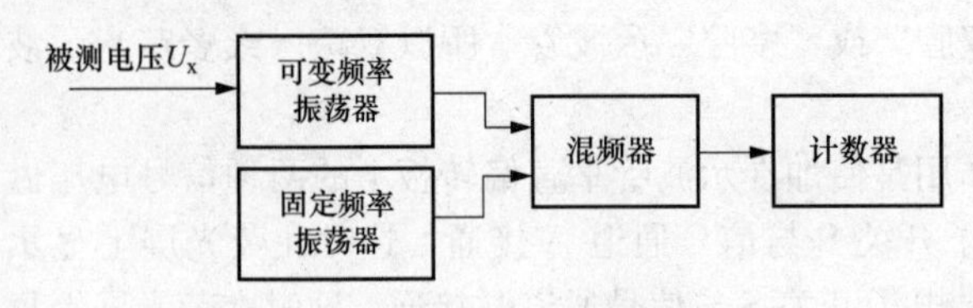

图 4-36 V-F 型数字电压表工作原理

4-77 电子管电压表有哪些优点?

答 电子管电压表是一种测量电压的电子仪表，它有以下几个特点：

(1) 输入阻抗高。一般电子管电压表的输入电阻高达 1MΩ 以上，输入电容在 40pF 以下，因此功耗较小，且对被测电路的影响也很小。

(2) 测量频带宽。一般电工指示仪表适用的频率范围有限，用于测量工频电压的电工仪表，在高频情况下会产生很大的频率误差。而电子管电压表则有很宽的工作频带，有些电子管电压表的工作频带可达 100MHz 以上。

(3) 量程大。电子管电压表由于具有放大环节，因此有较大的量程范围和较高的灵敏度。例如，一般指示仪表只能测到毫伏级，而电子管电压表则可以测到微伏级。

4-78 检波-直流放大式电子管电压表的结构原理有何特点?

答 电子管电压表通常由检波、放大、表头、电源四个部分组成。检波-直流放大式电子管电压表的结构原理如图 4-37 所示。其特点是被测电压 U_X 加到仪表上后，先检波，后放大。由于检波后的电压已经变成直流，所以用直流放大器来放大。这种结构由于有较小的输入电容，所以它的频率范围可以做得很高，达几十兆赫以上。但由于被测电压未经放大就进行检波，这样当被测电压很小时，外界的干扰会很严重。所以检波-直流放大式电子管电压表不用作毫伏表，而用作伏特表。此外，直流放大器存在零点漂移问题，所以对电源电压的稳定性要求较高。

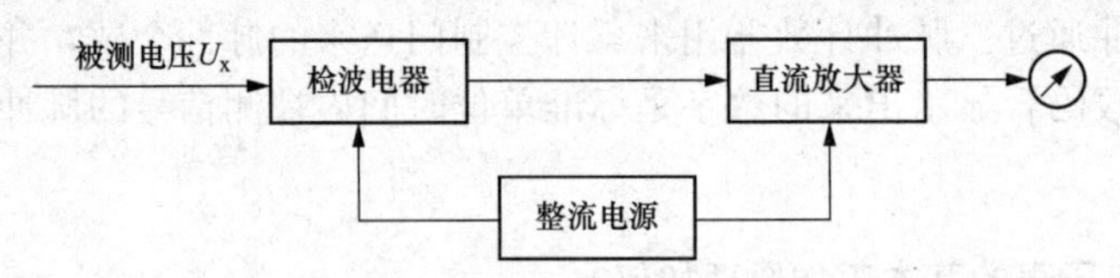

图 4-37 检波-直流放大式电子管电压表的结构原理

4-79 如何防止窃电行为?

答 防止窃电的技术措施：

(1) 采用专用计量箱或专用电表箱；

(2) 封闭变低出线端至计量装置的导线；

(3) 采用防撬铅封；

(4) 采用双向计量或逆止式电能表；

(5) 规范电能表安装接线；

(6) 规范低压线路安装架设；

(7) 三相四线客户改用3只单相电能表计量；

(8) 三相三线客户改用三元件电能表计量；

(9) 低压客户配备漏电保护开关；

(10) 计量TV回路配置失压记录仪或失压保护；

(11) 采用防窃电能表或在表内加装防窃电器；

(12) 禁止在单相客户间跨相用电；

(13) 禁止私拉乱接和非法计量；

(14) 改进电能表外部结构使之利于防窃；

(15) 关注防窃电新技术、新产品应用动态。

4-80 反窃电检查方法有几种？

答 (1) 瓦秒法。优点：方便、简单、快捷；缺点：准确度较低。

(2) 仪器法（检查仪、变比测试仪）。优点：比较准确；缺点：现场操作麻烦，操作人员有局限性（一般是从事计量工作的人员）。

(3) 检查三部曲法。方法如下：互感器变比测试、接线检查、电表误差（计量装置全覆盖）。

(4) 辅助方法有走字目测法、功率因数法、负荷电量法等。

第5章

防雷与接地

5-1 什么是过电压？

答 在电力系统中，各种电压等级的输电线路、发电机、变压器及开关设备等，在正常状态下只能承受其额定电压的作用。但在异常情况下，可能由于某些原因，造成上述电气设备的主绝缘或匝间绝缘上的电压远远超过额定值，虽然时间很短（一般为几微秒至几十毫秒），但电压升高的数值可能很大，在没有防护措施或设备本身绝缘水平较低时，将使设备绝缘被击穿，使电力系统的正常运行遭到破坏。通常将这种对设备绝缘有危险的电压升高叫做过电压。

5-2 过电压有哪些类型？它对电力系统有何危害？

答 过电压分外过电压和内过电压两大类。

1. 外过电压

外过电压又称雷电过电压、大气过电压，是由大气中的雷云对地面放电而引起的，分直击雷过电压和感应雷过电压两种。雷电过电压的持续时间为几十微秒，具有脉冲的特性，故常称为雷电冲击波。直击雷过电压是雷闪直接击中电工设备导电部分时所出现的过电压。雷闪击中带电的导体，如架空输电线路导线，称为直接雷击。雷闪击中正常情况下处于接地状态的导体，如输电线路铁塔，使其电位升高以后又对带电的导体放电称为反击。直击雷过电压幅值可达上百万伏，会破坏电工设施绝缘，引起短路接地故障。感应雷过电压是雷闪击中电工设备附近地面，在放电过程中由于空间电磁场的急剧变化而使未直接遭受雷击的电工设备（包括二次设备、通信设备）上感应出的过电压。因此，架空输电线路需架设避雷线和接地装置等进行防护。通常用线路耐雷水平和雷击跳闸率表示输电线路的防雷能力。

2. 内过电压

内过电压是电力系统内部运行方式发生改变而引起的过电压。它分为瞬时过电压、操作过电压和谐振过电压三种类型。

（1）瞬时过电压是由于断路器操作或发生短路故障，使电力系统经历过渡过程以后重新达到某种暂时稳定的情况下所出现的过电压，又称为工频过电压或工频电压升高。

瞬时过电压（工频过电压）常见的有：

1）空载长线电容效应（费兰梯效应）。在工频电源作用下，远距离空载线路电容效应的积累使沿线电压分布不等，末端电压最高。

2）不对称短路接地。三相输电线路U相短路接地故障时，V、W相上的电压会升高。

3）甩负荷过电压。输电线路因发生故障而被迫突然甩掉负荷时，由于电源电动势尚未及时自动调节而引起的过电压。

（2）操作过电压是由于进行断路器操作或发生突然短路而引起的衰减较快、持续时间较短的过电压。

操作过电压常见的有：

1）空载线路合闸和重合闸过电压。

2）切除空载线路过电压。

3）切断空载变压器和并联电抗器过电压。

4）弧光接地过电压。

5）线路非对称故障分闸和振荡解列过电压。

6）开断并联电容器组过电压。

7）开断高压电动机过电压。

（3）谐振过电压是电力系统中电感、电容等储能组件在某些接线方式下与电源频率发生谐振所造成的过电压。谐振过电压一般按起因分为线性谐振过电压、铁磁谐振过电压、参量谐振过电压。

无论是外过电压还是内过电压，均可能使输配电线路及电气设备的绝缘弱点发生击穿或闪络，从而破坏电力系统的正常运行。

5-3 过电压保护计算中有关电压参数的概念有哪些？

答 1. 额定电压 U_n

额定电压就是指电器正常最佳工作时的电压。一般用 U_n 表示，它是一个线电压。

额定电压是电器长时间工作时所适用的最佳电压。通俗地讲，额定电压是电器正常工作（如灯泡正常发光，电机正常运转等）时两端的电压值。高了容易烧坏，低了不正常工作（灯泡发光不正常，电机不正常运转）。此时电器中的元器件都工作在最佳状态，只有工作在最佳状态时，电器的性能才比较稳定，电器的寿命才能达到设计使用年限。

额定电压是为了方便指明某一电气设备或系统的电压级别（设备应该在额定电压下工作）而设定的标称值，也称为标称电压。我国的额定电压等级划分见第一章介绍。

2. 最高工作电压 U_m

最高工作电压是指 1.15 倍的额定电压，一般用 U_m 表示，即 $U_m=1.15U_n$。额定电压和最高工作电压的数值关系见表 5-1。

表 5-1　　额定电压和最高工作电压的数值关系　　单位：kV

额定电压 U_n	3	6	10	20	35	66	110	220	330	500	1000
最高工作电压 U_m	3.6	7.2	12	24	40.5	72.5	126	252	363	550	1200

3. 工频过电压的标幺值

工频过电压的标幺值 $1p.u.=U_m/\sqrt{3}$，又称为最高工作相电压的有效值。在工频过电压保护计算中采用倍数关系来表示。1p.u. 即是一个电压的相对单位。例如，10kV 系统工频过电压不超过 $1.1\sqrt{3}p.u.=1.1\sqrt{3}\cdot(U_m/\sqrt{3})=1.1U_m$；35kV 系统工频过电压不超过 $\sqrt{3}p.u.=\sqrt{3}\cdot(U_m/\sqrt{3})=U_m$。

4. 谐振过电压和操作过电压的标幺值

谐振过电压和操作过电压的标幺值 $1p.u.=\sqrt{2}U_m/\sqrt{3}$，又称为最高工作相电压的峰值。例如，330kV 线路操作过电压不宜大于 $2.2p.u.=2.2\times(\sqrt{2}U_m/\sqrt{3})=2.2\sqrt{6}U_m/3$；500kV 线路操作过电压不宜大于 $2.0p.u.=2.0\times(\sqrt{2}U_m/\sqrt{3})=2\sqrt{6}U_m/3$。

5-4 我国雷击区是如何划分的？

答 平均雷暴日是经过多年长时间观察统计的资料，它反映了一个地区雷暴活动的强弱，是研究雷电灾害的重要参数之一。平均雷暴日分为平均月雷暴日、平均季雷暴日和平均年雷暴日。我国各地平均雷暴日的大小与当地所处的纬度及距离海洋的远近有关。

国家标准 GB 50343—2012《建筑物电子信息系统防雷技术规范》第 3 章中根据年平均雷暴日将地区雷暴日划分等级，分为少雷区、多雷区、高雷区、强雷区四个雷区，其应符合下列规定：

(1) 少雷区，年平均雷暴日在 20 天及以下的地区。

(2) 多雷区，年平均雷暴日大于 20 天，不超过 40 天的地区。

(3) 高雷区，年平均雷暴日大于 40 天，不超过 60 天的地区。

(4) 强雷区，年平均雷暴日超过 60 天的地区。

5-5 什么是雷电流？

答 雷电流是指直接雷击时，通过被击物体（避雷针、输电线、树枝或其他物体）而泄入大地的电流。在流通过程中，雷电流的大小并非始终都是相同的，它开始时增长很快，在极短时间内（几微秒）达到最大值，然后慢慢降低，在几十到上百微秒内降到零。所以，我们称这种电流为冲击雷电流。

5-6 雷电流有哪些参数？

答 雷电参数的主要内容有以下各项。

(1) 雷电流幅值，即雷电流所到达的最大瞬时值。一般用 I 表示，单位为 kA。根据我国实测结果，雷电流幅值出现的概率 P 为

$$P=10^{-\frac{I}{88}} \qquad 或 \qquad \lg P=-\frac{I}{88} \tag{5-1}$$

但在我国的西北高原、西藏、内蒙古和东北边境地区，雷电活动比较弱，雷电流幅值也比较小，一般仅为上式计算幅值的一半。

(2) 雷电流的波形。波头是雷电流由零值上升到最大值所用的时间，用 τ_1 表示；波长是雷电流由零上升到最大值，然后由最大值下降到最大值一半所用的时间，用 τ_2 表示。根据规程规定，在防雷保护设计中，取 $\tau_1=2.6\mu s$，$\tau_2=40\mu s$。雷电流的波形图如图 5-1 所示。波头时间越短，则陡度越大，对电感组件的危害越大；波尾持续的时间越长，雷电流的能量越大，破坏力越强。据统计，通常直击雷雷电流的波头时间为 1～4μs，波尾时间为 10～200μs。

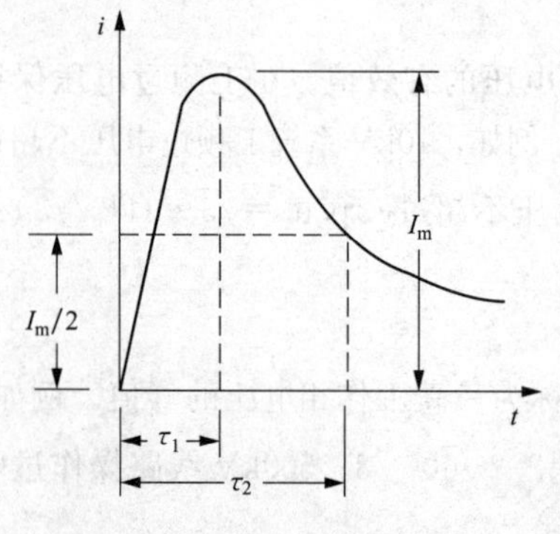

图 5-1 雷电流的波形图

(3) 雷电流陡度，即雷电流波头部分的上升速率，用 $\frac{di}{dt}$ 表示，单位是 kA/μs。它是雷电流的一个重要参数，在防雷保护设计中是必不可少的参数。据统计，雷电流陡度可高达 50kA/μs，平均陡度约为 30kA/μs。

(4) 雷电流极性。雷电基本属于静电范畴，因此它有正负极性之分。大量测试资料表明，有 75%～90%的雷电

流是负极性，其余为正极性。负极性雷电占了绝大多数，所以研究负极性雷电特性，有重要的实用意义。

（5）电荷量。雷云积聚的电荷量越大，则雷电的能量越大，破坏性也就越大。

（6）雷电过电压。直击雷过电压主要取决于雷电流陡度和雷电流通道的阻抗，它的大小可按下式来计算：

$$U = IR + L \cdot (\mathrm{d}i/\mathrm{d}t) \tag{5-2}$$

式中 I——雷电流幅值，kA；

i——随时间变化的雷电流，kA；

R——冲击接地电阻，Ω；

L——雷电流通道的电感，H。

雷电测试主要用的雷电压波形为 1.2/50μs 和 10/700μs。

5-7 什么是雷电通道波阻抗？

答 直接雷击时，主放电通道变成了导体，沿着雷击通道向前运动的电压 U_0 与电流波 I_0 的比值，即 $U_0/I_0=Z_0$ 叫雷电通道波阻抗。在进行防雷计算时，Z_0 取 300Ω。

5-8 感应过电压是怎样产生的？

答 当架空线路附近的地面（山头、树木、铁架）或架空地线遭受雷击时，就会在输电线路的三相导线上产生感应过电压。这是因为在雷电放电的先导阶段，在先导通道上积聚了大量的雷云电荷（如负电荷），由于静电感应在先导通道附近的输电线路导线上也相应积累了大量异号束缚电荷（正电荷）。

当雷击大地时，主放电开始，先导通道中的雷云电荷自上而下被迅速中和。这时导线上的束缚电荷因为失去约束而变为自由电荷，以电压荷的形式沿导线向两端流动。由于主放电的速度很快，沿导线流动的感应电压波的幅值就会很高。这种沿导线流动的电压波，就是感应过电压。

5-9 怎样计算感应过电压？

答 感应过电压的幅值与雷电主放电电流的幅值成正比，而与雷击点距导线的远近成反比，并且与导线悬挂高度有关。实测结果证明：当雷击点距离导线大于 50m 时，感应过电压幅值 U_g 可由下式计算：

$$\begin{cases} U_g = 25 \times \dfrac{Ih_d}{S} \\ h_d = h - \dfrac{2}{3}f \end{cases} \tag{5-3}$$

式中 I——雷电流幅值，kA；

S——直线雷击点与线路的距离，m；

h_d——导线悬挂的平均高度，m；

h——导线在杆塔上的悬挂高度，m；

f——导线在挡距中央的弧垂，m。

【例 5-1】 当雷电流幅值 I=100kA，S=50m，h_d=10m 时，试计算导线上感应过电压的幅值 U_g。

$$U_g = 25 \times \frac{Ih_d}{S} = 25 \times \frac{100 \times 10}{50} = 500(\text{kV})$$

经验证明，由式（5-3）计算的结果往往偏大，实际上，由于其他因素的影响，感应过电压通常不超过 300kV。当雷击点与线路距离 $S<50$m 或雷击杆塔塔顶时，感应过电压近似值可由下式计算：

$$U_g = ah_d \tag{5-4}$$

式中 a——感应过电压系数，其值等于以 kA/μs 计的雷电流平均陡度。

当线路上有避雷线时，由于避雷线的屏蔽效应，感应过电压会有所降低，其值可由下式计算：

$$U_g = ah_d(1-K) \tag{5-5}$$

式中 K——避雷线与导线间的耦合系数。

5-10 什么是直击雷过电压？

答 当雷电放电的先导通道不是击中地面，而是击中输电线路的导线、杆塔或其他建筑物时，大量雷电流通过被击物体，在被击物体的阻抗接地电阻上产生电压降，使被击点出现很高的电位，这就是直击雷过电压。

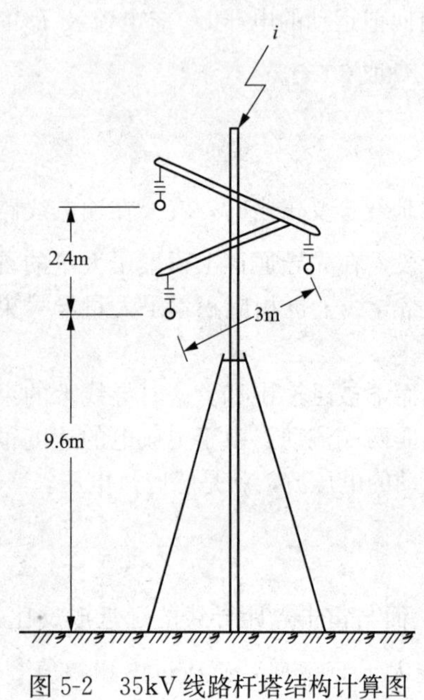

图 5-2 35kV 线路杆塔结构计算图

5-11 怎样计算雷直击杆顶过电压？

答 为了详细说明雷直击杆顶过电压的计算方法，现以无避雷线的 35kV 输电线典型杆塔为例叙述计算步骤。杆塔结构如图 5-2 所示。

当雷直击杆顶时，杆顶电位由下式计算：

$$U_{gt} = R_{ch}i + L_{gt}\frac{di}{dt} \tag{5-6}$$

式中 R_{ch}——杆塔的冲击接地电阻，Ω；

L_{gt}——杆身电感，μH；

i——雷电流瞬时值，kA。

设电流幅值为 I，波头长度为 2.6μs，且波形为斜角波头时，则雷电流陡度$\frac{di}{dt}=\frac{I}{2.6}$，于是杆顶电位 U_{gt} 的幅值为

$$U_{gt} = I\left(R_{ch} + \frac{L_{gt}}{2.6}\right) \tag{5-7}$$

式中 I——雷电流幅值，kA。

5-12 怎样计算雷直击导线过电压？

答 当雷直击导线时，导线被击点的电位可用下式计算：

$$U_X = \frac{iZ}{4} \tag{5-8}$$

式中 Z——导线波阻抗，Ω；

i——雷电流，kA。

在防雷电设计中取 $Z=400\Omega$，假定 A 相导线遭受雷击，其对地就是具有了电位 U_{XA}，而与 A 相导线平行的 B 相、C 相导线，由于耦合作用也会获得一定电位，即 U_{XB}、U_{XC}。对于 35kV 线路杆塔结构来说：

$$U_{XB} = U_{XC} = U_{XA}K = \frac{iZ}{4}$$

求出 U_{XA}、U_{XB}、U_{XC}，则雷击时 A、B 或 A、C 相导线之间绝缘上所承受的电压即可求出：

$$U_{XA-B}=U_{XA-C}=U_{XA}-U_{XC}=\frac{iZ}{4}-\frac{iZ}{4}K=\frac{iZ}{4}(1-K) \tag{5-9}$$

如果这个电压超过了杆塔上相间绝缘的耐压值，就会在杆塔上发生相间闪络。

5-13 什么是输电线路的耐雷水平？

答 输电线路的耐雷水平是反映输电线路抵抗雷电能力的重要技术特性，它是用雷电流的大小来表示的，即雷击输电线路时，能够引起线路绝缘闪络的临界电流幅值，叫做线路的耐雷水平。为了计算线路雷击跳闸率，比较各种防雷保护方式的效果，常常需要计算线路耐雷水平。

5-14 怎样计算输电线路的耐雷水平？

答 当雷击过电压幅值大于线路绝缘子串的冲击放电电压时，会发生绝缘闪络，为了计算绝缘闪络时的雷电流（耐雷水平），应先求出不同绝缘子个数绝缘子串的冲击放电电压值。

XP-70（X-4.5）型绝缘子串的正极性冲击放电电压可由下式近似求得

$$U_{ch}=100+84.5m \tag{5-10}$$

式中　U_{ch}——XP-70 型绝缘子串的正极性冲击放电电压，kV；

m——每串绝缘子个数。

对于水泥杆，铁横担的 35kV 线路，$m=3$，所以

$$U_{ch}=100+84.5\times3\approx350(\text{kV})$$

对于 110kV 线路，$m=7$，

$$U_{ch}=100+84.5\times7\approx700(\text{kV})$$

知道了绝缘子串的冲击放电电压 U_{ch}，应用公式：

$$U_f=I\left(R_{ch}+\frac{L_{gt}}{2.6}+\frac{h_d}{2.6}\right)(1-K) \tag{5-11}$$

即可求出雷击杆顶时的耐雷水平 I。

当 $U_f \geqslant U_{ch}$ 时

$$I=\frac{U_{ch}}{\left(R_{ch}+\frac{L_{gt}}{2.6}+\frac{h_d}{2.6}\right)(1-K)} \tag{5-12}$$

式中　U_{ch}——绝缘子串的正极性冲击放电电压，kV；

R_{ch}——杆塔的冲击接地电阻，Ω；

L_{gt}——杆身电感，μH；

h_d——杆塔的平均高度，m。

5-15 雷击带避雷线的输电线路时，怎样计算耐雷水平？

答 当雷击带有避雷线的输电线路的输电线路杆顶或杆顶附近的避雷线时，作用在绝缘子串上的过电压幅值 U_f 为

$$U_f=I\left(\beta R_{ch}+\frac{\beta L_{gt}}{2.6}+\frac{h_d}{2.6}\right)\times(1-K) \tag{5-13}$$

式（5-13）中的电阻压降和电感压降部分多了一个 β，β 称为分流系数，其值小于 1。这是因为当雷击带有避雷线的输电线路杆顶或杆顶附近的避雷线时，虽然大部分雷电流将通过被击杆塔

入地，但是也有一小部分雷电流沿着避雷线流向相邻的两杆塔端入地，如图 5-3 所示。

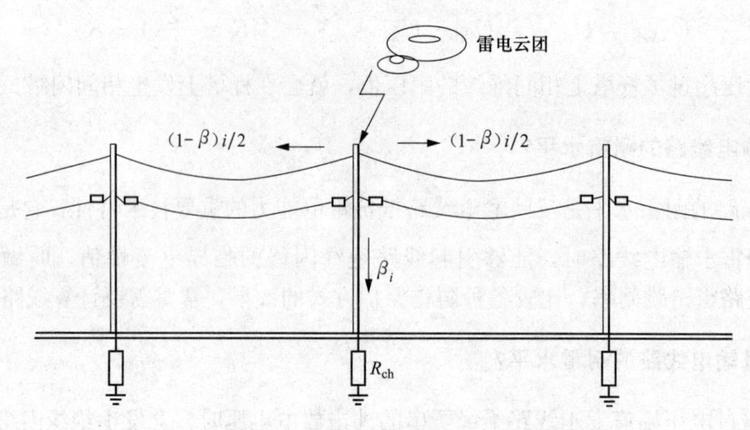

图 5-3　雷击带避雷线杆塔时的雷电流分布情况

分流系数 β 表示流经被击杆塔的雷电流与全部雷电流的比值。由于避雷线的分流作用，通过被击杆塔的雷电流减小，因而作用在绝缘上的过电压也相应降低，所以在同等冲击电压水平下，就相当于提高了耐雷水平。对于 110kV 线路，单避雷线时 $\beta=0.9$，双避雷线时 $\beta=0.86$；对于 220kV 线路，单避雷线时 $\beta=0.92$，双避雷线时 $\beta=0.88$。

变换式（5-12），就可以写出雷击带避雷线的线路时的耐雷水平，即

$$I=\frac{U_{\mathrm{ch}}}{\left[\beta\left(R_{\mathrm{ch}}+\frac{L_{\mathrm{gt}}}{2.6}\right)+\frac{h_{\mathrm{d}}}{2.6}\right](1-K)} \tag{5-14}$$

5-16 高压输电线路的过电压保护有哪些措施？

答 对电力系统来说，发电机、变压器、开关、计量和各类用电设备，很多都装在室内，有些虽然在室外，也都设有可靠的防护措施，直接雷击的可能性很小。而高压输电线路由于线长面广，遍布各地，最容易遭受雷击。

目前，对于高压输电线路的过电压保护主要有以下几种措施：

（1）防止直接雷击的保护。为保护导线不受直接雷击，大多数高压输电线路都装设避雷线保护，个别地段也有用避雷针保护的。靠避雷线或避雷针的遮蔽作用避免直接雷击。

（2）防止发生反击（闪络）的保护。当雷击杆顶或避雷线时，由于杆塔电感及接地电阻的存在，杆塔电位可能达到使线路绝缘发生反击（由杆塔或避雷线向导线的闪络放电，称为反击）的数值。降低接地电阻，加强绝缘，增大耦合系数，都能有效地防止反击发生。

（3）防止建立工频稳定电弧的保护。线路绝缘在发生冲击闪络之后，只要不建立稳定的工频短路电弧，就不会造成线路跳闸。而工频短路电弧能否稳定建立与绝缘上的工频电场强度（平均电位梯度）及弧隙电流的大小有关。所以降低绝缘上的电位梯度，采用中性点不接地或经消弧线圈接地方式，可使大多数冲击闪络电弧自行熄灭，而不会造成工频短路。

（4）防止供电中断的保护。当输电线路遭到雷击，并且发展成稳定工频短路而导致线路跳闸时，将使供电中断。为了防止供电中断，在供电线路的自动保护中，广泛采用自动重合闸装置。因为雷击故障多为瞬时性的，在线路跳闸后电弧即可熄灭，线路绝缘的电气强度很快就能恢复，自动重合闸一般是能成功的，因此可保证继续供电。

自动重合闸不是过电压的直接保护措施，而是一种补救性措施。因为它的成功率很高，所以

获得了普遍应用。

在过电压保护装置方面，除了前面谈过的避雷针、避雷线以外，还有避雷器、保护间隙、电涌保护器及它们的各种组合，构成了完整的过电压保护系统。

5-17 电力系统中为什么会产生内部过电压？

答 电力系统的内部过电压，是由系统内部电磁能量的变换、传递和积聚而引起的。当系统内进行操作或发生故障时，就会引起上述能量的变换和传递。一般来讲，如果是在操作或故障的过渡过程中引起的过电压，其持续时间较短，称为操作过电压。如果是在操作或故障之后，系统的某些部分形成自振回路，并且其自振频率与电网频率满足一定关系，而发生谐振现象时，就会出现持续时间很长的周期性过电压，这类过电压叫做谐振过电压。

5-18 什么是电力系统谐振过电压？

答 当电力系统中发生故障时可形成各种振荡回路，在一定的能源作用下，会产生串联谐振现象，导致系统某些元件出现严重的过电压，这一现象叫电力系统谐振过电压。谐振过电压分为以下几种：

（1）线性谐振过电压：谐振回路由不带铁芯的电感元件（如输电线路的电感、变压器的漏感）或励磁特性接近线性的带铁芯的电感元件（如消弧线圈）和系统中的电容元件所组成。

（2）铁磁谐振过电压：谐振回路由带铁芯的电感元件（如空载变压器、电压互感器）和系统的电容元件组成。铁芯电感元件的饱和现象，使回路的电感参数是非线性的，这种含有非线性电感元件的回路在满足一定的谐振条件时，会产生铁磁谐振。

（3）参数谐振过电压：由电感参数做周期性变化的电感元件（如凸极发电机的同步电抗在$K_d \sim K_q$周期变化）和系统电容元件（如空载线路）组成回路，当参数配合时，通过电感的周期性变化，不断向谐振系统输送能量，造成参数谐振过电压。

5-19 谐振过电压如何分类？

答 谐振过电压一般分为线性谐振过电压、参数谐振过电压和铁磁谐振过电压。在中性点不直接接地的电力网中，比较常见的铁磁谐振过电压有以下几种：

（1）变压器供电给接有电磁式电压互感器的空载短线路；

（2）配电变压器高压线圈对地短路；

（3）电力线路一相断线后一端接地。

按谐振过电压的频谱形式又可分为：

（1）谐振频率为工频的基波谐振；

（2）谐振频率高于工频的高次谐波谐振。

（3）谐振频率低于工频的分次谐波谐振。

5-20 什么是反击过电压？

答 在发电厂和变电所中，如果雷击到避雷针上，雷电流通过构架接地引下线流散到地中，由于构架电感和接地电阻的存在，在构架上会产生很高的对地电位，高电位对附近的电气设备或带电的导线会产生很大的电位差。如果两者间距离小，就会导致避雷针构架对其他设备或导线放电，引起反击闪络而造成事故。

5-21 电力系统内部过电压的数值有多大？

答 电力系统中内部过电压的数值不仅取决于系统的参数及其配合，而且与电网结构、系统容量、中性点接地方式、断路器性能、母线上的出线回路数以及电网的运行、操作方式等因素有关，而且具有统计规律。

内部过电压的能量来自电网本身，它的幅值基本上与电网的工频电压成正比，所以常以内过电压倍数来衡量它的大小。所谓内过电压倍数，就是内过电压幅值与电网工频相电压有效值的比值。电力系统的内过电压水平，是确定输变电设备绝缘水平的重要依据。在我国，各级电网对地的内过电压计算方法采用标幺值法，DL/T 620—1997《交流电气装置的过电压保护和绝缘配合》第四章中规定如下：$U_m=1.15U_e$［即电网最高工作电压 $U_m=1.15$ 倍电网额定电压（线电压）］；工频过电压的标幺值 1.0p.u.$=U_m/\sqrt{3}$（即一个标幺值等于最高工作相电压有效值）；谐振过电压和操作过电压的标幺值 1.0p.u.$=\sqrt{2}U_m/\sqrt{3}=\sqrt{6}U_m/3$（即一个标幺值等于最高工作相电压峰值）。

（1）工频过电压。

3～10kV（中性点不接地或经消弧线圈、高电阻接地）：不超过 $1.1\sqrt{3}$p.u.；

35～60kV（中性点不接地或经消弧线圈、高电阻接地）：不超过$\sqrt{3}$p.u.；

110～220kV（中性点直接接地）：不超过 1.3p.u.。

（2）谐振过电压。

110～220kV（中性点直接接地）：2.0～3.0p.u.。

（3）空载线路操作过电压。

35～60kV（中性点不接地或经消弧线圈、高电阻接地）：一般不超过 4.0p.u.；

110～220kV（中性点直接接地）：不超过 3.0p.u.。

（4）空载变压器和并联电抗器操作过电压。

66kV 及以下：一般不超过 4.0p.u.；

110～220kV（中性点直接接地）：不超过 3.0p.u.。

5-22 切、合空载线路为什么能产生过电压？如何限制这种过电压？

答 空载线路属于电容性负载。将一条空载线路合闸到电源上，是电力系统中一种常见的操作，由于截断过程中，交流电弧的重燃而引起剧烈的电磁振荡，这时出现的操作过电压称为合空线过电压或合闸过电压。空载线路的合闸又可分为两种不同的情况，即正常手动合闸和自动合闸。重合闸过电压是合闸过电压中最严重的一种。

1. 影响合空线过电压的因素

（1）合闸相位。电源电压在合闸瞬间的瞬时值取决于它的相位，它是一个随机量，遵循统计规律。如果合闸不是在电源电压接近幅值$+U_m$ 或$-U_m$ 时发生，出现的合闸过电压就较低。

（2）线路损耗。实际线路上的能量损耗主要来源于：①线路及电源的电阻；②当过电压超过导线的电晕起始电压后，导线上出现的电晕损耗。线路损耗能减弱振荡，从而可降低过电压。

（3）线路残余电压的变化。在自动重合闸动作之前，大约有 0.5s 的间歇期，导线上的残余电荷在这段时间内会泄放掉一部分，从而使线路残余电压下降，因而有助于降低重合闸过电压的幅值。如果在线路侧接有电磁式电压互感器，那么它的等值电感和等值电阻与线路电容将构成阻尼振荡回路，使残余电荷在几个工频周期内泄放一空。

2. 限制合空线过电压的对策

(1) 装设并联合闸电阻将合闸电阻与线路断路器主触头并联，是限制这种过电压最有效的措施；

(2) 消除线路的残余电压；

(3) 安装性能好的避雷器；

(4) 提高开关动作的同期性，做到同步合闸。

5-23 切断空载变压器（并联电抗器、消弧线圈）时为什么会产生过电压？如何限制这种过电压？

答 理论分析和运行经验证明：切断空载变压器（包括并联电抗器、消弧线圈等）产生过电压是断路器的熄弧能力太强，强制切断变压器励磁电流而引起的。因为当具有很强熄弧能力的断路器切断只有很小数值的变压器励磁电流时，有可能使电弧不在电流通过工频零点时熄灭，而可能是在电流的某一瞬时值时，被断路器强迫截断。此时由于励磁电流由某一瞬时值突然下降到零的急剧变化，在变压器线圈上就会感应出很高的过电压。

限制切、合空载变压器过电压的对策主要是在高、低压双侧安装氧化锌避雷器。

5-24 如何计算单相接地故障电容电流？如何限制间歇性电弧接地过电压的发生？

答 在中性点不接地的电力网中，如果发生单相接地，则流过接地点的电流仅是数值不大的单相接地电容电流。单相接地电容电流可以近似按下式计算：

$$I_c = \frac{U_e}{K}(L + 25L_1) \tag{5-15}$$

式中 I_c——单相接地电容电流，A；

U_e——线路的线电压，kV；

L——架空线路总长度，km；

L_1——电缆线路长度，km；

K——常数，当线路有避雷器时，$K=300$，无避雷器时，$K=400$。

从式（5-15）可以看出：在同级电压网络内，接地电流与线路总长度成正比。在线路较短时，接地电流不大，许多弧光接地故障一般都能自行熄弧。但是随着线路的增长和工作电压的升高，单相接地电容电流也逐渐增大，许多弧光接地故障变得不能自动熄灭。另外，当接地电流还不是太大时，往往还建立不起稳定的工频电弧，于是就形成了熄弧与重燃相互交替的不稳定状态，这就是间歇性电弧。这种间歇性电弧引起电力系统运行状态的瞬息改变，导致电磁能量的强烈振荡，从而能在非故障相及故障相上产生严重的瞬时过电压，这就是弧光接地过电压。弧光接地过电压的发生，是接地电弧在燃弧和断弧的交替过程中，电力网上逐渐积聚了大量电荷的结果。因为电网中性点是不接地的，这些电荷无处泄放，所以过电压的数值随着电弧重燃次数的增加而逐渐升高。我国的实测结果表明，弧光接地过电压一般不超过 $3U_{xg}$，最大也只有 $3.2U_{xg}$。

在我国，60kV 及以下中性点不接地电力系统的对地绝缘是按 $4.0U_{xg}$ 设计的，因此弧光接地过电压一般不会有太大危险。但对于系统中的某些绝缘弱点有时也会引起击穿损坏事故。所以经常注意消除绝缘弱点和加强设备的检查试验，是预防这种过电压事故的有效措施。

此外，当中性点不接地的 3～60kV 电网单相接地电流大于下列数值时：①3～10kV 电网：30A；②35kV 及以上电网：10A；③要求带单相接地故障运行的发电机直配电网：5A；则要求在发电机或变压器的中性点处装设消弧线圈，借消弧线圈的感性电流补偿单相接地的电容电流，使通过接地点的残余电流很小，电弧可以自行熄灭。因此也就杜绝了间歇性电弧过电压的发生。

5-25 什么是铁磁谐振过电压？

答 所谓谐振，就是电路的固有振荡频率等于电源频率的共振现象。在交流电路里，除了存在电阻外，还有电感和电容。当电感组件与电容组件串联且感抗等于容抗时，就会发生谐振现象，这种现象称为串联谐振或电压谐振。发生串联谐振时，电容组件上会出现很高的过电压。当电感组件与电容组件并联且感抗等于容抗时，也会发生谐振现象，这种谐振称为并联谐振，组件上会流过很大的电流。所谓铁磁谐振，指的是电容组件与带铁芯的电感组件的谐振现象。

5-26 在中性点非直接接地的电力网中，如何防止谐振过电压？

答 防止谐振过电压的方法：

（1）选用励磁特性较好的电磁式电压互感器或使用电容式电压互感器。

（2）在电磁式电压互感器的开口三角绕组内（35kV 及以下系统）装设 $R=10\sim100\Omega$ 的阻尼电阻。

（3）在 10kV 及以下电压的母线下，装设中性点接地的星形接线电容器组等。

5-27 变电站为什么要加装消弧补偿装置？

答 消弧线圈是一个带有铁芯的电感线圈。它接在变压器或发电机中的中性点与大地之间，构成中性点经消弧线圈接地系统。在系统正常运行时，变压器或发电机的中性点电位为零，消弧线圈中没有电流通过。当电力网因雷击或其他原因发生单相电弧性接地时，变压器的中性点电位上升到相电压，这时流经消弧线圈的电感性电流恰好与单相接地的电容性故障电流反相而互相抵消，使故障电流得到补偿。

图 5-4 所示为中性点接有消弧线圈的电网发生单相接地时的电流分布和相量图。$I_{jd}=I_L-I_C$ 表示流过接地点的电流，它是电感电流 I_L 补偿电容电流 I_C 以后的残余电流，简称残流。合理选择消弧线圈的运行分头，可使残流很小，不足以维持电弧而自行熄灭，使接地故障迅速自行消除，从而保证了电网的正常运行，提高了供电可靠性。

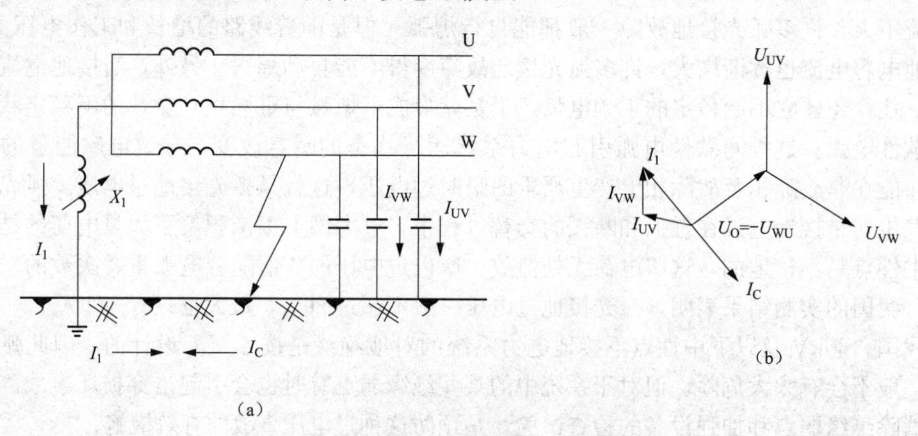

图 5-4 单相接地时的电流分布和相量图

（a）电流分布；（b）相量图

另外，中性点不接地系统单相接地的间歇性电弧是引起弧光接地过电压的主要原因。由于消弧线圈的补偿作用基本杜绝了电弧重燃的可能，所以一般不会产生间歇性电弧，因而不会产生弧光接地过电压。由此可见，消弧线圈对过电压保护是有一定好处的。

5-28 什么是消弧线圈的补偿度？什么是残流？

答 消弧线圈的电感电流与电容电流之差和电网的电容电流之比叫补偿度；消弧线圈的电感电流补偿电容电流之后，流经接地点的剩余电流，叫残流。

5-29 建筑物雷电防护区是如何划分的？

答 建筑物的雷电防护区（空间上）划分为直击雷非防护区、直击雷防护区、第一防护区、第二防护区、后续防护区，如图 5-5 所示。

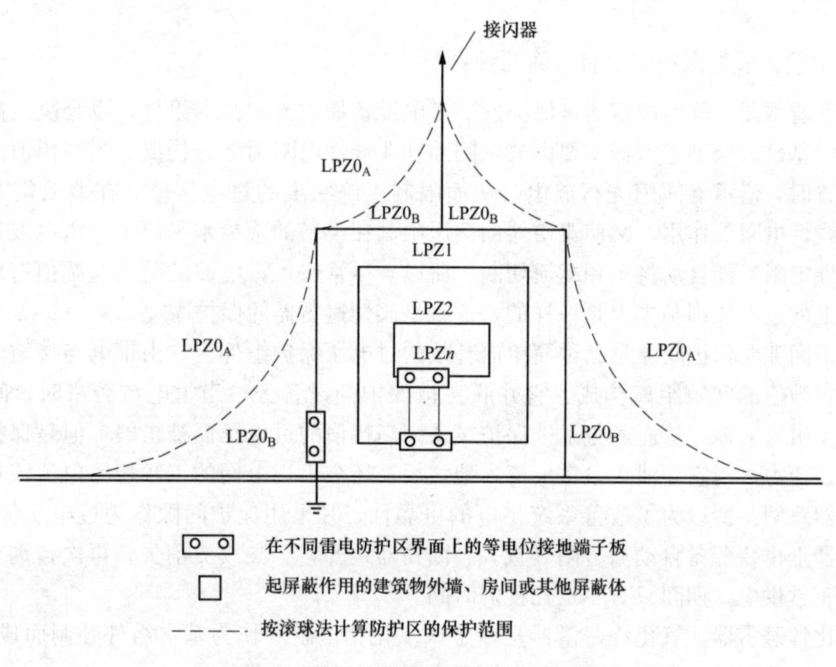

图 5-5 建筑物雷电防护区划分示意图

建筑物雷电防护区的划分如下：

(1) 直击雷非防护区（$LPZ0_A$），电磁场没有衰减，各类物体都可能遭到直接雷击，属完全暴露的不设防区。

(2) 直接雷防护区（$LPZ0_B$），电磁场没有衰减，各类物体很少遭受直接雷击，属充分暴露的直击雷防护区。

(3) 第一防护区（LPZ1），由于建筑物的屏蔽措施，流经各类导体的雷电流比直击雷防护区（$LPZ0_B$）减少，电磁场得到初步衰减，各类物体不可能遭受直接雷击。

(4) 第二防护区（LPZ2），进一步减少所导引的雷电流或电磁场而引入的后续防护区。

(5) 后续防护区（LPZn），需要进一步减少雷电电磁脉冲，以保护敏感度水平高的设备的后续防护区。

5-30 直击雷保护装置的原理和用途是什么？

答 (1) 避雷针。避雷针是用来保护发电厂、变电站的屋外配电装置、输电线路个别区段及工业与民用高层建筑的。在雷电先导电路向地面延伸过程中，由于受到避雷针畸变电场的影响，会逐渐转向并击中避雷针，从而避免了雷电先导向被保护设备发展。由此可见，避雷针实际上是引雷针，它将雷电引向自己从而保护其他设备免遭雷击。

（2）避雷线。避雷线也叫架空线路，它是沿线路架设于杆塔顶端，并具有良好接地的金属导线。避雷线是输电线路的主要防雷保护措施，其保护原理与避雷针相似。它除了能遮蔽三相导线免受直接雷击外，当雷击杆顶或避雷针本身时，还能分散雷电流增大耦合系数，从而降低雷击过电压的幅值。

（3）避雷网。避雷网是用来保护要求更高的地方，如炸药库。

5-31 雷电侵入波的保护装置有哪几种？

答 雷电侵入波的保护装置有下面几种：

（1）阀型避雷器。阀型避雷器是保护发、变电设备最主要的基本组件，也是决定高压电气设备绝缘水平的基础。阀型避雷器主要由放电间隙和非线性电阻两部分构成。当高幅值的雷电波侵入被保护装置时，避雷器间隙先行放电，从而限制了绝缘上的过电压值。在泄放雷电流的过程中，由于非线性电阻的作用，又使避雷器的残压限制在设备的绝缘水平以下。雷电波过后，放电间隙与非线性电阻又能自动将工频续流切断。所以，尽管侵入雷电波的陡度与幅值有所不同，但出现在设备上的过电压则基本上是一样的，这就是阀型避雷器的保护原理。

（2）保护间隙。保护间隙是一种简单而有效的过电压保护组件。它由带电与接地的两个电极中间间隔一定数值的间隙距离构成。它并联在被保护的设备旁，当雷电波袭来时，间隙先行击穿，把雷电流引入大地，从而避免了被保护设备因高幅值的过电压而被击毁。但是保护间隙基本上不具有熄弧能力，当它导泄大量雷电流入地之后，还会出现电网的工频短路电流流过间隙，从而引起断路器跳闸。所以为了改善系统供电的可靠性，凡采用保护间隙作为过电压保护装置时，一般在断路器上也要配备自动重合闸装置。当断路器跳开，工频续流消失，再次自动合闸后，系统即可恢复正常供电，期间只有零点几秒的时间。

（3）氧化锌避雷器。氧化锌避雷器是以金属氧化物电阻片作为基本组件叠制而成的避雷器。氧化锌避雷器分无间隙（WGMOA）和有间隙串联（GMOA）两种。

（4）电涌保护器。至少应包含一个非线性电压限制组件，用于限制瞬时过电压和分流电涌电流的装置叫做电涌保护器（SPD）。按照电涌保护器在电子信息系统的功能，可分为电源电涌保护器、天馈电涌保护器、信号电涌保护器。

5-32 避雷针保护范围的计算方法有几种？各有什么特点？

答 避雷针保护范围的计算方法一般有两种，分别介绍如下。

1. 折线圆锥法

在避雷针保护范围的计算方法中，折线圆锥法是比较成熟的方法。折线圆锥法在电力系统中又称规程法，被广为采用。

2. 滚球法

滚球法是国际电工委员会（IEC）推荐的接闪器保护范围计算方法之一。国家标准 GB 50057—2010《建筑物防雷设计规范》也把滚球法强制作为计算避雷针保护范围的方法，在建筑行业广为采用。滚球法是以 h_R 为半径的一个球体沿需要防止击雷的部位滚动，当球体只触及接闪器（包括被用作接闪器的金属物）或只触及接闪器和地面（包括与大地接触并能承受雷击的金属物），而不触及需要保护的部位时，则该部分就得到接闪器的保护。滚球法确定接闪器保护范围应符合规范规定。

用滚球法计算避雷针在地面上的保护，保护范围可以很好地得到确认，但用滚球法计算天面避雷针保护范围时却存在较大的误差。滚球法是以避雷针和被保护物所在平面为一无限延伸的平面作为前提的，当被保护物位于屋顶天面时，天面不是一个无限延伸的平面，况且，当滚球同时与避雷针尖和天面避雷带接触时，滚球和天面之间不存在确定的相切关系。因此《建筑物防雷设计规范》中给出的计算公式将不能直接运用。在这种情况下，我们怎样计算其保护范围呢？由于天面不可延伸且形状不规则，因此，根据滚球法计算保护范围的原理，当避雷针位置确定后，滚球在以避雷针尖作为一个支点，以避雷带上任一点作为另一支点滚动时，它在一定高度的保护范围也将是一个不规则的图形。从理论上讲，要想知道被保护物体能否得到全面保护，我们需要计算出以避雷针尖为一个滚球支点，以避雷带上的所有点作为另一个滚球支点时，用避雷针在一定高度的所有保护半径来确定被保护物体能否完全得到保护。这种计算方法在实际应用中有一定的偏差。因此，我们需要寻找一种简便的方法来计算被保护物体能否得到避雷针的完全保护。

折线法的主要特点是设计直观、计算简便、节省投资，而且计算结果与雷电流大小无关。

滚球法的主要特点是可以计算避雷针（带）与网格组合时的保护范围。凡安装在建筑物上的避雷针、避雷线（带），不管建筑物的高度如何，都可采用滚球法来确定保护范围，并且保护范围与雷电流大小有关，但独立避雷针、避雷线受相应的滚球半径限制（60m），其高度和计算相对复杂，比折线法要增大投资。

5-33 什么是放电记录器？

答 放电记录器是监视避雷器运行，记录避雷器放电次数的电器，它串联在避雷器与接地装置之间，避雷器每次动作，它都会以数字累积显示出来，并能自动归零，循环工作。

5-34 JS型放电记录器的工作原理和接线如何？

答 JS型放电记录器的工作原理和接线如下：它是由非线性电阻 R_1 和 R_2，电容器 C，计数线圈 L 以及内部保护间隙G组成。当过电压使避雷器动作后，冲击电流流入记录器，它在非线性电阻 R_1 上有一定的电压降，该电压降经非线性电阻 R_2 对电容器 C 充电，适当选择非线性电阻 R_2 可以确保电容器在不同幅值的冲击电流流过记录器时都能够储存足够的能量，待冲击电流过去之后，电容器 C 上的电荷将对记录器的电磁线圈 L 放电，使刻度盘上的指针转动一个数字，也就记录了避雷器的一次动作。该型记录器在波形 10/20μs，冲击电流幅值 0.15～5kA 的范围内都能可靠动作。JS型放电记录器的工作原理和接线图如图5-6所示。

5-35 JCQ型避雷器在线监测器的工作原理和接线方法如何？

答 JCQ型避雷器在线监测器的工作原理和接线方法如下：JCQ型避雷器在线监测器的结构与JS型放电记录器的构造和组件大致相似，其工作原理也类同，只是多了一个毫安计和一个非线性电阻 R_3，R_3 起一个限流的作用，毫安计指示范围为 0～5000μA，起到一个在线监测的作用。JCQ型避雷器在线监测器的工作原理和接线图如图5-7所示。

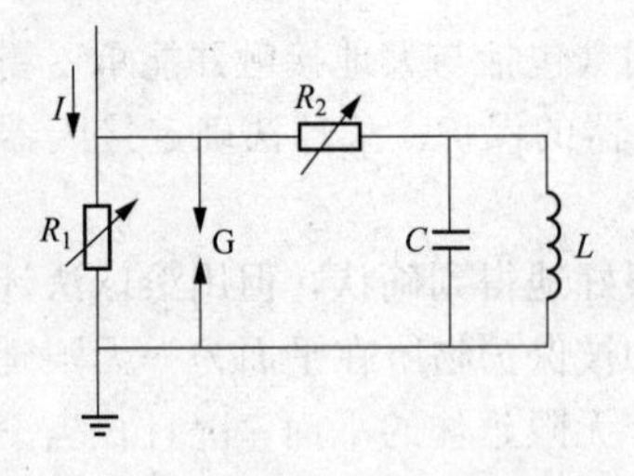

图 5-6 JS 型放电记录器的工作原理和接线图

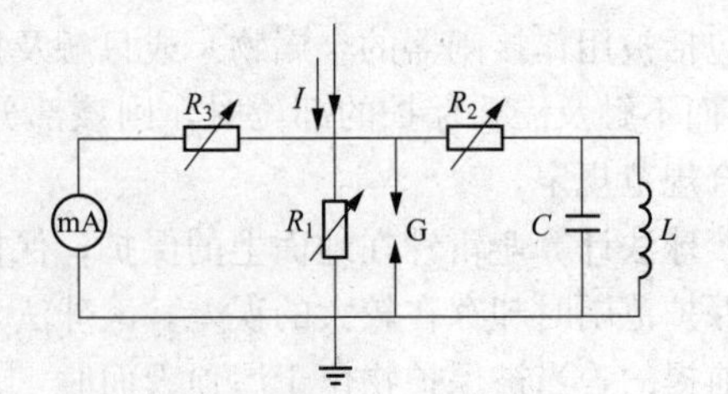

图 5-7 JCQ 型避雷器在线监测器的工作原理和接线图

5-36 避雷器在线监测系统的工作原理如何？

答 避雷器在线监测系统利用避雷器运行时的接地电流（正常运行是工频泄漏电流，雷电流通过时是冲击电流）作为取样装置的电源，使用数字集成电路将泄漏电流的大小转换成光脉冲频率的变化，完成信号采样并实现信号的模数转换，转换后的信号经光纤传输、微机处理等一系列数字转换处理，达到用 LED 数码管显示器远距离监测避雷器运行参数的目的，实现了变电所监测系统的数字化和变电所的无人值班。这一系统完成了无人值班变电所对避雷器运行状况在线监测的智能化设计。

5-37 阀式避雷器与氧化锌避雷器在性能上有何差异？

答 阀式避雷器和氧化锌避雷器的主要关键部件——阀片所使用的材料不同，阀式避雷器用的是 SiC 阀片，氧化锌避雷器用的是 ZnO 阀片，两者都是非线性电阻，但在性能上有很大差异，它们的伏安特性曲线如图 5-8 所示。理想避雷器阀片的伏安特性曲线是一条水平直线，当过电压达到 u_0 值时，理想避雷器阀片立即导通，电流趋于无穷大；当过电压低于 u_0 值时，阀片立即关闭，截止电流。阀式避雷器阀片的伏安特性曲线是一条弓形特性曲线，当过电压达到 u_0 值时，阀式避雷器阀片立即导通；通过电流达到 10kA；当过电压低于 u_0 值时，阀片立即关闭，截止电流。氧化锌避雷器阀片的伏安特性曲线是一条高曲率弓形特性曲线，当过电压达到 u_0 值时，氧化锌避雷器阀片立即导通，能量快速释放；当过电压低于 u_1 值时，阀片立即关闭，恢复到高电阻状态，截止电流，工频续流仅为 μA 级。

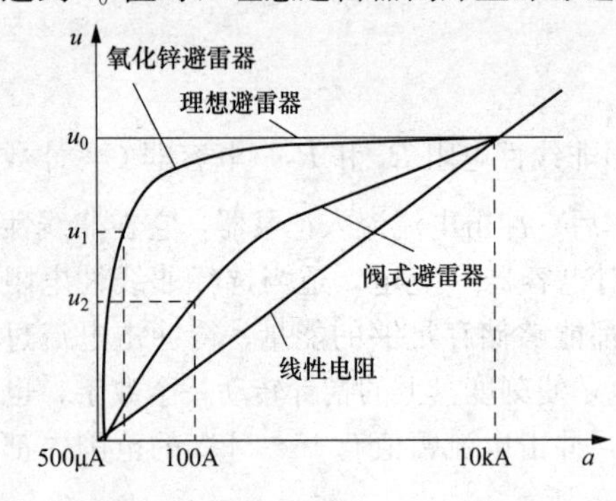

图 5-8 避雷器的伏安特性曲线

阀式避雷器由 SiC 阀片和串联间隙组成，它依靠串联间隙阻断工频续流，利用 SiC 阀片切断雷电流；氧化锌避雷器由 ZnO 阀片组成，完全靠 ZnO 阀片阻断雷电流和工频续流；输电电力线路使用的氧化锌避雷器亦有带串联间隙的氧化锌避雷器。

5-38 氧化锌避雷器型号中符号意义是什么？

答 氧化锌避雷器型号中符号意义见图 5-9。

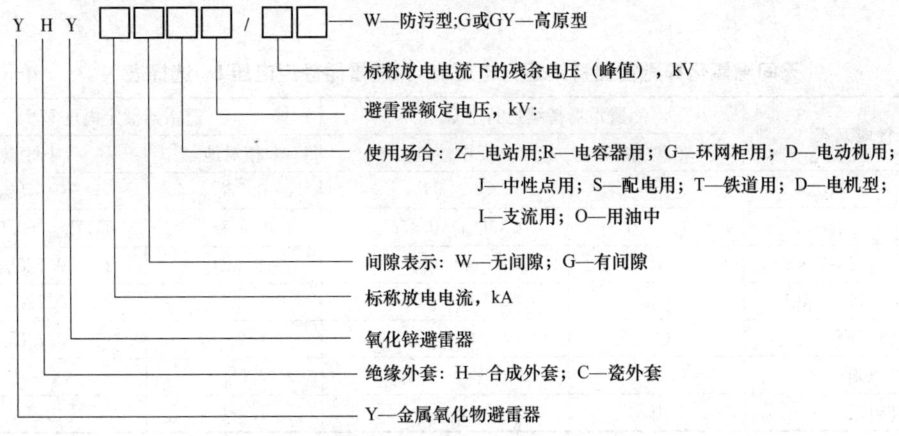

图 5-9　氧化锌避雷器型号中符号意义

5-39 氧化锌避雷器的有机合成绝缘外套有何优点？

答 氧化锌避雷器的有机合成绝缘外套有以下优点：

（1）耐污性能优良。因硅橡胶外套具有良好的憎水性，表面污秽层的积累速度较慢，所以表面的绝缘性能保持比较长的时间，污闪电压和耐受电压比瓷外套高 2～3 倍。

（2）密封性较好。使用封灌浇技术不宜形成漏气通道，使阀片（电阻片）不易受潮。

（3）散热性好。内部没有气隙，阀片的热量直接通过固体向外传导发散。

（4）防爆性好。内部故障时不会形成粉碎性爆炸。

（5）质量轻。与瓷外套避雷器比较可减轻质量 60%以上。

（6）抗拉强度大。较瓷外套避雷器有较大的抗拉强度，可以制成悬吊式避雷器。

5-40 无间隙氧化锌避雷器的结构和工作原理如何？

答 氧化锌避雷器（阀型避雷器的第三代产品）的工作原理如下：氧化锌避雷器是世界公认的当代最先进的防雷电器。其结构为将若干 ZnO 阀片压紧密封在避雷器瓷外套内。ZnO 阀片具有非常优异的非线性特性，在较高电压下电阻很小，可以泄放大量雷电流，残压很低，在电网运行电压下电阻很大，泄漏电流只有 50～150μA，电流很小，可视为无工频续流，这就是可以做成无间隙氧化锌避雷器的原因。它对陡波和雷电幅值同样有限压作用，防雷保护功能完全是其突出优点。在我国先生产使用的正是无间隙氧化锌避雷器。运行实践表明，它有损坏爆炸率高、使用寿命短等缺点。究其原因，瞬时过电压承受能力差是其致命弱点。而串联间隙氧化锌避雷器不仅有无间隙氧化锌避雷器的保护性能优点，同时有瞬时过电压承受能力强的特点。理想的氧化锌避雷器伏安特性曲线如图 5-10 所示。

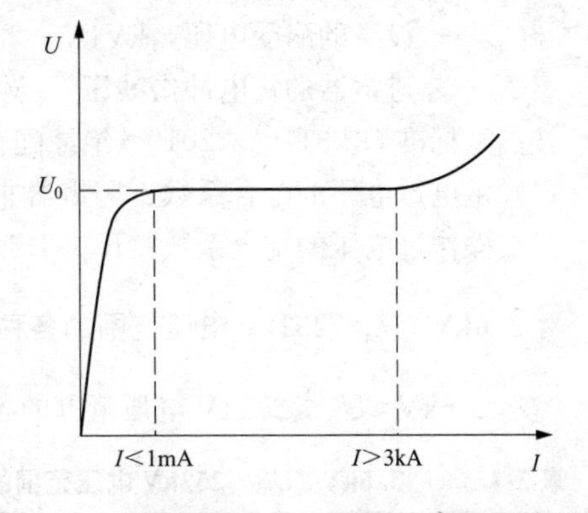

图 5-10　理想的氧化锌避雷器的伏安特性曲线

5-41 无间隙氧化锌避雷器持续运行电压和额定电压如何选择？

答 选择无间隙氧化锌避雷器时，应保证持续运行电压和额定电压不低于表 5-2 和表 5-3 所列数值。

表 5-2　无间隙氧化锌避雷器持续运行电压 U_c 和避雷器额定电压 U_r 选择表　单位：kV

系统接地方式		避雷器持续运行电 U_c		避雷器额定电压 U_r	
		相对地	中性点	相对地	中性点
有效接地	110kV	$U_m/\sqrt{3}$	$0.45U_m$	$0.75U_m$	$0.57U_m$
	220kV	$U_m/\sqrt{3}$	$0.13U_m$（$0.45U_m$）	$0.75U_m$	$0.17U_m$（$0.57U_m$）
不接地	2～20kV	$1.1U_m$	$0.64U_m$	$1.38U_m$	$0.72U_m$
	35～66kV	U_m	$U_m/\sqrt{3}$	$1.25U_m$	$0.72U_m$
消弧线圈		U_m	$U_m/\sqrt{3}$	$1.25U_m$	$0.72U_m$
低电阻		$0.8U_m$	—	U_m	—
高电阻		$1.1U_m$	$1.1U_m/\sqrt{3}$	$1.38U_m$	$0.8U_m$

注　1. 括号外资料对应变压器中性点经接地电抗器接地。
2. 括号内数据对应变压器中性点不接地（系统的中性点是接地的）。
3. U_c 为避雷器持续运行电压，U_r 为避雷器额定电压，两参数是相关的。
4. $U_m=1.15U_e$（kV），U_e 为电网系统电压（线电压）。

中性点非直接接地和直接接地系统中保护变压器中性点的避雷器按表 5-3 选择。

表 5-3　中性点非直接接地和直接接地系统中保护变压器中性点避雷器

变压器额定电压	35kV	110kV		220kV	330kV
中性点绝缘	35kV 全绝缘级	110kV 全绝缘级	35～66kV 半绝缘级	110kV 半绝缘级	154kV 半绝缘级
避雷器型式	Y1.5W-55	Y1.5W-72	Y1.5W-72	Y1.5W-144	Y1.5W-84

注　330kV 变压器中性点所选择的氧化锌避雷器是按中性点经小电抗器接地来选择的。

5-42 什么是避雷器的配合系数？

答 采用惯用法进行绝缘配合时，被保护设备的绝缘水平与避雷器保护水平之比称为配合系数，即给避雷器留有一定的绝缘裕度。其表示式如下：

$$K_s=\frac{U_{ns}}{U_{bc}} \tag{5-16}$$

式中 U_{ns}——设备的耐受电压，kV；

U_{bc}——避雷器的雷电冲击残压，kV。

按国家标准 GB 311.1—2012《绝缘配合　第 1 部分：定义、原则和规则》的规定：

(1) 雷电过电压的配合系数：避雷器非紧靠保护设备，$K_s>1.4$；中性点避雷器，$K_s>1.25$。

(2) 操作过电压的配合系数：$K_s>1.15$。

5-43 3.6kV<U_m≤252kV 电压范围的各种电气设备的耐受电压是多少？

答 3.6kV<U_m≤252kV 电压范围的各种电气设备的耐受（绝缘强度）电压值见表 5-4。

表 5-4　3.6kV<U_m≤252kV 电压范围的各种电气设备的耐受（绝缘强度）电压值　单位：kV

系统标称电压	设备最高电压	设备类别	雷电冲击耐受电压				短时（1min）工频耐受电压（有效值）			
			相对地	相间	断口		相对地	相间	断口	
					断路器	隔离开关			断路器	隔离开关
6	7.2	变压器	60（40）	60（40）	—	—	25（20）	25（20）	—	—
		开关	60（40）	60（40）	60	70	30（20）	30（20）	30	34

续表

系统标称电压	设备最高电压	设备类别	雷电冲击耐受电压				短时（1min）工频耐受电压（有效值）			
			相对地	相间	断口		相对地	相间	断口	
					断路器	隔离开关			断路器	隔离开关
10	12	变压器	75（60）	75（60）	—	—	35（28）	35（28）	—	—
		开关	75（60）	75（60）	75（60）	85（60）	42（28）	42（28）	42（28）	49（35）
20	24	变压器	125（95）	125（95）	—	—	55（50）	55（50）	—	—
		开关	125	125	125	125	65	65	65	79
35	40.5	变压器	185/200	185/200	—	—	95	95	—	—
		开关	185	165	186	215	150	150	95	118
66	72.5	变压器	350	350	—	—	150	150	—	—
		开关	325	325	325	375	155	155	155	197
110	126	变压器	450/480	450/480	—	—	185/200	185/200	—	—
		开关	450、550	450、550	450、550	520/630	200、230	200、230	200、230	225/265
220	252	变压器			—	—	360、395	360、395	—	—
		开关	850、950	850、950	850、950	950、1050	360、395	360、395	360/395	410/460

注 1. 本表用于计算配合系数。
2. 分子、分母数据分别对应外绝缘和内绝缘。
3. 括号内和括号外数据分别对应是和非低电阻接地系统。

5-44 有串联间隙氧化锌避雷器有哪几种？各有哪些特点？

答 有串联间隙氧化锌避雷器一般有两种类型：一种为外串联间隙氧化锌避雷器，另一种为内串联间隙氧化锌避雷器。

外串联间隙氧化锌避雷器在结构上分避雷器本体和外串联间隙两部分。避雷器本体部分基本不承担电压，不必担心它的阀片老化。只要间隙之间绝缘完好，结构简单可靠，即使避雷器本体损坏，也不影响输电线路的正常供电，故维护工作量很少。

内串联间隙氧化锌避雷器在结构上采用带并联电阻的单个长间隙，间隙及并联电阻和阀片共同分担系统电压，各分担一半，故减轻了阀片负担。放电间隙和阀片都在护套内，间隙的放电不受环境影响，放电稳定，老化特性得到改善，可限制幅值较高的操作过电压，增加了避雷器的可靠性，保障了供电安全性，故维护工作量也很少。

5-45 有串联间隙氧化锌避雷器持续运行电压和额定电压如何选择？

答 选择有串联间隙氧化锌避雷器时，应保证持续运行电压和额定电压不低于表5-5所列数值。

表5-5 有串联间隙氧化锌避雷器持续运行电压 U_c 和避雷器额定电压 U_r 选择表 单位：kV

系统接地方式	相对地		中性点	
	U_c	U_r	U_c	U_r
有效接地	110	不小于 $0.8U_m$	—	—
	220	不小于 $0.8U_m$	—	—
非有效接地	3～20	不小于 $1.1U_m$	—	—
	35～66	不小于 U_m	—	—

续表

系统接地方式	相对地		中性点	
	U_c	U_r	U_c	U_r
经消弧线圈接地	—	—	3～20	不小于 $0.64U_m$
	—	—	35～66	不小于 $0.58U_m$
经低电阻接地	—	—	3～20	不小于 $0.64U_m$
	—	—	35～66	不小于 $0.58U_m$
经高电阻接地	—	—	3～20	不小于 $0.64U_m$
	—	—	35～66	不小于 $0.58U_m$

注 1. 避雷器持续运行电压为 U_c；
2. 避雷器额定电压为 U_r。

5-46 保护间隙的结构和特点是什么？

答 保护间隙是一种最简单的防雷保护装置，它构造简单，维护方便，但其自行灭弧能力较差。

保护间隙是由两个金属电极构成的，一个电极固定在绝缘子上与带电导线相连接，另一个电极通过辅助间隙与接地装置相连接，两个电极之间保持规定的间隙距离。

保护间隙在结构上有棒型、球型、角型三种，它们的结构分别如图 5-11（a）～（c）所示。

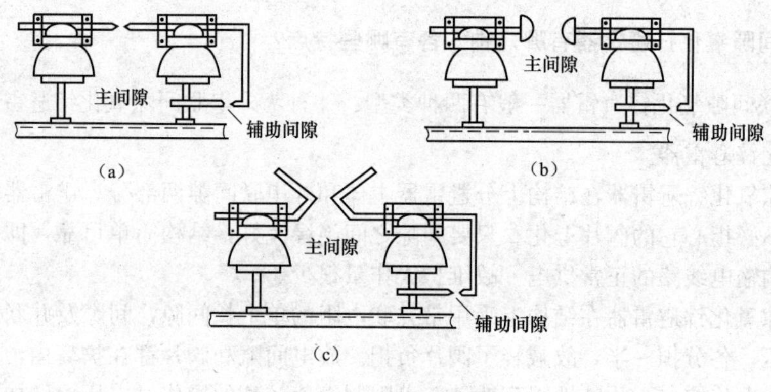

图 5-11 保护间隙结构

（a）棒型；（b）球型；（c）角型

5-47 保护间隙的工作原理是什么？

答 在正常情况下，保护间隙对地是绝缘的。当线路遭雷击时，就会在线路上产生一个正常绝缘所不能承受的过电压。由于保护间隙的绝缘距离低于线路的绝缘水平，在过电压的作用下，首先被击穿放电，将大量的雷电流泄入大地，使过电压大幅度下降，从而保护了线路上的绝缘子和电气设备的绝缘，不致发生闪络或击穿。这就是保护间隙的工作原理。

5-48 保护间隙的间隙距离是多少？

答 为了使保护间隙与电气设备的绝缘水平相配合，并且在运行中不发生误动作，保护间隙的间隙距离一般都是由计算和试验来决定的。我国规定的保护间隙距离列于表 5-6 中。

表 5-6 保护间隙距离

额定电压/kV	3	6	10	35	66	110	
						中性点直接接地	中性点非直接接地
主间隙距离/mm	8	15	25	210	400	700	750
辅助间隙距离/mm	5	10	10	20			

5-49 什么是脱离器?

答 在避雷器故障时，使避雷器引线与系统断开，以排除系统持续故障，并给出故障避雷器的可见标志（隔断间隙）的一种装置叫做脱离器。脱离器没有切断故障电流的能力，故不一定能完全防止100%避雷器爆炸，只能说减少90%以上避雷器爆炸的危险。脱离器的外形如图5-12所示。

5-50 脱离器的工作原理及其结构是什么?

答 以热熔式脱离器为例，其结构如图5-13所示。当低熔点合金熔化后，在脱离弹簧弹力作用下，脱离器插入端与脱离器外壳分离，达到远离电源的目的。

图 5-12 脱离器的外形

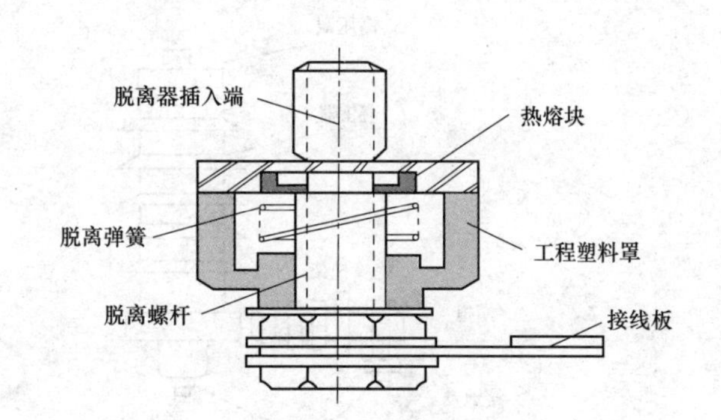

图 5-13 热熔式脱离器示意图

5-51 脱离器有哪几种类型？它的优点是什么?

答 一般脱离器分以下三种类型：

（1）热熔式。当氧化锌避雷器出现故障时，主要表现为流经阀片的电流增大，使阀片组呈发热状态，由于阀片组为负温度系数，发热引起等效电阻下降，又促使发热加剧，形成恶性循环。这样避雷器的工作状态直接通过温度的形式传给脱离器，利用工频电流通过自身而发热，当这一温度达到脱离器设计值时，使其低熔点合金熔化，脱离器动作使避雷器与接地线脱离，将故障避雷器切出运行，并且给巡视人员一个明显的信号，为实现氧化锌避雷器“状态检修”提供了切实可行的技术措施。

（2）热爆式。当氧化锌避雷器出现故障时，主要表现为流经阀片的电流增大，利用工频电流通过自身产生电弧而引燃爆炸物，使其插入螺栓爆脱，脱离器动作使避雷器与接地线脱离，将故障避雷器切出运行，并且给巡视人员一个明显的信号，为实现氧化锌避雷器“状态检修”提供了切实可行的技术措施。

（3）复合式。复合式是综合热熔式和热爆式两种脱离器原理而制成的脱离器。

脱离器的优点如下：

（1）动作电流范围广。结合我国电网自身的特点，既可在大的工频故障电流（>50A）下脱离，也能在小的故障电流（50mA）下脱离。

（2）脱离速度快。可与断路器的重合闸功能相配合，不仅适用各种电压等级及各种类型的避雷器，而且适用于不同的接地系统（中性点接地和不接地系统）。

（3）耐冲击能力强。在2ms方波及4/10μs大电流冲击下均不动作。

（4）未爆脱前机械强度高，密封性能好。TLB-5型可与35kV以下避雷器配套，TLB-6型可与35～220kV避雷器配套使用。

（5）便于安装和更换。脱离器采用螺纹式外置接口，与避雷器串接可靠方便，脱离器一旦动作，更换极为方便。

（6）价格便宜，更换方便，带来安全可靠运行。

5-52 脱离器应用在哪些地方？

答 脱离器配合氧化锌避雷器应用在配电线路、变电站、输电线路的工程中，如图5-14～图5-16所示。

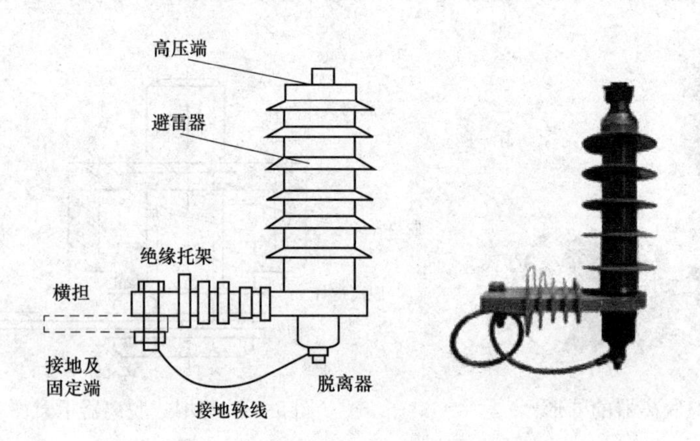

图5-14 脱离器在配电工程中的应用

脱离器的使用注意事项如下：

（1）脱离器的接地端一定要采用铜多股软导线，其截面积大于10mm²；

（2）脱离器使用于输电线路避雷器必须连接于导线（电源端）；

（3）脱离器不应与避雷器安装在同一轴线；

（4）脱离器的安装应使得脱离器能自由动作并形成足够的空气间隙，以使故障损坏的避雷器与系统可靠隔离，从而确保不影响系统的正常运行。

5-53 什么是电涌？

答 由雷击电磁脉冲引发表现为过电压和过电流的瞬态波叫做电涌。由雷击电磁脉冲引发的电涌可起源于（部分）雷电流装置环路中的感应效应，并且对同一线路下方的电涌保护器可能同样仍有威胁。

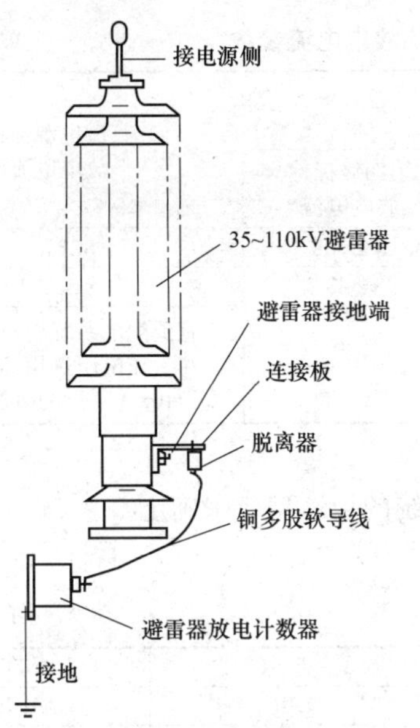

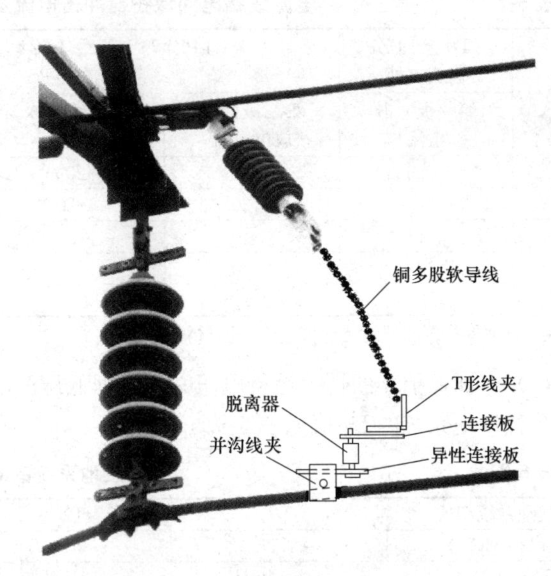

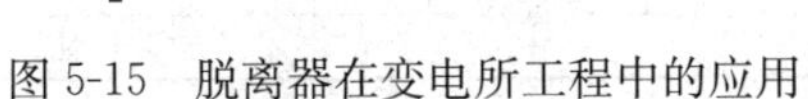

图 5-15 脱离器在变电所工程中的应用 图 5-16 脱离器在输电线路中的应用

5-54 什么是电涌保护器？

答 至少应包含一个非线性电压限制组件，用于限制瞬时过电压和分流电涌电流的装置叫做电涌保护器（SPD）。按照电涌保护器在电子信息系统的功能，可分为电源电涌保护器、天馈电涌保护器、信号电涌保护器。

5-55 电涌保护器有几种类型？

答 按构成组件，电涌保护器可分为三种类型：

（1）电压开关型电涌保护器：采用放电间隙、气体放电管、晶闸管和三端双向晶闸管组件构成的电涌保护器，通常称为开关型电涌保护器。

（2）电压限制型电涌保护器：采用压敏电阻器和抑制二极管组成的电涌保护器，通常称为电压限制型电涌保护器。

（3）复合型电涌保护器：由电压开关型组件和电压限制型组件串联或并联组成的电涌保护器，通常称为复合型保护器。其特性随所加电压的特性可表现为电压开关型、电压限制型或两者皆有。

5-56 如何选择电涌保护器？

答 电涌保护器的选择步骤如下：

（1）将电源系统分成Ⅰ、Ⅱ、Ⅲ、Ⅳ四级，从而将雷电过电压降到设备能承受的水平，必须采用多级保护概念。

（2）最好选择电涌保护器的雷电冲击电流 $I_{ch}\geqslant$125kA。电源线路电涌保护器冲击电流及标称放电电流参数见表 5-7。

表 5-7　　电源线路电涌保护器冲击电流及标称放电电流参数　　单位：kA

保护分级	LP0 区 LPZ1 区交界处	LPZ1 与 LPZ2、LPZ2 与 LPZ3 区交界处			直流电源标称放电电流
	第一级冲击电流	第二级标称放电电流	第三级标称放电电流	第四级标称放电电流	
	10/350μs	8/20μs	8/20μs	8/20μs	8/20μs
A 级	⩾20	⩾20	⩾20	⩾20	⩾1
B 级	⩾15	⩾40	⩾20		直流配电系统中根据线路长度和工作电压选用标称放电电流⩾10kA 适配的电涌保护器
C 级	⩾12.5	⩾20			
D 级	⩾12.5	⩾10			

注　电涌保护器的外封装材料应为阻燃材料。

(3) 电涌保护器的持续运行电压必须根据低压配电系统的接地型式来确定。

各种接地系统的 U_c 值见表 5-8。

表 5-8　　各种接地系统的 U_c 值　　单位：kV

接地系统型式	TT	TN-S	TN-C	IT
U_c（MC*）	⩾1.5U_0	⩾1.1U_0	1.1U_0	⩾1.73U_0
U_0（MD**）	⩾1.1U_0	⩾1.1U_0	—	⩾1.1U_0

注　U_c 为电涌保护器最大持续电压；U_0 为相线对地和中性线对地保护。

*　MC 为共模保护，相线对地和中性线对地保护；

**　MD 为差模保护，相线对中性线保护。

(4) 根据 U_c 定出电涌保护器电压保护水平（残压）U_P。

电涌保护器电压保护水平（残压）U_P 应为

$$U_m < U_P < U_{ch} \tag{5-17}$$

式中　U_P——电涌保护器电压保护水平，kV；

U_m——电网最高运行电压，kV；

U_{ch}——设备绝缘耐受冲击电压，kV。

发电厂、变电站、配电站等均采用微机保护装置、综合自动化、集控装置等电子设备，牵涉到防雷和防电磁脉冲问题的电子信息系统设备配电线路采用电涌保护器，它的安装位置及电子信息系统电源设备分类如图 5-17 所示。

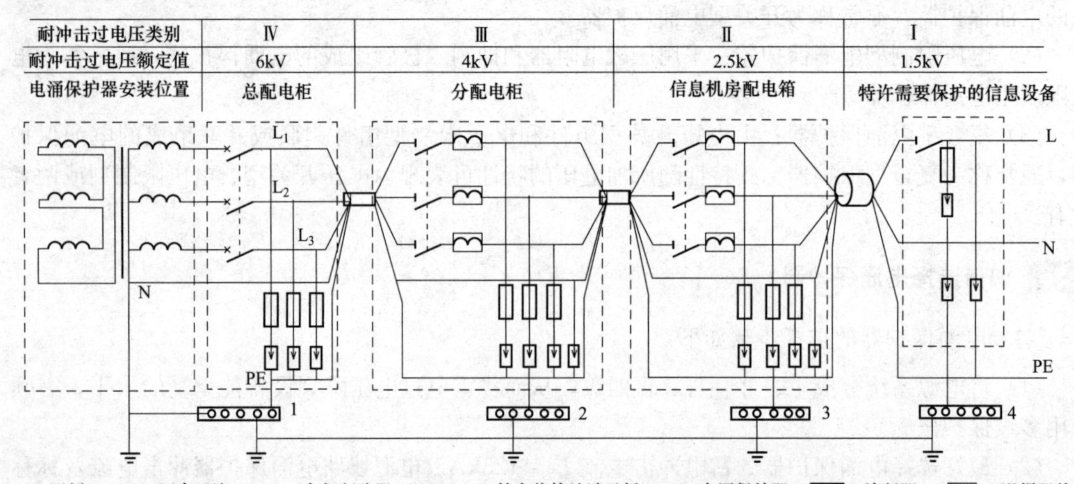

图 5-17　耐冲击电压类别及电涌保护器安装位置图（TN-S 方式）

5-57 电涌保护器用在哪些地方？

答 电涌保护器主要用于电子信息系统电源设备的防雷。在低压电气系统中用于防直击雷、雷击电磁脉冲和其他瞬态及瞬时过电压。适用于交流 50Hz，额定电压不超过 1000V 或直流电压不超过 1500V 的低压电气系统。

5-58 电涌保护器的工作状态如何显示？

答 它有如下三种显示方式：

（1）ST 固定式：正面带有 LED 指示窗口，绿色为工作状态正常，红色表示电涌保护器必须予以更换。

（2）PRI 型：正面带有 LED 指示窗口，白色为工作状态正常，红色表示电涌保护器必须予以更换。

（3）PRD 可更换式：它不仅带有可视的 LED 指示窗口，而且能够提供“可更换部分需要更换”的信号干接点。

5-59 配电设备的过电压保护措施有哪些？

答 在我国现行配电系统中，多数采用水泥杆、铁横担结构，极少数是木电杆、木横担线路。因此，配电线路的绝缘水平是比较高的，相对来说，配电设备的绝缘就比较低，配电变压器是配电系统中的绝缘弱点，所以搞好配电设备的过电压保护是配电系统过电压保护的重点。柱上开关及隔离开关应采用无间隙氧化锌避雷器或保护间隙之一作保护装置。对于经常闭路运行的开关，可只在电源侧安装避雷器；对于经常开路运行的开关，则应在两侧都安装避雷器。

配电变压器应在高压侧装设无间隙氧化锌进行保护，对于多雷区的配电变压器，除在高压侧装设无间隙氧化锌或间隙外，还应在低压侧装设低压无间隙氧化锌避雷器，变压器中性点不接地的配电变压器，其低压中性点也应经击穿熔断器接地。补偿电容器应装设无间隙氧化锌避雷器或保护间隙。

不论配电变压器、柱上开关或电力电容器，其保护装置的接地线都应首先与设备的外壳连接，然后再与接地装置相接。这样，设备的绝缘上所承受的过电压，只是避雷器本身的残压，而雷电流在接地电阻上的电压降，并没有作用在设备的绝缘上。

5-60 什么是正、反变换过电压？

答 在配电变压器的常年运行中，人们发现了一种特殊的事故现象，即尽管变压器的雷防设施比较完善，并且避雷性能很好，接地电阻符合要求，但是雷击损坏变压的事故仍有发生。这是什么原因呢？试验研究证明：这类事故是由雷击冲击波在变压器绕组上的正、反变换过电压引起的，而安装在变压器高压侧的阀型避雷器对正、反变换过电压不起保护作用，所以这类事故就很难避免了。

什么叫正、负变换过电压呢？这要从什么是正变换、什么是反变换说起。图 5-18 和图 5-19 是变压器正变换和反变换的原理示意图。

正变换：当雷电冲击波由低压侧侵入 Yyn 接线的配电变压器，雷电流经变压器低压绕组和接地装置入地，在变压器的铁芯中建立磁通，由于电磁感应关系，会在变压器的高压绕组上感应出高电压，因为这种变换方式是由低压变向高压的，所以叫正变换。

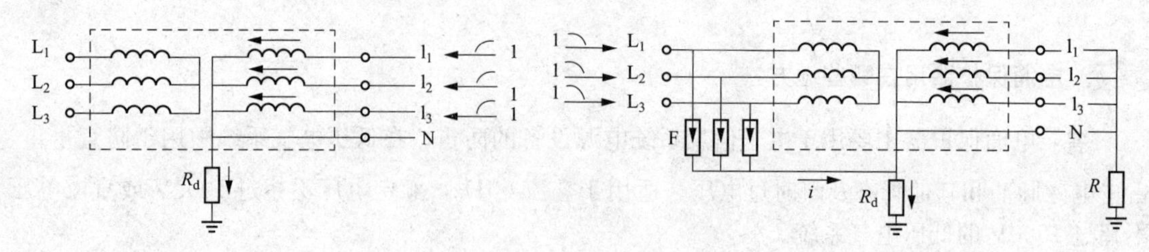

图 5-18　正变换原理示意图　　　　图 5-19　反变换原理示意图

反变换：当高幅值雷冲击波由 3～10kV 线路从高压侧侵入 Yyn 接线的变压器时（见图 5-18），避雷器 F 全动作放电，大量雷电流通过避雷器和接地装置入地，并且在接地电阻上产生电压降。这个电压降同时也作用在变压器的低压绕组上，经线路波阻抗构成通路，在铁芯中建立磁通，由于电磁感应关系也会在变压器的高压绕组上感应出高电压。因为这种变换方式首先从高压传到低压，然后再由低压变向高压，所以叫反变换。

无论是正变换还是反变换都会在 Yyn 接线变压器的高压绕组上出现很高的过电压，这种过电压往往高于变压器绝缘水平的许多倍。反变换过电压随着接地电阻的降低而减少，正变换过电压则随着接地电阻的降低而增大。由于高压侧避雷器对这类过电压不起保护作用，所以会引起变压器绝缘击穿事故。

5-61 怎样防止正、反变换过电压？

答 防止正、反变换过电压的方法如下：

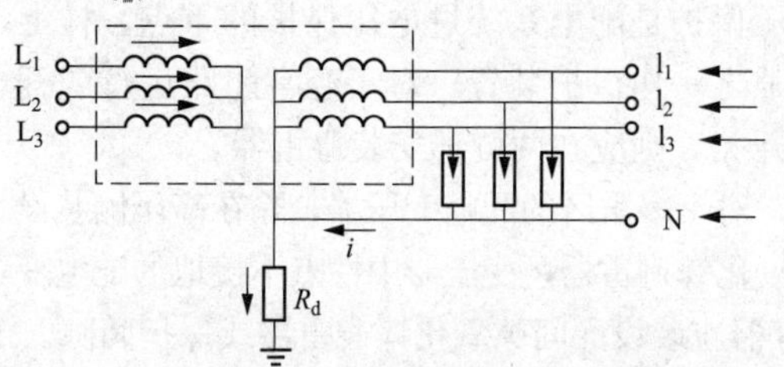

图 5-20　Yyn 接线变压器低压保护图

（1）对于 Yyn 接线的变压器，在变压器低压出线上安装一组低压避雷器或击穿熔断器，不仅能保护低压绕组，而且还能限制低压进来的雷电波的幅值，降低正变换过电压。具体接线如图 5-20 所示。

（2）对于 Yzn 接线的变压器，它有很好的防御正、反变换过电压能力。这种变压器的每个低压绕组，都分别接在两相上（即所谓曲折接线法的变压器），无论是从低压进波（见图 5-21）或从高压进波（见图 5-22），每相铁芯上的两组线圈所感生的磁通大小相等，方向相反，恰好互相抵消，高压绕组上并不感应高电压。所以 Yzn 接线变压器可以完全消除正、反变换过电压。

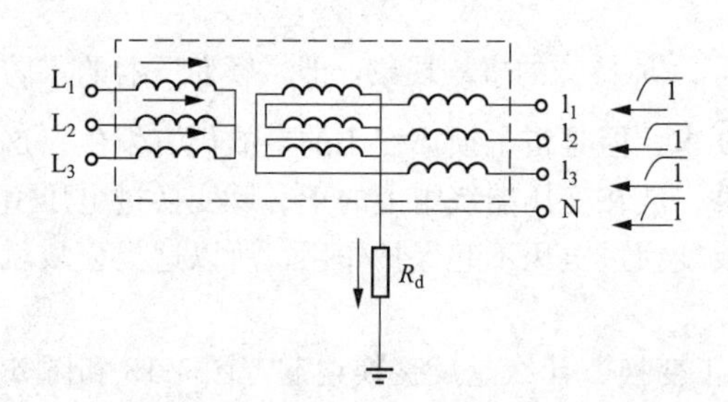

图 5-21　Yzn 接线变压器低压进波示意图

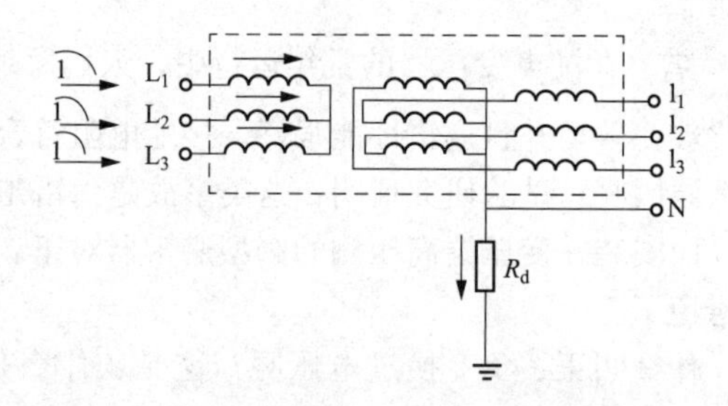

图 5-22　Yzn 接线变压器高压进波示意图

5-62 架空电力线路交叉跨越时在防雷保护方面有哪些要求？

答 架空电力线路交叉跨越时在防雷保护方面的要求：

（1）两条电力线路（不同电压等级或同电压等级）交叉时，上方电力线路的下导线与下方电力线路的避雷线之间的距离，必须满足式

$$S_1 = 0.012L + 1 \tag{5-18}$$

式中 S_1——导线与避雷线之间的距离，m；

L——交叉线路的档距，m。

（2）线路交叉档两端的绝缘应不低于其相邻杆塔的绝缘水平。

（3）交叉点应尽量靠近交叉线路较高的杆塔，以减少导线因初伸长、覆冰、超载温升或短路电流过热而增大弛度时，缩小交叉距离。

（4）上下方线路均应尽量使交叉点靠近杆塔，确保长期运行中交叉距离符合要求。

5-63 为什么保护电缆的避雷接地线要和电缆的外皮接通？

答 保护电缆用的避雷器接地线所以要与电缆的外皮接通，主要是利用电缆外皮的分流降压作用，降低电缆和配电装置的过电压。因为雷击避雷器放电时，很大一部分雷电流将沿电缆外皮流入大地，这种沿电缆外皮流动的电流，能在电缆芯上产生感应反电动势，它会阻止其他雷电流沿芯线侵入配电装置，从而降低配电装置上的过电压。另外，避雷器接地线与电缆外皮相接，当避雷器放电时，加在电缆绝缘上的电压仅为避雷器的残压，接地装置上的电压降并不是加在电缆主绝缘上，所以也降低了电缆的过电压水平。

5-64 什么是防雷接地？防雷接地装置包括哪几部分？

答 把雷电流迅速导入大地以防止雷害为目的的接地叫做防雷接地。

防雷接地装置包括以下部分：

（1）雷电接收装置：直接或间接接收雷电的避雷针（接闪器），如避雷带（网）、架空地线及避雷器等。

（2）接地线（引下线）：雷电接收装置与接地装置连接用的金属导体。

（3）接地装置：接地导体（线）和接地极的总和。

雷电接收装置、引下线和接地装置的总和称为防雷接地保护装置。

5-65 什么是工频接地电阻？什么是冲击接地电阻？二者有什么关系？

答 同一接地装置，流过工频电流时所表现的电阻值，叫做工频接地电阻；流过雷电冲击电流时表现的电阻值，叫做冲击接地电阻。因为雷电冲击电流流过接地装置时，电流密度大，波头陡度高，会在接地体周围的土壤中产生局部火花放电，其效果相当于增大了接地体的尺寸，会使接地电阻的数值降低，所以冲击接地电阻要比工频接地电阻小，两者相差一个小于 1 的系数，叫接地电阻冲击系数。

5-66 防雷接地与一般电气设备的工作或保安接地有什么区别？

答 防雷接地是指避雷针、避雷器、放电间隙等防雷装置的接地。其接地装置的型式和结构与一般电气设备的工作或保安接地没有什么两样。所不同的是：防雷接地是导泻雷电流入地的，工作或保安接地是导泻工频短路电流入地的。工频短路电流远比雷电流要小，流过接地装置时所产生的电压降也不大，不会出现反击现象。雷电流流过接地装置时的压降往往要高得多，会对某些绝缘弱点或绝缘间隙产生反击（即由接地引线或接地体向带电导体的反击穿或反放电）。由于

避雷针、避雷线的反击现象特别严重，所以对其要独立设立接地装置；而避雷器、放电间隙的导泻电流，一般都在电气绝缘的耐雷水平之内，不大会造成反击发生。因此，可以与一般电气设备的工作或保安接地装置合用，无须单独设立。

5-67 各类防雷接地装置的工频接地电阻最大允许值是多少？

答 各种防雷接地装置的工频接地装置，一般应根据落雷时的反击条件来确定。防雷装置与电气设备的工作接地合用一个总的接地网时，接地电阻应符合其中最小值的要求。各类防雷专用接地装置的接地装置的接地电阻，一般不大于下列数值：

（1）变电所室外单独装设的避雷针一般不大于10Ω。在高土壤电阻率地区，在满足不反击条件下，也可适当增大。

（2）变电所内110kV的构架上允许装设的避雷针，其接地点除与主接地网相连外，还应做集中接地装置（接地电阻不大于10Ω、但避雷针的接地点与主变电器的接地点在地中沿接地体的长度必须大于15m）。

（3）架空电力线路避雷器的接地电阻，根据土壤电阻率不同，分别为10～30Ω。

（4）单独装设的阀型避雷器、管型避雷器、氧化锌避雷器和保护间隙的接地电阻为10Ω。

（5）烟囱的避雷针接地电阻为30Ω。

（6）水塔上避雷针的接地电阻应为30Ω。

（7）架空引入线瓷绝缘子脚的接地电阻为20Ω。

5-68 什么是绝缘配合？电力线路和变电站的绝缘配合原则是什么？

答 绝缘配合是指正确解决电力系统中的过电压与限压措施的矛盾及经过限制后的过电压与设备绝缘之间的矛盾，从而合理确定各级电力系统的绝缘水平或试验电压，以达到安全、经济、优质供电的目的。电力系统的绝缘包括发电厂、变电站电气设备的绝缘和线路导线的绝缘。其配合原则为：在220kV以下的电力系统中，发电厂、变电站和电力线路的绝缘水平，一般应能耐受通常可能出现的内部过电压。按大气过电压选择发电厂和变电站的绝缘时，一般以无间隙氧化锌避雷器为基础；选择电力线路的绝缘时，则应以保证耐雷水平为目标。一般不考虑发电厂、变电站和电力线路间的绝缘配合问题，也不考虑发、变电站各种设备间的绝缘配合问题。

5-69 在发电厂和变电站内怎样做好氧化锌避雷器和被保护设备的绝缘配合？

答 氧化锌避雷器和被保护设备的绝缘配合关系如图5-23所示，曲线1为被保护设备的伏秒特性，曲线2为避雷器的伏秒特性，曲线3为被保护的设备上可能出现的最高工频电压U_m。

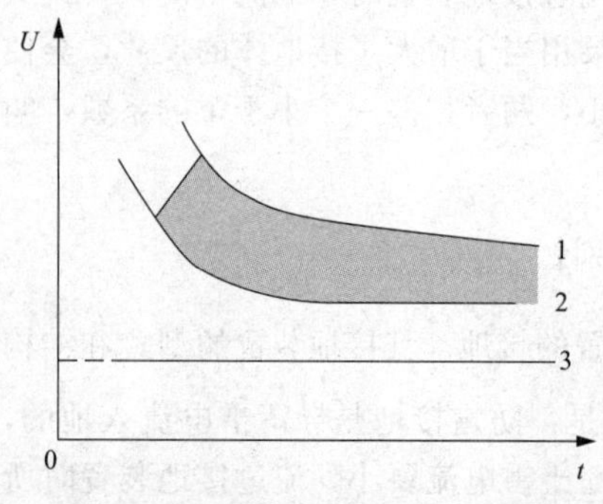

图5-23　氧化锌避雷器和被保护设备的绝缘配合关系

首先必须使氧化锌避雷器的伏秒特性比被保护设备绝缘的秒伏特性低，当二者的平均伏秒特性相差15%～20%时（阴影部分），才能保证氧化锌避雷器的保护作用，也就是说避雷器的保护能力留有15%～20%裕度在设备的前面，并且与被保护设备的电气距离符合规定数值。对终端变电站，氧化锌避雷器最好与变压器直接连在一起，这样变压器上所承受的电压就完全等于避雷器的残压。如果变压器与氧化锌避雷器之间有一段距离，导线电感和变压器入口电容构成的振荡回路，对来波产生振荡和反射，使变压器上出现的电压有可能超过氧化锌避雷器的残压。

在中性点直接接地的电网内，中性点不接地运行的变压器在三相进波时，中性点上会出现很高的过电压，这个电压最高可能达到线端电压的1.9倍。如果中性点绝缘不是按线电压设计的，必须在变压器中性点上装设氧化锌避雷器来限制这种过电压。如果中性点绝缘虽按线电压设计，但当变电所只有一路进线时，由于进行波到达变电所的反射作用，中性点过电压对绝缘也有很大威胁，若不装设避雷器，也可能造成变压器的损坏。

5-70 电力线路的绝缘是怎样确定的？

答 架空电力线路的绝缘，包括绝缘子串和导线对杆塔（包括拉线及构架）的空气间隙。在同级电压的线路上，绝缘子串的电气强度应与风偏情况下各部分空气间隙的绝缘冲击强度相当。我们说这样的线路绝缘是配合的，否则，就是不配合或不完全配合。

线路绝缘子串的片数是按下述方法确定的：对于海拔1000m以下的直线杆绝缘子串，其片数n一般可先按工作电压下所要求的单位泄漏距离初步选定，然后根据内部过电压的要求加以校验，最后按大气过电压进行复核。综合考虑以上各种因素后，即可合理选定一个数值。对于耐张杆塔的绝缘子串，考虑到它在机电联合作用的恶劣条件下，损坏的概率比较大，故应比直线杆多加一片。对于发电厂和变电所内架构上的绝缘子串，考虑到它的重要性，应采用与耐张杆塔相同的片数。

确定电力线路和变电所内架空导线的绝缘间隙不但要考虑大气过电压、内部过电压和工作电压的高低，还应当考虑风吹导线使绝缘子串摆动的不利因素。因此，这里所说的空气绝缘间隙是指风偏后的最小空气间隙。在工作电压下，考虑风偏的风速为线路的最大计算风速；在内部过电压下，采用最大计算风速的一半；在大气过电压下，计算风速一般取10m/s；只有在气象条件极其恶劣时，才取15m/s。风速越大，绝缘子串风偏角越大，相应的空气间隙越小；反之，空气间隙就大。

5-71 露天储油罐如何安装防雷装置？

答 易燃液体、闪点低于或等于环境温度的开式储罐和建筑物，平常有挥发性气体产生，属于第一类防雷建筑，应设独立避雷针，保护范围要按开敞面向外水平距离20m，高3m的空间进行计算。对露天注送站，其保护范围按注送口外20m内的空间进行计算。独立避雷针距开敞面不小于23m，冲击接地电阻不大于10Ω。

（1）带有呼吸器的易燃液体储罐，罐顶钢板厚度大于4mm，属于第二类防雷建筑物，可在罐顶直接安装避雷针，但与呼吸阀的水平距离不得小于3m，保护范围应高出呼吸阀2m以上，罐上接地点不少于2处，两接地点间的距离不宜大于24m，冲击接地电阻不大于10Ω。

（2）可燃液体储罐，壁厚不小于4mm，属于第三类防雷建筑物，不装设避雷针只接地，冲击接地电阻不大于10Ω。

（3）浮顶油罐、球形液化器储罐，壁厚大于4mm时，只做接地，但浮顶与罐体应用25mm^{2}软铜线或钢线可靠连接。

（4）埋地式油罐，覆土0.5m以上者，可不考虑防雷设施，但如有呼吸阀引出地面时，应在呼吸阀处做局部防雷处理。

5-72 户外架空管道如何安装防雷装置？

答 输送可燃气体、易燃或可燃液体的金属管道，应在管道的始端、终端、分支处、转角处及直线部分间隔100m处接地，每处接地电阻不大于30Ω。当上述管道与有爆炸危险的厂房平行敷设，且间距小于10m时，应在接近厂房段的两端及每隔30～40m处接地，接地电阻不大于20Ω。上述管道的连接点，如阀门、法兰盘、弯头等，不能保持良好的电气接触时，应用金属线跨接。接地引下线可利用管道的金属支架，若是活动金属支架，在管道与支持物之间必须增设跨接线。接地装置可利用电气设备的保护接地装置。

5-73 如何设置水塔的防雷装置？

答 水塔按第三类构筑物设计防雷，一般利用水塔顶部的铁栅栏作为接闪器，或装设环形避雷带保护水塔边缘，并在塔顶中心装一根1.5m高的避雷针，冲击接地电阻不大于30Ω，一般设两根引下线，间距不大于30m。若水塔周长和高度均不超过40m，可只设一根引下线，也可利用铁爬梯作为接地引下线。

5-74 如何安装烟囱的防雷装置？

答 烟囱属于第三类构筑物，砖烟囱和钢筋混凝土烟囱可在烟囱顶上装设避雷针或环形避雷带保护，多根避雷针应用避雷带连成闭合环，冲击接地电阻不大于30Ω。

当烟囱直径小于1.2m，高度小于35m时，采用一根2.2m高的避雷针；直径小于1.7m，高度小于50m时，用两根2.2m高的避雷针；直径大于1.7m，高度大于60m时，用环形避雷带保护，烟囱顶口装设的环形避雷带和烟囱的各个抱箍应与引下线连接；高度在100m以上的烟囱，在离地面30m及以上每隔12m加装一个均压环，并连接在引下线上。

烟囱高度不超过40m时，只设一根引下线，40m以上设两根引下线。可利用烟囱的铁扶梯或钢筋混凝土烟囱的主钢筋（两根）作为引下线，两端做可靠连接。

5-75 露天可燃气体储罐（柜）如何安装防雷装置？

答 露天可燃气体储罐壁厚大于4mm时，一般不装设接闪器，但应接地，接地点不少于两处，其间距不宜大于30m，冲击接地电阻不大于30Ω。对放散管和呼吸阀宜在其附近装设避雷针，避雷针要高出管口3m以上，管口上方1m空间应在保护范围内。活动的金属罐顶，可用25mm^{2}软铜线或钢绞线与罐体跨接，接地装置离开门室应大于5m。

5-76 微波站、电视台怎样装设防雷装置？

答 1. 天线塔的防雷

预防直击雷的避雷针可固定在天线上，利用塔体作接闪器和引下线，并可利用塔基基坑的四角埋设垂直接地体。水平接地体应围绕塔基做成闭合环形与垂直接地体相连，接地电阻一般应小于5Ω。天线塔上的所有金属件都必须与塔体用螺栓连接或焊接，波导管或同轴传输线的金属外皮及敷设电缆的金属管应在塔的上下两端及每隔12m处与塔体做金属连接，在机房内应与接地网连接。塔上照明灯电源线，应采用金属外皮电缆穿管敷设，电缆外皮和金属穿管两端与塔体连接，并应水平埋入地下，埋地长度应在10m以上，方可引入机房配电装置或配电变压器上。

2. 机房的防雷人体

机房一般位于天线塔避雷针的保护范围内，如不在其保护范围内，须沿房顶四周装设闭合环形避雷带，可利用墙柱内的钢筋或专设接地体引下线接地。

机房外应围绕埋设地下环形水平接地体，机房内沿墙壁敷设环形接地母线［用（60×8）mm^2

的铜带]，室内各种设备外壳、电缆的金属外皮、金属管道和不带电的金属部分，均应就近与室内环形接地母线连接。室内接地母线与室外环形接地体及屋顶环形避雷带间，至少应有四个对称布置的连接线互相连接，相邻连接线间的距离不宜超过 18m。机房的接地网与塔体的接地网间，至少应有两根水平接地体连接，总电阻不大于 1Ω，引入机房内的电力线、通信线，应有金属外皮或敷设在金属管内，并要求埋地敷设。引出机房的金属管也应埋地，在机房外埋地长度均不应少于 10m。微波站、电视台防雷接地示意图如图 5-24 所示。

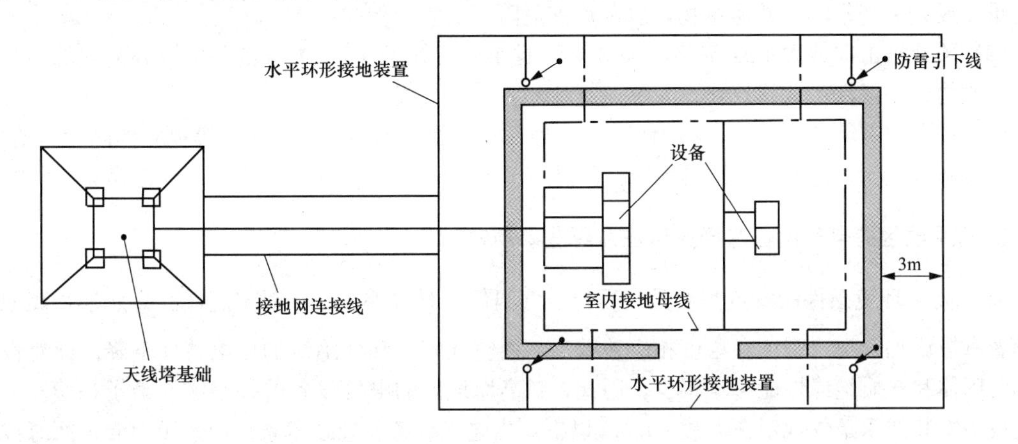

图 5-24 微波站、电视台防雷接地示意图

5-77 哪些建筑属于第一类防雷建筑物？

答 遇下列情况之一时，应划为第一类防雷建筑物：

（1）凡制造、使用或储存炸药及其制品的危险建筑物，因电火花而引起爆炸、爆轰，会造成巨大破坏和人身伤亡者。

（2）具有 0 区或 20 区爆炸危险场所的建筑物。

（3）具有 1 区或 21 区爆炸危场所的建筑物，因电火花而引起爆炸，会造成巨大破坏和人身伤亡者。

5-78 哪些建筑属于第二类防雷建筑物？

答 在可能发生对地闪击的地区，遇下列情况之一时，应划为第二类防雷建筑物：

（1）国家级重点文物保护的建筑物。

（2）国家级的会堂、办公建筑物、大型展览和博览建筑物、大型火车站和飞机场、国宾馆、国家级档案馆、大型城市的重要给水泵房等特别重要的建筑物。

（3）国家级计算中心、国际通信枢纽等对国民经济有重要意义的建筑物。

（4）国家特级和甲级大型体育馆。

（5）制造、使用或储存火炸药及其制品的危险建筑物，且电火花不易引起爆炸或不致造成巨大破坏和人身伤亡者。

（6）具有 1 区或 21 区爆炸危险场所的建筑物，且电火花不易引起爆炸或不致造成巨大破坏和人身伤亡者。

（7）具有 2 区或 22 区爆炸危险场所的建筑物。

5-79 哪些建筑属于第三类防雷建筑物?

答 在可能发生对地闪击的地区，遇下列情况之一时，应划为第三类防雷建筑物：

（1）省级重点文物保护的建筑物及省级档案馆。

（2）预计雷击次数大于或等于0.01次/a，且小于或等于0.05次/a的部、省级办公建筑物和其他重要或人员密集的公共建筑物，以及火灾危险场所。

（3）预计雷击次数大于或等于0.05次/a，且小于或等于0.25次/a的住宅、办公楼等一般性民用建筑物或一般性工业建筑物。

（4）在平均雷暴日大于15d/a的地区，高度在15m及以上的烟囱、水塔等孤立的高耸建筑物；在平均雷暴日小于或等于15d/a的地区，高度在20m及以上的烟囱、水塔等孤立的高耸建筑物。

5-80 高原地区的电气设备选择应当注意哪些事项?

答 高原环境条件的特点主要是气压低、气温低、日温差大、绝对湿度低、日照强。高原地区随着海拔增加，空气密度和湿度相应地减少，使空气间隙和瓷绝缘的放电特性下降，而对设备内部的固体和介质绝缘性能影响很少。因此，对高原地区的电气设备的外绝缘要给予补偿。一般电气设备安装技术条件规定在海拔1000m以下，当电气设备安装技术条件超过1000m，而海拔在4000m以下时，其外绝缘的补偿系数计算公式如下：

$$K=\frac{1}{1.1-\frac{H}{10000}} \tag{5-19}$$

式中 K——电气设备的外绝缘补偿系数；

H——电气设备安装地点的海拔，m。

“对高原地区的电气设备的外绝缘要给予补偿”这句话，其实就是说电气设备的冲击和工频试验电压应乘以补偿系数K，而K为大于1的数，也就是说提高设备外绝缘强度倍率。这就是高原地区输电线路绝缘子串增加一片的原因。

5-81 无间隙氧化锌避雷器的选择原则是什么?

答 无间隙氧化锌避雷器的选择原则如下：

（1）应按照使用地区的气温、海拔、风速、污秽及地震等条件确定避雷器使用环境条件，并按系统的标称电压、系统最高电压、额定频率、中性点接地方式、短路电流值及接地故障持续时间等条件确定避雷器的系统运行条件。

（2）按照被保护的对象确定避雷器的类型。

（3）按长期作用于避雷器上的最高电压确定避雷器的持续运行电压。

（4）按避雷器安装地点的暂时过电压幅值和持续时间选择避雷器的额定电压。

（5）估算通过避雷器的放电电流幅值，选择避雷器的标称放电电流。

（6）根据被保护设备的额定雷电冲击耐受电压和额定操作冲击耐受电压，按绝缘配合的要求，确定避雷器的雷电过电压保护水平和操作过电压保护水平。

（7）估算通过避雷器的冲击电流和能量，选择避雷器的试验电流幅值、线路放电耐受试验等级及能量吸收能力。

（8）按避雷器安装处最大故障电流，选择避雷器的压力释放等级。

（9）按避雷器安装处环境污染程度，选择避雷器瓷套的泄漏比距。

（10）按避雷器安装的引线拉力、风速和地震等条件，选择避雷器的机械强度。

（11）当避雷器不满足绝缘配合要求时，可采取适当降低其额定电压或标称放电电流等级或提高被保护设备的绝缘水平等补救措施。

5-82 避雷器制造厂生产的10kV等级的避雷器有两种规格，20kV等级的避雷器有三种规格，为什么同一电压等级避雷器生产多种规格？如何选用？

答 我们摘录某避雷器制造厂的10～20kV无间隙氧化锌避雷器的部分样本为例，见表5-9。

表5-9　10～20kV无间隙氧化锌避雷器的样本部分摘录

型号	系统标称电压（有效值）/kV	避雷器额定电压（有效值）/kV	持续运行电压（有效值）/kV	直流参考电压不小于/kV	冲击电流残压不大于/kV_p			2ms方波通流容量/A	4/10μs大电流冲击耐受能力/kA
					30/60μs操作波	8/20μs雷电波	1/10μs陡波		
YH5W-26/66	20	26	20.6	37	56	66	76	150	65
YH5W-32/85	20	32	25.6	47	75	85	95	150	65
YH5WS-34/90	20	34	27.2	50	80	90	104	150	65
YH5W-17/45	10	17	13.6	24	38.3	45	51.8	300	65
YH5WS-50/68	10	17	13.6	25	42.5	50	57.5	150	65
第1项	第2项	第3项	第4项	第5项	第6项	第7项	第8项	第9项	第10项

按排序分别介绍如下：

第1项：在避雷器额定电压U_1确定后标称放电电流按分类表5-10选择。

表5-10　避雷器的标称放电电流分类

标称放电电流I_n/kA	避雷器额定电压U_r（有效值）/kV	备　注
20	$420 \leqslant U_r \leqslant 468$	电站用避雷器
10	$90 \leqslant U_r \leqslant 468$	
5	$4 \leqslant U_r \leqslant 25$	发动机用避雷器
	$5 \leqslant U_r \leqslant 17$	配电用避雷器
	$5 \leqslant U_r \leqslant 90$	并联补偿电容器用避雷器
	$5 \leqslant U_r \leqslant 108$	电站用避雷器
	$42 \leqslant U_r \leqslant 84$	电气化铁道用避雷器
2.5	$4 \leqslant U_r \leqslant 13.5$	电动机用避雷器
1.5	$0.28 \leqslant U_r \leqslant 0.50$	低压避雷器
	$2.4 \leqslant U_r \leqslant 15.2$	电机中性点用避雷器
	$60 \leqslant U_r \leqslant 207$	变压器中性点用避雷器

注　本表引自DL/T 5222—2005《导体和电器选择设计技术规定》第81页。

第2项：系统标称电压U_e指避雷器安装于与额定电压相同的电网。

第3项：避雷器额定电压是与系统最高工作电压U（线电压）相关的参数。系统标称电压U_e与系统最高工作电压U（线电压）见表5-11。

表5-11　系统标称电压U_e与系统最高工作电压U_{max}（线电压）　单位：kV

U_e	6	10	20	35	66	110	220	330	500
U_{max}	7.2	12	24	40.5	72.5	126	252	360	550

第 4 项：避雷器持续运行电压 U_c。

第 5 项：直流参考电压对于避雷器来言，其伏秒特性曲线的拐点一般出现在 1mA 左右的位置，也就意味着在这个拐点之前，避雷器的绝缘良好，过了这个拐点，避雷器的绝缘会出现不可预料的下降。因此对于我们使用的避雷器，通过 1mA 的电压值，就可以看出该避雷器的绝缘性能水平，这个参数可以直接反映出避雷器是否老化和受潮。

第 6 项：操作波电压表示避雷器能承受操作过电压的能力，设备的内绝缘操作过电压的配合系数 $K_s>1.15$，变压器的操作过电压等于 1.5 倍的雷电冲击过电压，即 20kV 的变压器 $U_{bc}=1.5\times125=187.5$（kV），由表 5-4 知 20kV 变压器操作残压 $U_{can}=55$kV，$K_s=187.5/55=3.4>1.15$，也就是说 20kV 变压器耐受操作波有接近 3 倍的保护裕度，完全满足技术要求。

第 7 项：雷电波残压表示避雷器能承受雷电过电压的能力，设备的内绝缘操作过电压的配合系数 $K_s>1.4$，20kV 变压器的雷电冲击残压 $U_{can}=66$kV，$K_s=125/66=1.89>1.4$，也就是说 20kV 变压器耐受雷电波有 1.35 倍的保护裕度，完全满足技术要求。

第 8 项：陡波残压表示避雷器能承受雷电陡波过电压的能力，变压器的陡波过电压等于 1.1 倍的雷电冲击过电压，即 20kV 的变压器 $U_{bd}=1.1\times125=137.5$（kV），20kV 变压器陡波残压 $U_{can}=76$kV，$K_s=125/76=1.64>1.4$，也就是说 20kV 变压器耐受操作波有接近 1.2（1.64/1.4）倍的保护裕度，完全满足技术要求。

第 9 项：通流容量是当避雷器产品的 2ms 方波冲击电流所对应的残压为 U_{2ms} 时，可按通流容量法验算所选避雷器是否满足容量为 Q 的并联补偿装置的放电要求。其公式为

$$Q\leqslant1.3U_e^2I_{2ms}/(U_{sm}-U_{2ms})$$

式中 U_e——系统额定线电压；

I_{2ms}——通流容量，即 2ms 方波冲击耐受试验电流；

U_{2ms}——2ms 方波冲击电流所对应的残压；

U_{sm}——未接入避雷器时的操作过电压峰值，$U_{sm}=K\sqrt{2}U_m/\sqrt{3}$，$K$ 为操作过电压的倍数，一般取为 5。

第 10 项：大电流冲击耐受能力，以方波通流容量（kA）来表示。这个值越高，表示避雷器在不破坏的情况下能承受的电流越大，性能也就越好。这个能力与电阻片的直径有直接关系，电阻片越大，自然方波通流能力越强。

20/10kV 氧化锌避雷器的应用：我们以 20/10kV 等级电网双电源手拉手环形供电系统为例（见图 5-25），图中表示 20kV 和 10kV 等级电网内的各种配电设备配置了不同规格的避雷器。

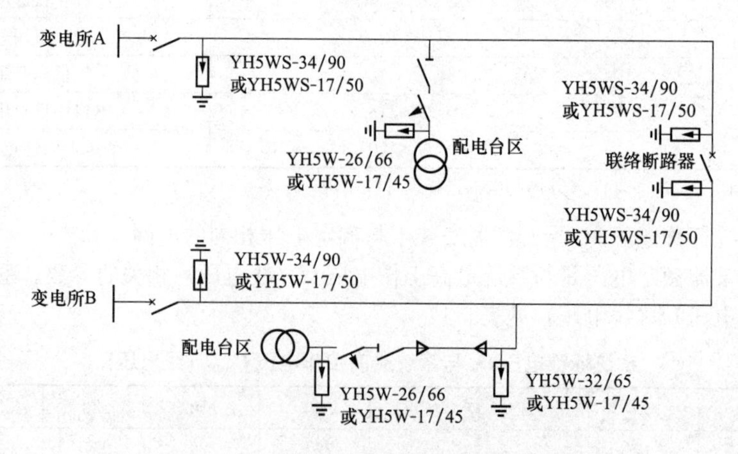

图 5-25 20/10kV 等级电网双电源手拉手环形供电系统

5-83 变电站中凡是三绕组变压器的 10～20kV 侧为什么在其一相上装设一只避雷器?

答 变电站中凡是三绕组变压器在运行中当低压侧绕组开路，高、中压侧绕组有功率交换时，电流通过高、中压绕组，在低压绕组内有静电感应，静电荷会积累产生高电压，危及低压绕组的绝缘；三相低压绕组是三角形接线，三相线圈是相通的，因此，应用一只避雷器来泄放聚积电荷保护低压绕组。这只避雷器一般安装在 V 相上。例如，220kV 变电站中的三绕组变压器各侧避雷器配置如图 5-26 所示，图中按变压器低压侧电压等级配置了不同规格的避雷器。

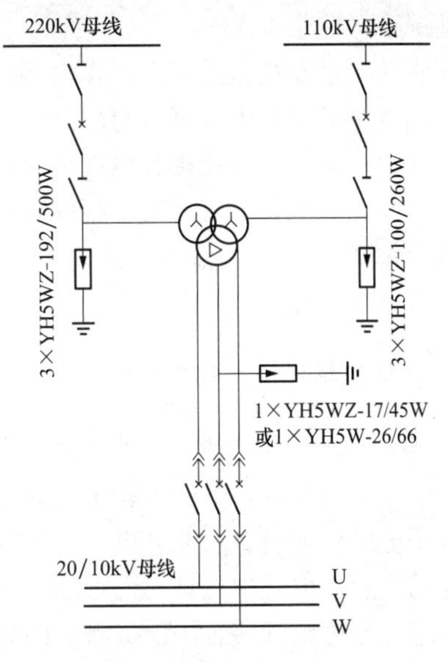

图 5-26 220kV 变电站中的三绕组变压器各侧避雷器配置示意图

5-84 电气上的“地”是指什么?

答 电气上的“地”一般是指电气地、地电位、逻辑地。

(1) 电气地。

大地（地球的任一部分）是一个电阻非常低、电容量非常大的物体，拥有吸收无限电荷的能力，而且在吸收大量电荷后仍能保持电位不变，因此适合作为电气系统中的参考电位体。这种“地”是电气地，并不等于地理地，但却包含在地理地之中。电气地的范围随着大地结构的组成和大地与带电体接触的情况而定。

(2) 地电位。

与大地紧密接触并形成电气接触的一个或一组导电体称为接地极，通常采用圆钢或角钢，也可采用铜棒或铜板。图 5-27 示出圆钢接地极。当流入地中的电流 I 通过接地极向大地作半球形散开时，由于这半球形的球面，在距接地极越近的地方电流越大，而在距接地极越远的地方电流越小，所以在距接地极越近的地方电压越高，而在距接地极越远的地方电压越小。试验证明：在距单根接地极或碰地处 20m 以外的地方，呈半球形的球面已经很大，实际已没有电压存在，不再有电压降。换句话说，该处的电位已近于零。这个电位等于零的电气地称为地电位。若接地极不是单根而为多根组成，屏蔽系数增大，上述 20m 的距离可能会增大。图 5-26 中的流散区是指电流通过接地极向大地流散时产生明显电位梯度的土壤范围。地电位是指流散区以外的土壤区域。在接地极分布很密的地方，很难存在电位等于零的电气地。

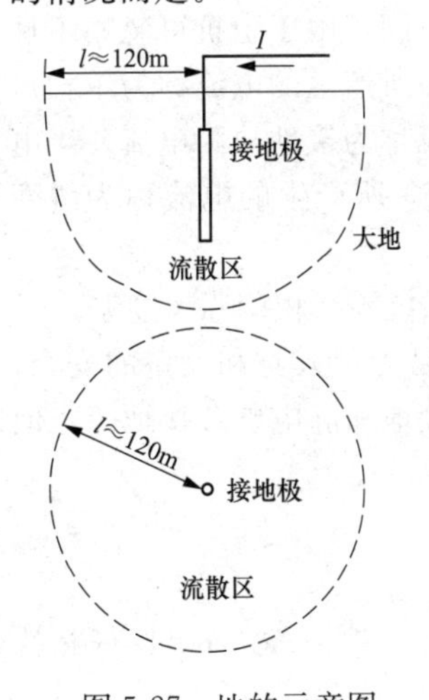

图 5-27 地的示意图

(3) 逻辑地。电子设备中各级电路电流的传输、信息转换要求有一个参考的电位，这个电位还可防止外界电磁场信号的侵入，常称这个电位为逻辑地。这个“地”不一定是地理地，可能是电子设备的金属机壳、底座、印制电路板上的地线或建筑物内的总接地端子板、接地干线等。逻辑地可与大地接触，也可不接触，而电气地必须与大地接触，如印制电路板上的地线就是不接地的逻辑地，而接地干线就是接地的逻辑地，这时逻辑地就是电气地。

5-85 什么是外露可导电部分？什么是直接接触？什么是间接接触？什么是触电？

答 外露可导电部分是指受电设备能被触及的可导电部分，它在正常情况下不带电，但在故障情况下可能带电。

直接接触是指人或家畜与带电部分接触。

间接接触是指人或家畜与故障情况下已带电的外露可导电部分接触。

触电是指人身直接接触电源或带电体，简称触电（Electric Shock）。人体能感知的触电与电压、时间、电流、电流通道、频率等因素有关。譬如人手能感知的最低直流为5～10mA（感觉阈值），对60Hz交流的感知电流为1～10mA。随着交流频率的提高，人体对其感知敏感度下降，当电流频率高达15～20kHz时，人体无法感知电流。

5-86 什么是接地？什么是接零？为什么要进行接地和接零？

答 将电力系统或建筑物中电气装置、设施的某些导电部分，经接地线连接至接地极称为接地。电气装置是一定空间中若干相互连接的电气设备的组合。电气设备是发电、变电、输电、配电或用电的任何设备，如电机、变压器、电器、测量仪表、保护装置、布线材料等。电力系统中接地的一点一般是中性点，也可能是相线上某一点。电气装置的接地部分则为外露导电部分。外露导电部分为电气装置中能被触及的导电部分，它在正常情况下不带电，但在故障情况下可能带电，一般指金属外壳。有时为了安全保护的需要，将装置外导电部分与接地线相连进行接地。装置外导电部分也可称为外部导电部分，不属于电气装置，一般是水、暖、煤气、空调的金属管道及建筑物的金属结构。外部导电部分可能引入电位，一般是地电位。接地线是连接到接地极的导线。接地装置是指接地极与接地线的总称。

超过额定电流的任何电流称为过电流。在正常情况下的不同电位点间，由于阻抗可忽略不计的故障产生的过电流称为短路电流，如相线和中性线间产生金属性短路所产生的电流称为单相短路电流。由绝缘损坏而产生的电流称为故障电流，流入大地的故障电流称为接地故障电流。当电气设备的外壳接地，且其绝缘损坏，相线与金属外壳接触时称为碰壳，所产生的电流称为碰壳电流。

将电气设备和用电装置的不带电的金属外壳与中性点接地的电力系统零线相接称为接零。

接地和接零，一是为了电气设备的正常工作，如工作性接地；二是为了人身和设备的安全，如保护性接地和接零。虽然就接地的性质来说，还有重复接地、防雷接地和静电屏蔽接地等，但其作用都不外乎上述两种。

5-87 接地与等电位联结在概念上的区别是什么？

答 接地是以大地电位作为参考电位，在大地表面实现等电位联结，泄放50～60Hz低频故障电流、雷电流及静电荷，这里指的接地就是与发电厂、变电所的主接地网的连接。

等电位联结则是以某一导体的电位作为参考电位，以与该导体的连接代替与大地的连接的接地，这里指的接地就是与发电厂、变电所的等电位网的连接。等电位联结属于高频接地的范畴，两者互通，而又不完全相同。如果等电位联结不与大地连接，就无法对地泄放雷电流和静电荷。

5-88 什么是工作接地、保护接地和重复接地？

答 在电力系统电气装置中，为运行需要所设的接地（如中性点直接接地或经其他装置接地等）称为工作接地。

电气装置的金属外壳、配电装置的构架和线路杆塔等，由于绝缘损坏有可能带电，为防止其危及人身和设备的安全而设的接地称为保护接地。

重复接地就是在中性点直接接地的系统中，在零干线的一处或多处用金属导线连接到接地装置。

5-89 工作接地的作用如何？

答 （1）降低人体的接触电压。在中性点不接地系统中，当一相故障接地而人体又触及另一相时，人体所受到的接触电压是相间线电压（等于相电压的$\sqrt{3}$倍）。在中性点直接接地系统中，当一相故障接地而人体触及另一相时，人体所受的接触电压是相电压。这是因为中性点的接地电阻很小，中性点与地间的电位差几乎等于零。

（2）迅速切断故障。在中性点不接地系统中，当一相发生接地短路时，接地短路电流很小，保护达不到启动值（熔丝难以熔断），因此故障不能及时切除。而在中性点直接接地的系统中，当一相发生接地短路时，通过接地装置形成了一个回路，接地短路电流很大，达到保护启动值（熔丝能迅速熔断），能将故障迅速切除。

（3）降低电气设备绝缘的设计水平。在中性点不接地系统中，当一相接地时其他两相对地电压按相电压的$\sqrt{3}$倍设计。在中性点直接接地系统中，带电体对地电压任何时候都不会超过相电压，因此带电体对地绝缘按相电压设计即可。

5-90 保护接地的作用如何？

答 保护接地的作用就是将电气设备不带电的金属部分与接地体之间做良好的金属连接，降低连接点的对地电压，避免人体触电危险。保护接地又称安全接地。

5-91 重复接地的作用如何？

答 在有重复接地的380/220V低压供电系统中，当发生接地短路时，能降低中性线的对地电压；当中性线发生断线时，能使故障程度减轻；对于照明线路，能避免因中性线断线同时又发生某相碰壳时而引起的烧毁灯泡等事故。

在没有重复接地的情况下，当中性线发生断线时，在断线点后面只要有一台用电设备发生一相碰壳短路，其他外壳接中性线设备的外壳上都会存在接近相电压的对地电压，如图5-28所示。

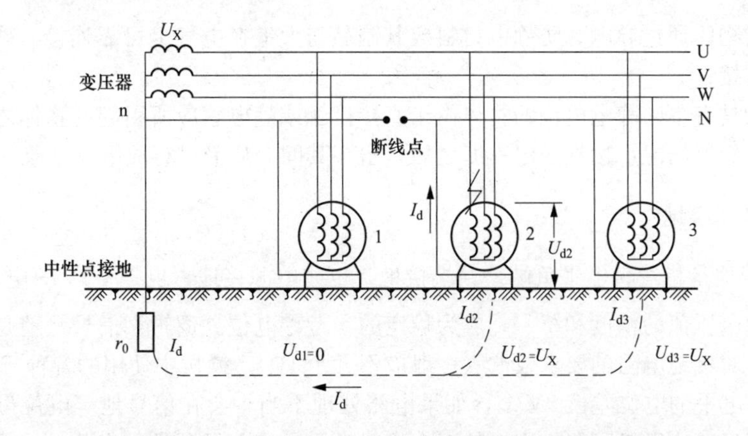

图5-28　无重复接地时，中性线断线示意图

而有重复接地时，如图 5-29 所示，断线点后面设备外壳上的对地电压 U_d 高低由变压器中性点的接地电阻与重复接地装置的接地电阻分压决定，即

$$U_d = U_X \frac{r_n}{r_0 + r_n} \tag{5-20}$$

式中 U_d——设备外壳上的对地电压，V；

U_x——相电压，V；

r_0——变压器中性点的接地电阻，Ω；

r_n——重复接地电阻，Ω。

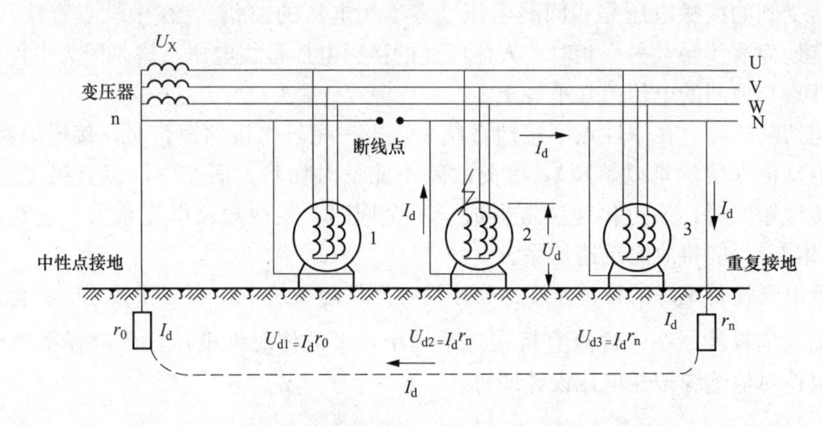

图 5-29 有重复接地时，中性线断线示意图

一般 r_n 为重复接地电阻，r_0 为变压器中性点的接地电阻；故外壳电压仍然较高，对人身仍可造成危害。

如果是多处重复接地（相对并联），则接地电阻值很低，中性线断路点后面设备外壳上的对地电压 U_d 也就很小，对人身的危害就会大大减轻。

由上述分析可知，中性线断线是影响安全的不利因素，故应尽量避免发生中性线断线现象。这就要求在中性线设计时加强中性线强度，因此现今设计中性线选择和相线的截面相同。中性线上不得装置熔断器及空气断路器，同时在运行中注意加强对中性线的维护和检查。

5-92 什么是静电、静电接地和静电放电？

答 不同物体之间相互摩擦而在物体表面产生正负电荷，相对静止不动的电荷称为静电。

静电接地指物体通过导电、防静电材料或其制品与大地在电气上可靠连接，确保静电导体与大地的静电电位接近。

静电放电指具有不同静电电位的物体由于直接接触或静电感应所引起的物体之间静电电荷的转移，通常指在静电场能量达到一定程度之后，击穿其间介质而进行放电的现象。

5-93 什么是逻辑接地？

答 逻辑接地是指逻辑电平负端公共端接地，也叫电源接地，也是＋5V 等电源的输出接地，目的是保持电源电压值的精度和统一，成为稳定的参考零电位。逻辑（信号）地是所有逻辑电路的公共基准点，对接地电阻的要求较严（一般应不大于 1Ω）。微机中使用的各种 TLL 门电路的逻辑“1”和“0”电平的电位差仅 2V 多，如果电路处理不当，会在信号地等电位母线上形成电位波动即噪声电压，造成微机不能工作，甚至会烧毁微机中的电子元件。为此，应设有公共零电位

逻辑接地的总接地板。这种方式特别适用于由多个装置构成的较大系统，可构成电阻很小的零电位母线，保证各装置零电位为同一基准点。因此，逻辑信号地电位应十分稳定。逻辑接地又称信号接地，属于一种高频接地。

5-94 什么是中性点、中性线、保护线、保护中性线、保护接地线？

答 中性点是指发电机或变压器的三相电源绕组连成星形时三相绕组的公共点。

中性线是指与低压系统电源中性点连接用来传输电能的导线，用字符 N 表示。

保护线是指在某些故障情况下电击保护用的导线，用字符 PE 表示。

保护中性线是指同时起中性线与保护线两种作用的导线，用字符 PEN 表示。

保护接地线是指在某些故障情况下防电击保护用的接地导线，用字符 PEE 表示。

5-95 什么是对地电压、接触电压和跨步电压？

答 在图 5-30 中，当电气装置 M 绝缘损坏碰壳短路时，流经接地极的短路电流为 I_d。如接地极的接地电阻为 R_d，则在接地极处产生的对地电压 $U_d=I_d \cdot R_d$，通常称 U_d 为故障电压，相应的电位分布曲线为图 5-30 中的曲线 C。

一般情况下，接地线的阻抗可不计，则 M 上所呈现的电位即为 U_d。当人在流散区内时，由曲线 C 可知人所处的地电位为 U_φ。此时人若接触 M，由接触所产生的故障电压（对地电压）$U_j=U_d-U_\varphi$。人站立在地上，而一只脚的鞋、袜和地面电阻为 R_p，当人接触 M 时，两只脚为并联，其综合电阻为 $R_p/2$。在 U_t 的作用下，$R_p/2$ 与人体电阻 R_b 串联，则流经人体的电流 $I_b=U_f/(R_b+R_p/2)$，人体所承受的电压 $U_j=I_b \cdot R_b=U_f \cdot R_b/(R+R_p/2)$。这种当电气装置绝缘损坏时，触及电气装置的手和触及地面的双脚之间所出现的接触电压 U_j 与 M 和接地极间的距离有关。由图 5-30 可见，M 越靠近接地极，U_φ 越大，则 U_f 越小，相应地 U_j 也越小。当人在流散区范围以外，则 $U_\varphi=0$，此时 $U_f=U_d$，$U_j=U_d \cdot R_b/(R_b+R_p/2)$，$U_j$ 为最大值。

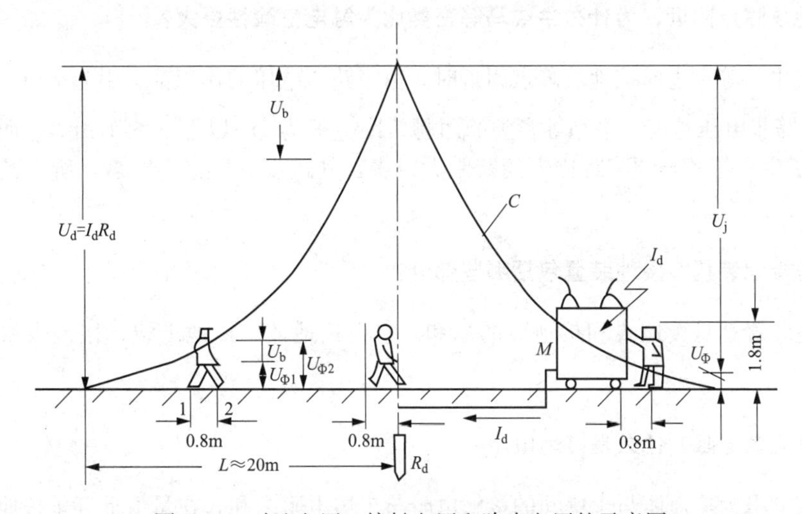

图 5-30　对地电压、接触电压和跨步电压的示意图

由于在流散区内人所站立的位置与 U_φ 有关，通常以站立在离电气装置水平方向 0.8m 和手接触电气装置垂直方向 1.8m 的条件计算接触电压。如电气装置在流散区以外，计算接触电压 U_j 时就不必考虑上述水平和垂直距离。

对地电压即电气设备发生接地故障时，接地设备的外壳、接地线、接地体等与零电位点之间的电位差。对地电压就是以大地为参考点，带电体与大地之间的电位差（大地电位假定为零）。其表示公式为

$$U_d = I_d \cdot R_d \tag{5-21}$$

式中 U_d——发生故障时设备对地电压，V；

I_d——设备发生故障时的短路电流，A；

R_d——接地装置的接地电阻，Ω。

接触电压是指人站在发生接地短路故障设备旁边，距设备水平距离 0.8m，这时人手触及设备外壳（距地面 1.8m 的高处），手与脚两点之间呈现的电位差。接触电位差主要产生于电力系统的短路电流，也可能来自雷击电流。为了避免接触电压对人身的伤害，接地网的外缘应该闭合，外缘各角应做成圆弧形。如仍不能满足要求，可敷设水平均压带。接地网边沿经常有人通过的地方，可铺设砾石或沥青路面，也可敷设均压带。其表示公式为

$$U_j = U_d - U_\varphi \tag{5-22}$$

式中 U_j——接触电压，V；

U_d——设备发生故障时对地电压，V；

U_φ——地电位（地对 0 电位的电压），V。

跨步电压就是指电气设备发生接地故障时，在接地电流入地点周围电位分布区行走的人，其两脚之间的电压。电气设备碰壳或电力系统一相接地短路时，电流从接地极四散流出，在地面上形成不同的电位分布，人在走近短路地点时，两脚之间的电位差叫跨步电压。其表示公式为

$$U_b = U_{\Phi 2} - U_{\varphi 1} \tag{5-23}$$

式中 U_b——跨步电压，V；

$U_{\Phi 2}$——人脚 2 在位置处电压，V；

$U_{\Phi 1}$——人脚 1 在位置处电压，V。

5-96 在接地故障点附近，为什么牛或马等畜类比人触电危险性更大？

答 人或牛马等在走向接地故障点附近时，由于跨步电压的作用都会引起触电，脚与脚之间的距离越大，跨步电压越高。牛马等畜类的两脚跨距一般为 1m 以上（约 1.4m），而人的跨距约为 0.8m。由于牛马等畜类的跨距比人的跨距大得多，其跨步电压亦高得多，所以其触电危险性更大。

5-97 什么是接地装置？接地装置包括哪些部分？

答 接地装置就是接地线和接地极的总和。它由接地体、接地干线、接地支线、电气设备组成。

5-98 什么是流散电阻？什么是接地电阻？

答 流散电阻为接地体与土壤间的接触电阻与土壤电阻之和，在量值上等于接地体对地电压与经过接地体流入地中入地电流之比值。

接地电阻是指接地极或自然接地极的对地电阻和接地线电阻的总和。接地电阻的数值等于接地装置对地电压与通过接地极流入地中电流的比值。

两者在概念上的区别就是接地体对地电压与接地装置对地电压上的不同，接地体指的是单

体，接地装置指的是一个复合体。通常使用的多为接地电阻这个量值。

5-99　为什么小接地短路电流系统高低压电气装置共用接地装置的接地电阻必须满足公式 $R \leqslant 120/I$ 的要求？

答　在最早的民用电历史上先有 110V 的电网，向人们供给电力装置采用的电压是 110kV 而不是 220kV。110V 的供电网容许低压线路的电压偏移为 110V×(1±10%)=99～121V，同时为了小接地短路电流系统满足保护接地要求，在公式 $R \leqslant 120/I$ 中取 U=120V，规定接地电阻 R=4Ω，用 110V 供电相对于 220V 供电更安全，故障短路电流取 $I \geqslant 30$A，符合 35kV 和 10kV 电压互感器保护熔断器及 380/220V 供电回路熔断器的选择比要求，即熔断器可靠熔断灵敏度的要求。

5-100　为什么小接地短路电流系统高压电气装置的接地电阻必须满足公式 $R \leqslant 250/I$ 的要求？

答　小接地短路电流系统中故障短路电流较小，但继电保护常作用于信号不跳闸，接地时间允许达 30min，工作人员直接接触设备外壳的机会较多；220V 的供电网容许低压线路的电压偏移为 220V×(1±10%)=198～242V，要求设备外壳对地电压可适当放宽至 250V，在公式 $R \leqslant 250/I$ 中取 U=250V 时，规定接地电阻 R=10Ω，此时故障短路电流为 25A，还略低于 30A。因此，故障短路电流小，保障了工作人员人身安全。

5-101　在 380/220V 中性点接地系统中，电气设备采用接零好还是接地好？

答　在三相四线制供电系统中，从安全防护观点出发，电气设备采用接零保护要比采用接地保护好。如果电气设备采用接零保护，一旦发生接地短路，短路电流直接经中性线形成“中性-相”闭合回路，中性线阻抗很小，短路电流将很大，使保护装置能可靠动作，从而迅速切断故障设备。

5-102　在同一台变压器供电系统中，为什么不能一部分设备采用接零保护而另一部分设备采用接地保护？

答　在图 5-31 中同一台变压器供电系统，如果电动机 A 采用接零保护，而电动机 B 采用接地保护。当电动机 B 发生接地短路，但其短路电流的大小不足以使其保护装置动作时，变压器中性点接地装置与电动机 B 的接地装置间会有短路电流流过，其值为

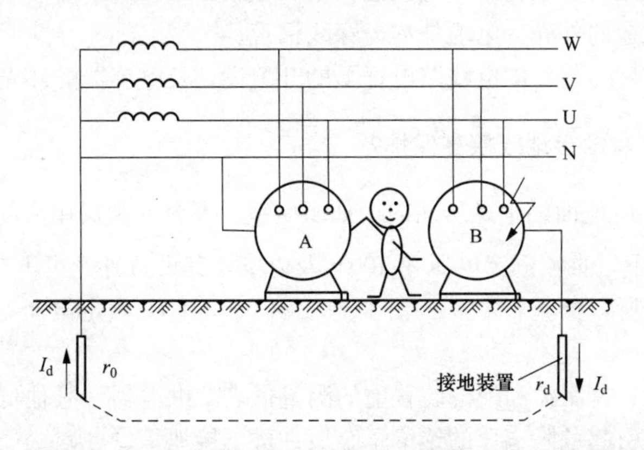

图 5-31　同一台变压器供电系统中，一部分负荷接零一部分接地示意图

$$I_d = \frac{U_x}{r_0 + r_d} \tag{5-24}$$

式中 I_d——短路电流，A；

r_0——变压器中性点的接地电阻，Ω；

r_d——电动机的接地电阻，Ω。

此时电动机 A 上出现的对地电压为

$$U_a = I_d \cdot r_0 = \frac{U_x}{r_0 + r_d} r_0 \tag{5-25}$$

式中 U_a——电动机 A 上对地的电压，V；

U_x——系统额定相电压，V；

I_d——短路电流，A；

r_0——变压器中性点的接地电阻，Ω；

r_d——电动机的接地电阻，Ω。

假设 $r_0 = r_d$，则有

$$U_a = I_d \cdot r_0 = \frac{U_x}{2r_d} r_0 = \frac{U_x}{2} \tag{5-26}$$

从式（5-26）可看出即使电动机 A 没有发生故障，其外壳上也会出现一半相电压的对地电压，这样高的电压对人身安全是很危险的。因此，接地和接零在同一电网中不能同时使用，也就是说不能一些设备接零，另一些设备接地。因为当接地设备发生外壳碰电时，电流通过接地电阻形成回路，由于接地电阻的作用，电流不会太大，线路保护设备可能不会动作，而使故障长期存在。这时，除了接触该设备的人有触电危险外，由于中性线对地电压升高，所有与接零设备接触的人都有触电危险，所以这种情况是不允许的。

但是，对于同一个设备，同时又接零又接地，安全性就更高，这就叫做重复接地。

5-103 哪些电气设备必须进行接地或接零保护？

答 （1）发电机、变压器、电动机、高低压电器和照明器具底座或外壳。

（2）电力设备的传动装置。

（3）互感器的二次绕组。

（4）配电盘和控制盘的框架。

（5）屋内外配电装置的金属构架、混凝土构架和金属围栏。

（6）电缆头和电缆盒的外壳、电缆外皮与穿线钢管。

（7）电力线路的杆塔和装在配电线路电杆上的开关设备及电容器的外壳等。

5-104 哪些电气装置不需做接地或接零保护？

答 （1）在不良导电地面的干燥房间内，如试验室、办公室和民用房间，当电力装置的交流额定电压在 380V 及以下，直流额定电压在 400V 及以下，其设备外壳可不接地。

（2）在一切干燥场所，交流额定电压在 127V 及以下，直流额定电压在 110V 及以下的电力装置可不接地。

（3）安装在配电盘、控制盘和配电装置上的测量仪表、继电器、其他低压电器的外壳，以及发生绝缘损坏时也不会引起危险电压的绝缘子金属件可不接地。

（4）安装在已接地的金属构架上的设备，控制电缆的金属外皮，蓄电池室内的金属构架和发电厂、变电站内的运输轨道，与已接地的机床相连接的电动机外壳等均可不接地。

5-105 什么是接地短路和接地短路电流？接地短路电流的大小是如何规定的？

答 运行中的电气设备和电力线路，当由于绝缘损坏而使带电部分碰触接地的金属构件或直接与大地发生电气连接时，称为接地短路。

当发生接地短路时，通过接地点流入地中的短路电流，称为接地短路电流。

在电力系统中，人们常常按照单相接地短路电流的大小来区分大接地短路电流系统和小接地短路电流系统。单相接地短路电流大于500A的系统称为大接地短路电流系统，小于500A的系统称为小接地短路电流系统。一般来说，中性点直接接地的高压系统，其单相接地短路电流均大于500A，属于大接地短路电流系统；中性点非直接接地的中低压系统，其单相接地短路电流均小于500A，基本上属于小接地短路电流系统。

5-106 电力系统中哪些地方采用中性点接地方式或者采用中性点不接地方式？

答 在中性点不接地方式中，当单相金属性接地时，三相系统的对称性不被破坏，还可以照常运行；在系统容量不大时，单相接地短路电流很小，接地电弧可自行熄灭，对通信线路几乎没有影响。但发生一相接地时非故障相的电压会升高，极限情况下会达到线电压水平。这就要求整个系统对地的绝缘水平必须按线电压设计，从而增大了设备投资。

中性点不接地方式一般仅在3～66kV系统中采用，当系统容量增大，线路距离较长，致使单相接地的短路电流大于某一数值时，接地电弧不能自行熄灭，这就可能发生危险的间歇性电弧过电压。为了降低单相接地电流，避免电弧过电压的发生，常常采用消弧线圈接地方式。当单相接地时消弧线圈的感性电流能够补偿单相接地的电容性电流，使流过故障点的残余电流很小，电弧可以自行熄灭，所以消弧线圈接地方式，既可以保持中性点不接地方式的优点，又可以避免电弧过电压的产生，是当前3～60kV系统普遍采用的接地方式。

随着电力系统电压等级的增高和系统容量的扩大，设备绝缘费用所占的比例越来越大，中性点不接地方式的优点居于次要地位，主要考虑降低绝缘投资。所以，110kV及以上系统均采用中性点直接接地方式。

对于380V及以下的低压供电系统，由于中性点接地可以使相电压固定不变，并可方便地取出相电压以供照明和单相设备用电，所以除了特定的场合之外（如矿井）亦多采用中性点直接接地方式。

5-107 在接地网设计中，如何考虑降低接触电压和跨步电压？

答 在接地网的设计中，除应满足接地电阻的要求以外，在接地网的布置上，还应使接地区域内的电位分布尽量均匀，以便减小接触电压和跨步电压。如将接地装置布置成环形，则应在环形接地装置内部加设互相平行的均压带；在电气设备周围加装局部的接地回路；在被保护地区的人员入口处加装一些均压带；在设备周围、隔离开关操作地点及常有行人的处所，在地面覆盖一些电阻率较高的卵石或水泥层。另外，在配电装置附近加垫砾石、沥青、混凝土等，借以增大电阻率，也可以提高接触电压和跨步电压的允许值。

5-108 电力设备接地装置上的最大允许接触电压和跨步电压是多少？

答 在大接地短路电流系统中，如果发生单相接地或同点两相接地时，其电力设备接地装置上的最大允许接触电压和跨步电压不应大于下列数值：

$$U_j = \frac{250 + 0.25\rho_b}{\sqrt{t}} \tag{5-27}$$

$$U_k = \frac{250 + 0.25\rho_b}{\sqrt{t}} \tag{5-28}$$

式中 U_j——最大容许接触电压，V；

U_k——最大容许跨步电压，V；

ρ_b——人脚站立处地表面土壤电阻率，Ω·m；

t——接地保护动作时间，s。

在小接地短路电流系统中，发生单相接地时，一般不要求迅速切断故障，此时，电力设备接地装置上的最大容许接触电压和跨步电压应小于下列数值：

$$U_j = 50 + 0.05\rho_b \tag{5-29}$$

$$U_k = 50 + 0.25\rho_b \tag{5-30}$$

式中符号含义与式（5-30）和式（5-31）相同。

5-109 怎样计算电力设备接地装置的接触电压和跨步电压？

答 发电厂、变电站或其他电力设备的接地网，如果是以水平敷设的接地体为主的接地装置，其最大接触电压和跨步电压计算公式如下：

$$U_{jzd} = K_m K_i \rho \frac{I}{L} \tag{5-31}$$

$$U_{kzd} = K_s K_i \rho \frac{I}{L} \tag{5-32}$$

式中 U_{jzd}——最大接触电压，V；

U_{kzd}——最大跨步电压，V；

ρ——平均土壤电阻率；

I——流经接地装置的最大单相短路电流，A；

L——接地网中接地体的总长度，m；

K_m、K_s——与接地网布置方式有关的系数，在一般计算中，$K_m=1$，$K_s=0\sim0.2$；

K_i——流入接地装置的电流不均匀修正系数，在计算中取 $K_i=1.25$。

5-110 如何确定发电厂、变电站及其他电力设备接地网的接地电阻值？

答 我国的接地规程中规定，大接地短路电流系统的电力设备，其接地装置的接地电阻应符合下式要求：

$$R \leqslant \frac{2000}{I} \tag{5-33}$$

当 $I>4000$A 时，取 $R\leqslant 0.5$。

式中 R——考虑季节影响的最大接地电阻，Ω；

I——流经接地装置的最大稳态短路电流，A。

在 DL/T 621—1997《交流电气装置的接地》规范出台后，规范规定接地电阻 R 值不做硬性规定，R 值的大小取决于接触电压和跨步电压的大小（容许值）。

5-111 各级电力线路和电力设备的接地电阻一般规定是多少？

答 对于发电厂、变电站及其他电力设备接地网的接地电阻，一般应根据其入地短电流进行计算，若计算确有困难，也可按下述规定选取：

（1）1kV 以上小接地短路电流系统，接地电阻不应大于 10Ω。

（2）1kV 以上大接地短路接地电流系统，接地电阻一般不大于 0.5Ω。在高土壤电阻率地区，做到 0.5Ω 在经济技术上确有困难时，允许放宽到 1Ω，但应采取安全措施。

（3）6～10kV 高低压公用接地装置的电力变压器的接地电阻不得大于下列值：

1）容量在 100kVA 以上为 4Ω；

2）容量在 100kVA 及以下为 10Ω。

（4）电压线路中性线每一重复接地的接地电阻不得大于下列值：

1）容量为 100kVA 以上变压器供电的低压线路为 10Ω；

2）容量为 100kVA 及以下变压器供电的低压线路为 30Ω。

（5）1kV 以下中性点不直接接地系统，对接地电阻的要求与上述相同。

5-112 什么是土壤电阻率？其影响因素有哪些？

答 决定接地电阻的主要因素是土壤电阻，其大小以土壤电阻率表示。土壤电阻率是以边长为 1cm 的正方体的土壤电阻来表示的，符号为 ρ，单位为 Ω·cm。

影响土壤电阻率的主要因素有下列几种：

（1）土壤性质：不同性质的土壤其电阻率也不同，甚至相差千万倍。

（2）含水量：绝对干燥的土壤其电阻率接近无穷大；含水量增加到 15%时，电阻率显著降低；含水量超过 75%时，电阻率变化则不大，甚至增高。同时与水质也有关系。

（3）温度：当土壤温度在 0℃及以下时，电阻率突然增加；由 0℃不断上升时，电阻率逐渐减小，但到 100℃时电阻率反而又会升高。

（4）化学成分：当土壤中含有酸、碱、盐成分时，电阻率会显著下降。

（5）物理性质：土壤本身是否紧密，与接地体接触是否紧固对电阻率影响很大。土壤本身的颗粒越紧密，电阻率也就越低。

5-113 一般土壤的电阻率是多少？

答 土壤的电阻率的计算公式为

$$\rho = \psi \cdot \rho_0 \tag{5-34}$$

式中 ρ_0——一般土壤的电阻率，Ω·cm；

ψ——土壤电阻率的季节系数，它是>1 的数值。

一般土壤的电阻率见表 5-12。

表 5-12 一般土壤的电阻率 ρ_0 单位：Ω·cm

土壤种类	电阻率 ρ_0 近似值	不同情况下电阻率的变化范围		
		较湿时（一般地区、多雨时）	较干时（少雨时、沙漠时）	地下水含盐碱时
黑土、田园土	0.5×10^4	$3\times10^3\sim10^4$	$5\times10^3\sim3\times10^4$	$10^3\sim3\times10^3$

续表

土壤种类	电阻率 ρ_0 近似值	不同情况下电阻率的变化范围		
		较湿时（一般地区、多雨时）	较干时（少雨时、沙漠时）	地下水含盐碱时
黏土	0.6×10^4	$3\times10^3\sim10^4$	$5\times10^3\sim3\times10^4$	$10^3\sim3\times10^3$
砂质黏土	1×10^4	$3\times10^3\sim3\times10^4$	$8\times10^3\sim10\times10^4$	$10^3\sim3\times10^3$
黄土	2×10^4	$10^4\sim2\times10^4$	2.5×10^4	3×10^3
砂土	3×10^4	$10^4\sim10^5$	10^5	$3\times10^3\sim10^4$
砂、砂砾	10×10^5	$2.5\times10^4\sim10^5$	$10^5\sim2.5\times10^5$	

由于影响土壤电阻率的因素很多，因此在设计和施工中应选实测数值，并考虑到季节变化的影响而选其中最大值。

一般夏季测得的土壤电阻率在计算时应乘以土壤干燥后的增大系数，称为季节系数，见表5-13。

表 5-13　土壤电阻率的季节系数

接地体埋深/m	季节系数 ψ	
	水平接地体	2～3m 垂直接地体
0.5	1.4～1.8	1.2～1.4
0.8～1.0	1.25～1.45	1.15～1.3
2.5～3.0	1.0～1.1	1.0～1.1

注　测量土壤电阻率时，如土壤比较干燥，采用表中较小值；如果土壤比较潮湿，则采用较大值。

5-114 电力设备的接地装置是怎样构成的？

答　电力设备的接地装置（或称接地网，又称主接地网），一般是由自然接地体和人工接地体构成的。自然接地体包括埋于地下的金属水管和其他各种金属管道（易燃液体、易燃气体或易爆气体的管道除外）、建筑物和构筑物的地下金属结构和金属电缆外皮等。人工接地体通常是由垂直埋设的棒形接地体和水平接地体组合而成的。棒形接地体可以利用钢管、角钢或槽钢，水平接地体可以利用扁钢或圆钢。各种用途的接地装置大多采用以人工敷设的水平接地体为主并附着垂直接地体的复合形接地方式；也可采用自然接地体与人工接地体混合的接地方式；或单独利用自然接地体作为接地装置。总之，不管采用哪种形式的接地装置，其接地电阻值都必须符合规范要求。

5-115 怎样计算埋设地下金属管道的工频流散电阻值？

答　在设计和安装接地装置时，可以利用的自然接地体中，埋地金属管道占有很大的比例，当埋地金属管道的电气长度（即有电气连接的长度）已经确定，并且总长度不大于2km时，其工频流散电阻可由下式计算：

$$P_L=\frac{\rho}{2\pi L}\ln\frac{L^2}{2rh} \tag{5-35}$$

式中 r——管道的外半径，cm；

h——管道的几何中心埋深，cm；

L——管道电气长度，cm；

ρ——土壤电阻率，Ω·cm。

5-116 怎样计算直接埋设地下电缆外皮的工频流散电阻？

答 直接埋设在地下的电缆及电气长度大于2km的金属管道，其工频流散电阻由下式计算：

$$R_L = \sqrt{rr_L r} \cdot \coth\left(\sqrt{\frac{r_L}{r}} \cdot l\right) \cdot K \tag{5-36}$$

式中 r——沿接地体直线方向每1cm土壤的流散电阻，Ω·cm，一般$r=1.69\rho$；

l——埋设在土壤中的电缆有效长度，cm；

ρ——埋设电缆线路的土壤电阻率，Ω·cm；

K——考虑麻护层的影响而使流散电阻增大的系数，见表5-14，对于水管$K=1$；

r_L——电缆外皮每1cm的交流电阻，Ω/cm，三芯动力电缆沟的r_L值见表5-15。

表5-14　系数K值

土壤电阻率/($\times 10^4$Ω·cm)	0.5	1.0	2.0	5.0	10.0	20.0
K	6.0	2.6	2.0	1.4	1.2	1.05

表5-15　电力电缆外皮的电阻r_L（埋深70cm）

电缆规范		1cm长铠装电缆皮的电阻/($\times 10^{-6}$Ω/cm)				
		电压/kV				
		3	6	10	20	35
铠装	3×70	14.7	11.3	10.1	4.4	2.6
	3×95	12.8	10.9	9.4	4.1	2.4
	3×120	11.7	9.7	8.5	3.8	2.3
	3×150	9.8	8.5	7.1	3.5	2.2
	3×185	9.4	7.7	6.6	3.0	2.1

当有很多电缆埋设在一处时，其总流散电阻，按下式计算：

$$R' = \frac{R_L}{\sqrt{n}} \tag{5-37}$$

式中 R_L——每根电缆外皮的流散电阻，Ω；

n——敷设在一处的电缆根数。

5-117 怎样计算单根棒形垂直接地极的工频流散电阻值？

答 棒形垂直接地极是指垂直打入地下的钢管、角钢、扁钢或圆钢等，当它的长度与直径（或等效直径）相比大得多时，其工频流散电阻可按下式计算：

$$R_L = \frac{\rho}{2\pi \cdot l}\ln\frac{4l}{d} \tag{5-38}$$

式中 R_L——垂直接地极的工频流散电阻，Ω；

ρ——土壤电阻率，Ω·cm；

l——垂直接地极长度，cm；

d——垂直接地极的直径，mm。

当用其他型式的钢材时，其等效直径如下：

钢管：$d=d'$（d'——钢管或圆钢直径）；

角钢：$d=0.84b$（b——角钢边长）。

扁钢：$d=\frac{1}{2}b$（b——扁钢宽度）。

为了实现快速计算，各种垂直接地极的工频流散电阻也可采用如下的简化公式：

$$R_L = K\rho \tag{5-39}$$

式中 ρ——土壤电阻率，Ω·cm；

K——系数，见表5-16。

表5-16 系数 **K** 值

极形	规范/mm	计算外径/mm	长度/cm	K值
钢管或圆钢	φ38	48	250	34×10^{-4}
	φ38	48	250	40.7×10^{-4}
	φ50	60	250	32.6×10^{-4}
	φ50	60	200	39×10^{-4}
角钢	∠40×40×4	33.6	250	36.3×10^{-4}
	∠40×40×4	33.6	200	39×10^{-4}
	∠50×50×4	42	250	39×10^{-4}
	∠50×50×4	42	200	39×10^{-4}
扁钢	−20×4	10	250	44×10^{-4}
	−20×4	15	250	41.4×10^{-4}
	−20×4	20	250	39.5×10^{-4}
	−20×4	25	250	38×10^{-4}
槽钢	[80×43×5	68	250	31.8×10^{-4}
	[80×43×5	68	250	38×10^{-4}
	[100×43×5.3	82	250	30.6×10^{-4}
	[100×43×5.3	82	250	36.5×10^{-4}

由许多跟垂直接地极联合的总流散电阻（为接地装置的工频接地电阻）：

$$R_{\Sigma L} = \frac{R_L}{n\eta_c} \tag{5-40}$$

式中 R_L——单根垂直接地极的流散电阻，Ω；

n——接地极根数；

η_c——接地极利用系数，排列成行的接地极的利用系数由图5-32（a）查得，环形排列的接地极的利用系数由图5-32（b）查得。

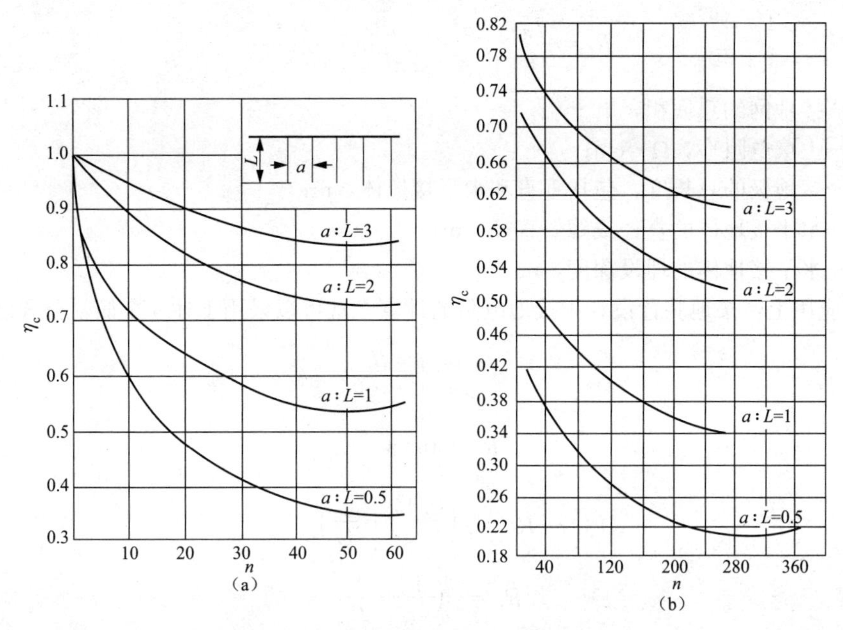

图 5-32 n 根接地极的总流散电阻

5-118 怎样计算单根水平埋设接地极的工频流散电阻值?

答 水平埋设接地极大都由圆钢或扁钢构成，当采用扁钢敷设接地装置时，其流散电阻为

$$R_s = \frac{\rho}{2\pi \cdot l}\ln\frac{2l^2}{bh} \tag{5-41}$$

当采用圆钢敷设接地装置时，其流散电阻为

$$R_s = \frac{\rho}{2\pi \cdot l}\ln\frac{2l^2}{rh} \tag{5-42}$$

当水平埋设的接地体构成环形回路时（方形、圆形或长方形），其流散电阻为

扁钢：

$$R_s = \frac{\rho}{2\pi l}\ln\frac{8l^2}{\pi \cdot bh} \tag{5-43}$$

圆钢：

$$R_s = \frac{\rho}{2\pi l}\ln\frac{2l^2}{\pi \cdot rh} \tag{5-44}$$

上述式中 ρ——土壤电阻率，Ω·cm；

l——接地体长度，cm；

r——圆钢半径，cm；

h——埋设深度，cm；

b——扁钢宽度，cm。

5-119 怎样计算由接地极和水平接地体组成的复合式接地装置的工频接地电阻值?

答 发电厂、变电站和电力设备的接地装置，绝大多数是由接地极和水平接地体组成的复合式接地装置。当接地装置是以水平接地体为主，并且构成边缘闭合的复式接地体时，其工频接地电阻可按下式计算：

$$R_f = \frac{\sqrt{\pi}}{4} \times \frac{\rho}{\sqrt{S}} + \frac{\rho}{2\pi L} \ln \frac{2L^2}{\pi h d \times 10^4} \tag{5-45}$$

式中 S——接地网的总面积，m^2；

ρ——土壤电阻率，Ω·cm；

L——接地极的总长度，包括垂直和水平接地体，m；

d——水平接地体的直径或等效直径，m；

h——水平接地体的埋设深度，m。

在工程应用上，接地装置设计中接地电阻的计算，常可以采用下述 4 个简易公式之一：

$$R_f = 0.5 \frac{\rho}{\sqrt{S}} \tag{5-46}$$

$$R_f = 0.28 \frac{\rho}{r} \tag{5-47}$$

$$R_f = \rho\left(\frac{0.44}{\sqrt{S}} + \frac{1}{L}\right) \tag{5-48}$$

$$R_f = \rho\left(\frac{1}{4r} + \frac{1}{L}\right) \tag{5-49}$$

式中 ρ——土壤电阻率，Ω·cm；

S——闭合接地网的面积，适用于 $S>100m^2$；

r——接地网面积 S 的等值圆半径，m；

L——接地体的总长度，m。

5-120 怎样计算单独接地体的冲击接地电阻值？

答 冲击接地电阻就是接地装置通过雷电流时所呈现的电阻，它比工频接地电阻要小，两者相差一个小于 1 的系数，叫冲击系数。

单独接地体的冲击接地电阻可由下式计算：

$$R_{ch} = aR \tag{5-50}$$

式中 R——单独接地体的工频接地电阻，Ω；

a——单独接地体的冲击系数，由表 5-17～表 5-19 查得。

表 5-17 宽 2～4cm 的扁钢或直径 1～2cm 的圆钢水平带形接地体，由一端引入雷电流，冲击电流波头 3～6μs 的冲击系数 α

土壤电阻率/(Ω·cm)	长度/m	冲击电流/kA				土壤电阻率/(Ω·cm)	长度/m	冲击电流/kA			
		5	10	20	40			5	10	20	40
100	5	0.80	0.75	0.65	0.50	1000	10	0.60	0.55	0.45	0.35
	10	1.05	1.00	0.90	0.80		20	0.80	0.75	0.60	0.50
	20	1.20	1.15	1.05	0.95		40	1.00	0.95	0.85	0.75
							60	1.20	1.15	1.10	0.95
500	5	0.60	0.55	0.45	0.30	2000	20	0.65	0.50	0.50	0.40
	10	0.80	0.75	0.60	0.45		40	0.80	0.65	0.65	0.55
	20	0.95	0.90	0.75	0.60		60	0.95	0.80	0.80	0.75
	30	1.05	1.00	0.90	0.80		80	1.10	0.95	0.95	0.90
							100	1.25	1.10	1.10	1.05

表 5-18 长 2～3m 直径 6cm 以下的垂直接地极，冲击电流波头 3～6μs 时的冲击系数 α

土壤电阻率/(Ω·cm)	冲击电流/kA			
	5	10	20	40
100	0.85～0.90	0.75～0.85	0.6～0.75	0.5～0.6
500	0.6～0.7	0.5～0.6	0.35～0.45	0.25～0.30
1000	0.45～0.55	0.35～0.45	0.25～0.30	

注 表中较大值用于 3m 长的接地极，较小值用于 2m 长的接地极。

表 5-19 宽 2～4cm 的扁钢或直径 1～2cm 的圆钢水平环形接地体，由环中心引入雷电流，引入处与环有 3～4 个连线，冲击电流波头 3～6μs 时的冲击系数 α

土壤电阻率/(Ω·cm)	100			500			1000		
冲击电流/kA	20	40	80	20	40	80	20	40	80
环直径 4m	0.60	0.45	0.35	0.50	0.40	0.25	0.35	0.25	0.20
环直径 8m	0.75	0.65	0.55	0.55	0.45	0.30	0.40	0.30	0.25
环直径 12m	0.80	0.70	0.60	0.60	0.50	0.35	0.45	0.40	0.30

注 在计算环形接地装置的冲击接地电阻 R_{ch}时，其工频接地电阻 R 可按稳态公式计算，计算时不考虑连线的对地电导。

5-121 怎样计算多根水平射线接地装置的冲击接地电阻值？

答 多根水平射线接地体组成的接地装置的冲击接地电阻可用下式计算：

$$R_{chs}=\frac{R_{ch}}{n}\times\frac{1}{\eta_{chs}} \tag{5-51}$$

式中 R_{ch}——单独接地体（垂直或水平接地体）的冲击接地电阻，Ω；

n——水平接地体根数；

η_{chs}——考虑接地装置各射线相互影响的冲击利用系数，由表 5-20 查得。

表 5-20 水平接地体的冲击利用系数

10～80m 长的水平接地体根数 n	利用系数 η_{chs}	备 注
2	0.83～1.0	较小值适
3	0.75～0.9	用于较短
4～6	0.65～0.80	射 线

5-122 怎样计算由水平接地体连接的多根垂直接地极组成接地装置的冲击接地电阻值？

答 由水平接地体连接多跟垂直接地体所组成的复合式接地装置，其冲击接地电阻可用下式计算：

$$R_{chf}=\frac{\frac{R_{chc}}{n}\times R_{chs}}{\frac{R_{chc}}{n}+R_{chs}}\times\frac{1}{\eta_{chs}} \tag{5-52}$$

式中 R_{chc}——单根垂直接地极的冲击接地电阻，Ω；

R_{chs}——水平接地体的冲击接地电阻，Ω；

n——垂直接地极根数；

η_{chs}——冲击利用系数，见表 5-21。

表 5-21　　垂直接地极的冲击利用系数

以水平接地体连接的垂直接地体根数 n	冲击利用系数 η_{chs}	备注
2	0.8～0.85	$\frac{\alpha}{L}=\frac{(垂直接地体间距)}{(垂直接地体长度)}=2\sim3$；$\eta_{chs}$的较小值适用于$\frac{\alpha}{L}=2$
3	0.70～0.80	
4	0.70～0.75	
6	0.65～0.70	

5-123 如何具体计算一个接地装置的冲击接地电阻值？

答：以图 5-33 所示独立避雷针（两段水平接地体，三只接地极构成）的接地装置为例进行运算。

已知：计算用雷电流 $I_L=100\text{kA}$，干燥状态下的土壤电阻率 $\rho_0=10^4\Omega\cdot\text{cm}$。

1. 计算用土壤电阻率

（1）对于水平接地体：查表 5-14 得 $\psi=1.4$，

$$\rho_s=\rho_0\times1.4=1.4\times10^4(\Omega\cdot\text{cm})$$

（2）对于垂直接地极：查表 5-14 得 $\psi=1.2$，

$$\rho_c=\rho_0\times1.2=1.2\times10^4(\Omega\cdot\text{cm})$$

2. 工频接地电阻

（1）水平接地体：

$$R_s=\frac{\rho}{2\pi L}\ln\frac{2L^2}{bh}=\frac{1.4\times10^4}{2\pi\times600}\ln\frac{2\times600^2}{2\times50}=33(\Omega)$$

（2）垂直接地极：

$$R_c=\frac{\rho}{2\pi L}\ln\frac{4L}{d}=\frac{1.2\times10^4}{2\pi\times300}\ln\frac{4\times300}{6}=33.73(\Omega)$$

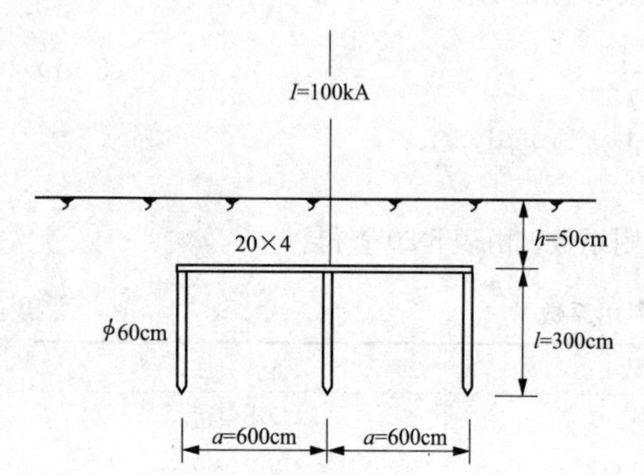

图 5-33　计算接地装置示意图

从计算结果看 $R_s\approx R_c$，可以认为由每段水平接地体和每根垂直接地极流向大地的雷电流相等，共五段，其每段流向大地的雷电流值为

$$I=100/5=20(\text{kA})$$

由表 5-18 可知，当钢管接地极 $L=300\text{cm}$，流向大地的冲击电流 $I=20\text{kA}$，且 $\rho_0=10^2\Omega\cdot\text{cm}$ 时，冲击系数 $\alpha=0.75$，而 $\rho=5\times10^4\Omega\cdot\text{cm}$，$\alpha=0.45$，计算得 $\rho_c=1.2\times10^4\Omega\cdot\text{cm}$，用补插法求得 $\alpha=0.5$，故每管接地极的冲击接地电阻为

$$R_{chc}=\alpha\cdot R=0.5\times33.73=16.87(\Omega)$$

由表 5-19 可知，对于水平接地体射线，当流向大地的冲击电流 $I=20\text{kA}$，$\rho_0=10^2\Omega\cdot\text{cm}$，射线长度为 5m 时，冲击系数 $\alpha=0.65$。射线长度为 10m 时，冲击系数 $\alpha=0.9$，用补插法可求出 $L=6\text{m}$，$\rho_0=10^4\Omega\cdot\text{cm}$，$\alpha_1=0.7$；由同表 5-19 可知，射线长度为 6m 时，$\rho=5\times10^4\Omega\cdot\text{cm}$，用补插法可求出 $\alpha_2=0.5$，现在 $\rho=5\times10^4\Omega\cdot\text{cm}$，用补插法可求得 $\alpha_s=0.68$。

又由表 5-20 可查得，水平射线接地体的冲击利用系数 $\eta_{chs}=0.98$，则水平接地体冲击接地电阻为

$$R_{chs}=\frac{R_{ch}}{n}\times\frac{1}{\eta_{chs}}=\frac{0.68\times33}{2}\times\frac{1}{0.98}=11.45(\Omega)$$

今垂直接地极 $n=3$ 根，比值$\frac{a}{L}=\frac{600}{300}=2$，由表 5-21 查知：冲击利用系数 $\eta_{chs}=0.70$，全部接

地装置的冲击接地电阻为

$$R_{chf}=\frac{\frac{R_{chc}}{n}\times R_{chs}}{\frac{R_{chc}}{n}+R_{chs}}\times\frac{1}{\eta_{chs}}=\frac{\frac{16.87}{3}\times 11.45}{\frac{16.87}{3}+11.45}\times\frac{1}{0.7}=5.39(\Omega)$$

5-124 如何确定接地线的最小截面积？

答 接地装置的接地引线及接地母线最小截面的选择，应该根据热稳定的条件来确定。热稳定就是系统最大接地短路电流通过接地引线或接地母线时，在接地短路电流被切断之前，接地线不应该被烧软或烧断。因此，为了确保接地装置的稳定性，接地线的截面初选之后，还应按照下式进行稳定校验：

$$S_{jd}\geqslant\frac{I_{jd}}{C}\sqrt{t}\tag{5-53}$$

式中 S_{jd}——接地线的最小截面积，mm^2；

I_{jd}——流过接地线的最大短路电流稳定值，A；

t——短路电流持续时间，s；

C——接地线材料的热稳定系数，钢：$C=70$；铜：$C=210$；铝：$C=120$。

当所选接地线的截面不能满足上式时，应选用较大一级的接地线截面。

5-125 对人工接地网的布置有哪些要求？

答 电力设备接地装置的布置方式与土壤电阻率的大小有关。

当土壤电阻率小于 $3\times10^4\Omega\cdot cm$，因电位分布衰减较快，宜采用以棒形垂直接地极为主的简单棒带结合接地装置；

当土壤电阻率大于 $3\times10^4\Omega\cdot cm$，小于 $5\times10^4\Omega\cdot cm$ 时，因电位分布衰减较慢，应采用以水平接地体为主的棒带结合接地装置；

当土壤电阻率在 $5\times10^4\Omega\cdot cm$ 以上时，因电位分布衰减更慢，采用伸长形的接地带效果最好。

所有接地装置均应埋在冻土层以下，一般情况下，接地体埋深不应小于 0.5m。

垂直打入地下的棒形接地极，一般采用管径为 48～60mm 的钢管或∠45×45 的角钢，长度为 2～3m（一般用 2.5m）。为了减小棒间的屏蔽作用，极间距离不应小于 5m。为了保证接地体具有的机械强度，对埋于地下的接地体，为免于腐蚀锈断，钢接地体的最小尺寸列于表 5-22 中。

表 5-22　钢接地体的最小尺寸

名　称	建筑物内	屋　外	地　下
圆钢直径/mm	5	6	6
扁钢截面/mm^2	24	48	48
厚/mm	3	4	4
角钢厚度/mm	2	2.5	4
钢管壁厚/mm	2.5	2.5	3.5

对于有强烈腐蚀性的土壤（即土壤电阻率 $\rho\leqslant10^4\Omega\cdot cm$ 以下的潮湿土壤），应使用较大截面积的导体或将导体镀锌。若不镀锌，则圆钢直径应大于 12mm，钢管壁厚度大于 5mm，扁钢截面

大于（40×4）mm^2。

对于大型接地网，为了便于分别测量接地体电阻值，在适当地点还应设立测量井。

5-126 高土壤电阻率地区接地装置，如何使得接地电阻符合要求？

答 在土壤电阻率较高的地区，为达到规定的接地电阻值，应采用下列措施降低接地装置的接地电阻。

（1）置换土壤。即用土壤电阻较低的黏土、黑土或砂质黏土代替原电阻率较高的土壤。

（2）深埋法。当地面表层土壤电阻率较高，而深处土壤电阻率较低时，可将接地体深埋在深处土壤中。

（3）外引接地。若在电气设备的远处有土壤电阻率较低的土壤，可将接地体敷设在土壤电阻率较低处，用接地线引至电气设备上。

（4）人工处理。在接地体周围土壤中加入土壤降阻剂等，可提高接地体周围土壤的电导率。它采用几种化工物质，按一定比例配成浆液，敷在接地体周围，即可达到降阻的目的。

（5）冻土处理。对冻土采用人工处理仍达不到要求时，可将接地体埋在冻土层以下的土壤中，或用电加热法在接地体周围融化土壤。

5-127 接地装置的装设地点如何选择？接地装置的埋设有哪些要求？

答 1. 接地装置装设地点的选择

（1）接地装置埋设位置应在距建筑物3m以外。

（2）应安装在土壤电阻率较低的地方，并应避免靠近烟道或其他热源处，以免土壤干燥，电阻率增高。

（3）不应在垃圾、灰渣及对接地装置有腐蚀的土壤中埋设。

（4）当埋设在距建筑物入口或人行道的距离小于3m时，应在接地装置上面敷设50～80mm厚的沥青层。

（5）如敷设在腐蚀性强的场所，应用镀锡、镀锌等防腐措施，或适当加大截面。

（6）如必须敷设在土壤电阻率较高的处所，不能满足接地电阻值要求时，可用人工处理土壤的方法（如加降阻剂）来降低土壤电阻率。

（7）接地线的敷设位置应不妨碍设备的拆除与检修。

2. 对接地装置的埋设要求

接地装置的埋入深度及布置方式应按设计要求施工。一般埋入地中的接地体顶端应距地面0.5～0.8m。埋设时，角钢的下端要削尖，钢管的下端要加工成尖或将圆管打扁垂直打入地下，扁钢埋入地下要立放。

埋设前先挖一宽0.6m、深1m的地沟，再将接地体打入地下，上端露出沟底0.1～0.2m，以便焊接水平接地线。

埋设前要先检查所有连接部分，必须用电焊或气焊焊接牢固，其接触面一般不得小于$10mm^2$，不得用锡焊。埋入后接地体周围要回填新黏土并夯实，不得填入砖石、焦渣等。

为测量各区域接地电阻方便，应在适当位置设置测量接地井，井内放装可拆接线的连接钢板，以备解开接线测量接地电阻之用。

如利用地下水管或建筑物的金属构件做自然接地体，应保证在任何情况下都有良好接触。

5-128 车间或厂房的接地体为什么不能在车间或厂房内埋设，而必须在室外距离建筑物 3m 以外的地方埋设？

答 规程规定对接地装置要定期测量接地电阻，并需经常检查接地体是否良好，必要时还需挖开地面进行检修。一般在车间或厂房内各种基础和地下埋设物很多，这将给接地装置的检修工作带来不便。另外，一旦发生接地短路，接地体附近会出现较高的分布电压（即跨步电压）危及人身安全。因此，接地体的埋设必须位于室外并与建筑物离开一定距离，以便于检修和确保安全。

5-129 接地装置在运行中应做哪些维护检查？

答 （1）每两年进行一次接地电阻的测量，并应在土壤电阻率最高时进行。

（2）根据季节变化情况，对接地装置的外露部分每年至少进行一次检查，其检查内容有：

1）接地线有没有折断和腐蚀损伤；

2）接地支线和接地干线是否连接牢固（每次自然接地体检修后均应检查）；

3）接地线与电气设备及接地网的接触情况是否完好。

5-130 测量接地电阻有哪些方法？

答 运行中的接地装置，其接地电阻值要求两年测量一次。具体测量方法很多，通常使用的有下列几种：接地绝缘电阻表法、交流电流—电压表法、电流—电力表法、电桥法和三点法。

在上述测量方法中，接地绝缘电阻表法和交流电流—电压表法使用最普遍。首先接地绝缘电阻表便于携带，使用方法简单，能够直接读数，不需要烦琐的计算，并且仪器本身带有发电机，附带电流极与电压极，测量中还能自动消除接触电阻与外界杂散电流的影响，不但使用方便，而且测量准确。

电流—电压表法的最大优点是不受测量范围的限制，小至 0.1Ω 大到 100Ω 以上的接触电阻值都能测量，测量小接地电阻的接地装置（如发电厂、变电所等大接地短路电流系统的接地装置）尤为适宜。但这种方法的测量准备工作和测量手续都比较麻烦，需要有独立电源和高阻电压表，并且接地电阻值必须经过计算得出，不能直读。虽然如此，但是它的测量范围广，测量精度高，故仍然被经常采用。

5-131 测量发电厂、变电站接地网的接地电阻时，电压极和电流极怎样布置？

答 （1）测量接地电阻，不论是使用电磁式接地绝缘电阻表法还是数字式接地绝缘电阻表或许使用电流—电压法，都必须敷设测量电流极和电压极。为了保证测量结果的准确性，电流极和电压极与被测接地装置之间必须进行合理布置。

测量发电厂、变电站接地网的接地电阻时，电极布置如图 5-34 所示。

一般要求：

$$a=(4\sim5)D \tag{5-54}$$

$$b=(0.5\sim0.6)a \tag{5-55}$$

式中 a——电流极与接地网边缘之间的距离，m；

b——电压极与接地网边缘之间的距离，m；

D——接地网的最大对角线长度，m。

（2）当采用上述布置方法有困难或受到其他物体阻碍时，在土壤电阻率比较均匀的地区，可取 $a=2D$，$b=D$；在土壤电阻率不太均匀的地区，应取 $a=3D$，$b=1.7D$。

测量接地网的接地电阻时，其电流极、电压极也可采用三角布置法，如图 5-35 所示。此时 $a=b=2D$，$\theta=30°$。

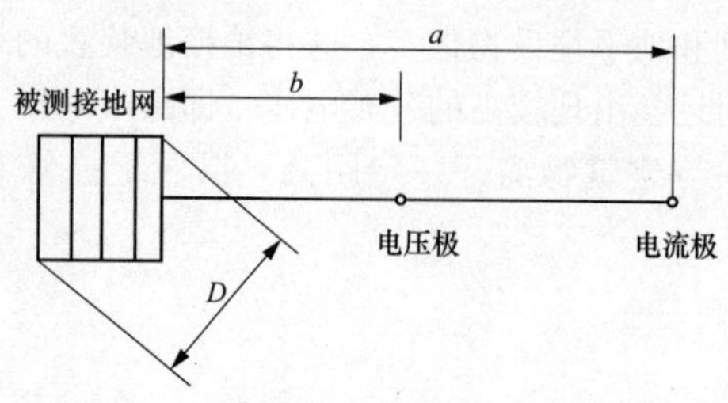

图 5-34　测量接地电阻时接地极布置图

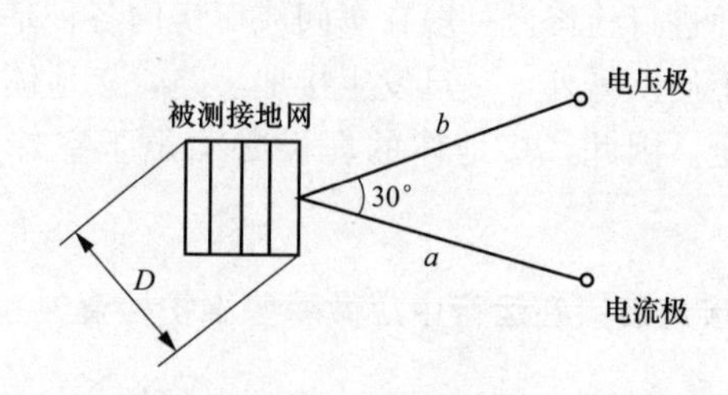

图 5-35　测量接地电阻时电极的三角布置图

5-132 测量电力线路杆塔或电力设备的伸长形接地装置的接地电阻时，测量电极如何布置？

答　测量电力线路杆塔或电力设备的伸长形接地装置的接地电阻时，测量电极布置方法如图 5-36 所示。一般取

$$a=4L \tag{5-56}$$

$$b=2.5L \tag{5-57}$$

式中　a——被测接地体与电流极间距离，m；

b——被测接地体与电压极间距离，m；

L——水平接地体射线长度，m。

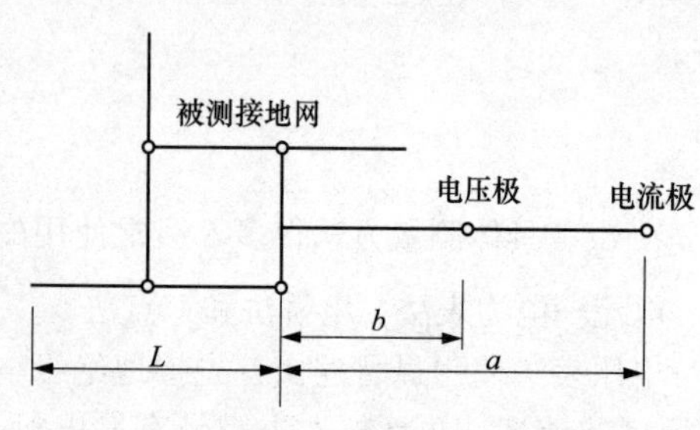

图 5-36　伸长形接地装置测量电极布置图

5-133 当今发电厂、变电站的接地为什么采用双网（主接地网和等电位接地网）接地系统？

答　原发电厂和变电站的主接地网主要实现工作接地、保护接地、防雷接地、静电接地四种功能。当今发电厂、变电站的接地除了应用主接地网外，还增设了等电位接地网，增加等电位接地网的原因是发电厂、变电站内广泛采用电子信息系统、微机保护、综合自动化系统。这些系统必须逻辑接地、保护接地、静电接地，因此有了等电位接地网，它保障了电子信息系统、微机保护、综合自动化系统安全、稳定地运行。等电位接地网和主接地网连接示意图如图 5-37 所示。

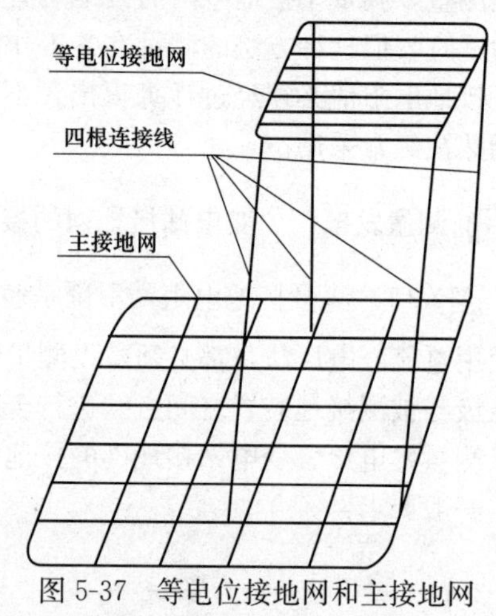

图 5-37　等电位接地网和主接地网连接示意图

5-134 测量接地电阻有哪些注意事项？

答　为了保证测量接地电阻的准确性，除了有正确的接线以外，还应特别注意以下事项：

（1）当测量输电线路接地装置的接地电阻时，应将接地装置与避雷线断开；

（2）测量接地电阻时的电流极和电压极应布置在与输电线路或地下金属管道垂直的方向上；

（3）不应在雨后立即测量接地电阻；

（4）采用交流电流—电压表法测量接地电阻时，电极的布置以采用三角布置为好。

5-135 电缆线路的接地有哪些要求？

答 电缆绝缘损坏时，电缆的外皮、铠甲及接头盒上都有可能带电，因此应按以下要求接地：

（1）当电缆在地下敷设时，其两端均需接地。

（2）电压电缆除在特别危险的场所（潮湿、腐蚀性气体、导电尘埃）需接地外，其他环境可不接地。

（3）高压电缆在任何情况下都要接地。

（4）金属外皮电缆的支架可不接地。电缆外皮如是非金属材料（如塑料、橡皮等），以及电缆与支架间有绝缘层时，其支架必须接地。

（5）截面在 $16mm^2$ 及以上的单芯电缆，为消除涡流，外皮的一端应进行接地。

（6）两根单芯电缆平行敷设时，为限制产生过高的感应电压，应在多点进行接地。

5-136 直流设备的装置有哪些特殊要求？

答 由于直流流进埋在土壤中的接地体时，接地体周围的土壤要发生电解，从而使接地电阻增加，接地极电压梯度升高。而且由于直流电解作用，对金属侵蚀严重。因此在直流线路上装设接地装置时，应考虑以下措施：

（1）对于直流系统，不能利用自然接地体或重复接地的接地体和接地线作为中性线，也不能与自然接地体相连。

（2）采用人工接地体时，考虑到电解的迅速侵蚀作用，接地体的厚度不应小于5mm，并要定期检查侵蚀情况。

（3）对于非经常流过直流电流的系统，其接地的要求与交流相同。

5-137 电弧炉的接地和接零有哪些要求？

答 电弧炉的运行条件比其他用电设备要恶劣得多。操作和检修时，工作人员要长期与电极及金属工具相接触，为防止发生人身触电事故，应严格采取各种安全措施。其中接地和接零就是主要措施之一。

（1）电弧炉的炉壳要用直径不小于 $16mm^2$ 的钢绞线接地。而对于可移动的炉壳，接地线长度应能适应其移动范围。

（2）如电弧炉的电气设备及操作、控制用的电动机由中性点不接地系统供电，则所有设备及电动机的外壳都要接地，接地电阻不得超过 4Ω。

（3）如电弧炉的电气设备及操作、控制用的电动机由中性点不接地系统供电，所有设备及电动机的外壳均需要采用接零保护，并必须将变压器的接地零点与全部电弧炉装置中不带电的金属部分做可靠的电气连接。

（4）为防止手握的钢钎浸在钢液内与电极接触，必须将钢钎与炉壳连接，避免钢钎与电极接触时（短路）危及操作人员的安全

（5）电弧炉变压器二次绕组一般不直接接地，为防止碰触一相时，通过别的环路连及其他两相，还应采取绝缘防护措施。

5-138 对手提电钻、砂轮及电熨斗等携带式用电设备的接地和接零有哪些要求？

答 凡是用软电线接到插座电源上的携带式电动工具和生产用电器具，以及生活、实验室的

携带型电气设备和各种仪表、台灯等均属于携带式用电设备，其接地线做法如图5-38所示。

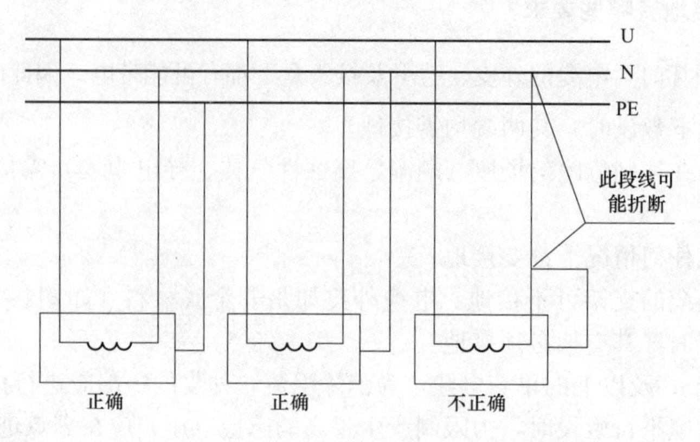

图5-38　携带式用电设备接地、接零示意图

携带式用电设备接地、接零有以下要求：

(1) 用电设备的插座应有连接接地线插座插头，如单相三孔和三相四孔的插座插头。插座和插头的接地触头应在导电的触头接触之前接通，并应在导电的触头脱离之后才断开。

(2) 金属外壳的插座其接地触头和金属外壳应有可靠的电气连接，接地线应用软铜线，其切面与相线相同。

(3) 接地线采用铜线时不得小于1.5mm²，应注意连接的可靠性，并避免单根敷设。

5-139 学校、科研单位和工厂实验室电气设备的接地应采取哪些措施?

答 (1) 学校试验室。

因学生对所做试验不熟悉时，容易错误地接触带电部分，故一般只采取绝缘隔离措施（木地板、橡皮垫）而不宜进行接地。这可避免将大地电位引入室内，从而减小了触电危险。

室内辅助设施如暖气片、水管等都是与大地相连的，为防止试验人员同时触及带电部分和这些设施造成触电事故，应装木栅栏围护。

室内的大型设备，如电源设备、开关屏及试验机组都必须按一般要求接地，并应加装均压措施以减少危险。

(2) 工厂和科研机构实验室。

小型的实验室主要是携带式用电设备和仪表等，一般采用绝缘地板。

在大型实验室里，室内主要是电机机组。可按对旋转电机的要求接地。如有高压试验室变压器，则应敷设环路式接地网，以均衡跨步电压。

5-140 照明器具的外壳接零有什么要求?

答 对照明设备的接地接零除与动力设备相同之外，还有以下要求：

(1) 当照明线路的工作中性线上安装熔断器时，该工作中性线不能作为零线用，如图5-39所示。该工作中性线必须另设专用零线，并接到熔断器前面零线上。

(2) 当照明线路的工作中性线上没有安装熔断器时，该工作中性线可同时作为接地线用，如图5-40所示。

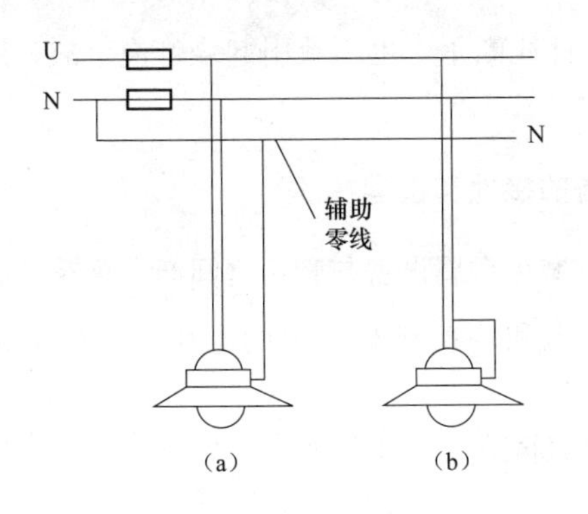

图 5-39 中性线装熔断器时金属照明器具外壳接零保护
(a) 正确；(b) 不正确

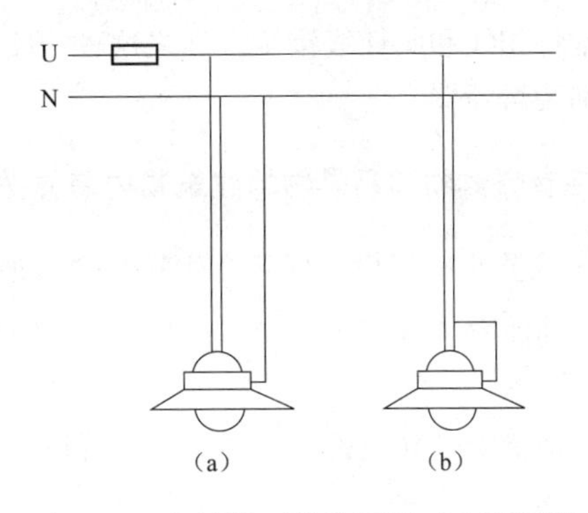

图 5-40 中性线不装熔断器时金属照明器具外壳接零保护
(a) 正确；(b) 不正确

(3) 照明器具的外壳接地方法有两种：一种是与距照明器具最近的固定支架上的工作中性线相连［见图 5-40 (a)］，但不能将照明器具的外壳与支接的工作中性线相连［见图 5-40 (b)］，并且每个外壳都应以单独的接地支线与中性线相连接，而决不能将几个外壳接地支线串联。另一种由于照明器具的供电线路穿在管中，而且导线经过专门线孔穿入照明器具的外壳，故无断开的可能，此时则可以利用工作中性线作为接地支线。

5-141 局部照明的接地有何要求？

答 局部照明电压一般在 36V 以下，大部分由降压变压器供电。如降压变压器供电线路为接地系统，则降压变压器二次绕组的一端应接地。从供电线路分支点到降压变压器，再接到照明设备的线路如为明线，则应敷设工作中性线。如用钢管敷设，除爆炸及易燃建筑物外，均可用钢管作为工作中性线。如供电线路为不接地系统，由供电线路到压降变压器，再接到照明设备的线路，必须另设工作中性线。另外，变压器二次绕组的一端及钢管和照明设备的外壳都应牢固接地。

当局部照明的电压超过 36V 时，插座和照明器外壳之间如果电气上没有可靠的连接，其照明器具外壳应采用专用的导体接地，并应将插座和照明器具外壳之间进行可靠的电气连接。

5-142 事故照明的接地有何要求？

答 一般工作照明线路都是中性点接地系统。当事故照明使用直流供电时，为防止直流系统一级接地，应从工作照明线路中最近的工作中性线上，引出专用的保护中性线与事故照明外壳相连接作保护之用。

5-143 为什么三相四线制照明线路的中性线不准装熔断器，而单相双线制的照明线路又必须装熔断器？

答 在三相四线 380/220V 中性点接地的系统中，如果中性线上装熔断器，当熔断器熔断时，断点后面的线路上如果三相负荷不平衡，负荷少的一相将会出现较高电压，从而引起烧坏灯泡和其他用电设备的事故。特别是发生单相接地时，情况更加严重。所以中性线上不准装熔断器。

对于生活用的双线照明供电线路，大部分是不熟悉电气的人经常接触，而且有时修理和延长线路，常将相线和中性线错接。加之这种线路就是中性线断了，也不致引起烧灯泡事故，所以中性线上都装熔断器。

5-144 在有爆炸物和易燃物的建筑物内怎样做好设备的接地和接零？

答 为防止电气设备外壳产生较高的对地电压，避免金属设备与管道之间产生火花，必须使接地电流的路径有可靠的电气连续性。减少接地电阻和均衡建筑物内的电压，一般采用下列措施：

(1) 将整个电气设备、金属设备、管道、建筑物金属结构全部接地，并且在管道接头处敷设跨接线。

(2) 接地或接零用的导线，可采用裸导线、扁钢或电缆芯线，并具有足够大的导电截面。在1000V以下中性点接零的线路内，为了保证可靠迅速切断接地短路故障，保护装置的动作安全系数 K（$K=I/I_H$，即接地短路电流/整定动作电流）应按下述值选取：当线路用熔断器时，$K\geqslant4$；自动开关时，$K\geqslant2$。

(3) 所装设的电机、电器及其他电气设备的接线头、导线和电缆芯的电气连接等，都应可靠压接，并防止接触松弛的措施。

(4) 为防止测量接地电阻时发生火花，应在没有爆炸危险的建筑物内进行，或将测量用的端钮引至户外进行测量。

5-145 矿井中电气设备的接地有哪些要求？

答 在矿井中，因为工作环境恶劣，对安全要求比较高，所以矿井中供电一般采用中性点不接地系统。为了保证人身安全，矿井中的所有电气设备，如电动机、变压器、配电设备、仪表金属外壳、设备金属支架、电缆接头盒等，不论电压高低及运行时间长短都需要接地。对蓄电池式电机车，为了防止漏电而发生危险，必须将电机车的轨道接地。井下的送风管道，由于空气对管壁的摩擦，也容易产生较高的静电位，因此这些风管也要接地。井下使用的小型移动风扇机的输风管与人接触的机会较多，更应接地。

5-146 静电接地有哪些要求？

答 当制造、输送或储存低导电性物质、压缩空气和液化气体时，经常由于摩擦产生静电。这些静电不仅聚集在管道、容器和储罐上，而且还聚集在加工设备上形成高压电位，对人体及设备的安全都有危险。为了消除这种高压静电的危险，通常采用设备接地措施。

在工业装置中，凡是用来加工、储存和运输各种易燃液体、气体和粉末状易燃品的设备，都必须可靠接地；氧气、乙炔和其他通排风管道，都必须连接成连续导电体，并进行可靠接地。当上述管道平行或交叉设置，其间距离小于10cm时，必须用导线进行跨接。

由于静电放电电流很小，一般不超过几 μA，所以静电接地装置的接地电阻只要不超过30Ω即可。但与其他接地连用时，应按其中的最小值要求。

5-147 对采用GIS开关设备的变电所有哪些接地要求？

答 对采用GIS开关设备的变电所的接地要求如下：

(1) 采用GIS开关设备的变电所，应设置一个总接地网，其接地电阻应符合要求；

(2) GIS开关设备区域应设置专用接地网，并应成为变电所总接地网的一个组成部分；

（3）GIS 开关设备区域应设置专用接地网与变电所总接地网的连接线，不应少于 4 根，并要求接地线满足接地故障时的热稳定要求。

5-148 对 GIS 配电装置设备区域的专用接地网有哪些要求？

答 对 GIS 配电装置设备区域的专用接地网的要求如下：

（1）应能防止故障时人触摸该设备的金属外壳遭到电击；

（2）释放分相式设备外壳的感应电流；

（3）快速流散开关设备操作引起的快速瞬态电流。

5-149 对 GIS 配电装置设备的接地体和连接线有哪些要求？

答 对 GIS 配电装置设备的接地体和连接线的要求如下：

（1）三相共箱式或分相式 GIS 设备的金属外壳与其基座上接地母线的连接方式，应按制造厂要求执行。其采用的连接方式，应确保无故障时所有金属外壳运行在地电位水平。当在指定点接地时，应确保母线各段外壳之间电压差在容许范围内。

（2）设备基座上的接地母线应按制造厂要求与该区域专用接地网连接。

（3）连接线的截面，应满足设备接地故障时热稳定的要求。

5-150 户内 GIS 配电装置的接地有哪些要求？

答 户内 GIS 配电装置对接地的要求如下：

（1）建筑物地基内的钢筋与人工敷设的接地网相连接。

（2）建筑物立柱、钢筋混凝土地板内的钢筋等应与建筑物地基内的钢筋相互连接，并应良好焊接。

（3）户内应设置环形接地母线，室内各种需接地的设备（包括前述各种钢筋）均应连接至环形接地母线。环形接地母线还应与 GIS 开关设备区域专用接地网相连接。

（4）户内 GIS 开关设备区域专用接地网可采用钢导体。户外 GIS 开关设备区域专用接地网宜采用铜导体。主接地网也宜采用铜或铜覆钢（铜包钢）导体。

5-151 怎样测量土壤电阻率？测量土壤电阻率常用哪些方法？

答 土壤电阻率的测量方法有土壤试样法、三点法（深度变化法）、两点法（Shepard 土壤电阻率测定法）、四点法等，主要介绍四点法。

在采用四点法测量土壤电阻率时，应注意如下事项：

（1）试验电极应选用钢接地棒，且不应使用螺纹杆。在多岩石的土壤地带，宜将接地棒按与铅垂方向成一定角度斜行打入，倾斜的接地棒应躲开石头的顶部。

（2）试验引线应选用挠性引线，以适用于多次卷绕。在确定引线的长度时，要考虑到现场的温度。引线的绝缘应不因低温而冻硬或龟裂。引线的阻抗应较低。

（3）对于一般的土壤，因需把钢接地棒打入较深的土壤，宜选用 2～4kg 的锤子。

（4）为避免地下埋设的金属物对测量造成的干扰，在了解地下金属物位置的情况下，可将接地棒排列方向与地下金属物（管道）走向呈垂直状态。

（5）在测量变电站和避雷器接地极的时候，应使用绝缘鞋、绝缘手套、绝缘垫及其他防护手段，要采取措施使避雷器放电电流减至最小时，才可测试其接地极。

(6) 不要在雨后土壤较湿时进行测量。

1. 等距法或温纳（Wenner）法

将小电极埋入被测土壤呈一字排列的四个小洞中，埋入深度均为 b，直线间隔均为 a。测试电流 I 流入外侧两电极，而内侧两电极间的电位差 U 可用电位差计或高阻电压表测量，如图 5-41 所示。设 a 为两邻近电极间距，则以 a、b 表示的电阻率 ρ 为

$$\rho = 4\pi aR/\left(1+\frac{2a}{\sqrt{a^2+4b^2}}-\frac{a}{\sqrt{a^2+b^2}}\right) \tag{5-58}$$

式中 ρ——土壤电阻率；

R——所测电阻；

a——电极间距；

b——电极深度。

当测试电极入地深度 b 不超过 0.1a 时，可假定 $b=0$，则计算公式可简化为

$$\rho = 2\pi aR$$

2. 非等距法或施伦贝格-巴莫（Schlumberger-Palmer）法

该法主要用于当电极间距增大到 40m 以上时，采用非等距法，其布置方式如图 5-42 所示。此时电位极布置在相应的电流极附近，如此可升高所测的电位差值。

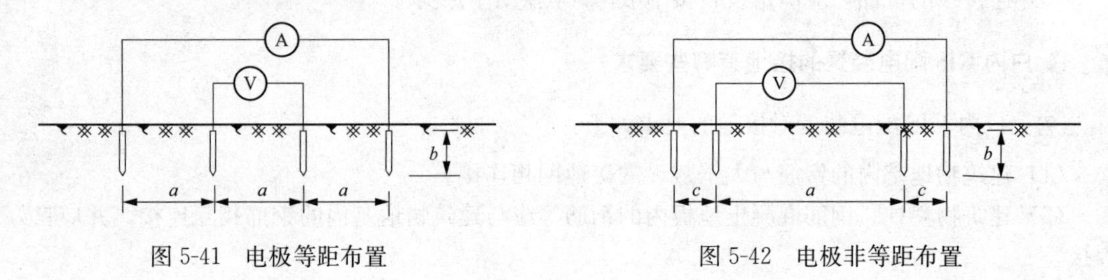

图 5-41 电极等距布置 图 5-42 电极非等距布置

这种布置，当电极的埋地深度 b 与其距离 d 和 c 相比甚小时，则所测得电阻率可按下式计算：

$$\rho = \pi c(c+d)R/d \tag{5-59}$$

式中 ρ——土壤电阻率；

R——所测电阻；

c——电流极与电位极间距；

d——电位极距。

3. 测量数据处理

(1) 为了了解土壤的分层情况，在用等距法测量时，可改变几种不同的 a 值进行测量，如 a=2、4、5、10、15、20、25、30m 等。

(2) 根据需要采用非等距法测量，测量电极间距可选择 40、50、60m。按式（5-62）计算相应的土壤电阻率，根据实测值绘制土壤电阻率 ρ 与电极间距的二维曲线图。采用兰开斯特-琼斯（The Laneaste-Jones）法判断在出现曲率转折点时，即是下一层土壤，其深度为所对应电极间距的 2/3 处。

(3) 土壤电阻率应在干燥季节或天气晴朗多日后进行，因此土壤电阻率应是所测的土壤电阻率数据中最大的值，为此应按下列公式进行季节修正：

$$\rho = \psi\rho_0 \tag{5-60}$$

式中 ρ_0——所测土壤电阻率；

ψ——季节修正系数，见表 5-23。

表 5-23 根据土壤性质决定的季节修正系数

土壤性质	深度/m	ψ_1	ψ_2	ψ_3
黏土	0.5～0.8	3	2	1.5
黏土	0.8～3	2	1.5	1.4
陶土	0～2	2.4	1.36	1.2
砂砾盖以陶土	0～2	1.8	1.2	1.1
园地	0～3		1.32	1.2
黄沙	0～2	2.4	1.56	1.2
杂以黄沙的砂砾	0～2	1.5	1.3	1.2
泥炭	0～2	1.4	1.1	1.0
石灰石	0～2	2.5	1.51	1.2

注 ψ_1 在测量前数天下过较长时间的雨时选用；
ψ_2 在测量时土壤具有中等含水量时选用；
ψ_3 在测量时，可能为全年最高电阻，即土壤干燥或测量前降雨不大时选用。

4. 测量仪器

测量仪器的规定选用下列任一种仪器：

(1) 带电流表和高阻电压表的电源。

(2) 比率欧姆表。

(3) 双平衡电桥。

(4) 单平衡变压器。

(5) 感应极化发送器和接收器。

5-152 为什么交流电气装置的接地电阻值有多值问题？

答 为了解答这个问题，我们从四个方面来阐明问题的内在相关因素。

1. 跨步电位差、接触电位差

最大容许跨步电位差和最大容许接触电位差，与人们所处环境（人站立的位置）的土壤电阻率有关，土壤电阻率高的地方允许的跨步电位差和接触电位差就大，反之亦然。在大接地短路电流系统中，跨步电位差和接触电位差还和接地短路（故障）电流持续时间的方根成反比，即接地短路（故障）电流持续时间越长，允许的跨步电位差和接触电位差越小。

【例 5-2】 当人们所处的地方为具有一定水分的砂质黏土，其电阻率 $\rho_f=100\Omega\cdot m$；短路电流持续时间（较长，实际短路电流持续时间没有这么长，因继电保护会切除短路故障）为 5s。

(1) 当大接地短路电流系统发生单相接地时，其最大允许跨步电位差为 $U_s=(174+0.7\times 100)/\sqrt{5}=107(V)$，最大允许接触电位差 $U_t=(174+0.17\times 100)/\sqrt{5}=85.4(V)$。

(2) 当小接地短路电流系统发生单相接地时，其最大允许跨步电位差 $U_s=50+0.2\times 100=70(V)$，最大允许接触电位差 $U_t=50+0.05\times 100=55(V)$。

从计算结果来看，最大允许跨步电位差为 107～70V，最大允许接触电位差为 85.4～50V，如此电压值对人身安全是否造成威胁呢？下面就牵涉安全电压问题的考虑问题：

我国国家标准 GB 3805—2008《特低电压》对安全电压的规定见表 5-24。

表 5-24　　我国规定的安全电压

安全电压（交流有效值）		使 用 环 境
额定值/V	空载上限值/V	
42	50	在有触电危险的场所使用的手持式电动工具等
36	43	在矿井、多导电粉尘等场所使用的行灯等
24	25	人体可能触及的带电体
12	15	
6	8	

有人认为安全电压50V限值是根据人体允许（0.03A×1700Ω≈50V）电流30mA和人体电阻值1700Ω的条件确定的，只要采用了安全电压，即使人体长时间直接接触带电体也不会有危险，这是一种误解。

国家标准明确规定，当电器设备采用24V以上的安全电压时，必须采取防止直接接触带电部分的保护措施。24～50V安全电压不造成触电时对人生命有危险的界限是有条件的，超过24V安全电压时，必须采取防止直接接触带电体的保护措施。另外，由于触电刺激，要采取预防可能引起人从高处坠落、摔倒等二次性伤害事故的措施。

综合跨步电位差和接触电位差的定义、允许值、安全电压，我们可看到大接地短路电流系统的跨步电位差和接触电位差的允许值大于安全电压一倍以上；小接地短路电流系统的跨步电位差的允许值亦超过安全电压。当然，跨步电位差和接触电位差的设计值会小于或等于允许值。这意味着在短路（故障）点的附近，人们具有触电的危险，的确是存在危险的场合。

2. 设备的绝缘水平

众所周知，线路的绝缘水平远远高于其他电气设备的绝缘水平。

从GB 50150—2006《电气装置安装工程电气设备交接试验标准》中可以知道悬式绝缘子的交流耐压试验电压标准，见表5-25。

表 5-25　　悬式绝缘子的交流耐压试验电压标准　　单位：kV

型　　号	XPZ-70	XP-70（X-4.4） XP1-70，XP1-160 XP2-160，XP-120 LXP-120，LXP1-160 LXP-160，LXP2-160	XP1-210 XP-300 LXP1-210 LXP-300
试验电压	45	55	60

又知GB 50150—2006《电气装置安装工程　电气设备交接试验标准》中，变压器的工频交流耐压试验电压标准，见表5-26。

表 5-26　　变压器的工频交流耐压试验电压标准　　单位：kV

系统标称电压	最高工作电压	交流耐受电压	
		油浸电力变压器和电抗器	干式电力变压器
10	12	28	24
35	40.5	68	60
110	126	160	
220	250	316	

在 DL/T 596—1996《电力设备预防性试验规程》第 6 章中，电力变压器交流试验电压值及操作波试验电压值见表 5-27。

表 5-27　　电力变压器交流试验电压值及操作波试验电压值　　单位：kV

额定电压	最高工作电压	线端交流试验电压值		中性点试验电压值		线端操作波试验电压值	
		全部更换绕组	部分更换绕组	全部更换绕组	部分更换绕组	全部更换绕组	部分更换绕组
10	11.5	35	30	35	30	60	50
35	40.5	85	72	85	72	170	145
110	126	200	170（195）	95	80	375	319
220	252	360，395	85（200）	85（200）	72（195）	750	638
330	363	460，510	391，434	85（230）	72（195）	850，950	722，808
500	550	630，680	536，578	85，140	72，120	1050，1175	892，999

从表 5-24～表 5-26 可知：110kV 线路耐张段绝缘子串一般 8 片 XP-70 型绝缘子，其交流试验电压为 8×55＝440（kV）；而 110kV 级电力变压器出厂交流试验电压为 160kV，110kV 线路交流耐压绝缘水平为 110kV 级电力变压器耐压绝缘水平的 2.75（440/160）倍或 2.2（440/200）倍。以上谈到的试验性电压水平，若是破坏性电压，那电压相差的倍数就不是 2～3 倍的关系。由此可知，线路杆塔接地电阻取 30Ω 的道理亦是线路绝缘水平高，可承受较高外部过电压产生的反击电压；而电力变压器绝缘水平低，故能承受的外部过电压产生的反击电压低。由此可以引申到配电变压器台区的接地装置采用接地电阻值 $R \leqslant 4 \sim 10\Omega$；配网线路杆塔接地装置采用接电阻值 $R \leqslant 30\Omega$。

3. 继电保护

（1）继电保护的要求。众所周知，继电保护装置应有足够的灵敏性，否则继电保护装置拒动。继电保护装置的灵敏度如下：

$$K_m = I_{dmin}/I_{dz} \tag{5-61}$$

式中　K_m——继电保护装置的灵敏度，一般 $K_m = 1.2 \sim 2.0$；

I_{dmin}——故障点的最小短路电流，A；

I_{dz}——保护装置一次动作电流，A。

从式（5-61）中可知，故障点的最小短路电流大小决定灵敏度值，因此变电所和发电厂接地网的接地电阻值（$R \leqslant 0.1$、0.5、4Ω）就有一定要求，它影响继电保护装置可靠动作。

（2）熔断器的要求。其选择比如下：

$$K_{ar} = I_d/I_n \tag{5-62}$$

式中　I_d——接地故障短路电流，A；

I_n——熔断器熔体额定电流，A。

当 TN 系统单相（220V）配电线路的接地故障保护，其切断故障的时间有下列规定：

1）配电线路或供给固定式电气设备用电的末端线路，不宜大于 5s。

2）供给手握式电气设备和移动式电气的末端线路或插座回路，不应大于 0.4s。当采用熔断器作接地故障保护，对熔断器的选择比（即接地故障短路电流）大小有规定要求。

3）当要求切断故障时间小于或等于 5s 时，熔断器的选择比不应小于表 5-28 所示数值。

表 5-28　　切断接地故障回路时间小于或等于 5s 的选择比

I_n/A	4～10	12～63	80～200	250～500
K_{dr}	4.5	5	6	7

4）当要求切断故障时间小于或等于0.4s时，熔断器的选择比不应小于表5-29所示数值。

表5-29　　切断接地故障回路时间小于或等于0.4s的选择比

I_n/A	4～10	16～32	40～63	80～200
K_{dr}	8	9	10	11

从表5-28、表5-29中可以看到随着保护电气设备（对象）的不同，要求的切断故障时间也不同，而要求切断故障短路电流值的大小也不同。这就是说当采用熔断器作接地故障保护，故障短路电流数值太小时不能满足要求，这就决定了接地装置的接地电阻值不能太大，380/220V系统的接地电阻采用$R \leqslant 4\Omega$的道理就在于此。

4. 二次设备的要求

一般情况下，接地装置的接地电阻应满足下式要求：

$$R \leqslant 2000/I_{dj} \tag{5-63}$$

式中　R——考虑到季节变化的最大接地电阻，Ω；

I_{dj}——计算用的流径接地装置的入地短路电流，A。

式（5-63）中的分子为2000，这个数是如何取定的？这就是仪表、二次端子、仪器等制造厂的企业标准，凡生产的仪表等是500V绝缘等级的产品，交流耐压水平要做到2000V。也就是计算用的入地短路电流I_{dj}＝4000A，则$R \leqslant 0.5\Omega$。

综上所述，我们从跨步电位差和接触电位差、电气设备的绝缘水平、继电保护要求、二次电气设备的绝缘水平四个方面的要求来定性阐明交流电气装置的接地电阻多值问题。

5-153 什么是铜覆钢接地极？

答　铜覆钢接地极又称铜包钢接地极，是接地工程中应用最为普遍的一种接地产品，它具有导电性好、施工方便、造价低等特点。根据工程需要，产品有多种不同的规格，主要体现在产品的长度、直径及镀铜的厚度等方面。

在生产中，一般选用柔软度比较好，含碳量为0.10％～0.30％的优质低碳钢。采用特殊电镀工艺将高导电的电解铜均匀地覆盖到圆钢表面，厚度为0.25～0.5mm。该工艺可以有效地减缓接地棒在地下氧化的速度，采用轧辊螺纹槽加工螺纹，保持钢与铜之间紧密连接，确保高强度，具备优良的电气接地性能。

铜包钢接地极的特性如下：

（1）铜包钢接地极制造工艺独特。采用冷轧热拔生产工艺，实现铜与钢之间冶金熔接。可像拉拔单一金属一样任意拉拔，不出现脱节、翘皮、开裂现象。

（2）铜包钢接地极防腐蚀性优越。复合介面采用高温熔接，无残留物，接合面不会出现腐蚀现象；表面铜层较厚（平均厚度大于0.4mm），耐腐蚀性强，使用寿命长（大于30年），减轻检修劳动强度。

（3）铜包钢接地极电气性能更佳。表层纯铜材料优良的导电特性，使其自身电阻值远低于常规材料。

（4）使用安全可靠。该产品适用于不同土壤湿度、温度、pH及电阻率变化条件下的接地建造。

（5）铜包钢接地极连接安全可靠。使用专用连接管或采用热熔焊接，接头牢固、稳定性好。

（6）铜包钢接地极安装方便快捷。配件齐全、安装便捷，可有效地提高施工速度。

（7）提高接地深度。铜包钢接地棒特殊的连接传动方式，可深入地下35m，以满足特殊场合低阻值要求。

（8）建造成本低。铜包钢接地棒与传统上采用纯铜接地棒、接地带的建造方式相比，成本大幅度下降。

5-154 什么是铜覆钢接地带？分为几种？各有什么特点？

答 铜覆钢接地带又称铜包钢接地带。铜包钢接地带的生产根据采用的基本材料不同，分为铜包圆钢、铜包扁钢、铜包钢绞线三种，其外形如图 5-43 所示。

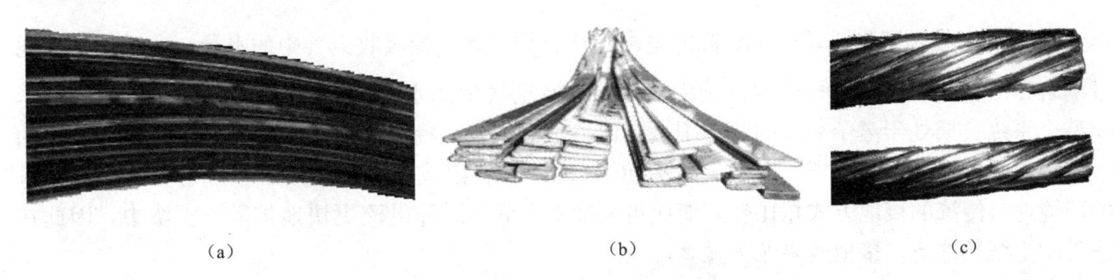

（a）　　（b）　　（c）

图 5-43　铜包钢接地带外形

（a）铜包圆钢；（b）铜包扁钢；（c）铜包钢绞线

铜包圆钢（镀铜钢圆线、铜包钢接地线、铜镀钢圆线）工艺特点：

（1）采用电镀生产工艺，实现铜与钢的高度结合。外表铜层由含量 99.99%电解铜分子组成，它既克服了套管法生产工艺存在的原电池反应的弊端，又解决了热浸连铸工艺存在的铜层纯度不足及表面铜层阴阳面等弊端。

（2）防腐性能优良，材料表面铜层较厚且为 99.99%的电解铜分子，平均厚度大于 0.25mm，因而耐腐蚀性强，使用寿命长达 50 年以上。

（3）表层铜层由 99.99%的电解铜分子构成，导电性能更佳。

铜包扁钢工艺特点：

（1）采用电镀生产工艺，实现铜与钢的高度结合。外表铜层由含量 99.99%电解铜分子组成，它既克服了套管法生产工艺存在的原电池反应的弊端，又解决了热浸连铸工艺存在的铜层纯度不足及表面铜层阴阳面等弊端。

（2）防腐性能优良，材料表面铜层较厚且为 99.99%的电解铜分子，平均厚度大于 0.25mm，因而耐腐蚀性强，使用寿命长达 50 年以上。

（3）表层铜层由 99.99%的电解铜分子组成，因而具有优良的导电性能，自身电阻远远低于常规材料。

铜包钢绞线工艺特点：

（1）材料采用连铸工艺制造，冶金结合、寿命长。

（2）制造柔软结构、表面积大、接地效果好。

（3）成捆或成盘包装，连接点少、运输方便。

（4）趋肤效应原理，导电性能优良，其导磁特性有利于电磁场的扩散与传输。

5-155 什么是放热熔焊法？

答 铜包钢接地极与铜包钢接地带连接到一处才能构成接地装置，以往都采用电焊法，但是焊口容易生锈，不总能保障长期可靠连通。气焊法工艺复杂，于是人们创造了放热熔焊法。

放热熔焊法就是先用清洁刷清洁整套焊接装置，用模具套到焊接点，将单包放热焊接粉倾入整套焊接装置内（包含模具、焊粉、模具夹、辅助夹具等），用点火枪点火，通过铝与氧化铜的化学反应（放热反应）产生液态高温铜液和氧化铝的残渣，并利用放热反应所产生的高温来实现高性能电气焊接的现代焊接工艺。这个反应是在耐高温的石墨模具内进行的，放热反应过程只需要短短的几秒时间即可完成焊接过程。因此放热焊接法工艺简单，施工效率高，施工人员容易掌握。

5-156 什么是电解离子接地极？其优点是什么？

答 离子接地极管内填充HC高能电离子化合物晶体，能吸收空气中的水分。离子接地极通过潮解作用将活性电离子释放到土壤中，与土壤及空气中的水分结合，促进导体外部缓释降阻，使整个系统长期处于离子交换的状态中，且保持长期稳定，特别适用于接地网面积小或有限制的区域。离子接地极由防护罩、电极单元、HC高能回填料组成，非常适用于各种有较高接地要求的环境，与传统的接地方式相比较，能使雷电冲击电流及故障电流更快地扩散于土壤中，因此在恶劣的土壤条件下，接地效果尤为显著。

离子接地极的优点：

(1) 装置自动调节功能强，不断向电极周围土壤补充导电离子，改善周围土壤电阻率。

(2) 高能回填料采用具防腐性能和耐高压冲击的化学材料为辅料，大大延长其使用寿命，保证使用30年。

(3) 回填料以强吸水性、强吸附力和离子交换能力强的物理化学物质为主体材料，完成电极单元与周围土壤的高效紧密结合，且将降低周围土壤电阻率，有效增强雷电导通释放能力。

(4) 高能回填料能与接地极和周围土壤充分接触，大大降低接触电阻，且流动性和渗透性好，增大与土壤的接触面积，从而增大泄流面积。

(5) 电极单元采用低磁导率材料，抗直击雷感应脉冲袭击强，防雷电二次效应。

(6) 接地效果优异且调节功能强，主要用于高土壤电阻率地区和建筑物高度密集的城市。

(7) 接地效果优异，占地面积少，施工工程量小，节约材料。

(8) 离子接地体所用的一切材料均无毒无污染，属绿色环保产品。

5-157 什么是低电阻接地模块？

答 低电阻接地模块（简称接地模块）是一种以非金属石墨材料为主的接地体，它是从以钢材为核心外包导电性、稳定性较好的非金属矿物和电解物质压制而成的块状物。

1. 工作原理

接地模块有效地解决了金属接地体在酸性或碱性土壤中亲合力差，且易发生金属体表面锈蚀而使接地电阻变化，当土壤中有机物质过多时，容易形成金属体表面被油墨包裹的现象，导致导电性和泻流能力减弱的情况；接地模块增大了接地体本身的散流面积，减小了接地体与土壤之间的接触电阻，具有强吸湿保湿能力，使其周围的土壤电阻率降低，介电常数增大，层间接触电阻减小，耐腐蚀性增强，因而能获得较低的接地电阻和较长的使用寿命。

接地模块按其外形结构的不同，一般分为平板型、圆柱型、梅花型三种。它的外形如图5-44所示。

2. 主要特性

(1) 降阻特性。接地模块采用非金属导电物质为主剂，是无机物理型降阻产品，无化学污染物，电阻率低至0.15Ω·m。

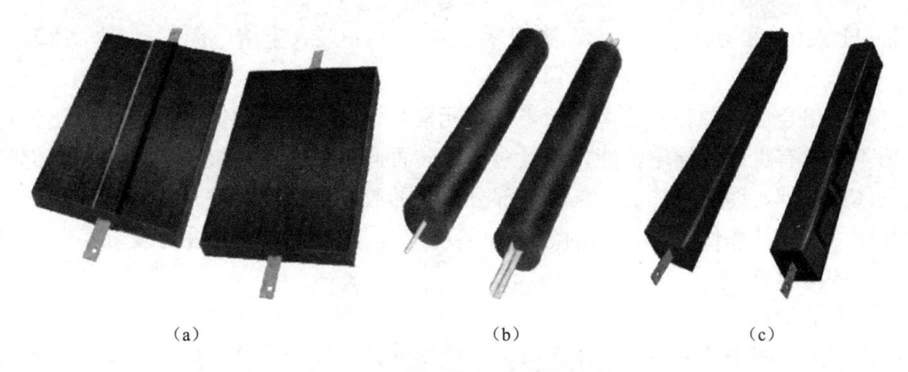

(a)　　(b)　　(c)

图 5-44　低电阻接地模块外形
(a) 平板型；(b) 圆柱型；(c) 梅花型

(2) 长效特性。接地模块所采用非金属导电物质具有良好的化学生物稳定性，保证产品使用后长期有效，接地模块材质本身的寿命超过 20 年。

(3) 耐腐蚀特性。被接地模块包裹的金属电极，隔绝土壤中氧和水分与接地极的接触，从而大大降低金属电极的腐蚀速度。尤其是在盐碱土壤中使用，其效果更为明显。经过开挖试验证实，接地体表面形成钢灰色的钝化膜，接地体无腐蚀迹象，并且钝化膜有进一步保护接地体免遭腐蚀的作用。可根据客户的要求，将模块中间的金属电极换成铜等耐腐蚀的高导电金属，使寿命达到 30 年以上。

3. 使用场合

广泛用于电力、通信、铁路、建筑、矿山、化工、国防、各类工厂、仓库等设施的防雷接地、工作接地和防静电接地，尤其适用于有岩石的地区的线路和高土壤电阻率场合。

5-158 接地模块的用量是如何计算的？

答 根据地网土层的土壤电阻率，采用下式计算接地模块用量：

假设接地模块水平埋置，埋设深度为 0.8m，则

单个模块接地电阻：

$$R_{\mathrm{j}} = 0.068\frac{\rho}{a \times b} \tag{5-64}$$

并联后总接地电阻：

$$R_{\mathrm{nj}} = R_{\mathrm{j}}/n\eta \tag{5-65}$$

式中　ρ——土壤电阻率，Ω·m；

a、b——接地模块的长、宽，m；

R_{j}——单个模块接地电阻，Ω；

R_{nj}——总接地电阻，Ω；

n——接地模块个数；

η——模块调整系数，一般取 0.7～0.85，模块越多其值越小。当 $\rho<200\Omega\cdot m$ 时，η 取 0.85；当 $200\Omega\cdot m<\rho\leqslant500\Omega\cdot m$ 时，η 取 0.80；当 $500\Omega\cdot m<\rho<1000\Omega\cdot m$ 时，η 取 0.75～0.80；当 $\rho\geqslant1000\Omega\cdot m$ 时，η 取 0.75～0.75。

5-159 什么是高效降阻剂？有什么优点？

答 高效降阻剂是一种具有良好导电流通性能的黑灰色优质矿物复合材料，电阻率 $\rho=0.38$

（试验值），pH＝10，相对密度为1.3，降阻率为60％～90％（土壤电阻率越高，降阻越显著），有效期为60年。

高效降阻剂组合成分中，含有大量的半导体元素和钾、钙、铝、铁、钛等金属化合物。这些金属化合物不仅具有良好的导电性能，而且对接地装置起到较好的阴极保护作用，它们吸水膨胀后被网状胶体所包围，网状胶体的空格又被部分水解的胶体所填充，使这些元素不至于随地下水和雨水的冲刷流失，从而使降电阻剂的导电性能能够保持，导电离子活泼移动着向周围大地渗透。这就是它的降阻机理。

高效降阻剂的优点：

（1）高效降阻剂能彻底解决电气路径电阻与接触电阻的技术难题，能彻底解决各种特殊地质条件下的复杂防雷接地、保护接地等工程疑难问题。

（2）高效降阻剂是物理性的矿物复合材料，不与金属材料发生电化学作用，腐蚀性很小，埋地时对低碳钢及镀锌钢平均腐蚀率小于0.01mm/年。

（3）能有效地解决对工程要求严格、设施设备阻值要求小于0.5～1Ω的大面积高难度接地，能有效地解决在强腐蚀地质条件下的接地。

（4）能有效地解决在石质及沙漠干燥地质条件下的接地。

（5）能有效地解决在市区内受面积限制的狭窄地带的接地。

（6）对环境无污染。

第6章

并联无功补偿装置

6-1 什么是视在功率？什么是有功功率？什么是无功功率？

答 (1) 视在功率是指交流发电机发出的总功率，其中可以分为有功部分和无功部分。

(2) 有功功率是保持用电设备正常运行所需的电功率，也就是将电能转换为其他形式能量（机械能、光能、热能）的电功率。

(3) 无功功率 Q 是用于交流电路内电场与磁场的交换，并用来在电气设备中建立和维持磁场的电功率。它不对外做功，而是转变为其他形式的能量。凡是有电磁线圈的电气设备，要建立磁场，就要消耗无功功率。无功功率不做功，但是要保证有功功率的传导必须先满足电网的无功功率。

6-2 无功功率是如何分类的？

答 三相无功功率表示式为

$$Q_l = \sqrt{3}UI\sin\varphi \tag{6-1}$$

式中 Q_l——感性无功功率，kvar；

U——电源或负载的额定电压，kV；

I——电源或负载的额定电流，A；

$\sin\varphi$——电源或负载的正弦角。

1. 感性无功功率

感性无功功率的电流相量滞后电压相量 90°，它的相量图如图 6-1 所示。电动机、变压器、晶闸管变流设备等在电力系统中吸收感性无功功率建立磁场作用去做有用的功。

2. 容性无功功率

容性无功功率的电流相量超前电压相量 90°，它的相量图如图 6-2 所示。电容器、电缆线路等在电力系统中送出容性无功功率补偿作用去做无用的功，减少线路的损失，升高供电电压。

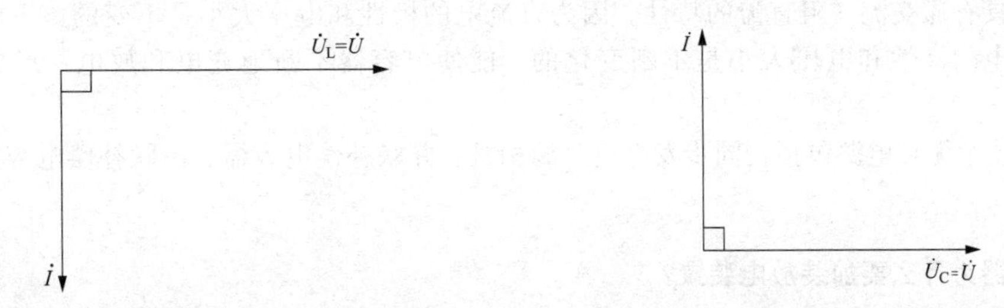

图 6-1 感性无功功率的电流与电压的相量图　　图 6-2 容性无功功率的电流与电压的相量图

3. 基波无功功率

基波无功功率是与电源频率相同（50Hz）的无功功率，也是交流发电机发出的无功功率。

4. 谐波无功功率

谐波无功功率是与电源频率不相同的无功功率。电气机车整流器、电抗器、电弧炉、气体放电电光源等会产生谐波电流（功率），谐波对公用电网和其他系统的危害极大。

6-3 谐波有哪些危害？

答 谐波的危害大致有以下几个方面：

（1）谐波使公用电网中的元件产生了附加的谐波损耗，降低了发电、输电及用电设备的效率，大量的3次谐波流过中性线时会使线路过热甚至发生火灾。

（2）谐波影响各种电气设备的正常工作。谐波对电机的影响除引起附加损耗外，还会产生机械振动、噪声和过电压，使变压器局部严重过热。谐波使电容器、电缆等设备过热、绝缘老化、寿命缩短，以致损坏。

（3）谐波会引起公用电网中局部的并联谐振和串联谐振，从而使谐波放大，这就使上述（1）和（2）的危害大大增加，甚至引起严重事故。

（4）谐波会导致继电保护和自动装置的误动作，并会使电气测量仪表计量不准确。

（5）谐波会对邻近的通信系统产生干扰，轻者产生噪声，降低通信质量；重者导致数据丢失，使通信系统无法正常工作。

6-4 需要无功补偿的原因是什么？

答 在正常情况下，用电设备不但要从电源取得有功功率，而且还需要从电源取得无功功率。如果电网中的无功功率供不应求，则电网电压低下，用电设备就没有足够的无功功率来建立正常的电磁场，这些用电设备就不能维持在额定情况下工作，用电设备的端电压就要下降，从而影响用电设备的正常运行。但是从发电机和高压输电线供给的无功功率远远满足不了负荷的需要，所以在电网中要设置一些无功补偿装置来补充无功功率，以保证用户对无功功率的需要，这样用电设备才能在额定电压下工作。

无功补偿是把具有容性功率负荷的装置与感性功率负荷并联接在同一电路，能量在两种负荷之间相互交换。这样，感性负荷所需要的无功功率可由容性负荷输出的无功功率补偿。

6-5 什么是电容器？它和蓄电池有什么不同？

答 电容器简称电容，是由两个互相靠近的金属电极板中间夹一层绝缘介质构成的。另外，任何两个彼此绝缘的导体之间（如两根绝缘导线之间），也可以构成电容器。

电容器具有通交流、阻直流的特性。因为直流电的极性和电压大小是不变的，不能通过电容器；交流电的极性和电压大小是不断变化的，能使电容器不断地充电和放电，形成充放电电流。

电力系统中无功电源包括：同步发电机、调相机、并联补偿电容器、串联补偿电容器、静止补偿器。

6-6 电容器为什么要加装放电装置？

答 电容器是储能元件，当电源断开时，电容器的两极板处于储能状态，储存的电荷能量很大，致使电容器两级之间留有一定的剩余电压，在电容器带负荷的情况下，如果再次合闸投入运行，将会产生很大的冲击合闸涌流和很高的过电压；如果工作人员触及电容器就有可能被电击伤或电灼伤。

6-7 什么是集合式电容器？

答 集合式电容器是由若干个电容器单元以一定的串、并联方式，安装在框架上，组成电容器身，且封装在充满绝缘油的钢箱壳内组成的电器，这种电器叫做集合式电容器。其外形看起来像一台单相变压器或一台三相变压器。集合式电容器一般为了节省占地面积，用于环境条件好的地方，适用于户外。容量在2000～7200kvar为单相式，450～10000kvar为三相式。

6-8 什么是环氧树脂干式电容器？

答 环氧树脂干式电容器是一种高压干式自愈型无功补偿电容器，由外壳、引出端子、置于外壳中串、并接的电容器单元芯子及浇注在外壳中的环氧树脂构成。电容器单元芯子由聚丙烯薄膜、带微型熔丝的网状金属化聚丙烯薄膜及由隔离带节成金属膜带的金属化聚丙烯膜卷绕在芯轴上构成。其特征在于：所述电容器单元芯子两端还并接有均压放电电阻并置于外壳内；所述的外壳由阻燃性玻璃钢体及其上、下护盖构成；所述的环氧树脂是阻燃性环氧树脂。防火自愈性好、耐压高，实现了高压电容器无油化用于3～10kV电力系统中。

6-9 什么是串联电容器？

答 串联电容器是用膜纸复合、全膜介质和电极卷制成电容元件芯子，由若干个芯子并联和绝缘件，油箱和出线套管等组成。

串联电容器主要串联接于交流工频高压及超高压输电线路中，用于补偿电力线路的感抗，改善电压质量，延长送电距离和增大输送电力容量。

6-10 什么是脉冲电容器？

答 脉冲电容器有两种材质：一种为薄膜类的，一种为陶瓷类的。相对薄膜类而言，陶瓷具有更高的电压特性，而薄膜电容的优势在于其容量比陶瓷类的电容器更大。常用的脉冲陶瓷电容器为PC陶瓷，这种介电常数为400的陶瓷电容器，可以在－55～＋125℃工作。温度变化率小于5%，具有超强的电压特性和脉冲特性，目前的光电军用装备和电磁脉冲军用装备多选用PC材质，其脉冲寿命高达100万次以上。

脉冲电容器外形有矩形和圆形两种。它主要用于冲击电压发生器、冲击电流发生器、直流输电以及整流滤波装置中。它还可以用于激光、高能液压成型、清沙、建筑探伤、医疗、地矿及海底石油勘探、受控热核聚变反应、磁化技术、火箭技术、现代国防武器及技术、电工及现代物理研究等，应用广泛。

6-11 什么是均压电容器？

答 并联在断路器的断口上起均压作用的电容器叫做均压电容器，它使各断口间的电压在分段过程中和断开时均匀，并可改善断路器的灭弧特性，提高分段能力。

6-12 什么是耦合电容器？

答 耦合电容器主要连接于交流工频高压及超高压输电线路的载波通信系统中，同时也作为测量、保护以及抽取电能的部件。其为套管单柱式结构，主要由芯子、浸渍剂套管等组成。

6-13 什么是滤波电容器？

答 与电阻、电感等元件连接在一起组成滤波器的电容器叫做交流滤波电容器。它能吸收高次谐波，改善电压波形。

6-14 什么是电热电容器？

答 用于频率40～24000Hz范围内感应加热设备中的电容器叫做电热电容器。

6-15 什么是防护电容器？

答 与高压电阻串联构成*RC*过电压吸收装置的电容器叫做防护电容器。

6-16 电力电容器有哪些种类？

答 电力电容器的种类很多。按其安装的方式可分为户内及户外式；按其相数可分为单相及三相；按其运行的额定电压可分为高压和低压；按其外壳材料可分为金属外壳、瓷绝缘外壳、胶木筒外壳等数种；按其内部浸渍液体来分，有矿物油、氯化联苯、蓖麻油、硅油、十二烷基苯等数种；按其工作条件来分，可分为以下几种：

（1）移相电容器：型号有YY、YL两个系列。

（2）串联电容器：型号有CY、CL两种。

（3）耦合电容器：型号为OY。

（4）电热电容器：型号有RYS、RYSY两种。

（5）脉冲电容器：型号有MY、ML两种。

（6）均匀电容器：型号为JY。

（7）滤波电容器：主要有LY、LB两种。

（8）标准电容器：型号有BF、BD两种。

6-17 耦合电容器的用途是什么？

答 耦合电容器主要用于高压电力线路的高频通信、测量、控制、保护，以及在抽取电能的装置中作部件使用。

6-18 电热电容器的用途是什么？

答 电热电容器主要用于频率为40～24000Hz的电热设备系统中，以提高功率因数，改善回路的电压质量或频率等特性。

6-19 脉冲电容器的用途是什么？

答 脉冲电容器主要起储能作用，用作冲击电压发生器、冲击电流发生器、断路器试验用振荡回路等的基本储能元件。

6-20　滤波电容器的用途是什么？

答　滤波电容器主要用于高压直流装置和高压整流滤波装置中。

6-21　防护电容器的用途是什么？

答　防护电容器主要用于操作频繁的真空接触器吸收操作过电压，以保护电机、变压器的绝缘免受过电压击穿危害。

防护电容器与真空断路器并联限制开关切合电机时的过电压，接于线、地之间时可以降低大气过电压的波头陡度和波峰峰值，配合避雷器保护电机。

6-22　单台（单相）电容器的额定电流怎样计算？其熔断器如何选择？

答　(1) 计算单台（单相）电容器的额定电流的公式为

$$I_e = \frac{Q_e}{U_e} \tag{6-2}$$

或

$$I_e = \bar{\omega} C U_e^2 \times 10^{-3} = 2\pi f C U_e^2 \times 10^{-3} \tag{6-3}$$

式中　Q_e——单台电容器的容量，kvar；

I_e——单台电容器的额定电流，A；

U_e——单台电容器的额定电压，kV；

$$\bar{\omega} = 2\pi f$$

f——电压频率，为50Hz；

C——单台电容器的额定电容，μF。

(2) 根据单台电容器额定电流的1.3～2倍选择熔断器。

6-23　三相三角形接线电容器和三相星形接线电容器的额定容量与额定电流如何计算？

答　感性无功功率的电流矢量滞后电压矢量90°、三相三角形接线电容器的额定容量与额定电流计算：

(1) 三相三角形接线时，线电压等于相电压，其三相额定容量和额定电流为

$$Q_e = 3\omega C U_l^2 \times 10^{-3} = 6\pi f C U_l^2 \times 10^{-3} \tag{6-4}$$

$$I_e = 2\sqrt{3}\pi f C U_e \times 10^{-3} \tag{6-5}$$

(2) 三相星形接线时，线电流等于相电流，其三相额定容量和额定电流计算式为

$$Q_e = \omega C U_l^2 \times 10^{-3} \tag{6-6}$$

$$\text{或} = 2\pi f C U_l^2 \times 10^{-3}$$

$$I_e = \frac{2\sqrt{3}}{3}\pi f U_l \times 10^{-3} \tag{6-7}$$

式中　Q_e——三相电容器的额定容量，kvar；

I_e——三相电容器的额定电流，A；

U_e——三相电容器的额定电压，kV；

U_l——线电压，kV；

C——三相电容器的单相等效额定电容，μF；

$$\omega = 2\pi f$$

f——电压频率，为50Hz。

6-24 电容器在切除多长时间后允许再次投入运行？

答 正常情况下电容器组切除5min后才能再次送电。

6-25 电容器在运行中出现哪些异常情况应立即停止运行？

答 电容器在运行中出现电容器漏油严重、电容器已明显鼓肚或保护熔丝已经熔断时应立即停止运行。

6-26 为什么电容器组禁止带电合闸？

答 在交流电路中，如果电容器带有电荷时再次合闸，可能使电容器承受2倍额定电压以上的峰值，这对电容器是有害的。同时，也会造成很大的冲击电流，使熔断器熔断或断路器跳闸。因此，电容器停运后需静置放电，待电荷消失后进行合闸。从理论上讲，电容器的放电时间要无穷大才能放完，但实际上只要放电电阻选得合适，则1min左右即可满足要求。所以规程规定，电容器组每次重新合闸，必须在电容器组放电5min后进行，以利安全。

6-27 电容器的基本原理是什么？

答 电力系统中的负荷大部分是电感性的，总电流向量 $\dot{I}$ 滞后电压向量 $\dot{U}$ 一个角度 φ（又叫功率因数角），总电流可以分为有功电流 $\dot{I}_R$ 和无功电流 $\dot{I}_L$ 两个分量，其中 $\dot{I}_L$ 滞后电压 $\dot{U}$ 90°，将一个电容器连接于电网上，在外加正弦交流电压的作用下，电容器回路将产生一按正弦变化的电流 $\dot{I}_C$，其中 $\dot{I}_C$ 将超前电压 $\dot{U}$ 90°。当把电容器并接于感性负荷回路时，容性电流与感性电流分量恰好相反，从而可以抵消一部分感性电流，或者补偿一部分无功电流。可以看出，并联电容器后，功率因数角较补偿前小了，如果补偿得当，功率因数可以提高到1.0。

6-28 电容器的主要结构有哪些？

答 电容器主要由芯子（芯包）和外壳组成，而芯子的结构又分为平板形（包括单片和叠两种）、管形、卷绕形三种基本结构，其他各种形式的芯子都是这三种结构的变形，如罐形芯子是管形芯子的变形，圆形和矩形是平板形芯子的变形。

电容器容量的大小，主要由电容器介质的介电常数及其尺寸决定，所以电容器的芯子结构对电容量的大小起着决定性的作用。

6-29 电容器所标的电容和额定容量是什么意思？两者之间有什么关系？

答 电容器所标的电容是由电容器的额定容量、额定电压 U_e、额定角频率 ω 计算出的电容值 C_e；额定容量是设计电容器时所规定的无功功率。两者之间的关系为

$$C_e = \frac{Q_e}{\omega U_e^2} \tag{6-8}$$

式中 Q_e——电容器的额定容量，kvar；

U_e——电容器的额定电压，kV；

$$\omega=2\pi f$$

f——电压频率，为50Hz；

C_e——电容器的计算电容，μF。

6-30 电容器充放电时，两端的电压为什么不会突变？

答 电容器都是由间隔以不同介质（如云母、绝缘纸、空气、塑料薄膜等）的两块金属板组成的。当在两极板上加上电压后，两极板上分别聚集起等量的正、负电荷，并在介质中建立电场而具有能量。将电源移去后，电荷可继续聚集在极板上，电场继续存在。所以电容器是一种能储存电荷或者说储存电场能量的元件。

电荷的积累和移除是一个过程，对应的充电、放电过程也都需要时间，所以电容存储的电荷Q不会马上变化。

其计算公式：

$$Q=C\cdot U \tag{6-9}$$

式中　C——电容，其值由本身决定，和外界电压无关，可视为定值，F；

Q——储存的电量，C；

U——电容两端电压，V。

平行板电容器的电容量计算公式为

$$C=\varepsilon S/4\pi kd \tag{6-10}$$

式中　k——静电力常量，$k=9.0\times10^9\mathrm{N\cdot m^2/C^2}$；

ε——介质常数，$\varepsilon=C_x/C_0$；

C_x——加入电介质后测得电容器的电容，C；

C_0——空气电介质时测得电容器的电容，C；

S——极板正对面积，m^2；

d——极板间的距离，m。

由式（6-9）可知，Q的变化是缓慢的，C是固定的，U和Q成线性关系，故其两端电压不能突变。

6-31 电容器电流过零切除为什么会产生过电压？

答 电容器切除过程中开关接点产生电弧重燃现象，从而导致电容器产生过电压。

6-32 什么是移相电容器的损坏率？

答 移相电容器的淘汰，用每年损坏台数占安装总台数的百分比来表示它的运行水平，叫损坏率。

6-33 移相电容器的损坏类型包括哪几种？

答 移相电容器的损坏，按照其运行时间的长短，可以分为三种类型。

（1）投入运行不久就发生的损坏，称为初期性故障，这多由制造上的缺陷所引起，在外加电场和温升条件下，缺陷很快地暴露出来。这类故障所占比例较大。

（2）运行中由于某些原因，如通风不良、外力破坏、操作过电压、雷击等也可能发生损坏，称为偶发性故障。

(3) 电容器经过多年使用后，由于热、化学、电气等方面的原因，引起介质绝缘老化，内部游离而淘汰，称为磨耗性故障。

6-34 运行中移相电容器的有功功率损失有哪几种？

答 运行中移相电容器的有功功率损失包括：介质损失、极板和载流部分的电阻损失和由集肤效应产生的附加损失。

介质损失 P_S 占电容器总有功损失的 98%以上。它的大小与介质的性能和状态有关，P_S/W 可用下式表示：

$$P_S = Q\tan\delta \times 10^3 = 2\pi fCU^2\tan\delta \times 10^6 \quad (6\text{-}11)$$

式中 P——电容器的有功功率损失，kW；

Q——电容器的无功功率，kvar；

$\tan\delta$——介质损失角正切值；

U——电容器的运行电压，V；

C——电容量，μF；

f——电压频率，Hz。

介质损失的大小直接影响电容器的温升。随着 $\tan\delta$ 的增大，介质损失增大，使电容器内部绝缘发热温度升高，从而加速电容器绝缘老化，降低绝缘寿命。

6-35 什么是电容器的温升？

答 由于电容器在运行中有功率损耗，故引起发热而产生温升。所谓温升，是指电容器内部温度与环境温度之差，若电容器内部温度为 t_m，环境温度为 t_0，则温升 $\Delta t = t_m - t_0$。

6-36 怎样计算电容器的表面温升？

答 电容器在电压的作用下引起发热，温度逐渐升高，经一段时间后，温度上升到一定数值时开始保持恒定，这就是热平衡状态。这时，单位时间内电容器因功率损耗而产生的热量（单位为 W），等于它表面向周围环境所散发出去的热量，即

$$P_S = 2\pi fCU^2\tan\delta = \alpha S_c(t_s - t_0) \quad (6\text{-}12)$$

电容器的表面温度（单位为℃）为

$$t_s = \frac{2\pi fCU^2\tan\delta}{\alpha S_c} + t_0 \quad (6\text{-}13)$$

式中 f——频率，Hz；

U——电压，V；

C——电容量，F；

α——电容器表面散热系数，W/cm²·℃；

S_c——电容器表面散热面积，cm²；

t_0——环境温度，℃。

6-37 怎样计算电容器的内部温升？

答 由于电容器芯子与外壳表面是由导热系数很小的绝缘层隔开的。所以，它们之间的热流

路上形成一定的温差，这一温差称为电容器的内部温升。

设电容器芯子的温度为 t_1，外壳表面温度为 t_2，两个绝缘层的厚度为 Δ_1 和 Δ_2，它们的导热系数为 λ_1 和 λ_2，则功率损耗 p_s 为

$$p_s = \frac{\Delta t_1}{\frac{\Delta_1}{\lambda_1 s_1}} = \frac{\Delta t_2}{\frac{\Delta_2}{\lambda_2 s_2}} \tag{6-14}$$

式中　p_s——功率损耗，W；

λ——导热系数，W/cm^2 · ℃；

s_1、s_2——绝缘层的平均导热面积，cm^2；

Δt_1、Δt_2——绝缘层的温差，℃。

从式（6-14）可得出两个绝缘层的温差为

$$\Delta t_1 = \frac{p_s \Delta_1}{\lambda_1 s_1} \quad , \quad \Delta t_2 = \frac{p_s \Delta_2}{\lambda_2 s_2} \tag{6-15}$$

电容器芯子的表面温度为

$$t_1 = t_s + \Delta t_1 + \Delta t_2 \tag{6-16}$$

式中　t_s——电容器的表面温度。

由于芯子的内部温度 t_m 高于表面温度 t_s，因而芯子本身也具有一定的温差 Δt_{mr}。所以电容器的内部温升为

$$\Delta t_{ms} = \Delta t_{mr} + \Delta t_1 + \Delta t_2 \tag{6-17}$$

电容器的总温升应该为

$$\Delta t = \Delta t_{ms} + \Delta t_{s0} = (t_m - t_s) + (t_s - t_0) \tag{6-18}$$

6-38 功率因数的基本概念如何？它的高低又说明了什么？

答 功率因数的基本概念：在交流电路中，电压与电流之间的相位角 φ 的余弦叫做功率因数，用符号 $\cos\varphi$ 表示，在数值上，功率因数是有功功率和视在功率的比值，即 $\cos\varphi = P/S$。功率因数是衡量电气设备效率高低的一个系数。功率因数低，说明电路用于交变磁场转换的无功功率大，从而降低了设备的利用率，增加了线路供电损失。

6-39 为什么电容器能补偿感性无功功率？

答 感性无功功率并不是“无用”功率，它是电感性设备正常工作必不可少的条件。因为电力系统中的绝大部分电气设备是遵循电磁感应原理工作的，而建立交变磁场所需要的功率就是感性无功功率。电力电容器在交流电网中运行，在一个周期内（不考虑有功损耗）上半周的充电功率与下半周的放电功率相等，也就是说在一个周期内，功率既储存又释放，这种充、放电的功率称为容性无功功率。容性无功的电流向量超前电压向量 90°，而感性无功的电流向量滞后电压向量 90°，二者是互相抵消的，从而实现了补偿作用。所以常用电容器来补偿感性负载，以减少电网的总无功功率，减轻了发电机的负担。

6-40 采用并联电容器补偿装置有何优缺点？

答 采用电容器补偿与调相机相比最大的优点是电容器的有功损耗小，为其无功功率的 0.3％～0.4％。而调相机的有功功率损耗，满载时占额定功率的 1.8％～5.5％，50％额定负载时占 2.9％～9％，25％额定负载时占 5％～15％。由此可见，调相机的功率损耗是并联电容器损耗的 10～40 倍。

从投资角度看，BW型电容器相对于调相机能节省大量资金。调相机维护检修的工作量大，电容器只需做简单的清扫工作。电容器并联补偿装置还可设置于户外，不用建设建筑物遮蔽；它还可分组自动投切，改变输入电网无功功率补偿的大小。

采用并联电容器补偿装置的不足之处，切除后有残余电荷，需要做泄放电荷工作，不容许在110%额定电压下长期运行。

6-41 并联电容器补偿装置的断路器应如何选择？

答 并联电容器补偿装置的断路器应根据电容器组的容量选择，一般应使断路器的遮断容量大于电容器组容量的35%。对于高压电容器组，其容量在600kvar以下时可用负荷开关操作；在600kvar以上时，应采用真空断路器操作。对于低压电容器，可根据电容器组的容量选用隔离开关或自动空气断路器。

6-42 装设电容器的补偿方法有哪些？各有什么优缺点？

答 装设电容器的补偿方法有集中补偿、个别补偿、分组补偿。

(1) 集中补偿。将移相电容器组接在地区变电所或总降压变电所的母线上。这种补偿的优点是电容器的利用率高，能够减少电力系统及变电所主变压器及供电线路的无功负载，但它不能减少低压网络的无功负载。

(2) 个别补偿。通常用于低压网络，直接接于用电设备上。这种补偿的优点是无功补偿彻底，不但能减少高压线路和变压器的无功电流，而且能减少低压干线和分支线的无功电流，从而相应地减少线路和变压器的有功损耗。它的缺点是电容器的利用率低、投资大。所以这种补偿方式一直只适用于长期运行的大容量电气设备及所需无功补偿较大的负载或由长线路供电的电气设备。

(3) 分组补偿。移相电容器组接于车间配电室的母线上。这种补偿方式的电容器利用率比个别补偿高，能减少高压线路和变压器的无功负载，并可根据负载的变化投入或切除电容器组。它的缺点是不能减少分支线的无功电流，安装比较麻烦。

6-43 并联补偿和串联补偿的工作原理是什么？

答 1. 并联补偿的工作原理

一般工业用电负荷（感性负载）的电流都滞后于电压一个相位角度，可分为有功分量和无功分量两部分，其有功分量与电压同向，无功分量滞后电压90°。电力系统中的负荷大部分是电感性的，总电流相量$\dot{I}$滞后电压相量$\dot{U}$一个角度φ（又叫功率因数角），总电流可以分为有功电流$\dot{I}_R$和无功电流$\dot{I}_L$两个分量，其中$\dot{I}_L$滞后电压相量$\dot{U}$ 90°。如图6-3所示。

将一电容器C连接于电网上，在外加正弦交变电压的作用下，电容器回路将产生一按正弦变化的电流$\dot{I}_C$，其中$\dot{I}_C$将超前电压$\dot{U}$ 90°，如图6-4所示。

当把电容器并接于感性负荷回路时，补偿前的电流为$\dot{I}_1$，容性电流$\dot{I}_C$与感性电流$\dot{I}_L$分量恰好相反，从而可以抵消一部分感性电流，或者说补偿一部分无功电流，补偿后的电流为$\dot{I}_2$。并联电容器后，功率因数角较补偿前小了（由φ_1缩小为φ），如果补偿得当，功率因数可以提高到1.0，同时，在负荷电流不变的情况下，输入电流也减小了。

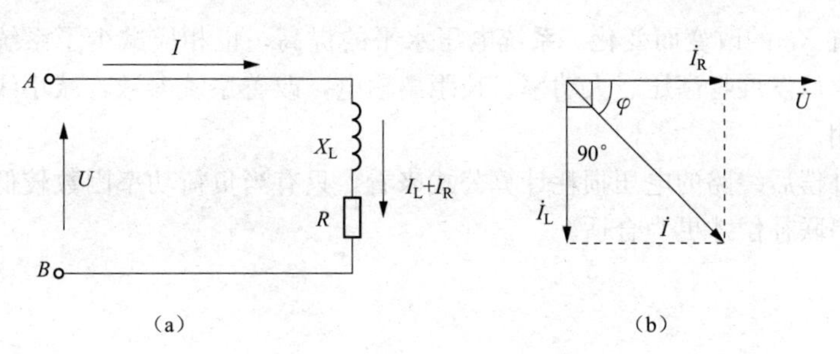

图 6-3 电感性负载接线图和相量图

(a) 接线图；(b) 相量图

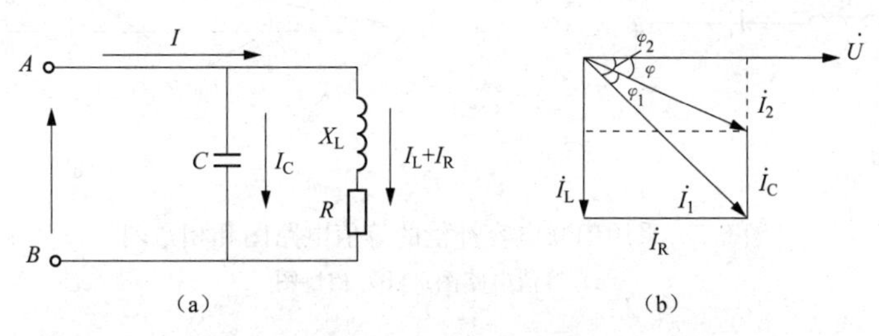

图 6-4 并联电容器补偿接线图和相量图

(a) 接线图；(b) 相量图

2. 串联补偿的工作原理

网络电压的损失近似可以按下式计算

$$\Delta U = \frac{PR + QX}{U} \tag{6-19}$$

式中 ΔU——网络电压的损失，kV；

P——网络中传送的有功功率，MW；

Q——网络中传送的无功功率，Mvar；

R——网络的电阻，Ω；

X——网络的电抗，Ω；

U——网络的受端电压，kV。

从式（6-19）可以看出，影响电压损失的有 P、Q、R、X 四个因素。串联电容器从补偿电抗的角度来改善系统电压。由于系统电抗呈电感性，而串联电容器的容抗可以补偿一部分系统电抗，补偿后的电压损失可按下式计算

$$\Delta U = \frac{PR + Q(X_L - X_C)}{U} \tag{6-20}$$

式中 X_L——系统电感性的电抗，Ω；

X_C——串联电容器的容抗，Ω。

加装串联补偿前后的电压相量如图 6-5 所示。图中$\overline{OB}$便是线路末端 B 点的电压相量 $\dot{U}_B$，$\dot{I}$ 表示负荷电流相量，$\overline{BD}$表示负荷电流$\dot{I}$在输电线路电阻 R 中的电压降，$\overline{DE}$表示未加串联补偿前负荷电流$\dot{I}$在线路点看 X_l 中的电压降方向与$\overline{BD}$垂直，$\overline{OE}$表示补偿前首段的电压相量 $\dot{U}_A$。经串联补偿后，由于$\dot{I}$在容抗中的压降$\overline{EF}$与$\overline{DE}$方向相反，因而抵消了一部分线路电抗中的压降，$\overline{OF}$表示补偿后首段的电压相量 $\dot{U}'_F$。从图 6-5 可见，在维持相同末端电压的情况下，首段的电压相量由$\overline{OE}$减小到$\overline{OF}$。线路电压损耗的近似值（即纵分量），由$\overline{BM}$减小到$\overline{BN}$。电压损耗减小的

程度随电容器电抗 X_C 的改变而变化。系统电压水平的提高，也相应减少了系统的功率损耗。采用串联补偿对于今后发展特高压、大功率、长距离输电，改善系统参数，减小线路电抗，提供系统稳定有一定作用。

从串联电容补偿后线路的电压损耗计算公式来看，只有当负荷功率因数较低、导线截面较粗的架空线，采用串联补偿才更为合适。

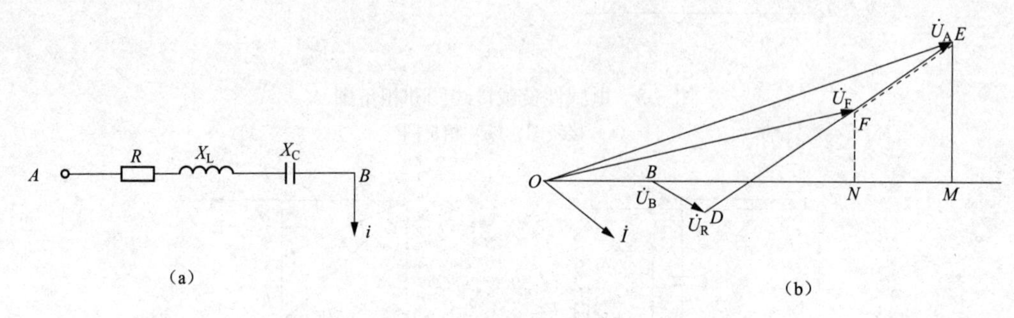

图 6-5 采用串联电容补偿的等值电路图和相量图

(a) 等值电路图；(b) 相量图

6-44 并联电容器补偿有哪几种接线方式？

答 电容器并联补偿基本接线方式分为星形（Y）和三角形（△）两种。

6-45 怎样确定提高功率因数的电容器补偿容量？

答 补偿容量可利用下式进行计算：

$$Q = P(\tan\varphi_1 - \tan\varphi_2) \tag{6-21}$$

$$\tan\varphi_1 = \frac{\sqrt{1-\cos^2\varphi_1}}{\cos\varphi_1} \tag{6-22}$$

$$\tan\varphi_2 = \frac{\sqrt{1-\cos^2\varphi_2}}{\cos\varphi_2} \tag{6-23}$$

式中 P——有功功率，W；

Q——补偿容量，W；

$\tan\varphi_1$——补偿前功率因数角的正切值；

$\tan\varphi_2$——补偿后功率因数角的正切值。

6-46 单台电动机个别补偿时，补偿容量如何选择？

答 单台三相电动机补偿时，一般是把电动机空载时的功率因数补偿到 1。因空载时无功负载最小，补偿后在满载时电动机的功率因数仍然滞后，如果将满载功率因数补偿到 1，空载或轻载时就一定会变成超前，这种补偿的电动机在切断电源后的暂态过程中由于电容器的放电，电压会高出电源电压很多倍，对电动机及电容器都是有害的。在电动机仍然转动时重新合闸，会产生相当大的冲击电流，电动机将产生很大的瞬时转矩，可能造成电动机轴的损坏。

补偿容量可按下式计算：

$$Q = \sqrt{3}UI_O \tag{6-24}$$

式中 Q——补偿的容量，kvar；

U——电动机的额定电压，kV；

I_O——电动机的空载电流，A。

6-47 用电容调整网络末端电压时，如何确定电容器的容量？

答 在电力系统中的某些末端变电站，由于输电线路过长，负载较大，电压偏低，影响了用电设备的正常运行，为了提高末端电压，常需在线路上或变电站内装设并联电容器组，以改善电压质量。

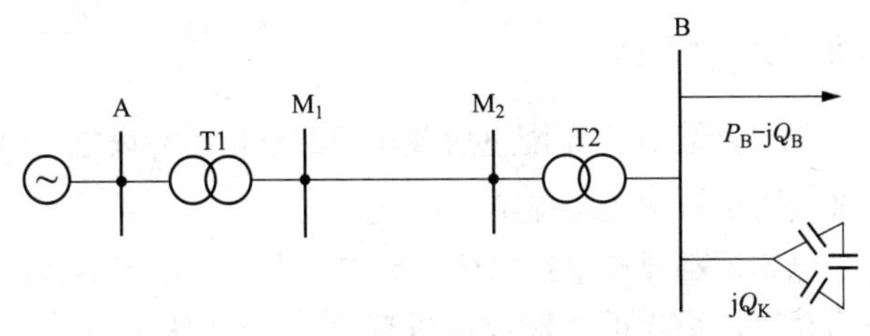

图 6-6　并联电容补偿系统接线图

在图 6-6 中，若末端变电站 B 的负载为 $P_B - jQ_B$，为了把末端的电压从 U_B 提高到 U'_B，在 B 点所需要安装的补偿容量为 Q_K，首末端的电压 U_A 与 U'_B之间的关系，可以写为

$$U_A = U'_B + \frac{P_B R + (Q_B - Q_K)X}{U'_B} \tag{6-25}$$

得

$$Q_K = \frac{P_B R + Q_B X - U'_B(U_A - U'_B)}{X} \tag{6-26}$$

式中　U_A——线路首端电压，V；

Q_K——补偿设备容量，kvar；

P_B——负载的有功功率，kW；

Q_B——负载的无功功率，kvar；

U'_B——线路末端补偿后的电压，kV；

R——线路电阻，Ω；

X——线路电抗，Ω。

上述公式中的参数应折算至同一级电压。

6-48 电力电容器的允许过电压是怎样规定的？

答 过电压对电容器的危害很大，各种过电压对电容器寿命的影响与过电压的幅值、作用时间、作用次数及电容器的温度有关，故必须严格控制。

6-49 为什么电容器的无功容量与外施电压的平方成正比？

答 电容器的无功容量为

$$Q_C = UI \tag{6-27}$$

对于制造完成的电容器，其电容器 C 及频率是不变的，故电容器的 $X_C = \frac{1}{2\pi fC}$也是不变的。因此电容器的无功容量计算公式可以换算为

$$Q_C = UI = U\frac{U}{X_C} = \frac{1}{X_C}U^2 = 2\pi fCU^2 \tag{6-28}$$

由式（6-28）可看出，电容器的容量仅与外施电压的平方成正比。

6-50 电容器在运行中产生不正常的“咕咕”声是什么原因？

答 电容器在运行中不应该有特殊声响，出现“咕咕”声说明内部有局部放电现象发生，主要是内部绝缘介质电离而产生空隙造成的，这是绝缘崩溃的先兆，应停止运行，进行检查处理。

6-51 电力电容器的保护方式有哪些？

答 为了提高功率因数，经常在高压配电所或车间配电柜内装设电力电容器。为这些补偿设备安全可靠的运行，一般应考虑以下几种保护：

（1）熔丝保护，每台电容器都要有单独的熔丝保护，当一台电容器故障时，其熔丝熔断，继而保证其他电容器的正常运行。熔丝的熔断电流可按 1.5～2.5 倍额定电流选择，同时要有足够的熔断容量。

（2）一般 400kvar 以下的电力电容器组，可以采用一个或两个装于开关操作机构内的直接动作式瞬时过电流脱扣线圈构成相间短路的速断保护。

6-52 对电容器组保护装置有哪些要求？

答 电容器组保护装置的要求如下：

（1）保护装置应有足够的灵敏度，不论电容器组中单台电容器内部发生故障，还是部分元件损坏，保护装置都应能可靠的动作。

（2）能够有选择的切除故障电容器，或在电容器组电源全部断开后，便于检查出现故障的电容器。

（3）在电容器停送电过程中及电力系统发生接地或其他故障时，保护装置不能有误动作。

（4）保护装置应便于安装、调整、试验和运行维护。

（5）损耗电量要小，运行费用要低。

6-53 电容器组的零序保护是怎样工作的？

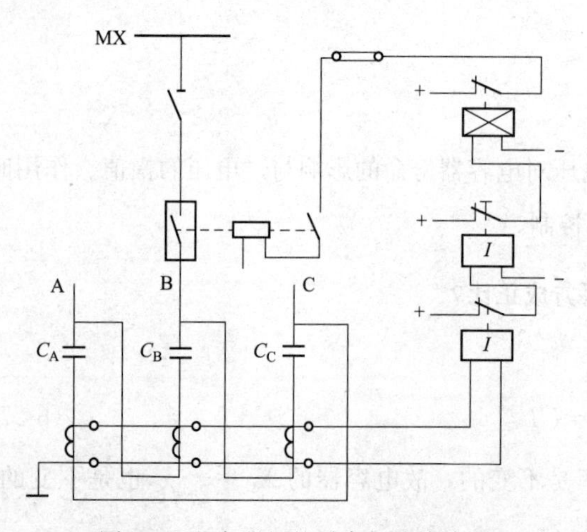

图 6-7 电容器组的零序保护接线图

答 电力电容器组零序保护的原理接线如图 6-7 所示。因电容器组的每相电容量相等，在正常运行时，如不考虑电流互感器的误差和三相电压不平衡等原因所产生的不平衡电流，则三相电流相等，相位相差 120°。根据克氏第一定律可知，三相电容器组的电流向量之和等于零，即 $\sum I = 0$，零序回路的电流为零，电流继电器中无电流通过。如果其中任何一台电容器的部分串联元件损坏击穿，由于故障电容器电容量的增大，容抗减小，使流过故障电容器组的电流增大，三相电流向量之和不再等于零，即 $I_A + I_B + I_C \neq 0$，零序电流流过，使电流继电器动作，其触点闭合，接通时间继电器，经延时过电流继电器有零接点闭合，接通中间继电器，使油开关跳闸，将故障电容器组从电源上切除。

6-54 电容器组为什么不允许装设自动重合闸装置？

答 所谓重合闸是指当断路器动作跳闸后，不用工作人员直接操作，利用电气联锁自动重新合闸。由于电容器放电需要一定时间，当电容器组开关跳闸后马上合闸，电容器来不及放电，在电容器中就可能残存着与重合闸电压极性相反的电荷，这将使合闸瞬间产生极大的冲击电流，从而造成电容器外壳膨胀、喷油，甚至爆炸。因此电容器组不允许装设自动重合闸，相反应装设无压释放自动跳闸装置。

6-55 装设电容器组的变电所，当全站停电时，为什么必须将电容器组的开关断开？

答 全站无电后，一般应将所有馈线开关切开，因来电后，母线负荷为零，电压较高，电容器如不预先切开，在较高的电压下突然充电，有可能造成电容器严重喷油或鼓肚。同时因为母线没有负荷，电容器充电后，大量无功向系统倒送，致使母线电压更高，即使将各路负荷送出，负荷恢复到停电前还需要一段时间，母线仍可能维持在较高的电压水平上，超过了电容器允许连续运行的电压值（一般制造厂家规定电容器的长期运行电压应不超过额定电压的1.1倍）。此外，当空载变压器投入运行时，其充电电流在大多数情况下以三次谐波电流为主，这时，如电容器电路和电源侧的阻抗接近于共振条件时，其电流可达到电容器额定电流的2～5倍，持续时间为1～30s，可能引起过电流保护动作。

鉴于以上原因，当全站无电后，必须将电容器油开关拉开，来电并待各路馈线送出后，再根据母线电压及系统无功补偿情况投入电容器。

6-56 电容器组为什么要装设放电装置？用什么方法进行放电？

答 因为电容器是储能元件，当电容器从电源上断开后，极板上蓄有电荷，因此两极板间仍有电压存在，而且这一电压的起始值等于电路断开后瞬间的电源电压。随着电容器通过本身的绝缘电阻进行自放电，端电压逐渐降低，端电压的下降速度取决于电容器的时间常数 τ（$\tau=RC$），可用下式表示：

$$U_{t}=U_{c}e^{-\frac{t}{RC}} \tag{6-29}$$

式中 U_t——t秒后电容器的电压，V；
U_c——电路断开瞬间的电源电压，V；
t——时间，s；
R——电容器的绝缘电阻，Ω；
C——电容器的电容量，F；
e——自然对数，约等于2.718。

从式（6-29）中不难看出，当电容器绝缘良好，即绝缘电阻R的数值很大时，自放电的速度是很慢的。而一般要求放电时间应不大于30s，显然自放电的速度不能满足要求，因此必须加装放电装置。

当电压在1kV以下时，可采用电压为220V白炽灯作为电容器的放电电阻；当电压超过1kV及以上时，可采用电压互感器作为放电电阻。

经专用的放电电阻放电后，由于部分残存电荷一时未放尽，仍应进行一次人工放电。放电时，先将接地线一端与大地固定，再用接地棒多次对电容器导电杆碰触，直至无火花和放电声响为止，而后再把接地线固定在导电杆上。虽然如此，还可能有部分电荷未放尽，所以检修人员在接触电容器之前，必须戴绝缘手套，用短路线将电容器两端对地短接，然后再进行工作。

6-57 电容器组放电回路为什么不允许装熔丝或开关？

答 电容器放电回路一旦熔断器熔断或开关断开，电容器切断电源后就无法放电，将存在残留电压。这样，在电容器上工作的人员人身安全将受到威胁；同时，由于放电回路被切断，电容器中将有大量的残存电荷，当重新合闸时将产生很大的冲击电流，影响电网及电容器的运行安全。所以，电容器放电回路不允许装设熔丝或开关。

6-58 电容器发生开关跳闸后应注意些什么？

答 电容器开关跳闸后，不允许强行试送，值班员必须检查保护动作情况，根据保护动作进行分析判断，顺序检查电容器开关、电流互感器、电力电缆，检查电容器有无爆炸、严重发热、鼓肚或喷油、接头是否过热或熔化、套管有无放电痕迹。若无以上情况，电容器开关跳闸是由外部故障造成母线电压波动所致，经检查后可以试送，否则应进一步对保护进行全面的通电试验，以及对电流互感器做特性试验。如仍检查不出故障原因，就需拆开电容器，逐台进行试验，未查明原因之前不能试送。

6-59 什么是并联无功补偿装置？

答 把并联（移相）电容器、串联电容器、电抗器、放电线圈、避雷器、接地开关及隔离开关有机地结合在一起组成成套装置，这种装置叫做并联无功补偿成套装置，简称并联无功补偿装置。并联无功补偿成套装置简化了变电所的设计和施工，提高了工程施工速度和质量，使设备生产完全工厂化。

6-60 什么是集合式并联无功补偿装置？

答 该装置由集合式并联电容器、串联电容器、放电线圈、氧化锌避雷器、隔离（接地）开关、安装支架及铝母排等组成。安全网栏、支撑电线杆自行配置。

6-61 什么是电力滤波成套装置？

答 由滤波电容器、滤波电抗器和电阻器适当匹配，经调试协调后，使滤波器对某一频率高次谐波电流呈现低阻抗，从而起到就地吸收谐波电流的作用，这种装置叫滤波成套装置。电力滤波成套装置广泛应用于冶金、钢铁、化工行业有谐波源的地方，除起滤波作用外还能兼作无功补偿功能。

6-62 什么是静补装置？

答 并联电容器补偿装置（在多数场合下为交流滤波装置）和容量可无级连续调节的无功设备组成的联合体（装置）称为静止补偿装置，简称静补装置。它是相对调相机来讲的，静补装置没有转动的部件，可以进相、滞相运行，在某些场合代替调相机。

6-63 无功补偿装置是如何进行分类的？

答 无功补偿有很多种类：从补偿的范围划分，可以分为负荷补偿与线路补偿；从补偿的性质划分，可以分为感性补偿与容性补偿。下面将并联容性补偿的方法大致列举。

1. 同步调相机

调相机的基本原理与同步发电机没有区别，它只输出无功电流。因为不发电，因此不需要原动机拖动，设有启动电机的调相机也没有轴伸，实质就是相当于一台在电网中空转的同步发电机。

调相机是电网中最早使用的无功补偿装置。当增加励磁电流时，其输出的容性无功电流增大。当减少励磁电流时，其输出的容性无功电流减少。当励磁电流减少到一定程度时，输出无功电流为零，只有很小的有功电流用于弥补调相机的损耗。当励磁电流进一步减少时，输出感性无功电流。

调相机容量大、对谐波不敏感，并且具有当电网电压下降时输出无功电流自动增加的特点，因此调相机对于电网的无功安全具有不可替代的作用。

由于调相机的价格高，效率低，运行成本高，因此已经逐渐被并联电容器所替代。但是近年来出于对电网无功安全的重视，一些人主张重新启用调相机。

2. 并联电容器

并联电容器是目前最主要的无功补偿方法。其主要特点是价格低、效率高、运行成本低，在保护完善的情况下可靠性也很高。

在高压及中压系统中主要使用固定连接的并联电容器组，而在低压配电系统中则主要使用自动控制电容器投切的自动无功补偿装置。自动无功补偿装置的结构多种多样、形形色色，适用于各种不同的负荷情况。

并联电容器的最主要缺点是其对谐波的敏感性。当电网中含有谐波时，电容器的电流会急剧增大，还会与电网中的感性元件谐振，使谐波放大。另外，并联电容器属于恒阻抗元件，在电网电压下降时其输出的无功电流也下降，因此不利于电网的无功安全。

3. 静止式无功补偿装置（SVC）

SVC的全称是静止式无功补偿装置，静止两个字是与同步调相机的旋转相对应的。国际大电网会议将SVC定义为7个子类：

（1）机械投切电容器（MSC）；

（2）机械投切电抗器（MSR）；

（3）自饱和电抗器（SR）；

（4）晶闸管控制电抗器（TCR）；

（5）晶闸管投切电容器（TSC）；

（6）晶闸管投切电抗器（TSR）；

（7）自换向或电网换向转换器（SCC/LCC）。

根据以上这些子类，我们可以看出：除调相机之外，用电感或电容进行无功补偿的装置几乎均被定义为SVC。因此，目前一些资料或者广告中大量出现SVC字样，其原因不外乎两条：其一是作者自己并不明白SVC的定义，其二就是以普通人不懂的字母组合故弄玄虚。

目前国内市场上被宣传为SVC的产品主要是晶闸管控制电抗器（TCR）和晶闸管投切电容器（TSC）。对于TSC我们另文叙述，这里只简要介绍一下晶闸管控制电抗器（TCR）。

TCR的基本结构包括一组固定并联连接在线路中的电容器和一组并联连接在线路中用晶闸管控制的电抗器，通常将电抗器的容量设计成与电容器一样。由于电抗器是用晶闸管控制的，其感性无功电流可以变化。当晶闸管关断时，电抗器没有电流，而电容器固定连接，因此整套装置的补偿量最大。当调节晶闸管的导通角时，电抗器的感性电流就会抵消一部分电容器电流，因此补偿量减少。导通角越大，电抗器的电流越大，补偿量就越小。当晶闸管全通时，电抗器电流就会将电容器电流全部抵消，此时补偿量为0。

在TCR中，当晶闸管的导通角小于90°时，电抗器的电流非正弦含有谐波成分，因此必须将固定电容器组设计成滤波器形式或者配备另外的滤波器。

综上所述，可以看出TCR的结构复杂，损耗大。但其具有补偿量连续可调的特点，在高压系统中还有应用。

4. STATCOM

STATCOM是一种使用IGBT、GTO或者SIT等全控型高速电力电子器件作为开关控制电流的装置。其基本工作原理如下：

通过对系统电参数的检测，预测出一个与电源电压同相位的幅度适当的正弦电流波形。当系统瞬时电流大于预测电流的时候，STATCOM将大于预测电流的部分吸收进来，储存在内部的储能电容器中。当系统瞬时电流小于预测电流的时候，STATCOM将储存在电容器中的能量释放出来，填补小于预测电流的部分，从而使得补偿后的电流变成与电压同相位的正弦波。

根据STATCOM的工作原理，理论上STATCOM可以实现真正的动态补偿，不仅可以应用在感性负荷场合，而且可以应用在容性负荷的场合，并且可以进行谐波滤除，起到滤波器的作用。但是实际的STATCOM由于技术的原因不可能达到理论要求，而且由于开关操作频率不够高等原因，还会向电网输出谐波。

STATCOM的结构十分复杂，价格昂贵，可靠性差，损耗大，目前仍处于研究试用阶段，没有实际应用价值。

5. 电抗器（TSR）补偿装置

从补偿的方式划分，可以分为串联电抗器补偿装置与并联电抗器补偿装置。

6-64 采用无功补偿的优点有哪些？

答 采用无功补偿的优点如下：

(1) 根据用电设备的功率因数，可测算输电线路的电能损失。通过现场技术改造，可使低于标准要求的功率因数达标，实现节电目的。

(2) 采用无功补偿技术，提高低压电网和用电设备的功率因数，是节电工作的一项重要措施。

(3) 无功补偿就是借助于无功补偿设备提供必要的无功功率，以提高系统的功率因数，降低能耗，改善电网电压质量，稳定设备运行。

(4) 减少电力损失。一般工厂动力配线依据不同的线路及负载情况，其电力损耗在2%～3%，使用电容提高功率因数后，总电流降低，可降低供电端与用电端的电力损失。

(5) 改善供电品质，提高功率因数，减少负载总电流及电压降。于变压器二次侧加装电容可改善功率因数，提高二次侧电压。

6-65 什么是并联电抗器补偿装置？

答 向电网提供可调梯式无功功率，补偿电网的剩余容性无功功率，保证电网电压在容许范围内，并联于线路上的装置称为并联电抗器补偿装置。它主要补偿超高压输电线路的充电功率，降低系统的工频过电压，改善电网电压水平，提高电网运行的稳定性。

6-66 什么是 VQC 型补偿装置？

答 VQC 是 Voltage Quality Control 的缩写，即电压无功控制。最早期的是硬件 VQC 装置，现在也有软件 VQC，只适用于变电站内电压无功的控制。

VQC 又称“控制孤岛”，主要体现在：无法体现不同电压等级分接头调节对电压的影响；不能做到无功分区分层平衡；不包含与省网 AVC 协调控制的策略；无法满足某些全网的控制目标及约束条件，如省网关口功率因数、220kV 母线电压约束、全网网损尽量小的目标。目的是提高电网实际运行水平，降低网损率，提高电网调度的经济效率。

6-67 什么是 AVC 型补偿装置？

答 AVC 是 Automatic Voltage Control 的缩写，即自动电压控制。AVC 型补偿装置是电力系统利用计算机和光纤通信技术对电网发电机无功功率、并联补偿装置设备和变压器有载分接头进行自调，目标是保证电压和无功分布均匀，保障电网安全、稳定、经济运行，电压质量合格。

6-68 AVC 装置和 VQC 装置的区别是什么？

答 AVC 装置指全网的电压控制装置。VQC 装置指某一电压等级的电压控制装置，一般用于配电系统。AVC 和 VQC 主要的区别有：VQC 无法体现不同电压等级分接头调节对电压的影响；VQC 不能做到无功分区分层平衡；VQC 不包含与省网 AVC 协调控制的策略；VQC 无法满足某些全网的控制目标及约束条件，如省网关口功率因数、220kV 母线电压约束、全网网损尽量小的目标。

6-69 简述 SVC 静止补偿的 TCR 型装置在变电站中应用的实例。

答 某座 220kV 变电站 10kV 母线原有 4 组（电抗率为 6%）10Mvar 并联电容器组，加装一套 TCR+FC 型高压静止无功补偿装置（SVC）。设计输出的动态无功容量为+79Mvar（容性）～−30Mvar（感性）。TCR 容量为 50Mvar 的相控电抗器（TCR）接在 10kVⅡ段母线。

FC 的装设接入考虑到原有并联补偿电容器会将 3 次谐波电流放大，而原电容器额定电压仅有 6.35kV，为了提高其安全裕度，将新增的一组 3 次滤波器安装在 10kVⅠ段母线上，新增的另一组 3 次滤波器及两组 5 次滤波器则装设于 10kVⅡ段母线上。SVC 装置主接线方式如图 6-8 所示。其几项主要部件的参数为：

1. 滤波器选择及接线方式

3 次、5 次滤波器组采用单调谐滤波器，滤波双套管电容器单台额定容量为 660kvar，每组安装容量为 17.82Mvar，采用双星-双星形接线，每相 1 串（4+5）并，采用中性点不平衡电流保护。

2. 滤波电抗器和相控电抗器

采用空心电抗器作为滤波和相控电抗器，户外安装，F 级绝缘，可承受短路冲击电流为 25kA，相控电抗器每相采用双线圈接在晶闸管阀两侧，相控电抗器采用三角形接线。

3. 晶闸管阀及其冷却系统

晶闸管选用多个高压、大容量晶闸管器件进行串联，器件型号为5STP26N6500，额定电流为2810A，额定电压为5600V（可重复峰值）、6500V（不可重复峰值），连接方式为7级/相，正、反逆并联，器件数量为42只。

采用电-光-电转换经光纤传导的触发方式将控制系统与高电位完全隔离，晶闸管器件采用纯水冷却方式，将高电位与冷却系统隔离，水泵、树脂采用100%的热备用。

4. SVC系统的控制方式

变电站内10kVⅠ段、10kVⅡ段母线上所有的新增滤波器及原有并联电容器全部纳入SVC装置的统一控制范围。独立配置一套智能化调节监控系统，SVC系统的控制、信号、测量均通过该系统完成，通信管理机就地布置，远方操作终端设置在现有变电所的控制台上。其主接线方式如图6-8所示。

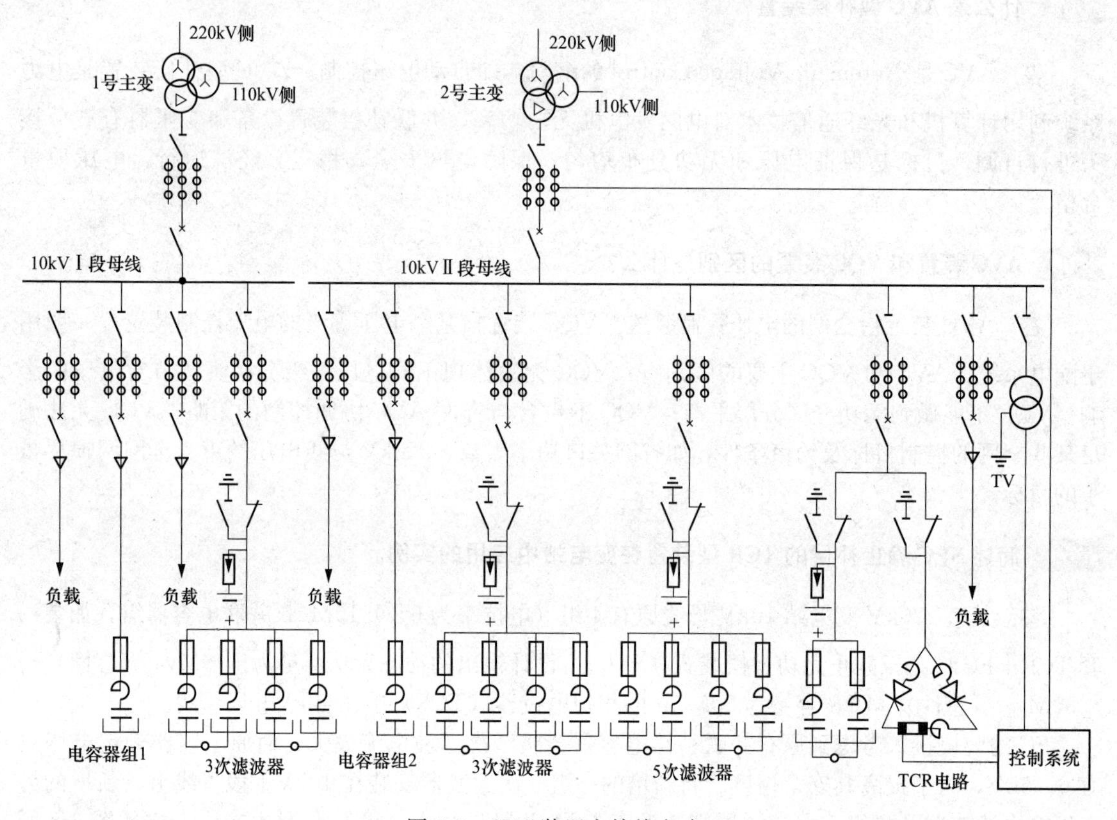

图6-8　SVC装置主接线方式

控制方式不设常规控制屏，值班人员利用远方操作系统或保护装置上的操作单元或SVC就地监控屏进行控制操作，控制对象包括所有受控设备断路器的分合闸及TCR支路晶闸管阀触发角的调节。正常运行时控制命令的发出均通过远方或就地操作系统进行。其监控系统的配置如图6-9所示。

TCR型SVC装置以其补偿效果好、技术成熟、造价相对低廉、性价比高和运行维护方便等优点，在动态无功补偿装置应用范围内占主导地位，并在稳定增长。

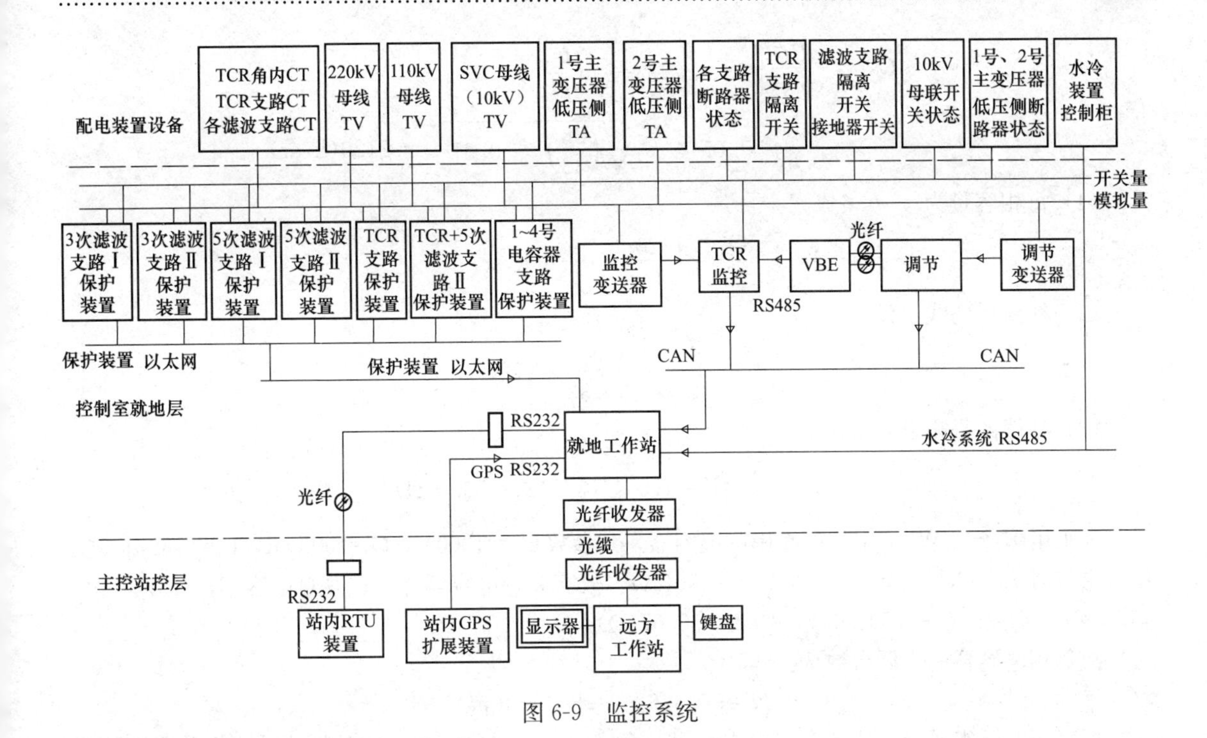

图 6-9　监控系统

6-70 串联电容补偿有哪几类？

答　串联电容补偿按其效果可以分为两类：①在 220kV 及更高电压等级的线路上，用于提高输送容量，提高系统稳定性，合理分布并联线路间的负荷等；②在 60～110kV 及以下电压等级的配电网络中，常用于改善线路的电压水平，提高配电线路的输送功率，并能相应降低线损，改善功率因数等。

6-71 在配电网络中，如何计算串联补偿电容器的容量？

答　串联补偿电容器的容量，主要是根据改善电压质量或增加输送功率所需的电容电抗及通过的电流数值来决定。一般三相共需串联补偿的总容量按下式计算：

$$Q_{ch} = \frac{P_2}{\cos\varphi_2}\left[(-\sin\varphi_2) - \sqrt{\left(\frac{U_2'}{U_2}\right)^2 - \cos^2\varphi_2}\right] \tag{6-30}$$

式中　Q_{ch}——三相所需的串联补偿总容量，kvar；

P_2——线路输送的有功功率，kW；

$\cos\varphi_2$——补偿前线路末端的功率因数；

$\sin\varphi_2$——功率因数角的正弦值；

U_2'——补偿前的线路末端电压，kV；

U_2——补偿后的线路末端电压，kV。

【例 6-1】 某 35kV 线路，输送容量为 6400kW，功率因数为 0.67($\sin\varphi_2 = -0.742$)，补偿前末端电压为 28kV，预计通过补偿措施后末端电压可提高至 33kV，试计算补偿电容器的电容及参数。

三相所需电容器的总容量为

$$Q_{ch}=\frac{P_2}{\cos\varphi_2}\left[(-\sin\varphi_2)-\sqrt{\left(\frac{U_2'}{U_2}\right)^2-\cos^2\varphi_2}\right]$$

$$=\frac{6400}{0.67}\times\left[0.742-\sqrt{\left(\frac{28}{33}\right)^2-0.67^2}\right]=2120(\text{kvar})$$

（1）每相容量为

$$\frac{Q_{ch}}{3}=\frac{1420}{3}\approx706.6(\text{kvar})$$

（2）补偿后的线电流为

$$I=\frac{S}{\sqrt{3}U_e}=\frac{6400}{\sqrt{3}\times33}=112(\text{A})$$

（3）补偿的每相电容阻抗为

$$X_C=\frac{Q_{ch}}{3}/I_e^2=470\times10^3/112^2\approx56.3(\Omega)$$

若采用国产CFW1.0-50-1W型串联电容器，其参数$U_e=1000$V，$Q_e=50$kvar，$C_e=159\mu$F。其单台电容器$I_e=Q/U_e=50\times1000/1000=50$(A)，故需3台电容器并联；其总电容$C_{\Sigma}=3\times159=477(\mu\text{F})$，$X_c=1/(2\pi\times50\times477\times10^{-6})=6.67(\Omega)$。

故每相电容器的串联台数为

$$N=56.3/6.67\approx8.4\approx8(\text{台})$$

即每相实际需要（3×8=24）台电容器，每相容量（24×50=1200）kvar，三相共需电容器72台，三相电容器总容量为3600kvar。其原理接线图如图6-10所示。

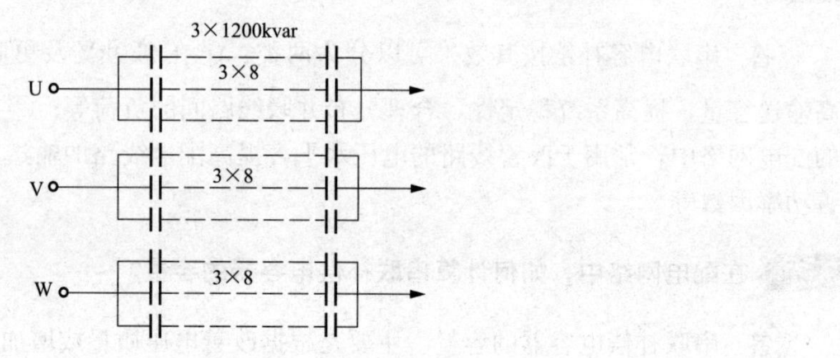

图6-10　串联补偿装置原理接线图

第7章

照 明 工 程

7-1 什么是可见光？其光谱波长是多少？

答 电磁辐射波波长范围在380～780nm（称为纳米，$1nm=10^{-9}m$）的电磁波能使人的眼睛产生光感，这部分电磁波称为可见光。不同波长的可见光，在人们眼中产生不同颜色。波长按380～780nm依次展开，光将呈现紫、蓝、青、绿、黄、橙、红七色。全部可见光混在一起就形成了日光。

现代物理研究证实：光具有波、粒（波动性和微粒性）二重性。光在传播过程中主要显示出波动性，而在与物资相互作用时则主要显示出微粒性。因此，光的理论也有两种，即光的电磁理论和光的量子理论。

7-2 红外线的波长是多少？紫外线的波长是多少？

答 波长略为780nm～1m的电磁辐射波叫红外线；波长略为10～380nm的电磁辐射波叫紫外线。

7-3 什么是辐射通（能）量？什么是辐射功率？

答 以辐射形式发射、传播或接受的能量叫做辐射通（能）量，符号为Q或Q_e，单位为焦耳（J）；以辐射形式发射、传播或接受的功率叫做辐射功率，符号为Φ或Φ_e，单位为瓦特（W）。

7-4 什么是辐射强度？

答 点辐射（或辐射面元）在包含给定方向上的立体角元内发出的辐射通量与该立体角元之比叫做辐射强度，符号为I或I_e，表示式为$I_e=d\Phi/d\Omega$，单位为瓦特/球面度（W/S_r）。

7-5 什么是视觉、明视觉和暗视觉？

答 由进入人眼的辐射所产生的光感觉而获得的对外界的认识叫做视觉。正常人眼适应高于几个坎德拉每平方米（cd/m^2）的亮度时的视觉叫做明视觉。正常人眼适应低于百分之几坎德拉每平方米（cd/m^2）的亮度时的视觉叫做暗视觉。司机开汽车从明亮道路进入阴暗的隧道就经过一个从明视觉到暗视觉的适应过程，因此隧道口的照明设计要给予特别的重视和关注。

7-6 什么是中间视觉、明适应和暗适应？

答 界于明视觉与暗视觉之间的视觉叫做中间视觉。视觉系统适应高于几个坎德拉每平方米（cd/m^2）的亮度的变化过程及终极状态叫做明适应。视觉系统适应低于百分之几个坎德拉每平方米（cd/m^2）的亮度的变化过程及终极状态叫做暗适应。

7-7 什么是光谱效能？

答 用来衡量电磁波所引起视觉能力的量，称为光谱效能。任一波长可见光的光谱效能 $K(\lambda)$ 与最大光谱效能 K_m 之比，称为该波长的光谱光效能。最大光谱光效能是指波长为 555nm（明视觉）或 507nm（暗视觉）可见光的光谱光效能，其值为 683(lm/W)。关系式如下：

$$V(\lambda)=\frac{K(\lambda)}{K_m} \tag{7-1}$$

7-8 什么是光量子（光子）？什么是光通量？

答 光的量子理论认为光由辐射源发射微粒子流。光的这种微粒子是光的最小存在单位，称为光量子，又简称光子。光子具有一定的能量和动量，在空间占有一定的位置，并作为一个整体以光速在空间移动，人眼能感知的辐射能量。光子与其他实物粒子不同，它没有静止的质量。符号为 Q，单位为 lm・s（流明・秒）。

单位时间内辐射或传递的光量子称为光通量。符号为 Φ，单位为 lm（流明），表示式为

$$\Phi=\frac{\mathrm{d}Q}{\mathrm{d}t} \tag{7-2}$$

7-9 什么是发光强度、照度、亮度、发出射度和暴光量？

答 光源在给定方向上单位立体角内发出的光通量与立体角元之比称为发光强度（简称光强）。符号为 I，单位为 cd（坎德拉），表示式为

$$I=\frac{\mathrm{d}\Phi}{\mathrm{d}\omega} \tag{7-3}$$

单位面积上接受的光通量称为照度。符号为 E，单位为 lx（勒克斯），表示式为

$$E=\frac{\mathrm{d}\Phi}{\mathrm{d}s} \tag{7-4}$$

发光体在给定方向上单位投影面积中发出的发光强度称为亮度。符号为 L，单位为 cd/m^2（坎德拉每平方米），表示式为

$$L=\frac{\mathrm{d}I}{\mathrm{d}\omega\,\mathrm{d}s\cos\theta} \tag{7-5}$$

光源的单位面积上发出的光通量称为发出射度。符号为 M，单位为 lm/m^2（流明每平方米），表示式为

$$M=\frac{\mathrm{d}\Phi}{\mathrm{d}s} \tag{7-6}$$

光的照度对时间的积分称为暴光量。符号为 H，单位为 lx・s（勒克斯秒），表示式为

$$H=\int E\mathrm{d}t \tag{7-7}$$

7-10 什么是发光效率？常用灯种光源的发光效率和寿命以及优缺点怎样？

答 光源发出的光通量与光源输入的电功率之比称为发光效率。符号为 η，表示式为

$$\eta=\frac{\Phi}{P} \tag{7-8}$$

常用灯种光源的发光效率和寿命以及优缺点见表 7-1。

表 7-1　　常用灯种的发光效率和寿命以及优缺点

光源名称	热辐射光源		气体放电光源						
					高压				
					非寿命镇流型	自镇流型			
	普通白炽灯	卤钨灯	荧光灯	高效荧光灯	汞灯	管形氙灯	管形氙灯	高压钠灯	金属卤化物灯
额定功率范围/W	15～1000	500～2000	6～200	6～200	50～1000		1500～10^5	250～400	250～3500
发光效率/(lm/W)	19～65	20～21	25～27 46～60	60～80	38～50	22～30	20～37	90～100	60～80
平均寿命/h	1000	1500	2000～3000	8000	5000	3000	500～1000	7000	2000
优点	结构简单，价格低廉，使用和维护方便，光质较好，(发出热光)，功率因数高	效率高于白炽灯，光色好，寿命长	光效较白炽灯高，光色较好、寿命较长，光色近于日光	光效高，光色较好，寿命较长，功率因数高	寿命较自镇流型长	无须镇流器附件，使用方便	功率大，光色好，光效高，受环境影响小，耐震动	光效高，寿命较长，透雾性好	光效较高，光色较好
缺点	光效低，寿命短，耐震性差	灯座温度高，安装要求高，偏角不得大于4°，价格较贵	光质不如白炽灯，属冷光，功率因数低，需附件多，故障比白炽灯多，装设成本高	不能使用于－10℃以下及50℃以上环境	功率因数低，需要附件，启动时间长，初启动4～8min，再启动5～10min	功率因数低，寿命较短，启动需延时3～6min	功率因数低，需触发器、镇流器	辨色性差，紫外线辐射高，灯管温度高，初启动4～8min，再启动10～20min	功率因数低，震性差，启动时间长，灯光温度高
用途	适用于照度要求较低，开关次数频繁场所	适用于照度要求较高，悬挂高度较高的室内照明	适用于照度要求较高，需辨别色彩的室内照明	适用于露天场地、广场、体育场的照明	一般适用于道路、广场的照明，管形氙灯于体育场照明		适用于特殊高大厂房及道路的照明		

7-11 亮度与照度之间有什么关联和不同？

答 亮度与照度，是两个既关联又不同的物理量。

(1) 亮度指的是人在看光源时，眼睛感觉到的光亮度。亮度高低决定于光源的色温高低和光源的光通量，光源的光通量多少是决定性因素。光源的光通量多，亮度就高。

(2) 照度指的是光源照射到周围空间或地面上，单位被照射面积上的光通量。单位被照射面积上的光通量多，照度就高。

亮度和照度的关联与不同：

关联点是：影响光源亮度和照度高低的物理量是共同的，即光通量。

不同点：①影响光源亮度的光通量，是光源表面辐射出来的光通量的多少。②影响光源照度的光通量，是光源辐射到被照面（如墙壁、地面、作业台面）上的光通量的多少。③两者位置不同，受外界影响因素也不同。同一只光源，光源表面辐射出来的光通量、与光源辐射到被照面（如墙壁、地面、作业台面）上的光通量，在数量关系上是不相等的。

7-12 什么是光源？什么是电光源？

答 在照明工程中，自身发出辐射通量并在人眼中产生光的感觉物体称为光源。凡通过电流自身发出热辐射通量或气体放电并在人眼中产生光的感觉物体称为电光源。

7-13 什么是光源的发光效能？

答 光源在给定方向上包含立体角元内发出的光通量与消耗电功率之比叫光源的发光效能。

7-14 常用照明电光源的种类有哪些？

答 根据光的产生原理，电光源分为两大类，即热辐射发光光源和气体放电发光光源。

电光源的分类见图 7-1。

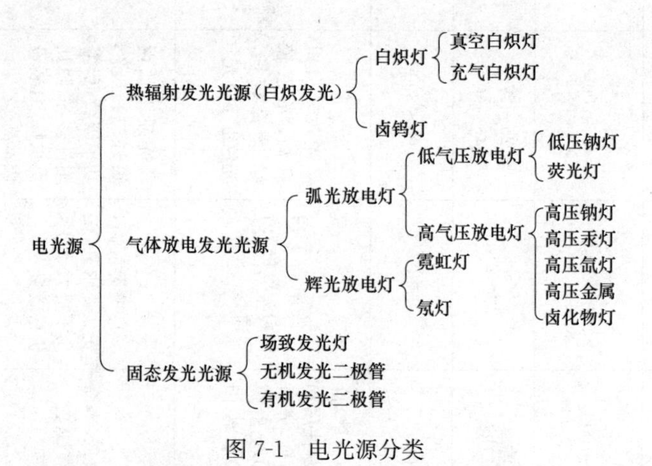

图 7-1 电光源分类

7-15 什么是电光源的全寿命？什么是电光源的有效寿命？

答 电光源的全寿命是指灯泡从开始点燃使用到不能使用的累计时间；电光源的有效寿命是指光源的发光效能下降到初始值 70%时的累计点燃时间。

7-16 什么是光源维持率？什么是电光源的额定寿命？

答 光源点燃至规定时间的光通量与初始光通量之比叫光源维持率；灯的设计寿命称为电光源的额定寿命。它通过同类型灯的寿命试验来确定。

7-17 什么是灯的中值寿命？什么是光源的老练？

答 在批量为 N 的寿命试灯中按照灯的损坏顺序，第［$(N-1)/2+1$］个灯的寿命（N 为奇数时）或第 $N/2$ 个与第（$N/2+1$）个灯寿命之和的一半（N 为偶数）称为该批灯的中值寿命。

为使灯的技术参数稳定，在特定条件下（在规定的时间段内点灯）进行的初始点灯叫光源的老练。

7-18 什么是电光源的平均寿命？平均寿命国家标准是多少？以及光电参数的测试条件是什么？

答 电光源的光通量维持率达到国家标准规定的要求，并能继续点燃至50%的灯达到单只灯寿命时的累计时间称为电光源的平均寿命（即50%的灯失效时的寿命）。国家标准规定的平均寿命为5000h。

例如，电子节能灯国家标准规定寿命测试条件：15～50℃，无风环境；50×(1±0.5%)Hz、220×(1±2%)V、灯头朝上；24h内开关8次（1h内开45min，关15min）。

7-19 什么是光源的显色性？什么是光源显色指数？

答 在特定的条件下，物体用电光源照明和用标准光源照明时，两者比较颜色符合的程度叫光源的显色性。在特定的条件下，物体用电光源照明和用标准光源照明时，两者比较颜色符合程度的量度，用数值表示其量值叫光源的显色指数。

7-20 什么是光源的色表？国际上使用较普遍的色表系统有哪些？

答 人眼通过对某一光源进行的观察所产生的对颜色的印象叫色表，通常用CIE1931色度图表示光源的颜色。用色温表示光源的色表。国际上普遍采用CIE1931标准色度系统或采用孟赛尔色表系统来表示。

7-21 什么是光源的色度、光源的色调和光源的色度图？

答 由色度坐标或结合其主要（或补充）波长和相应的激发纯度来定义的色刺激值叫做色度。某一区域出现的红、绿、蓝或某种组合色相相近的视觉感觉特性叫做色调。将色刺激值和各色度值结果相结合的平面，色度值可由图上单一的点来明确表示，将这种图叫做色度图。

7-22 什么是光源的色散？什么是光源的色温？

答 在介质中传播的单色光改变传输速度的现象，并由该辐射的频率所决定的，并取决于介质的性质这种现象叫做色散。待测的灯与黑体的辐射具有相同的色度值时，该黑体具有温度（亦是待测灯的色温）叫做色温。色温的单位为开尔文（K）。

7-23 什么是灯电压？什么是光源启动电压？

答 施加在光源灯头两触点上的电压叫灯电压；放电灯开始继续放电时，电极之间所需的最低电压叫光源启动电压。

7-24 什么是光源的启动时间？什么是光源的再启动时间？

答 放电灯接通电源开关至灯能开始工作所需要的时间叫光源的启动时间；放电灯稳定工作后断开电源，从再次接通电源到灯从新开始工作所需要的时间叫光源的再启动时间。

7-25 电光源的基本光学特性是什么？

答 电光源的基本光学特性是：

（1）电光源的光通量与光效。

（2）电光源的平均亮度与色表。

（3）电光源的平均寿命与显色指数。

（4）电光源的启燃和再启燃时间与电特性。

7-26 什么是灯具？什么是灯具的效率？

答 凡是能分配、透射或改变来自一个或多个光源的光，并且包括所有需要用于支持、固定和保护光源部件的装置，它不包括电光源本身，且有必要的辅助电路部件，并将该装置连接到电源，这种装置叫灯具。

灯具的效率是照明器发出的光通量与光源发出的光通量之比，用百分比表示。它表示灯具光学系统效率的高低，也作为反映照明器的技术经济效果优劣的一个指标。

7-27 灯具的主要作用是什么？

答 灯具的主要作用是：

（1）固定和保护电光源，将电光源与电源连接。

（2）控制和分配灯光，实现所需的灯光分布。

（3）美化环境，安全可靠运行。

7-28 什么是灯具的光强分布曲线？灯具的光强分布曲线有几种坐标表示法？

答 灯具的光强分布曲线也称配光曲线，通常是在通过照明器发光中心的平面上，用适当的坐标把光强表示为角度（从某一给定方向算起）函数的曲线。灯具的光强分布曲线有极坐标光强分布曲线和直角坐标光强分布曲线两种表示方法。

7-29 什么是灯具保护角？灯具的基本光学特性用什么表示？

答 灯具的保护角是光源发光体边缘与灯具下缘连线同水平线之间的夹角。灯具的基本光学特性用光强分布曲线、保护角和效率三项指标来表示。

7-30 什么是道路照明灯具的维护系数？什么是频闪效应？

答 道路照明的维护系数为光源的光衰系数和灯具因污染的光衰系数的乘积，此系数在0.6～0.75之间（以每年对灯具进行一次擦拭为前提）。

交流电压、电流随着时间而周期性变化，使气体放电灯的光通量也发生周期性变化，使人眼有闪烁感觉。如果被照物体处于转动状态会使人产生错觉，尤其是当旋转物体转动频率与灯光闪烁频率成整数倍时，人眼会感觉物体并没有转动，这种现象称为频闪效应。为了减少频闪效应，通常采用将气体放电灯分相接入电源来消除频闪效应，如将三根荧光灯分别接在三相电源上。在单相供电的场合，可将两根灯管采用移相接法来消除频闪效应。若采用高频运作（每秒闪烁20000次以上）的荧光灯，则人眼无法感受到闪烁，对于快速运动的物体能看到运动的完整历程，不会产生转动物体不转动的错觉，眼球水晶体也不会因闪烁而弹性疲乏，导致近视、散光等症状，所谓护眼灯即指高频荧光灯。

7-31 在道路设计中为什么要引入灯具维护系数？

答 灯具（包括光源）在使用期间，由于光源光通量会逐渐衰减；灯具内外表面会堆积灰尘及其他污物，灯具的反光器受到腐蚀，因而光输出逐渐减少，引起其效率逐渐降低，从而导致路面上的照明水平逐渐下降。为了保证道路在整个运行期间路面的平均亮度（或照度）不低于规定值，在进行道路照明设计时，应考虑对光源和灯具的减光进行补偿，即需引入灯具的维护系数。

7-32 灯具维护系数与哪些因素有关？

答 灯具本身的维护系数与以下因素有关：灯具的密封程度；空气的污秽程度；灯具清扫周期和每次清扫的彻底程度。

7-33 什么是照度补偿系数？

答 照度补偿系数是新的照明器在工作面上产生的平均照度与同一照明器在使用一定时间以后，在同样条件下所产生的平均照度之比。

7-34 什么是照明器？照明器起什么作用以及它的特性是什么？

答 光源与灯具以及照明附件的匹配组合体统称为照明器。照明器主要用它发出的光线对任何物体照射，使人们的眼睛能立即辨别周围物体的形状和大小，并且照度达到规定要求。

照明器的主要作用是：

（1）合理配光，重新分配光通量。

（2）防止眩光。

（3）提高光源的利用率。

（4）保护光源和照明安全。

（5）装饰美化环境。

照明器的特性：通常以光强分布、亮度分布和保护角、光输出比三项指标来表示。

7-35 什么是照明器的距高比（L/H）？

答 灯具布置的间距与灯具悬挂的高度（指灯具距工作面的高度）之比称为灯具的距高比

(L/H)，在保证工作面上达到标准的照度，而且有一定的均匀度时，允许灯具间的最大安装间距与灯具安装高之比，称为灯具的最大允许距高比。一般在灯具的主要参数中会给出该数值，供照明设计师参考。

7-36 直照型照明器按距高比（L/H）如何分类？

答 直照型照明器按距高比分类见表7-2。

表7-2 直照型照明器按距高比分类

照明器类型	距高比 L/H	
特窄照型	小于0.5	小于140
窄照型	0.5～0.7	140～190
中照型	0.7～1.0	190～270
广照型	1.0～1.5	270～370
特照型	大于1.5	大于370

7-37 照明器应怎样选择？

答 照明器的选择方法如下：

(1) 合理选择光源光效高的产品；

(2) 应当选择灯具效率高的灯具；

(3) 选择作业面上有效光通量 Φ_e 高的灯具；

(4) 考虑照明器安装方式的坚固、美观、耐用；

(5) 根据使用的环境条件、场合选择照明器。

7-38 照明器怎样分类？

答 照明器的分类方法繁多，按常用的分类方法介绍如下三种：

(1) 按使用的环境条件分户外照明器和户内照明器，户内和户外照明器又分普通型和防爆型；

(2) 按照明器的CIE的光强分布特性分直照型、半直照型、配照型、深照型、广照型、漫射型、斜照型、反射型、格栅型、间接型、半间接型等类别；

(3) 按安装方式分台灯、落地灯、吊灯、吸顶灯、壁灯、门灯、嵌入式灯。

7-39 各种照明器的效率是多少？

答 各种照明器的效率见表7-3。

表7-3 各种照明器的效率

照明器类型	效率	照明器类型	效率
带反射罩型（狭照、中照）	0.7以上	各种吸顶灯	0.3～0.5
搪瓷广照型	0.6～0.7	开启式荧光灯	0.8以上
特殊广照型	0.75以上	格栅式荧光灯	0.45～0.6
乳白玻璃灯	0.5左右	投光灯	0.6左右

7-40 什么是照度均匀度？

答 照度均匀度是指规定表面上的最小照度与平均照度之比。照度均匀度＝最小照度值/平均照度值。最小照度值是按照逐点计算法算出来的。照度均匀度的表示公式为

$$U_o = E_{min}/E_{av} \tag{7-9}$$

式中 U_o——照度均匀度；

E_{min}——最小照度值；

E_{av}——平均照度值。

也可认为是室内照度最低值与室内照度平均值之比。

采光标准提出顶部采光时，Ⅰ～Ⅳ级采光等级的采光均匀度不宜小于0.7。侧面采光及顶部采光的Ⅴ级采光等级较难照顾均匀度标准，未作规定。

7-41 关于照明灯具的最低悬挂高度有何规定？

答 照明灯具距地面最低悬挂高度的规定见表7-4。

表7-4 照明灯具距地面最低悬挂高度规定

光源种类	灯具形式	光源功率/W	最低悬挂高度/m
白炽灯	有反射罩	≤50	2.0
		100～150	2.5
		200～300	3.5
		≥500	4.0
卤钨灯	有反射罩	≤500	5.0
		1000～2000	7.0
荧光灯	无反射罩	＜40	2.0
		＞40	3.0
	有反射罩	≥40	2.0≥
荧光高压汞灯	有反射罩	≤125	3.5
		250	5.0
		≥400	6.0
高压汞灯	有反射罩	≤125	4.0
		250	5.5
		≥400	6.5
金属卤化物灯	搪瓷反射罩	400	5.0
	铝抛光反射罩	1000	14.0
高压钠灯	搪瓷反射罩	250	5.0
	铝抛光反射罩	400	7.0

7-42 如何根据距高比确定照明器布置合理与否？

答 灯具间距L与灯具的计算高度H的比值称为距高比。灯具布置是否合理，主要取决于灯具的距高比是否恰当。距高比值小，照明的均匀度好，但投资大；距高比值过大，则不能保证得到规定的均匀度。因此，灯间距离L实际上可以由最有利的距高比值来决定。根据研究，

各种灯具最有利的距高比列于表 7-5 中。这些距高比值保证了为减少电能消耗而应具有的照明均匀度。

根据节能的要求，灯具的最大允许距高比为 1.1～1.5。部分灯具的最大距高比见表 7-6。举例：如方案一（采用单管荧光灯）L/H（距高比）＝0.7，方案二（采用双管荧光灯）L/H（距高比）＝0.95，虽然方案一、方案二的距高比均小于灯具的最大允许距高比，两种布灯方案都可采用，但显然方案一要比方案二的照度均匀度更好。我们不推荐采用三管，因为三管的布置方式通常不满足照度均匀度的要求。

表 7-5　　各种灯具最有利的距高比 L/H

灯具类型	距高比 L/H		单行布置时房间最大宽度/m
	多行布置	单行布置	
配照型、广照型、深照型	1.8～2.5	1.8～2.0	1.2H
漫射型	1.6～1.8	1.5～1.8	1.1H
防爆型灯、圆球灯、吸顶灯	2.3～3.2	1.9～2.5	1.3H
防水防尘灯	1.4～1.5		

表 7-6　　部分灯具的最大距高比

照明器	型号	光源种类及容量/W	最大允许值 L/H		最低照度系数 Z 值
			A—A	B—B	
配照型照明器	GC1—$\frac{A}{B}$—1	B150 G125	1.25 1.41		1.33 1.29
广照型照明器	GC3—$\frac{A}{B}$—2	G125 B200、150	0.98 1.02		1.32 1.33
深照型照明器	GC5—$\frac{A}{B}$—3	B300 G250	1.40 1.45		1.29 1.32
	GC5—$\frac{A}{B}$—4	B300、500 G400	1.40 1.23		1.31 1.32
筒式荧光灯	YG1—1 YG2—1	1×40	1.62 1.45	1.22 1.28	1.29 1.28
	YG2—2	2×40	1.33	1.28	1.29

7-43 照明方式可分为哪几种？照明种类可分为哪几类？

答 由于建筑物的功能和要求不同，对照度和照明方式的要求也不相同。照明方式可分为一般照明、局部照明和混合照明。

照明的种类按用途分为：正常照明、应急照明、值班照明、警卫照明、景观照明和障碍照明。

7-44 什么是一般照明？

答 为照亮整个场所而设置的均匀照明叫做一般照明。一般照明由若干个灯具均匀排列而成，可获得较均匀的水平照度。

对于工作位置密度很大而对光照方向无特殊要求或受条件限制不适宜装设局部照明的场所，可只单独装设一般照明，如办公室、体育馆和教室等。

7-45 什么是混合照明？

答 由一般照明和局部照明组成的照明，叫做混合照明。对于工作位置需要有较高照度并对照射方向有特殊要求的场合，应采用混合照明。

混合照明的优点是，可以在工作面（平面、垂直面或倾斜面）表面上获得较高的照度，并易于改善光色，减少照明装置功率和节约运行费用。

7-46 什么是正常照明？

答 在正常情况下使用的室内外照明叫做正常照明。所有居住房间、工作场所、运输场地、人行车道以及室内外小区和场地等，都应设置正常照明。

7-47 什么是应急照明？

答 因正常照明的电源失效而启动的照明叫做应急照明。它包括备用照明、安全照明和疏散照明。所有应急照明必须采用能瞬时可靠点燃的照明光源，一般采用白炽灯和卤钨灯。

7-48 什么是备用照明？

答 用于确保正常活动继续进行的照明叫做备用照明。在由于工作中断或误操作容易引起爆炸、火灾和人身伤亡或造成严重政治后果和经济损失的场所，均应设有备用照明。例如，医院的手术室和急救室、商场、体育馆、剧院、变配电室、消防控制中心等，都应设置备用照明。

7-49 什么是安全照明？

答 用于确保处于潜在危险之中的人员安全的照明叫做安全照明。例如，在使用圆形锯、处理热金属作业和手术室等处应装设安全照明。

7-50 什么是疏散照明？

答 用于确保疏散通道被有效地辨认和使用的照明叫做疏散照明。对于一旦正常照明熄灭或发生火灾，将引起混乱的人员密集的场所，如宾馆、影剧院、展览馆、大型百货商场、体育馆、高层建筑的疏散通道等，均应设置疏散照明。照度不低于正常照度的10%，最低不低于15lx。

7-51 什么是值班照明？

答 非工作时间为值班所设置的照明叫做值班照明。值班照明宜利用正常照明中能单独控制的一部分或应急照明的一部分或全部。

7-52 什么是警卫照明？

答 为加强对人员、财产、建筑物、材料和设备的保卫而采用的照明叫做警卫照明。例如，用于警戒以及配合闭路电视监控而配备的照明。

7-53 什么是障碍照明？

答 在建筑物上装设的作为障碍标志的照明叫做障碍照明。例如，为保障航空飞行安全，在高大建筑物和构筑物上安装的障碍标志灯。

障碍标志灯的电源应按主体建筑中最高负荷等级要求供电。

7-54 什么是装饰照明？

答 用于室内外特定建筑物、景观而设置的带艺术装饰性的照明叫做装饰照明。它包括装饰建筑外观照明、喷泉水下照明、用彩灯勾画建筑物的轮廓、给室内景观投光以及广告照明灯等。

装饰照明有时用来突出商品的本色、商品的立体感和橱窗的气氛。

7-55 什么是泛光照明？

答 泛光照明是一种使室外的目标或场地比周围环境明亮的照明，是在夜晚投光照射建筑物外部的一种照明方式。泛光照明的目的是多种多样的，其一是为了安全或为了夜间仍能继续工作，如汽车停车场、货场等；其二是为了突出雕像、标牌或使建筑物在夜色中更显特征。

泛光照明又称为立面照明，是使用日益广泛的一种建筑物外部装饰照明方式。它是在离建筑物一定距离的位置装设投光灯作为立面照明的光源，将光线射向建筑物的外墙。投光灯（泛光灯）的光色好，立体感强，能产生良好的艺术效果。

7-56 泛光照明在城市建筑的夜景照明中有什么作用？

答 建筑立面的彩色泛光照明在城市夜景中有以下作用：

(1) 对建筑物有塑造作用，使其产生立体感。

(2) 表现出建筑物的外貌，充分显示出建筑形成和色彩的美观性。

(3) 创造出美丽的室外光环境和色彩环境。

(4) 创造出高雅的城市夜景，不像霓虹灯光那样强烈，反映出城市的夜晚文化。

7-57 什么是投光灯？什么是泛光灯？

答 投光灯是通过反射镜或玻璃透镜将反射光线聚集到一个有限的立体角内，从而获得高光强的一种灯具。泛光灯是使用光束扩散角不小于10°广角的投光的照明器。

7-58 什么是放电？什么是辉光放电？

答 在电场力作用下，产生的电子运动并形成电流，电流通过气体和金属气体，通常伴有可见的光和其他辐射产生的现象叫做放电。空气中的电火花、焊接电弧和闪电就是放电的示例。

气体放电管的阴极电子二次发射比热电子辐射要大得多的一种放电叫做辉光放电。其特征是阴极电压降大和电流密度小。

7-59 什么是弧光放电？什么是电弧？

答 当两电极间电压升高时，在电极最近处空气中的正负离子被电场加速，在移动的过程中与其他空气分子碰撞产生新的离子，这种离子大量增加的现象称为“电离”。空气被电离的同时，温度随之急剧上升产生电弧，这种放电称为弧光放电。弧光放电一般不需要很高的电压，属于低电压大电流放电，而二次电子发射仅占很小部分。弧光放电产生的条件是小间隙和大电流，如果增加间隙或减小电流，电弧将会消失。

弧光放电中的发光柱体叫做电弧。

7-60 为什么高压汞灯熄灭后立即再启动，需要一段时间才能正常发光？

答 因为高压汞灯灯泡在正常燃点熄灭后，放电管内的汞蒸气压力很高，在灯泡未冷却时，相应的启动电压要求很高，所以即使在灯熄灭后立即通电，灯也不能立即启辉，通常需要经过5～10min，待灯泡冷却，灯内汞蒸气凝结后才能重新启辉。

7-61 什么是镇流器？其作用如何？

答 稳定气体放电灯放电的器件叫做镇流器。镇流器有电感式、电容式、电阻式、电子式和综合式，启动器可安装在镇流器内。

镇流器的作用：镇流器与气体放电灯是串联的，放电灯是负伏安特性器件，镇流器是正伏安特性器件，为了使气体放电灯泡处于工作稳定的状态，将灯泡串联一个镇流器，让电路内工作电流限制在一定的数值上。

7-62 什么是电子镇流器？它有什么优缺点？

答 使用固态电子元件组成在25～35kHz范围内振荡电路的器件，这种器件叫做高频电子镇流器。高频电子镇流器又简称电子镇流器。

1. 电子镇流器的优点

(1) 节能。荧光灯的电子镇流器多使用20～60kHz频率电压供给灯管，使灯管光效比工频提高约10%（按长度1.2m的灯管计），且自身功耗低，使灯的总输入功率下降约20%，有更佳的节能效果。

(2) 消除频闪，发光更稳定。有利于提高视觉分辨率，提高功效；降低连续作业的视觉疲劳，有利于保护视力。

(3) 起点更可靠。预热灯管后一次起点成功，避免了多次起点。

(4) 功率因数高。符合国家标准的25W以上的荧光灯，其功率因数高于0.95。但应注意，国家标准对25W以下的灯管规定的谐波限值很高，以致使其功率因数下降到0.7～0.8。

(5) 稳定输入功率和输出光通量：高品质产品有良好的稳压性能，在电源、电压偏差很大时，仍能保持光源恒定功率，稳定光照度，有利于节能。

(6) 延长灯管寿命。高品质产品的恒功率和灯管电流下降，以及起点可靠等因素可使灯管寿命延长。

(7) 噪声低。高品质电子镇流器噪声可达35dB以下，人们感觉不到噪声。

(8) 灯功效增大、镇流器损失降低且重量更轻、与电磁镇流器相比体积更小。

(9) 可以调光。对于需要调光的场所，如原使用白炽灯或卤钨灯调光的场所，代之以高效荧光灯配可调光电子镇流器，可实现在2%～100%的大范围调光。

2. 电子镇流器的缺点

它会产生高次谐波，影响电力系统正常工作。

7-63 什么是荧光灯？

答 主要由放电产生的紫外线辐射激发荧光粉层而发光的放电灯叫做荧光灯。

7-64 荧光灯有何特点？

答 荧光灯的特点是功率因数低，有频闪效应，自身重量大，但寿命长，坚固耐用，成本低。荧光灯的性能主要取决于灯管的几何尺寸（即长度和直径），填充气体的种类和变压器，涂敷荧光灯粉及制造工艺。现在常用的荧光灯主要分以下三类：

1. 荧光灯直管灯

一般使用的有T5、T8、T12，常用于办公室，商场、住宅等一般公用建筑，具有可选光色多、可达到高照度、兼顾经济性等优点。

“T”表示灯管直径，一个“T”表示1/8英寸（in，1in=2.54cm）。

T5管直径为15mm，T8管直径为25mm，T12管直径为38mm。

荧光灯都可调配出3000K、3500K、4000K、6500K四种标准“白色”。

2. 高流明单端荧光灯

高流明单端荧光灯是为高级商业照明中代替直管荧光灯设计的。这种灯管与直管型灯管相比，主要的优点有：结构紧凑、流明维护系数高、布线简单。

3. 紧凑型荧光灯（CFLS）

紧凑型荧光灯又称为节能灯，使用直径9～16mm细管弯曲或拼接成（U型、H型、螺旋型等），缩短了放电的线型长度。它的光效为白炽灯的5倍，寿命为8000～10000h，常用于局部照明和紧急照明。一般分为两类：

（1）带镇流器一体化紧凑型荧光灯。这种灯自带镇流器、启辉器等全套控制电路，并装有爱迪生螺旋灯头或插式灯头，可用于使用普通白炽灯泡的场所，具有体积小、寿命长、效率高、省电节能等优点，可用来取代白炽灯。

（2）与灯具中电路分离的灯管（PLC）。用于专门设计的灯具之中借助与灯具结合成一体的控制电路工作，灯头有两针和四针两种。两针灯头中含有启辉器和射频干扰（RFI）抑制电容，四针无任何电器组件。一般四针PLC光源使用于高频的电子镇流器中，常用于局部照明和紧急照明。

7-65 为什么荧光灯不能作调光灯使用？

答 普通线路的节能灯和荧光灯（包括电子镇流器）工作电压有一定的范围要求，例如，220V节能灯的工作电压通常在190～240V，超过这个范围灯将不能可靠工作。调光灯具中的调光器通常是将工作电压在0～220V调整，这对电阻性负载（如普通白炽灯）的工作是没有任何影响的，但对节能灯来讲，0～190V的低压段会导致灯启动困难，甚至烧毁。荧光灯需要调光时必须采用专门的调光镇流器。

7-66 日（荧）光灯调光是否会影响灯使用寿命？

答 日（荧）光灯调光需用专门的调光镇流器，一般在调光过程中对灯管寿命是没有多大影响的，有影响的因素是：

（1）启辉过程对灯管寿命的影响。电感式镇流器往往要启辉好几次才能将荧光灯点亮，而荧光灯每启辉一次就要缩短2h寿命；电子镇流器无论是在低温还是低电压情况下，都是经过灯丝预热后一次启动的。

（2）电网电压波动对灯管寿命的影响。电感镇流器配合荧光灯工作时，荧光灯的灯电流随着电网电压的变化而变化。当电网电压偏低时，灯电流也随着降低。灯电流的降低将造成灯丝加热不足、灯丝电子粉溅射，造成灯管两端发黑和缩短灯管使用寿命。当电源电压偏高时，灯电流也随着上升，灯电流过大将造成灯丝电子粉和荧光粉过早衰竭而缩短灯管寿命。电子镇流器能做到在135～250V的电网电压范围内灯电流不变，使荧光灯始终工作于最佳状态，从而大幅度地提高灯管的使用寿命。

7-67 什么是三基色节能荧光灯？它有何优缺点？怎样配用镇流器？

答 三基色节能荧光灯是一种预热式阴极气体放电灯，分直管形、单U型、多U型、2D型和H型等几种。荧光灯中含稀土元素荧光粉在紫外线照射下呈现的三基色为红、绿、蓝三种的混合光颜色，这种混合光色接近日光色，因此把这种荧光灯叫做三基色节能荧光灯。

它的优点是光色柔和、显色性好、造型别致；发光效率比普通荧光灯高30%左右，比白炽灯高5～7倍，即一支140W三基色荧光灯发出的光通量，与8只100W普通白炽灯发出的光通量相同。它的缺点是每灯需要配置镇流器一套，可以配各种形式（电感式、电容式、电阻式、电子式和综合式）的镇流器。

7-68 为什么不能在化学腐蚀气体、液体存在的场合中使用荧光灯？

答 在化学腐蚀气体、液体存在的场合中使用荧光灯，会引起灯头、导丝、元器件严重氧化，灯的寿命无法保证。

7-69 电子镇流器与普通镇流器的荧光灯接线有什么区别？

答 电子镇流器与普通镇流器的荧光灯接线图见图7-2。电子镇流器进线端为一相线一中性线，出线端分4根线，其中2根实际上是一只电容的两个脚（分跨接光管各一端），另2根其中有一根是经高频变压器绕组获得激励信号基频的，它与电容器通过灯丝串联组成谐振工作频率，剩下的一根是灯管回路线。黑线、红线接电源，其余4根接灯管两头，两两相连分接两头。电子镇流器通常可以兼具启辉器功能，故此又可省去单独的启辉器。

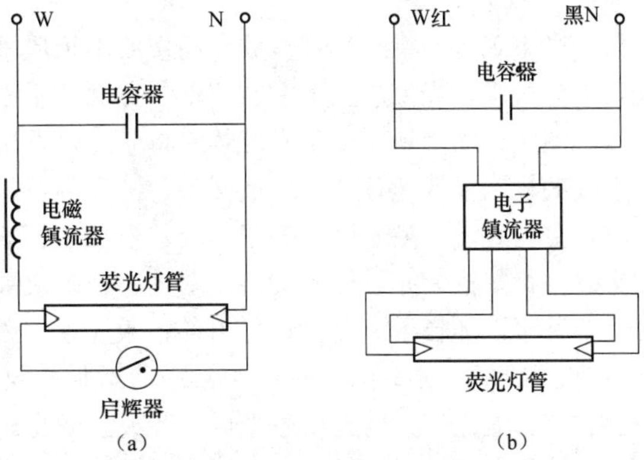

图7-2　电子镇流器与普通镇流器的荧光灯接线图

（a）普通镇流器；（b）电子镇流器

7-70 紫外线灯使用时应注意哪些安全事项？

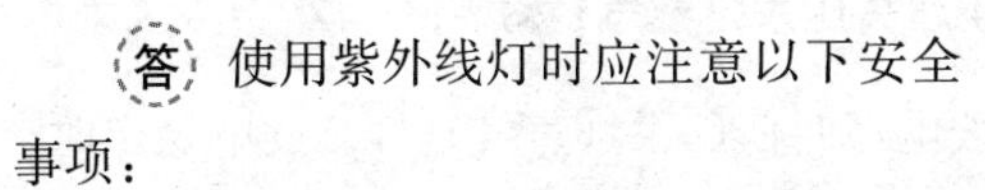

答 使用紫外线灯时应注意以下安全事项：

（1）使用紫外线灯灭菌时，人员应立即离开室内，免遭短波紫外线的伤害，尤其对人们双眼的损害应更注重安全；

（2）使用紫外线灯灭菌时，不宜开门窗点灯运行，最好将门窗关闭，使灭菌的效果达到最佳状态；

（3）使用的紫外线灯管必须采用相同功率的专用镇流器，并要相互匹配；

（4）需安装使用的紫外线灯管，不能用手直接拿取，应戴上新手套安装灯管；

（5）为了使紫外线灯保持最佳状态，要保持灯管的清洁，经常用纱布蘸酒精和丙酮将灯管表面擦拭干净；

（6）进入点有紫外线灯的室内时必须佩戴防紫外线的太阳眼镜，防止损害双目；

（7）电路应接线正确，否则将烧毁灯管，损坏镇流器。

7-71 什么是防紫外线灯？防紫外线灯有何种用途？

答 它是一种纯黄色荧光灯，将波长500nm（紫外线全波段100～400nm波长）以下的光波全部滤掉的荧光灯叫做防紫外线灯。防紫外线灯管分为白色灯管和黄色灯管两种，能有效抑制400～500nm以下波长的紫外线释放，成功地解决了因天然或人工光源对藏品的损坏，广泛应用于不需要紫外线的场所，如广泛用于PCB电子半导体厂、档案馆、图书馆、博物馆、美术馆、文艺画廊、精品展示店、油墨印刷物的对色检查、古董文物库房、食品生产车间等。

7-72 什么是氘（dao）放电灯？它常用于哪些领域？

答 灯的泡壳内充有高纯度的氘气的放电灯叫氘放电灯。氘灯工作时，阴极产生电子发射，高速电子碰撞氘原子，激发氘原子产生连续的紫外光谱（185～400nm）。

由于氘灯的紫外线辐射强度高、稳定性好、寿命长，因此常用作各种紫外线光光度计的连续紫外光源。

7-73 什么是激光灯？它常用于哪些领域？

答 采用半导体激光器为发光器件的灯叫做激光灯。激光灯一般分为工业激光灯和娱乐激光灯。激光灯光具有颜色鲜艳、亮度高、指向性好、射程远、易控制等优点，激光灯主要应用在以下方面：

（1）光束观赏。将激光灯安放在高楼或山顶风景区等，光束射向远方，空中出现一束明亮的绿光，十分耀眼，光束能上下左右摆动，方圆几千米范围内都能欣赏到。

（2）图案、动画观赏。激光灯效果将激光灯发出的激光射向水幕、建筑物或墙体等，激光在扫描系统的控制下快速移动，形成文字、图案等，以供观赏。

（3）室内观赏。激光灯安装于剧院、夜总会、歌舞厅内。施放一定的干冰烟雾，将激光束射向烟雾并进行扫描，亦可形成文字、图案、动画效果，也可随音乐播放激烈的激光表演。舞台激光灯是一种可以随音乐节奏自动打出各种激光束、激光图案、激光文字的激光产品，是舞台、舞厅、酒吧、KTV、家庭party……中常用的增加气氛的一种新产品，具体型号有单色激光灯、双色/三色/全彩激光灯、满天星激光灯、萤火虫激光灯、动画激光灯。以激光头数量还可分为单投激光灯、双投激光灯、三投/四投/五投激光灯。

7-74 什么是低压汞（蒸气）灯、高压汞（蒸气）灯和超高压汞（蒸气）灯？

答 放电稳定时，汞蒸气的分压强小于10^2Pa的放电灯叫低压汞（蒸气）灯。放电稳定时，汞蒸气的分压强达到或大于10^4Pa的放电灯叫高压汞（蒸气）灯。放电稳定时，汞蒸气的分压强

达到或大于 10^6 Pa 的放电灯叫超高压汞（蒸气）灯。

7-75 什么是自镇流荧光高压汞（蒸气）灯?

答 外玻璃壳内涂有荧光物质的和灯管内装有能起镇流器作用的灯丝的荧光高压汞灯叫做自镇流荧光高压汞（蒸气）灯。

7-76 什么是钠灯？什么是高压钠灯?

答 主要是由钠蒸气放电而发光的放电灯叫钠灯。放电稳定时，灯内钠蒸气的分压强达到 10^4 Pa 的钠灯叫高压钠灯。

7-77 低压钠灯有何特点?

答 低压钠灯具有以下特点：低压钠灯光效最高，但仅辐射单色黄光，这种灯在照明情况下不可能分辨各种颜色。主要应用是：道路照明、安全照明及类似场合下的室外应用。其光效是荧光灯的 2 倍，卤钨灯的 10 倍。与荧光灯相比，低压钠灯放电管是长管形的，通常弯成 U 形，把放电管放在抽成真空的夹层外玻壳内，其夹层外玻壳上涂有红外反射层，以达到节能和提高最大光效的目的。

7-78 高压钠灯有哪些优缺点?

答 高压钠灯的优点有光效高、紫外线辐射少、透射雾性能好、寿命长。高压钠灯的缺点有显色性差、启动电压高、成本高。

7-79 为什么内触发高压钠灯灯泡熄灭后立即再启动，需一段时间才能正常发光?

答 因为内触发高压钠灯灯泡在正常燃点熄灭后，电弧管内蒸气压很高，镇流器上感应电动势就显得不足，所以，必须待灯泡冷却后，启动燃点。

7-80 什么是金属卤化物灯？它的工作原理是怎样的?

答 由金属蒸气和金属卤化物分解物的混合物放电而发光的放电灯叫金属卤化物灯。在高压汞灯内添加某些金属卤化物，靠金属卤化物的蒸气不断循环，向电弧提供相应金属蒸气，弧光放电发出具有该金属特征光谱的光线。这种光源光色好并且光效高。

7-81 卤钨灯有何特点?

答 卤钨灯具有以下特点：同额定功率相同的无卤素白炽灯相比，卤钨灯的体积要小得多，并允许充入高气压的较重气体（较昂贵），这些改变可延长寿命或提高光效。同样，卤钨灯也可直接接电源工作而不需控制电路（镇流器）。卤钨灯广泛用于机动车照明、投射系统、特种聚光灯、低价泛光照明、舞台及演播室照明及其他需要在紧凑、方便、性能良好上超过非卤素白炽灯的场合。

7-82 镝灯的特点及适用的场合有哪些?

答 镝灯具有很好的显色性和较高光效，被用于舞台、体育馆、摄影棚等需要彩色转播电视或照相场所。

7-83 高强度气体放电灯有哪几种？有何特点？

答 高强度气体放电灯（HID）具有以下特点：这类灯都是高气压放电灯，特点是都有短的高亮度的弧形放电管，通常放电管外面有某种形状的玻璃或石英外壳，外壳是透明或磨砂的，或涂一层荧光粉以增加红色辐射。分为以下三种：

（1）高压汞灯（HPMV）。最简单的高强度气体放电灯，放电发生在石英管内的汞蒸气中，放电管通常安装在涂有荧光粉的外玻璃壳内。高压汞灯仅有中等的光效及显色性，因此主要应用于室外照明及某些工矿企业的室内照明。

（2）高压钠灯（HPS）。需要用陶瓷弧光管，使它能承受超过1000℃的有腐蚀性的钠蒸气的侵蚀。陶瓷管安装在玻璃或石英泡内，使它与空气隔离。在所有高强度气体放电灯中，高压钠灯的光效最高，并且有很长的寿命（24000h），因此它是市中心、停车场、工厂厂房照明的理想光源。在这些场合，中等的显色性就能满足需要。显色性增强型及白光型高压钠灯也可用，但这是以降低光效为代价的。

（3）金属卤化物灯（M-H）。是高强度气体放电灯中最复杂的，这种灯的光辐射是通过激发金属原子产生的，通常包括几种金属元素。金属元素是以金属卤化物的形式引入的，能发出具有很好显色性的白光。放电管由石英或陶瓷制成，与高压钠灯相似，放电管装在玻璃泡壳或长管形石英外壳内。广泛应用在需要高发光效率、高品质白光的所有场合。典型应用包括上射照明、下射照明、泛光照明和聚光照明。紧凑型金属卤化物灯在需要精确控光的场合尤其适宜。

7-84 什么是无极放电灯？它的工作原理是怎样的？

答 没有电极的气体放电灯叫无极灯，也叫感应灯。无极放电灯通电后，灯头内产生高频磁场，经过高频线圈耦合作用到灯壳内气体，使气体中的电子和离子发生激烈运动而产生强烈的光。

7-85 感应无极灯有何特点？

答 感应无极灯具有以下特点：刚出现不久的无极气体放电灯，所需要的能量是通过高频场耦合到放电中的，变压器的二次绕组就能产生有效的放电。从形式看来，感应灯是紧凑型荧光灯的另一种形式，但高压部分也许不同。这种灯不局限于长管形（如荧光灯管），同时还能瞬时发光。工作频率在几个兆赫之内，并且需要特殊的驱动和控制灯燃点的电子线路装置。

7-86 场致发光照明有何特点？

答 场致发光照明具有以下特点：场致发光照明包括多种类型的发光面板和发光二极管，主要应用于标志牌及指示器，高亮度发光二极管可用于汽车尾灯及自行车闪烁尾灯，具有低电流消耗的优点。

7-87 什么是微波硫灯？它的工作原理和特点怎样？

答 微波硫灯（也称硫灯），是一种高效全光谱无极灯，利用2450MHz的微波辐射来激发石英泡壳内的发光物质硫，使它产生连续光谱，用于照明。该技术最早出现在20世纪90年代，但直到2005年微波硫灯才开始商业应用。

1. 工作原理

微波硫灯包含一个大约30mm的石英球泡，球泡中含有几毫克的硫粉末和氩气。球泡置于一个金属网的微波谐振腔中。一个磁控管发射2.45GHz的微波，通过波导轰击球泡。微波能量激发气体达到5个标准大气压（atm，1atm≈1.01×10^5Pa），使硫被加热到极高温度形成等离子发光。由于微波硫灯工作时温度极高，需要足够的散热措施以防止球泡熔化。

因为硫会与金属电极发生化学反应，所以硫灯无法采用传统的带电极的结构。硫灯灯泡的寿命大约为6万h，但磁控管的设计寿命目前只有1.5万～2万h。除荧光灯外，微波硫灯比其他气体放电类电光源具有更短的预热时间，并且切断电源后5min内就能够重新启动。

2. 发光质量

等离子态的硫主要成分是双硫原子结构（S2），因此微波硫灯属于分子激发发光，而不是原子激发。这样所激发的光谱是连续的，并且完整覆盖可见光谱。大约73%的发光落在可见光谱范围，而有害的紫外线成分不到1%。所发出的光非常接近太阳光。这些特点都是其他人造光源所无法比拟的。

光谱输出峰值在510nm，色温大约6000K，CRI（显色指数）为79。即使把光输出调低到15%，也不会影响发光质量。利用滤波片或在灯泡中添加其他化学元素可以对发光质量做进一步改善。

3. 优点

微波硫灯具有高光效（>85lm/W）、长寿命（>40000h）、光谱连续、光色好（色温6000～7000K，显色指数Ra>75）、无汞污染、良好的流明维持率、瞬时启动、低紫外和红外输出、发光体小等。

4. 应用

它是一种新的光源。输入电压220V，电流6.5A，光通量110000lm，适合大型厂房车间、工地等大面积照明场所。微波硫灯的功率比较大，都在千瓦以上，主要适用于大范围室外照明。

7-88 霓虹灯的工作原理如何？

答 霓虹灯是一种低气压冷阳极辉光放电发光的光源。气体放电发光是自然界的一种物理现象。通过气体放电使电能转换为五光十色的光谱线，是霓虹灯工作原理的基本过程。在通常的情况下，气体是良好的绝缘体，它不能传导电流。但是在强电场、光辐射、电子轰击和高温加热等条件下，气体分子可能发生电离，产生了可以自由移动的带电粒子，并在电场作用下形成电流，使绝缘的气体成为良导体。这种电流通过气体的现象就被称为气体放电过程。

它是在密闭的玻璃管内，充有氖、氦、氩等气体，灯管两端装有两个金属电极，电极一般用铜材料制作，电极引线接入电源电路，配上一只高压变压器，将10～15kV的电压加在电极上。由于管内的气体是由无数分子构成的，在正常状态下分子与原子呈中性。在高电压作用下，少量自由电子向阳极运动，气体分子的急剧游离激发电子加速运动，使管内气体导电，发出色彩的辉光（又称虹光）。霓虹灯原理的发光颜色与管内所用气体及灯管的颜色有关；霓虹灯原理如果在淡黄色管内装氖气就会发出金黄色的光，如果在无色透明管内装氖气就会发出黄白色的光。霓虹灯要产生不同颜色的光，就要用不同颜色的灯管或向霓虹灯管内注入不同的惰性气体，注入氦产生黄色，注入氖产生红色，注入氩产生蓝色，注入氪产生橙色，注入氙产生白色，氡气因具有放射性，一般不用。

7-89 室内照明应采用哪种类型光源？

答 室内光源类型的选用：

(1) 无特殊要求，应尽量选用高光效的气体放电灯，当使用白炽灯时，功率不应超过 100W。

(2) 较低矮房间（4.5m 以下）宜用荧光灯，更高的场所宜用 HID（高压气体放电）灯。

(3) 荧光灯以直管灯为主，需要时（如装饰）可用单端和自镇流荧光灯（紧凑型）；直管荧光灯光效更高，寿命长，质量较稳定；而自镇流荧光灯的优势是大多使用稀土三基色粉，多配用电子镇流器。

(4) 用 HID 灯应选用金卤灯、高压钠灯，一般不用汞灯。金卤灯有较好的显色性和光谱特性，比高压钠灯更优越，在多数场所，具有更佳视觉效果。

(5) 近年新出现的陶瓷内管金卤灯比石英管金卤灯具有更高光效（高 20%），更耐高温，显色性更好（Ra 达 82～85），光谱较连续，色温稳定，有隔紫外线效果。陶瓷金卤灯的优异性能是发展方向。

(6) 美国最新研制的脉冲启动型（Pulse Start）金卤灯，比普通美式金卤灯提高光效 15%～20%，延长寿命 50%，改善了光通维持率，配电感镇流器和触发器即可启动，我国已引进生产。

(7) 选用金卤灯应注意不同系列产品，主要有两大类：一是习惯称为美式金卤灯，即按美标的钪钠灯，我国已引进 10 条生产线，主要是这类产品；二是欧式金卤灯，有飞利浦的钠铊铟灯和欧司朗的金卤灯。两类均可用，各有特点，但必须注意其启动性能不同，配套电器附件不同。

(8) 直管荧光灯的管径趋向小型，有利于提高光效，节省了制灯材料，特别是降低了汞和荧光粉用量，从 T12 到 T8 到 T5，当前主要目标是用 T8 取代 T12，进一步再用 T5；管径小便于使用稀土三基色粉，从而使 Ra 更高（85），光效提高了 15%～20%，光衰小，寿命更长（达 12000h），用汞量少 80%，更符合节能、环保要求。

7-90 应急照明灯应安装在什么位置？

答 (1) 高层建筑的下列部位应设置应急照明：

1) 楼梯间、防烟楼梯间前室、消防电梯间及其前室、合用室和避难层（间）。

2) 配电室、消防控制室、消防水泵室、防烟排烟机房、供消防用电的蓄电池室、自备发电机房、电话总机房以及发生火灾时仍需坚持工作的其他房间。

3) 观众厅、展览厅、多功能厅、餐厅和商业营业厅等人员密集的场所。

4) 公共建筑内的疏散走道和居住建筑内走道长度超过 20m 的内走道。

疏散用的应急照明，其地面最低照度不应低于 0.5lx，消防控制室、消防水泵房、防烟排烟机房、配电室和自备发电机房电话总机房以及发生火灾时仍需坚持工作的其他房间的应急照明，仍应保证正常照明的照度。

消防应急照明灯具应急转换时间不大于 5s，消防应急照明灯具的应急工作时间不小于 30min。

自带电源型消防应急照明灯具所用电池为全封闭免维护的充电电池，电池的使用寿命不小于 4 年，或全充、放电循环次数不小于 400 次。

(2) 下列部位需设置火灾事故时的备用照明：

1) 疏散楼梯（包括防烟楼梯间前室）、消防电梯及其前室；

2) 消防控制室、自备电源室（包括发电机房、UPS 室和蓄电池室等）、配电室、消费水泵房、防排烟机房等；

3) 观众厅、宴会厅、重要的多功能厅及每层建筑面积超过 1500m^2 的展览厅、营业厅等；面积超过 200m^2 的演播室，人员密集建筑面积超过 300m^2 的地下室；

4）通信机房、大中型电子计算机房、BAS中央控制室等重要技术用房；

5）每层人员密集的公共活动场所等；

6）公共建筑内的疏散走道和居住建筑内长度超过20m的内走道。

（3）建筑物（除二类建筑的住宅外）的疏散走道和公共出口处，应设疏散照明。

（4）凡在火灾时因正常电源突然中断将导致人员伤亡的潜在危险场所（如医院内的重要手术室、急救室等），应设安全照明。

（5）应急照明在正常电源断电后，其电源转换时间应满足：疏散照明不大于15s（金融商业交易场所不大于1.5s）；安全照明不大于0.5s。

（6）在无障碍设计要求时，宜同时设有音响指示信号。楼梯间内的疏散标志灯宜安装在转弯的墙角处或壁装，并应用箭头及阿拉伯数字清楚标明上、下层层号。根据出口门和疏散走道的相对位置，可以装设双面有图形、文字的出口标志。

（7）应急照明的接线方式：各应急灯具宜设置专用线路，中途不设置开关。二线制和三线制型应急灯具可统一接在专用电源上。各专用电源的设置应和相应的防火规范结合。应急电源与灯具分开放置的，其电气连接应采用耐高温电线，以满足防火要求。

1）二线制接线方式。该接法是专用应急灯具常用接法，适用在应急灯平时不作照明使用，待断电后，应急灯自动点亮；也适用于微功耗应急灯平时常亮，待遇断电后，转为应急持续点亮。

2）三线制接线方式。该接法为应急灯最多的接法，可对应急灯具平时的开或关进行控制，当外电路断电时不论开关处于何种状态，应急灯立即点亮应急。

7-91 应急照明灯应采用哪种光源？

答 应急照明灯的光源宜采用白炽灯泡和卤钨灯泡，这两种光源没有启动和再启动时间，并且不需要启动附加装置（镇流器、触发器、启动器），即点即亮。

7-92 应急照明灯的最低照度应该多大？

答 GB 50034—2013《建筑照明设计标准》中应急照明的照度规定标准值宜符合下列规定：

（1）备用照明的照度值除另有规定外，不低于该场所一般照明照度值的10%。

（2）安全照明的照度值不低于该场所一般照明照度值的5%。

（3）疏散通道的疏散照明的照度值不低于0.5lx。

7-93 障碍照明灯（航空障碍标志灯）应该如何设置？

答 航空障碍标志灯的装设应根据地区航空部门的要求决定。当需要装设时应符合下列要求：

（1）障碍标志灯的水平、垂直距离不宜小于45m。

（2）障碍标志灯应装设在建筑物或构筑物的最高部位。当至高点平面面积较大或为建筑群时，除在最高端装设障碍标志灯外，还应在其外侧转角的顶端分别设置。

（3）在烟囱顶上设置障碍标志灯时宜将其安装在低于烟囱口1.50～3m的部位，并成三角形水平排列。

（4）障碍标志灯宜采用自动通断其电源的控制装置。

（5）低光强障碍标志灯（距地面60m以上装设时采用）应为恒定光强的红色灯；中光强障碍标志灯（距地面90m以上装设时采用）应为红色光，其有效光强应大于1600cd；高光强障碍标志灯（距地面150m以上装设时采用）应为白色光，其有效光强随背景亮度而定。障碍标志灯的设置应有更换光源的措施。

（6）障碍标志灯电源应按主体建筑中最高负荷等级要求供电。

7-94 照度标准如何分级？

答 国家标准规定照度标准值分级如下：照度标准值按0.5、1、3、5、10、15、20、30、50、75、100、150、200、300、500、750、1000、1500、2000、3000、5000分为21级，照度单位为lx。

7-95 照明设计标准中的照明标准值中Ra、UGR是什么意思？

答 Ra是指一般显色指数，意为：光源对国际照明委员会规定的八种标准颜色样品特殊显色指数的平均值。Ra为该量的表示符号，无英文全称（显色指数符号为R，特殊显色指数为Ri，都有不同的定义）。

UGR为统一眩光值，英文全称Unified Glare Rating。度量室内视觉环境中的照明装置发出的光对人眼造成不舒适感主观反应的心理参量，其量值可按规定计算条件用CIE统一眩光值公式计算。同时还有GR（Glare Rating）表示眩光值。二者的区别就是UGR用于室内，GR用于室外。

7-96 对公园照明设计有哪些要求？

答 公园照明设计要求如下：

（1）应根据公园类型（功能）、风格、周边环境和夜间使用状况，确定照度水平和选择照明方式；

（2）应避免溢散光对行人、周围环境及园林生态的影响；

（3）公园公共活动区域的照度标准值应符合表7-7中的规定。

表7-7 公园公共活动区域的照度标准值

区域	最小平均水平照度 $E_{h.min}$	最小半柱面照度 $E_{sc.min}$
人行道、非机动车道	2	2
庭院、平台	5	3
儿童游戏场地	10	4

7-97 庭院照明采用哪些照明器？有何特征？

答 室外庭院绿化区域大都采用庭院灯和草坪灯，这类灯既是装饰品又有夜景照明功能。目前常用的草坪灯设置在草坪的边缘，在人们沿小径散步时具有引路功能；灯的安装高度在0.5m左右，灯的结构多为百叶窗形式，从外面看不见灯泡，如今多用节能灯、荧光灯代替白炽灯。

7-98 建筑物和纪念碑立面照明安装投光灯以显示里外面照明效果时，投光灯应如何布置？

答 建筑物和纪念碑立面照明采用投光灯投射以显示里外面照明效果的这种做法属于泛光照明，而泛光照明是一种使室外的目标或场地比周围环境明亮的照明，是在夜晚投光照射建筑物外部的一种照明方式。泛光照明的目的是多种多样的，其一是为了安全或为了夜间仍能继续工作，如汽车停车场、货场等；其二是为了突出雕像、标牌或使建筑物在夜色中更显特征。

在建筑物和纪念碑的装饰照明中，是用尽可能多的光，在少产生或不产生不舒适眩光的条件下，使建筑艺术得到充分体现。在建筑物泛光照明设计时，要根据建筑物表面的材料、平滑程度和造型选择光源和灯具。灯具的位置尽可能地安装在店牌或装潢物的后面，使灯具避开人们的视线，但必须考虑整体照明效果，不能造成阴影。在无法避开视线的情况下，尽可能地使灯具不破坏建筑物的整体效果。

建筑物的泛光照明应同周围环境相配合。要注意以下方面：

第一，要考虑建筑物的材料与灯具的光源相结合。建筑物泛光照明照度一般在 15～450lx 之间，大小取决于周围的照明条件和建筑材料的反射能力。

第二，要考虑建筑物的造型与光源的色彩相结合。根据建筑物的造型可选择彩色照明，在建筑物的正面和侧面之间造成明显的颜色反差，增添一种节日气氛。

第三，建筑物泛光照明与霓虹灯照明相结合。对于建筑物单是泛光照明还不够，还可以配合霓虹灯照明，在一座建筑大厦的照明设计中，群楼部分可用霓虹灯进行装饰，主楼可采用泛光照明，上部根据建筑物的造型选择霓虹灯，形成一种主体式照明效果。

7-99 建筑物里面照度如何确定？

答 建筑物里面照度应按 GB 50034—2013《建筑照明设计标准》中规定确定，可参见表 7-8 中规定的值。

表 7-8 GB 50034—2013 规定了新建、改建和扩建的居住、公共和工业建筑的一般照度标准值

房间（场所）	参考平面及其高度	照度标准值/lx
居住建筑起居室（一般活动）	0.75m 水平面	100
居住建筑起居室（书写阅读）	0.75m 水平面	300 宜用混合照明
居住建筑餐厅	0.75m 餐桌面	150
图书馆一般阅览室	0.75m 水平面	300
办公建筑普通办公室	0.75m 水平面	300
一般超市营业厅	0.75m 水平面	300
医院候诊室、挂号厅	0.75m 水平面	200
学校教室	课桌面	300
学校教室黑板	黑板面	500
公用场所	普通走廊、流动区域	地面 50
公用场所自动扶梯	地面	150
工业建筑机械加工	0.75m 水平面	200
工业建筑机械加工	一般加工公差≥0.1mm，0.75m 水平面	300 应另加局部照明
工业建筑机械加工	精密加工公差<0.1mm，0.75m 水平面	500 应另加局部照明

符合下列条件之一及以上时，作业面或参考平面的照度，可按照度标准值分级提高一级。

(1) 视觉要求高的精细作业场所，眼睛至识别对象的距离大于 5（×）nun 时；
(2) 连续长时间紧张的视觉作业，对视觉器官有不良影响时；
(3) 识别移动对象，要求识别时间短促而辨认困难时；
(4) 视觉作业对操作安全有重要影响时；
(5) 识别对象亮度对比小于 0.3 时；
(6) 作业精度要求较高，且产生差错会造成很大损失时；
(7) 视觉能力低于正常能力时；
(8) 建筑等级和功能要求高时。

续表

房间（场所）	参考平面及其高度	照度标准值/lx
符合下列条件之一及以上时，作业面或参考平面的照度，可按照度标准值分级降低一级。		
（1）进行很短时间的作业时； （2）作业精度或速度无关紧要时； （3）建筑等级和功能要求较低时。		
在一般情况下，设计照度值与照度标准值相比较，可有－10%—＋10%的偏差。		

7-100 什么是夜景照明？夜景照明应采用哪些方法来表现？

答 除体育场场地、建筑工地和道路照明等功能性照明以外，所有室外公共活动空间或景物的夜间景观的照明叫做夜景照明，亦称景观照明。

夜景照明多采用多元空间立体照明方法，包括泛光照明法、轮廓照明法、内透光照明法、剪影照明法、层叠照明法、重点照明法、动态照明法的综合运用，表现照明对象的形象特征和艺术内涵以及文化修养。

7-101 夜景照明设计如何选择照明光源？

答 夜景照明设计按下列条件选择照明光源：

（1）泛光照明宜采用金属卤化物灯或高压钠灯。

（2）内透光照明宜采用三基色直管荧光灯、发光二极管（LED）灯或紧凑型荧光灯。

（3）轮廓照明宜采用紧凑型荧光灯、冷阴极荧光灯或发光二极管（LED）灯。

（4）商业步行街、广告等对颜色识别要求较高的场所宜采用金属卤化物灯、三基色直管荧光灯或其他高显色性光源。

（5）园林、广场的草坪灯宜采用紧凑型荧光灯、发光二极管（LED）灯或小功率的金属卤化物灯。

（6）自发光的广告、标志宜采用发光二极管（LED）板、场致发光膜（EL）等低耗能光源。

（7）通常不宜采用高压汞灯，不应采用自镇流荧光高压汞灯和普通照明白炽灯。

7-102 工厂照明灯具应如何选择？

答 工厂照明灯具的选择原则是：

（1）工厂照明灯具的选择应根据环境条件、照明器光强分布曲线、限制弦光能力、外形美观与建筑协调等因素来选定。

（2）工厂照明必须首先满足生产和检验的需要。厂房照明系统通常分三大类：①厂房高度在15m以上的大厂房，灯具安装高度在7～8m间，宜采用集中配光直射型（即深照型）照明器，间或使用高压汞灯和高压钠灯电光源；②在厂房高度低于15m的厂房，灯具安装在5～6m间，宜采用余弦配光直射型（即配照型）照明器，间或使用高压汞灯和高压钠灯电光源；③在照明器的上方需要观察设备的场所及室内整个空间要求光线柔和的场所，宜采用上半球有光通分布的均照配光型照明器。另外，在厂房中四周墙上和柱上设置广照型照明器，使用高功率荧光灯电光源，以求二者相结合，以保证工作面上所需照度。

（3）在有机械撞伤的场所或照明器安装高度很低时，照明器应有保护设施，如有钢丝网防护罩。

（4）在有爆炸性气体或粉尘的厂房内时，应采用防爆防尘式照明器；其控制开关不应装设在同一场所，若需要安置在同一场所，应采用防爆式开关。

（5）在潮湿有水蒸气的厂房内时，应采用防水全密封式照明器；在潮湿的室外环境应采用具有结晶水出口的封闭式照明器或带有防水口的敞口式照明器。

（6）在有腐蚀性气体和特别潮湿的室内，应采用全密封式照明器，灯具的各个部件应做防腐处理，开关设备应加保护装置。

（7）应考虑照明灯具的维护方便和使用安全。

（8）在选择照明器时应考虑保持灯泡光线中心的正确位置和保护角，照明器的尺寸应与灯泡功率容量大小相匹配。

7-103 水景照明设计要遵循哪些原则？

答 （1）应正确评估周围环境与水景的关系，准确决定在景观中应照射的对象。

（2）设备的安装要考虑特定照度、观赏角度等原因，确保灯具的投射方向不会造成眩光或光污染。

（3）设计和施工必须遵守国家规程或IEC标准规范，满足安全措施的需求。

（4）材料选型必须严格执行水下设备的防护等级要求。

7-104 照明系统中每一单相回路最多装几盏灯？

答 照明系统中的每一单相回路，不宜超过16A，灯具为单独回路时数量不宜超过25个。大型建筑组合灯具每一单相回路不宜超过25A，光源数量不宜超过60个。建筑物轮廓灯每一单相回路不宜超过100个。

7-105 如何计算电源插座的用电量？

答 JGJ/T 16—2008《民用建筑电气设计规范》中规定当插座为单独回路时数量不宜超过10（组）。我们以86系列插座为计算单位，86系列插座有额定电压250V的额定电流10A和15A插座两种。若以10A插座为计算单位，则每一单独回路的用电量为220V×10A×10＝22000W＝22kW；又以15A插座为计算单位，则每一单独回路的用电量为220V×10×15A＝33000W＝33kW。这两种计算方法是以每一个10A插座接满负荷或每一个15A插座接满负荷计算的，生活中每个插座实际负荷是变化的。如果一个配电箱连接多个单独插座回路和其他配电回路，还存在一个同时率和需用系数问题，在进行供电变压器和配电箱总负荷计算时需考虑进去。现在小五金市场的插座型号、系列五花八门，大部分都和86系列插座性能相仿，10A插座用于一般小型家电设备（如电吹风机、座式电风扇、电水壶等），15A插座用于家用空调机。

7-106 三相四线制系统向气体放电光源供电时，中性线的截面积如何选择？

答 GB 50054—2011《低压配电设计规范》中规定：在三相四线制配电系统中，中性线的容许载流量不应小于线路中最大不平衡负荷电流，且应计入谐波电流的影响。以气体放电灯为主要负荷的回路中，中性线截面积不应小于相线截面积。因此，选择中性线的截面积等于相线的截面积。

7-107 照明灯在什么条件下宜采用36V及以下电压？

答 照明灯具采用36V的安全电压是基于安全考虑的，在以下的场合使用：

(1) 隧道、人防工程、高温、有导电灰尘、比较潮湿或灯具离地面高度低于 2.5m 等场所的照明，电源电压不应大于 36V。

(2) 潮湿和易触及带电体场所的照明，电源电压不得大于 24V。

(3) 特别潮湿场所、导电良好的地面、锅炉或金属容器内的照明，电源电压不得大于 12V。

7-108 照明灯具末端电压损失有何限制？

答 照明灯具的末端电压损失在一般工作场所为±5%；远离变电所的小面积一般工作场所难以满足上述要求时，可为+5%、−10%；应急照明、道路照明和警卫照明等为+5%、−10%。末端电压损失限制电压不低于 198V。

7-109 照明负荷应如何计算？

答 照明负荷计算通常在配电系统图已初步拟定后进行。首先要做的工作是统计各部分的设备容量 P_e。它也称为设备功率或安装功率。设备容量 P_e 的计算是将该部分所连接的用电设备功率相加，以 kW 为单位的总和。

照明的负荷计算是算出通过配电系统各部分（支线、干线及配电箱等）的电流和功率作为选择供电导线、开关设备等的依据，也作为校验电压损失的资料。照明用电设备除固定安装的灯具外，有时还包括吊扇、插座等各种小型用电设备。

对于配电箱、干线或总进线的设备容量 P_e，其计算方法与支路相同。通常，有了各支路的 P_e 后，一个配电箱的 P_e 便可由它供电的各支路 P_e 相加而得。各配电箱的 P_e 得出后，干线或进线的 P_e 又可由所负担的配电箱的 P_e 相加而得。

同时还要考虑一个问题。由于各支路供电均为单相，而电源进线常为三相四线制系统，为了三相平衡，在 P_e 的分配上，应求各配电箱、干线或总进线上的容量，各相要大体平衡（允许有差别，但尽量使其不平衡小一些）。为此，常要标出各支路的相别，并检查干线或配电箱各相容量的大小，如不平衡，可调换个别支路的相别来解决。有时看到一个配电箱各支路的相别不按 U、V、W 的顺序书写，便是这个原因。

有了设备容量 P_e 便可计算各配电箱及线路的计算负荷 P_{js}。其计算公式为

$$P_{js} = K_x \cdot K_{sh} \cdot \sum P_e \tag{7-10}$$

式中 P_{js}——计算负荷，kW；

$\sum P_e$——所计算部分（支、干线，总进线、配电箱）的设备容量，kW；

K_x——需用系数，见表 7-9；

K_{sh}——同时系数，见表 7-10，通常照明负荷的同时系数 K_{sh} 取为 1。

最后，根据计算负荷 P_{js} 求出相应的计算电流 I_{js}，其三相计算电流公式为

$$I_{js} = \frac{P_{js}}{\sqrt{3}U_l\cos\varphi} \tag{7-11}$$

其单相计算电流公式为

$$I_{js} = \frac{P_{js}}{U_x\cos\varphi} \tag{7-12}$$

式中 I_{js}——计算电流，A；

P_{js}——计算负荷，kW；

U_l——线电压，V；

U_x——相电压，V；

$\cos\varphi$——负荷的功率因数。

公式中较难解决的问题是 $\cos\varphi$ 值。因为不同的用电设备有不同的 $\cos\varphi$ 值（如白炽灯等 $\cos\varphi$ 为 1，吊扇 $\cos\varphi$ 约为 0.8，荧光灯等 $\cos\varphi$ 约为 0.5）。为了简化，通常估计计算负荷中白炽灯容量占大多数时，可取 $\cos\varphi$ 为 1.0；当荧光灯的容量占大多数时，可取 $\cos\varphi$ 为 0.6；当两者容量接近时，可取 $\cos\varphi$ 为 0.8。

表 7-9　　各种建筑物的照明负荷需用系数

建筑类别	需用系数 K_x	备　　注
民用建筑		
住宅楼	0.4～0.6	单元住宅，每户两室 6～8 个插座，户装电能表
单身宿舍楼	0.6～0.7	标准单间，1～2 盏灯，2～3 个插座
办公楼	0.7～0.8	标准单间，2 盏灯，2～3 个插座
科研楼	0.8～0.9	标准单间，2 盏灯，2～3 个插座
教学楼	0.8～0.9	标准教室，6～8 盏灯，1～2 个插座
商店	0.85～0.95	有举办展销会可能
餐厅	0.8～0.9	
社会旅馆	0.7～0.8	标准客房，1 盏灯，2～3 个插座
	0.8～0.9	附有对外餐厅时
旅游宾馆	0.35～0.45	标准客房，4～5 盏灯，4～6 个插座
门诊楼	0.6～0.7	
病房楼	0.5～0.6	
影院	0.7～0.8	
剧院	0.6～0.8	
体育馆	0.65～0.75	
工业建筑		
小型生产建筑、小仓库	1.0	
由大跨间组成的厂房	0.95	
由多数小间组成的厂房	0.85	
大型仓库、变、配电所	0.6	
事故照明、室外照明	1.0	

表 7-10　　有功负荷和无功负荷的同时系数

适用范围/kW	同时系数 K_{sh}	适用范围/kW	同时系数 K_{sh}
计算负荷小于 5000	0.9～1.0	计算负荷超过 10000	0.80
计算负荷为 5000～10000	0.85		

注　K_{sh} 为配电所母线上最大负荷时所采用的同时系数。

7-110 需用系数 K_X 的含义是什么？它是如何选定的？

答　考虑到所有安装的设备并不全部使用或者并不满额使用而打一个折扣的常数叫做需用系数。这个常数是小于或等于 1 的一个数。选择需用系数要考虑以下几点：

（1）对于表 7-12 中未提到的建筑，可套用性质相近的建筑的需用系数。

（2）在系数变化范围中，一般建筑物面积较大的取其中的较小值。

(3) 表7-12中的系数适合于计算一座建筑物的总负荷（指总进线负荷）。对于以下的干线等，系数应逐渐适当增大，到最后的支路时，系数要取为1。因此，在支路中，$P_{js}=P_e$。

(4) 在分析研究需用系数的取值时，一般以取偏大些为宜。这样既可满足发展（增加负荷）的需要，也可照顾三相不平衡时最大相的要求，并能弥补统计 P_e（如荧光灯按40W计）时的不足。

7-111 同时系数 K_{sh} 的含义是什么？它是如何选定的？

答 考虑到所有安装的设备并不是全部在同一时间内使用，或并不满额时间内使用而打一个折扣的常数，叫做同时系数。这个常数是小于或等于1的一个数。选择同时系数要考虑以下几点：

(1) 要考虑计算负荷的大小而选定，当计算负荷较少时，同时系数可取为1。

(2) 同时系数是用在多组设备的计算负荷中。

(3) 同时系数是一个不小于0.8的数。

7-112 如何计算灯具所需的数量和功率？

答 建筑物未做照明设计前，规划是对建筑物的总建筑面积 S 有所划定，知道了总建筑面积我们就可以用单位面积容量法来估算用电功率和灯具的数量。此方法计算比较简单、实用。下面我们就介绍单位面积容量法，其计算公式为

(1) 灯具的总功率：

$$\sum P = W \cdot S \tag{7-13}$$

(2) 灯具的数量：

$$N = \sum P/P \tag{7-14}$$

式中 W——单位面积所需的照明功率，W/m^2，参见表7-11；

S——建筑物的总面积，m^2；

$\sum P$——灯具的总功率，W；

P——灯泡的功率，W；

N——灯具的数量。

表7-11 单位面积所需的照明功率

序号	建筑物名称	单位面积消耗功率 /(W/m^2)	序号	建筑物名称	单位面积消耗功率 /(W/m^2)
1	金工车间	6	14	各种仓库	5
2	装配车间	9	15	生活间	8
3	工具修理车间	8	16	锅炉房	4
4	金属结构车间	10	17	机车库	8
5	焊接车间	8	18	汽车库	8
6	锻工车间	7	19	住宅	4
7	热处理车间	8	20	学校	5
8	铸钢车间	8	21	办公楼	5
9	铸铁车间	8	22	单身宿舍	4
10	水工车间	11	23	食堂	4
11	实验室	10	24	托儿所	5
12	煤气站	7	25	商店	5
13	压缩空气站	5	26	浴室	3

注 本表可使用在一般工厂车间及有关场所。

7-113 建筑物未做照明设计前如何估算用电量？

答 建筑物（综合大楼）的交流用电量应当由动力、照明、控制、通信、智能化等系统用电的总和所组成。由各个专业计算本专业的计算负荷，提供到归口专业汇总就得到一个建筑物的用电量。

7-114 根据利用系数如何进行道路平均照度的计算？

答 道路平均照度的计算公式为

$$E_{av} = C_X qMN/WS \tag{7-15}$$

式中 C_X——利用系数，根据道路的宽度和灯具的安装高度、悬挑和仰角，由灯具的利用系数曲线图查出；

q——灯泡的光通量；

M——维护系数，随灯具的使用环境备件及维护状况的不同而异；

N——每个灯具内实际燃点的灯泡数目；

W——路面宽度；

S——灯具间距。

7-115 国际电工委员会（IEC）对灯具的防尘防水性能如何分级？

答 （1）灯具的防尘性能以字母“I”表示，它分成6级：

一级防尘：防护大于50mm的固体物；
二级防尘：防护大于12mm的固体物；
三级防尘：防护大于2.5mm的固体物；
四级防尘：防护大于1.0mm的固体物；
五级防尘：也称“防尘”；
六级防尘：也称完全防尘或“尘密”。

（2）灯具的防水性能以“P”表示，它分成8级：

一级防水：防垂直落下的雨滴；
二级防水：防以最大达150°倾斜角落下的雨滴；
三级防水：防雨水，也称防“淋”；
四级防水：防“溅”；
五级防水：防“喷”；
六级防水：防巨浪；
七级防水：防浸泡，也称“水密”；
八级防水：防长时间浸泡，也称“加压水密”。

7-116 IP54表示什么含义？

答 国际电工委员会规定灯具壳体的防尘、防水等级由字母IP（防护指标）后跟两个数字表示。第一位数字表示防尘级别，第二位数字表示防水级别。IP54表示灯具为5级防尘、4级防水。

7-117 何时选用胶质灯头？何时选用瓷质灯头？

答 灯泡功率在100W及以下时，可以选用胶质灯头；在100W以上及防潮灯具，应选用瓷质灯头。

7-118 灯头的接线要注意什么？

答 螺口灯头的接线应当特别注意中心接线端子L一定接相线，螺纹接线端子一定接中性线，不能接错，否则会引起触电事故。

7-119 普通吊线灯的适用范围如何？

答 普通吊线灯一般适用于办公室、学校、宿舍、民居等室内，不能使用于有风力的场所，否则会引起照明器的摆动，光线晃动将容易造成人们视觉疲劳，因此，它使用有一定的局限性。

7-120 当灯具过重时应如何固定？

答 当灯具过重时，一般方法是通过灯盘（灯座）采用多枚膨胀螺栓分担灯具的重量来安装灯具；另一种方法是通过预先在灯位的钢筋混凝土中设置预埋件挂钩来承受灯具重量来安装灯具。

7-121 楼梯间每层转弯平台照明灯控制的楼梯开关是怎样接线的？

答 楼梯间每层转弯平台照明灯控制的楼梯开关采用单刀双掷开关，又称双向开关。楼梯间每层转弯平台照明灯控制的楼梯开关需要两只单刀双掷开关（双向开关），即两只开关控制一盏灯的接线，具体接线如图7-3所示。

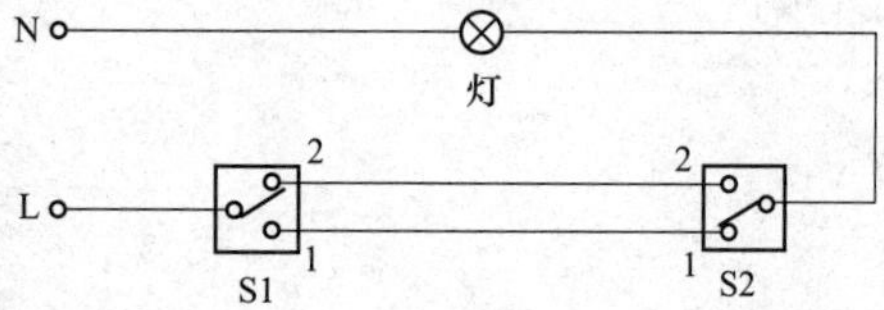

图7-3 每层转弯平台照明灯的接线图

图7-3中L端子接相线，N端子接中性线，S1、S2为两只单刀双掷开关，下一层S1开关扳到1位置，转弯平台的灯就亮，到上一层时，将S2扳到2位置，转弯平台的灯就灭。每层的转弯平台如此循环接线就完成整个楼梯间的照明接线。

7-122 什么是眩光？怎样分类？设计照明时应怎样避免眩光？

答 人眼视野内的光引起视觉不舒适或造成视力下降的现象叫眩光。道路照明中眩光分失能眩光和不舒适眩光两类。眩光效应的大小与照明器距视中心线横向尺寸有关，横向尺寸越大，弦光效应就会相应减少。设计照明时采取提高照明器安装高度的方法，有利于减少眩光程度。

7-123 太阳路灯的工作原理是什么？

答 白天太阳能光伏电池板把阳光照射的光能转换为电能，经过智能控制器储蓄到蓄电池中，当夜幕降临光照度低于2lx时，太阳能电池板输出电压为3V左右，智能控制器检测到这一电压值后关断充电回路，打开通向光源的放电回路，蓄电池的电能经过控制器点亮路灯光源。天亮以后照度高于10lx时，智能控制器检测到10V左右电压值以后，关断放电回路，打开充电回路，开始给蓄电器充电的过程。

7-124 太阳路灯系统由哪些器件组成？

答 太阳路灯系统由以下器件组成：

（1）太阳能光伏电池板（包括支架）；

（2）光源和灯具组成的照明器；

（3）蓄电池组；

（4）智能控制器及灯杆、杆座等。

7-125 什么是LED照明？

答 利用电子能级跃迁发出红外、紫外可见光的半导体器件叫做LED（Light Emiting Diode）照明。它具有PN结、异质结、双异质结、量子阱等功能结构。

7-126 什么是半导体照明？

答 利用半导体器件作为光源照明的叫做半导体照明（Semi Conductor Lighting）。可利用的半导体器件有LED和LD等，仅在中国大陆和日本称为半导体照明。

7-127 什么是固态照明（SSL）？

答 利用固态光源技术器件作为照明的叫做固态照明（Solid State Lighting）。它主要的光源有LED、OLED、LD、Eld等。固态照明范围要比半导体照明范围大，内涵也更丰富。

7-128 试述LED照明的工作原理。

答 LED并不是通过原子内部的电子跃迁来发光的，而是通过将电压加在LED的PN结两端，使PN结本身形成一个能级（实际上，是一系列的能级），然后电子在这个能级上跃变并产生光子来发光的。

7-129 LED照明有何特点？

答 LED照明光源的优点：

（1）新型绿色环保光源。LED运用冷光源，眩光小，无辐射，使用中不产生有害物质。LED的工作电压低，采用直流驱动方式，超低功耗（单管0.03～0.06W），电光功率转换接近100%，在相同照明效果下比传统光源节能80%以上。LED的环保效益更佳，光谱中没有紫外线和红外线，而且废弃物可回收，没有污染，不含汞元素，可以安全触摸，属于典型的绿色照明光源。

（2）寿命长。LED为固体冷光源，环氧树脂封装，抗振动，灯体内也没有松动的部分，不存在灯丝发光易烧、热沉积、光衰等缺点，使用寿命可达6万～10万h，是传统光源使用寿命的10倍以上。LED性能稳定，可在－30～＋50℃环境下正常工作。

（3）多变换。LED光源可利用红、绿、蓝三原色原理，在计算机技术控制下使三种颜色具有256级灰度并任意混合，即可产生256×256×256（即16777216）种颜色，形成不同光色的组合。LED组合的光色变化多端，可实现丰富多彩的动态变化效果及各种图像。

（4）高新技术。与传统光源的发光效果相比，LED光源是低压微电子产品，成功地融合了计算机技术、网络通信技术、图像处理技术和嵌入式控制技术等。传统LED灯中使用的芯片尺寸为0.25mm×0.25mm，而照明用LED的尺寸一般都要在1.0mm×1.0mm以上。LED裸片成型的工作台式结构、倒金字塔结构和倒装芯片设计能够改善其发光效率，从而发出更多的光。LED封装设计方面的革新包括高传导率金属块基底、倒装芯片设计和裸盘浇铸式引线框等，采用这些方法都能设计出高功率、低热阻的器件，而且这些器件的照度比传统LED产品的照度更大。

LED光源的应用非常灵活，可以做成点、线、面各种形式的轻薄短小产品；LED的控制极为方便，只要调整电流，就可以随意调光；不同光色的组合变化多端，利用时序控制电路，更能达到丰富多彩的动态变化效果。

LED已经被广泛应用于各种照明设备中，如电池供电的闪光灯、微型声控灯、安全照明灯、室外道路和室内楼梯照明灯以及建筑物与标记连续照明灯。

7-130 什么是常规道路照明？

答 一只或两只灯具安装在高度通常为15m以下的灯杆上，按一定间距有规律地连续设置在道路的一侧、两侧或中央分车带上进行照明的一种方式叫做常规道路照明。采用这种方式时，灯具的纵轴垂直于路轴，因而灯具所发出的大部分光射向道路的纵方向。

7-131 什么是居住区道路？什么是路面平均亮度？

答 凡是居住区内的道路及主要供行人和非机动车通行的街巷叫做居住区道路。按照国际照明委员会CIE的有关规定，在路面上现场设定的点上测得的或计算的各点亮度的平均值叫做路面平均亮度。

7-132 城市道路照明对灯具有哪些要求？

答 城市道路照明灯具用来固定和保护光源，并调整光源的光线投射方向，以获得照明环境的合理光分布。对灯具的要求主要包括光学特性、机械特性以及电气特性。

（1）光学特性：按照光束峰值光强、光束角度、截光角度、光束效率、光强分布曲线及被照建筑物的体形、被照面面积、要达到的效果及灯具安装位置、高度等选择合适的灯具。

（2）机械特性：灯具应便于在水平及垂直方向进行调节，并具有牢固可靠的锁紧装置；应具有良好的耐腐蚀性能，室外灯具的防尘、防水等级应高于IP55。

（3）电气特性：城市道路照明灯具都安装于室外，因而必须具有良好的防触电保护，使灯具与保护接地连接。

7-133 道路照明如何选定光源？

答 按照行业标准CCJ45—2006《城市道路设计标准》进行道路光源的选择：

（1）快速路、主干路、次干路和支路应采用高压钠灯。

（2）居住区机动车和行人混合交通道路宜采用高压钠灯或小功率金属卤化物灯。

（3）市中心、商业中心等对颜色识别要求较高的机动车交通道路可采用金属卤化物灯。

（4）商业区步行街、居住区人行道路、机动车交通道路两侧人行道可采用小功率金属卤化物灯、细管径荧光灯或紧凑型荧光灯。

道路照明用光源的主要特性比较见表7-12。

表7-12 道路照明用光源的主要特性比较

光源特性名称	高压钠灯	金属卤化物灯	紧凑型荧光灯	LED灯
光效/(lm/W)	100～120	65～120	65	65～100（还有较大提高空间）
寿命/h	10000	5000～20000	10000	>30000
一般显色指数	20～25	65～95	65～90	70～85

续表

光源特性名称	高压钠灯	金属卤化物灯	紧凑型荧光灯	LED灯
环保	有汞	有汞	有汞	无
抗震性能	较好	好	较差	好
节能程度	较好	较好	较好	好

7-134 道路照明灯具按光强分布曲线可分为几类？各适用于什么场合？

答 道路照明灯具按光强分布曲线可分为截光型、非截光型、半截光型三大类。

（1）截光型灯具由于严格限制水平光线，光的横向延伸受到抑制，致使道路周围地区变暗，几乎感觉不到眩光，同时可以获得较高的路面亮度与亮度均匀度，其主要用于高速公路或市郊道路。

（2）非截光型灯具不限制水平光线，眩光严重，但它能把接近水平的光线射到周围的建筑物上，看上去有一种明亮感，因此，在市内车速较低的街道，要求周围场合明亮时，应首先考虑使用此类灯具。

（3）半截光型灯具界于截光型与非截光型灯具之间，对水平光线有一定程度的限制，同时横向光线也有一定程度的延伸，有眩光但不严重，其主要用于城市的道路照明。

7-135 人行地道的照明应符合哪些要求？

答 人行地道的照明应符合以下要求：

（1）地道通道及梯道地面设计平均亮度（照度）不得小于nt（尼特）（≈30Lx）。应合理布设灯具，使照度均匀；地道进出口设计亮度（照度）不宜小于nt（≈30Lx）。

（2）灯具距地面的高度不宜小于2.2m。当灯具低位布置时，必须采取防护措施。

（3）地道照明电线的布设和配电箱宜考虑全部灯具照明、部分灯具照明、少量灯具深夜长明等不同要求，以节约用电。

（4）地道内应根据需要设置应急照明装置。重要地道考虑双路电源供电。

7-136 升降式的高杆灯主要组成部分有哪些？

答 升降式高杆灯有以下几部分组成：

（1）灯杆本体。形式有等径杆、圆锥形杆或者棱锥形杆。灯杆的高度大于20m，杆体采用热浸锌防腐。

（2）升降支架。插接在灯杆本体的顶部，一般为焊接构件，也需要热浸锌防腐处理，安装有电缆滑轮和钢丝滑轮，起升降灯盘的支撑作用。

（3）杆体避雷针。位于杆体的顶部，用于高杆的防雷。

（4）防护帽。用于对杆体升降架的防水。

（5）灯盘。采用高强度铝合金型材、不锈钢或者镀锌钢材拼接而成，强度高，防腐性能好，用于安装灯具和防坠落装置。

（6）灯具。安装在灯盘上，采用专业照明投光灯，效率高，电气一体化设计，防水防尘等级可达到IP65。

（7）升降机构。安装在杆体下部的接线箱内，包括电动机、减速装置和缠绕钢丝的卷筒，卷筒的形式有单卷筒、双卷筒、三卷筒。

（8）脱挂钩装置。用来在灯盘升降到位以后卸载钢丝绳的负荷，以提高钢丝绳的使用寿命和安全可靠性。

(9) 灯盘防坠落装置。安装在灯盘上。它可以在钢丝绳意外断裂或者由于其他的意外因素使灯盘发生坠落时迅速制动灯盘的坠落，提高安全度。

(10) 照明控制部分。安装在杆体下面的接线箱内，包括控制开关、过电流保护装置等，并且安装有供检修用的三相电源插座。

(11) 动力部分。采用可移动式的电动机，以减少杆体的尺寸，实现一机多用，降低工程造价，便于维修和维护，也可以根据需要采用内藏式固定电动机。

(12) 升降的控制部分。可安装在杆体下面的接线箱内，也可以安装在离杆一定的距离处，用于控制灯的升降。

7-137 常规路灯钢杆的安全接地电阻是多少？高杆灯钢杆的接地电阻是多少？

答 常规路灯钢杆的安全接地电阻不大于10Ω，高杆路灯钢杆的接地电阻不大于4Ω。

7-138 路灯的亮灯率的计算公式是怎样表示的？

答 路灯的亮灯率的计算公式是

$$\eta = \frac{N-n}{N}\% \tag{7-16}$$

式中 η——亮灯率；

N——总抽查灯数；

n——灭灯数。

7-139 道路照明的供电原则是什么？

答 道路照明设施供电原则有：

(1) 重要道路和区段的照明，宜采用双电源供电或将该地区路灯（隔灯隔杆、隔排）分别接在不同的控制开关上。

(2) 照明供电线路末端电压不应低于额定电压的90%。

(3) 采用路灯专用变压器供电时，变压器负载率可选择在额定容量的70%～80%。

(4) 三相负荷接线分配平衡。

7-140 衡量道路照明质量的四大指标是什么？它们主要用于评价哪些等级的道路？

答 衡量道路照明质量的四大指标分别是：平均亮度（或平均照度）、亮度均匀度、眩光限制和诱导性。它们主要用于评价快速路、主干路、次杆路和支路的照明质量。而主要供非机动车和行人通行的居住区道路应满足平均照度这一单项指标。

7-141 在进行隧道照明设计时，应特别地考虑什么问题？

答 在进行隧道照明设计时应从技术角度考虑，在白天日光下隧道内外亮度的差别非常大，驾驶员从明亮度环境进入亮度较低的环境，再从亮度较低的环境返回到明亮的环境中，所以在进行隧道照明设计的时候应特别考虑人眼的暗适应和明适应，即过渡照明技术问题。所谓过渡照明技术问题就是隧道进出口处，照明器排列密，到照明器逐渐排列稀疏，也即是隧道内的亮度从明到暗，再由暗到亮的过程。

7-142 对长隧道的照明，应划分几个区域进行设计？

答 长隧道照明设计时应特别考虑将长隧道划分为入口区、临界区、过渡区、室内区和出口区共五个区域分别进行照明设计。

7-143 隧道内照明灯具防护等级有什么要求？

答 隧道内照明灯具防护等级要求应不低于 IP65 级，也就是说防尘不小于 6 级，防水不小于 5 级。

7-144 隧道内的照明如何选择电光源与灯具？

答 隧道内的照明用的电光源除满足一般道路照明的主要要求外，还应选择在汽车排烟气中仍能保证有良好能见度的光源，因此一般情况下应使用在烟雾中有较好透视性的钠灯。照明灯具多采用吸顶式或嵌入式，选择时应考虑对墙面的配光以及烟尘污染问题。

7-145 路灯基本控制方式有哪些？路灯控制的基本要求有哪些？

答 路灯基本控制方式有手控、钟控、经纬度控制、光控和遥控共五种。

路灯控制的基本要求有三条：①白天不容许送电；②晚上必须送电；③能自动调节开关时间。

7-146 什么是定时钟控？有何优缺点？

答 依靠一般的时钟开关，将当天开（关）灯时间调整在时钟开关上进行路灯控制的方法叫定时钟控。优点是能确保白天断电和夜间送电；缺点是开（关）灯时间需经常调整，阴雨天时不能自行提前开灯。

7-147 什么是手控？有何优缺点？

答 根据光线明暗变化用人工进行路灯控制的方法叫手控。优点是开（关）灯时间正确，缺点是需要专人管理。

7-148 什么是光控？有何优缺点？

答 根据光导管中光敏电阻上接收到光的强弱（照度）进行路灯控制的方法叫光控。优点是能根据光线明暗变化自行确定开（关）灯，缺点是需要经常维护并易受到散光的干扰而误动作。

7-149 什么是经纬度控制？有何优缺点？

答 经纬度控制俗称微电脑控制，又称路灯自动控制仪。将当地的经纬度预先输入该控制仪，依靠程序自动计算每日的送电、断电时间，进行路灯控制的方法叫经纬度控制。优点是能确保白天断电和夜间送电，并在一次输入后不需要调整；缺点是阴雨天时不能自行提前开灯。

7-150 什么是灯台？灯台的作用是什么？

答 灯台俗称接线箱，用来安装道路照明的地下电缆的接头、熔断器、电容器和镇流器，在一定程度上，也起到装饰照明设施的作用。

7-151 什么是插口式灯头？什么是螺口式灯头？

答 插口式灯头为用插销与灯座进行连接的灯头，用B标志。螺口式灯头为用圆螺纹与灯座进行连接的灯头，用E标志。

7-152 E27和E40灯头的壳体与带电体之间的爬电距离各是多少？

答 E27灯头的壳体与带电体之间的爬电距离是3mm，E40灯头的壳体与带电体之间的爬电距离是5mm。

7-153 什么是灯座？什么是防潮灯座？

答 保持灯的位置和使灯与电源相连接的器件叫做灯座。供潮湿环境和户外使用的灯座叫做防潮灯座，这种灯座在使用时其性能不受雨水和潮湿气候的影响。

7-154 住宅照明节能的方法有哪些？

答 在住宅中，照明节能的方法有很多，列举如下：

（1）选择合理的照度。室内过暗或者过亮都是不可取的，同时充分利用室内受光面的反射性。如采用浅色的墙面可提高反射率，有效地提高光的利用率。

（2）选用高效节能的质量好的照明产品。例如，光源要选节能型的，选灯具不能只重款式不顾效率，配镇流器宜采用优质电子镇流器或节能型电感镇流器等。

（3）充分利用天然光。家具（如写字台）宜布置在受光较好的位置，可以在天然采光的时段和区域，不开或少开灯，可达到节约照明用电的目的。同时天然光还能改善工作环境，使人感到舒适，有利于健康。

（4）采用节电的控制方式。要控灯方便，在不需要照明的场合及时关灯。如果有条件，可采用红外控制、声控、调光等装置对照明进行自动节能控制。要定期擦拭灯具，要有节约用电的习惯。

7-155 人工照明为什么要限制照明功率密度值（LPD）？

答 照明功率密度值（Lighting Power Density，LPD），是在照明设计标准中新近采用的一个指标。该标准规定了我国7类建筑主要照明场所的最大功率密度值（LPD），即每平方米建筑面积照明用电功率限定指标，这7类建筑包括居住、办公、商业、旅馆、医院、学校和工业建筑。

除居住建筑外，其他6类建筑照明场所的功率密度值在标准中被规定为强制性照明节能评价指标。

第8章

节约用电和安全用电

8-1 提高负荷率有哪些好处?

答 负荷率是反映供、用电设备是否得到充分利用的重要技术经济指标之一，提高负荷率对发、供、用电都有好处。

发电厂提高负荷率可以多发电，运行经济，降低厂用电率和耗煤率，降低发电成本。例如，50万kW的发电厂，按日负荷率80%计算，每日只能发电960万kW·h；若将负荷率提高到95%，每日可发电1140万kW·h，即每日多发电180万kW·h，相当于增加一个10万kW的发电机组。

供电部门提高负荷率，可以充分发挥输配电线路及变压器等供电设备的效能，减少国家投资，减少供电网络中的电能损耗。电力网的电能损耗（如线损）与电流的平方成正比，用电不均衡，高峰时期过负荷，电能损耗量大大增加，甚至损坏供电线路和变压器，既不经济，又不安全。

用电单位提高负荷率，可以减少受电变压器容量，降低高峰负荷，减少基本电费开支，降低生产成本。统一按规定的时间有计划的均衡用电，生产就有保证。

8-2 提高负荷率有哪几种方法?

答 提高负荷率的方法很多，可以根据当地供用电实际情况，灵活采取措施，一般有以下几种主要方法：

(1) 对一个地区可以统一安排轮流周休日。规定每周开工班次，实行按线路或按区域轮休，使一周七天内负荷均衡。

(2) 有计划地统一合理安排上、下班时间，例如可按用电区域或行业错开上班时间，使用电负荷均匀，便于提高地区日负荷率。

(3) 对用电多且集中的大工矿企业，合理安排吃饭时间，以降低高峰，填平低谷用电负荷。三班制生产的企业也可采用轮流吃饭不关车的办法来提高日负荷率。

(4) 实行避峰用电。对间断性或经调整可以间断的大型用电设备，如磨机、水泵、气锤、破碎机、电焊机、间断性生产的电冶炉淬火炉等，可按照实际情况有计划地避开一个或两个高峰时间；也可以根据不同用户的特点安排某些厂矿、车间或生产班次全部避峰用电。

(5) 安排填谷负荷。一班制生产的轮流上后夜，两班制生产的要一班上后夜，三班制生产的把用电最多的一班放在后夜，用电多占人少的设备一直上后夜；还可以适当增加后夜班，即三班制的每周7个后夜班、6个白班、5个前夜班，两班制的每周开7个夜班、5个白班。

(6) 安排机动负荷。对负荷大、开停容易、临时开停对产品质量、产量影响不大的大企业安排一定数量的机动负荷，充分利用低谷时间用电。

(7) 对较大的工矿企业按批准的负荷曲线签订供用电合同，或加装电力定量器，由企业内部按上述方法调整。

（8）调整大的用电设备检修时间和部分企业停产大修时间可以提高月负荷率。

（9）根据农业季节性特点和部分企业季节性生产特点进行合理安排可以提高年负荷率。

（10）按上级批准的经济政策，实行奖励和惩罚制度。

8-3 日用电量、日平均负荷、瞬时负荷应怎样计算？

答 （1）日用电量的计算：

1）未装有变流倍率装置的电能表（直通表）：24h之内电能表的累计数，就是日用电量。

$$N_r = N_2 - N_1 \tag{8-1}$$

式中 N_2——本日24点时电能表的读数；

N_1——上日24点时电能表的读数；

N_r——日用电量，kW·h。

2）装有变流倍率装置的电能表［即只装有电流互感器（TA）的电能表］：24h之内电能表表头累计数乘以变流倍率后所得的数为日用电量，即

$$N_r = n \cdot K_{TA} \tag{8-2}$$

式中 n——电能表（0～24点）累计读数；

K_{TA}——TA倍率（变比）；

N_r——日用电量，kW·h。

3）同时装有电流互感器（TA）、电压互感器（TV）的电能表：

$$N_r = n \cdot K_{TA} \cdot K_{TV} \tag{8-3}$$

式中 n——电能表（0～24点）累计读数；

K_{TA}——电流互感器TA倍率（变比）；

K_{TV}——电压互感器TV倍率（变比）；

N_r——日用电量，kW·h。

（2）日平均负荷的计算：

$$P_r = \frac{N_r}{24} \tag{8-4}$$

式中 N_r——日用电量，kW·h；

24——日小时数；

P_r——日平均负荷，kW。

（3）瞬间负荷的计算：

1）用实测电流、电压计算：

$$P = \frac{\sqrt{3} \times U \times I \times \cos\varphi}{1000} \tag{8-5}$$

式中 U——电压，V；

I——电流，A；

$\cos\varphi$——功率因数；

P——有功功率，kW。

2）用秒表法计算：

$$P = \frac{3600 \times RK_{TA}K_{TV}}{NT} \tag{8-6}$$

式中　R——在测量时间内有功电能表圆盘的转数（一般最好测量10～20转）；
T——测量时间，s；
K_{TA}——电流互感器TA倍率（变比）；
K_{TV}——电压互感器TV倍率（变比）；
无电流、电压互感器时，K_{TA}、K_{TV}均为1；
3600——1h的秒数；
N——有功电能表铭牌上标明的常数，(r/min) / (kW·h)；
P——有功功率，kW。

用此法同样可以测量无功功率。

8-4 负荷率、同时率、线损率应如何计算?

答 (1) 负荷率是在一定时间内，平均负荷与最高负荷之比的百分数，用以衡量负荷的均衡性。如日、月、年负荷率按以下方法计算：

$$\eta\% = \frac{P_{pj}}{P_{max}} \times 100\% \tag{8-7}$$

式中　P_{pj}——平均负荷，kW；
P_{max}——最高负荷，kW；
$\eta\%$——负荷率（%）。

1）日负荷率的计算：

$$\eta_r\% = \frac{P_r}{P_{max}} \times 100\% \tag{8-8}$$

式中　P_r——日用电负荷，kW；
P_{max}——日最高负荷，kW；
$\eta_r\%$——日负荷率（%）。

2）月平均日负荷率的计算：

$$\eta_y\% = \frac{\sum \eta_r\%}{T_r} \times 100\%(\text{算术平均值}) \tag{8-9}$$

式中　$\sum \eta_r\%$——月内日负荷率之和，kW；
T_r——日负荷率的天数；
$\eta_y\%$——月平均日负荷率（%）。

3）年平均日负荷率的计算：

$$\eta_n\% = \frac{\sum \eta_y\%}{12} \times 100\%(\text{近似计算}) \tag{8-10}$$

式中　$\sum \eta_y\%$——各月平均日负荷率之和，kW；
12——年负荷率的月数；
$\eta_n\%$——年平均日负荷率（%）。

(2) 同时率是综合负荷曲线的最高负荷与构成该负荷曲线之各用户最高负荷之和的比，计算方法是

$$K_t = \frac{P_{zmax}}{\sum P_{max}} \tag{8-11}$$

式中 P_{zmax}——综合负荷曲线最高负荷，kW；

$\sum P_{max}$——各用户最高负荷之和，kW；

K_t——同时率。

（3）线损率是线损电量与供电量比值的百分数。线损率按下述方法计算：

1）理论线损率的计算：

$$\Delta A_L\% = \frac{\Delta A_{kb} + \Delta A_{gd}}{A_g} \times 100\% \tag{8-12}$$

2）统计线损率的计算：

$$\Delta A_s\% = \frac{A_g - A_y}{A_g} \times 100\% \tag{8-13}$$

式中 ΔA_{kb}——可变损失；

ΔA_{gd}——固定损失；

A_g——供电量；

A_y——用电量；

$\Delta A_L\%$——理论线损率；

$\Delta A_s\%$——统计线损率。

8-5 设备利用率、变压器利用率、年最大负荷利用小时、最大负荷损耗时间应怎样计算？

答 （1）设备利用率是指用电设备实际承担的综合最高负荷与其额定容量之比。计算方法是

$$K_{sb} = \frac{P_{smax}}{P_{sb}} \tag{8-14}$$

式中 P_{smax}——实际综合最高负荷，kW；

P_{sb}——设备额定容量之和，kW；

K_{sb}——设备利用率。

（2）变压器利用率是指变压器实际最高负荷与其额定容量之比，即

$$K_b = \frac{S_{smax}}{S_b} \tag{8-15}$$

式中 S_{smax}——变压器实际最高负荷，kVA；

S_b——变压器额定容量之和，kVA；

K_b——变压器利用率。

（3）年最大负荷利用小时是年总用电量除以年最高实际负荷所得的小时数，即

$$T_n = \frac{N_n}{P_{zg}} \tag{8-16}$$

式中 N_n——全年总用电量，kW·h；

P_{zg}——年最高负荷，kW；

T_n——年最大负荷利用小时，h。

（4）最大负荷损耗时间是指一定时间内总用电量除以该段时间内的最高负荷所得的小时数，即

$$T_{zf} = \frac{N_y}{P_d} \tag{8-17}$$

式中 N_y——一定时间的总用电量，kW·h；

P_d——单位时间内的最高负荷，kW；

T_{zf}——最大负荷损耗时间，h。

8-6 提高功率因数有什么好处？

答 提高功率因数的好处有以下几个方面：

（1）可以提高发电、供电设备的供电能力，使设备可以充分得到利用；

（2）可以提高用户设备（如变压器等）的利用率，节省供、用电设备投资，挖掘原有设备的潜力；

（3）可降低电力系统的电压损失，减少电压波动，改善电能质量；

（4）可减少输、变、配电设备中的电流，因而降低了电能输送过程的电能损失；

（5）可减少企业电费开支，降低生产成本。

8-7 工矿企业的功率因数应怎样计算？

答 （1）用电功率因数的大小是随用电负荷性质的变化而变化的。其瞬时值可由功率因数表直接读出。若无功率因数表时，可根据电压表、电流表和功率表在同一时间的读数，按下式计算：

$$\cos\varphi = \frac{P}{\sqrt{3}UI} \tag{8-18}$$

式中　P——功率表读数，kW·h；

U——电压表读数，V；

I——电流表读数，A；

$\cos\varphi$——功率因数。

【例 8-1】 有一用户，功率表指示 100kW，电压表指示 380V，电流表指示 200A，求功率因数是多少？

解：根据式（8-18），得

$$\cos\varphi = \frac{P}{\sqrt{3}UI} = \frac{100 \times 1000}{1.732 \times 380 \times 200} \approx 0.76$$

（2）计算某一段时间的平均功率因数时（如一个月），可根据有功和无功电能表在相应时间内的电量按下式计算：

$$\cos\varphi = \frac{1}{\sqrt{1 + \left(\frac{Q_t}{P_t}\right)^2}} \tag{8-19}$$

式中　P_t——有功电量，kW·h；

Q_t——无功电量，kvar·h；

【例 8-2】 有一用户，一个月的无功电量为 300kvar·h，有功电量为 800kvar·h，求功率因数。

解：根据式（8-19），得

$$\cos\varphi = \frac{800}{\sqrt{800^2 + 300^2}} = \frac{800}{\sqrt{730000}} \approx \frac{800}{854.4} \approx 0.94$$

8-8 提高功率因数有哪些方法？

答 提高功率因数主要有人工调整和自然调整两种方法。

自然调整主要采取以下措施：

(1) 尽量减少变压器和电动机的浮装容量，减少大马拉小车现象，使变压器电动机的实际负荷在其额定容量的75%以上；

(2) 调整负荷，提高设备的利用率，减少空载运行的设备；

(3) 电动机不是满载运行时，在不影响照明的情况下，可适当降低变压器的二次电压；

(4) 三角形接法的电动机负荷在50%以下时，可改为星形接法。

人工调整主要采取以下措施：

(1) 装置电容器，这是提高功率因数最经济有效的方法；

(2) 大容量绕线式异步电动机同步运行；

(3) 长期运行的大型设备采用同步电动机传动。

8-9 三相用电不平衡有哪些危害？

答 在三相供电系统中，由于某些电气设备，仅适用于单相用电，这样的电气设备接于电网上，如安排不合理就会造成三相电流不平衡。不平衡的电流将在系统各相中产生不同的电压降，导致电网电压三相不平衡。其主要危害如下：

(1) 对感应电动机的危害：由于三相电压不平衡，在感应电动机的定子上将产生一个逆序旋转磁场，此时感应电动机在正、逆两个旋转磁场的作用下运行。因正序旋转磁场比逆序旋转磁场大得多，故电动机的旋转方向按正序方向旋转。但转子逆序阻抗很小，所以逆序电流较大。因有逆序电流和磁场的存在，而产生较大的逆序制动力矩，将使电动机的输出功率大大减少，电动机绕组即过分发热。

(2) 在变、配电设备中，会降低设备利用率，所有的发电机、变压器等电气设备都是在三相负荷平衡的条件下设计的。如果三相负荷不平衡，只能以最大一相的负荷为限，因此，设备出力必然会减少。

8-10 频率与频率的质量指标是什么？造成频率变化的原因是什么？

答 频率是指交流电的电压、电流等参数的方向在单位时间内周期变化的次数。我国电力系统用的额定频率为50Hz，频率的质量指标为50Hz±0.2Hz，即小容量的电网频率允许在49.8～50.2Hz的范围内运行。

当系统负荷超过或低于电厂出力时，系统的频率就要降低或升高。欠缺容量与频率下降的关系如表8-1所示。

表8-1 欠缺容量与频率下降的关系

欠缺容量占系统最高负荷的百分数（%）	频率/Hz	欠缺容量占系统最高负荷的百分数（%）	频率/Hz
2～2.5	49.5	6～7.5	48.5
4～5	49	8～10	48

频率低于49.5Hz，运行时间不能超过60min；大电网频率低于49Hz的运行时间不能超过30min。

8-11 低频运行有什么危害？

答 低频运行不仅影响电力系统内部的运行安全，而且还会使千家万户不同程度的受到影响。

（1）低频使发电厂汽轮机叶片接近共振，甚至达到共振，从而造成叶片损坏事故。用电单位可能因电机转速下降引起设备损坏。

（2）低频时，电网应付事故的能力减弱，一遇大的波动，就容易造成电网瓦解，引起大面积停电。

（3）低频引起火力发电厂水泵、风机、磨机等辅机出力下降，从而导致电厂出力下降。降低一个频率，电厂出力约下降3%。

（4）火力发电厂的汽耗、煤耗及厂用电率上升。工业用户原材料及电力消耗上升，消耗增加。

（5）低频或频率不稳时，产品质量下降，废品率升高。

（6）影响产量。对不同的动力设备影响不同。一般降一个频率，产量下降2%～6%。

（7）对频率有严格要求的自动化设备，低频时会产生误动作。

（8）影响广播、通信、电视的质量，影响电钟准确性。

8-12 低电压的危害是什么？

答 低电压会给工农业生产和人民生活带来很大的困难和损失，其危害如下：

（1）降低发电、供电设备出力，增加线路电能损失；

（2）危及电网安全运行，严重时可引起电网瓦解；

（3）电动机启动困难、甚至不能启动；

（4）降低用户设备出力，使电动机过电流、温度上升，促使绝缘老化，降低电气强度，甚至烧坏电机；

（5）影响生产过程的正常进行和产品产量，严重时可引起低电压保护动作，造成断电；

（6）荧光灯不能启动，各种照明设备发光率下降；

（7）影响通信、广播、电视等质量。

8-13 用电单耗和电耗定额有什么不同？

答 用电单耗（简称单耗）就是生产某一单位产品或完成单位工作量所消耗的电能（kW·h）。电耗定额是指在特定条件下，生产单位产品或完成单位工作量所合理消耗电能的标准量。二者所不同的是：前者是实际发生的（即实际单耗），后者则是计划指标或标准量。

8-14 为什么要制定电耗定额？

答 电耗定额是衡量用电单位生产技术水平和经营管理水平的一项综合性技术经济指标，它是检查企业是否合理用电与节约用电的科学方法，也是考核生产人员工作水平、计算节电成果和确定用电指标的依据。加强定额管理对促进企业提高产品产量、降低生产成本、改善企业技术管理将起到推动作用。

8-15 综合电耗定额应包括哪些用电量？

答 综合电耗定额的用电量，是指确定范围内直接生产和间接生产所消耗的电量之和。直接生产用电量，是指产品（或半成品）在物理过程和化学过程以及生产工艺、设备（如机械、热力、电磁、化学、线路损失等）直接消耗的各项用电量。间接生产用电量是指与直接生产有关的其他电量。这些电量中应包括：

（1）修理、工具、备料、运输、供水、供气、供热、试验等所耗的用电量；

（2）设备的大修、中修、小修、事故检修以及检修后试运行的用电量；
（3）生产中为保证安全需要的用电量；
（4）用于三废处理的用电量；
（5）厂区、生产厂房、仓库以及生产办公室照明等的用电量；
（6）企业用电单位内部供电设施的损失电量。

8-16 产品电耗定额中不应该包括哪些用电量？

答 计算产品电耗定额的用电量中不应包括：
（1）向外单位转供的电量；
（2）基建工程用电量（包括试运行电量）；
（3）与生产无关的非生产用电量（如文化、生活福利设施）；
（4）新产品开发、研制和投产前试生产的用电量；
（5）自备发电厂的厂用电量；
（6）与上述有关的用电单位内部供电设施损失的电量。

8-17 制定产品电耗定额时计算产量的原则是什么？

答 计算产量的原则是：
（1）产品产量的计量单位应与生产计划，统计和产品目录中所有的计量单位相一致。
（2）产品数量应按合格产品入库量计算，有些产品还应按国家主管部门统一规定的基准量或折纯量进行计算。
（3）计算产品产量是在报告期内（如月、季、年）经检验符合国家标准、专业标准或订货合同规定的技术条件的产品数量。
（4）产量中不应包括该产品试生产期间的产量。

8-18 制定单位产品电耗定额应考虑哪些因素？

答 （1）应考虑在正常生产的条件下，历年或同期的实际电耗和先进定额的标准。在生产范围、规模和工艺操作没有较大变化的情况下，电耗定额不应高于历年曾达到的先进水平。
（2）考虑由于生产工艺改进、用电设备的革新、原材料的变化、机械化和自动化程度的提高，以及生产组织和企业管理的调整改进等。
（3）考虑推行节电技术措施所获得的效果和达到同行业同类产品先进电耗定额的可能性等。

8-19 怎样计算节约电能？

答 （1）用电单耗同期对比法：

$$节约电量(kW \cdot h) = 本期产量 \times (以前同期单耗 - 本期实际单耗)$$

（2）用电定额对比法：

$$节约电量(kW \cdot h) = 本期产量 \times (单耗定额 - 实际用电单耗)$$

（3）同期产值单位耗电计算法：

$$节约电量(kW \cdot h) = 本期实际产值 \times [以前同期单位产值用电量(kW \cdot h/万元) - 本期单位产值用电量(kW \cdot h/万元)]$$

此法适用于产品繁多不易计算产品单耗的企业。

以上各项计算结果，得正数为节电，得负数为费电。

(4) 用电设备容量减少时：

节约电量(kW·h) = 计算期实际运行时间×(改进前实际用电容量－改进后实际用电容量)

(5) 劳动生产率提高时：

节约电量(kW·h) = 改进前产品实际单耗×计算期实际提高的产量

(6) 单项措施节电效果的计算：

节约电量(kW·h) =(改进前所需功率－改进后实测功率)×使用时间×推广台数

8-20 电动设备节约用电应采取哪些措施？

答 把电能转变为机械能的各类设备数量极大，这类设备的节约用电占相当重要的地位。目前采取的措施主要有以下几点：

(1) 减少电动设备的传动损耗和摩擦损耗，减少负载设备的负载转矩。

(2) 提高变压器的利用率和电动机的负荷率，克服“大马拉小车”，控制空载运行，提高功率因数和效率。

(3) 采用自动控制的调速系统。

(4) 提高整流设备效率。

(5) 推广应用电动设备节能器。

(6) 更新、改造陈旧的电动设备。

8-21 为什么要使交流接触器无声运行？

答 交流接触器用交流电操作，存在噪声大、耗电多、线圈及铁芯温度高等许多缺点。改为直流操作后，大幅度降低了铁芯涡流损耗和磁滞损耗，以及短路后的损耗，因而节电效果显著。根据测定，100～600A 的接触器可节电 93%～99%，100A 以下的接触器可节电 68%～92%。如一台 CJ_1-600/3 的接触器交流操作时，需有功功率 260W，需无功功率 1kvar。改为直流操作后需有功功率 8W，不但不汲取无功功率反而可输出无功功率 450var，全年可节约有功电量 2200kW·h，节约无功电量 12700kvar·h。

使交流接触器无声运行有以下几点好处：

(1) 无噪声，改善工作环境；

(2) 运行温度低；

(3) 延长了接触器的使用寿命。

8-22 交流接触器无声运行的原理是什么？

答 交流接触器在保留原有线圈的基础上，只需增加一套简单的整流电路，把交流操作改为直流操作，其工作原理是：

(1) 采用电阻降压单相半波整流电路，如图 8-1 所示。在正半周时，电阻 R_1 起限流降压作用，二极管 VD1 导通、VD2 截止，通过接触器线圈的电流 I 方向如图 8-1 所示。负半周时二极管 VD1 截止、VD2 导通，线圈 KM 经 VD2 续流。于是线圈 KM 得到单方向脉动直流电，使接触器吸合。

(2) 接触器的保持采用电容降压半波整流电路，其保持电流仅为吸合电流的十分之一，如图 8-2 所示。正半周时，电容 C 起降压作用，VD 截止。负半周时 VD 导通，线圈 KM 通过二极管

VD续流（电流方向见图8-1）。

（3）接触器的吸合和保持电路的转换是用接触器的常闭辅助触点来实现的。如图8-3所示。当接触器KM合上时，接触器的常闭辅助触点KM2断开，使吸合电路自动转换为保持电路。

图8-3是一个交流接触器无声运行的原理接线图。

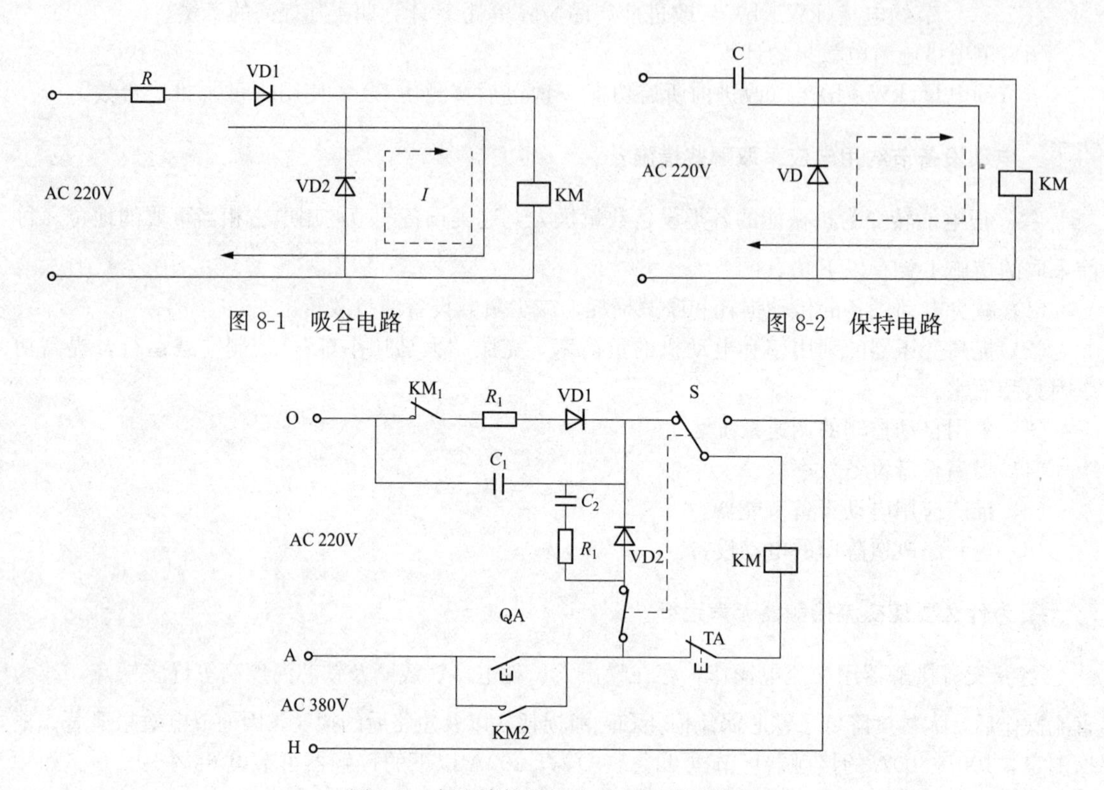

图8-1 吸合电路

图8-2 保持电路

图8-3 交流接触器无声运行原理接线图

其工作原理是：当O端为正，A端为负时，按下QA，VD1接入电路，供给KM脉动直流电，KM动作，KM1断开，R_1和VD1退出电路。当A端为正，O端为负时，VD2正向导通，对C_1充电，并同时接通KM续流回路。当O端恢复为正时，则KM靠C_1充电电流维持直流供电。

S为交直流转换开关，在整流电路进行故障维修时，可将转换开关S投入交流位置，使接触器转入交流运行，因此既方便修理又不影响电气设备的正常运行。

电容器C的电容量也可按下列经验公式计算：

$$C=(6.5\sim 8)I \tag{8-20}$$

式中 C——电容器的电容量，μF；

I——交流接触器直流工作时的工作电流，A。

限流电阻R_1的阻值随接触器型号不同一般选5～15Ω，调试时可根据接触器动作情况适当选择电阻。

8-23 交流接触器的无声运行可采用哪几种控制线路？

答：接触器无声运行的控制线路有下列几种方式：

（1）用于100A以上的接触器，可采用图8-4所示的电路进行控制。

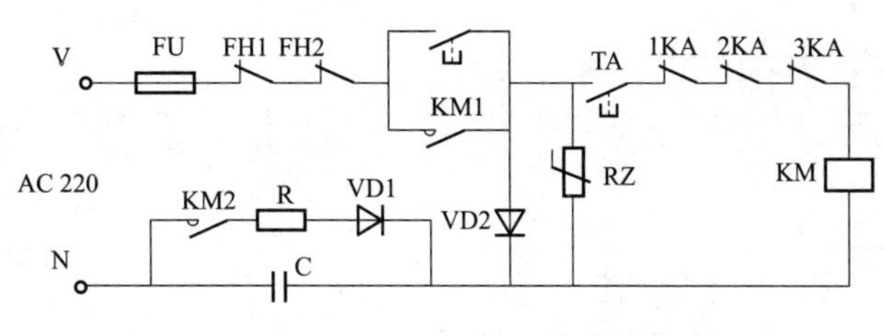

图8-4　100A以上的控制线路

（2）用于100A以下的接触器，采用图8-5所示的电路进行控制。

（3）采用公用电容储能合闸电源和独用保持电路，用于100A以下的接触器，因线圈电阻大，如不能给出足够的吸合电流，可采用公用电容储能合闸方案，如图8-6所示。在变电所内装一组电容器，由两段母线供电，通过硅二极管及限流电阻使电容器充电，可供任一接触器合闸时使用。

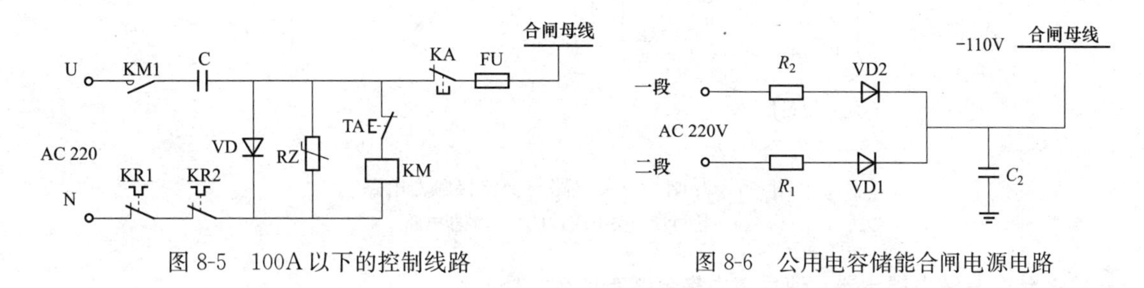

图8-5　100A以下的控制线路　　图8-6　公用电容储能合闸电源电路

交流接触器无声运行的控制电路型式还有很多，读者可根据需要自选。

8-24　双向晶闸管调压运行和可控电抗变压运行的基本原理是什么?

答　双向晶闸管调压运行的基本原理是随着电动机负载的变化，用晶闸管自动调压的方式使电动机在功率因数较高的情况下运行，达到节约电能的目的。

可控电抗变压运行是利用三相饱和电抗器根据电动机负载的变化进行连续调压的。使电动机的出力、功率因数及用电量处于较佳的状态运行。采用这种技术措施，节电效果显著。

8-25　晶闸管开关是怎样代替交流接触器工作的?

答　晶闸管开关电路与交流接触器电路如图8-7所示。启动时，合上自动开关ZK，按下按钮HA，启动中间继电器1KA的动合触点1KA1自保持通电，1KA2与1KA3的动合触点同时闭合，接通1VD、2VD、3VD和4VD的控制极，U、W两相反并联连接的晶闸管元件导通，接通电动机回路而启动运转；与此同时，延时时间继电器KT的线圈经2KA2得电，延时接通2KA2线圈回路并自保持通电，使与热继电器1KR、2KR并联的常闭接点2KA3、2KA4打开，KT时间继电器断电释放，1KR、2KR正常接入保护回路（为了使1～2KR躲开电动机启动电流而设计了KT延时电路）只要按下停止按钮TA，控制回路断电，晶闸管因控制极断电而关断，电动机停止运转。

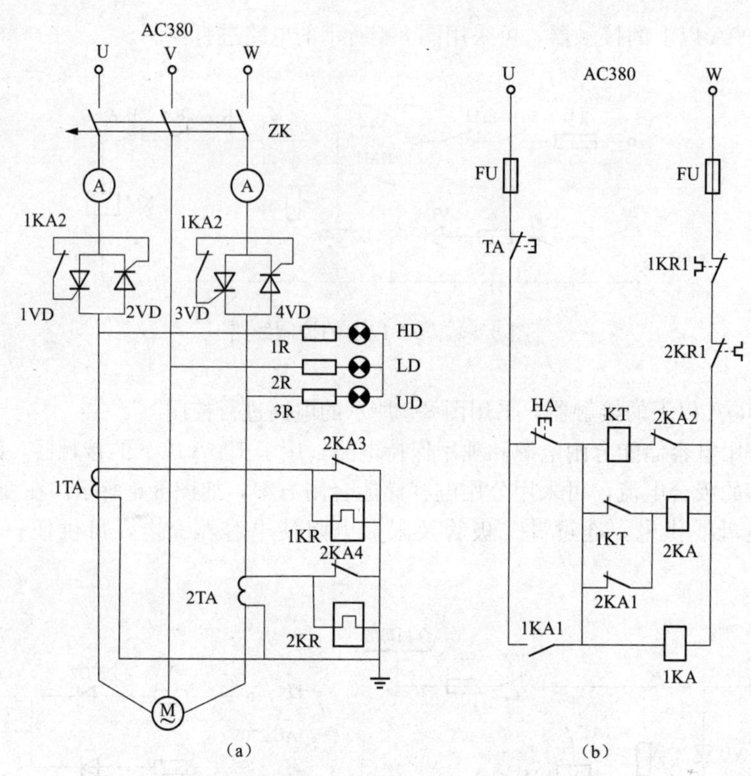

图 8-7 晶闸管开关电路与交流接触器电路

(a) 晶闸管开关电路；(b) 接触器电路

8-26 什么是液力耦合器？使用液力耦合器有什么好处？

答 液力耦合器是一个以液体作为介质来传递功率的装置。使用液力耦合器在不更换原电动机的情况下，能实现无级调速，从而用来调节泵与风机的流量。在低流量运行时能减轻加在电动机上的负载转矩，减少机械损耗，延长使用寿命。液力耦合器处于脱开状态下用于空载启动电动机，可大大缩短启动时间、减少启动电流。由于实现了空载启动，故可以按电动机的额定转矩选配电动机，不受启动转矩限制，避免了为满足启动转矩的限制而选配大电动机造成长期大马拉小车的状态。使用液力耦合器可以防止电动机过载。由于液力耦合器主、从动件之间没有直接的机械联系，即使在从动轴被卡住的失速情况下，电动机也可借助液力耦合器的打滑而受到保护。当由几台电动机共同驱动一台装置时，可借助液力耦合器的自动调节作用，使参加工作的几台电动机承受均匀的负载。液力耦合器还具有运行可靠、维护方便、投资少、节能效果显著等优点，是一项应该推广的技术。

8-27 液力耦合器是怎样工作的？

答 液力耦合器是由与原动机相连接的泵轮、与被驱动机械相连接的涡轮，以及把泵轮、涡轮密闭起来并使工作腔中充满液体介质的外壳组成的。其工作原理如图 8-8 所示。

当原动机带动泵轮旋转时，泵轮把原动机的机械能转换成工作液的动能和势能，获得能量的高速高压液流从泵轮出口处进入涡轮，像水轮机那样冲击涡轮，使涡轮与泵轮同方向旋转，涡轮把得到的泵轮能量又转换为涡轮的机械能，从涡轮中出来的液体介质又进入泵轮，液体介质从涡轮到泵轮周而复始地在工作腔中循环，不断地把能量从泵轮传给涡轮。

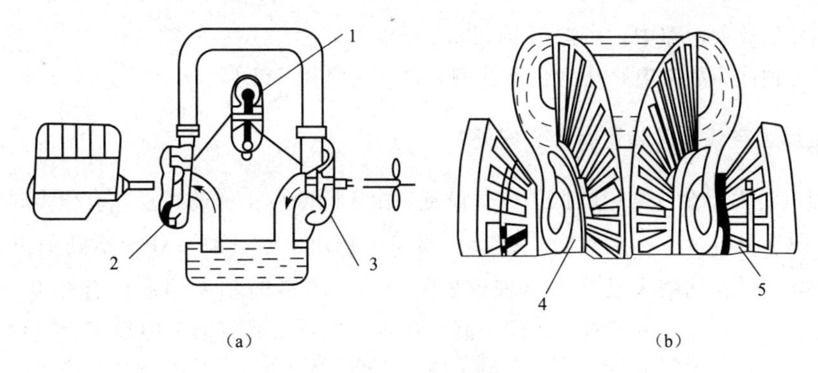

图 8-8　液力耦合器

(a) 液力耦合器工作原理；(b) 液体流动过程

1—液力耦合器；2、4—泵轮；3、5—涡轮

8-28 液力耦合器是怎样实现调速的？

答 改变与工作腔相沟通的辅助油腔平面高度就可改变工作腔的充油量。当改变工作油充满度时，就可在主动轴转速不变的情况下改变从动轴的转速。调速原理如图 8-9 所示。

调节工作油充满度，可分为进口调节式和出口调节式。当导流管的管口处于远离轴线位置时，工作腔中工作油充满度最小，此时从动轴相应的转速最低。

大功率液力耦合器还带有冷却循环系统，它有实现调节相对充油量的功能。在平衡运转情况下，流入与流出液力耦合器的循环流量相等，操纵调节装置使输入与输出有一短时间的不平衡，即可使相对充油量得以改变，工作轮上的力矩也随着发生变化，由此产生一个负反馈作用，使液力耦合器可以平衡在一个新的工作点。同时也使冷却系统循环重新趋于平衡。

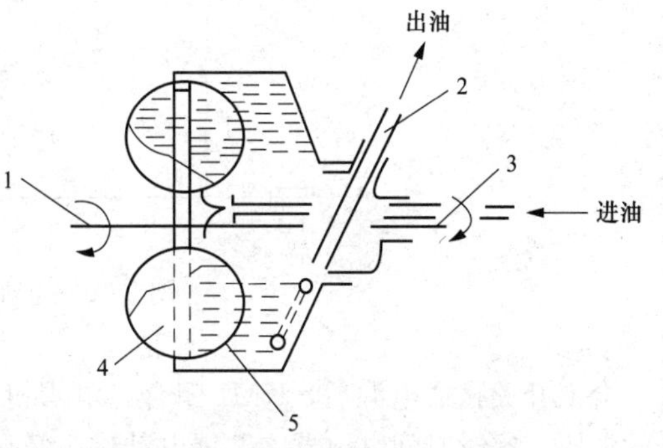

图 8-9　液力耦合器调速原理示意图

1—输入轴；2—导流管；3—输出轴；4—泵轮；5—涡轮

8-29 什么是光电控制器？它有什么用途？

答 光电控制器是根据光导管的随光敏感特性，加上晶体管开关电路，来控制继电器动作以达到自动接通或切断负载的一种装置。安装上光电控制器可以减少管理工作、杜绝长明灯、节约电能。

光电控制器主要用途有以下几个方面：

(1) 用于一般路灯控制，可选用 RS-CW-3 型。

(2) 用于弱光放大电路中作为光电控制元件，可选用 RS-CW-1 型。

(3) 大功率元件用于光电式熄火保护装置，可选用 RS-CW-2 型。

(4) 用于测量技术方面，如照度计、黑度计、透过率洁度测量计等，可选用 RG-CH-1 型。

(5) 用于各种自动控制的自动计数、光电开关以及各种劳保装置等，可选用 RG-CH-2 型。

(6) 用于放大电路中作为控制及测量等方面，可选用 RG202 型。

（7）用于高压放大电路中，可选用 RG203 型。

（8）用于各种低压放大电路作为自动控制元件，可选用 621 型。

8-30 电焊机加装空载自停装置有什么好处？

答 电焊机是大小企业常用的低压电气设备。由于间断性工作的特点，有很多时间处于空载运行状态，消耗大量电能。经测算，一台单相交流电焊机，空载时有功损失功率占铭牌容量的1%～2.5%，空载时无功损失功率占铭牌容量的10%，空载时功率因数仅有0.1～0.3。所以，在电焊机上加装空载自停断电装置，减少空载损耗是一项行之有效的节电措施。一台普通电焊机装上自停断电装置后，每年可节约有功电量1000～1500kW·h，无功电量3000～4000kvar·h。

8-31 电焊机空载自动断电装置的工作原理是什么？

答 电焊机空载自动断电装置是一项有效的节电措施，现已在全国各地广泛采用，其工作原理如图 8-10 所示。

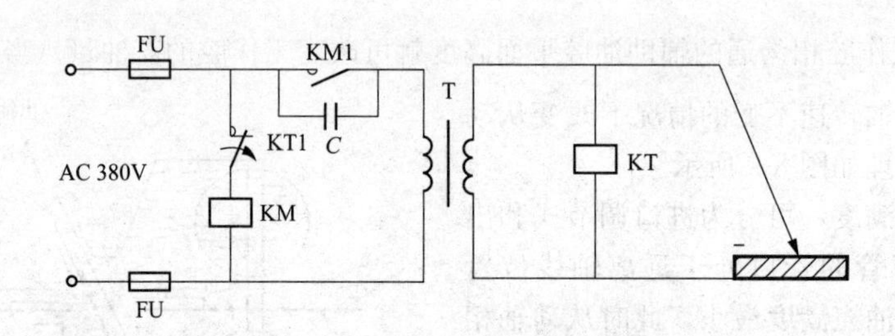

图 8-10 电焊机空载断电装置

合上开关接通电源后，KM1 闭合，电焊机变压器一次侧接通电源，二次侧即感应出 60V 左右的电压，这时时间继电器 KT 得电动作。经一定时限后，动断触点 KT1 打开，交流接触器 KM 断电释放，触点 KM1 打开，电容器 *C* 即串联于电焊机变压器的一次绕组回路中，这时电焊机近于断电状态。

开始焊接时，电焊机变压器 T 的二次电压突降，接近短路，KT 失掉电压而释放，KT1 立即闭合，交流接触器 KM 得电闭合，电焊机变压器 T 的一次侧直接接入电源，变压器 T 的二次绕组即可进行正常焊接工作。

停止焊接时，电焊机变压器 T 的二次侧开路，电压恢复至 60V，KT 得电吸合，经一定时限后，KT1 触点断开，交流接触器 KM 断电释放，电容器接入电焊机变压器一次回路，使其接近空载断电状态。

8-32 提高电热设备效率应采取哪些措施？

答 各种电炉和电热器都属于电热设备，对这类设备的用电，可通过以下几个措施提高其效率来达到节约用电的目的。

（1）严格控制使用，尽量以一次能源直接加热。

（2）采用高效电热器件，提高电热转换效率。

（3）搞好电热设备保温，提高热效率。

（4）采用自动控制，使电热设备在最佳状态运行。

(5) 提高电炉占积率，充分利用热能。

(6) 使配电网络合理布局，缩小短网长度，加大短网截面。

(7) 热处理、铸造等电热设备应实行专业化协作。

8-33 什么是远红外线加热新技术?

答 我们知道电磁能量都是以电磁波形式传递的，如无线电波、光波、X射线、γ射线、β射线、宇宙射线等，都是电磁波的传递形式。红外线是一种看不见的电磁辐射波，它的波长为0.72～1000μm，在光谱中，它是在可见光和微波之间，我们把波长0.72～1.5μm视为远红外线，25～1000μm视为超远红外线。

任何物体的分子、原子的能量级是可以改变的，但必须外界给予冲击。当原子受到冲击时，就会产生共振运动，使运动的速度加快。物体获得能量，温度就会上升。根据这一特点，人们可以利用红外线来加热和干燥物体。当物体吸收了特定波长的红外线能量后，其内部就会产生自发热效应，因而使物体内部和表面都同时得到加热。

红外线加热方式具有下列优点：

(1) 加热不受媒介物的限制，在真空中也可以加热；

(2) 加热效能高、干得快、加热均匀、易于控制、质量高、占地小；

(3) 节电效果显著，与热空气加热方式相比，它可节电30%～50%，有的可高达70%。

由于上述优点，红外线加热方式很值得大力推广应用。

8-34 远红外线加热干燥炉有几种型式?

答 常见的远红外线加热干燥炉有以下几种型式：

(1) 带式干燥炉。是用带、钢丝网或履带传送被干燥的物体，根据需要还可做成单层和多层结构，如图8-11所示。

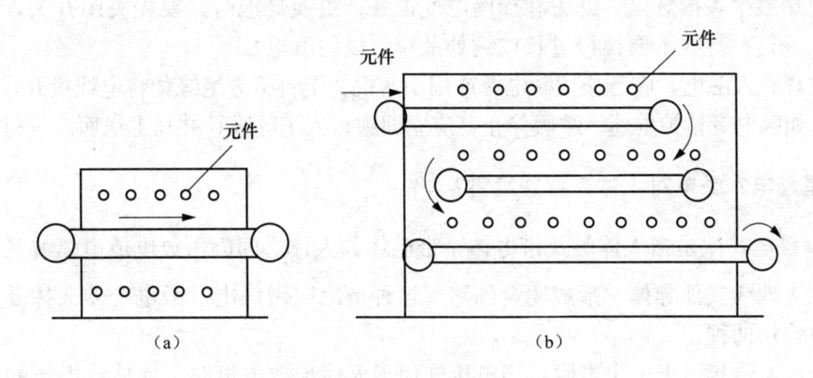

图8-11 带式干燥炉

(a) 单层；(b) 多层

(2) 悬挂式干燥炉。以链条作为传送带，将被干燥的物体挂于链条下方送入炉内进行干燥，而在另一端取下已干燥好的物体。这种炉型多用于小五金和电器的烤漆，如图8-12所示。

(3) 垂直加热炉。这是一种专用的特殊炉型，不需带或链条传送，而是将被干燥的物体直接绕过垂直炉体，特别适用于带状物体的干燥，如布匹、纸张和塑料薄膜等，如图8-13所示。

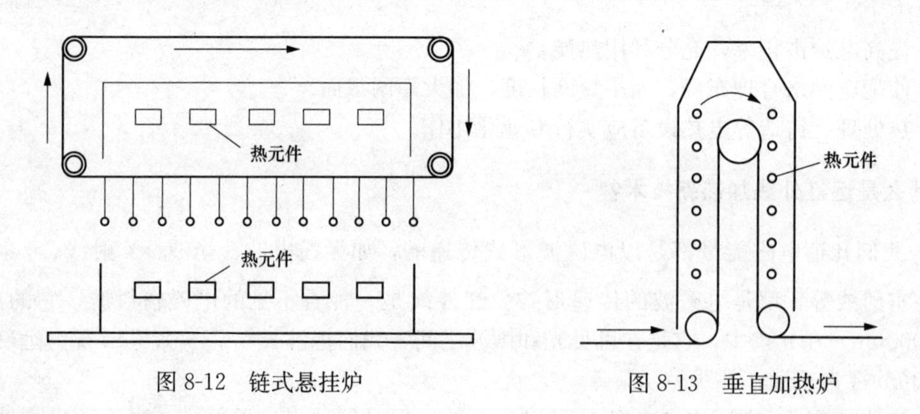

图 8-12 链式悬挂炉　　图 8-13 垂直加热炉

8-35 一般安全用电常识的主要内容是什么？

答 一般安全用电常识如下：

（1）安全用电很重要，每个公民都应自觉遵守有关安全用电方面的规程制度，做到安全、经济、合理用电。

（2）不要乱拉电线、乱接用电设备，更不要利用“一线一地”方式接灯照明。

（3）不要在电力线路附近放风筝、打鸟，更不能在电杆和拉线上栓牲口，不准在电线和拉线附近挖坑、取土，以防倒杆断线。

（4）当发现用电器故障和漏电起火时，要立即拉开电源开关。在未切断电源以前，不能用水或酸、碱泡沫灭火器灭火。

（5）不要在电线上晒衣服，不要将金属丝（如铁丝、铝线、铜丝等）缠绕在电线上，以防磨破绝缘层漏电，而造成触电灼伤人。

（6）电线断线落地时，不要靠近，对 6～10kV 的高压线路，应离开电线落地点 8～10m 远，并及时报告有关部门修理。

（7）不要用湿手去摸灯口、开关和插座电气设备；更换灯泡时，要先关闭开关，然后站在干燥的绝缘物上进行；灯线不要拉得过长或到处乱拉，以防触电。

（8）如发现有人触电，应赶快切断电源或用干木棍、干竹竿等绝缘物将电线挑开，使触电者及时脱离电源。如触电者精神昏迷、呼吸停止，应立即施行人工呼吸，并马上送医院进行紧急抢救。

8-36 什么是触电？触电对人体有哪些危害？

答 所谓触电，就是当人体触及带电体，带电体与人体之间闪击放电或电弧波及人体时，电流通过人体到大地或其他导体，形成闭合回路，这种情况叫做触电。触电会使人体受到伤害，可分为电击和电灼伤两种。

（1）电击：人体相当于一个电阻，当电压施加于人体形成电流时，人体在电流的作用下组织细胞受到破坏，控制心脏和呼吸气管的中枢神经会麻痹，造成休克（假死）或死亡，这叫做电击。

（2）电灼伤：由于电流的热效应、化学效应、机械效应以及在电流作用下，使熔化和蒸发的金属微粒等侵袭人体皮肤，使皮肤的局部发红、起泡、烧焦或组织破坏，严重时也可以致人于死命，此类情况即为电灼伤。

8-37 什么是接触电压触电？

答 当电气设备某相因绝缘损坏，其接地电流流过接地装置时，在其周围的大地表面和设备外壳上将形成分布电位，此时如果人站在设备外壳附近的地面上，并且手触及外壳时，则在人的手和足之间必将承受一个电位差，当此电位差超过人体允许的安全电压时，人体就会触电，通常称此种触电为接触电压触电。

为了防止接触电压触电，在电网设计中，常需采取一些有效措施来降低接触电压水平。

8-38 什么是单相触电？什么是相间触电？

答 在人体与大地互不绝缘的情况下，接触三相导线中的任何一相导线时，电流经过人体流入大地，形成一个闭合回路，这种情形称为单相触电。单相触电对人体所产生的危害程度与电压的高低、电网中性点的接地方式等因素有关。

在中性点接地的电网中，发生单相触电时如图 8-14 所示。这时，触电人在电网的相电压之下，其电流由相线经人体、大地和接地装置而形成通路。

在中性点不接地的电网中，发生单相触电的情形如图 8-15 所示。这时人体处在线电压作用之下（电流经其他两相线、对地电容、人体而形成闭合回路），通过人体的电流与系统电压、人体电阻和线路对地电容等因素有关。如果线路较短，对地电容电流较小，人体电阻又较大时，其危险性可能不大。但若线路长，对地电容电流又大，就可能发生危险。

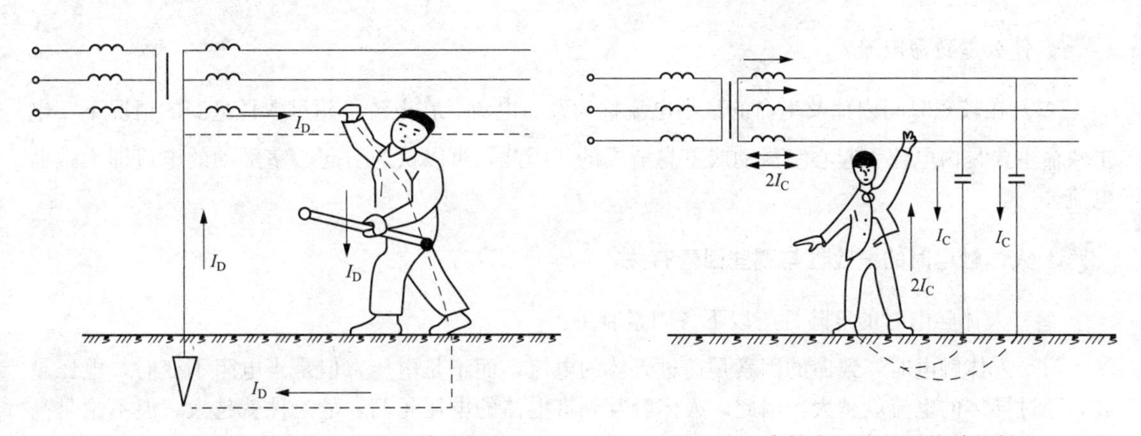

图 8-14　中性点直接接地系统的单相触电　　图 8-15　中性点不接地系统单相触电

人体发生单相触电的次数，约占总触电次数的 95%以上。因此，预防单相触电是安全用电的主要内容。

所谓相间触电，就是在人体与大地绝缘的时候，同时接触两根不同的相线或人体同时接触电气设备不同相的两个带电部分，这时电流由一根相线经过人体到另一根相线，形成闭合回路。这种情形称为相间触电。相间触电时，人体直接处在线电压作用之下，比单相触电的危险性更大，如图 8-16 所示。

图 8-16　相间触电示意

8-39 什么是跨步电压触电？

答 当带电设备发生某相接地时，接地电流流入大地，在距接地点不同的地表面各点上即呈现不同电位，电位的高低与离开接地点的距离有关，距离愈远，电位愈低。

当人或牲畜的脚与脚之间同时踩在带有不同电位的地表面两点时，会引起跨步电压触电。如果遇到这种危险场合，应合拢双脚跳离接地处20m之外，以保障人身安全。

8-40 什么是摆脱电流？

答 触电后能自行摆脱的电流值，称为摆脱电流。由测定结果得知，男性的工频摆脱电流是9mA，女性是6mA。

当18～22mA（摆脱电流的上限）的工频电流通过人体的胸部时，所引起的肌肉反应将使触电者在通电时间内停止呼吸。有些会使触电者中枢神经暂时麻痹；然而，一旦切断电流，呼吸即可恢复，而且不会因短暂的呼吸停止而造成不良后果。

8-41 什么是感知电流？

答 用手握住带电体时，手心感觉轻微发热的直流电流，或因神经受刺激而感觉轻微刺痛的交流电流，称为感知电流。

受试者双手放在小铜丝上面，直流电流的平均感知电流：男性是5.2mA，女性是3.5mA。

8-42 什么是致命电流？

答 在较短时间内危及生命的最小电流称为致命电流。在电流不超过数百毫安的情况下，电击致命主要是由电流引起心室颤动或窒息造成的。因此，可以认为引起心室颤动的电流即为致命电流。

8-43 人体触电时的危险性与哪些因素有关？

答 人体触电时的危险性与以下各因素有关：

（1）人体触电时，致命的因素是通过人体的电流，而不是电压，但是当电阻不变时，电压越高，通过导体的电流就越大。因此，人体触及到带电体的电压越高，危险性就越大。但不论是高压还是低压，触电都是危险的。

（2）电流通过人体的持续时间是影响电击伤害程度的又一重要因素。人体通过电流的时间越长，人体电阻就越降低，流过的电流就越大，后果就越严重。另一方面，人的心脏每收缩、扩张一次，中间约有0.1s的间歇，这0.1s对电流最为敏感。

（3）电流通过人体的途径也与电击伤程度有直接关系。电流通过人体的头部，会使人立即昏迷；电流如果通过脊髓会使人半截肢体瘫痪。因此，从手到脚的电流途径最为危险。其次是手到手的电流途径，再次是脚到脚的电流途径。

（4）电流频率对电击伤害程度有很大影响。50Hz的工频交流电，对设计电气设备比较合理，但是这种频率的电流对人体触电伤害程度也最严重。

（5）人的健康状况、人体的皮肤干湿等情况对电击伤害程度也有一定的影响。凡患有心脏病、神经系统疾病或结核病的病人，电击伤害程度比健康人严重。此外，皮肤干燥时电阻大，通过的电流小；皮肤潮湿时电阻小，通过的电流就大，危害也大。

8-44 触电事故与季节有何关系？

答 一般来说，触电事故与季节的关系不甚明显，但从多次触电事故的统计分析可以看出，季节变化对触电事故的发生有着间接的影响。在一年当中，6月到9月间发生的事故最多，其中低压触电事故在夏季更为显著。为什么夏季触电事故比较多呢？这是因为这段时间天气潮湿、多雨，降低了电气设备的绝缘性能；工作人员衣服比较单薄，人体皮肤外露的部分大，工作时与带电导体接触的机会多，由于皮肤经常处于湿润状态，因而人体电阻较其他季节大为降低；再者，因为天热，精神不如其他季节好，工作容易疲乏、注意力容易分散等，这些都是容易造成触电事故的客观原因。

因此，为了防止触电事故，在夏季工作中更应特别注意安全。

8-45 高压触电和低压触电哪种危险性大？

答 高压触电和低压触电都很危险，但据资料统计，触电事故多半是低压触电，其原因是：

（1）人们与低压电接触的机会多；

（2）因低压电的电压低，思想不够重视。

低压触电多属于电击，而高压触电多属于电弧放电。因为当触电者还未完全触及导电部分时，电弧已形成，人自主摆脱电源的可能性较大（俗称弹回来），但电弧的高温将严重烧伤人体。我们在日常的工作中，对高低压电都必须十分注意。

8-46 通过人体电流的大小对电击伤害的程度有何影响？

答 通过人体电流数值的大小，直接影响人体各器官遭受伤害的严重程度。交流电流在10mA以下，直流电流在50mA以下时，一般来说对人体的伤害还是比较轻的。超过上述范围的电流，可能使心脏跳动停止、呼吸停止，以致造成死亡。各种不同数值的电流对人身的危害程度情况如表8-2所示。

表8-2 电流对人体的危害程度

电流/mA	电流对人身的危害程度	
	50Hz交流电	直流电
0.6～1.5	开始感觉手指麻刺	没有感觉
2～3	手指强烈麻刺	没有感觉
5～7	手部疼痛，手指肌肉发生不自主收缩	刺痛并感到灼热
8～10	手难于摆脱电源，但还可以脱开，手感到剧痛	灼热增加
20～25	手迅速麻痹，不能脱离电源，呼吸困难	灼热愈加增高，产生不强烈的肌肉收缩
50～80	呼吸麻痹，心脏开始震颤	强烈的肌肉痛，手肌肉不自主强烈收缩，呼吸困难
90～100	呼吸麻痹持续3s以上，心脏麻痹，以致停止跳动	呼吸麻痹

8-47 发生触电的原因有哪些？

答 发生触电的原因主要有以下几点：

（1）人们在某种场合没有遵守安全工作规程，直接接触或过分靠近电气设备的带电部分。

（2）电气设备安装不合乎规程的要求，带电体的对地距离不够。

（3）人体触及到因绝缘损坏而带电的电气设备外壳和与之相连接的金属构架，而这些外壳和支架的接地（或接零）又不合格。

（4）不懂电气技术或一知半解的人，到处乱拉电线、电灯所造成的触电。

8-48 人体什么部位触及带电体使通过心脏的电流最大？

答 人在触电时，往往是手先触及带电体。电流从人的右手到双脚时，电流量的6.7%通过心脏；由左手到双脚时，有3.7%的电流到心脏；右手到左手时，有3.3%通过心脏；而左脚到右脚时，只有0.4%的电流经过心脏。由此可以看出，电流从右手到双脚时，通过心脏的电流最大，因此危害最大。

8-49 怎样使触电的人迅速脱离电源？

答 （1）如果是低压触电而且开关就在触电者的附近，应立即拉开隔离开关或拔去电源插头。

（2）如果触电者附近没有开关，不能立即停电时，可用相应等级的绝缘工具（如干燥的木柄斧、胶把钳等）迅速切断电源导线。绝对不能用潮湿的东西、金属物等去接触带电设备或触电的人，以防救护者触电。

（3）应用干燥的衣服、手套、绳索、木板、木棒等绝缘物，拉开触电者或挑开导线，使触电者脱离电源。切不可直接去拉触电者。

（4）如果属于高压触电（1kV以上电压），救护者就不能用上述简单的方法去抢救，应迅速通知管电人员停电或用绝缘操作杆使触电者脱离电源。

8-50 对触电者怎样进行急救？

答 （1）救护人应沉着、果断，动作迅速准确，救护得法。

（2）救护人不可直接用手和潮湿的物件或金属物体作为救护工具，并严防自己触电。

（3）防止触电者脱离电源后可能的摔伤。当触电者在高处时应采取预防跌伤措施。

（4）如事故发生在夜间，应迅速解决照明，以利于急救，避免扩大事故。

（5）触电者脱离电源后未失去知觉，仅在触电过程中曾一度昏迷过，则应保持安静继续观察，必要时就地治疗。

（6）触电者脱离电源后失去知觉，但心脏跳动和呼吸还存在，应使触电者舒适、安静的平卧，解开衣服以利呼吸。气候寒冷时应注意保温，同时应迅速请医生诊治。

（7）如果触电者呼吸、脉搏、心脏跳动均已停止，必须立即施行人工呼吸或心脏按压进行救护，并在就诊途中不得中断人工呼吸或按压。

8-51 呼吸停止怎样进行急救？

答 触电人呼吸停止后，人体停止了氧气供应和二氧化碳的排出，严重影响到人体正常的生理活动。因此，必须迅速进行人工呼吸，强迫进行气体交换，从而使触电人能恢复自主的呼吸。一般情况下，及时地进行人工呼吸，触电人多能得救。因此，救护者要发扬革命的人道主义精神，不分男女老少，坚持连续地对触电人施行人工呼吸。在现场急救时，常用口对口吹气法进行人工呼吸，这种方法简单、易行、收效快。具体做法是：先使触电人脸朝上仰卧，救护人一只手捏紧触电人的鼻子，另一只手掰开触电者的嘴，救护人紧贴触电者的嘴吹气，如图8-17所示。也可隔一层纱布或手帕吹气，吹气时用力大小应根据不同的触电人而有所区别。每次吹气要以触电人的脑部微微鼓起为宜，吹气后立即将嘴移开，放松触电人的鼻孔使嘴张开，或用手拉开其下嘴唇，使空气呼出，如图8-18所示。吹气速度应均匀，一般为每5s重复一次，触电人恢复自主呼吸后，还应仔细观察呼吸是否还会再度停止。如果再度停止，应再继续进行人工呼吸，这时人工呼吸要与触电人微弱的自主呼吸规律一致。

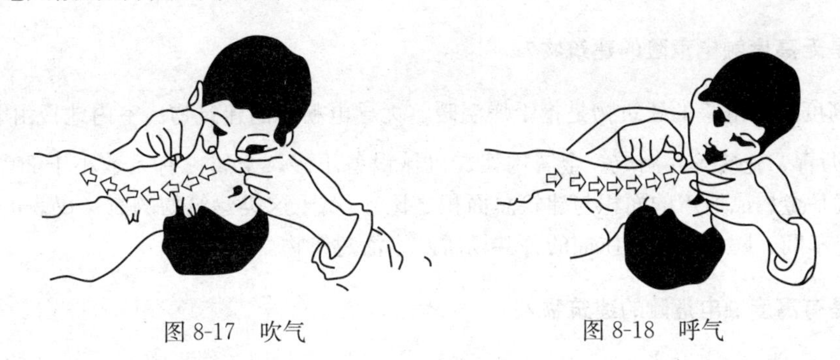

图 8-17 吹气　　图 8-18 呼气

8-52 心脏停止跳动怎样进行急救？

答 对心脏停止跳动的触电者，通常采用人工胸外心脏按压法，其目的是强迫心脏恢复自主跳动。具体操作步骤是：先使触电者平躺在木板或地面上，姿势与口对口人工呼吸法相同。救护人位于触电者的一侧，两手交叉相叠，如图 8-19（a）所示。下面一只手的中指对准胸膛，手指按在胸部，如图 8-19（b）所示。找到正确位置后，自上而下地用力向背部方向挤压使心脏收缩（成人压陷胸骨 3～4cm，对儿童要轻些），如图 8-19（c）所示。按压后，掌根突然放松（但手掌不要离开胸膛），如图8-19（d）所示，让触电人胸部恢复原状，使心脏扩张，按上述步骤连续进行，每分钟约 60 次。

进行胸外心脏按压时，靠救护者的体重和肩肌肉适度用力，要有一定的冲击力量，而不是缓慢用力，但也不要用力过猛。

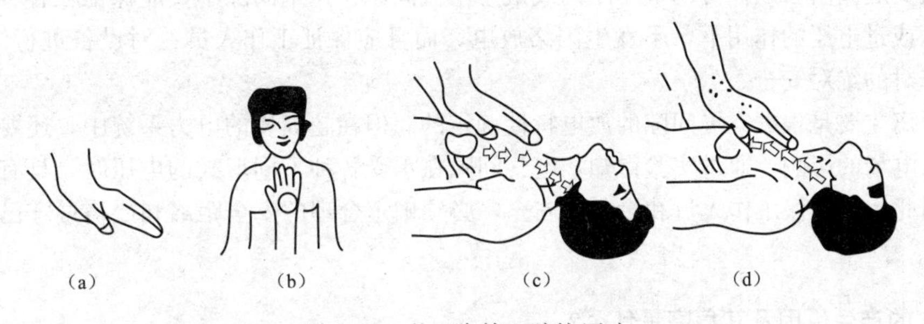

(a)　(b)　(c)　(d)

图 8-19 人工胸外心脏按压法

胸外心脏按压法的效果，可以从触电人的嘴唇及身上皮肤的颜色是否转为红润，以及颈动脉、股动脉是否可以摸到搏动来判断。一般人工胸外心脏按压法与口对口人工呼吸法相配合进行抢救，效果更好。这时需要两人配合进行，当救护人甲向下压胸时，救护人乙不要吹气；当救护人甲放松时，救护人乙贴紧触电人的嘴吹气，如此有节奏地反复进行，直到心脏跳动为止。

8-53 什么是安全电压？对安全电压值有什么规定？

答 人体与电接触时，对人体各部组织（如皮肤、心脏、呼吸气管和神经系统）不会造成任何损害的电压叫做安全电压。

安全电压值的规定，各国有所不同。荷兰和瑞典为 24V；美国为 40V；法国交流为 24V，直流为 50V；波兰、瑞士、捷克、斯洛伐克为 50V。

我国根据具体环境条件的不同，安全电压值规定为：在无高度触电危险的建筑物中为65V，在有高度触电危险的建筑物中为36V，在有特别触电危险的建筑物中为12V。

8-54 什么是无高度触电危险的建筑物？

答 无高度触电危险的建筑物是指干燥温暖、无导电粉尘的建筑物。室内地板由非导电材料（如干木板、沥青、瓷砖等）制成。金属构架、机械设备不多，金属占有系数小于20%（所谓金属占有系数就是金属品所占的面积与建筑总面积之比）。属于这类建筑物的有：仪表的装配大楼、实验室、纺织车间、陶瓷车间、住宅的公共场所及生活建筑物。

8-55 什么是有高度触电危险的建筑物？

答 有高度触电危险的建筑物是指潮湿、炎热、高温和有导电粉尘的建筑物。一般金属占有系数大于20%。属于这类建筑物的有：用导电性材料（如泥土、砖块、湿木板、水泥和金属等）制成的地坪，如金工车间、锻工车间、拉丝车间、电炉车间、室内外变电所、水泵房、压缩站等。

8-56 什么是有特别触电危险的建筑物？

答 有特别触电危险的建筑物是指特别潮湿、有腐蚀性气体、煤尘或游离性气体的建筑物。属于这类建筑物的有：锻工车间、锅炉房、酸洗和电镀车间以及化工车间等。

8-57 为什么要制定安全距离？

答 安全距离就是在各种工作条件下，带电导体与附近接地的物体、地面、不相同带电导体以及工作人员之间所必须保持的最小距离或最小空气间距。这个间隙不仅应保证在各种可能的最大工作电压或过电压的作用下，不发生闪络放电，而且应保证工作人员在对设备进行维护检查、操作和检修时的绝对安全。

安全距离主要是根据空气间隙的放电特性确定的。但在超高压的电力系统中，还要考虑静电感应和高压电场的影响。通过实验得知，空气间隙在承受各种不同形式的电压时，具有不同的电气强度。因此，为确保工作人员和设备的安全，必须确定合理的安全距离和严格遵守已经规定的安全距离。

8-58 静电的产生原因及其危害是什么？

答 静电是由不同物质的接触、分离或互相摩擦而产生的。例如，在生产工艺中的挤压、切割、搅拌和过滤，以及生活中的行走、起立、脱衣服等，都会产生静电。

静电的电位一般是较高的，例如人在穿、脱衣服时，有时可产生一万多伏的电压（不过其总的能量是较小的）。静电的危害大体上分为使人体受电击、影响产品质量和引起着火爆炸三个方面，其中以引起着火爆炸最为严重，可以导致人员伤亡和财产损失。过去在国内外都曾发生过此类事故，主要是由静电放电时产生的火花将可燃物引燃所造成的，因此，在有汽油、苯、氢气等易燃物质的场所，要特别注意防止静电危害。

8-59 防止静电危害的措施有哪些？

答 静电危害的防止措施主要有减少静电的产生、设法导走或消散静电和防止静电放电等。

其方法有接地法、中和法和防止人体带静电等。具体采用哪种方法，应结合生产工艺的特点和条件，加以综合考虑后选用。

(1) 接地：接地是消除静电最简单最基本的方法，它可以迅速地导走静电。但要注意带静电物体的接地线必须连接牢固，并有足够的机械强度，否则在松断部位可能会发生火花。

(2) 静电中和：绝缘体上的静电不能用接地的方法来消除，但可以利用极性相反的电荷来中和，目前“中和静电”的方法是采用感应式消电器。消电器的作用原理是：当消电器的尖端接近带电体时，在尖端上能感应出极性与带电体上静电极性相反的电荷，并在尖端附近形成很强的电场，该电场使空气电离后，产生正、负离子，正、负离子在电场的作用下，分别向带电体和消电器的接地尖端移动，由此促使静电中和。

(3) 防止人体带静电：人在行走、穿、脱衣服或从座椅上起立时，都会产生静电，这也是一种危险的火花源，经试验，其能量足以引燃石油类蒸气。因此，在易燃的环境中，最好不要穿化纤类织物，在放有危险性很大的炸药、氢气、乙炔等物质的场所，应穿用导电纤维制成的防静电工作服和用导电橡胶做成的防静电鞋。

8-60 一般人体的电阻有多大？

答 发生触电时，流经人体的电流决定于触电电压与人体电阻的比值。人体电阻并不是一个固定数值。人体各部分的电阻除去角质层外，以皮肤的电阻最大。当人体在皮肤干燥和无损伤的情况下，人体的电阻可高达 400000Ω。如果除去皮肤，则人体电阻可下降至 600～800Ω。但人体的皮肤电阻也并不是固定不变的，当皮肤出汗潮湿或是受到损伤时，电阻就会下降到 1000Ω 左右。

8-61 安全色有哪些种类？其意义是什么？

答 我国安全色标采用的标准基本上与国际标准草案（ISD）相同。一般采用的安全色有以下几种：

(1) 红色：用来标志禁止、停止和消防，如信号灯、信号旗、机器上的紧急停机按钮等都是用红色来表示“禁止”的信息。

(2) 黄色：用来标志注意危险，如“当心触电”、“注意安全”等。

(3) 绿色：用来标志安全无事，如“在此工作”、“已接地”等。

(4) 蓝色：用来标志强制执行，如“必须戴安全帽”。

(5) 黑色：用来标志图像、文字符号和警告标志的几何图形。

按照《电力工业技术法规》的规定，为便于识别，防止误操作，确保运行和检修人员的安全，采用不同颜色来区别设备特征，如电气母线，U 相为黄色，V 相为绿色，W 相为红色。明敷的接地线涂以黑色。在二次系统中，交流电压回路用黄色，交流电流回路用绿色；直流回路中正电源用红色，负电源用蓝色；信号和警告回路用白色。

另外，为便于运行人员监视和判别处理事故，在设备仪表盘上、在运行极限参数上画红线。

8-62 为什么要使用安全用电标志？

答 明确统一的标志是保证用电安全的一项重要措施。从事故的统计中可以看出，不少电气事故完全是由于标志不统一而造成的。例如，由于导线的颜色不统一，误将相线接设备的机壳，而导致机壳带电，甚至使操作者触电死亡。

标志分为颜色标志和图形标志。颜色标志常用来区分各种不同性质、不同用途的导线，或用来表示某处的安全程度。图形标志一般用来告诫人们不要去接近有危险的场所。在配电装置前的围栏上悬挂告诫人们当心触电的三角图形标志牌。

为保证安全用电，必须严格按有关标准使用颜色标志和图形标志。

8-63 电气安全用具是如何分类的？

答 电气安全用具一般可分为绝缘的电气安全用具和非绝缘的电气安全用具两种，又可分为基本的电气安全用具和辅助的电气安全用具两种。

绝缘的电气安全用具是用来防止工作人员直接接触带电体的。非绝缘的电气安全用具用来防止停电工作的设备突然来电或感应电压，防止工作人员走错停电间隔或误登带电设备，如携带型接地线、可移动的防护遮栏等。

8-64 哪些绝缘用具属于辅助电气安全用具？它们的作用是什么？

答 辅助电气安全用具主要防止由于绝缘不良或在操作时系统发生接地故障而出现接触电压或跨步电压对工作人员造成危害。辅助电气安全用具主要有绝缘手套、绝缘鞋、绝缘台（垫）。

绝缘手套、绝缘鞋要具有柔软、绝缘强度大和耐磨的性能。在使用绝缘手套时，最好里边戴上一双棉毛手套，以防止在操作时发生弧光短路使橡胶熔化而烫伤手指。绝缘垫一般用来铺在配电装配处的地面上，以增强工作人员的对地绝缘，防止接触电压与跨步电压对人体的伤害。

8-65 基本的电气安全用具有哪些？

答 基本的电气安全用具主要是指用来操作隔离开关、高压熔断器或装卸携带型接地线的绝缘棒或绝缘夹钳。绝缘棒一般用电木、脚模、环氧玻璃布棒或环氧玻璃布管制成，在结构上可分为工作部分、绝缘部分和手握部分。使用绝缘棒时要注意防止碰撞，以免损伤其绝缘表面，并应存放在干燥的地方。

绝缘夹钳是用来安装或拆卸高压熔断器或执行其他类似工作的工具。在35kV及以下的电力系统中，绝缘夹钳列为基本安全用具之一。但在35kV以上的电力系统中，一般不使用绝缘夹钳。

8-66 电气装置的防火要求有哪些？

答 电气装置引起火灾的原因很多，如绝缘强度降低、导线超负荷、安装质量不佳、设计设备不符合防火要求、设备过热、短路等。

针对上述情况提出的防火要求是：电气装置要保证符合规定的绝缘强度；限制导线的载流量，不得长期超载；严格按安装标准装设电气装置，质量要合格；经常监视负荷，不能超载；防止机械损伤破坏绝缘以及接线错误等造成设备短路；导线和其他导体的接触点必须牢固，防止过热氧化；工艺过程中产生静电时要设法消除。

8-67 哪些灭火机适用于扑灭电气火灾？

答 遇有电气火灾，应首先切断电源。

对于已切断电源的电气火灾的扑救，可以使用水和各种灭火机。但在扑灭未切断电源的电气火灾时，则需要用以下几种灭火机：

（1）四氯化碳灭火机，对电气设备发生的火灾具有较好的灭火作用，因为四氯化碳不燃烧，也不导电。

（2）二氧化碳灭火机，最适宜扑灭电器及电子设备发生的火灾，因二氧化碳没有腐蚀作用，不致损坏设备。

（3）干粉灭火机，它综合了四氯化碳、二氧化碳和泡沫灭火机的长处，适用于扑灭电气火灾，灭火速度快。

8-68 什么是漏电保护器？

答　漏电保护器又称“触电保护器”、“剩余电流保护器”，在规定条件下，当剩余电流达到或超过给定值时，能自动断开电路的机械开关电器或组合电器。

8-69 漏电保护器的原理是什么？

答　漏电保护器在反应触电和漏电保护方面具有高灵敏性和动作快速性，是其他保护电器，如熔断器、自动开关等无法比拟的。自动开关和熔断器正常时要通过负荷电流，它们的动作保护值要避越正常负荷电流来整定，因此它们的主要作用要是切断系统的相间短路故障（有的自动开关还具有过载保护功能）。而漏电保护器是利用系统的剩余电流反应和动作的，正常运行时系统的剩余电流几乎为零，故它的动作整定值可以整定得很小（一般为 mA 级），当系统发生人身触电或设备外壳带电时，出现较大的剩余电流，剩余电流保护器则通过检测和处理这个剩余电流后可靠地动作，切断电源。

8-70 漏电保护器有哪几种类型？

答　漏电保护器可以按其保护功能、结构特征、安装方式、运行方式、极数和线数、动作灵敏度等分类，这里主要按其保护功能和用途分类进行叙述，一般可分为漏电保护继电器、漏电保护开关和漏电保护插座三种。

（1）漏电保护继电器是指具有对漏电流检测和判断的功能，而不具有切断和接通主回路功能的漏电保护装置。漏电保护继电器由零序互感器、脱扣器和输出信号的辅助触点组成。它可与大电流的自动开关配合，作为低压电网的总保护或主干路的漏电、接地或绝缘监视保护。

当主回路有漏电流时，由于辅助触点和主回路开关的分离脱扣器串联成一回路。因此辅助触点接通分离脱扣器而断开空气开关、交流接触器等，使其掉闸，切断主回路。辅助触点也可以接通声、光信号装置，发出漏电报警信号，反映线路的绝缘状况。

（2）漏电保护开关是指不仅它与其他断路器一样可将主电路接通或断开，而且具有对漏电流检测和判断的功能，当主回路中发生漏电或绝缘破坏时，漏电保护开关可根据判断结果将主电路接通或断开的开关元件。它与熔断器、热继电器配合可构成功能完善的低压开关元件。

（3）漏电保护插座是一种可保证使用者人身和电器安全的高灵敏度插座。它由漏电保护器和插座组合而成的电器，因此，漏电保护器具有漏电保护器和插座两种功能，使用十分安全、方便。目前这种形式的漏电保护装置应用最为广泛。市场上的漏电保护开关根据功能常用的有以下几种类别：

1）只具有漏电保护断电功能，使用时必须与熔断器、热继电器、过流继电器等保护元件配合。

2）同时具有过载保护功能。

3）同时具有过载、短路保护功能。

4）同时具有短路保护功能。

5）同时具有短路、过负荷、漏电、过电压、欠电压保护功能。

8-71 漏电保护器是如何起到保护作用的?

答 电气设备漏电时，将呈现异常的电流或电压信号，漏电保护器通过检测、处理此异常电流或电压信号，促使执行机构动作。根据故障电流动作的漏电保护器叫电流型漏电保护器，根据故障电压动作的漏电保护器叫电压型漏电保护器。由于电压型漏电保护器结构复杂，受外界干扰动作特性稳定性差，制造成本高，现已基本淘汰。目前国内外漏电保护器的研究和应用均以电流型漏电保护器为主导。

电流型漏电保护器以电路中零序电流的一部分（通常称为残余电流）作为动作信号，且多以电子元件作为中间机构，灵敏度高，功能齐全，因此这种保护装置得到越来越广泛的应用。电流型漏电保护器的构成分为以下四部分：

（1）检测元件。检测元件可以说是一个零序电流互感器。被保护的相线、中性线穿过环形铁芯，构成了互感器的一次绕组 N1，缠绕在环形铁芯上的绕组构成了互感器的二次绕组 N2，如果没有漏电发生，这时流过相线、中性线的电流相量和等于零，因此在 N2 上也不能产生相应的感应电动势。如果发生了漏电，相线、中性线的电流相量和不等于零，就使 N2 上产生感应电动势，这个信号就会被送到中间环节进行进一步的处理。

（2）中间环节。通常包括放大器、比较器、脱扣器。当中间环节为电子式时，中间环节还要辅助电源来提供电子电路工作所需的电源。中间环节的作用就是对来自零序互感器的漏电信号进行放大和处理，并输出到执行机构。

（3）执行机构。该结构用于接收中间环节的指令信号，实施动作，自动切断故障处的电源。

（4）试验装置。由于漏电保护器是一个保护装置，因此应定期检查其是否完好、可靠。试验装置就是通过试验按钮和限流电阻的串联，模拟漏电路径，以检查装置能否正常动作。

8-72 如何选择漏电保护器额定漏电动作电流?

答 正确合理地选择漏电保护器的额定漏电动作电流非常重要：一方面在发生触电或泄漏电流超过允许值时，漏电保护器可有选择地动作；另一方面，漏电保护器在正常泄漏电流作用下不应动作，防止供电中断而造成不必要的经济损失。

漏电保护器的额定漏电动作电流应满足以下三个条件：

（1）为了保证人身安全，额定漏电动作电流应不大于人体安全电流值，国际上公认 30mA 为人体安全电流值；

（2）为了保证电网可靠运行，额定漏电动作电流应躲过低电压电网正常漏电电流；

（3）为了保证多级保护的选择性，下一级额定漏电动作电流应小于上一级额定漏电动作电流，各级额定漏电动作电流应有级差 12～15 倍。

第一级漏电保护器安装在配电变压器低压侧出口处。该级保护的线路长，漏电电流较大，其额定漏电动作电流在无完善的多级保护时，最大不得超过 100mA。具有完善多级保护时，漏电电流较小的电网，非阴雨季节为 75mA，阴雨季节为 200mA；漏电电流较大的电网，非阴雨季节为 100mA，阴雨季节为 300mA。

第二级漏电保护器安装于分支线路出口处，被保护线路较短，用电量不大，漏电电流较小。漏电保护器的额定漏电动作电流应介于上、下级保护器额定漏电动作电流之间，一般取 30～75mA。

第三级漏电保护器用于保护单个或多个用电设备，是直接防止人身触电的保护设备。被保护线路和设备的用电量小，漏电电流小，一般不超过 10mA，宜选用额定动作电流为 30mA，动作时间小于 0.1s 的漏电保护器。

8-73 什么是漏电保护器的正确接线方式？

答 TN 系统是指配电网的低压中性点直接接地，电气设备的外露可导电部分通过保护线与该接地点相接。

漏电保护器在 TN 及 TT 系统中的各种接线方式如表 8-3 所示。安装时必须严格区分中性线 N 和保护线 PE。三极四线或四极式漏电保护器的中性线，不管其负荷侧中性线是否使用都应将电源中性线接入保护器的输入端。经过漏电保护器的中性线不得作为保护线，不得重复接地或接设备外露可导电部分；保护线不得接入漏电保护器。

表 8-3　　漏电保护器的接线方式

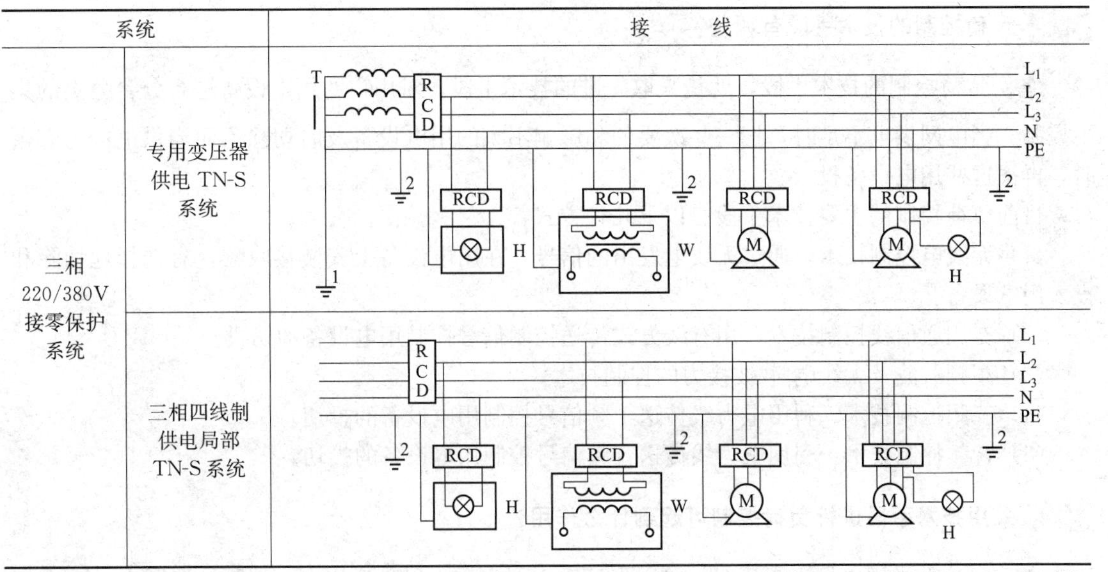

系统		接线
三相 220/380V 接零保护系统	专用变压器供电 TN-S 系统	（见上图）
	三相四线制供电局部 TN-S 系统	（见上图）

注　L_1、L_2、L_3—相线；N—工作中性线；PE—保护中性线、保护线；1—工作接地；2—重复接地；T—变压器；RCD—漏电保护器；H—照明器；W—电焊机；M—电动机。

8-74 漏电保护器有哪些缺陷？

答 (1) 不能预防人体两相触电。只有当相线和地之间漏电时，零序电流互感器才有输出信号，漏电保护器也才会动作；而当人体两相触电（相线之间，相线和中性线之间有漏电）时，漏电保护器并不动作，因为这时的触电电流相当于正常的负载电流，零序电流互感器没有输出信号。

(2) 影响供电的可靠性。人体触电电流、设备漏电电流和其他不明原因都可能造成漏电保护器动作，其中触电电流造成的漏电保护器动作只占少数（约 10%），从而降低了供电的可靠性。

(3) 误动或拒动。漏电保护器构造复杂，比较容易出故障，漏电保护器（特别是电子式）动作的可靠性受电源电压、环境条件（温度、湿度等）影响较大，而有误动或拒动现象。

8-75 漏电保护器的应用范围有哪些？

答 漏电保护装置不宜作为防止直接接触的保护，而宜作为防止直接接触的其他保护失效后的后备保护。漏电保护器的应用范围如下：

（1）无双重绝缘，额定工作电压在110V以上时的移动电具；

（2）建筑工地；

（3）临时线路；

（4）家庭。

8-76 为什么要进行负荷控制？

答 由于电力生产的特点是发、供、用同时发生，因而用电负荷必须与系统的供电能力在每时每刻都保持平衡，否则将危及整个电力系统的安全。特别是在电力供需矛盾比较大的时期，这一问题更显得突出。

负荷控制就是根据电网的供电能力，采取适当措施对用电负荷有计划地进行限制和调整，以保持电力供需之间的平衡，并把限制用电负荷造成的损失和影响限制到最低程度。

8-77 负荷控制的技术手段有哪些？

答 负荷控制的技术手段，就是采取先进的技术手段，对用户的用电设备进行分台分类的集中控制。当电网供电不足时，把一些次要的和影响不大的用电设备及时切除，而当供电能力有余时，再把这些用电设备投入。

目前负荷控制的主要技术手段有以下几种方式：

（1）无线电控制技术。通过无线电发出的信号，在用电设备上安装接收器，有选择地切除和投入用电设备。

（2）专用通信线控制技术。用有线方式传送控制信号控制用电设备的切投。

（3）高频载波及无线电-载波接力的控制技术。

（4）工频控制技术。利用电力线传送工频信号控制用电设备的投切。

（5）音频控制技术。利用电力线传送音频信号控制用电设备的投切。

8-78 采用技术手段进行负荷控制可起到什么作用？

答 （1）在供用电发生矛盾时，可以保证重点用电和人民生活用电，消除拉路限电，减少停电损失。

（2）实现电网的经济运行，进行削峰填谷，做到有序用电、合理用电、均衡用电，提高电网的负荷率。

（3）实现电网的自动化。负荷控制技术手段的信号传送通道可同时用作其他信号的传输通道，实现对用户电流、电压、有功、无功、功率因数、电量、最大需量等的在线监测，实现自动抄表和配电事故监测。同时还可以作为配电开关的自动控制手段以及对人员进行召唤等。

（4）可以更好地为用户服务。

8-79 各种负荷控制技术有哪些优缺点？

答 负荷控制技术在实际应用上主要有无线电控制、音频控制和工频控制，其他的控制方式由于各种原因，采用的很少。

（1）无线电控制技术的优点是：设备费用便宜，使用方便，不仅能传送信号，而且能传送声音。其缺点是：信号传送有死区，频道分配有困难，信号传送损失大。

（2）工频控制信号技术的优点是：利用电力线本身传送信号，信号没有明显的高频分量，因而损耗小，设备简单，成本低。缺点是：不适用于大系统和大的冲击负荷和大型晶闸管整流负荷。对被控用户安装的电容器容量有限制（一般不能超过配电变压器容量的二分之一）。

（3）音频控制技术的优点是：传送信号可以从高压某一点注入，送到低压，凡有电力线的地方均能全部传送信号，接收机价格便宜。缺点是：发射注入设备较复杂，价格较高；电灯、电动机等均流过信号电流。

8-80 什么是电力定量器？它的用途是什么？

答 电力定量器是一种以晶体管逻辑电路在音片定时开关钟的配合下，控制负荷大小、电量多少的供电时间仪器。它主要用于三相三线制交流电网中，对转换1min以内的负荷和电量实现定时控制，它采用感应式三相三线有功电能表，作为功率和电能的取样源，通过一系列的传输，转换为功率时间的模拟时间信号，实现对电功率和日电能的控制。

电力负荷在受控时间内，如果用电负荷超过给定值，并延续到预订时限时，发生警报，在此时间内如仍不采取调荷措施，将进而切断受控负载，使负荷不超过给定值。它用来作为控制电力系统负荷、改善电网负荷调度及安全经济运行、取得用电安排主动权的工具，也是按计划用电的有效技术手段。

8-81 如何确定电力定量器的负荷定值？

答 功率定值开关共11挡，即0.2～0.85kW。要确定相应的功率定值，需经过计算而得。

【例8-3】 某用户变电站计量电流互感器的变比为200/5，电压互感器的变比为10000/100，分配给该厂的负荷指标为1800kW，定量器功率定制开关应放在什么位置上？

解：

$$\text{该厂总倍率 } K=K_{TA}K_{TV}=\frac{200}{5}\times\frac{10000}{100}=4000$$

设功率定值为 P_d 为1800kW，负荷指标为 P，则有

$$KP_d=P$$

$$P_d=\frac{P}{K}=\frac{1800}{4000}=0.45(\text{kW})$$

因此将功率定值开关放在0.45kW处即可。

8-82 火灾报警装置由哪些部分组成？

答 火灾报警装置由报警主机，输入、输出模块，感温、感烟探测器，感温电缆，手动报警按钮，警铃，声光报警器等部分组成。

8-83 火灾报警装置具备哪些报警功能？

答 （1）电气火灾监控报警功能。能以两总线制方式挂接火灾监控探测器，接收并显示火灾报警信号和剩余电流监测信息，发出声、光报警信号。

（2）联动控制功能。能够通过联动盘控制电气火灾监控探测器的脱扣信号输出，切断供电线路或控制其他相关设备。

（3）故障检测功能。能自动检测总线（包括短路、断路等）、部件故障、电源故障等，能以

声、光信号发出故障警报，并通过液晶屏显示故障发生的部位、时间、故障总数以及故障部件的地址、类型等信息。

（4）屏蔽功能。能对每个电气火灾监控探测器进行屏蔽。

（5）网络通信功能。具有 RS-232 通信接口，可连接电气火灾图形监控系统或其他楼宇自动化系统，自动上传电气火灾报警信息和剩余电流、温度等参数，进行集中监控、集中管理。

（6）系统测试功能。能登录所有探测器的出厂编号及地址，根据出厂编号设置地址，可显示电气火灾监控探测器的剩余电流检测值，能够单独对某一探测点进行自检。

（7）黑匣子功能。能自动存储监控报警、动作、故障等历史记录以及联动操作记录、屏蔽记录、开关机记录等，可以保存监控报警信息 999 条、其他报警信息 100 条。

（8）打印功能。能自动打印当前监控报警信息、故障报警信息和联动动作信息，并能打印设备清单等。

为防止无关人员误操作，通过密码限定操作级别，密码可任意设置。

能进行主、备电自动切换，并具有相应的指示，备电具有欠电压保护功能，避免蓄电池因放电过度而损坏。